无 | 师 | 自 | 通 | 学 | 电 | 脑 | 系 | 列

无师自通 学电脑

新手学 Excel 表格制作

2016版

杜慧 编著

北京日报出版社

图书在版编目（CIP）数据

新手学 Excel 表格制作 / 杜慧编著. -- 北京 : 北京日报出版社, 2018.11
（无师自通学电脑）
ISBN 978-7-5477-3200-7

Ⅰ. ①新… Ⅱ. ①杜… Ⅲ. ①表处理软件 Ⅳ. ①TP391.13

中国版本图书馆 CIP 数据核字(2018)第 212046 号

新手学 Excel 表格制作

出版发行： 北京日报出版社
地　　址： 北京市东城区东单三条 8-16 号东方广场东配楼四层
邮　　编： 100005
电　　话： 发行部：（010）65255876
总编室：（010）65252135
印　　刷： 北京京华铭诚工贸有限公司
经　　销： 各地新华书店
版　　次： 2018 年 11 月第 1 版
2018 年 11 月第 1 次印刷
开　　本： 787 毫米×1092 毫米　1/16
印　　张： 15.5
字　　数： 378 千字
定　　价： 58.00 元（随书赠送光盘一张）

内 容 提 要

本书是“无师自通学电脑”丛书之一，针对初学者的需求，从零开始，系统全面地讲解了 Excel 表格制作的各项技能。

本书共分为 12 章，内容包括：初识 Excel 2016、Excel 2016 的基本操作、管理工作表与工作簿、输入与筛选数据、应用公式与函数、创建与编辑图表、应用数据透视图表、打印与共享工作表、行政与办公案例、市场与销售案例、会计与财务案例以及人力资源管理案例等。

本书结构清楚、语言简洁，特别适合 Excel 2016 的初、中级读者阅读，包括行政与办公人员、会计与财务人员以及人力资源管理人员等。

前言

■ 写作驱动

随着计算机技术的不断发展，电脑在我们日常工作及生活中的作用日益增大，熟练掌握电脑的操作已成为我们每个人的必备技能。编者经过精心策划，面向广大初级用户推出本套“无师自通学电脑”丛书，本套丛书集新颖性、易学性、实用性于一体，帮助读者轻松入门，并通过步步实战，让大家快速成为电脑应用高手。

■ 丛书内容

“无师自通学电脑”作为一套面向电脑初级用户、全彩印刷的电脑应用技能普及读物，第三批书目如下表所示：

序号	书名	配套资源
1	新手学 Excel 表格制作	配多媒体光盘
2	新手学 PowerPoint 商务演示	配多媒体光盘
3	外行学电脑快速上手	配多媒体光盘
4	新手学电脑组装与维护	配多媒体光盘
5	新手学笔记本电脑使用与维护	配多媒体光盘

■ 丛书特色

“无师自通学电脑”丛书的主要特色如下：

❖ 从零开始，由浅入深　❖ 学以致用，全面上手　❖ 全程图解，实战精通
❖ 精心构思，重点突出　❖ 注解教学，通俗易懂　❖ 双栏排布，版式新颖
❖ 全彩印刷，简单直观　❖ 视频演示，书盘结合　❖ 书中扫码，观看视频

■ 本书内容

本书共分为 12 章，通过理论与实践相结合，全面、详细地讲解运用 Excel 2016 进行表格制作，具体内容包括：Excel 2016 的基本操作、管理工作表与工作簿、输入与筛选数据、应用公式与函数、创建与编辑图表、应用数据透视图表、打印与共享工作表、行政与办公案例、市场与销售案例、会计与财务案例以及人力资源管理案例等内容。

■ 超值赠送

本书还随书赠送一张超值多媒体光盘，光盘中除了本书实例用到的素材与效果文件之外，还包括与本书配套的主体内容的多媒体视频演示。

■ 本书服务

本书由杜慧主编，梁为民为副主编，具体参编人员和字数分配：杜慧 1、2、4 章（约 8 万字）、梁为民 3、5~9 章（约 16 万字），黄俊霞 10~12 章（约 11 万字），由于编者水平有限，加之编写时间仓促，书中难免存在疏漏与不妥之处，欢迎广大读者来信咨询指正。

本书及光盘中所采用的图片、音频、视频和软件等素材，均为所属公司或个人所有，书中引用仅为说明（教学）之用，绝无侵权之意，特此声明。

编　者

目 录

目
录

第 1 章

初识 Excel 2016

Excel 2016 是一款电子表格制作软件，它具有强大的组织、分析、统计数据和制作图表等功能，是财务人员、统计人员以及人事管理人员等不可或缺的帮手。

本章主要针对 Excel 2016 的基础知识进行讲解，同时还介绍在新版本中新增的功能以及一些常用的操作。

1.1 Excel 2016 的新增功能

最新版本的 Excel 2016，与以往的各种版本相比，在功能方面更加完善，不仅可以制作电子表格，完成复杂的数据运算，进行数据分析、预测、制作图表和打印，而且增强了筛选功能、数据图表、数据透视图功能，并拥有更卓越的表格命名选项、图表元素的宏录制功能等。

1.1.1 “告诉我您想要做什么”文本框

在 Excel 2016 中功能区标签的右侧新增了一个“请告诉我”文本框，通过该框的“告诉我您想要做什么”功能能够快速查找某些功能按钮，如图 1-1 所示。该框中还记录了用户最近使用的操作，方便用户重复使用，如图 1-2 所示。

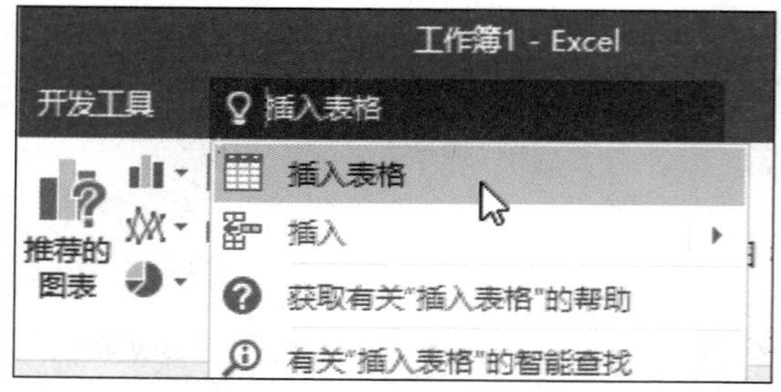

图 1-1 快速查找功能按钮

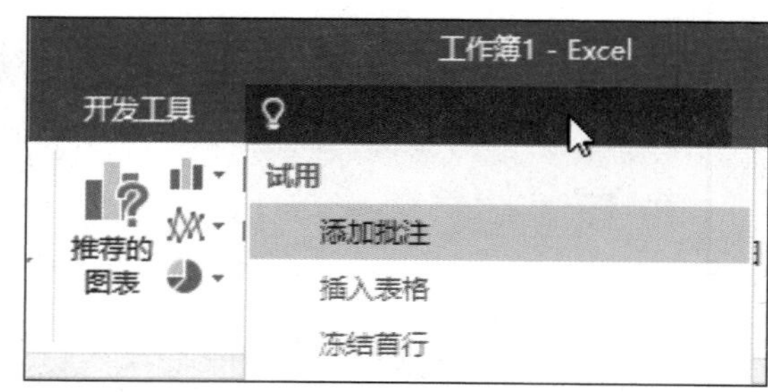

图 1-2 最近使用的操作

1.1.2 新增部分功能组

在 Excel 2016 中，新增的功能大多体现在各个选项卡下的部分功能组中，除了在选项卡下新增了部分功能组外，原有功能组中某些按钮的下拉列表内容也发生了变化。总之，新增的功能越来越贴近用户的工作和生活，如“插入”选项卡下新增了“演示”选项组，如图 1-3 所示。而在函数库中则新增了 5 个预测函数，如图 1-4 所示。

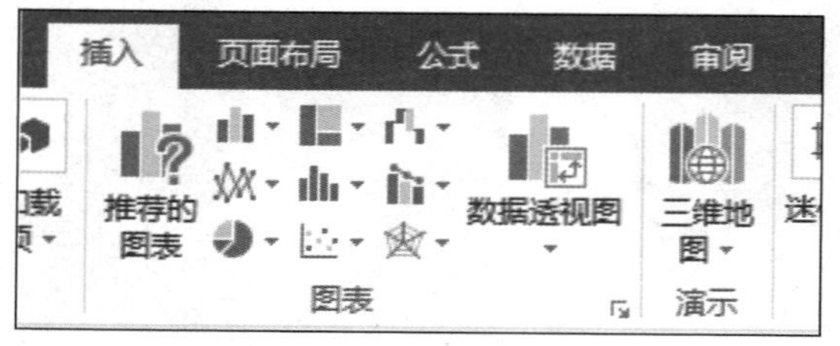

图 1-3 “演示”选项组

图 1-4 新增预测函数

此外，在“数据”选项卡下，Excel 2016 还新增了“获取和转换”选项组，如图 1-5 所示，在“数据工具”选项组中则新增了“管理数据模型”功能，而在“预测”选项组中新增了“预测工作表”功能，如图 1-6 所示。

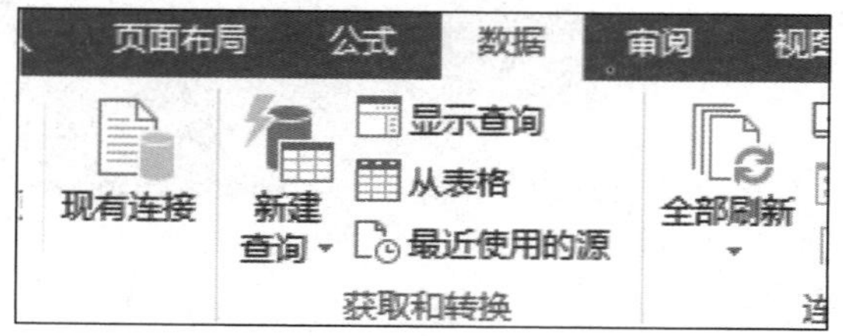

图 1-5 “获取和转换”选项组

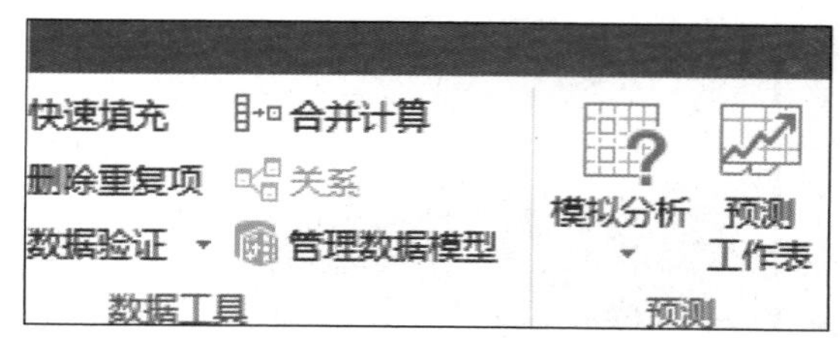

图 1-6 新增功能

1.1.3　新增图表类型

在 Excel 2016 中添加了 6 种新图表，如图 1-7 所示。可以帮助用户创建财务或分层信息时一些最常用的数据可视化，以及显示数据中的统计属性。

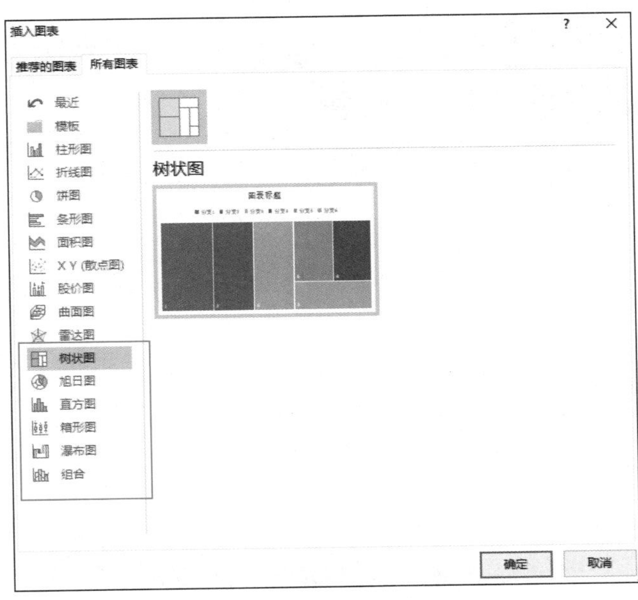

图 1-7　“插入图表”对话框

1.2　Excel 2016 的工作界面

启动 Microsoft Excel 2016 后，将显示 Microsoft Excel 2016 整个的工作界面，包括快速访问工具栏、标题栏、状态栏、选项卡、视图栏、数据编辑栏等部分，下面将分别介绍这些组成部分，如图 1-8 所示。

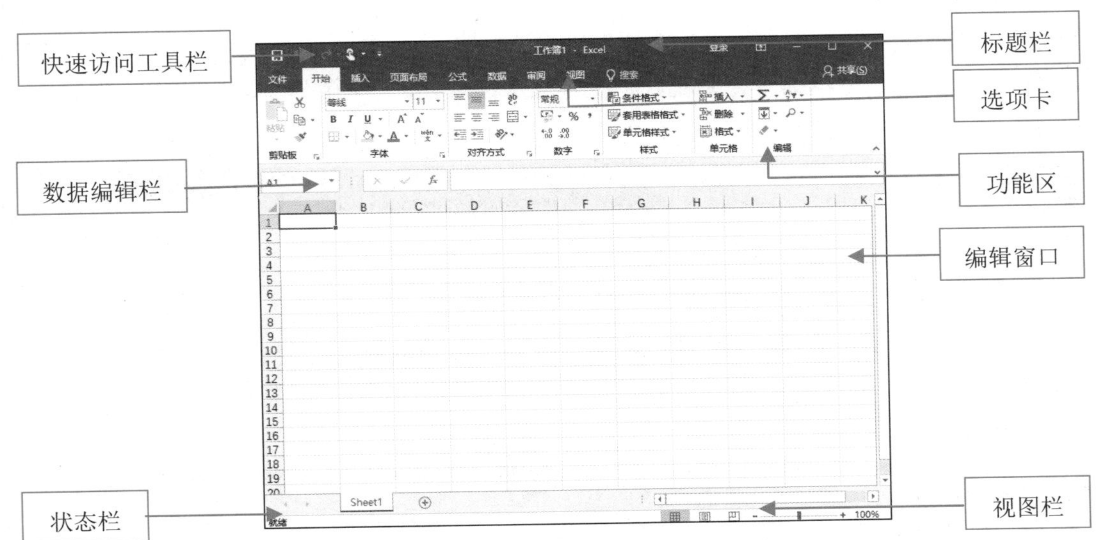

图 1-8　Excel 2016 的工作界面

1.2.1 快速访问工具栏

Excel 2016 的快速访问工具栏位于工作界面的左上角，在默认情况下，只有“保存”“撤销”“恢复”3 个快捷按钮，但可以将一些常用的操作命令按钮（如打开、新建、打印、升序排序、降序排序等命令按钮）添加到快速访问工具栏中，如图 1-9 所示。

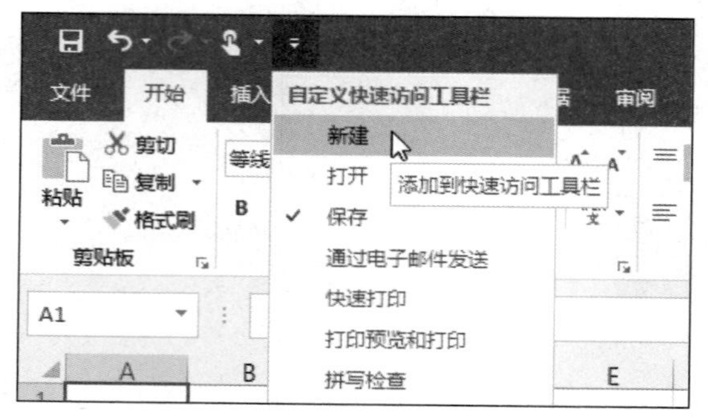

图 1-9 自定义快速访问工具栏

专家提醒

在快速访问工具栏中添加命令按钮时，当添加错误发生后，可再次单击快速访问工具栏右边的下拉列表按钮，在弹出的下拉菜单中，单击取消勾选某个选项前的“√”标记，即可删除该按钮。

1.2.2 标题栏

标题栏位于窗口的最上方、快速访问工具栏的右侧，主要功能是显示窗口名称和当前正在编辑的文件名称。标题栏右侧显示的是常用的窗口控制按钮，主要包括“登录”按钮登录、“功能区显示选项”按钮、“最小化”按钮、“最大化/向下还原”按钮和“关闭”按钮，如图 1-10 所示。

图 1-10 标题栏

1.2.3 选项卡

选项卡位于标题栏的下面，由“文件”“开始”“插入”“页面布局”“公式”“数据”“审阅”“视图”8 个选项卡以及一个“搜索”文本框组成，如图 1-11 所示。每个选项卡下均有一组相关的操作命令，单击其中的命令，系统就会执行相应的操作，界面就会显示出相应的功能面板选项。

图 1-11 选项卡

1.2.4 功能区

功能区和选项卡是对应的关系，在选项卡下有许多自动适应窗口大小的选项组，为用户提供了常用的命令按钮，每个功能面板都是通过其对应的属性选项板上的操作命令来完成各种功能，如图 1-12 所示。

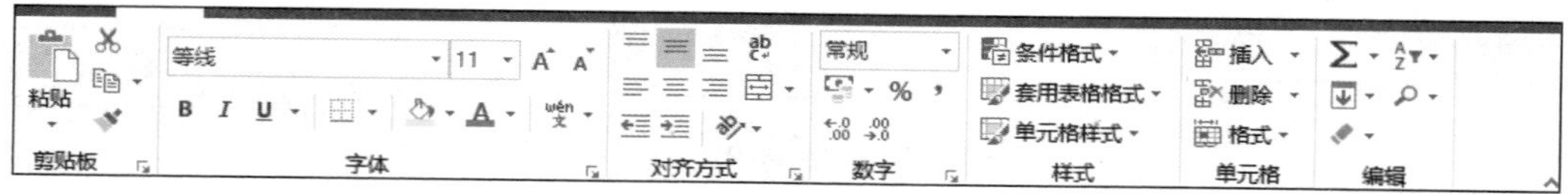

图 1-12 功能区

1.2.5　数据编辑栏

数据编辑栏位于功能面板的下方，主要由名称框、按钮区和编辑框 3 个部分组成，如图 1-13 所示。

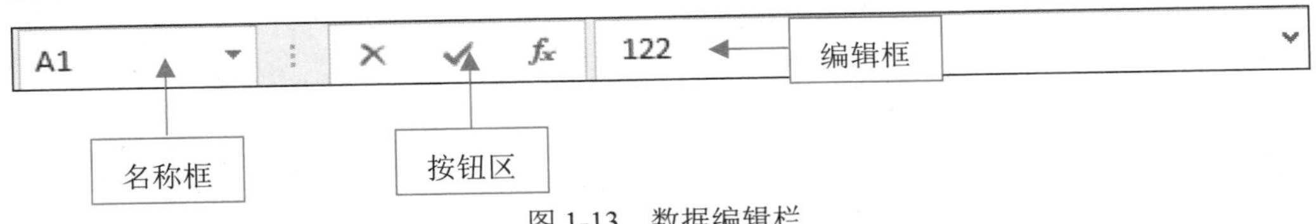

图 1-13　数据编辑栏

名称框主要用于显示当前单元格或单元格区域的地址和名称，默认的单元格名称包括两部分，第一个大写英文字母表示单元格的列标，第二个数字表示该单元格的行号；按钮区用于对数据进行编辑操作，包括“取消 ×”“输入 ✓”“插入函数 f_x”等按钮；编辑框用于显示和编辑当前活动单元格中的数据和公式。

1.2.6　状态栏与视图栏

状态栏与视图栏位于工作界面底端，其左半部分用来显示当前 Excel 工作簿中的工作状态信息，包括就绪、输入、编辑 3 种。状态栏的右侧是视图栏，用于在不同视图之间的切换，以及对显示比例的调整，包括常用视图按钮、缩放级别和页面比例滑块 3 部分，如图 1-14 所示。

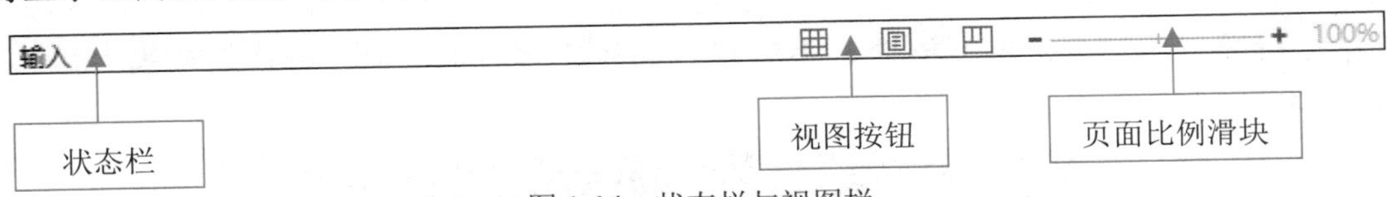

图 1-14　状态栏与视图栏

在视图栏中单击“普通”按钮，切换到普通视图；单击“页面布局”按钮，切换到页面布局视图（如图 1-15 所示）；单击“分页预览”按钮，切换到分页预览视图，如图 1-16 所示。

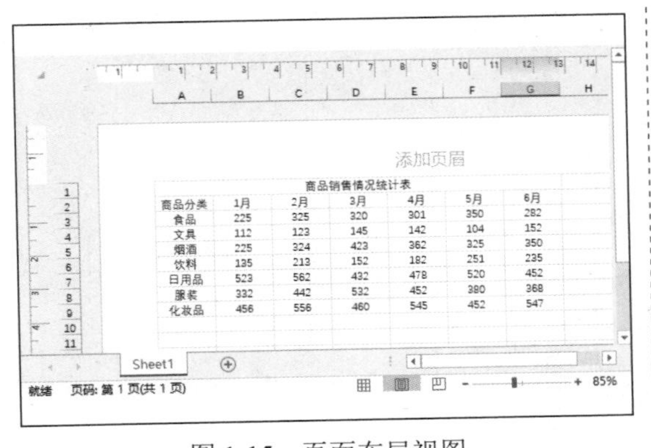

商品分类	1月	2月	3月	4月	5月	6月
食品	225	325	320	301	350	282
文具	112	123	145	142	104	152
烟酒	225	324	423	362	325	350
饮料	135	213	152	182	251	235
日用品	523	562	432	478	520	452
服装	332	442	532	452	380	368
化妆品	456	556	460	545	452	547

图 1-15　页面布局视图

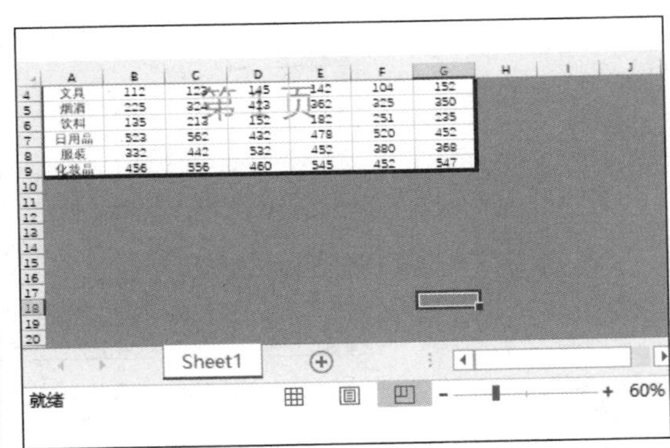

图 1-16　分页预览视图

1.2.7　滚动条

滚动条分为垂直滚动条和水平滚动条，单击滚动条两端的按钮或拖动滚动条都可以浏览编辑区中的内容，如图 1-17 所示。

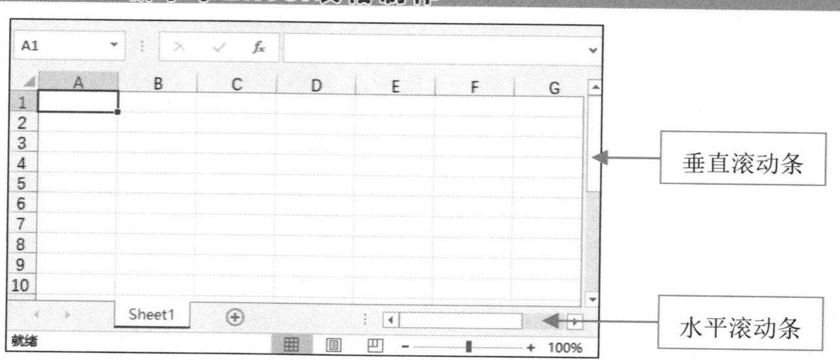

图 1-17　滚动条

1.3　Excel 2016 的基本概念

Excel 中经常用到工作簿、工作表、单元格及单元格区域等术语，工作簿由多张工作表组成，而每一张工作表又包含了若干个单元格，单元格区域是由多个单元格组成的。因此，在学习 Excel 2016 的操作之前，需要了解单元格、工作表和工作簿三者之间的关系。

1.3.1　工作簿

在 Excel 2016 中，工作簿是处理和存储数据的文件，每个工作簿可以包含多张工作表，每张工作表可以存储不同类型的数据，因此可在一个工作簿文件中管理多种类型的相关信息。默认情况下启动 Excel 2016 时，系统将自动新建空白工作簿，默认名称为工作簿 1，如图 1-18 所示。

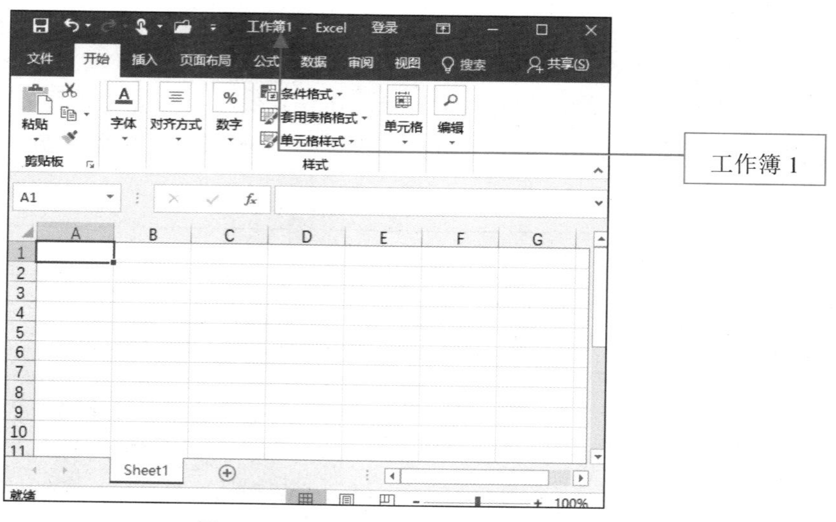

图 1-18　空白工作簿

1.3.2　工作表

工作表是组成工作簿的基本单位。工作表本身是由若干行、若干列组成的，可以通过单击“新工作表”按钮⊕来添加工作表，默认名称为 Sheet1、Sheet2、Sheet3 等，如图 1-19 所示。工作表总是以标签的形式显示在工作簿的底部，呈白色亮度显示的工作表标签为当前活动工作表，可单击工作表的标签，来切换当前活动工作表。

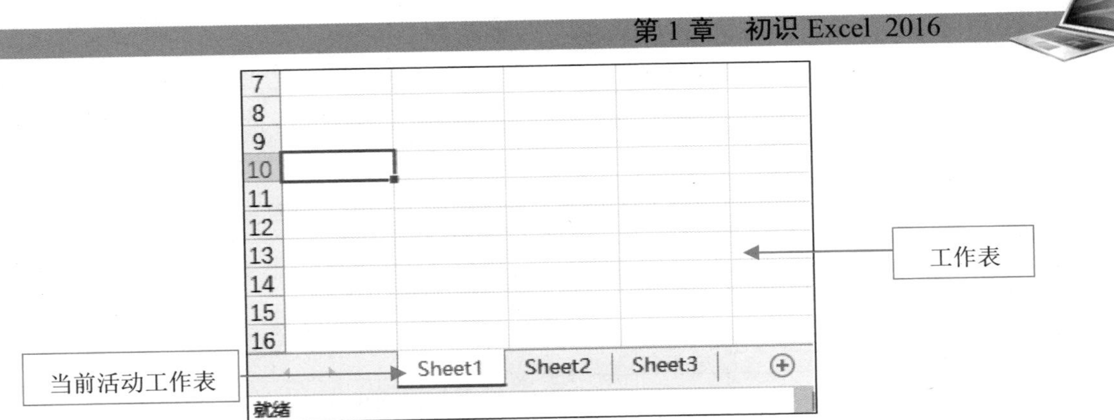

图 1-19　工作表

1.3.3　单元格

在 Excel 中，单元格是构成工作表的基本元素，对工作表的操作都是建立在对单元格或单元格区域进行操作的基础上，输入的任何数据都将保存在这些单元格中。单元格是数据录入的起点，使用行号和列标标记。如单元格 B5，即表示它位于 B 列 5 行，如图 1-20 所示。在 Excel 中，当单击选中某个单元格后，在窗口“编辑栏”左边的“名称框”中会显出该单元格的名称。

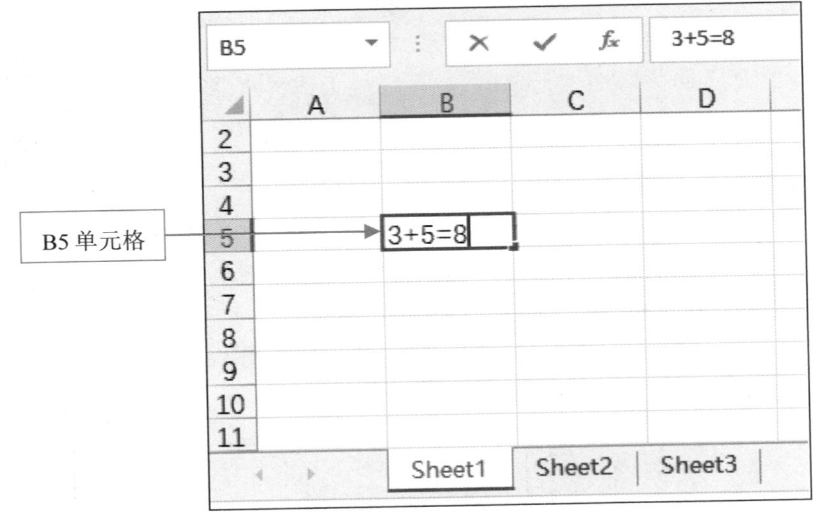

图 1-20　单元格

1.3.4　单元格区域

单元格区域是指多个单元格的集合，它是由许多个单元格组合而成的一个范围，即一组被选中的相邻或分离的单元格。单元格区域被选中后，所选范围内的单元格都会高亮度显示，取消选择时又会恢复原样。在 Excel 2016 中，可以选定相邻的区域、不连续的区域、整列及整行等，如图 1-21 所示为选定的相邻区域，如图 1-22 所示为选定的不相邻区域。选定一个单元格区域，先用鼠标单击该区域左上角的单元格，然后再按住鼠标左键并拖曳到区域的右下角，释放鼠标左键即可；选定多个不相邻的单元格区域，按住鼠标左键并拖曳到第一个单元格区域，然后在按住【Ctrl】键的同时，按住鼠标左键并拖曳以选定其他单元格区域，即可选定多个不相邻的单元格区域。

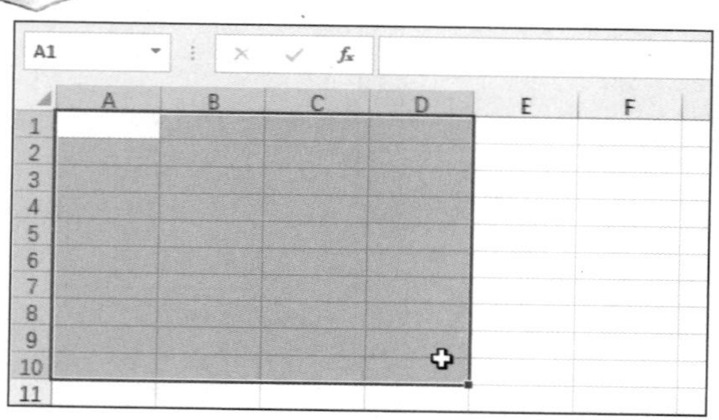

图 1-21 选定的相邻区域

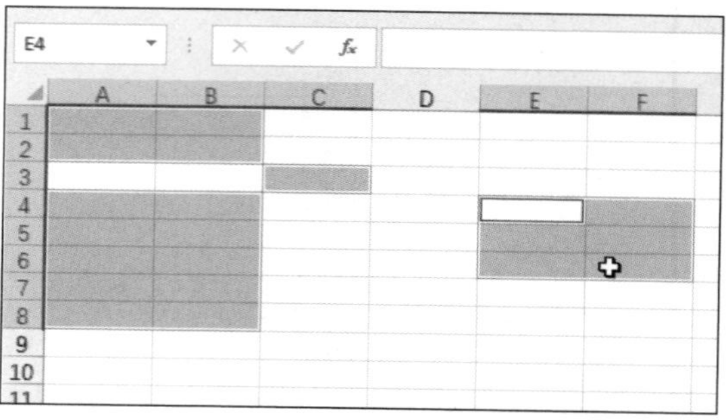

图 1-22 选定的不相邻区域

专家提醒

在单元格区域的表示中，如果单元格名称与单元格名称中间是冒号（:），则表示一个连续的单元格区域；若中间是逗号（,），则表示不连续的单元格区域。

1.4 设置自定义工具环境

在使用 Excel 2016 进行数据处理时，可以对工作环境中某些参数进行设置。为了更好地使用 Excel 2016，可以根据自己的个人喜好对工作界面进行自定义设置，使其更具智能化和个性化。本节将主要介绍设置自定义工具环境的操作方法。

扫码观看本节视频

1.4.1 设置常用参数

在 Excel 2016 中，常用的参数都是在“文件”的“选项”对话框中设置的，可以通过单击“文件”菜单，在弹出的菜单列表中单击“选项”命令，如图 1-23 所示，弹出“Excel 选项”对话框，如图 1-24 所示，在其中可以对“公式”“校对”“保存”及“加载项”等常用参数进行设置。

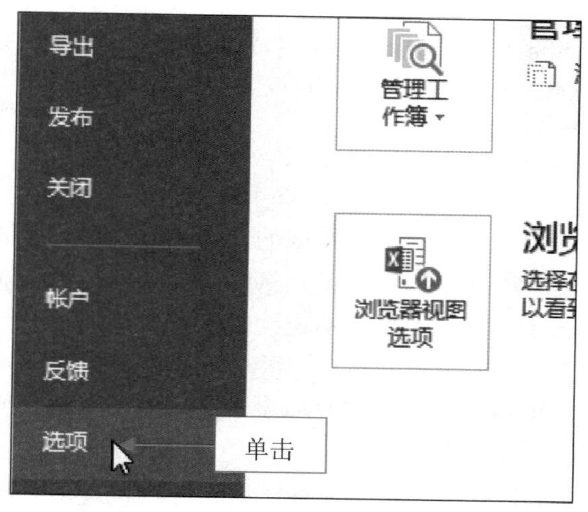

图 1-23 单击“选项”按钮

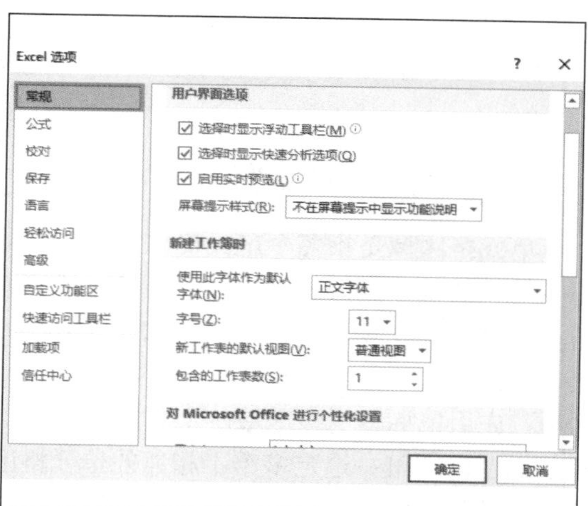

图 1-24 弹出“Excel 选项”对话框

1.4.2　自定义快速访问工具栏

在 Excel 2016 中，可以对快速访问工具栏进行自定义，以便添加快速访问工具栏中的命令按钮，提高制作表格的速度和办公效率。自定义快速访问工具栏的具体操作步骤如下：

专家提醒

在“Excel 选项”对话框中，若选择左边“自定义快速访问工具栏”下拉列表框中的某些命令按钮，然后单击“删除”按钮，即可将这些命令从快速访问工具栏中删除。单击“导入 / 导出”按钮，在弹出的列表框中选择“导入自定义”选项，即会弹出“打开”对话框，在其中选择需要导入的自定义选项，单击“打开”按钮即可。

1 单击“文件”选项，在弹出的菜单列表中单击“选项”命令，如图 1-25 所示。

图 1-25　单击“选项”命令

2 在弹出的“Excel 选项”对话框中，单击“快速访问工具栏”按钮，如图 1-26 所示。

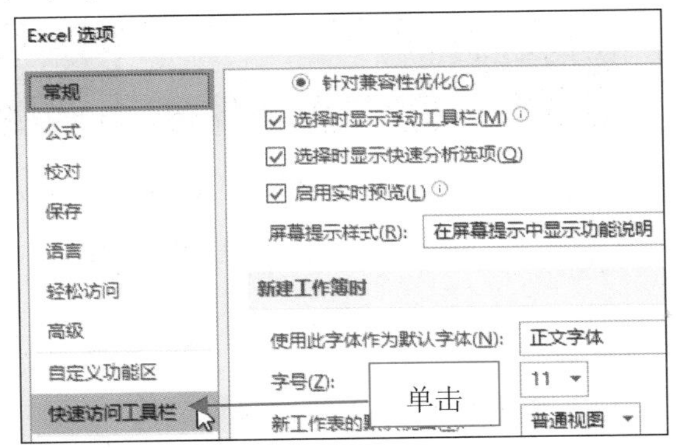

图 1-26　单击“快速访问工具栏”按钮

3 在“快速访问工具栏”选项面板中选择左侧的命令，单击“添加”按钮即可将选择的选项添加至右侧的选项区中，如图 1-27 所示。

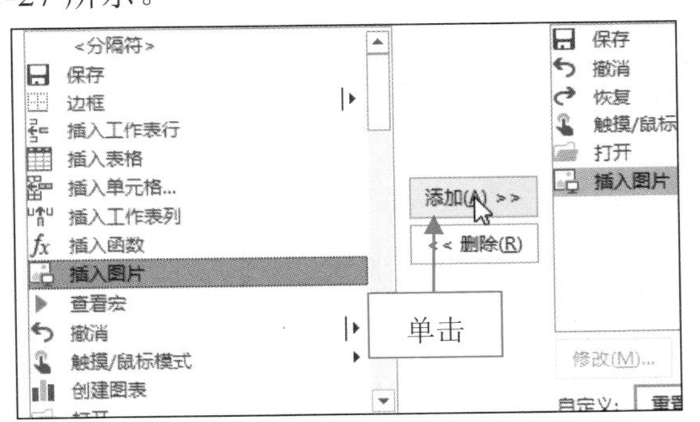

图 1-27　单击“添加”按钮

4 单击“确定”按钮，即可将命令添加到快速访问工具栏中，如图 1-28 所示。

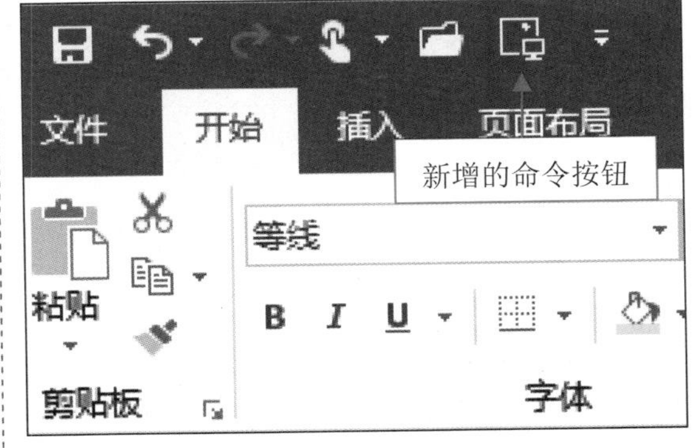

图 1-28　新增命令按钮

1.4.3　自定义功能

在 Excel 2016 中，如果要对工作环境中的某些参数进行设置，可以通过自定义功能区来对功能面板进行编辑，主要包括添加自定义功能区、显示或隐藏功能区、新建选项卡和新建组等。

1．添加自定义功能选项

在 Excel 2016 中，添加自定义功能是在“Excel 选项”对话框的“自定义功能区”选项面板中进行设置的。添加自定义功能选项的具体操作步骤如下：

专家提醒

在 Excel 2016 中，添加自定义功能选项时只能向自定义组添加命令，不能直接将命令添加至已有的选项卡中。

1 单击“文件”|“选项”命令，在弹出的“Excel 选项”对话框中，单击“自定义功能区”选项卡，如图 1-29 所示。

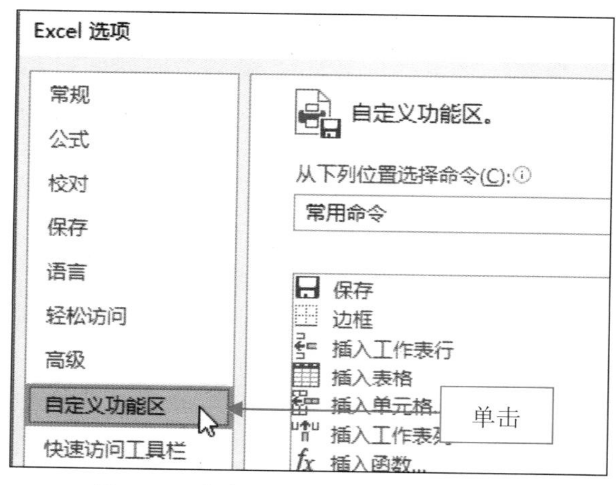

图 1-29 单击“自定义功能区”选项卡

2 即可切换至“自定义功能”选项卡，单击“新建组”按钮，如图 1-30 所示。

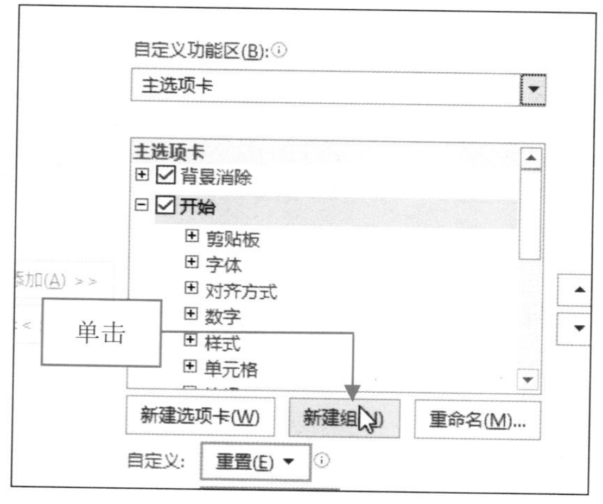

图 1-30 单击“新建组”按钮

3 在左侧列表框中选择需要添加的命令，单击“添加”按钮即可将选择的选项添加至右侧的“新建组”中，如图 1-31 所示。

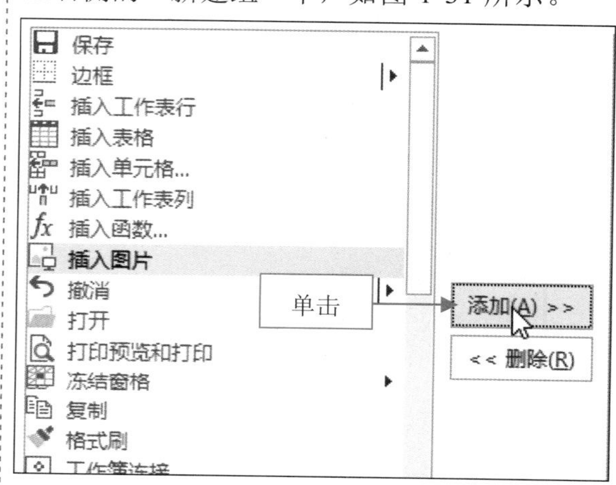

图 1-31 单击“添加”按钮

4 执行上述操作后，单击“确定”按钮，即可添加自定义功能选项，如图 1-32 所示。

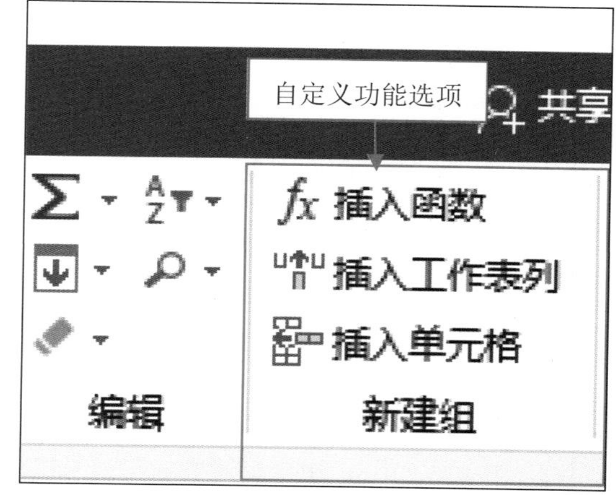

图 1-32 添加自定义功能选项

2．隐藏功能区

在 Excel 2016 中，如果要让数据编辑区显示更多的内容时，则可将功能区隐藏。

隐藏功能区的具体操作步骤是：在标题栏上单击“功能区显示选项”按钮，在弹出的列表中选择“显示选项卡”选项，如图 1-33 所示。执行上述操作后，即可将功能区隐藏起来，效果如图 1-34 所示。

在 Excel 2016 中，还可以通过单击选项面板右侧的⌃按钮，将功能区隐藏。

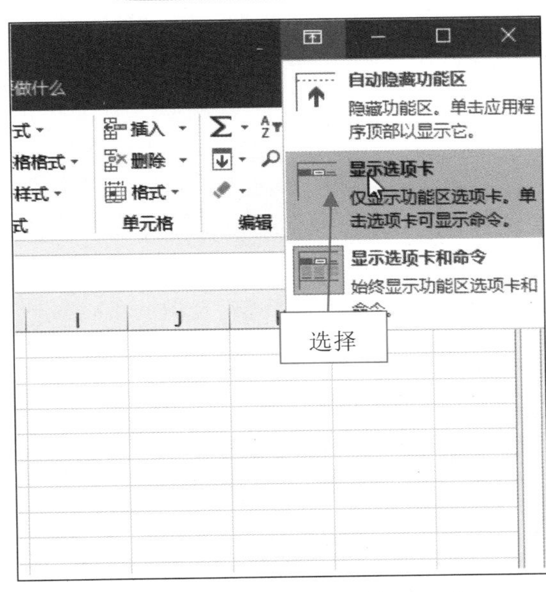

图 1-33　选择“显示选项卡”选项

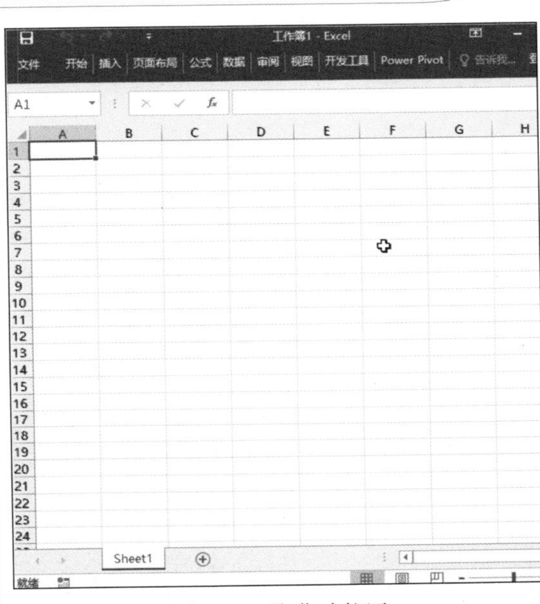

图 1-34　隐藏功能区

3．显示功能区

当功能区隐藏后，如果要显示出功能区，在标题栏上单击“功能区显示选项”按钮，在弹出的列表中选择“显示选项卡和命令”选项即可显示功能区，如图 1-35 所示。

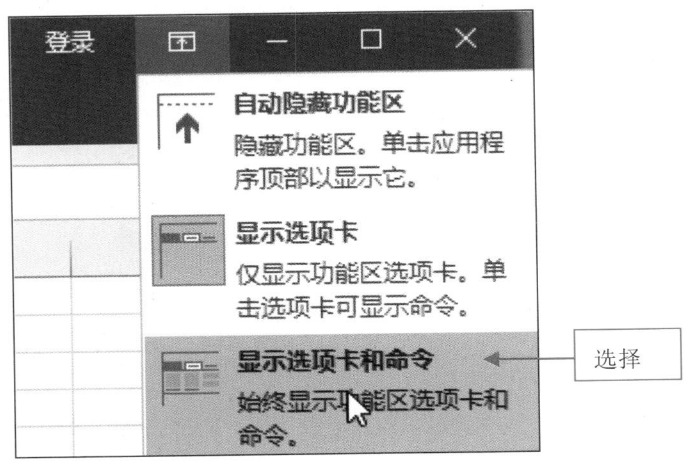

图 1-35　显示功能区

第 2 章

Excel 2016 的基本操作

Excel 2016 是一款功能强大的电子表格制作软件，在使用 Excel 时，随时都需要对工作簿、工作表和单元格进行操作，因此，熟练掌握 Excel 的基本操作，是学习和使用 Excel 2016 的必备基础。

本章主要介绍打开与新建工作簿、移动与复制工作表以及选定单元格等基本操作。

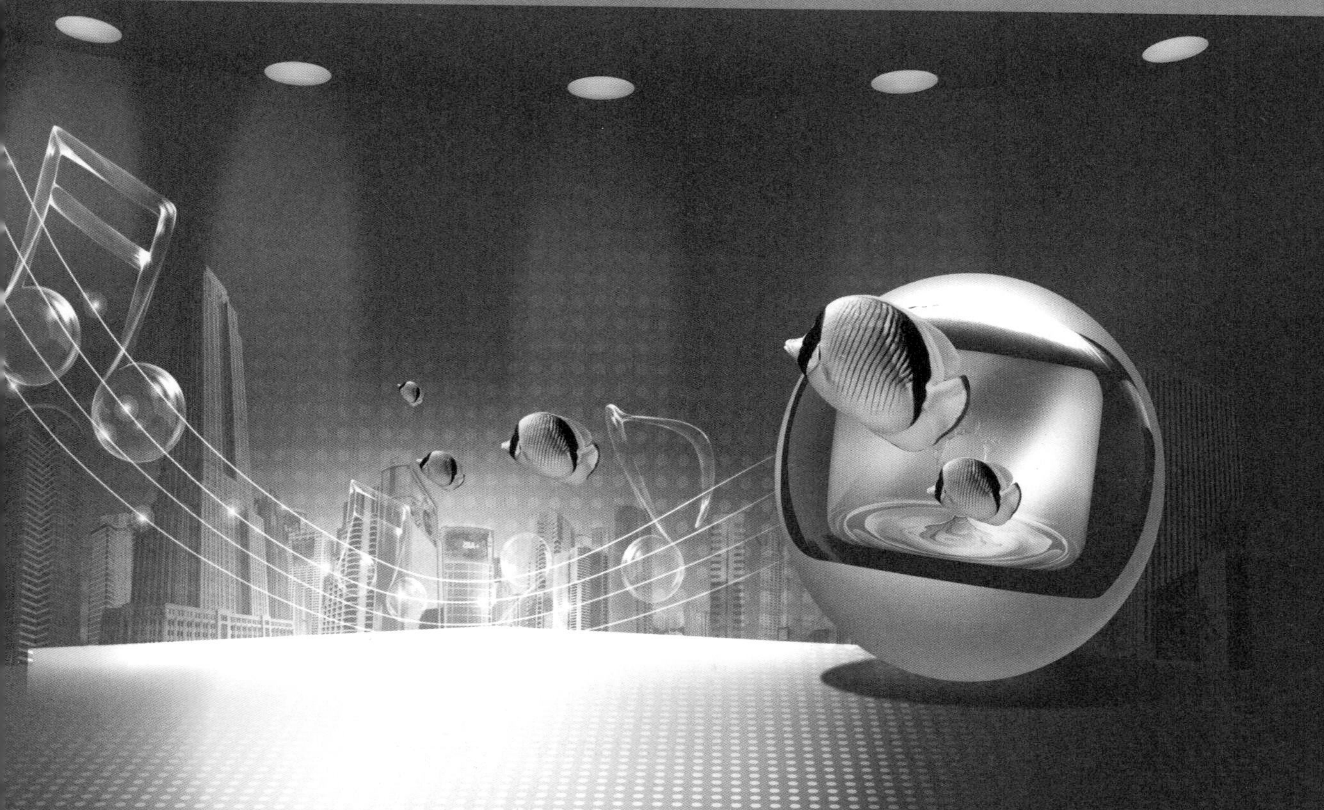

2.1　工作簿的基本操作

在 Excel 2016 中，工作簿是计算和存储数据的文件，一个工作簿可以包含多个工作表，因此，可以在一个工作簿文件中管理各种类型的相关信息。工作簿的基本操作包括创建、保存、打开和关闭等内容。

2.1.1　打开与关闭工作簿

若要对 Excel 工作簿进行浏览或编辑操作，首先要打开 Excel 工作簿，对工作簿进行编辑并保存后就需要关闭工作簿，本节主要介绍打开和关闭工作簿的方法。

1．打开工作簿

如果用户需要对已经关闭的工作簿进行浏览或编辑操作，那么首先要在 Excel 2016 中打开该工作簿。打开工作簿的具体操作步骤如下：

1 单击“文件”|“打开”命令，在“打开”面板中单击“浏览”按钮，如图 2-1 所示。

图 2-1　单击“浏览”按钮

2 弹出“打开”对话框，在其中选择需要打开的 Excel 文件，如图 2-2 所示。

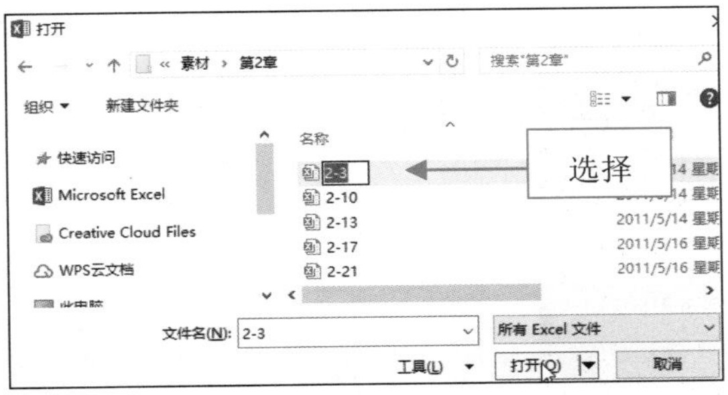

选择

图 2-2　选择工作簿

3 单击“打开”按钮，即可将选择的工作簿打开，如图 2-3 所示。

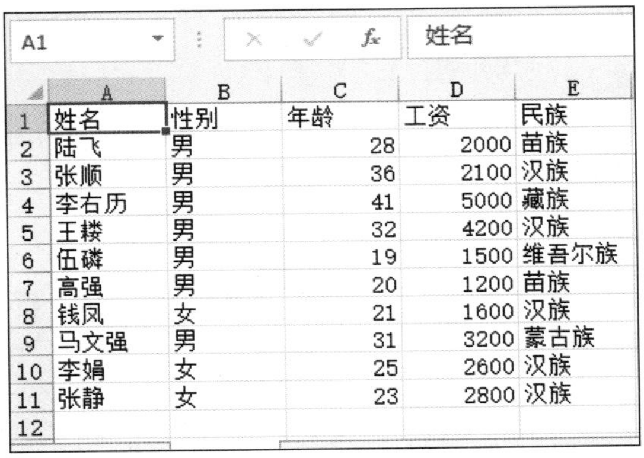

A1　姓名

	A	B	C	D	E
1	姓名	性别	年龄	工资	民族
2	陆飞	男	28	2000	苗族
3	张顺	男	36	2100	汉族
4	李右历	男	41	5000	藏族
5	王楼	男	32	4200	汉族
6	伍磷	男	19	1500	维吾尔族
7	高强	男	20	1200	苗族
8	钱凤	女	21	1600	汉族
9	马文强	男	31	3200	蒙古族
10	李娟	女	25	2600	汉族
11	张静	女	23	2800	汉族
12					

图 2-3　打开工作簿

专家提醒

在 Excel 2016 中，还可以通过以下两种方法来快速打开工作簿。

- 单击自定义快速访问工具栏中的“打开”按钮。
- 按【Ctrl＋O】组合键，打开工作簿。

执行以上任意一种操作，均可打开工作簿。

2．关闭工作簿

完成对工作表的编辑后，即可将工作簿关闭，如果工作簿经过修改还未来得及保存，那么关闭工作簿之前将会提示用户是否保存对当前工作簿的修改。

关闭工作簿的具体操作步骤如下：

1 完成工作簿的修改后，单击“文件”|“关闭”命令，如图 2-4 所示。

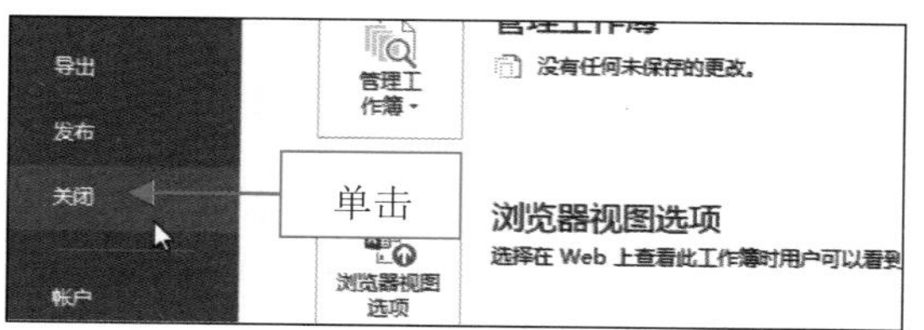

图 2-4 单击“关闭”命令

2 弹出提示信息框，单击“保存”按钮，即可关闭工作簿，如图 2-5 所示。

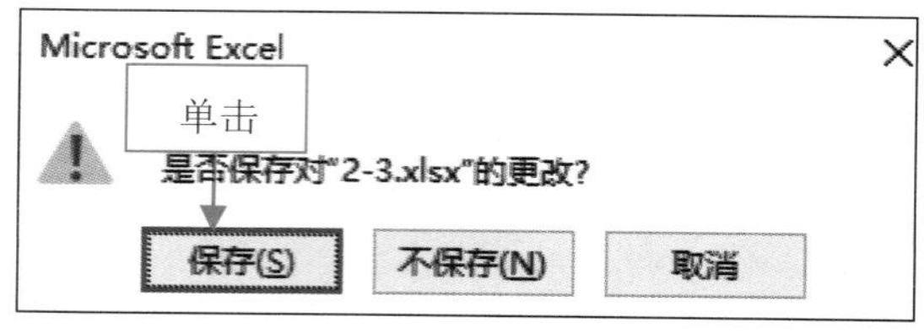

图 2-5 单击“保存”按钮

专家提醒

在 Excel 2016 中，还可以通过以下两种方法关闭工作簿：

- 按【Ctrl+W】组合键。
- 按【Ctrl+F4】组合键。

执行以上任意一种操作，均可关闭 Excel 工作簿。

2.1.2 新建工作簿

每次启动 Excel 2016 时，系统会自动生成一个新的工作簿，文件名为“工作簿 1”，如果需要创建新的工作簿，可以根据 Excel 提供的模板新建工作簿，以提高工作效率。新建工作簿的具体操作步骤如下：

专家提醒

在 Excel 2016 中，还可以通过以下两种方法快速新建一个工作簿：

- 单击自定义快速访问工具栏上的“新建”按钮。
- 按【Ctrl+N】组合键。

1 单击“文件”|“新建”命令，如图 2-6 所示。

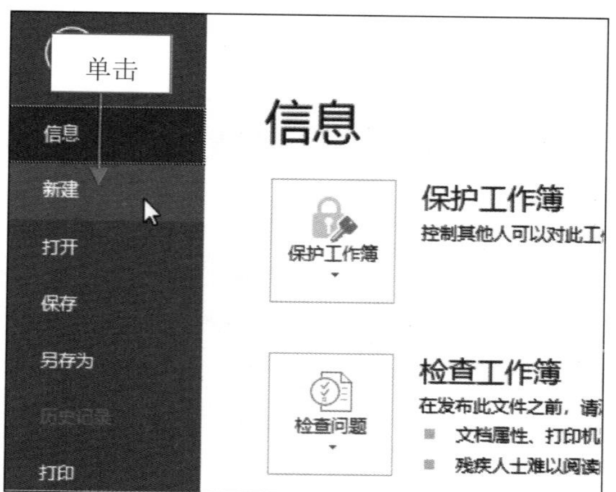

图 2-6 单击“新建”命令

2 在“新建”面板中单击“空白工作簿”按钮，如图 2-7 所示。

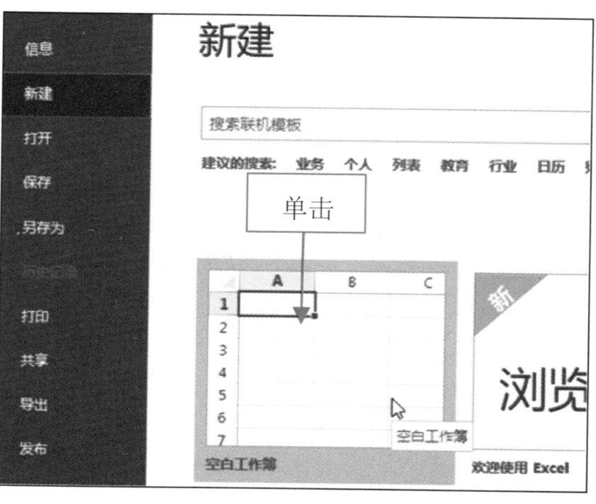

图 2-7 单击“空白工作簿”按钮

2.1.3　保存工作簿

在 Excel 2016 中制作好一份电子表格或完成工作簿的编辑工作后，应该将其保存，以便日后修改或编辑使用。在工作中应该养成及时保存文档的好习惯，每隔一段时间存盘一次，以防突然断电或死机等突发事件造成文件和数据丢失，这样可以将损失降低到最小。保存工作簿的具体操作步骤如下：

1 单击“文件”|“保存”命令，因为是第一次保存，会自动切换到“另存为”选项，单击“浏览”按钮，如图 2-8 所示。

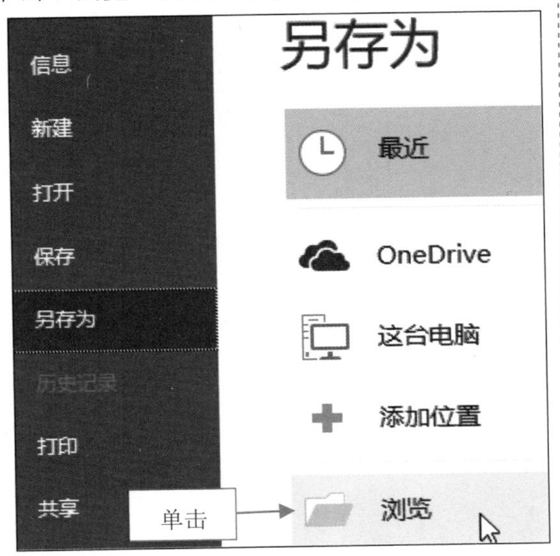

图 2-8　单击“浏览”按钮

2 弹出“另存为”对话框，在其中设置保存路径和文件名，如图 2-9 所示。单击“保存”按钮，即可完成对工作簿的保存。

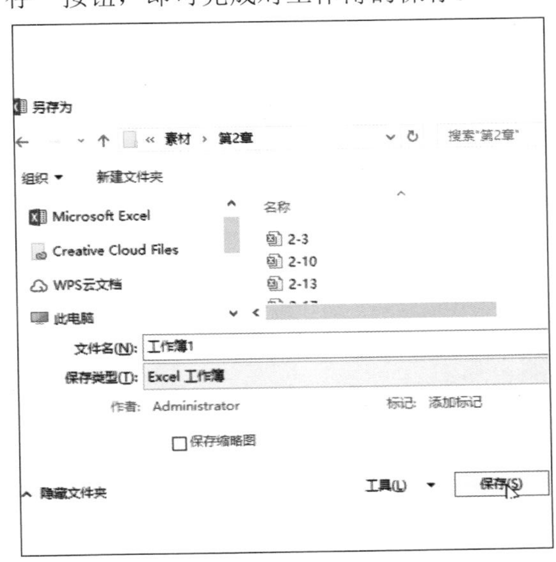

图 2-9　“另存为”对话框

专家提醒

在 Excel 2016 中，还可以通过单击自定义快速访问工具栏中的“保存”按钮或按【F12】键，保存 Excel 工作簿。

2.2　工作表的基本操作

在 Excel 2016 中，新建一个空白工作簿后，系统将自动在该工作簿中添加 1 张空白工作表，并命名为 Sheet1。本节主要介绍工作表的常用操作，包括工作表的打开、插入、保存以及切换等。

扫码观看本节视频

2.2.1　创建工作表

若使用工作簿中的工作表数量不够，可以在工作簿中插入工作表，不仅可以通过“新建工作表”按钮插入空白的工作表，还可以根据模板插入带有样式的新工作表。创建工作表的具体操作步骤如下：

1 单击“文件”|“打开”|“浏览”按钮，打开一个 Excel 工作簿，如图 2-10 所示。

E16 fx

	A	B	C	D	E
1	阳光地产员工出勤统计表				
2					#########
3	员工编号	员工姓名	所属部门	事假	病假
4	0001	蒋彬	人事部	1	
5	0002	田龙	人事部		
6	0003	杨洋	人事部	3	1
7	0004	田阳	人事部		
8	0005	刘汉	人事部		
9	0006	李浩	人事部	2	
10	0007	彭莎	销售部		4
11	0008	杨晴	销售部		
12	0009	田肌	销售部		
13	0010	张楼	销售部		
14	0011	许芳	行政部	5	1
15	0012	李同	行政部		
16	0013	黄美玲	行政部	2	
17	0014	阳大刚	策划部		1
18	0015	刘杰	策划部		
19	0016	罗金林	策划部	1	2
20					

图 2-10　打开一个 Excel 工作簿

2 在“开始”选项卡下的“单元格”选项组中，单击“插入”右侧的下三角按钮，在弹出的列表框中选择“插入工作表”选项，如图 2-11 所示。

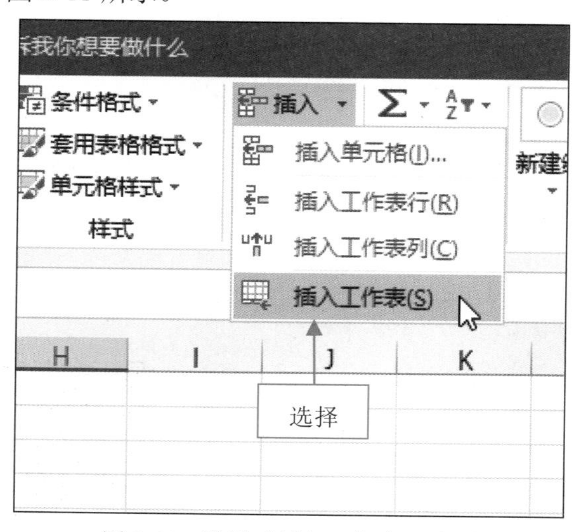

图 2-11　选择“插入工作表”选项

3 执行上述操作后，即可插入一个空白工作表，默认情况下，工作表名称为 Sheet1，如图 2-12 所示。

图 2-12　插入一张工作表

专家提醒

在 Excel 中，按【Shift+F11】组合键可以快速新建一张工作表。

在相应工作表的名称上单击鼠标右键，在弹出的快捷菜单中选择“插入”选项，弹出“插入”对话框，在“常用”选项卡中单击“工作表”按钮，然后单击“确定”按钮，也可以插入一张工作表。

2.2.2　移动工作表

在 Excel 2016 中，工作表并不是固定不变的，可以根据需要移动工作簿中的工作表，以提高制作表格的效率。移动工作表的具体操作步骤如下：

1 单击“文件”|“打开”|“浏览”按钮，打开一个 Excel 工作簿，如图 2-13 所示。

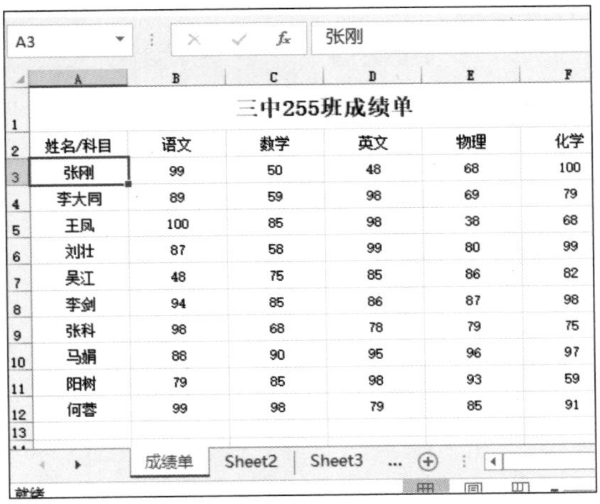

A3 张刚

	A	B	C	D	E	F
1	三中255班成绩单					
2	姓名/科目	语文	数学	英文	物理	化学
3	张刚	99	50	48	68	100
4	李大同	89	59	98	69	79
5	王凤	100	85	98	38	68
6	刘壮	87	58	99	80	99
7	吴江	48	75	85	86	82
8	李剑	94	85	86	87	98
9	张科	98	68	78	79	75
10	马娟	88	90	95	96	97
11	阳树	79	85	98	93	59
12	何蓉	99	98	79	85	91
13						

成绩单 Sheet2 Sheet3

图 2-13 打开一个 Excel 工作簿

2 在需要移动的工作表标签上单击鼠标右键，在弹出的快捷菜单中选择“移动或复制”选项，如图 2-14 所示。

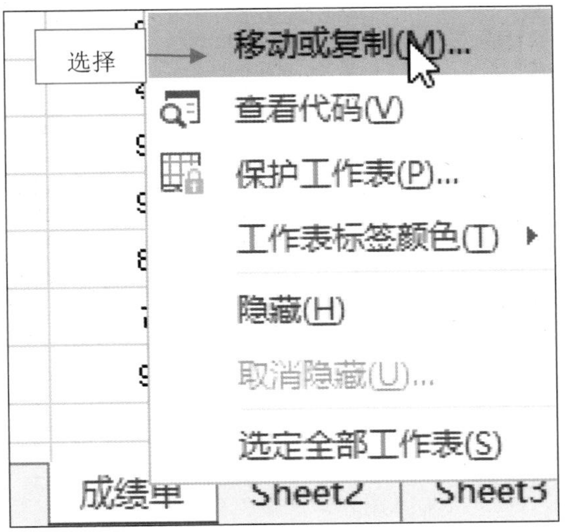

图 2-14 选择“移动或复制”选项

3 弹出“移动或复制工作表”对话框，在“下列选定工作表之前”列表框中选择“(移至最后)”选项，如图 2-15 所示。

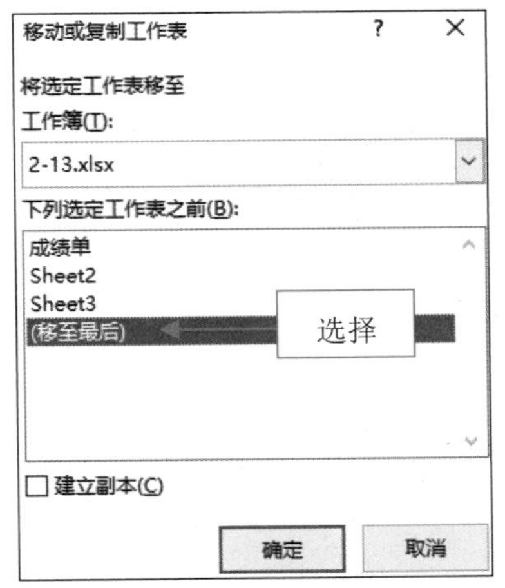

图 2-15 选择相应选项

4 执行上述操作后，单击“确定”按钮，即可将“成绩单”工作表移至最后，如图 2-16 所示。

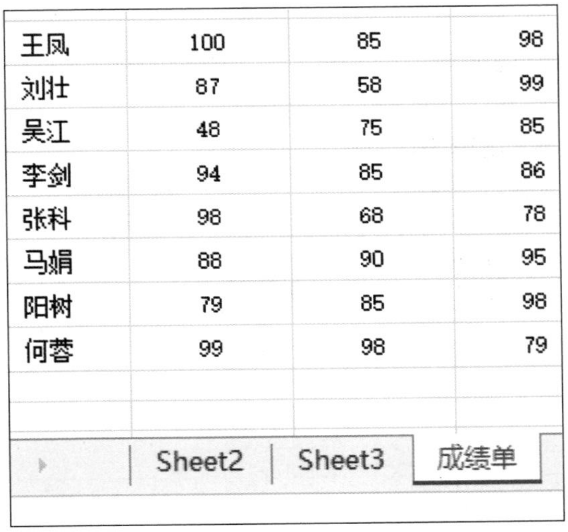

王凤	100	85	98
刘壮	87	58	99
吴江	48	75	85
李剑	94	85	86
张科	98	68	78
马娟	88	90	95
阳树	79	85	98
何蓉	99	98	79

Sheet2 Sheet3 成绩单

图 2-16 将“成绩单”工作表移至最后

在 Excel 2016 中，还可以通过手动拖曳来移动工作表，只需选择工作表标签，按住鼠标左键向左或向右拖曳即可。

2.2.3 复制工作表

在实际操作中，复制工作表可以快速地创建工作表模板，从而提高工作效率。复制工作表的具体操作步骤如下：

1 单击“文件”|“打开”“浏览”按钮，打开一个 Excel 工作簿，如图 2-17 所示。

A	B	C	D
新天鹅空调产品生产成本表			
编制:王大刚		时间	2011/12/1
项目	上年实际	本月实际	本年实际累计
生产费用:	¥220,000.00	¥180,000.00	¥400,000.00
生产的直接材料	¥800,000.00	¥300,000.00	¥950,000.00
其中:生产原材料	¥700,000.00	¥240,000.00	¥900,000.00
直接人工	¥201,000.00	¥140,000.00	¥300,000.00
燃料及动力	¥28,000.00	¥2,000.00	¥35,000.00
生产的制造费用	¥260,000.00	¥30,000.00	¥320,000.00
生产费用合计	¥1,289,000.00	¥472,000.00	¥1,605,000.00
加:半成品期初余额	¥48,000.00	¥3,800.00	¥31,000.00
减:半成品期末余额	¥45,000.00	¥5,500.00	¥38,000.00
产品生产成本合计	¥1,292,000.00	¥470,300.00	¥1,598,000.00
减：工程耗用	¥4,000.00	¥500.00	¥3,200.00
：在产品成本中的生产费	¥6,000.00	¥680.00	¥6,800.00
产品总成本	¥1,302,000.00	¥471,480.00	¥1,608,000.00

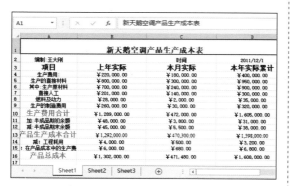

图 2-17　打开一个 Excel 工作簿

2 在需要复制的工作表标签上单击鼠标右键，在弹出的快捷菜单中选择“移动或复制”选项，如图 2-18 所示。

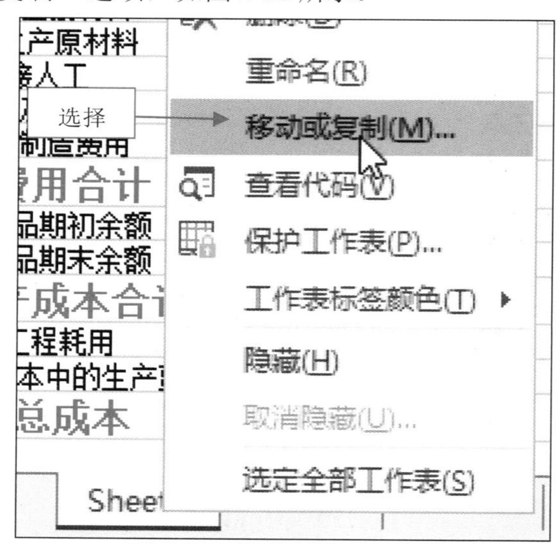

图 2-18　选择“移动或复制”选项

3 弹出“移动或复制工作表”对话框，在对话框中选中“建立副本”复选框，如图 2-19 所示。

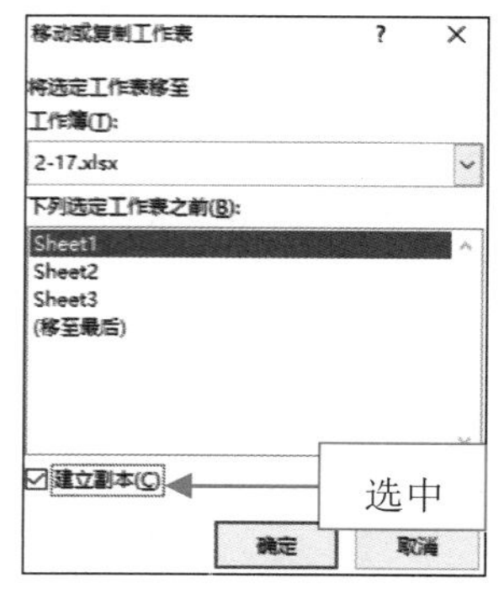

图 2-19　选中“建立副本”复选框

4 执行上述操作后，单击“确定”按钮，即可复制工作表，默认名称为 Sheet1（2），如图 2-20 所示。

大刚		时
目	上年实际	本月
用:	¥220,000.00	¥180,
接材料	¥800,000.00	¥300,
原材料	¥700,000.00	¥240,
人工	¥201,000.00	¥140,
动力	¥28,000.00	¥2,0
造费用	¥260,000.00	¥30,0
用合计	¥1,289,000.00	¥472,
期初余额	¥48,000.00	¥3,8
期末余额	¥45,000.00	¥5,5
成本合计	¥1,292,000.00	¥470,
耗用	¥4,000.00	¥50
中的生产费	¥6,000.00	¥68
成本	¥1,302,000.00	¥471,

Sheet1 (2)　Sheet1　Sheet2　Sheet3

图 2-20　复制工作表

专家提醒

在 Excel 2016 中，默认情况下还可以在按住【Ctrl】键的同时，选择需要复制的工作表，按住鼠标左键并向左或向右拖曳，至合适位置后释放鼠标，快速复制工作表。

2.2.4　删除工作表

对工作表进行编辑操作时，可以删除一些多余的工作表，这样不仅可以方便地对工作表进行管理，也可以节省系统资源。删除工作表的具体操作步骤如下：

1 单击“文件”|“打开”“浏览”按钮，打开一个 Excel 工作簿，如图 2-21 所示。

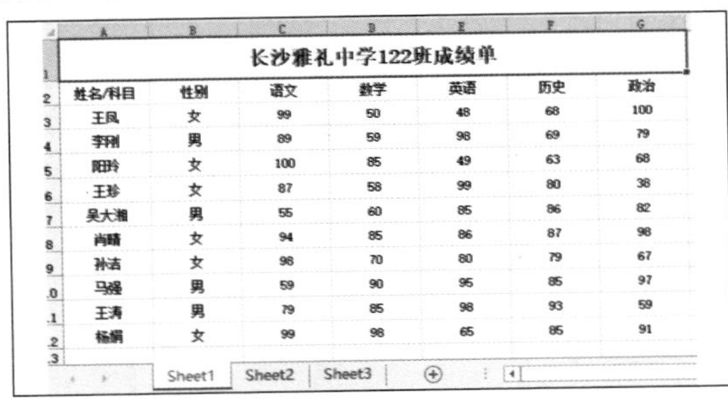

长沙雅礼中学122班成绩单						
姓名/科目	性别	语文	数学	英语	历史	政治
王凤	女	99	50	48	68	100
李刚	男	89	59	98	69	79
阳玲	女	100	85	49	63	68
王珍	女	87	58	99	80	38
吴大湘	男	55	60	85	86	82
肖晴	女	94	85	86	87	98
孙洁	女	98	70	80	79	67
马强	男	59	90	95	85	97
王涛	男	79	85	98	93	59
杨娟	女	99	98	65	85	91

图 2-21　打开一个 Excel 工作簿

2 在需要删除的工作表标签上单击鼠标右键，在弹出的快捷菜单中选择“删除”选项，如图 2-22 所示。

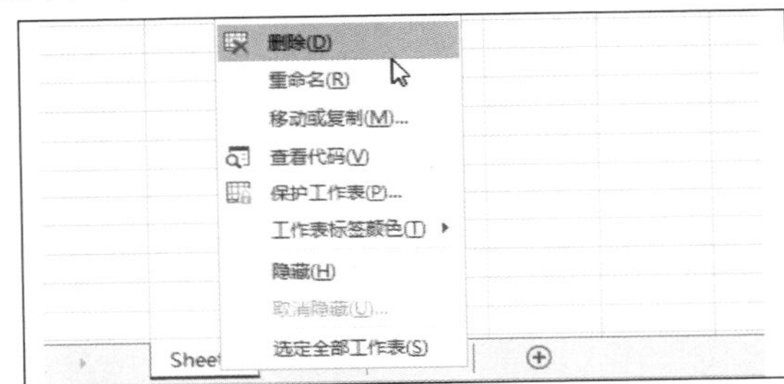

图 2-22　选择“删除”选项

3 单击“删除”按钮，即可删除工作表，如图 2-23 所示。

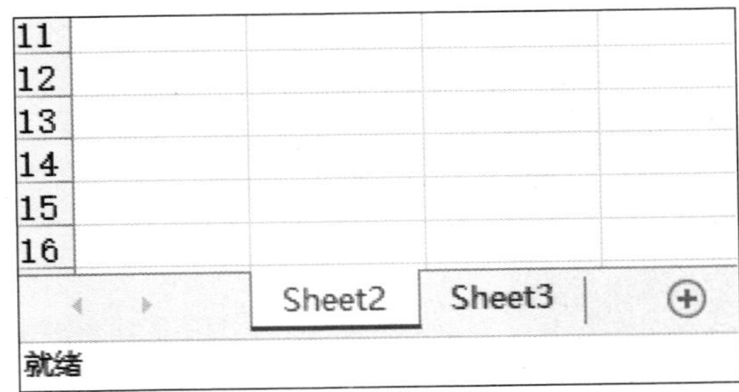

图 2-23　删除工作表

在 Excel 2016 中，选择需要删除的工作表，在“开始”选项卡下的“单元格”选项组中，单击“删除”下拉按钮，在弹出的列表框中选择“删除工作表”选项，即可删除选择的工作表。

2.2.5　隐藏工作表

在 Excel 2016 中，可以根据需要将工作表隐藏。隐藏工作表的具体操作步骤如下：

在“开始”选项卡下的“单元格”选项组中，单击“格式”下拉按钮，在弹出的列表框中选择“隐藏和取消隐藏”|“隐藏工作表”选项，也可以隐藏工作表。

1 打开上一例效果文件，在标签上单击鼠标右键，在弹出的快捷菜单中选择“隐藏”选项，如图 2-24 所示。

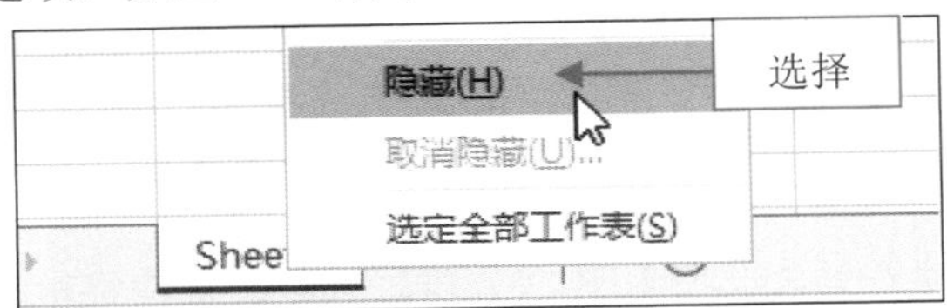

图 2-24　选择“隐藏”选项

2 执行上述操作后，即可隐藏工作表，如图 2-25 所示。

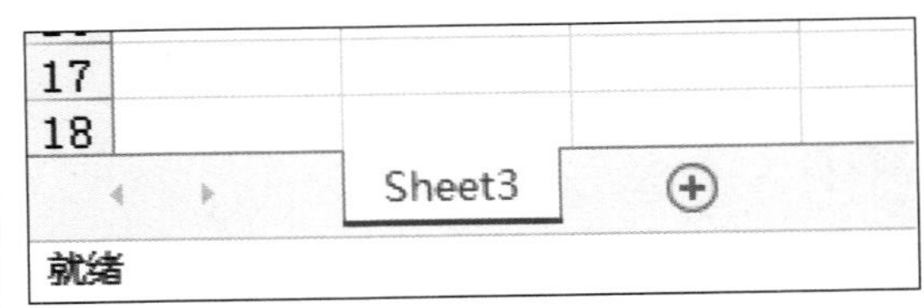

图 2-25　隐藏工作表

2.2.6　设置工作表网格线

网格线用于编辑表格内容，可根据需要编辑修改工作表网格线颜色，还可以设置工作表网格线的显示或隐藏。默认情况下网格线呈黑色半透明。设置工作表网格线的具体操作步骤如下：

1 打开上一例效果文件，单击“文件”|“选项”命令，如图 2-26 所示。

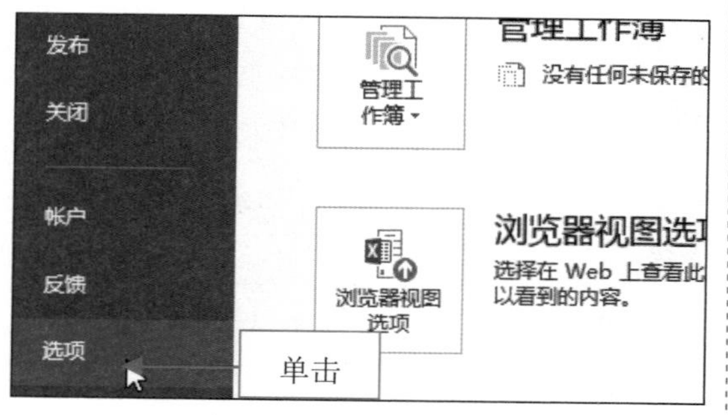

图 2-26　单击“选项”命令

2 弹出“Excel 选项”对话框，切换至“高级”选项卡，如图 2-27 所示。

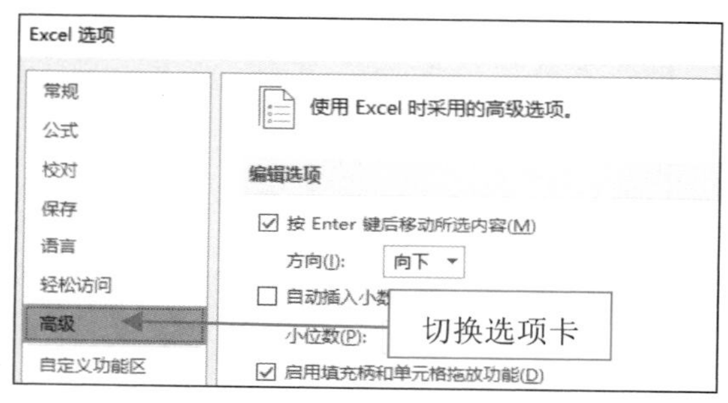

图 2-27　切换至“高级”选项卡

3 在“高级”选项卡中，在“此工作表的显示选项”选项区中，取消选中“显示网格线”复选框，如图 2-28 所示。

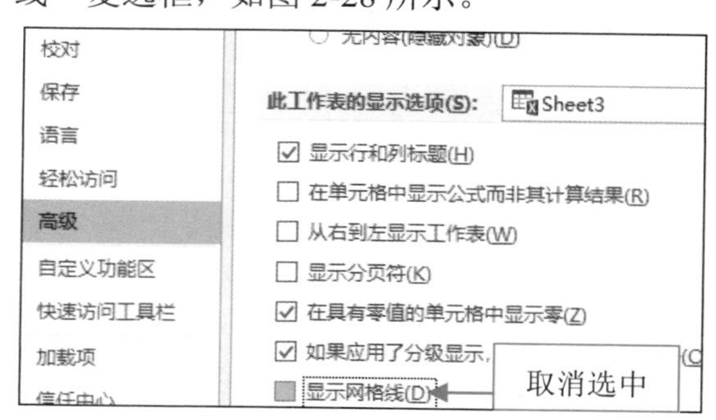

图 2-28　取消选中“显示网格线”复选框

4 执行上述操作后，单击“确定”按钮，即可在工作表中隐藏网格线，效果如图 2-29 所示。

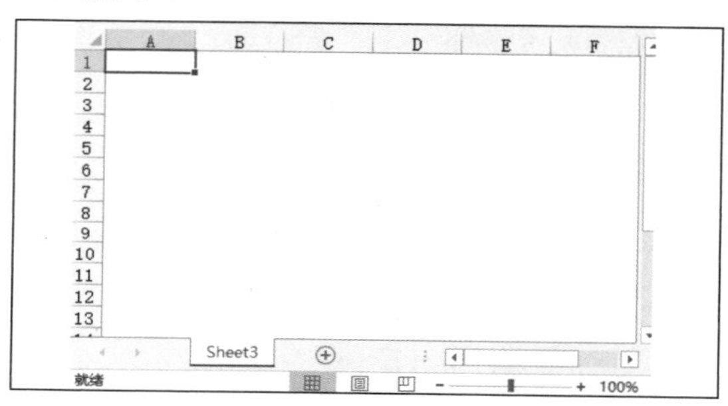

图 2-29　隐藏网格线

专家提醒

在 Excel 2016 中，单击“文件”|“选项”命令，弹出“Excel 选项”对话框，切换至“高级”选项卡，移动滚动条，显示出网格线设置界面，设置“显示网格线”复选框下面的“网格线颜色”，可以修改网格线的颜色。

2.3　单元格的基本操作

在 Excel 2016 中，绝大多数的操作都是针对单元格的，在掌握工作簿与工作表的基本操作后，本节将介绍单元格的基本操作方法，了解并掌握单元格的常用操作是非常重要的。

2.3.1　选定单元格

单元格是工作表的基本单位，若在工作表中进行数据运算和数据分析，就应该先选择单元格或单元格区域，才能对工作表进行编辑。下面将介绍选择单元格的不同方式。

1．选择一个单元格

选择一个单元格很简单，将鼠标指针移至工作表中的任意单元格上，单击鼠标左键，即可

选择该单元格，如图 2-30 所示。

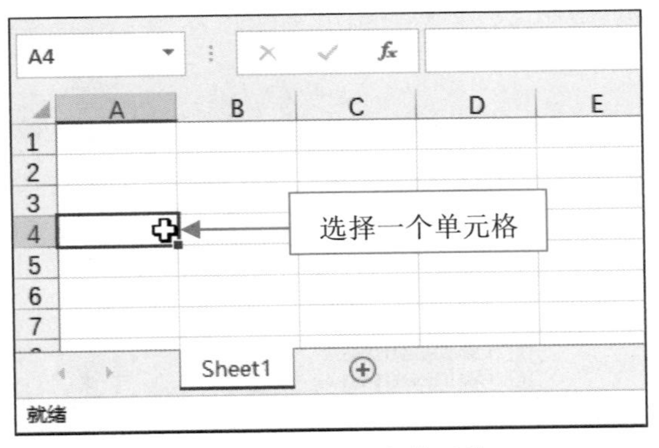

图 2-30　选择一个单元格

专家提醒

在 Excel 2016 中，还可以通过单击"编辑栏"左边的"名称框"，在"名称框"中输入需要选择单元格的列标行号，然后按回车键快速选择一个单元格。

2．选择相邻的多个单元格

选择相邻的多个单元格，可以将鼠标指针移至工作表中的任意单元格上，按住鼠标左键并向右下方拖曳，至目标位置后释放鼠标左键，或者单击"编辑栏"左边的"名称框"，输入需要选择的单元格区域地址，如 A1:C6，然后按回车键，即可选择指定的单元格区域，如图 2-31 所示。

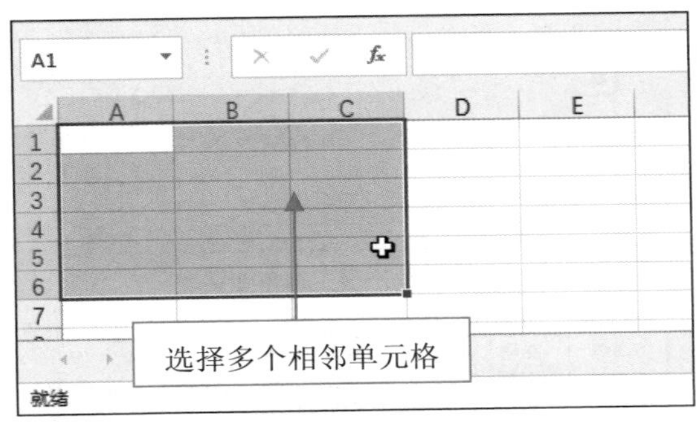

图 2-31　选择相邻的多个单元格

专家提醒

在 Excel 2016 中，还可以通过选择第一个单元格，然后按住【Shift】键的同时，在最后一个单元格上单击鼠标左键，即可快速选择相邻的多个单元格的区域。

3．选择不相邻的多个单元格

选择不相邻的多个单元格，可以将鼠标指针移至工作表中，按住【Ctrl】键的同时，在需要选择的单元格上单击鼠标左键，或者单击"编辑栏"左边的"名称框"，输入需要选择单元格的列标行号，如 A1，B3，C5，A6，然后按回车键，即可选择不相邻的多个单元格，如图 2-32 所示。

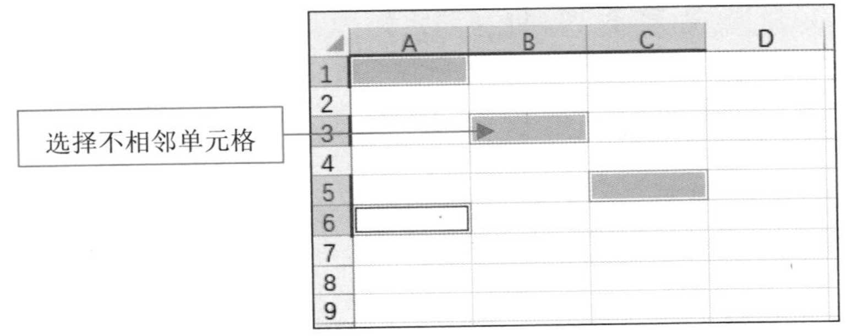

图 2-32　选择不相邻的多个单元格

4. 选择定位单元格

在 Excel 2016 中，编辑大型数据表格时，可以通过快速定位单元格来编辑数据。选择定位单元格的具体操作步骤如下：

1 单击“文件”|“打开”|“浏览”按钮，打开一个 Excel 工作簿，如图 2-33 所示。

	A	B	C	D	E	F
1	中联房地产员工销售业绩表					
2	员工编号	姓名	销售组	签单额	到账额	到账比例
3	5b1001	张刚	1组	￥3,400,000	￥3,000,000	88.24%
4	5b1002	王军	2组	￥2,500,000	￥2,200,000	88.00%
5	5b1003	李霞	4组	￥3,600,000	￥2,500,000	69.44%
6	5b1004	刘黎	1组	￥1,900,000	￥1,700,000	89.47%
7	5b1005	阳琴	1组	￥2,200,000	￥2,000,000	90.91%
8	5b1006	冯丽	3组	￥2,500,000	￥2,800,000	86.36%
9	5b1007	胡强	2组	￥2,100,000	￥1,900,000	90.48%
10	5b1008	马娟	1组	￥1,800,000	￥1,500,000	83.33%
11	5b1009	杨高	1组	￥14,000,000	￥1,600,000	11.43%
12	5b1010	曾凤	2组	￥2,900,000	￥2,000,000	68.97%
13	5b1011	陈婷	4组	￥1,200,000	￥2,000,000	166.67%
14	5b1012	程芳	1组	￥4,500,000	￥4,000,000	88.89%
15	5b1013	刘皎	3组	￥3,900,000	￥3,700,000	94.87%

员工销售业绩表 | Sheet2 | Sheet ...

图 2-33 打开一个 Excel 工作簿

2 在“开始”选项卡下的“编辑”选项组中单击“查找和选择”按钮，在弹出的列表框中选择“转到”选项，如图 2-34 所示。

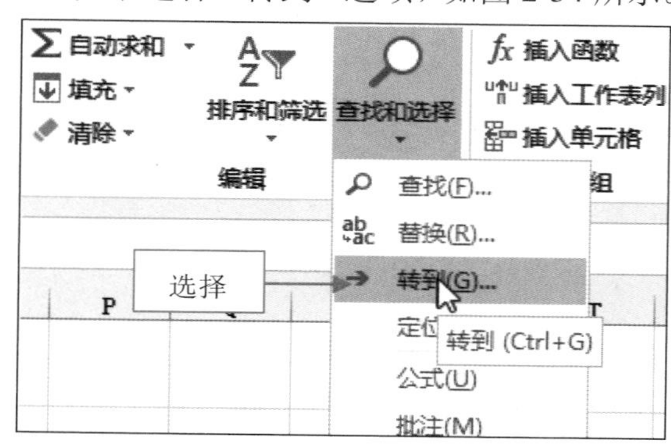

图 2-34 选择“转到”选项

3 执行上述操作后，弹出“定位”对话框，在“引用位置”文本框中，输入需要选择的单元格区域地址，如图 2-35 所示。

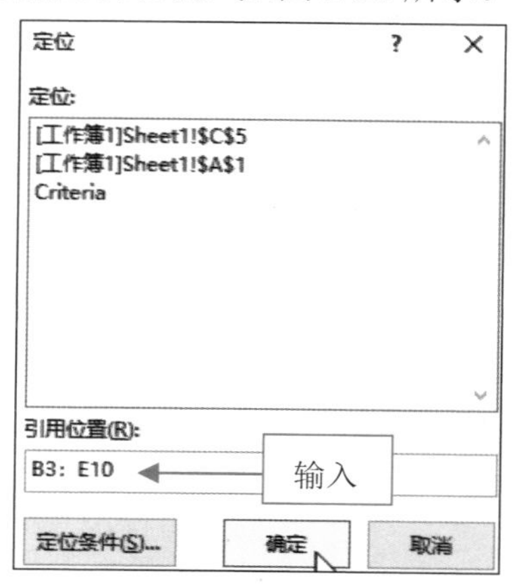

图 2-35 输入需要选择的单元格区域地址

4 单击“确定”按钮，即可选择定位单元格区域，如图 2-36 所示。

	A	B	C	D	E	F
1	中联房地产员工销售业绩表					
2	员工编号	姓名	销售组	签单额	到账额	到账比例
3	5b1001	张刚	1组	￥3,400,000	￥3,000,000	88.24%
4	5b1002	王军	2组	￥2,500,000	￥2,200,000	88.00%
5	5b1003	李霞	4组	￥3,600,000	￥2,500,000	69.44%
6	5b1004	刘黎	1组	￥1,900,000	￥1,700,000	89.47%
7	5b1005	阳琴	1组	￥2,200,000	￥2,000,000	90.91%
8	5b1006	冯丽	3组	￥2,500,000	￥2,800,000	86.36%
9	5b1007	胡强	2组	￥2,100,000	￥1,900,000	90.48%
10	5b1008	马娟	1组	￥1,800,000	￥1,500,000	83.33%
11	5b1009	杨高	1组	￥14,000,000	￥1,600,000	11.43%
12	5b1010	曾凤	2组	￥2,900,000	￥2,000,000	68.97%
13	5b1011	陈婷	4组	￥1,200,000	￥2,000,000	166.67%

图 2-36 选择定位单元格

专家提醒

在弹出的“定位”对话框中，单击“定位条件”按钮，即会弹出“定位条件”对话框，在其中可以通过设置定位条件，来选择满足条件的单元格。

2.3.2 插入 / 删除单元格

在 Excel 2016 表格的实际运用中，编辑工作表时常常需要对单元格进行修改，可以根据编辑工作的需要，随时在工作表中插入单元格或者删除单元格。下面将分别介绍插入和删除单元格的操作方法。

1. 插入单元格

在 Excel 2016 的操作过程中，如果发现制作的表格中有被遗漏的数据，可以根据需要在工作表中需要添加单元格的位置上插入单元格。插入单元格的具体操作步骤如下：

1 打开上一例效果文件，在“单元格”选项组中单击“插入”下三角按钮，弹出列表框，选择“插入单元格”选项，如图 2-37 所示。

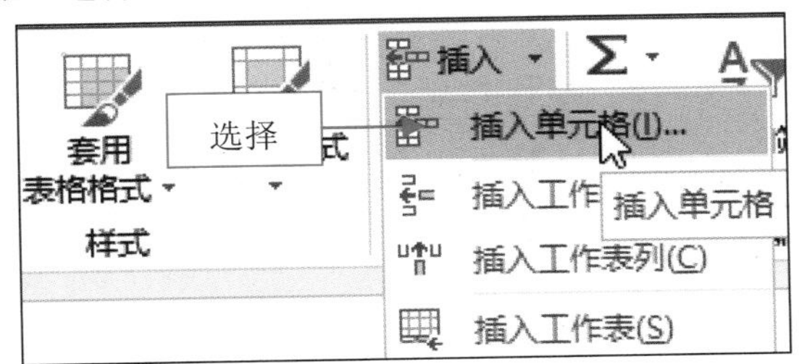

图 2-37　选择“插入单元格”选项

2 执行上述操作后，弹出“插入”对话框，然后选中“整行”单选按钮，如图 2-38 所示。

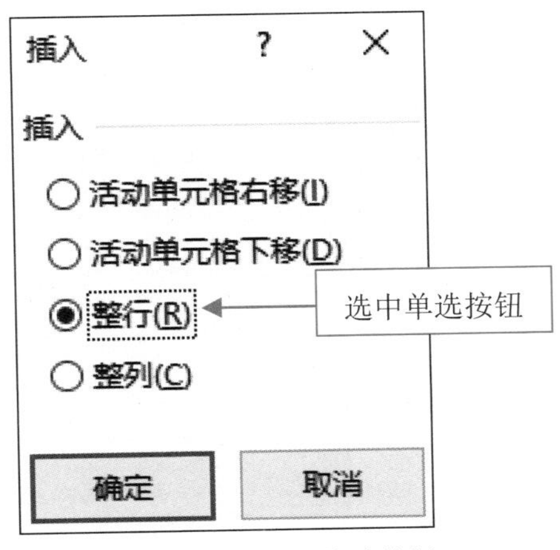

图 2-38　选中“整行”单选按钮

3 单击“确定”按钮，即可插入整行单元格，如图 2-39 所示。

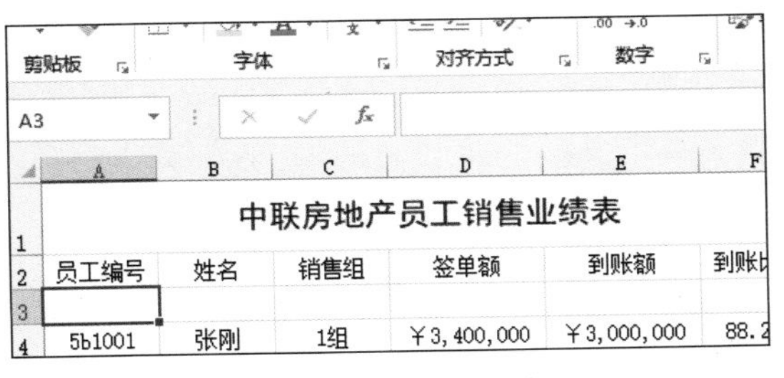

图 2-39　插入单元格

专家提醒

在“插入”对话框中，若选中“活动单元格右移”单选按钮，则在所选单元格的左侧插入一个单元格；若选中“活动单元格下移”单选按钮，则在所选单元格的上面插入一个单元格；若选中“整列”单选按钮，则在所选单元格的左侧插入一列。

2. 删除单元格

在 Excel 2016 中，当工作表中的数据及其位置不再需要时，可以将其数据和位置删除，删除的单元格及单元格内容将一起从工作表中消失。删除单元格的具体操作步骤如下：

专家提醒

在“开始”选项卡下的“单元格”选项组中，单击“删除”下拉按钮，在弹出的列表框中选择“删除单元格”选项，也会弹出“删除”对话框，快速删除单元格的数据和位置。

1. 打开上一例效果文件，在工作表中单击鼠标左键并拖曳，选择需要删除的单元格区域，如图 2-40 所示。

员工编号	姓名	销售组	签单额	到账额	到账比例
5b1001	张刚	1组	￥3,400,000	￥3,000,000	88.24%
5b1002	王军	2组	￥2,500,000	￥2,200,000	88.00%
5b1003	李霞	4组	￥3,600,000	￥2,500,000	69.44%
5b1004	刘黎	1组	￥1,900,000	￥1,700,000	89.47%
5b1005	阳琴	1组	￥2,200,000	￥2,000,000	90.91%
5b1006	冯丽	3组	￥2,500,000	￥2,800,000	86.36%
5b1007	胡强	2组	￥2,100,000	￥1,900,000	90.48%
5b1008	马娟	1组	￥1,800,000	￥1,500,000	83.33%
5b1009	杨高	1组	￥14,000,000	￥1,600,000	11.43%
5b1010	曾凤	2组	￥2,900,000	￥2,000,000	68.97%
5b1011	陈婷	4组	￥1,200,000	￥2,000,000	166.67%
5b1012	程芳	1组	￥4,500,000	￥4,000,000	88.89%
5b1013	刘姣	3组	￥3,900,000	￥3,700,000	94.87%

图 2-40　选择需要删除的单元格

2. 单击鼠标右键，在弹出的快捷菜单中，选择“删除”选项，如图 2-41 所示。

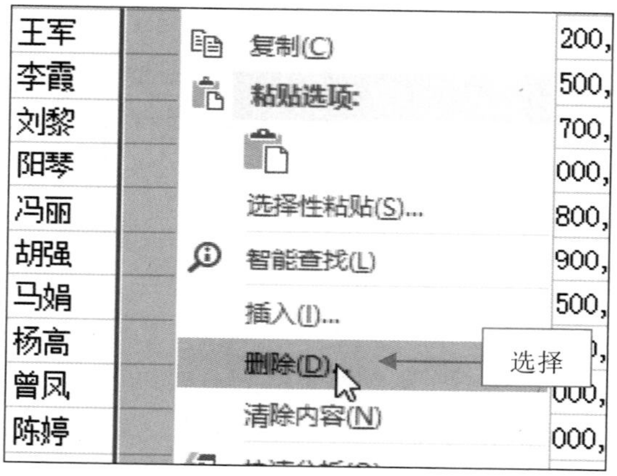

复制(C)
粘贴选项:
选择性粘贴(S)...
智能查找(L)
插入(I)...
删除(D)
清除内容(N)
选择

图 2-41　选择“删除”选项

3. 执行上述操作后，弹出“删除”对话框，选中“下方单元格上移”单选按钮，如图 2-42 所示。

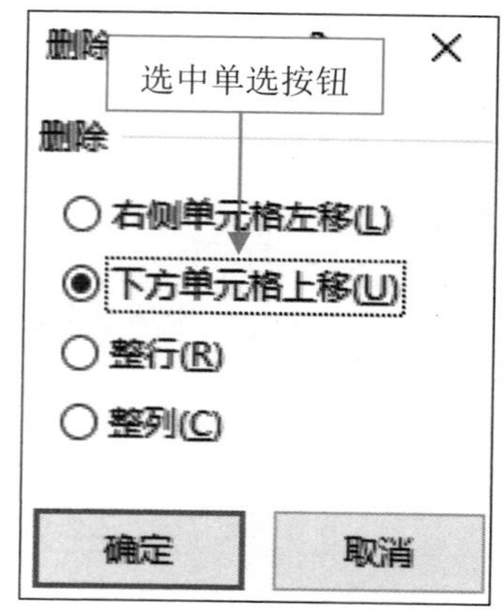

图 2-42　选中相应单选按钮

4. 单击“确定”按钮，即可删除选中的单元格，如图 2-43 所示。

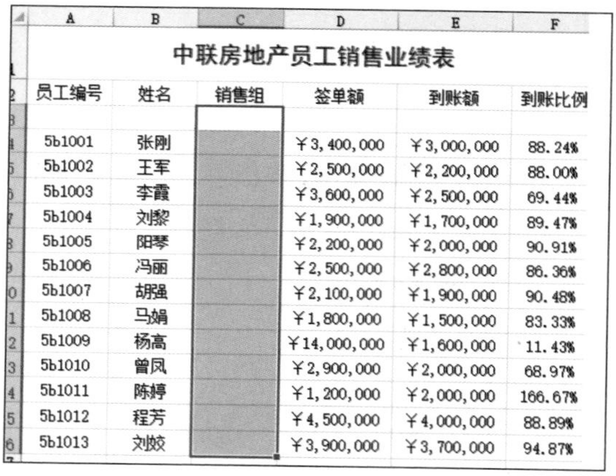

员工编号	姓名	销售组	签单额	到账额	到账比例
5b1001	张刚		￥3,400,000	￥3,000,000	88.24%
5b1002	王军		￥2,500,000	￥2,200,000	88.00%
5b1003	李霞		￥3,600,000	￥2,500,000	69.44%
5b1004	刘黎		￥1,900,000	￥1,700,000	89.47%
5b1005	阳琴		￥2,200,000	￥2,000,000	90.91%
5b1006	冯丽		￥2,500,000	￥2,800,000	86.36%
5b1007	胡强		￥2,100,000	￥1,900,000	90.48%
5b1008	马娟		￥1,800,000	￥1,500,000	83.33%
5b1009	杨高		￥14,000,000	￥1,600,000	11.43%
5b1010	曾凤		￥2,900,000	￥2,000,000	68.97%
5b1011	陈婷		￥1,200,000	￥2,000,000	166.67%
5b1012	程芳		￥4,500,000	￥4,000,000	88.89%
5b1013	刘姣		￥3,900,000	￥3,700,000	94.87%

图 2-43　删除选择的单元格

2.3.3　合并 / 拆分单元格

使用 Excel 2016 制作表格时，为了使表格更加专业化与美观，就需要根据表格中的内容对单元格进行合并或拆分。下面分别介绍合并和拆分单元格的方法。

1. 合并单元格

在编辑工作表时，需要将占用多个单元格的内容放在多个单元格之中，这就需要将多个单元格合并成一个单元格才能实现。合并单元格的具体操作步骤如下：

专家提醒

在 Excel 2016 中，还可以通过单击“开始”选项卡下“对齐方式”选项组中的“合并后居中”按钮，快速合并单元格。

1 单击“文件”|“打开”|“浏览”按钮，打开一个 Excel 工作簿，如图 2-44 所示。

	A	B	C	D
1	金鑫电脑有限公司账务表			
2	日期	姓名	用途	金额
3	2011/12/15	张捷	主板	800
4	2011/12/16	贺芳	显示器	1200
5	2011/12/17	李凤	网卡	125
6	2011/12/18	王婷	光驱	500
7	2011/12/19	莫凡	内存条	200
8	2011/12/20	陈傅	键盘	28
9	2011/12/21	李刚	机箱	200
10	2011/12/22	黄明	显卡	320
11	2011/12/23	孙洁	鼠标	20

图 2-44 打开一个 Excel 工作簿

2 选中 A1:C1 单元格区域，单击鼠标右键，在弹出的快捷菜单中选择“设置单元格格式”选项，如图 2-45 所示。

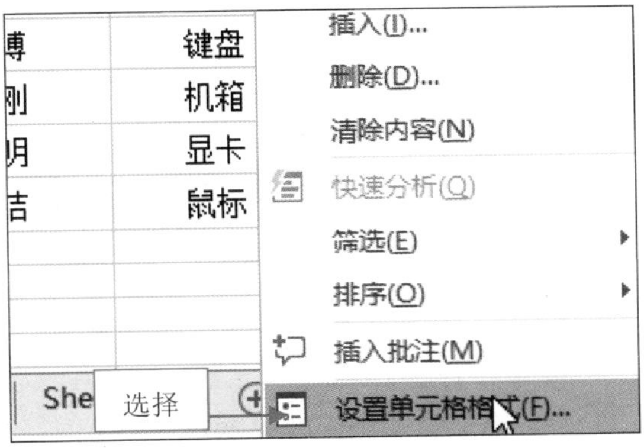

插入(I)...
删除(D)...
清除内容(N)
快速分析(Q)
筛选(E)
排序(O)
插入批注(M)
设置单元格格式(F)...
选择

图 2-45 选择“设置单元格格式”选项

3 执行上述操作后，弹出“设置单元格格式”对话框，切换至“对齐”选项卡，选中“文本控制”选项区中的“合并单元格”复选框，如图 2-46 所示。

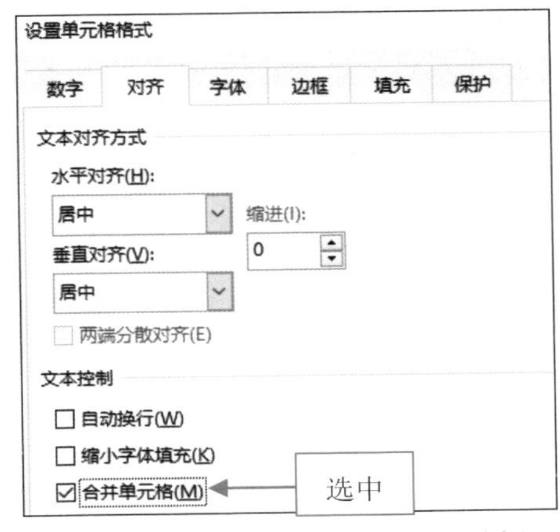

图 2-46 选中“合并单元格”复选框

4 单击“确定”按钮，执行上述操作后，即可将工作表中选中的单元格区域合并，如图 2-47 所示。

金鑫电脑有限公司账务表			
日期	姓名	用途	金额
2011/12/15	张捷	主板	800
2011/12/16	贺芳	显示器	1200
2011/12/17	李凤	网卡	125
2011/12/18	王婷	光驱	500
2011/12/19	莫凡	内存条	200
2011/12/20	陈傅	键盘	28
2011/12/21	李刚	机箱	200
2011/12/22	黄明	显卡	320
2011/12/23	孙洁	鼠标	20

图 2-47 合并单元格

2. 拆分单元格

在 Excel 2016 中，拆分单元格的操作只能在合并后的单元格的基础上进行。拆分单元格的具体操作步骤如下：

专家提醒

在 Excel 2016 中，拆分单元格后，在有底纹的单元格中，并不能明显地看出单元格已被拆分，所以拆分单元格后，单击“开始”选项卡下“字体”选项组中的“下框线”右侧的下三角按钮，在弹出的列表框中选择“所有框线”选项，即可为单元格添加边框线。

1 打开上一例效果文件，选中 A1 单元格，在“开始”选项卡下的“对齐方式”选项组中，单击“合并后居中”右侧的下三角按钮，如图 2-48 所示。

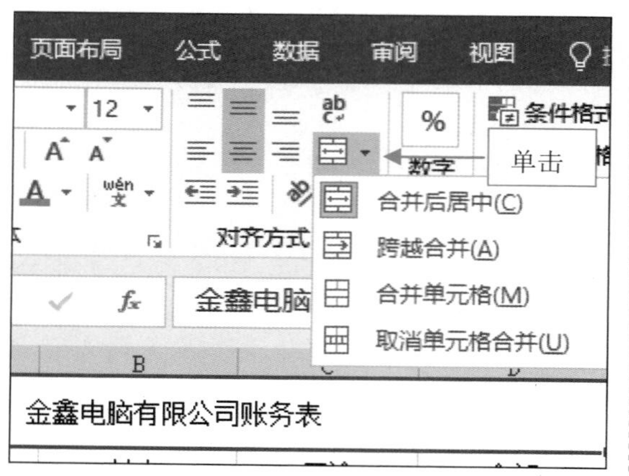

图 2-48 单击“合并后居中”按钮

2 在弹出的列表框中选择“取消单元格合并”选项，执行上述操作后，即可将单元格拆分，如图 2-49 所示。

图 2-49 拆分单元格

2.3.4 命名单元格

在 Excel 2016 中创建大型表格时，会涉及非常多的表格，这时可以为其中某些单元格命名，以便引用。命名单元格的具体操作步骤如下：

1 打开上一例效果文件，在工作表中选择 A1 单元格，如图 2-50 所示。

	A	B	C
1	金鑫电脑有限公司账务表		
2	日期	姓名	用途
3	2011/12/15	张捷	主板
4	2011/12/16	贺芳	显示器
5	2011/12/17	李凤	网卡
6	2011/12/18	王婷	光驱
7	2011/12/19	莫凡	内存条
8	2011/12/20	陈傅	键盘
9	2011/12/21	李刚	机箱
10	2011/12/22	黄明	显卡

图 2-50 选择 A1 单元格

2 在“名称框”文本框中输入文本“账务表”，按【Enter】键确认，即可重命名单元格，如图 2-51 所示。

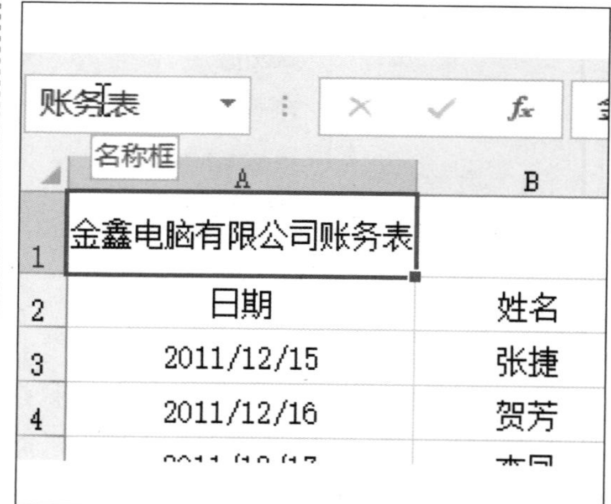

图 2-51 命名单元格

2.3.5 设置对齐方式

在 Excel 2016 中，对齐是指单元格中的内容在显示时，相对于单元格上、下、左、右边界的位置。默认状态下，单元格中的文字对齐方式是左对齐，逻辑值和出错值是居中对齐，而数字是右对齐。设置对齐方式的具体操作步骤如下：

1. 单击“文件”|“打开”|“浏览”按钮，打开一个 Excel 工作簿，选择单元格区域，如图 2-52 所示。

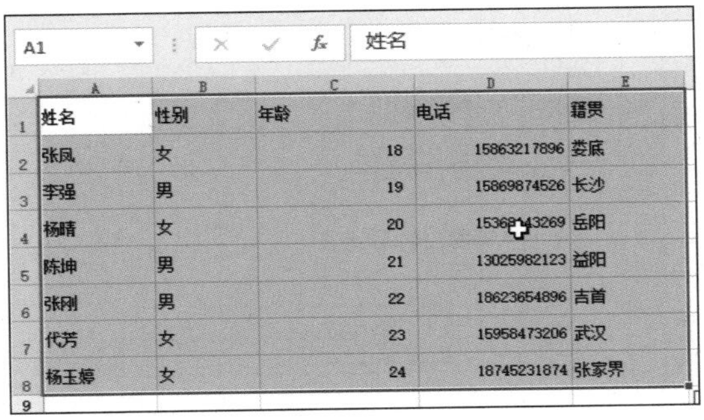

姓名	性别	年龄	电话	籍贯
张凤	女	18	15863217896	娄底
李强	男	19	15869874526	长沙
杨晴	女	20	15368143269	岳阳
陈坤	男	21	13025982123	益阳
张刚	男	22	18623654896	吉首
代芳	女	23	15958473206	武汉
杨玉婷	女	24	18745231874	张家界

图 2-52　选择单元格区域

2. 单击鼠标右键，在弹出的快捷菜单中选择“设置单元格格式”选项，如图 2-53 所示。

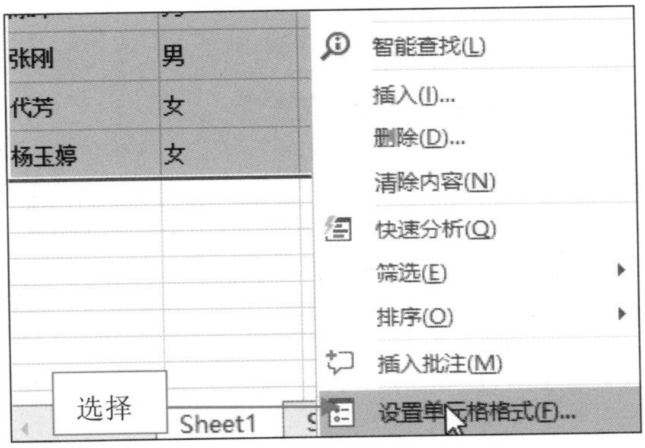

智能查找(L)
插入(I)...
删除(D)...
清除内容(N)
快速分析(Q)
筛选(E)
排序(O)
插入批注(M)
设置单元格格式(F)...

图 2-53　选择“设置单元格格式”选项

3. 弹出“设置单元格格式”对话框，切换到“对齐”选项卡，设置“水平对齐”为“居中”、“垂直对齐”为“居中”，如图 2-54 所示。

图 2-54　设置对齐的相应属性

4. 单击“确定”按钮，即可应用于设置的文本对齐方式，如图 2-55 所示。

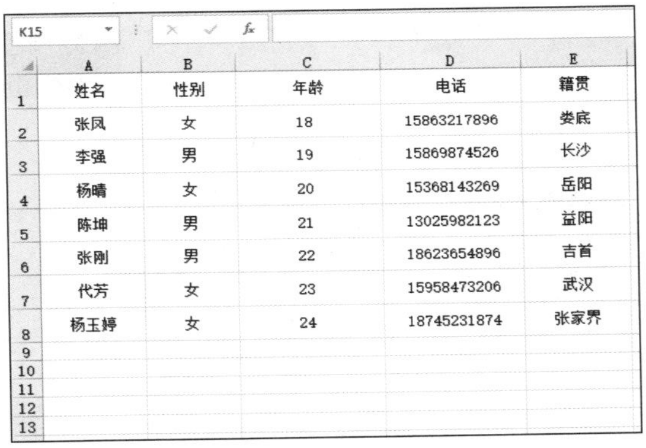

姓名	性别	年龄	电话	籍贯
张凤	女	18	15863217896	娄底
李强	男	19	15869874526	长沙
杨晴	女	20	15368143269	岳阳
陈坤	男	21	13025982123	益阳
张刚	男	22	18623654896	吉首
代芳	女	23	15958473206	武汉
杨玉婷	女	24	18745231874	张家界

图 2-55　设置对齐方式

专家提醒

在“对齐”选项卡的“方向”选项区中，拖曳预览窗口中的指针方向，或在下方设置旋转参数，即可设置单元格中字体的旋转角度。在“开始”选项卡下的“对齐方式”选项组中，分别单击“增加缩进量”按钮和“减少缩进量”按钮，可改变文本在单元格中的缩进量。

2.4　使用格式

Excel 2016 为用户提供了多种工作表格式，可以根据需要选择工作表格式。本节主要介绍自动套用格式和使用条件格式等基本操作。

扫码观看本节视频

2.4.1　自动套用格式

在 Excel 2016 中，内置了大量的工作表格式，这些格式中预设了数字、字体、对齐方式和行高列宽等属性，套用这些格式，既可美化工作表，又可以提高工作效率。自动套用格式的具体操作步骤如下：

1 单击“文件”|“打开”|“浏览”按钮，打开一个 Excel 工作簿，选择单元格区域，如图 2-56 所示。

	A	B	C	D
1	101班考试成绩表			
2	姓 名	语 文	数 学	英 语
3	王涛	85	84	86
4	李凤	77	66	66
5	杨峰	90	91	75
6	彭洁	59	92	86
7	周勇	88	77	59
8	姜国文	77	76	76
9	苏君绝	59	81	81
10	王明	95	72	77
11	孙誉	77	66	70
12	赵艳	100	75	87

图 2-56　选择单元格区域

2 在“开始”选项卡下“样式”选项组中单击“套用表格格式”按钮，在弹出的下拉列表框中选择相应的表样式，如图 2-57 所示。

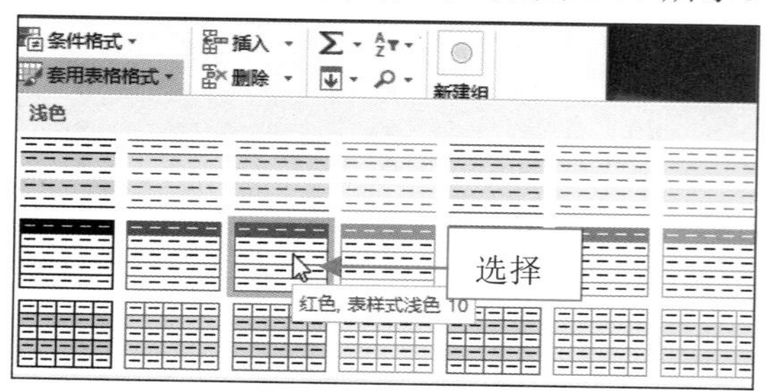

图 2-57　选择相应表样式

3 弹出“套用表格式”对话框，选中“表包含标题”复选框，单击“确定”按钮，如图 2-58 所示。

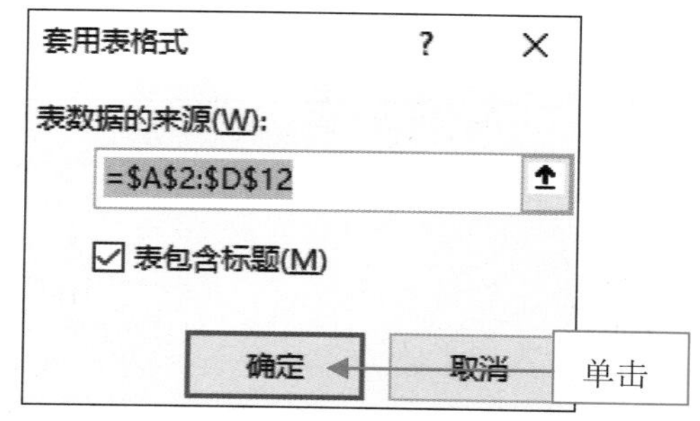

图 2-58　单击“确定”按钮

4 执行上述操作后，即可完成表格的自动套用格式操作，如图 2-59 所示。

	A	B	C	D
1	101班考试成绩表			
2	姓 名	语 文	数 学	英 语
3	王涛	85	84	86
4	李凤	77	66	66
5	杨峰	90	91	75
6	彭洁	59	92	86
7	周勇	88	77	59
8	姜国文	77	76	76
9	苏君绝	59	81	81
10	王明	95	72	77
11	孙誉	77	66	70
12	赵艳	100	75	87

图 2-59　自动套用格式

2.4.2　使用条件格式

条件格式是指如果指定的单元格满足了特定的条件，Excel 便将底纹、字体和颜色等格式应用到该单元格中，突出显示特定的内容。使用条件格式的具体操作步骤如下：

1 单击“文件”|“打开”|“浏览”按钮，打开一个 Excel 工作簿，选择单元格区域，如图 2-60 所示。

	A	B	C	D	E	F
1	员工工资表					
2	姓名	部门	基本工资	奖金	其他扣款	实发工资
3	白云	行政	1650	100	50	1700
4	马珊	人事	1200	300	20	1480
5	朱兴	行政	1500	250	80	1670
6	李龙	企划	1800	200	60	1940
7	田峰	人事	1530	180	100	1610
8	曾省坡	销售	1200	200	10	1390
9	王超	行政	1650	50	60	1640
10	胡白日	企划	1722	100	0	1822
11	杨明	企划	1850	200	30	2020
12	孙虹	销售	1000	500	60	1440
13	朱雄	设计	1580	200	75	1705
14	陈艳	人事	1920	100	55	1965
15	苏黄进	企划	2000	150	82	2068
16	赵洁	设计	1200	80	60	1220

图 2-60　选择单元格区域

2 在“样式”选项组中单击“条件格式”按钮，在弹出的列表框中选择“突出显示单元格规则”|“大于”选项，如图 2-61 所示。

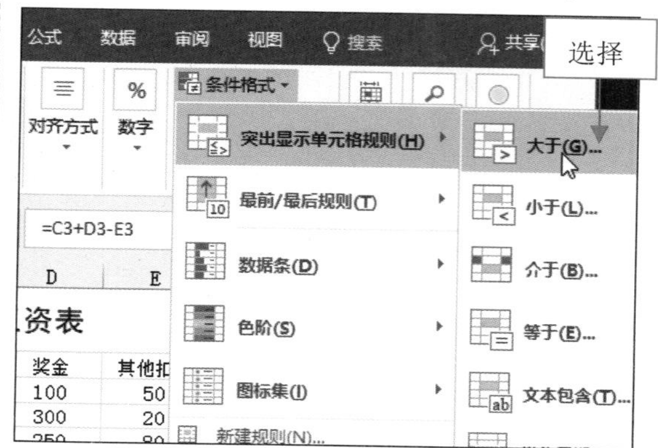

图 2-61　选择相应选项

3. 弹出“大于”对话框，在文本框中输入 1800，单击右侧的下拉按钮，选择“红色文本”选项，如图 2-62 所示。

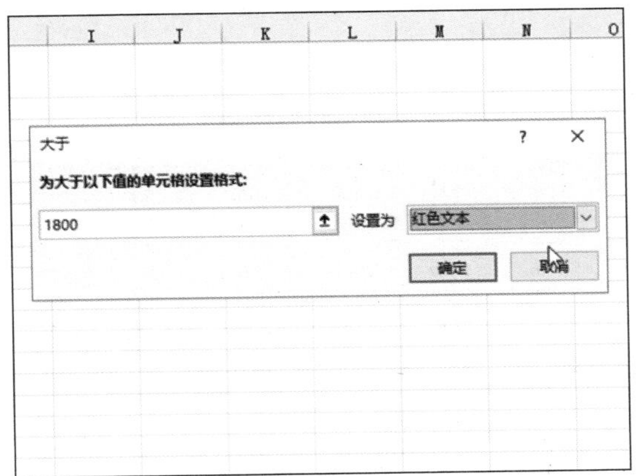

图 2-62　选择相应选项

4. 单击“确定”按钮，即可把选定单元格区域中大于 1800 的数据以红色文本突出显示，如图 2-63 所示。

	A	B	C	D	E	F
1	员工工资表					
2	姓名	部门	基本工资	奖金	其他扣款	实发工资
3	白云	行政	1650	100	50	1700
4	马珊	人事	1200	300	20	1480
5	朱兴	行政	1500	250	80	1670
6	李龙	企划	1800	200	60	1940
7	田峰	人事	1530	180	100	1610
8	曾省坡	销售	1200	200	10	1390
9	王超	行政	1650	50	60	1640
10	胡白日	企划	1722	100	0	1822
11	杨明	企划	1850	200	30	2020
12	孙虹	销售	1000	500	60	1440

图 2-63　突出显示数据

5. 在工作表中选择 E3:E16 单元格区域，如图 2-64 所示。

	A	B	C	D	E	F
1	员工工资表					
2	姓名	部门	基本工资	奖金	其他扣款	实发工资
3	白云	行政	1650	100	50	1700
4	马珊	人事	1200	300	20	1480
5	朱兴	行政	1500	250	80	1670
6	李龙	企划	1800	200	60	1940
7	田峰	人事	1530	180	100	1610
8	曾省坡	销售	1200	200	10	1390
9	王超	行政	1650	50	60	1640
10	胡白日	企划	1722	100	0	1822
11	杨明	企划	1850	200	30	2020
12	孙虹	销售	1000	500	60	1440
13	朱雄	设计	1580	200	75	1705
14	陈艳	人事	1920	100	55	1965
15	苏黄进	企划	2000	150	82	2068
16	赵洁	设计	1200	80	60	1220

图 2-64　选择单元格区域

6. 在“样式”选项组中单击“条件格式”按钮，在弹出的列表框中选择“最前/最后规则”|“高于平均值”选项，如图 2-65 所示。

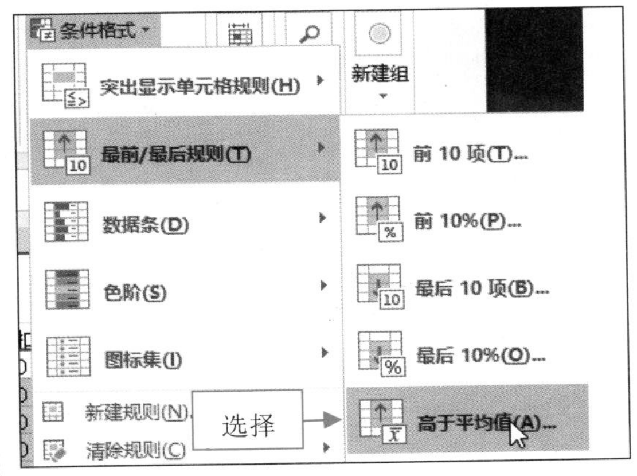

图 2-65　选择相应选项

7. 弹出“高于平均值”对话框，设置相应填充颜色，如图 2-66 所示。

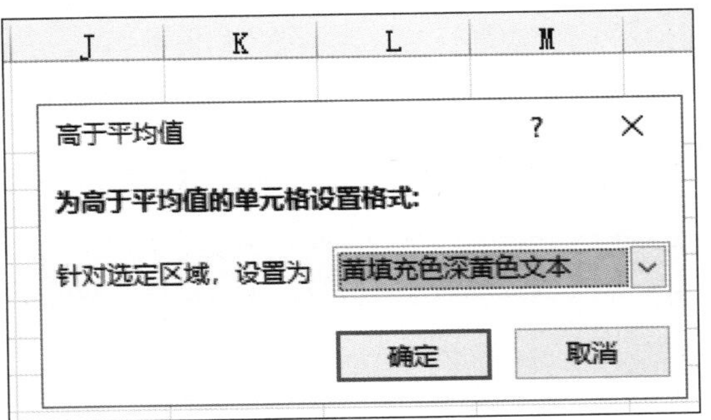

图 2-66　设置相应填充颜色

8. 单击“确定”按钮，即可突出显示高于平均值的数据，如图 2-67 所示。

	A	B	C	D	E	F
1	员工工资表					
2	姓名	部门	基本工资	奖金	其他扣款	实发工资
3	白云	行政	1650	100	50	1700
4	马珊	人事	1200	300	20	1480
5	朱兴	行政	1500	250	80	1670
6	李龙	企划	1800	200	60	1940
7	田峰	人事	1530	180	100	1610
8	曾省坡	销售	1200	200	10	1390
9	王超	行政	1650	50	60	1640
10	胡白日	企划	1722	100	0	1822
11	杨明	企划	1850	200	30	2020
12	孙虹	销售	1000	500	60	1440
13	朱雄	设计	1580	200	75	1705
14	陈艳	人事	1920	100	55	1965
15	苏黄进	企划	2000	150	82	2068
16	赵洁	设计	1200	80	60	1220

图 2-67　突出显示数据

9 选择 A2:F16 单元格区域，在“样式”选项组中单击“条件格式”按钮，在弹出的列表框中选择“图标集”选项，选择一种样式，如图 2-68 所示。

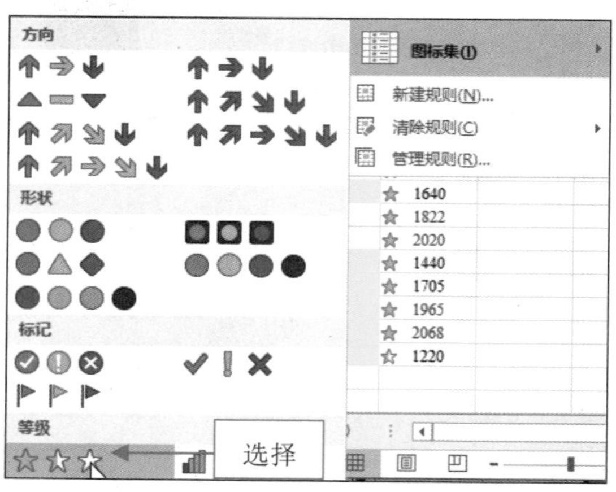

图 2-68 选择相应选项

10 执行上述操作后，即可完成条件格式的应用，如图 2-69 所示。

	A	B	C	D	E	F
1	员工工资表					
2	姓名	部门	基本工资	奖金	其他扣款	实发工资
3	白云	行政	1650	100	50	1700
4	马珊	人事	1200	300	20	1480
5	朱兴	行政	1500	250	80	1670
6	李龙	企划	1800	200	60	1940
7	田峰	人事	1530	180	100	1610
8	曾省坡	销售	1200	200	10	1390
9	王超	行政	1650	50	60	1640
10	胡白日	企划	1722	100	0	1822
11	杨明	企划	1850	200	30	2020
12	孙虹	销售	1000	500	60	1440
13	朱雄	设计	1580	200	75	1705
14	陈艳	人事	1920	100	55	1965
15	苏黄进	企划	2000	150	82	2068
16	赵洁	设计	1200	80	60	1220

图 2-69 应用条件格式

专家提醒

在 Excel 2016 中，对表格使用条件格式后，如果需要清除该条件格式，可以单击“开始”选项卡下“样式”选项组中的“条件格式”按钮，在弹出的列表框中选择“清除规则”|“清除整个工作表的规则”选项。

学习笔记

第 3 章

管理工作表与工作簿

在 Excel 2016 中，工作簿由多张工作表组成，而工作表是存储及处理数据的基础，管理好工作表和工作簿能为后面学习 Excel 2016 的其他操作奠定基础。

本章主要介绍如何有效管理工作表及工作簿的相关知识，如工作表的选择、编辑、应用与保护，以及管理工作簿窗口等内容。

3.1 选择工作表

在 Excel 2016 中，对工作表进行插入、重命名等编辑操作时必须先选择工作表。本节主要介绍选择工作表的几种操作方法，包括快速选择单张工作表、选择多张工作表和选择全部工作表等内容。

扫码观看本节视频

3.1.1 选择单张工作表

在 Excel 2016 中，可移动鼠标指针至需要选择的工作表标签上，单击鼠标左键快速选择单张工作表，如图 3-1 所示。

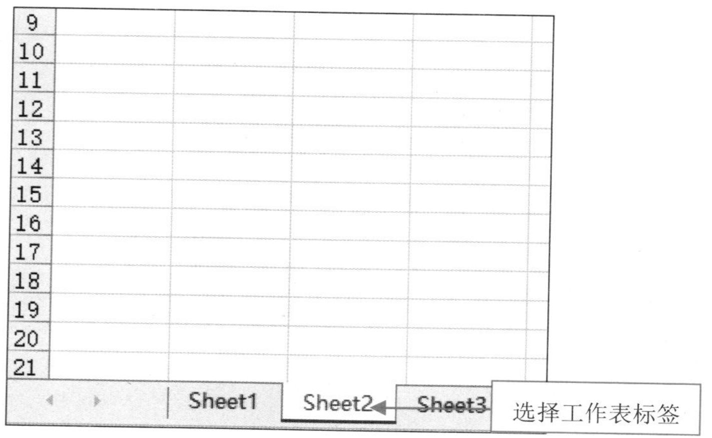

图 3-1 选择工作表标签

3.1.2 选择多张工作表

在 Excel 2016 中，可以根据需要同时选择多张工作表。下面主要介绍在不同情况下选择多张工作表的操作。

1. 选择多张相邻的工作表

在 Excel 2016 中，根据操作需要的不同可以选择多张相邻的工作表。选择多张相邻工作表的具体操作步骤如下：

1 新建一个空白工作簿，单击第 1 张工作表 Sheet1 标签，如图 3-2 所示。

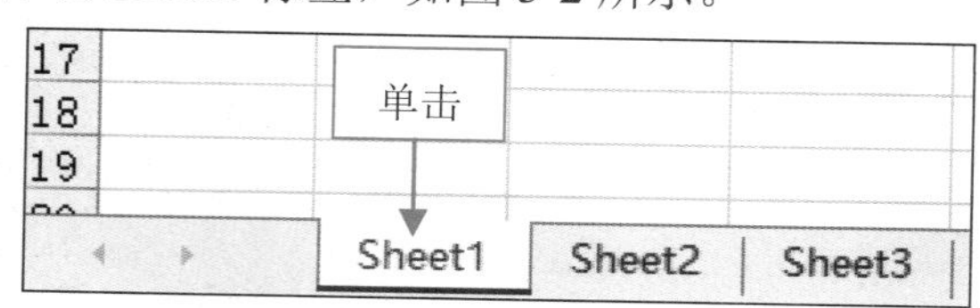

图 3-2 单击 Sheet1 标签

2 按住【Shift】键的同时，单击最后一张工作表 Sheet3 标签，如图 3-3 所示。

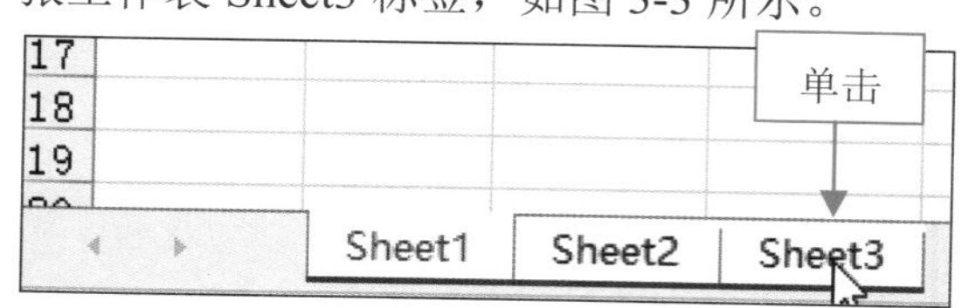

图 3-3 选择多张相邻的工作表

2. 选择多张不相邻的工作表

在 Excel 2016 中，可以根据操作需要的不同选择多张不相邻的工作表。选择多张不相邻工作表的具体操作步骤如下：

1. 新建一个空白工作簿，单击第 1 张工作表 Sheet1 标签，如图 3-4 所示。

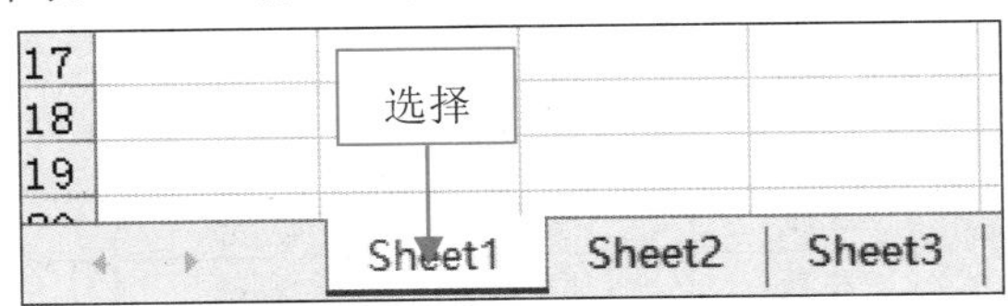

图 3-4　单击 Sheet1 标签

2. 按住【Ctrl】键的同时，单击最后一张工作表 Sheet3 标签，如图 3-5 所示。

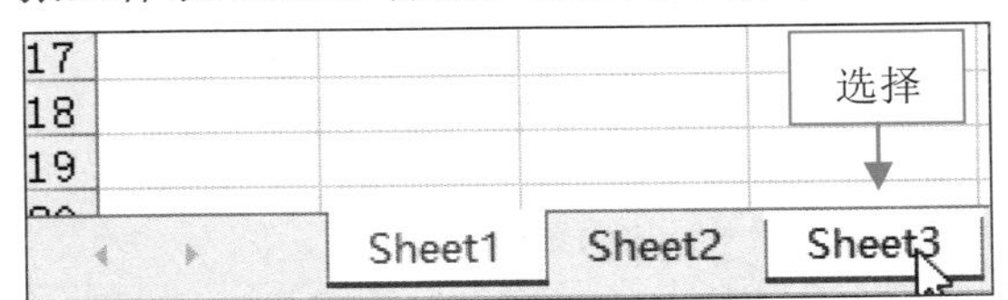

图 3-5　选择多张不相邻的工作表

3.1.3　选择全部工作表

在 Excel 2016 中，有时为了便于对工作表进行修改，需要一次性选择当前工作簿中的全部工作表。这只需移动鼠标指针至工作表标签上，单击鼠标右键，在弹出的快捷菜单中，选择“选定全部工作表”选项，即可选择全部工作表，如图 3-6 所示。

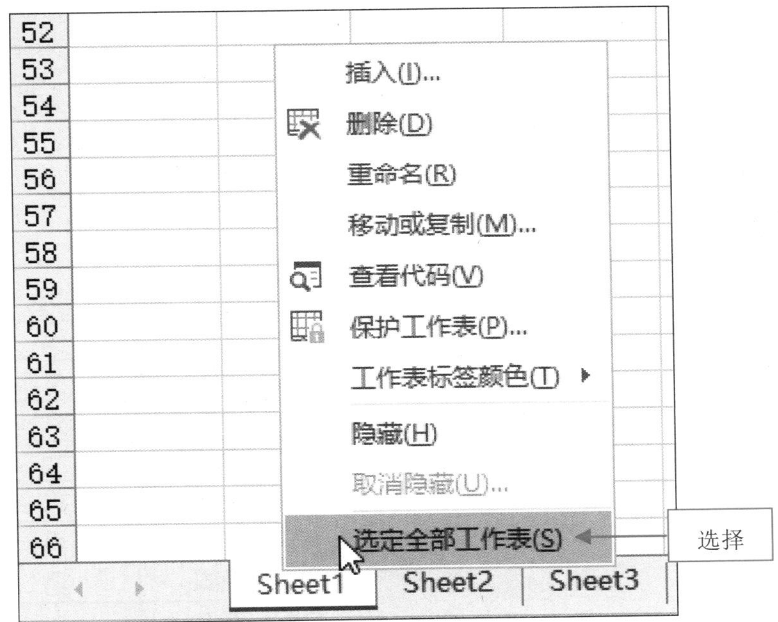

图 3-6　选择“选定全部工作表”选项

3.2　编辑工作表

为了更好地学习 Excel 2016，必须熟练地掌握编辑工作表的操作。本节将主要介绍编辑工作表的常用操作，包括重命名工作表以及设置工作表的背景等内容。

扫码观看本节视频

3.2.1　重命名工作表

Excel 2016 在建立一个新的工作簿时，默认情况下，工作表的名字都是以“Sheet1”“Sheet2”“Sheet3”等来命名的。这在实际工作中，不利于记忆和进行有效的管理，可以通过对工作表进行重命名操作来有效地管理工作表。在同一工作簿中，不能取两个相同名字的工作表，在不同的工作簿中，可以对工作表取相同的名字。重命名工作表的具体操作步骤如下：

1 单击“文件”|“打开”|“浏览”按钮，打开一个 Excel 工作簿，选择需要重命名的工作表 Sheet1，如图 3-7 所示。

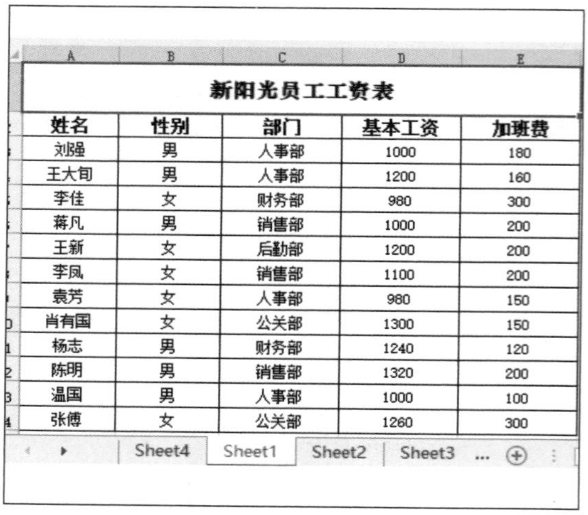

新阳光员工工资表				
姓名	性别	部门	基本工资	加班费
刘晓	男	人事部	1000	180
王大旬	男	人事部	1200	160
李佳	女	财务部	980	300
蒋凡	男	销售部	1000	200
王新	女	后勤部	1200	200
李凤	女	销售部	1100	200
袁芳	女	人事部	980	150
肖有国	女	公关部	1300	150
杨志	男	财务部	1240	120
陈明	男	销售部	1320	200
温国	男	人事部	1000	100
张傅	女	公关部	1260	300

Sheet4 Sheet1 Sheet2 Sheet3 ...

图 3-7 选择工作表 Sheet1

2 在“开始”选项卡下的“单元格”选项组中，单击“格式”按钮，在弹出的列表框中选择“重命名工作表”选项，如图 3-8 所示。

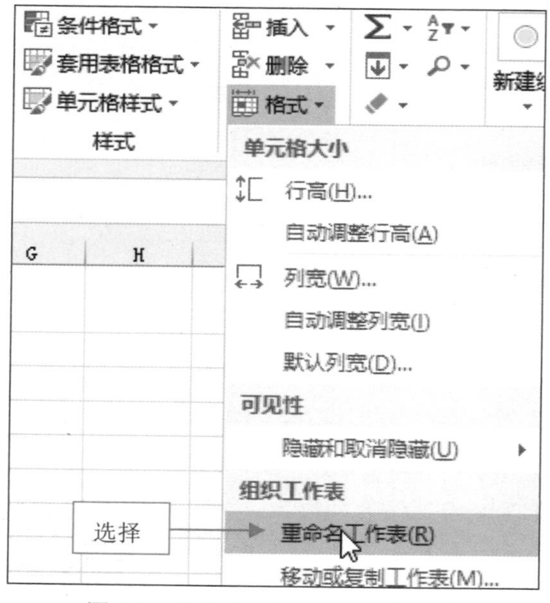

图 3-8 选择“重命名工作表”选项

3 执行上述操作后，工作表标签进入重命名状态，如图 3-9 所示。

7	王新	女	后勤部
8	李凤	女	销售部
9	袁芳	女	人事部
10	肖有国	女	公关部
11	杨志	男	财务部
12	陈明	男	销售部
13	温国	男	人事部
14	张傅	女	公关部

Sheet4 Sheet1 Sheet2

图 3-9 进入重命名状态

4 输入工作表的新名称，如工资表，按【Enter】键确认，完成工作表重命名，如图 3-10 所示。

6	蒋凡	男	销售部
7	王新	女	后勤部
8	李凤	女	销售部
9	袁芳	女	人事部
10	肖有国	女	公关部
11	杨志	男	财务部
12	陈明	男	销售部
13	温国	男	人事部
14	张傅	女	公关部

Sheet4 工资表 Sh

就绪

图 3-10 重命名工作表

3.2.2 设置工作表的背景

在 Excel 2016 中，可以给工作表添加一个背景，设置工作表背景不仅可以突出重点内容，还可以达到美化工作表的效果。设置工作表背景的具体操作步骤如下：

1 打开上一例效果文件，选择需要添加背景的工作表，如工资表，如图 3-11 所示。

新阳光员工工资表				
姓名	性别	部门	基本工资	加班费
刘强	男	人事部	1000	180
王大旬	男	人事部	1200	160
李佳	女	财务部	980	300
蒋凡	男	销售部	1000	200
王新	女	后勤部	1200	200
李凤	女	销售部	1100	200
袁芳	女	人事部	980	150
肖有国	女	公关部	1300	150

图 3-11　选择工作表

2 切换至“页面布局”选项卡，在“页面设置”选项组中，单击“背景”按钮，如图 3-12 所示。

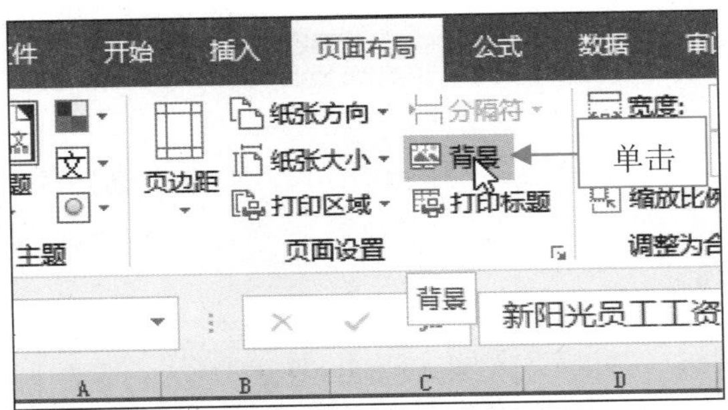

图 3-12　单击“背景”按钮

3 弹出“插入图片”对话框，选择“从文件中浏览”选项，如图 3-13 所示。

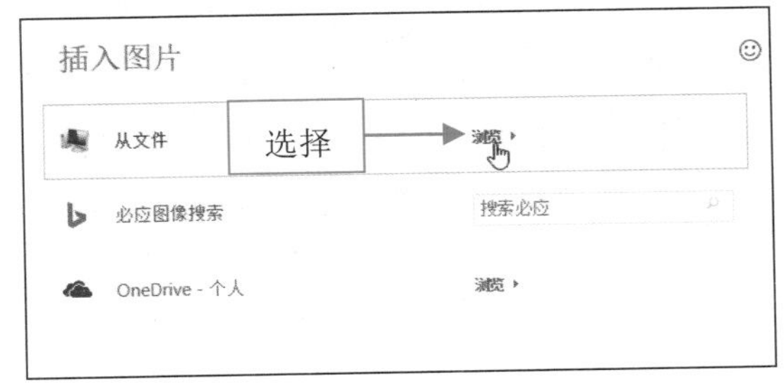

图 3-13　选择背景图片

4 弹出“工作表背景”对话框，选择要使用的背景图片，如图 3-14 所示。

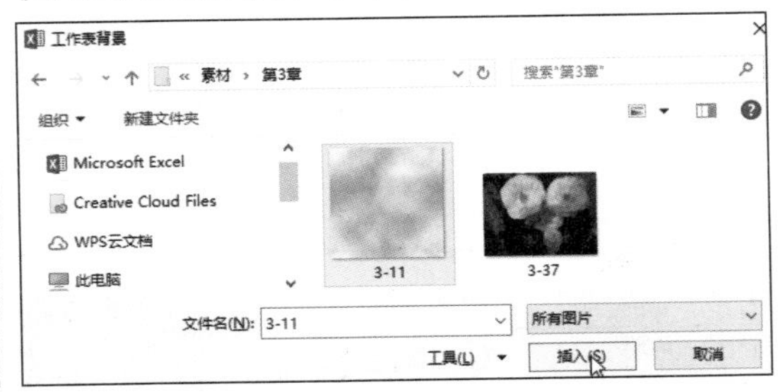

图 3-14　设置工作表的背景

5 单击“插入”按钮，即可为工作表添加背景，如图 3-15 所示。

新阳光员工工资表				
姓名	性别	部门	基本工资	加班费
刘强	男	人事部	1000	180
王大旬	男	人事部	1200	160
李佳	女	财务部	980	300
蒋凡	男	销售部	1000	200
王新	女	后勤部	1200	200
李凤	女	销售部	1100	200
袁芳	女	人事部	980	150
肖有国	女	公关部	1300	150
杨志	男	财务部	1240	120

图 3-15　添加背景效果图

专家提醒

在 Excel 2016 中添加工作表背景后，如果不需要该工作表背景时，可单击“页面布局”选项卡下“页面设置”选项组中的“删除背景”按钮，执行操作后，即可删除已添加的工作表背景。

3.3　应用与保护工作表

在 Excel 2016 中，熟练地掌握应用和保护工作表的操作，可以更加充分地利用和管理工作表。本节主要介绍设置工作表密码以及设置允许编辑区域等内容。

3.3.1　设置工作表密码

在 Excel 2016 中，为了防止他人随意更改工作表的内容，可以为工作表设置密码，以保护工作表。对工作表设置密码后，如果需要取消密码设置，可以在工作表标签上单击鼠标右键，选择“撤销工作表保护”命令，在“撤销工作表保护”对话框中输入原先设置的密码，单击“确定”按钮即可取消密码设置。设置工作表密码的具体操作步骤如下：

1 打开上一例效果文件，选择需要设置密码的工作表，在标签上单击鼠标右键，弹出快捷菜单，选择“保护工作表”选项，如图 3-16 所示。

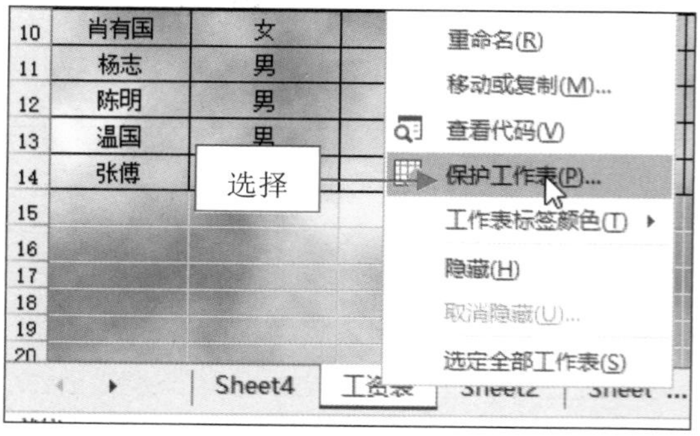

图 3-16 选择相应选项

2 弹出“保护工作表”对话框，在文本框中输入设置的密码，此时密码以“*”号表示，如图 3-17 所示。

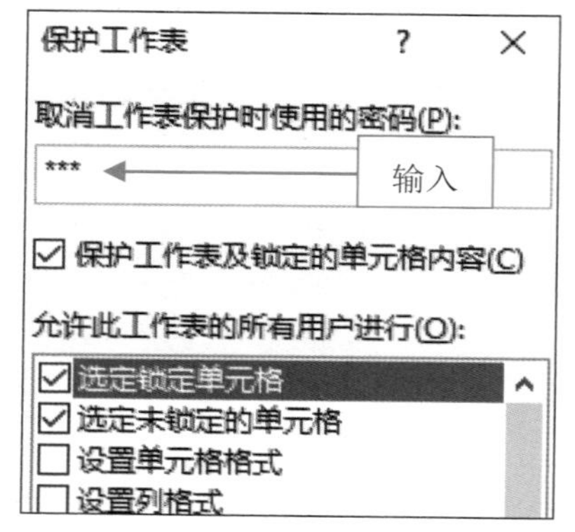

图 3-17 输入密码

3 单击“确定”按钮，即会弹出“确认密码”对话框，在其中再一次输入密码，如图 3-18 所示。

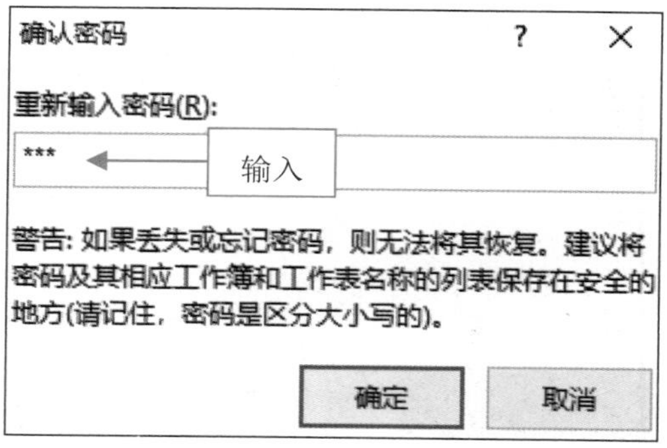

图 3-18 重新输入密码

4 执行上述操作后，单击“确定”按钮，即可完成对工作表密码的设置，如图 3-19 所示。

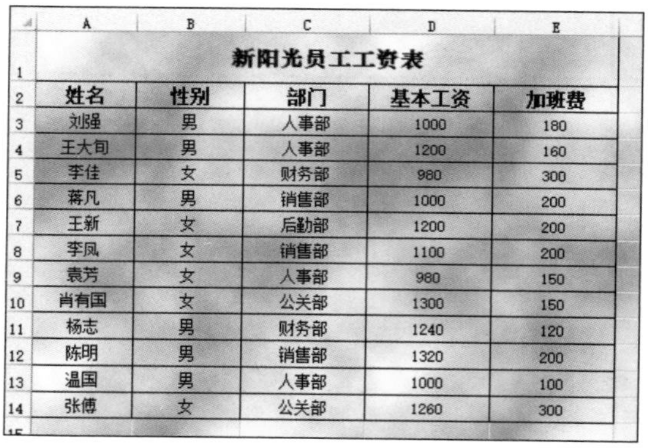

新阳光员工工资表				
姓名	性别	部门	基本工资	加班费
刘强	男	人事部	1000	180
王大旬	男	人事部	1200	160
李佳	女	财务部	980	300
蒋凡	男	销售部	1000	200
王新	女	后勤部	1200	200
李凤	女	销售部	1100	200
袁芳	女	人事部	980	150
肖有国	女	公关部	1300	150
杨志	男	财务部	1240	120
陈明	男	销售部	1320	200
温国	男	人事部	1000	100
张傅	女	公关部	1260	300

图 3-19 设置工作表密码

3.3.2 设置允许编辑区域

在 Excel 2016 中，保护工作表后，默认情况下系统会锁定所有单元格，这意味着将无法编辑这些单元格。为了能够编辑单元格，同时只将部分单元格锁定，可以设置允许编辑区域。设置允许编辑区域的具体操作步骤如下：

专家提醒

在 Excel 2016 中，当设置允许编辑区域时，会弹出“取消锁定区域”对话框，在其中输入密码，即可编辑选定的区域。

1. 单击“文件”|“打开”|“浏览”按钮，打开一个未被保护的 Excel 工作簿，选择允许编辑的区域，如图 3-20 所示。

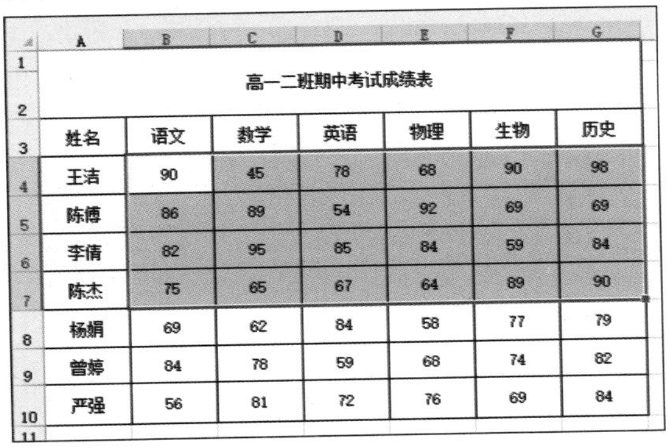

高一二班期中考试成绩表
姓名 语文 数学 英语 物理 生物 历史
王洁 90 45 78 68 90 98
陈傅 86 89 54 92 69 69
李倩 82 95 85 84 59 84
陈杰 75 65 67 64 89 90
杨娟 69 62 84 58 77 79
曾婷 84 78 59 68 74 82
严强 56 81 72 76 69 84

图 3-20 选择允许编辑的区域

2. 切换至“审阅”选项卡，在“保护”选项组中单击“允许编辑区域”按钮，如图 3-21 所示。

审阅
视图
搜索
单击
翻译
新建批注
保护工作表
保护工作簿
允许编辑区域
取消共享工作簿
批注
保护
允许编辑区域

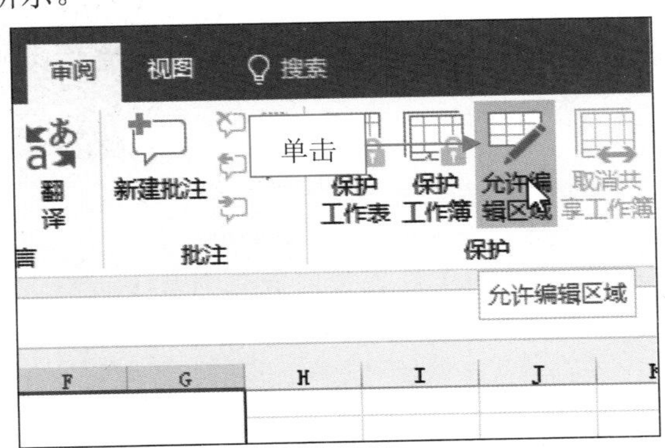

图 3-21 单击“允许用户编辑区域”按钮

3. 执行上述操作后，弹出“允许用户编辑区域”对话框，如图 3-22 所示。

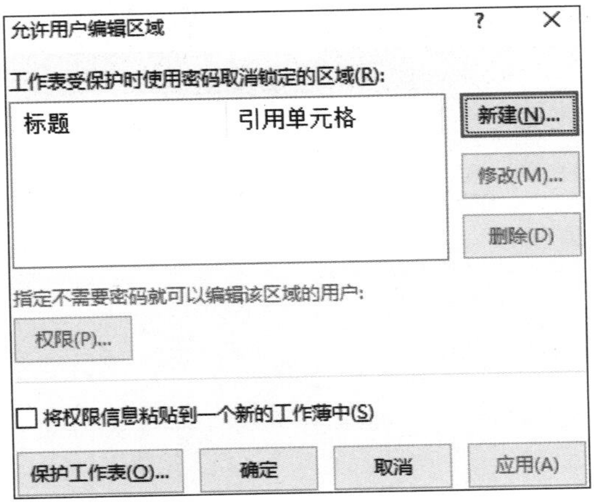

允许用户编辑区域
工作表受保护时使用密码取消锁定的区域(R):
标题
引用单元格
新建(N)...
修改(M)...
删除(D)
指定不需要密码就可以编辑该区域的用户:
权限(P)...
将权限信息粘贴到一个新的工作薄中(S)
保护工作表(O)...
确定
取消
应用(A)

图 3-22 “允许用户编辑区域”对话框

4. 单击“新建”按钮，弹出“新区域”对话框，在“区域密码”下方的文本框中输入 123 作为密码，如图 3-23 所示。

新区域
标题(T):
区域1
引用单元格(R):
=$B$4:$G$7
区域密码(P):
***
输入
权限(E)...
确定
取消

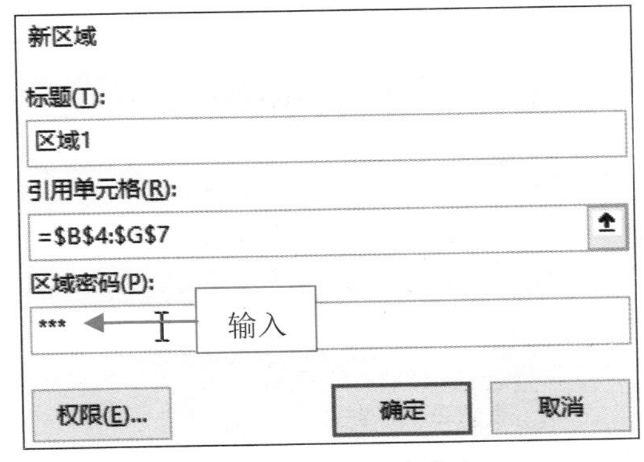

图 3-23 输入相应信息

5. 单击“确定”按钮，弹出“确认密码”对话框，在“重新输入密码”下方的文本框中再次输入密码，如图 3-24 所示。

确认密码
重新输入密码(R):
***
输入
警告: 如果丢失或忘记密码，则无法将其恢复。建议将密码及其相应工作簿和工作表名称的列表保存在安全的地方(请记住，密码是区分大小写的)。
确定
取消

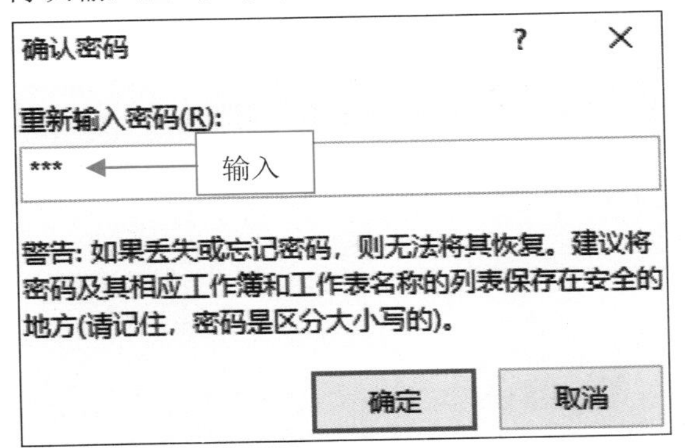

图 3-24 重新输入密码

6. 单击“确定”按钮，返回“允许用户编辑区域”对话框，如图 3-25 所示。

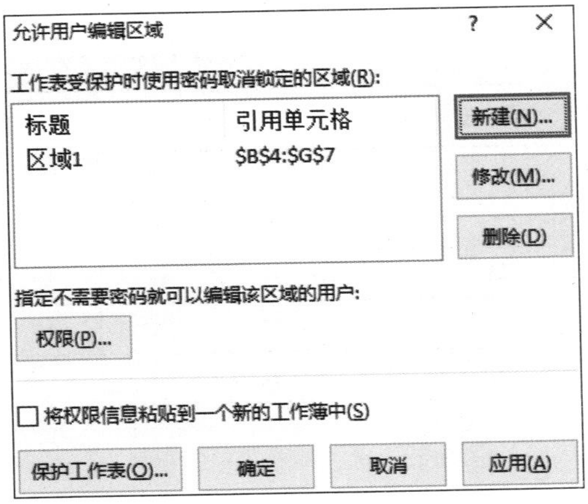

允许用户编辑区域
工作表受保护时使用密码取消锁定的区域(R):
标题
引用单元格
区域1
$B$4:$G$7
新建(N)...
修改(M)...
删除(D)
指定不需要密码就可以编辑该区域的用户:
权限(P)...
将权限信息粘贴到一个新的工作薄中(S)
保护工作表(O)...
确定
取消
应用(A)

图 3-25 返回“允许用户编辑区域”对话框

7 单击“保护工作表”按钮，弹出“保护工作表”对话框，在其中设置密码为123，如图3-26所示。

保护工作表 ? ×

取消工作表保护时使用的密码(P):

***

☑ 保护工作表及锁定的单元格内容(C)

允许此工作表的所有用户进行(O):

☑ 选定锁定单元格
☑ 选定未锁定的单元格
☐ 设置单元格格式

图3-26 设置工作表密码

8 单击“确定”按钮，弹出“确认密码”对话框，在其中输入密码，按【Enter】键即可完成允许编辑区域的设置，如图3-27所示。

	A	B	C	D	E	F	G
1-2	高一二班期中考试成绩表						
3	姓名	语文	数学	英语	物理	生物	历史
4	王洁	90	45	78	68	90	98
5	陈傅	86	89	54	92	69	69
6	李倩	82	95	85	84	59	84
7	陈杰	75	65	67	64	89	90
8	杨娟	69	62	84	58	77	79
9	曾婷	84	78	59	68	74	82
10	严强	56	81	72	76	69	84

图3-27 设置允许编辑区域

3.4 管理工作簿窗口

在Excel 2016中，编辑的一个Excel文件就是一个工作簿。本节主要介绍对工作簿窗口进行重排、拆分和冻结等操作内容。

扫码观看本节视频

3.4.1 拆分工作簿窗口

在Excel 2016中编辑一些较大的工作表中不同区域的数据时，要单独查看或滚动工作表的不同部分，可以将工作簿窗口按水平或垂直方向拆分为多个单独的窗口，以便同时查看工作表不同部分的内容。“拆分窗口”命令可以将当前工作表窗口拆分为至少两个、最多四个编辑窗口，并且每个窗口都可以进行编辑操作。拆分工作簿窗口的具体操作步骤如下：

1 单击“文件”|“打开”|“浏览”按钮，打开一个Excel工作簿，选择需要拆分窗口的单元格C4，如图3-28所示。

	A	B	C	D	E
1	2011年5月				
2	星期日	星期一	星期二	星期三	星期四
3	1	2	3	4	5
4	8	9	10	11	12
5	15	16	17	18	19
6	22	23	24	25	26
7	29	30	31		

图3-28 选择拆分窗口的单元格

2 切换至“视图”选项卡，在“窗口”选项组中单击“拆分”按钮，如图3-29所示。

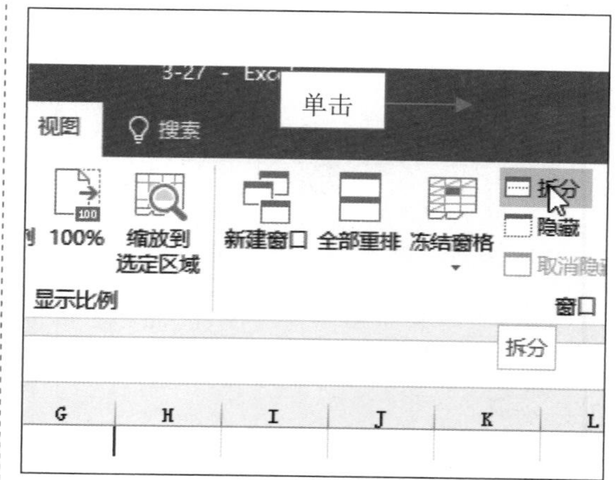

图3-29 单击“拆分”按钮

3 执行上述操作后，即可在选定位置将工作簿窗口拆分，如图 3-30 所示。

	A	B	C	D	E	F	G
1			2011年5月				
2	星期日	星期一	星期二	星期三	星期四	星期五	星期六
3	1	2	3	4	5	6	7
4	8	9	10	11	12	13	14
5	15	16	17	18	19	20	21
6	22	23	24	25	26	27	28
7	29	30	31				
8							
9							
10							

图 3-30　拆分工作簿窗口

专家提醒

在 Excel 2016 中，拆分工作簿窗口后，可以在每个窗口中都通过垂直滚动条或水平滚动条浏览内容，并且在拆分的窗口中同时显示相同区域内容或不同区域中的内容。

3.4.2　冻结工作簿窗口

在 Excel 2016 中，冻结工作簿窗口是指将相关的行或列冻结在窗口中，始终保持可见性，通过冻结窗口，可以方便地查阅或浏览内容较多的工作表。冻结工作簿窗口的具体操作步骤如下：

1 单击“文件”|“打开”|“浏览”按钮，打开一个 Excel 工作簿，选择需要冻结窗口的单元格 C4，如图 3-31 所示。

	A	B	C	D
1		金科电器下半年电器		
2				
3	月份	电视机	空调	冰箱
4	7月	98	45	89
5	8月	100	69	59
6	9月	103	70	74
7	10月	71	59	68
8	11月	95	82	82
9	12月	125	130	76

图 3-31　选择冻结窗口的单元格

2 切换至“视图”选项卡，在“窗口”选项组中单击“冻结窗格”按钮，在弹出的列表框选择“冻结拆分窗格”选项，如图 3-32 所示。

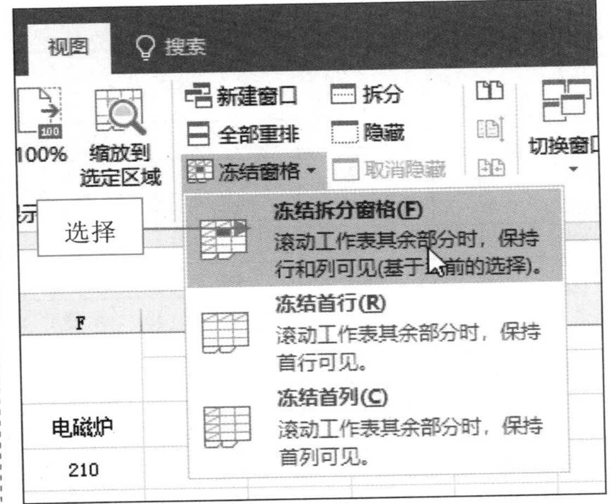

图 3-32　选择“冻结拆分窗格”选项

专家提醒

在“视图”选项卡下的“窗口”选项组中单击“冻结窗格”按钮，在弹出的列表框中选择“冻结首行”选项，会将工作表中的第一行冻结；选择“冻结首列”选项，会将工作表中的第一列冻结。

第 3 章

③ 执行上述操作后，就会在所选单元格上面行和左边列分别添加一根冻结标志线，如图 3-33 所示。

A	B	C	D	E	F
金科电器下半年电器销售单					
月份	电视机	空调	冰箱	洗衣机	电磁炉
7月	98	45	89	120	210
8月	100	69	59	140	209
9月	103	70	74	125	139
10月	71	59	68	113	146
11月	95	82	82	96	185
12月	125	130	76	126	200

图 3-33　冻结工作簿窗口

专家提醒

在冻结窗格时一定要注意单元格的选择位置。在 Excel 2016 中，是冻结所选单元格的上面的行及左边的列。选择第 1 行中的任意一个单元格后执行“冻结窗格”命令时，则只能冻结所选单元格的左边列；选择第 A 列中的任意一个单元格后执行“冻结窗格”命令时，则只能冻结所选单元格的上边的行。

3.4.3　重排工作簿窗口

在 Excel 2016 中，同时打开多个 Excel 工作簿后，Excel 软件会自动为每一个工作簿文件创建一个新的窗口，为了便于查阅打开的工作簿中的内容，可以重排工作簿窗口，而不需要繁琐地切换工作簿。重排工作簿窗口的具体操作步骤如下：

① 单击“文件”菜单，在弹出的面板中单击“打开”命令，打开两个 Excel 文件，如图 3-34 所示。

	A	B	C	D
1	润发石油公司人员档案			
2	工号	销售员	销售量(瓶)	市场占有率
3	0001	李海	420	2.3%
4	0002	吴强	430	2.6%
5	0003	王刚	502	7.3%
6	0004	杨娟	450	6.3%
7	0005	李倩	486	5.6%
8	0006	陈明	463	4.9%
9	0007	邓静	390	5.1%
10	0008	曾晴	386	4.7%
11	0009	刘婉	406	5.3%
12	0010	阳珍	423	5.7%
13				

图 3-34　打开 Excel 文件

② 切换至“视图”选项卡，在“窗口”选项组中单击“全部重排”按钮，如图 3-35 所示。

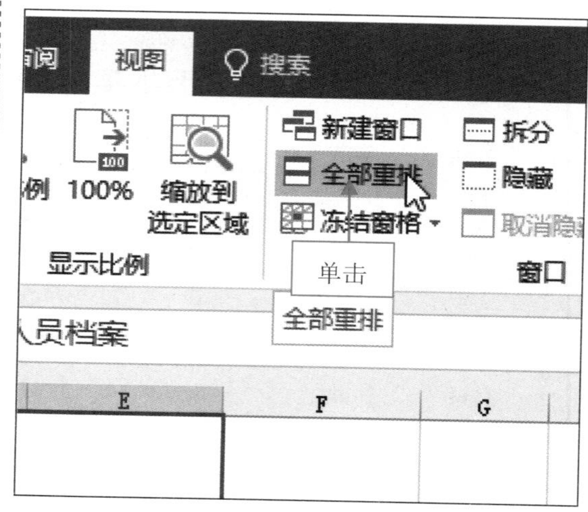

图 3-35　单击“全部重排”按钮

专家提醒

在 Excel 2016 中，重排工作簿窗口提供了多种窗口排列方式，可根据需要在“重排窗口”对话框中选择窗口排列方式，包括平铺、水平并排、垂直并排、层叠等排列方式。

3. 在弹出“重排窗口”对话框中选中“平铺”单选按钮，如图 3-36 所示。

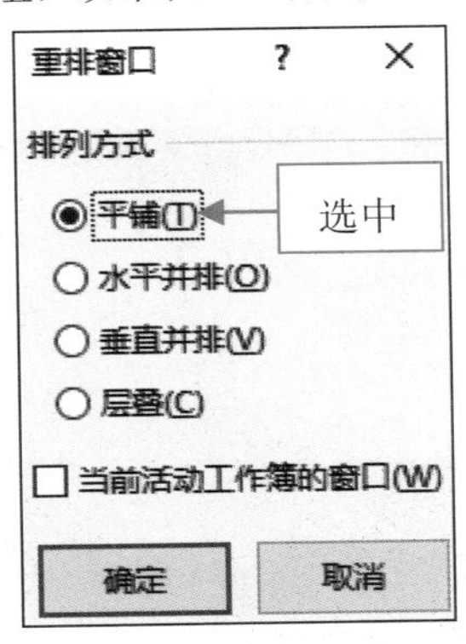

图 3-36　选中“平铺”按钮

4. 单击“确定”按钮，即可以平铺的方式重排工作簿窗口，如图 3-37 所示。

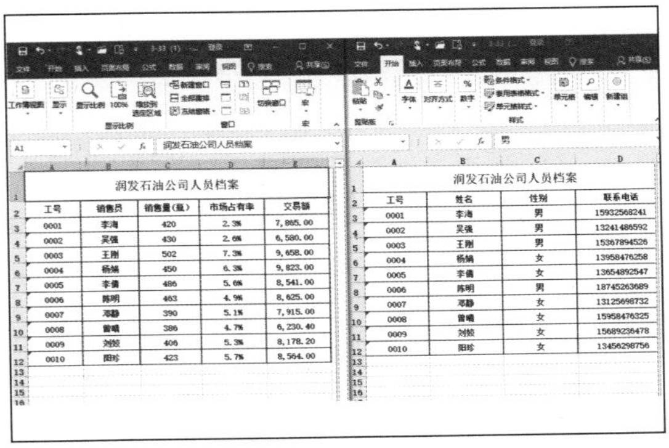

图 3-37　重排工作簿窗口

3.5　修饰工作表

在 Excel 2016 中，不仅可以对工作表进行格式化，还可以进行图形处理，允许向工作表中添加图形、图片和艺术字等项目。本节主要介绍在工作表中插入图片、设置图片属性和插入艺术字等内容。

3.5.1　插入图片

在 Excel 2016 中，可以根据需要在工作表中插入图片。插入图片的具体操作步骤如下：

1. 启动 Excel 应用程序，创建一个空白的 Excel 工作簿，如图 3-38 所示。

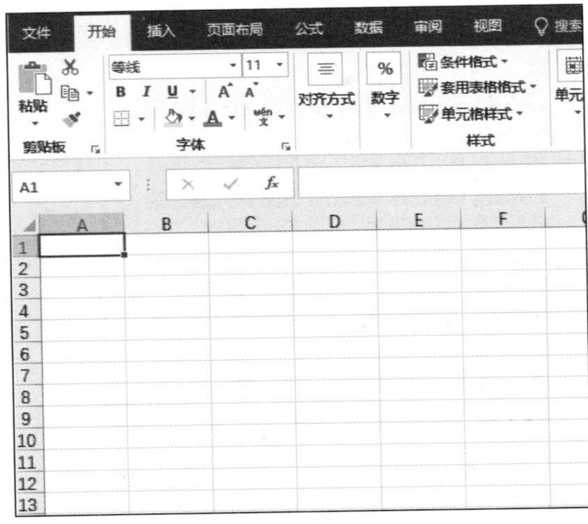

图 3-38　创建空白工作簿

2. 切换至“插入”选项卡，在“插图”选项组中单击“图片”按钮，如图 3-39 所示。

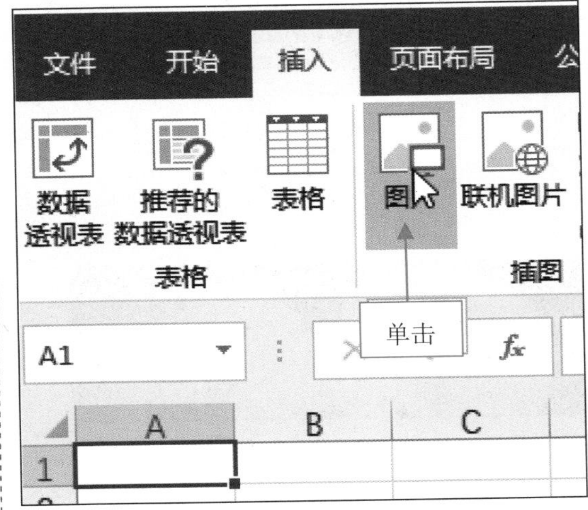

图 3-39　单击“图片”按钮

专家提醒

在 Excel 2016 中插入图片后，可以根据需要按【Delete】键删除所选图片。

3 弹出“插入图片”对话框，选择需要的图片，如图 3-40 所示。

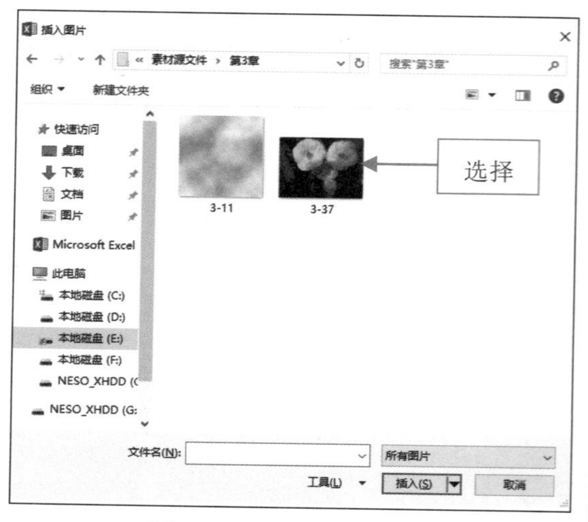

图 3-40　选择需要的图片

4 单击“插入”按钮，即可在工作表中插入图片，如图 3-41 所示。

图 3-41　插入图片

3.5.2　设置图片属性

在 Excel 2016 中设置图片属性，可以改变工作表中图片的颜色、对比度和亮度等。设置图片属性的具体操作步骤如下：

1 打开上一例效果文件，在工作表中选择图片，切换至“图片工具”-“格式”选项卡中，如图 3-42 所示。

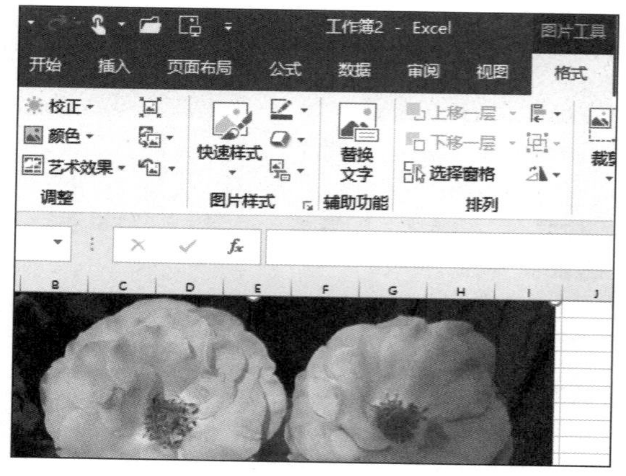

图 3-42　切换选项卡

2 在“调整”选项组中单击“校正”按钮，在弹出的列表框中设置相应的亮度和对比度，如图 3-43 所示。

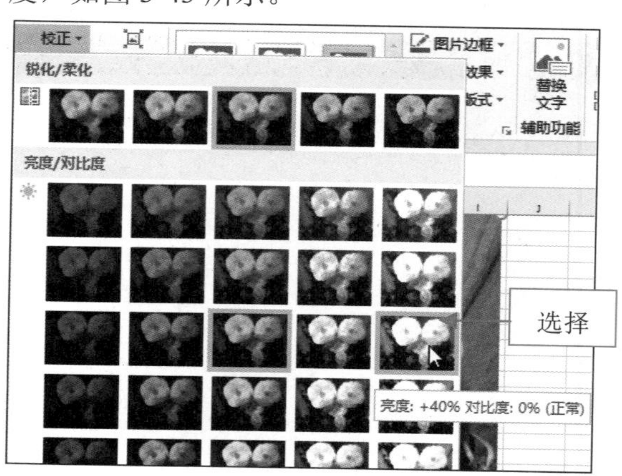

图 3-43　设置相应选项

专家提醒

在 Excel 2016 中，切换至“图表工具”-“格式”选项卡，在“图片样式”选项组中可以单击“其他”按钮来设置图片总体的外观样式，并且还可以在该选项组中设置图片边框的颜色以及将图片转换为 SmartArt 图形。

3. 执行上述操作后，即可显示出设置的图片曝光效果，如图 3-44 所示。

图 3-44　设置图片效果

4. 在“调整”选项组中单击“艺术效果”按钮，在弹出的列表框中选择相应的样式，如图 3-45 所示。

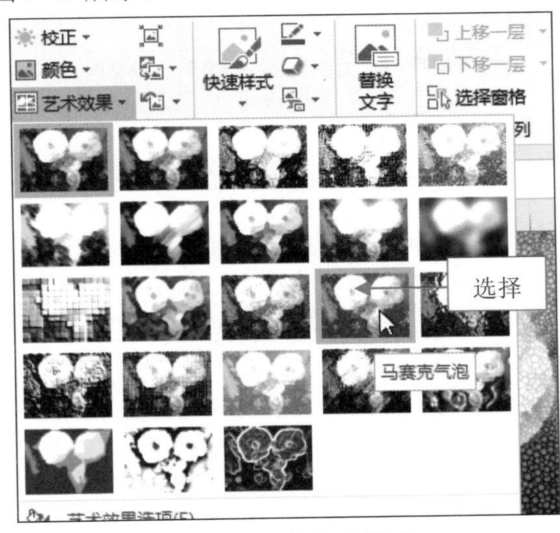

图 3-45　选择相应样式

5. 执行上述操作后，即可为图片添加艺术效果，如图 3-46 所示。

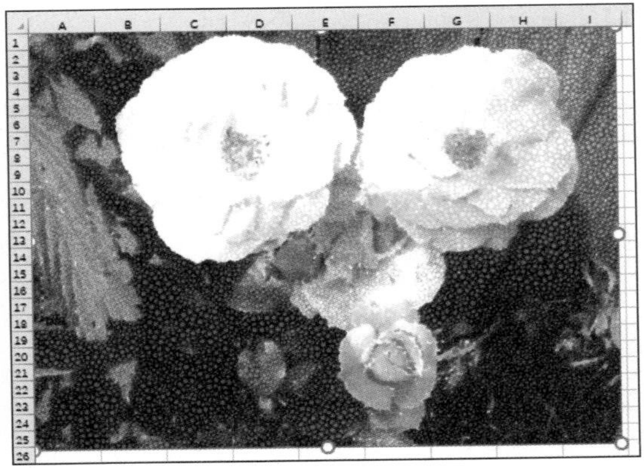

图 3-46　添加艺术效果

6. 在“图片工具”-“格式”选项卡的“调整”选项组中单击“删除背景”按钮，即可删除图片的背景，如图 3-47 所示。

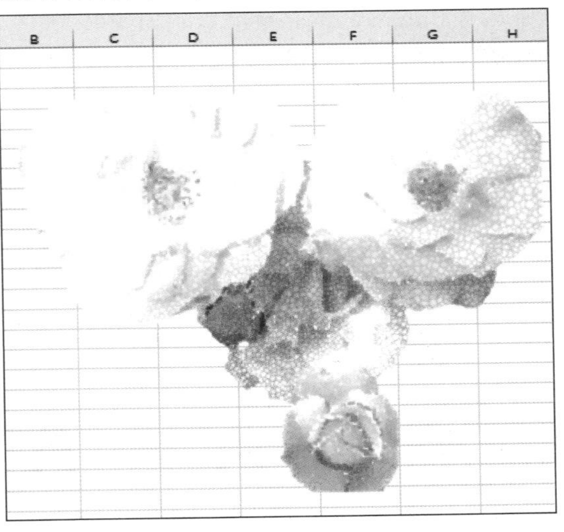

图 3-47　删除图片背景

3.5.3　插入艺术字

在 Excel 2016 中，艺术字是当作一种图形对象而不是文本对象来处理的。插入艺术字的具体操作步骤如下：

专家提醒

在 Excel 2016 中，可以对插入的艺术字进行编辑操作，如更改艺术字的形状、颜色样式等。在“绘图工具”-“格式”选项卡下的“艺术字样式”选项组中单击“其他”按钮，在弹出的列表框中可以任意选择需要的艺术字样式，而且还可以在“形状样式”选项组中设置艺术字的其他艺术效果。

1 启动 Excel 应用程序，创建一个空白的 Excel 工作簿，如图 3-48 所示。

图 3-48 创建空白工作簿

2 切换至“插入”选项卡，在“文本”选项组中单击“艺术字”按钮，在弹出的列表框中选择相应的艺术字样式，如图 3-49 所示。

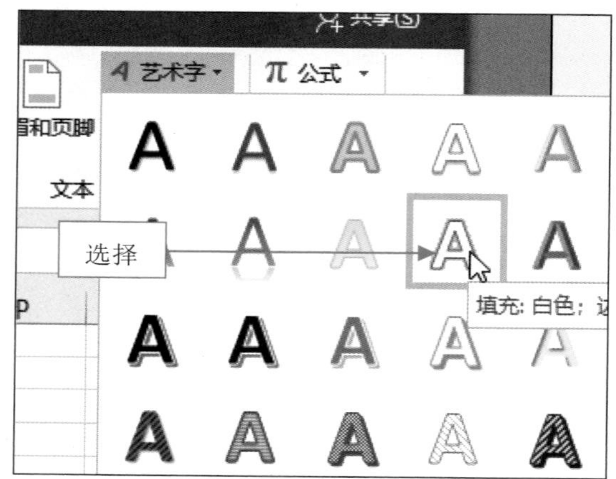

图 3-49 选择艺术字样式

3 执行上述操作后，即可在工作表中插入艺术字，输入文本，如图 3-50 所示。

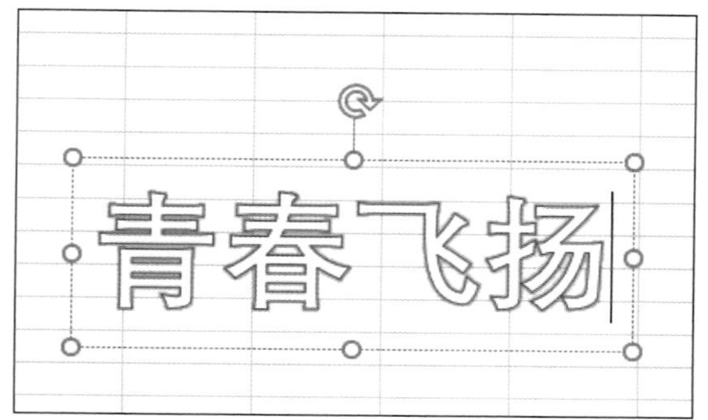

图 3-50 插入艺术字

4 在“绘图工具”-“格式”选项卡的“艺术字样式”选项组中单击“文本效果”按钮，如图 3-51 所示。

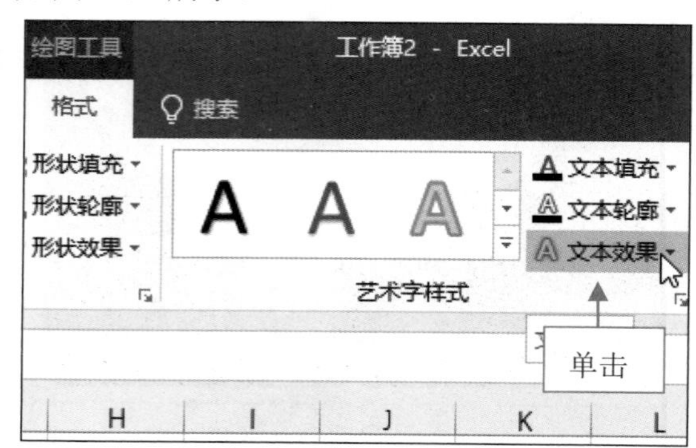

图 3-51 单击“文字效果”按钮

5 在弹出的列表框中选择“阴影”选项，在“外部”选项区中选择“右上斜偏移”选项，如图 3-52 所示。

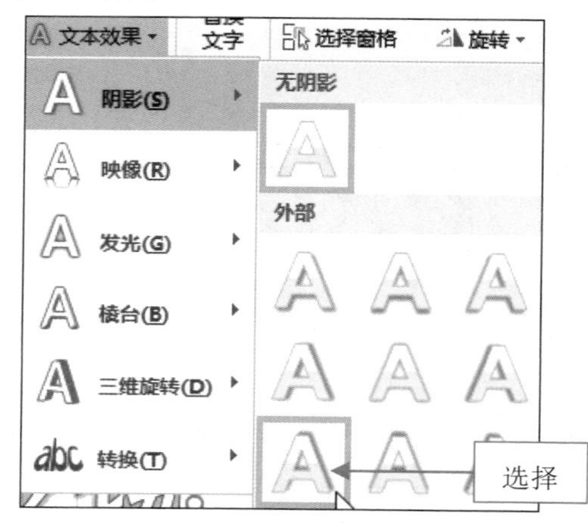

图 3-52 选择相应选项

6 执行上述操作后，即可为艺术字添加外部阴影效果，如图 3-53 所示。

图 3-53 添加阴影效果

第3章

7 在“艺术字样式”选项组中单击“文本效果”按钮，在弹出的列表框中选择“转换”选项，设置相应转换效果，如图 3-54 所示。

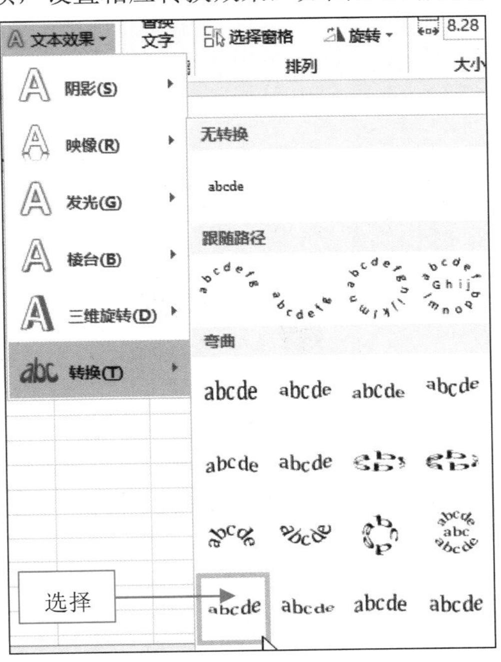

图 3-54　设置转换效果

8 执行上述操作后，即可完成艺术字的样式设置操作，如图 3-55 所示。

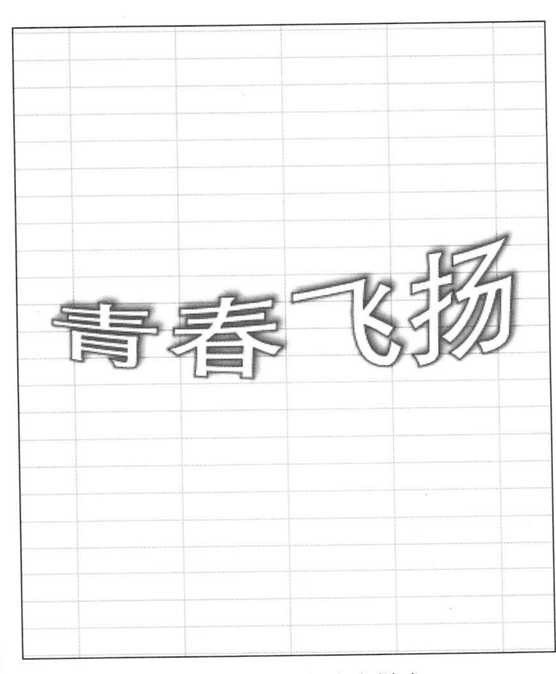

图 3-55　设置艺术字样式

3.5.4　插入屏幕截图

当打开一个窗口后，发现窗口或窗口中有某些部分适合于插入文档的时候，就可以使用屏幕剪辑功能截取整个窗口或窗口的某部分插入到文档中，插入屏幕截图的具体操作步骤如下：

1 新建一个空白的 Excel 工作簿，如图 3-56 所示。

图 3-56　创建空白工作簿

2 切换至“插入”选项卡，在“插图”选项组中单击“屏幕截图”按钮，在弹出的列表中选择“屏幕剪辑”选项，如图 3-57 所示。

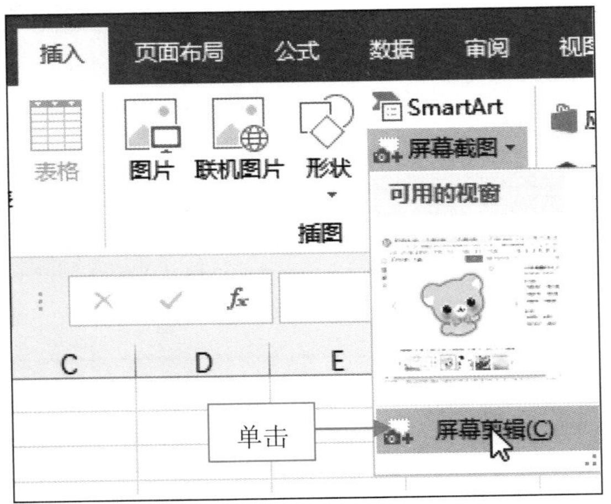

图 3-57　单击“屏幕剪辑”选项

3 执行操作后，当前打开的窗口将进入被剪辑的状态中，鼠标呈现十字状，拖动鼠标，框选窗口中需要剪辑的部分即可，如图 3-58 所示。

图 3-58 剪辑状态

4 释放鼠标后，即可在 Excel 中插入屏幕截图，如图 3-59 所示。

图 3-59 插入屏幕截图

学习笔记

第 4 章

输入与筛选数据

在 Excel 2016 中，不仅要掌握表格的基本操作，还要掌握输入与筛选数据的方法，这样才能有效地管理表格中的数据。

本章主要介绍输入和筛选数据的方法，包括数据的输入、编辑、排序和筛选等内容，以及使用 Excel 2016 自带的功能来提高输入效率的方法，以便快速而准确地输入数据。

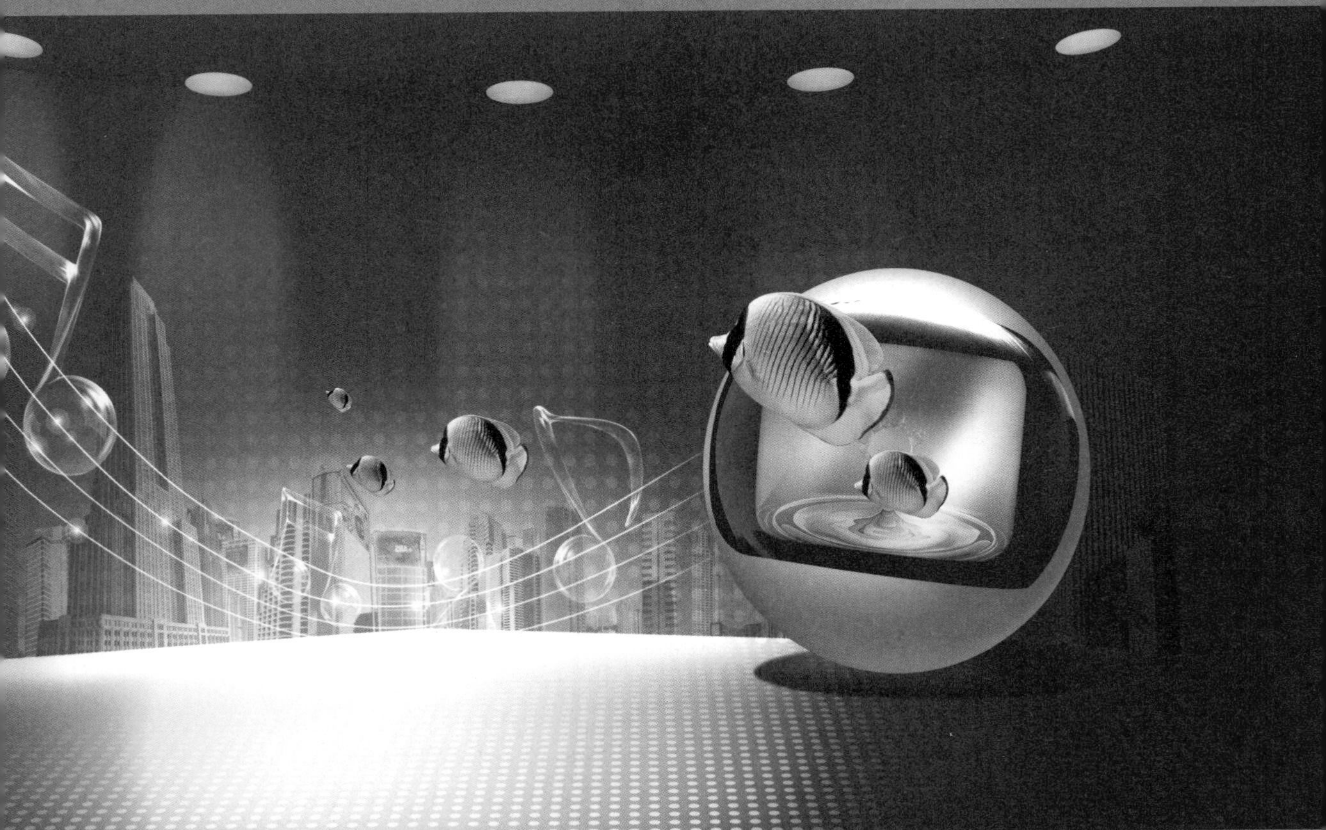

4.1 输入数据

在 Excel 2016 中，在工作表的单元格中输入数据是创建电子表格最基本的操作。本节主要介绍输入数据的基本方法，包括输入文本与数值、日期与时间和特殊符号等内容。

4.1.1 输入文本与数值

在 Excel 2016 中，输入文本与数值是最常用的操作，Excel 2016 强大的数据处理功能和数据库功能等方面的应用几乎离不开文本与数值的输入。

1. 输入文本

在 Excel 2016 中，输入文本通常是指输入字符或者任何数字和字符的组合，输入到单元格内的任何字符串，只要不被系统解释成数字、公式、日期或者逻辑值，Excel 一律将其视为文本。在 Excel 2016 中输入文本时，系统默认的对齐方式是在单元格内靠左对齐。

在单元格中输入文本时，首先选择相应的单元格，然后再输入文本，所输入的文本将会显示在“编辑栏”和单元格中，输入完成后按【Enter】键即可。

2. 输入数值

在 Excel 2016 工作表中，数值型数据是最常见、最重要的数据类型。在单元格中输入数值时，可以预先进行设置，自动添加相应的符号。输入数值的具体操作步骤如下：

1 单击“文件”|“打开”|“浏览”按钮，打开一个 Excel 工作簿，如图 4-1 所示。

	A	B	C	
1	惺惜超市销售表			
2		制表时间：		
3	名称	单价	数量	销售日
4	王老吉		5	20
5	牛奶		10	20
6	花生油		2	20
7	茶油		3	20
8	可乐		6	20
9	醋		4	20
10	酱油		8	20
11	辣椒油		12	20
12	杨婷制作			

图 4-1 打开一个 Excel 工作簿

2 在工作表中，选择 B4:B11 单元格区域，单击鼠标右键，在弹出快捷菜单中选择“设置单元格格式”选项，如图 4-2 所示。

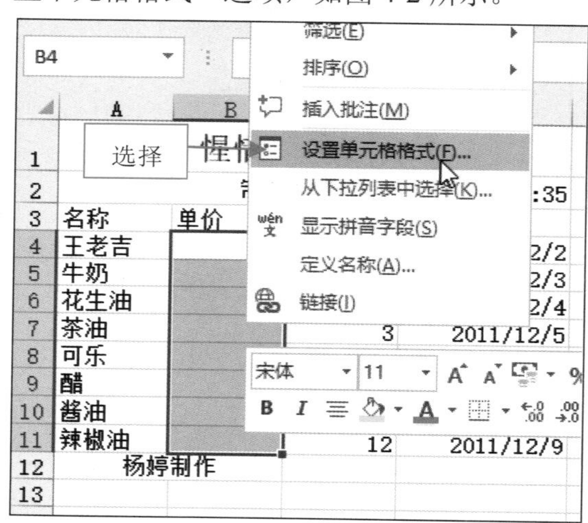

图 4-2 选择“设置单元格格式”选项

专家提醒

在 Excel 2016 中，所输入数值将会显示在“编辑栏”和单元格中。

- 若输入负数，必须在数字前加一个负号“－”或加上圆括号“()”。
- 若输入正数，直接将数字输入到单元格内，Excel 不显示“＋”号。

3 弹出“设置单元格格式”对话框，切换至“数字”选项卡，在“分类”列表框选择“数值”选项，选择数值格式，如图 4-3 所示。

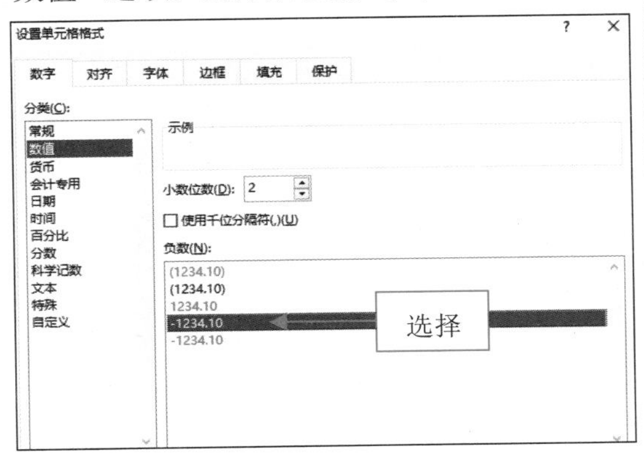

图 4-3　选择相应选项

4 执行上述操作后，单击“确定”按钮，然后在区域中输入数值，按【Enter】键，即可自动转换为相应的数值格式，如图 4-4 所示。

	A	B	C	D
1	悭惜超市销售表			
2		制表时间:		4:35
3	名称	单价	数量	销售日期
4	王老吉	4.00	5	2011/12/2
5	牛奶	2.00	10	2011/12/3
6	花生油	23.00	2	2011/12/4
7	茶油	17.00	3	2011/12/5
8	可乐	6.50	6	2011/12/6
9	醋	6.00	4	2011/12/7
10	酱油	7.80	8	2011/12/8
11	辣椒油	4.50	12	2011/12/9
12	杨婷制作			

图 4-4　输入数值

4.1.2　输入日期与时间

在 Excel 2016 中，输入日期和时间也是最常用的操作之一。在单元格中输入系统可识别的时间和日期数据时，单元格的格式就会自动转换为相应的“时间”或者“日期”格式。

1．输入日期数据

在 Excel 2016 中，可以将输入数据的单元格格式设置为日期数据，这样选择的数据将以日期的格式显示。输入日期数据的具体操作步骤如下：

1 打开上一例效果文件，在 Excel 工作表中选中 D4:D11 单元格区域，如图 4-5 所示。

	A	B	C	D
1	悭惜超市销售表			
2		制表时间:		4:35
3	名称	单价	数量	销售日期
4	王老吉	4.00	5	2011/12/2
5	牛奶	2.00	10	2011/12/3
6	花生油	23.00	2	2011/12/4
7	茶油	17.00	3	2011/12/5
8	可乐	6.50	6	2011/12/6
9	醋	6.00	4	2011/12/7
10	酱油	7.80	8	2011/12/8
11	辣椒油	4.50	12	2011/12/9
12	杨婷制作			

图 4-5　选择单元格区域

2 单击鼠标右键，在弹出的快捷菜单中选择“设置单元格格式”选项，如图 4-6 所示。

名称	单价	数量	销售日期
王老吉	4.00	5	2011/1
牛奶	2.00	10	2011/1
花生油	23.00	2	2011/1
茶油	17.00	3	2011/1
可乐	6.50	6	2011/1
醋	6.00	4	2011/1
酱油	7.80	8	2011/1
辣椒油	4.50	12	2011/1
杨婷制作			

剪切(T)
复制(C)
粘贴选项:
选择性粘贴(S)...
智能查找(L)
插入(I)...
删除(D)...
清除内容(N)
快速分析(Q)
筛选(E)
排序(O)
插入批注(M)
设置单元格格式(F)...
选择

图 4-6　选择“设置单元格格式”选项

专家提醒

在 Excel 2016 中，默认情况下，在“日期”选项卡中，系统提供了多种格式的日期类型，可以根据需要自行选择日期数据的类型。

3 弹出“设置单元格格式”对话框，切换至“数字”选项卡，在“分类”列表框选择“日期”选项，选择日期格式，如图 4-7 所示。

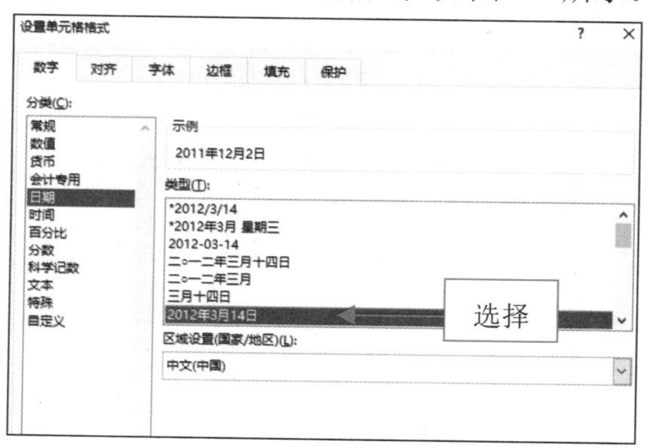

图 4-7 选择相应选项

4 执行上述操作后，单击“确定”按钮，单元格区域中的内容即可自动转换为相应的日期格式，如图 4-8 所示。

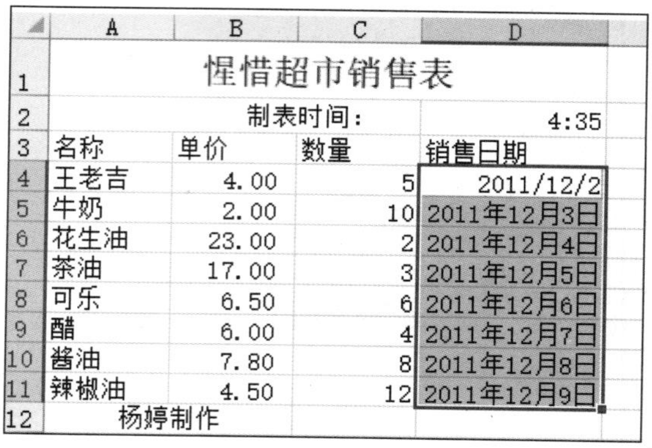

	A	B	C	D
1	惺惜超市销售表			
2		制表时间:		4:35
3	名称	单价	数量	销售日期
4	王老吉	4.00	5	2011/12/2
5	牛奶	2.00	10	2011年12月3日
6	花生油	23.00	2	2011年12月4日
7	茶油	17.00	3	2011年12月5日
8	可乐	6.50	6	2011年12月6日
9	醋	6.00	4	2011年12月7日
10	酱油	7.80	8	2011年12月8日
11	辣椒油	4.50	12	2011年12月9日
12	杨婷制作			

图 4-8 输入日期

2. 输入时间数据

在 Excel 2016 中，可以根据需要将单元格格式设置为时间格式。默认情况下，输入的时间在单元格中采取右对齐的方式。输入时间的具体操作步骤如下：

1 打开上一例效果文件，在 Excel 工作表中选中 D2 单元格，如图 4-9 所示。

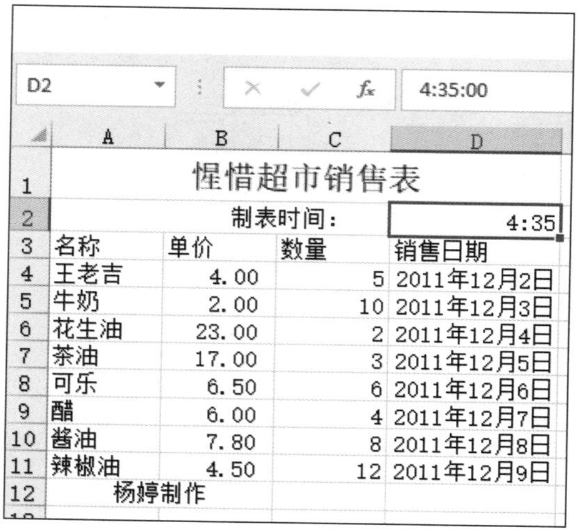

D2 | fx 4:35:00

	A	B	C	D
1	惺惜超市销售表			
2		制表时间:		4:35
3	名称	单价	数量	销售日期
4	王老吉	4.00	5	2011年12月2日
5	牛奶	2.00	10	2011年12月3日
6	花生油	23.00	2	2011年12月4日
7	茶油	17.00	3	2011年12月5日
8	可乐	6.50	6	2011年12月6日
9	醋	6.00	4	2011年12月7日
10	酱油	7.80	8	2011年12月8日
11	辣椒油	4.50	12	2011年12月9日
12	杨婷制作			

图 4-9 选择单元格

2 在“开始”选项卡下的“数字”选项组中单击“自定义”文本框右侧的下三角按钮，在弹出的下拉列表框中选择“其他数字格式”选项，如图 4-10 所示。

图 4-10 选择“其他数字格式”选项

专家提醒

默认情况下，在 Excel 2016 的“时间”选项卡中，系统提供了多种格式的时间类型，可以根据需要自行选择输入时间的类型。

第4章

3 弹出“设置单元格格式”对话框，在“类型”下拉列表框中选择需要的时间格式，如图 4-11 所示。

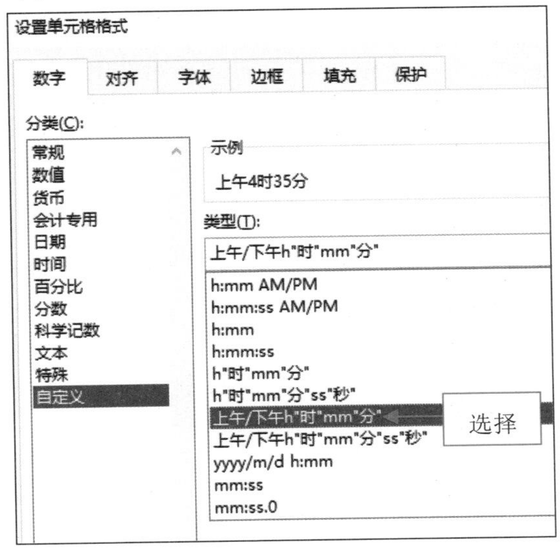

图 4-11 选择相应选项

4 执行上述操作后，单击“确定”按钮，单元格中的内容即会自动转换为相应的时间格式，如图 4-12 所示。

B	C	D
悍惜超市销售表		
	制表时间：	上午4时35分
单价	数量	销售日期
4.00	5	2011年12月2日
2.00	10	2011年12月3日
23.00	2	2011年12月4日
17.00	3	2011年12月5日
6.50	6	2011年12月6日
6.00	4	2011年12月7日
7.80	8	2011年12月8日
4.50	12	2011年12月9日
制作		

图 4-12 转换时间格式

4.1.3 输入特殊符号

在 Excel 2016 中，除了可以在工作表的单元格中输入文本、数值、日期和时间等内容外，还可以在单元格中输入特殊符号。输入特殊符号的具体操作步骤如下：

1 单击“文件”|“打开”|“浏览”按钮，打开一个 Excel 工作簿，选中 A14 单元格，如图 4-13 所示。

	A	B	C	D	E	F	G
1				成绩表			
2	姓 名	语 文	数 学	英 语	政治	地理	历史
3	王平	98	54	86	65	91	86
4	李娟	82	65	88	77	86	77
5	杨凤	77	86	54	54	92	65
6	孙洁	94	92	77	98	82	50
7	李策	86	98	82	72	87	98
8	张艳	92	76	82	86	51	95
9	谢风	54	81	65	69	65	82
10	曾婷	65	77	76	82	97	86
11	陈丽	98	34	92	77	88	65
12	阳珍	99	75	87	59	98	54
13							
14	范志伟制作						

图 4-13 选择单元格

2 切换至“插入”选项卡，在“符号”选项组中，单击“符号”按钮，如图 4-14 所示。

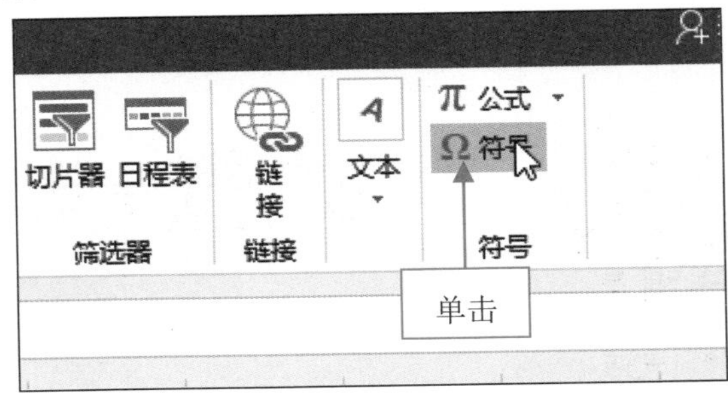

图 4-14 单击“符号”按钮

专家提醒

在 Excel 2016 中，特殊符号包括部分中文标点符号如省略号、数字序号如带圈的数字序号以及某些数字符号如小于等于号（≤）等。

3 弹出“符号”对话框，切换至“特殊字符”选项卡，在“字符”下拉列表框中选择“长划线”选项，如图 4-15 所示。

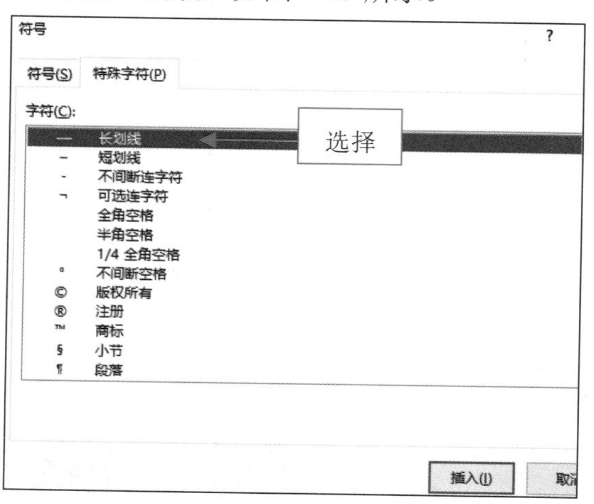

图 4-15　选择相应选项

4 单击“插入”按钮，执行上述操作后，单击“关闭”按钮，即可在单元格中插入相应的特殊符号，如图 4-16 所示。

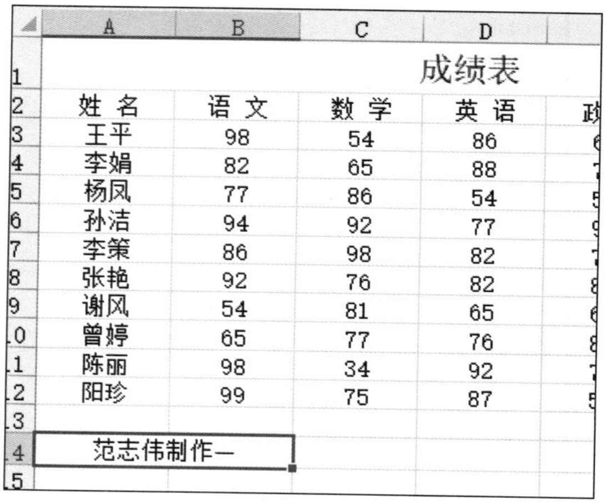

	A	B	C	D
1			成绩表	
2	姓 名	语 文	数 学	英 语
3	王平	98	54	86
4	李娟	82	65	88
5	杨凤	77	86	54
6	孙洁	94	92	77
7	李策	86	98	82
8	张艳	92	76	82
9	谢风	54	81	65
10	曾婷	65	77	76
11	陈丽	98	34	92
12	阳珍	99	75	87
13				
14	范志伟制作—			
15				

图 4-16　输入特殊符号

4.1.4　通过控制柄填充数据

在表格中选定一个单元格或单元格区域后，其右下角会出现一个控制手柄，拖动这个控制手柄即可实现数据的快速填充。使用控制手柄不仅可以填充相同的数据，还可以填充有规律的数据。通过控制柄填充数据的具体操作步骤如下：

1 单击“文件”|“打开”|“浏览”按钮，打开一个 Excel 工作簿，在工作表中选中 C3 单元格，如图 4-17 所示。

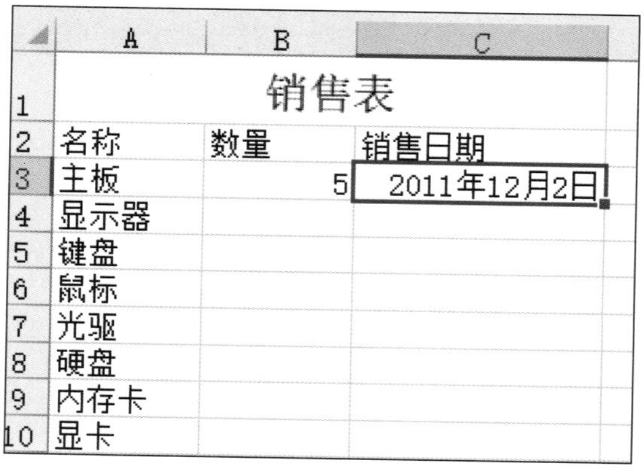

	A	B	C
1		销售表	
2	名称	数量	销售日期
3	主板	5	2011年12月2日
4	显示器		
5	键盘		
6	鼠标		
7	光驱		
8	硬盘		
9	内存卡		
10	显卡		

图 4-17　选择单元格

2 移动鼠标指针至单元格区的右下方控制柄处，鼠标呈黑色十字状显示，按住鼠标左键并拖曳鼠标至 C10 单元格位置，所选单元格区域便会自动填充数据，如图 4-18 所示。

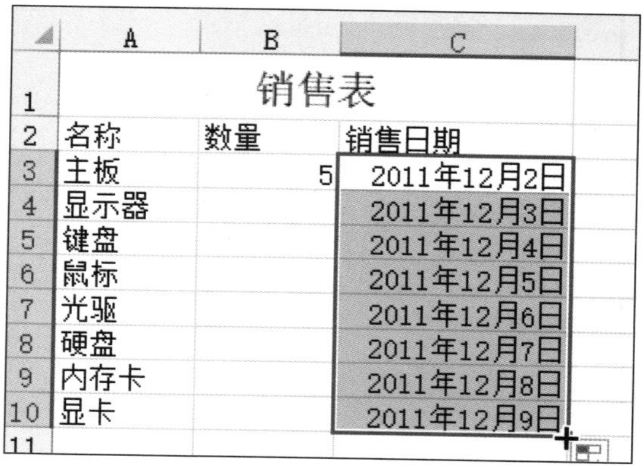

	A	B	C
1		销售表	
2	名称	数量	销售日期
3	主板	5	2011年12月2日
4	显示器		2011年12月3日
5	键盘		2011年12月4日
6	鼠标		2011年12月5日
7	光驱		2011年12月6日
8	硬盘		2011年12月7日
9	内存卡		2011年12月8日
10	显卡		2011年12月9日
11			

图 4-18　通过控制柄填充数据

4.1.5　自定义填充序列的内容

在 Excel 2016 中，不仅可以通过控制柄填充相同的数据，还可以通过控制柄自定义填充序列的内容，并且通过“自动填充”功能可以快速录入等差数字序列。自定义填充序列内容的具体操作步骤如下：

1. 打开上一例效果文件，在 Excel 工作表中选中 B3:B10 单元格区域，如图 4-19 所示。

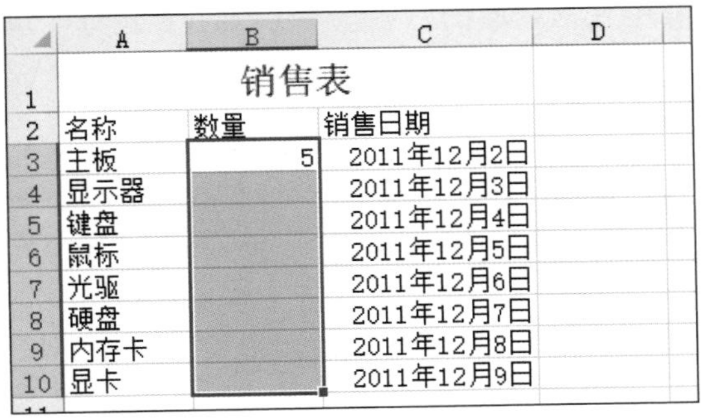

	A	B	C	D
1	销售表			
2	名称	数量	销售日期	
3	主板	5	2011年12月2日	
4	显示器		2011年12月3日	
5	键盘		2011年12月4日	
6	鼠标		2011年12月5日	
7	光驱		2011年12月6日	
8	硬盘		2011年12月7日	
9	内存卡		2011年12月8日	
10	显卡		2011年12月9日	

图 4-19　选择单元格区域

2. 在“开始”选项卡下的“编辑”选项组中，单击“填充”按钮，在弹出的列表框中选择“序列”选项，如图 4-20 所示。

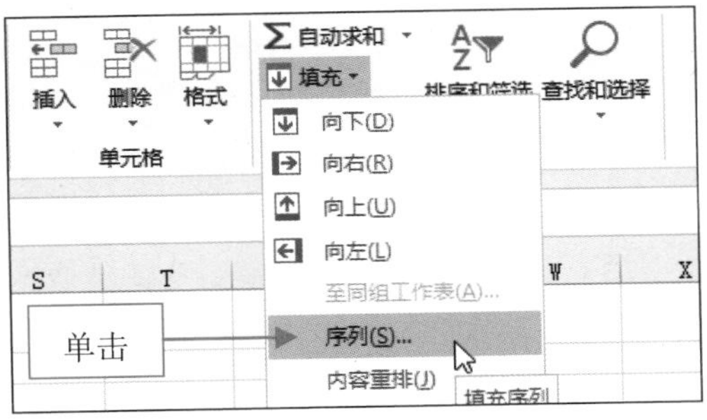

插入　删除　格式　单元格　Σ自动求和　填充　排序和筛选　查找和选择

向下(D)　向右(R)　向上(U)　向左(L)　至同组工作表(A)...　序列(S)...　内容重排(J)

单击

图 4-20　单击“序列”选项

3. 弹出“序列”对话框，选中“列”单选按钮，设置步长值为 3，如图 4-21 所示。

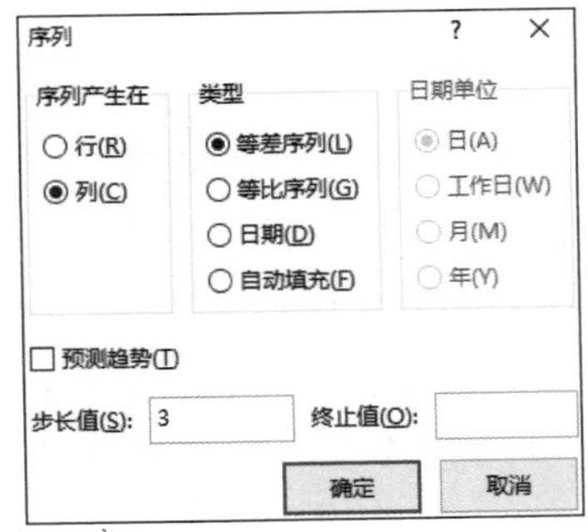

图 4-21　设置相应选项

4. 执行上述操作后，单击“确定”按钮，即可在所选单元格区域中快速录入步长为 3 的等差序列，如图 4-22 所示。

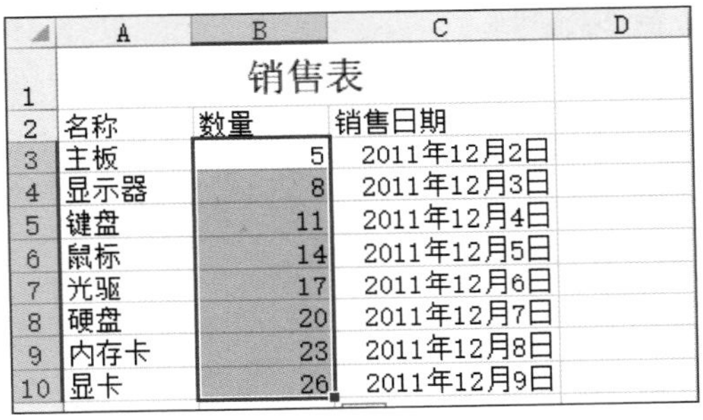

	A	B	C	D
1	销售表			
2	名称	数量	销售日期	
3	主板	5	2011年12月2日	
4	显示器	8	2011年12月3日	
5	键盘	11	2011年12月4日	
6	鼠标	14	2011年12月5日	
7	光驱	17	2011年12月6日	
8	硬盘	20	2011年12月7日	
9	内存卡	23	2011年12月8日	
10	显卡	26	2011年12月9日	

图 4-22　自定义填充序列的内容

专家提醒

在“序列”对话框中，步长值除了可以输入正数外，而且还可以输入负数。Excel 会自动根据当前输入的数字与步长值进行相加或相减。

- 若输入的是正数，则进行相加后填充单元格。
- 若输入的是负数，则进行相减后填充单元格。

在“序列”对话框中，除了可以选择“等差序列”类型，还可以选择“等比序列”“日期”和“自动填充”类型。“等比序列”类型是指快速输入等比的数字序列，“日期”类型是指快速输入日期序列，“自动填充”类型是指将所选单元格区域的内容进行复制填充。

4.2　编辑单元格数据

在实际应用中处理数据时，往往容易出现各种错误，这就要求熟练地掌握对单元格中的数据进行编辑的方法。本节主要介绍单元格数据的修改、复制、删除、恢复和替换等操作内容。

扫码观看本节视频

4.2.1 修改单元格数据

在 Excel 2016 中，可以通过选中单元格，在其中输入修改的内容，按【Enter】键即可修改单元格的全部内容，也可以通过用鼠标左键双击需要修改的单元格，使该单元格处于编辑状态，再输入修改的内容，按【Enter】键即可修改单元格的部分内容。

专家提醒

在 Excel 2016 中，默认情况下，选择需要修改的单元格，按【F2】键，也可以使该单元格处于编辑状态。

4.2.2 复制与移动数据

在 Excel 表格内容的编辑操作中，经常会用到数据的复制和移动操作，因此可以根据需要对数据进行复制和移动操作。

1. 复制数据

在编辑工作表内容时，若多个单元格或其他工作表中需要相同的内容时，可通过“复制”功能来实现。在 Excel 2016 中，不仅可以复制整个单元格，还可以复制单元格中指定的内容。复制数据的具体操作步骤如下：

1 单击“文件”菜单，在弹出的面板中单击“打开”命令，打开一个 Excel 工作簿，在工作表中选择单元格 B6，如图 4-23 所示。

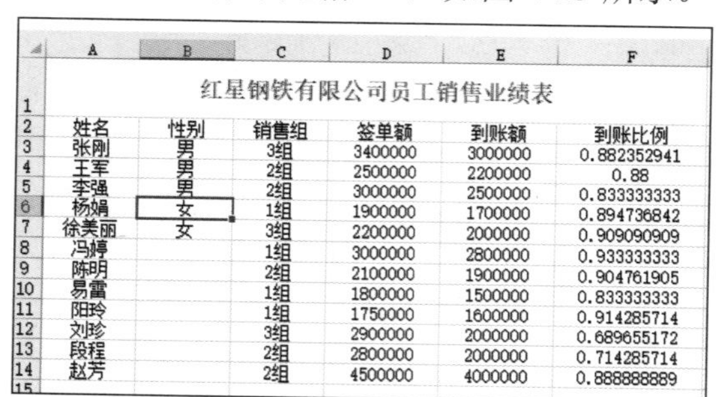

	A	B	C	D	E	F
1	红星钢铁有限公司员工销售业绩表					
2	姓名	性别	销售组	签单额	到账额	到账比例
3	张刚	男	3组	3400000	3000000	0.882352941
4	王军	男	2组	2500000	2200000	0.88
5	李强	男	2组	3000000	2500000	0.833333333
6	杨娟	女	1组	1900000	1700000	0.894736842
7	徐美丽	女	3组	2200000	2000000	0.909090909
8	冯婷		1组	3000000	2800000	0.933333333
9	陈明		2组	2100000	1900000	0.904761905
10	易露		1组	1800000	1500000	0.833333333
11	阳玲		1组	1750000	1600000	0.914285714
12	刘珍		3组	2900000	2000000	0.689655172
13	段程		2组	2800000	2000000	0.714285714
14	赵芳		2组	4500000	4000000	0.888888889

图 4-23 选择单元格

2 在“开始”选项卡下的“剪贴板”选项组中单击“复制”按钮，或按键盘快捷键【Ctrl+C】，如图 4-24 所示。

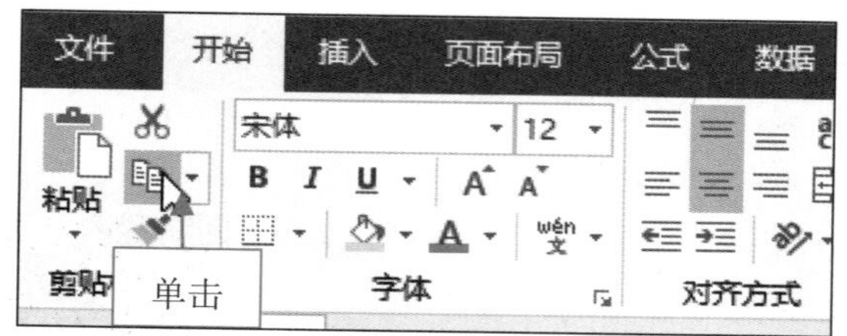

图 4-24 单击“复制”按钮

3 选择目标单元格 B8，单击“剪贴板”选项组中的“粘贴”按钮，如图 4-25 所示。

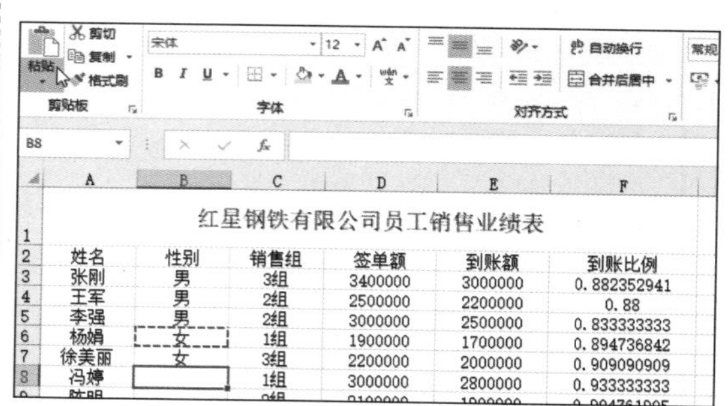

	A	B	C	D	E	F
1	红星钢铁有限公司员工销售业绩表					
2	姓名	性别	销售组	签单额	到账额	到账比例
3	张刚	男	3组	3400000	3000000	0.882352941
4	王军	男	2组	2500000	2200000	0.88
5	李强	男	2组	3000000	2500000	0.833333333
6	杨娟	女	1组	1900000	1700000	0.894736842
7	徐美丽	女	3组	2200000	2000000	0.909090909
8	冯婷		1组	3000000	2800000	0.933333333

图 4-25 单击“粘贴”按钮

4 执行上述操作后，即可复制数据到目标单元格，如图 4-26 所示。

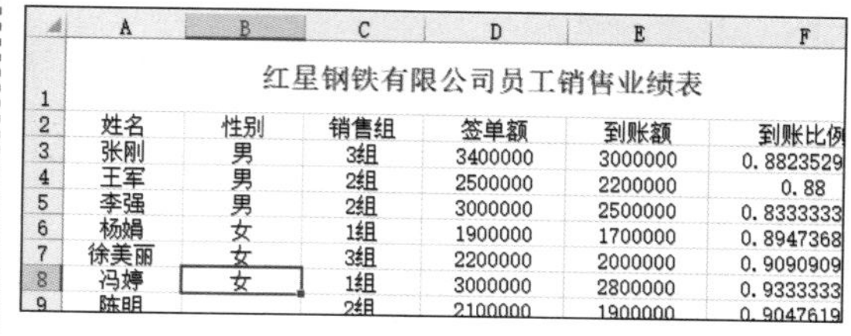

	A	B	C	D	E	F
1	红星钢铁有限公司员工销售业绩表					
2	姓名	性别	销售组	签单额	到账额	到账比例
3	张刚	男	3组	3400000	3000000	0.8823529
4	王军	男	2组	2500000	2200000	0.88
5	李强	男	2组	3000000	2500000	0.8333333
6	杨娟	女	1组	1900000	1700000	0.8947368
7	徐美丽	女	3组	2200000	2000000	0.9090909
8	冯婷	女	1组	3000000	2800000	0.9333333
9	陈明		2组	2100000	1900000	0.9047619

图 4-26 复制数据

专家提醒

在 Excel 2016 中，还可以通过快捷菜单操作和鼠标操作来复制数据。快捷菜单操作是指在需要复制内容的单元格上单击鼠标右键，在弹出快捷菜单选择“复制”选项，然后在需要相同内容的目标单元格上单击鼠标右键选择“粘贴”选项。鼠标操作是指选择需要复制其内容的单元格，并将鼠标指针移至单元格的边缘，按住鼠标左键的同时，将所选择单元格的内容拖动到需要相同内容的目标单元格，然后再释放鼠标左键。

2. 移动数据

在 Excel 2016 中数据的移动一般是将所选择单元格或单元格区域中的数据移动到其他位置，数据的移动是编辑 Excel 表格的最基本、最常用的操作之一。Excel 提供了许多移动单元格数据的方法。移动数据的具体操作步骤如下：

专家提醒

在 Excel 2016 中，还可以通过菜单命令操作和鼠标操作来移动数据。

- 菜单命令操作是指通过单击“开始”选项卡下“剪贴板”选项组中的“剪切”按钮和“粘贴”按钮来移动数据。
- 鼠标操作是指将鼠标指针移至单元格的边缘，当光标变为十字箭头时，按住鼠标左键的同时，将所选择单元格的内容拖动到需要内容的目标单元格，再释放鼠标左键来移动数据。

1. 打开上一例效果文件，在工作表中选择需要移动内容的单元格 B5，如图 4-27 所示。

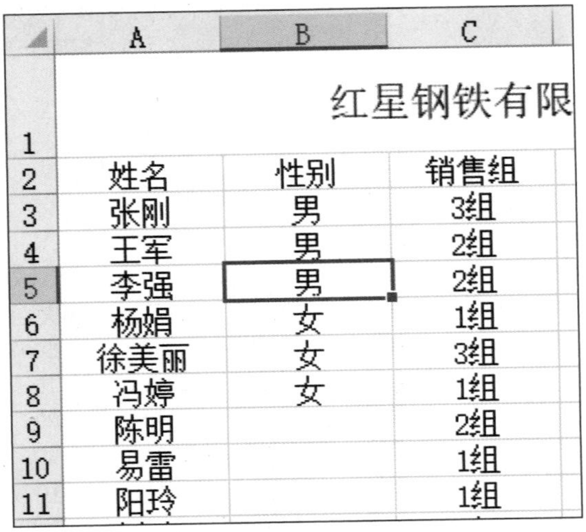

	A	B	C
1	红星钢铁有限		
2	姓名	性别	销售组
3	张刚	男	3组
4	王军	男	2组
5	李强	男	2组
6	杨娟	女	1组
7	徐美丽	女	3组
8	冯婷	女	1组
9	陈明		2组
10	易雷		1组
11	阳玲		1组

图 4-27　选择单元格

2. 在该单元格上，单击鼠标右键，在弹出的快捷菜单中选择“剪切”选项，如图 4-28 所示。

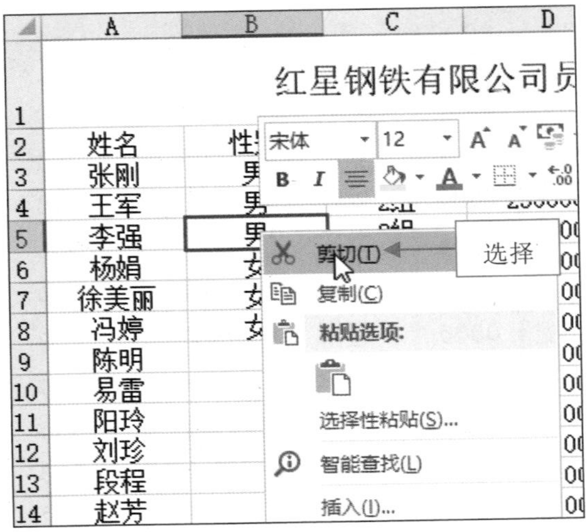

图 4-28　选择“剪切”选项

3 选择需要相同内容的目标单元格 B9，单击鼠标右键，在弹出的快捷菜单中选择“粘贴选项”下相应的图标，如图 4-29 所示。

	A	B	C	D	E	
1			红星钢铁有限公司员工销售业绩表			
2	姓名	性别	销售组	签单额	到账额	
3	张刚	男	3组	3400000	3000000	0.
4	王军	男	2组	2500000	2200000	
5	李强	男	2组	3000000	2500000	0.
6	杨娟	女			000	0.
7	徐美丽	女			000	0.
8	冯婷	女			000	0.
9	陈明				1900000	0.
10	易雷			00	1500000	0.
11	阳玲			00	1600000	0.
12	刘珍			00	2000000	0.
13	段程			00	2000000	0.
14	赵芳			00	4000000	0.
15						

剪切(T)
复制(C)
粘贴选项:
选择性粘贴(S)...

图 4-29 选择“粘贴选项”

4 执行上述操作后，即可移动数据到目标单元格，如图 4-30 所示。

	A	B	C	D	E
1			红星钢铁有限公司员工销售业绩表		
2	姓名	性别	销售组	签单额	到账额
3	张刚	男	3组	3400000	3000000
4	王军	男	2组	2500000	2200000
5	李强		2组	3000000	2500000
6	杨娟	女	1组	1900000	1700000
7	徐美丽	女	3组	2200000	2000000
8	冯婷	女	1组	3000000	2800000
9	陈明	男	2组	2100000	1900000
10	易雷		1组	1800000	1500000
11	阳玲		1组	1750000	1600000
12	刘珍		3组	2900000	2000000
13	段程		2组	2800000	2000000
14	赵芳		2组	4500000	女

图 4-30 移动数据

4.2.3 粘贴与删除数据

在 Excel 2016 表格内容的编辑操作中，经常会用到数据的粘贴或删除操作，因此可以根据需要对数据进行粘贴或删除操作。

1. 粘贴数据

在 Excel 2016 中，当对数据进行复制或剪切操作后，就得把数据粘贴到目标单元格中，粘贴数据分为选择性粘贴数据和转置粘贴数据等方式。

选择性粘贴数据有保留源格式粘贴和匹配目标格式粘贴；转置粘贴数据可以改变选择的单元格数据的格式，如果选择的是列数据，通过转置粘贴操作可以将其转换为行数据。转置粘贴数据的具体操作步骤如下：

1 单击“文件”|“打开”|“浏览”按钮，打开一个 Excel 工作簿，在工作表中选择单元格区域，如图 4-31 所示。

	A	B	C	D
1	编号	姓名	部门	基本工资
2	0001	孙纺	行政	1650
3	0002	李凤	销售	1200
4	0003	杨旺	生产	1800
5	0004	李乐	企划	1500
6	0005	方刊	行政	1650
7	0006	赵傅	销售	1200
8	0007	谢宇	生产	1800
9	0008	马娟	行政	1650
10	0009	阳珍	生产	1800
11	0010	许大龙	销售	1200

图 4-31 选择单元格区域

2 在“开始”选项卡下的“剪贴板”选项组中，单击“复制”按钮，或按键盘快捷键【Ctrl+C】，如图 4-32 所示。

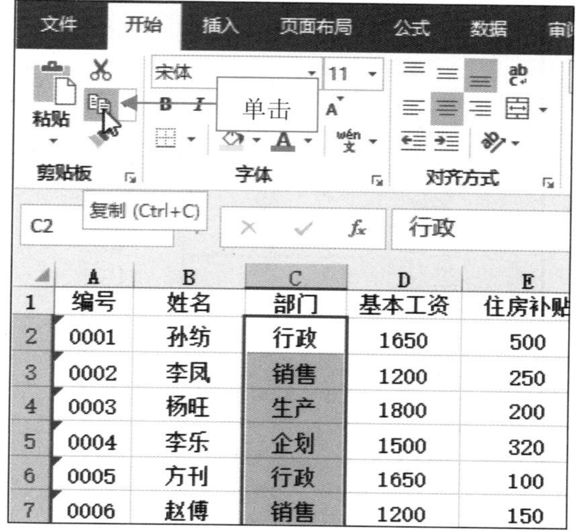

	A	B	C	D	E
1	编号	姓名	部门	基本工资	住房补贴
2	0001	孙纺	行政	1650	500
3	0002	李凤	销售	1200	250
4	0003	杨旺	生产	1800	200
5	0004	李乐	企划	1500	320
6	0005	方刊	行政	1650	100
7	0006	赵傅	销售	1200	150

图 4-32 单击“复制”按钮

3 选中目标单元格，单击鼠标右键，在弹出的快捷菜单中单击“粘贴选项”下的“转置”按钮，如图 4-33 所示。

	A	B	C	D	E
1	编号	姓名	部门	基本工资	住房补贴
2	0001	孙纺	行政	1650	500
3	0002	李凤	销售	1200	250
4	0003	杨旺	生产	1800	200
5	0004	李乐	企划	1500	320
6	0005	方刊	行政	1650	100
7	0006	赵傅	销售	1200	150
8	0007	谢宇	生产	1800	320
9	0008	马娟	行政	1650	220
10	0009	阳珍	生产	1800	500
11	0010	许大龙	销售	1200	250

图 4-33　单击“转置”按钮

4 执行上述操作后，按【Enter】键确认，即可完成对数据进行粘贴的操作，效果如图 4-34 所示。

9	0008	马娟	行政	1650	220
10	0009	阳珍	生产	1800	500
11	0010	许大龙	销售	1200	250
12					
13	行政	行政	行政	行政	行政
14	销售	销售	销售	销售	销售
15	生产	生产	生产	生产	生产
16	企划	企划	企划	企划	企划
17	行政	行政	行政	行政	行政
18	销售	销售	销售	销售	销售
19	生产	生产	生产	生产	生产
20	行政	行政	行政	行政	行政
21	生产	生产	生产	生产	生产
22	销售	销售	销售	销售	销售
23					

图 4-34　粘贴数据

2．删除数据

在 Excel 2016 中编辑表格时，当不需要某些内容或输入发生错误时，可以对内容进行删除操作。删除数据的具体操作步骤如下：

专家提醒

在 Excel 2016 中，选择需要删除的数据，按【Delete】键，也可将其删除。需要注意的是：按【Delete】键删除数据时，删除的只有单元格的内容，单元格的其他属性如格式、批注等仍然保留。

1 打开上一例效果文件，在工作表中选择需要删除内容的单元格 E2，如图 4-35 所示。

	A	B	C	D	E	F
1	编号	姓名	部门	基本工资	住房补贴	
2	0001	孙纺	行政	1650	500	
3	0002	李凤	销售	1200	250	
4	0003	杨旺	生产	1800	200	
5	0004	李乐	企划	1500	320	
6	0005	方刊	行政	1650	100	
7	0006	赵傅	销售	1200	150	
8	0007	谢宇	生产	1800	320	
9	0008	马娟	行政	1650	220	
10	0009	阳珍	生产	1800	500	
11	0010	许大龙	销售	1200	250	
12						
13	行政	行政	行政	行政	行政	行政
14	销售	销售	销售	销售	销售	销售
15	生产	生产	生产	生产	生产	生产

图 4-35　选择单元格

2 在该单元格上，单击鼠标右键，在弹出的快捷菜单中选择“删除”选项，如图 4-36 所示

剪切(T)
复制(C)
粘贴选项:
选择性粘贴(S)...
智能查找(L)
插入(I)...
删除(D)...
清除内容(N)
选择

图 4-36　选择“删除”选项

3 弹出“删除”对话框，选中“整列”单选按钮，如图 4-37 所示。

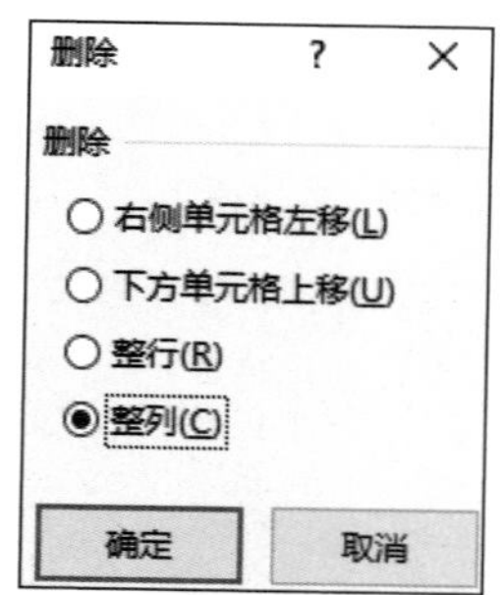

图 4-37 选中“整列”单选按钮

4 单击“确定”按钮，即可删除所选单元格所在列中连续数据区域中的数据，如图 4-38 所示。

E2

	A	B	C	D	E	F	G	H	I
1	编号	姓名	部门	基本工资					
2	0001	孙纺	行政	1650					
3	0002	李凤	销售	1200					
4	0003	杨旺	生产	1800					
5	0004	李乐	企划	1500					
6	0005	方刊	行政	1650					
7	0006	赵傅	销售	1200					
8	0007	谢宇	生产	1800					
9	0008	马娟	行政	1650					
10	0009	阳珍	生产	1800					
11	0010	许大龙	销售	1200					
12									
13	行政	行政	行政	行政	行政	行政	行政	行政	行政
14	销售	销售	销售	销售	销售	销售	销售	销售	销售
15	生产	生产	生产	生产	生产	生产	生产	生产	生产

图 4-38 删除数据

4.2.4 撤销与恢复数据

在对工作表进行编辑操作过程中，若不小心操作错误，可以通过单击 Excel 2016 的“撤销”按钮来撤销操作。当撤销完成后，如果需要恢复被撤销的操作，可以通过单击“恢复”按钮来恢复操作。

在 Excel 2016 中，撤销与恢复数据的操作是非常简单方便的。如果要把上例效果文件中删除的内容恢复，只需要单击“快速访问工具栏”上的“撤销”按钮即可恢复删除的内容，如图 4-39 所示。

图 4-39 撤销与恢复数据

4.2.5 查找与替换数据

在编辑工作表时，有时需要查看或修改工作表中的某部分记录。利用 Excel 2016 提供的查找与替换功能，可以实现快速查找及替换操作。

1. 查找数据

在 Excel 2016 中，常常需要查找工作表中的数据，利用系统提供的查找功能，可以减少工作量。查找数据的具体操作步骤如下：

1 单击“文件”|“打开”|“浏览”按钮，打开一个 Excel 工作簿，如图 4-40 所示。

	A	B	C	D	E
1	销售业绩表				
2	员工编号	姓名	签单额	到账额	到账比例
3	0001	李以强	3300000	1000000	0.303030303
4	0002	王军	1200000	2200000	1.833333333
5	0003	游松松	3000000	2500000	0.833333333
6	0004	杨娟	1900000	1700000	0.894736842
7	0005	徐美丽	2200000	1000000	0.454545455
8	0006	马婷	3000000	2800000	0.933333333
9	0007	杨帝明	2100000	1900000	0.904761905
10	0008	[illegible]	1200000	1800000	1.5

图 4-40 打开效果文件

2 在“开始”选项卡下的“编辑”选项组中，单击“查找和选择”按钮，在弹出的列表框中选择“查找”选项，如图 4-41 所示。

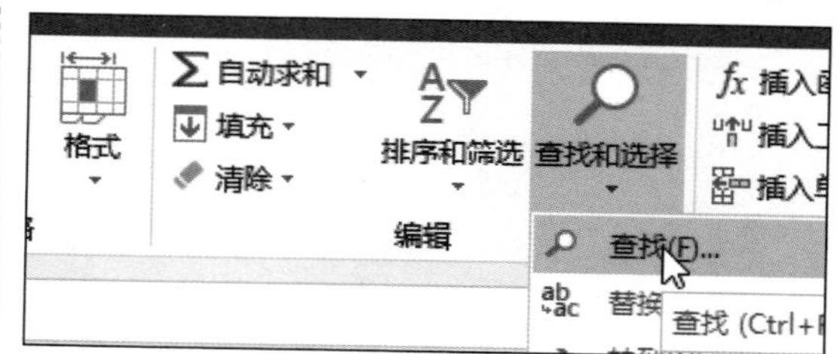

图 4-41 选择“查找”选项

第4章

3 弹出“查找和替换”对话框，在文本框中输入查找的内容，如图 4-42 所示。

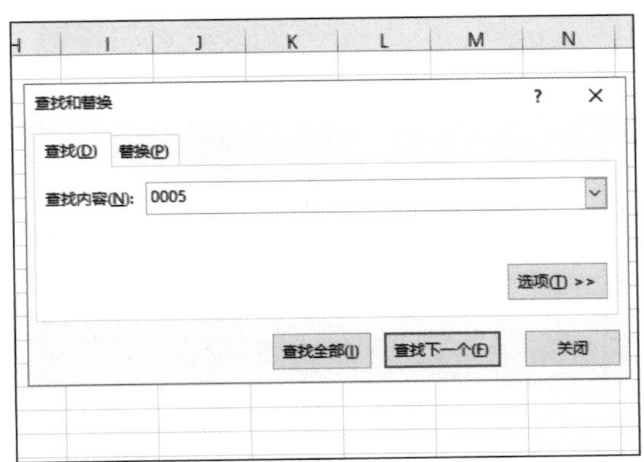

图 4-42　输入查找内容

4 单击“查找全部”按钮，即可在“查找和替换”对话框中显示满足条件的全部数据，如图 4-43 所示。

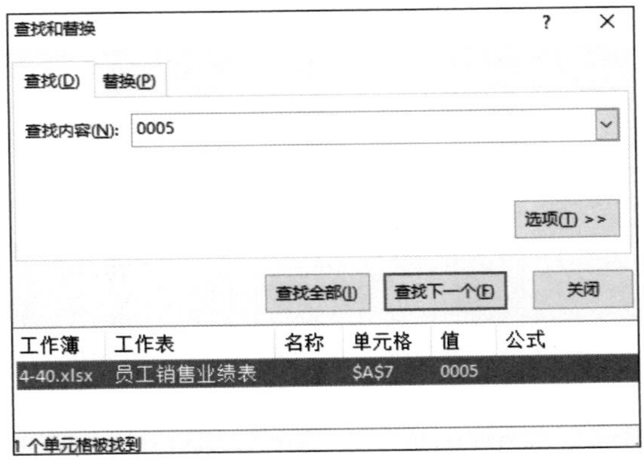

图 4-43　查找数据

专家提醒

在“查找和替换”对话框中，还可以通过单击“查找下一个”按钮，来找到表格中满足查找条件的内容，并可多次单击该按钮来查找数据。

2．替换数据

在 Excel 2016 中，通过“查找和替换”对话框不仅可以查找表格中的数据，还可以将查找的数据替换为新的数据，以提高工作效率。替换数据的具体操作步骤如下：

1 打开上一例的效果文件，在“开始”选项卡下的“编辑”选项组中，单击“查找和选择”按钮，选择“替换”选项，如图 4-44 所示。

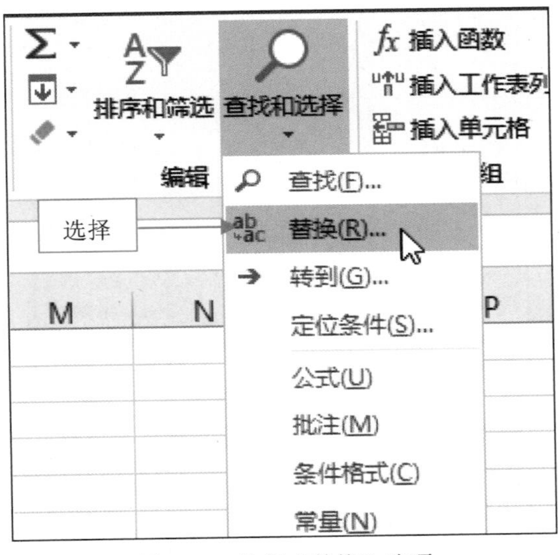

图 4-44　选择“替换”选项

2 弹出“查找和替换”对话框，在文本框中输入需要查找和替换的内容，如图 4-45 所示。

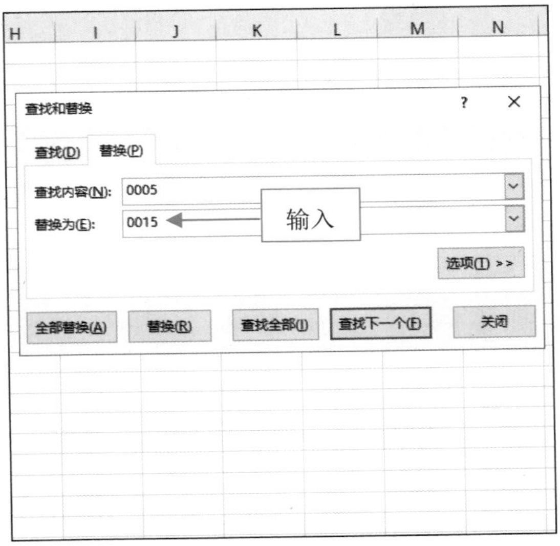

图 4-45　输入查找和替换内容

第4章

3 单击“全部替换”按钮后，将会显示替换完成的对话框，再单击“确定”按钮，如图 4-46 所示。

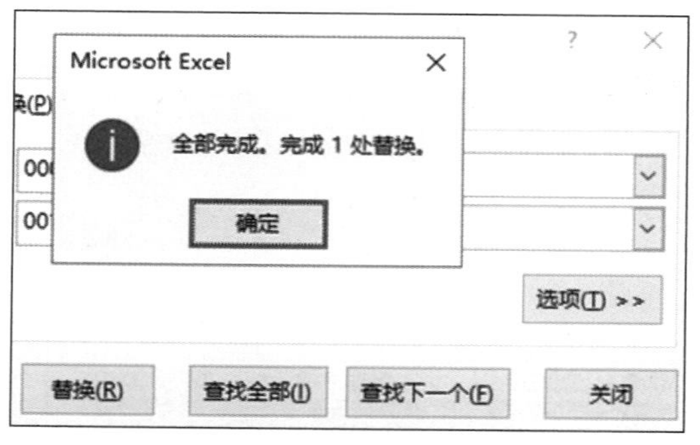

图 4-46 单击“确定”按钮

4 执行上述操作后，关闭“查找和替换”对话框，即可将所查找的内容替换成需要的数据，如图 4-47 所示。

	A	B	C	D	E
1	销售业绩表				
2	员工编号	姓名	签单额	到账额	到账比例
3	0001	李以强	3300000	1000000	0.30303030
4	0002	王军	1200000	2200000	1.83333333
5	0003	游松松	3000000	2500000	0.83333333
6	0004	杨娟	1900000	1700000	0.89473684
7	15	徐美丽	2200000	1000000	0.45454545
8	0006	马婷	3000000	2800000	0.93333333
9	0007	杨帝明	2100000	1900000	0.90476190
10	0008	易雷	1200000	1800000	1.5
11	0009	阳珍	1750000	1600000	0.91428571
12	0010	谢导钏	2900000	1000000	0.34482758
13	0011	程钟	2800000	2000000	0.71428571
14	0012	赵芳	1200000	4000000	3.33333333

图 4-47 替换数据

专家提醒

在 Excel 2016 中，如果只对工作表中某些内容进行替换时，可在“查找和替换”对话框中单击“查找下一处”按钮，当有关内容查找出来后再单击“替换”按钮即可。另外在“查找和替换”对话框中单击“选项”按钮，可以根据需要在展开的选项区中设置参数。

第4章

4.3 数据排序

数据排序是指按一定的规则对数据进行整理和排列，为数据的进一步处理做好准备。Excel 2016 提供了多种对数据表格进行排序的方法，如升序、降序和自定义排序等。

扫码观看本节视频

4.3.1 数据简单排序

在 Excel 2016 中，用户可以根据需要对数据表格进行简单排序。简单排序就是针对单列数据，即按一个关键字段进行的排序。

数据简单排序的具体操作步骤如下：

1 单击“文件”|“打开”|“浏览”按钮，打开一个 Excel 工作簿，选择 C3:C11 单元格区域，如图 4-48 所示。

	A	B	C	D	E	F	G	H	I
1	三班学生成绩分析统计表								
2	学号	姓名	语文	英语	数学	物理	化学	生物	体育
3	010001	林峰	10	88	50	69	55	84	89
4	010002	张华	80	100	85	95	100	75	78
5	010003	李军	70	68	20	80	55	69	83
6	010004	范芳	100	88	98	90	69	95	99
7	010005	杨娟	80	95	90	90	96	78	95
8	010006	秦虹	97	94	99	99	20	65	78
9	010007	陈婷	95	100	90	100	100	51	86
10	010008	赵静	34	60	80	44	65	78	65
11	010009	周琴	90	60	75	50	60	74	63

图 4-48 选择单元格区域

2 在“开始”选项卡下的“编辑”选项组中，单击“排序和筛选”按钮，在弹出的列表框中选择“降序”选项，如图 4-49 所示。

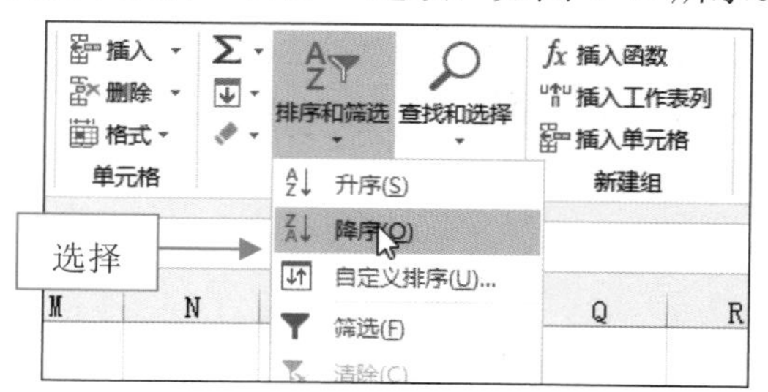

图 4-49 选择“降序”选项

3 弹出“排序提醒”对话框，在该对话框中选中“扩展选定区域”单选按钮，如图 4-50 所示。

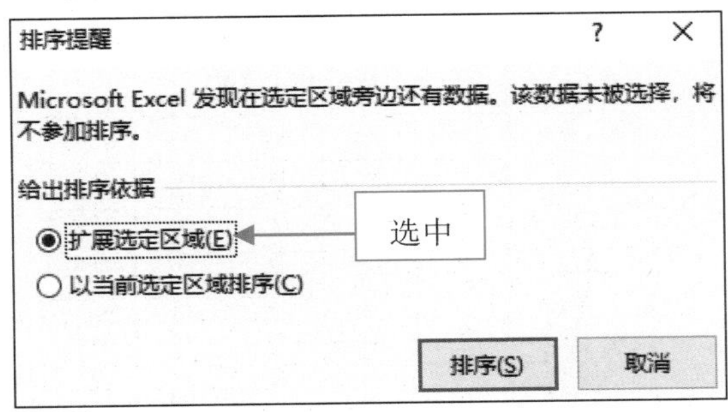

图 4-50　选中“扩展选定区域”单选按钮

4 执行上述操作后，单击“排序”按钮，即可按语文成绩由高到低进行降序排序，如图 4-51 所示。

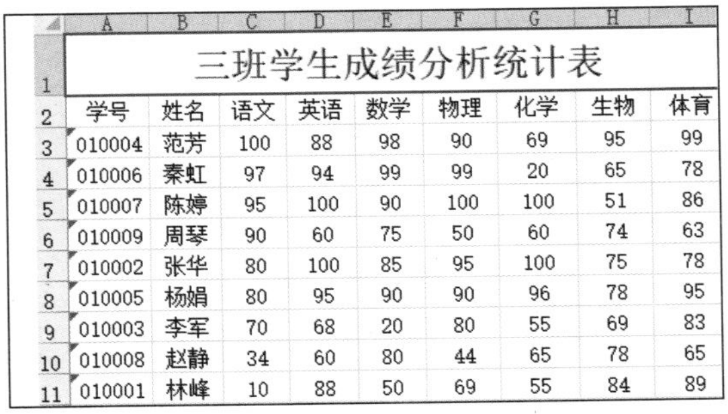

三班学生成绩分析统计表

学号	姓名	语文	英语	数学	物理	化学	生物	体育
010004	范芳	100	88	98	90	69	95	99
010006	秦虹	97	94	99	99	20	65	78
010007	陈婷	95	100	90	100	100	51	86
010009	周琴	90	60	75	50	60	74	63
010002	张华	80	100	85	95	100	75	78
010005	杨娟	80	95	90	90	96	78	95
010003	李军	70	68	20	80	55	69	83
010008	赵静	34	60	80	44	65	78	65
010001	林峰	10	88	50	69	55	84	89

图 4-51　降序排序

专家提醒

在 Excel 2016 中，还可以通过在“数据”选项卡下的“排序和筛选”选项组中，单击“升序”/“降序”按钮，对数据进行排序操作。

4.3.2　数据高级排序

数据的高级排序是将数据表格按多个关键字段进行排序。按多个关键字段排序是指先按某一个关键字段进行排序，然后对此关键字段值相同的记录再按第二个关键字段进行排序，依次类推。数据高级排序的具体操作步骤如下：

1 单击“文件”|“打开”|“浏览”按钮，打开一个 Excel 工作簿，选择需要高级排序的单元格区域，如图 4-52 所示。

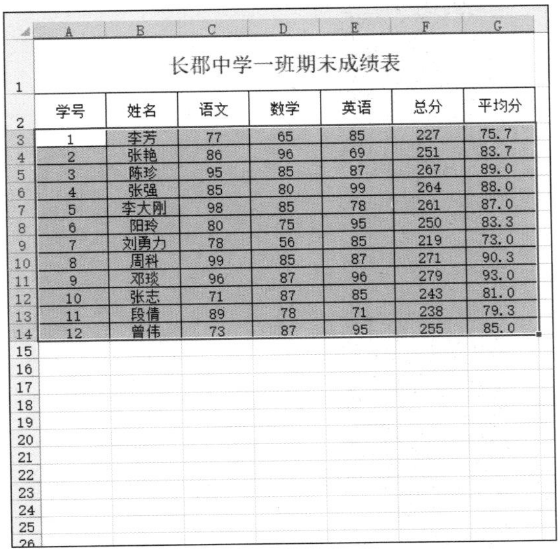

长郡中学一班期末成绩表

学号	姓名	语文	数学	英语	总分	平均分
1	李芳	77	65	85	227	75.7
2	张艳	86	96	69	251	83.7
3	陈珍	95	85	87	267	89.0
4	张强	85	80	99	264	88.0
5	李大刚	98	85	78	261	87.0
6	阳玲	80	75	95	250	83.3
7	刘勇力	78	56	85	219	73.0
8	周科	99	85	87	271	90.3
9	邓琰	96	87	96	279	93.0
10	张志	71	87	85	243	81.0
11	段倩	89	78	71	238	79.3
12	曾伟	73	87	95	255	85.0

图 4-52　选择单元格区域

2 切换至“数据”选项卡，在“排序和筛选”选项组中单击“排序”按钮，如图 4-53 所示。

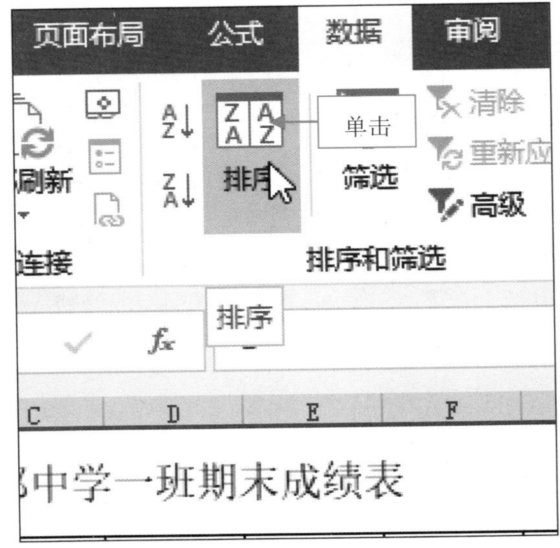

图 4-53　单击“排序”按钮

3 弹出“排序”对话框，单击“添加条件”按钮，添加第 2 个条件，然后设置相应参数，如图 4-54 所示。

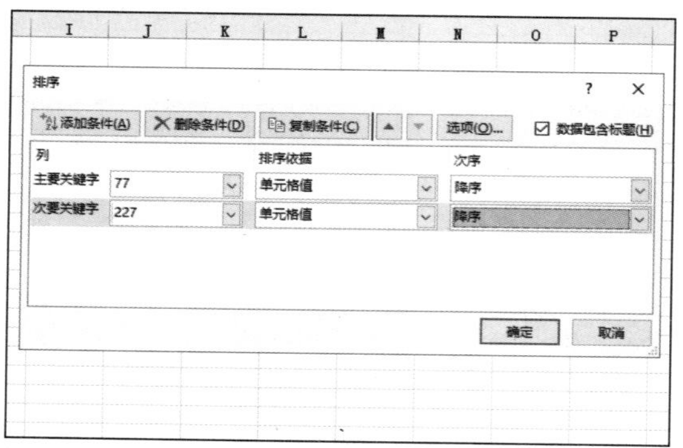

图 4-54　设置相应参数

4 设置完成后，单击“确定”按钮，实现对数据进行高级排序，如图 4-55 所示。

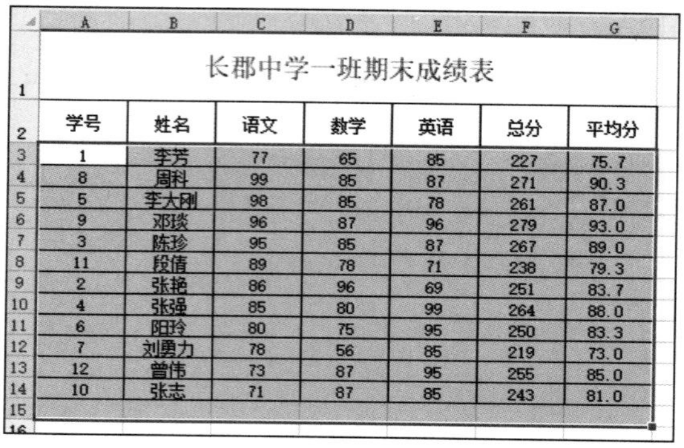

长郡中学一班期末成绩表

学号	姓名	语文	数学	英语	总分	平均分
1	李芳	77	65	85	227	75.7
8	周科	99	85	87	271	90.3
5	李大刚	98	85	78	261	87.0
9	邓琰	96	87	96	279	93.0
3	陈珍	95	85	87	267	89.0
11	段倩	89	78	71	238	79.3
2	张艳	86	96	69	251	83.7
4	张强	85	80	99	264	88.0
6	阳玲	80	75	95	250	83.3
7	刘勇力	78	56	85	219	73.0
12	曾伟	73	87	95	255	85.0
10	张志	71	87	85	243	81.0

图 4-55　数据高级排序

专家提醒

选择数据区域中的任意单元格，单击鼠标右键，在弹出的快捷菜单中选择“排序”|“自定义排序”选项，即会快速弹出“排序”对话框。

4.3.3　创建自定义序列

自定义排序是一种不按照字母和数字顺序的排序方式，Excel 允许创建自定义序列排序方式，并将其自动应用到需要的数据表格中。创建自定义序列的具体操作步骤如下：

1 单击“文件”|“打开”|“浏览”按钮，打开一个 Excel 工作簿，如图 4-56 所示。

新世界服装城应聘人员资料表

编号	姓名	性别	学历	现居住地	应聘职位
001	王雪	女	大专	长沙	文员
002	郭佳	男	本科	湘潭	人事专员
003	李明	男	研究生	吉首	行政经理
004	周謍	男	大专	邵阳	销售经理
005	杨芳	女	本科	娄底	文员
006	陈良	男	研究生	岳阳	行政经理
007	胡艳	女	本科	湘潭	行政经理
008	曾婷	女	大专	岳阳	人事专员
009	张倩	女	本科	邵阳	董事助理
010	张志	男	研究生	湘潭	文员
011	王强	男	大专	长沙	销售经理

图 4-56　打开工作簿

2 单击“文件”|“选项”命令，如图 4-57 所示。

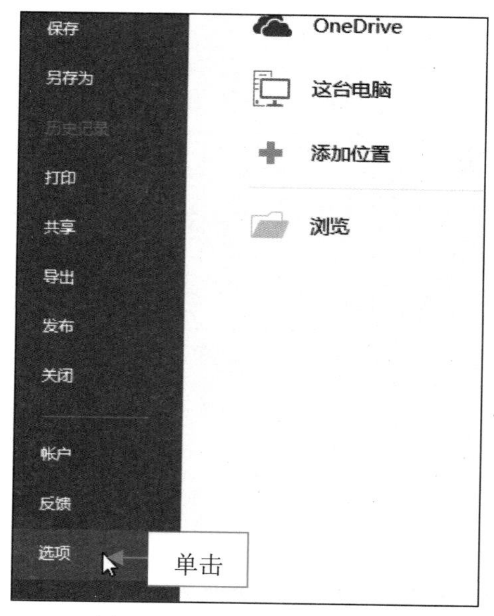

图 4-57　单击“选项”命令

3 弹出“Excel 选项”对话框，切换至“高级”选项卡，在右侧的“常规”选项区中单击“编辑自定义列表”按钮，如图 4-58 所示。

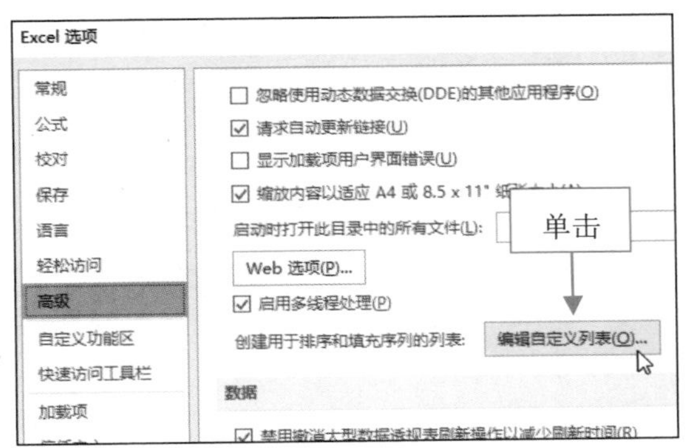

图 4-58　单击“编辑自定义列表”按钮

4 弹出“自定义序列”对话框，在“输入序列”文本框中输入需要排序的内容，按【Enter】键可换行输入，如图 4-59 所示。

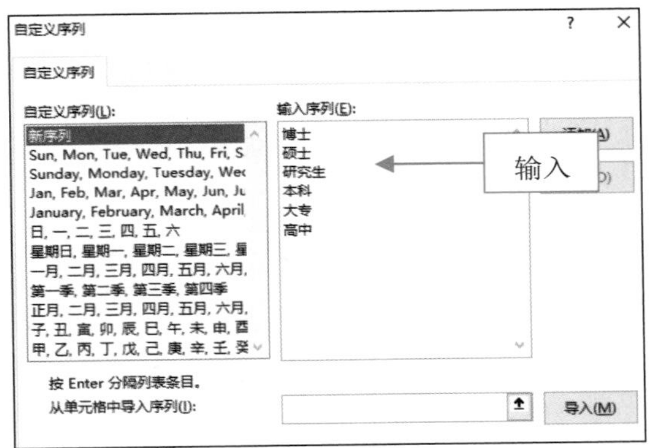

图 4-59　输入内容

5 输入完成后，单击“添加”按钮，在“自定义序列”下拉列表框中将显示刚添加的序列，如图 4-60 示。

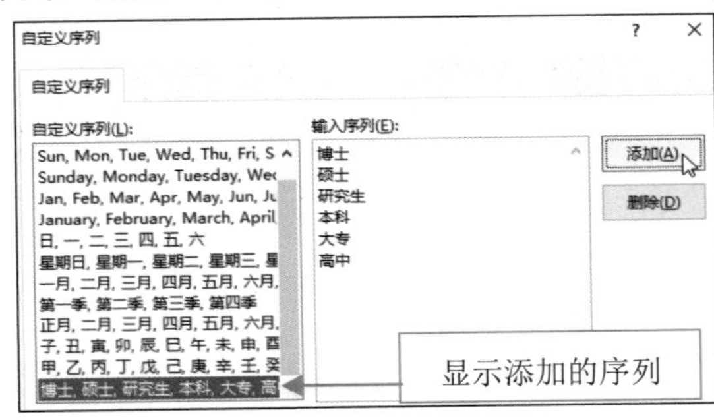

图 4-60　显示添加的序列

6 单击“确定”按钮，返回“Excel 选项”对话框，单击“确定”按钮，返回 Excel 工作界面，在工作表中选择单元格区域，如图 4-61 所示。

新世界服装城应聘人员资料表

编号	姓名	性别	学历	现居住地	应聘职位
001	王雪	女	大专	长沙	文员
002	郭佳	男	本科	湘潭	人事专员
003	李明	男	研究生	吉首	行政经理
004	周誉	男	大专	邵阳	销售经理
005	杨芳	女	本科	娄底	文员
006	陈良	男	研究生	岳阳	行政经理
007	胡艳	女	本科	湘潭	行政经理
008	曾婷	女	大专	岳阳	人事专员
009	张倩	女	本科	邵阳	董事助理
010	张志	男	研究生	湘潭	文员
011	王强	男	大专	长沙	销售经理

图 4-61　选择单元格区域

7 在“数据”选项卡下的“排序和筛选”选项组中单击“排序”按钮，在弹出的“排序”对话框中单击“升序”按钮，在弹出的列表框中选择“自定义序列”选项，如图 4-62 所示。

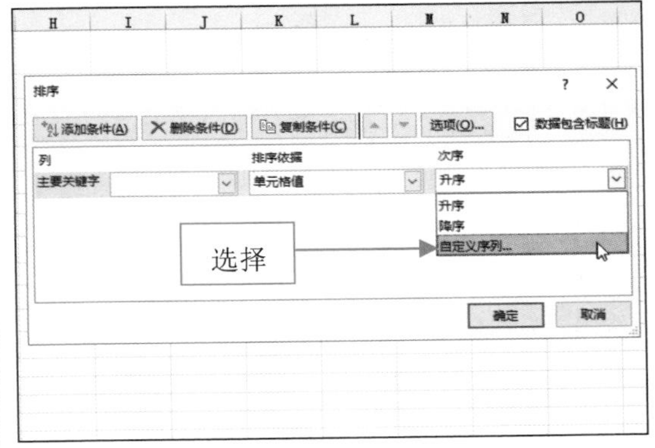

图 4-62　选择“自定义序列”选项

8 弹出“自定义序列”对话框，在“自定义序列”下拉列表框中选择相应序列，如图 4-63 所示。

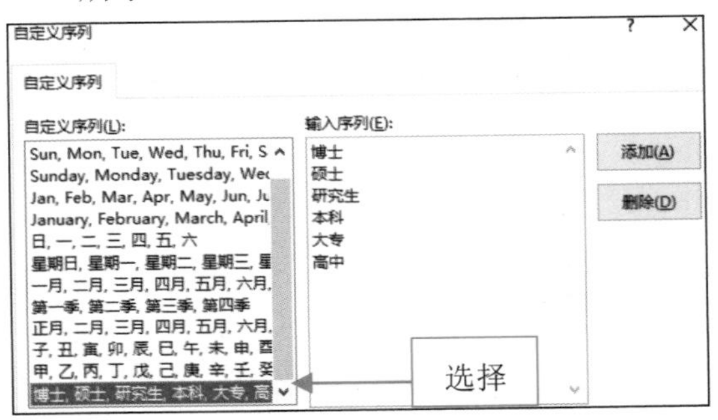

图 4-63　选择相应序列

9 单击“确定”按钮，返回“排序”对话框，单击“主要关键字”右侧的下拉按钮，在弹出的列表框中选择“学历”选项，如图 4-64 所示。

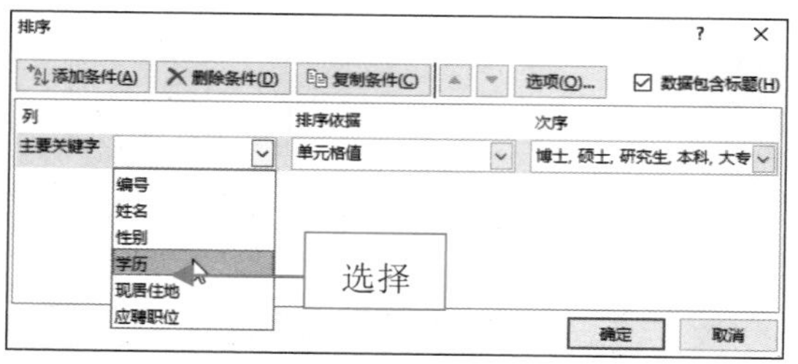

图 4-64 选择“学历”选项

10 执行上述操作后，单击“确定”按钮，即可对数据创建自定义序列，进行自定义排序，如图 4-65 所示。

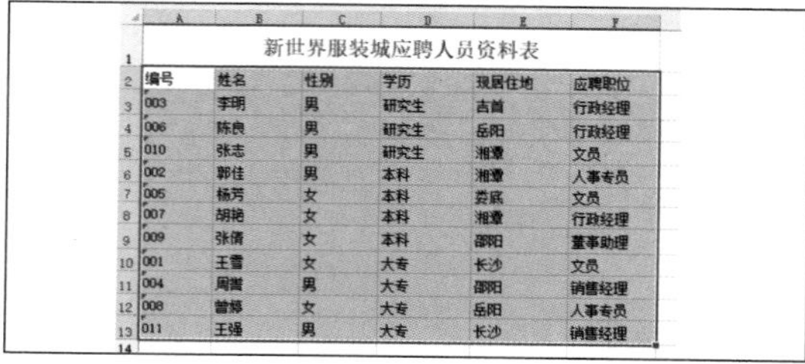

新世界服装城应聘人员资料表

编号	姓名	性别	学历	现居住地	应聘职位
003	李明	男	研究生	吉首	行政经理
006	陈良	男	研究生	岳阳	行政经理
010	张志	男	研究生	湘潭	文员
002	郭佳	男	本科	湘潭	人事专员
005	杨芳	女	本科	娄底	文员
007	胡艳	女	本科	湘潭	行政经理
009	张倩	女	本科	邵阳	董事助理
001	王雪	女	大专	长沙	文员
004	周蕾	男	大专	邵阳	销售经理
008	曾婷	女	大专	岳阳	人事专员
011	王强	男	大专	长沙	销售经理

图 4-65 对数据进行自定义排序

专家提醒

在 Excel 2016 中，在对表格进行自定义序列排序时，必需先建立需要排序的自定义序列项目，然后才能根据设置的自定义序列对表格进行排序。

对数据进行排序时，为了取得最佳结果，排序的单元格区域中必须包括列标题，且至少在单元格区域中保留一个条目。

4.4 表格数据的筛选

在 Excel 2016 中，表格数据的筛选就是将满足条件的记录显示在页面中，将不满足条件的记录隐藏起来，筛选的关键字可以是文本类型的字段，也可以是数据类型的字段。本节主要介绍常用的 3 种筛选方法，包括自动筛选、自定义筛选以及高级筛选。

4.4.1 自动筛选

在 Excel 2016 中，在含有大量数据记录的数据列表中，利用“自动筛选”可以快速查找到符合条件的记录。通常情况下，使用自动筛选功能就可以满足基本的筛选需求。自动筛选的具体操作步骤如下：

1 打开上一例效果文件，在工作表数据区域中选择需要进行筛选的单元格，如图 4-66 所示。

新世界服装城应聘人员资料表

编号	姓名	性别	学历	现居住地	应聘职位
003	李明	男	研究生	吉首	行政经理
006	陈良	男	研究生	岳阳	行政经理
010	张志	男	研究生	湘潭	文员
002	郭佳	男	本科	湘潭	人事专员
005	杨芳	女	本科	娄底	文员
007	胡艳	女	本科	湘潭	行政经理
009	张倩	女	本科	邵阳	董事助理

图 4-66 选择单元格

2 在“数据”选项卡下的“排序和筛选”选项组中单击“筛选”按钮，如图 4-67 所示。

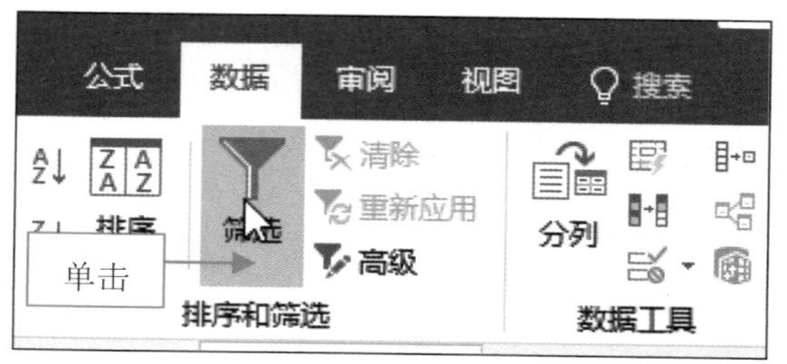

图 4-67 单击“筛选”按钮

3 执行上述操作后，即可使表格呈筛选状态，如图 4-68 所示。

	A	B	C	D	E
1	新世界服装城应聘人员资料表				
2	编号	姓名	性别	学历	现居住地
3	003	李明	男	研究生	吉首
4	006	陈良	男	研究生	岳阳
5	010	张志	男	研究生	湘潭
6	002	郭佳	男	本科	湘潭
7	005	杨芳	女	本科	娄底
8	007	胡艳	女	本科	湘潭
9	009	张倩	女	本科	邵阳
10	001	王雪	女	大专	长沙
11	004	周誉	男	大专	邵阳
12	008	曾婷	女	大专	岳阳

图 4-68　筛选状态

4 单击“性别”右侧的下拉按钮，在弹出的列表框中只选中“女”复选框，如图 4-69 所示。

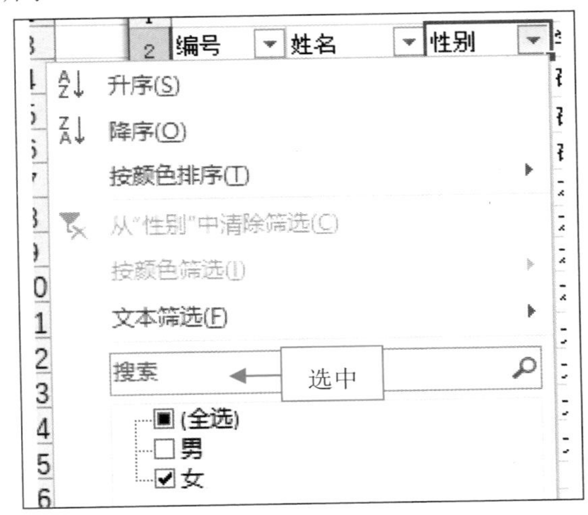

图 4-69　选中“女”复选框

5 执行上述操作后，单击“确定”按钮，即可按条件自动筛选数据，如图 4-70 所示。

	A	B	C	D	E
1	新世界服装城应聘人员资料表				
2	编号	姓名	性别	学历	现居住地
3	001	王雪	女	大专	长沙
7	005	杨芳	女	本科	娄底
9	007	胡艳	女	本科	湘潭
10	008	曾婷	女	大专	岳阳
11	009	张倩	女	本科	邵阳
14					
15					
16					
17					
18					
19					

图 4-70　自动筛选

专家提醒

在 Excel 2016 中，表格中的数据经过筛选后，满足条件的记录被显示出来，不满足条件的记录被隐藏起来，并没有被删除。如果要取消某一个筛选条件，只需单击已使用筛选关键字的下拉按钮，在弹出的列表框中选择“从**中清除筛选”选项即可。

4.4.2　自定义筛选

在 Excel 2016 中自定义筛选是指自定义要筛选的条件，自定义筛选在筛选数据时具有很高的灵活性，可以进行比较复杂的筛选。自定义筛选的具体操作步骤如下：

专家提醒

表格筛选后，如果单击“排序和筛选”选项组中的“清除”按钮，表示显示出当前表格中的所有记录，但表格记录并没有退出筛选状态。

在定义自动筛选方式时，“与”表示并且的意思，“或”表示或者的意思。

第 4 章

1 单击“文件”|“打开”|“浏览”按钮，打开一个 Excel 工作簿，选择数据区域中任一个单元格，如图 4-71 所示。

	A	B	C	D	E
1	驰飞销售业绩表				
2	编号	姓名	职位	所在地区	第1季度业绩
3	001	刘珊	销售员工	东区	￥36,000.00
4	002	王洁	销售经理	南区	￥41,000.00
5	003	蓝凌	销售经理	东区	￥26,000.00
6	004	李傅	销售员工	北区	￥32,000.00
7	005	杨明	销售员工	南区	￥18,000.00
8	006	孙志伟	销售经理	北区	￥41,000.00
9	007	田龙	销售员工	东区	￥55,000.00
10	008	陈芳	销售经理	南区	￥25,000.00
11	009	李湘仪	销售员工	北区	￥37,000.00
12	010	孙刚	销售经理	东区	￥29,000.00
13	011	曾婷	销售员工	南区	￥47,000.00
14					

图 4-71 选择单元格

2 切换至“数据”选项卡，在“排序和筛选”选项组中单击“筛选”按钮，如图 4-72 所示。

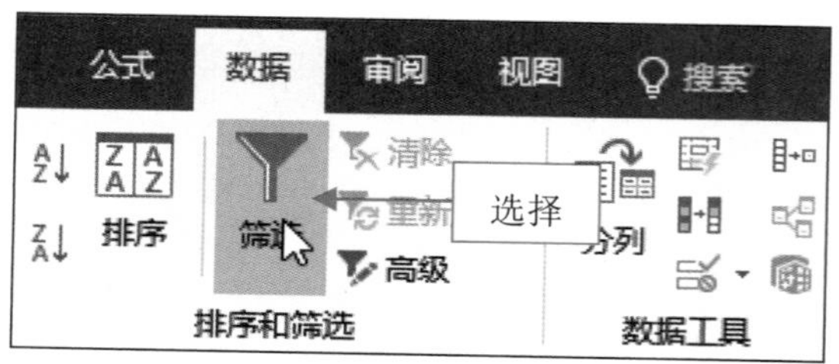

图 4-72 选择“包含”选项

3 启动筛选功能，单击“第 1 季度业绩”右侧的下拉按钮，在弹出的列表框中选择“数字筛选”|“自定义筛选”选项，如图 4-73 所示。

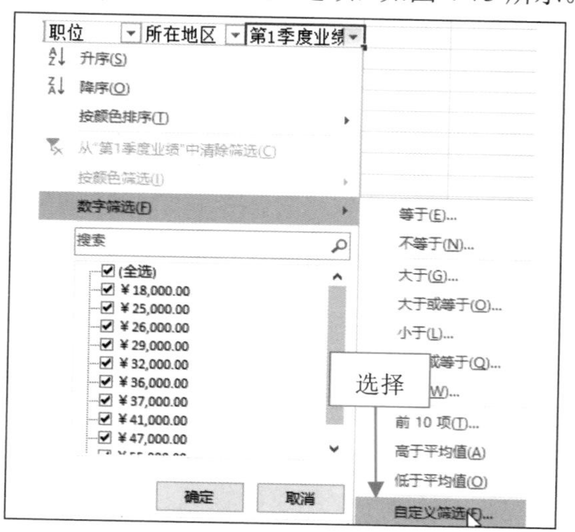

图 4-73 选择“自定义筛选”选项

4 执行上述操作后，弹出“自定义自动筛选方式”对话框，如图 4-74 所示。

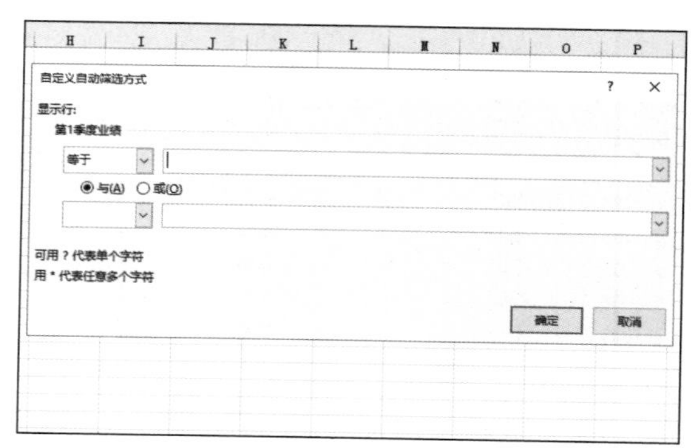

图 4-74 弹出“自定义自动筛选方式”对话框

5 在“自定义自动筛选方式”对话框中，输入自定义条件，如图 4-75 所示。

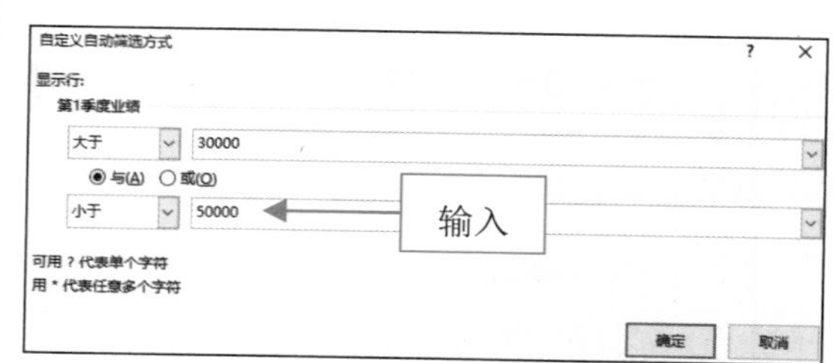

图 4-75 输入自定义条件

6 单击“确定”按钮，即可按自定义条件筛选数据，如图 4-76 所示。

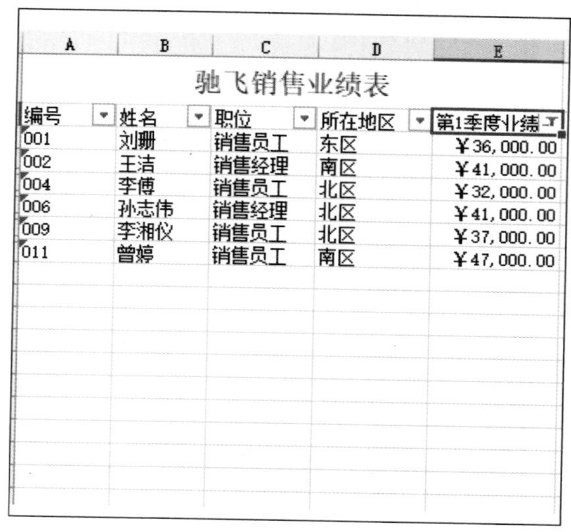

A	B	C	D	E
驰飞销售业绩表				
编号	姓名	职位	所在地区	第1季度业绩
001	刘珊	销售员工	东区	￥36,000.00
002	王洁	销售经理	南区	￥41,000.00
004	李傅	销售员工	北区	￥32,000.00
006	孙志伟	销售经理	北区	￥41,000.00
009	李湘仪	销售员工	北区	￥37,000.00
011	曾婷	销售员工	南区	￥47,000.00

图 4-76 自定义筛选

4.4.3　高级筛选

在 Excel 2016 中，如果数据清单中的字段条件比较多，而且筛选条件比较复杂，在这种情况下就可以使用高级筛选功能。高级筛选的具体操作步骤如下：

1. 单击“文件”|“打开”|“浏览”按钮，打开一个 Excel 工作簿，如图 4-77 所示。

三班成绩表						
学号	姓名	性别	语文	数学	英语	总分成绩
1	李刚	男	92	85	80	257
2	肖国	男	98	78	50	226
3	陈芳	女	95	56	85	236
4	孙志伟	男	85	92	72	249
5	李清	男	61	85	80	226
6	曾婷	女	72	85	80	237
7	叶志	男	86	85	52	223
8	朱克强	男	89	85	72	246
9	周傅	男	61	56	85	202
10	李倩	女	77	95	86	258
11	谢高	男	78	95	86	259
12	杨大明	男	92	48	78	218
13	刘琴玉	女	65	56	90	211
			语文	数学	英语	
			>60	>60	>60	

图 4-77　打开工作簿

2. 切换至“数据”选项卡，在“排序和筛选”选项组中单击“高级”按钮，如图 4-78 所示。

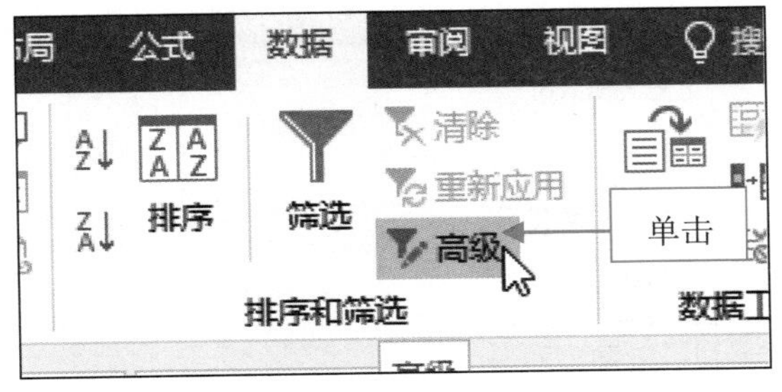

图 4-78　单击“高级”按钮

3. 在弹出的“高级筛选”对话框中设置列表区域和条件区域，如图 4-79 所示。

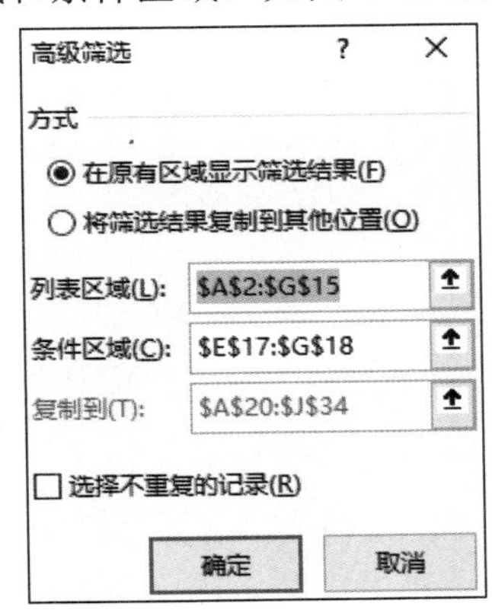

图 4-79　设置相应区域

4. 单击“确定”按钮，即可使用高级筛选数据，如图 4-80 所示。

三班成绩表						
学号	姓名	性别	语文	数学	英语	总分成绩
1	李刚	男	92	85	80	257
4	孙志伟	男	85	92	72	249
5	李清	男	61	85	80	226
6	曾婷	女	72	85	80	237
8	朱克强	男	89	85	72	246
10	李倩	女	77	95	86	258
11	谢高	男	78	95	86	259
			语文	数学	英语	
			>60	>60	>60	

图 4-80　高级筛选

专家提醒

在 Excel 2016 中对数据进行高级筛选时，条件区域中的字段必须是能够在数据清单中找到的，且必须与数据清单具有相同的列标题。在工作表中输入筛选条件时，输入的大于号必需在英文状态下输入，不然将无法筛选出符合条件的记录。

4.5　分类汇总

在 Excel 2016 中，分类汇总就是将数据表格中的记录按某一关键字段进行相关选项的数据汇总，分类汇总是对数据表格进行数据分析的一种方法。

4.5.1 分类汇总规则

在 Excel 2016 中，并不是所有的数据表格都可以进行分类汇总，一般来说，要进行分类汇总的数据表格应该满足以下 4 个条件。

（1）分类汇总的关键字段一般是文本字段，并用该字段中具有多个相同字段名的记录，如“部门”字段中就有多个财务部门、销售部门的记录。

（2）在对表格进行分类汇总之前，必须将表格按分类汇总的字段进行排序。排序的目的就是将相同字段类型的记录排列在一起。

（3）在对表格进行分类汇总时，汇总的关键字段要与排序的关键字段一致。

（4）在“选定汇总项”时，一般选择数值字段，如“固定工资”“奖金”等。

4.5.2 创建分类汇总

在 Excel 2016 中，可以自动计算数据表格中的分类汇总及总计值。创建分类汇总的具体操作步骤如下：

1 单击“文件”|“打开”|“浏览”按钮，打开一个 Excel 工作簿，选择单元格区域，如图 4-81 所示。

追风公司日常费用表

时间	姓名	所属部门	费用类别	金额
2011/12/18	杨明	销售部	差旅费	3500
2011/12/10	周涯	销售部	差旅费	3500
2011/10/15	李佳	销售部	办公用品	2500
2011/12/15	王亮	财务部	工资结算	5000
2011/12/20	孙洁	财务部	办公用品	3402
2011/11/25	陈芳	财务部	工资结算	5420
2011/10/11	曾婷	行政部	办公用品	1250
2011/11/25	李凤	行政部	差旅费	3200
2011/12/30	叶强	行政部	办公用品	1560

图 4-81 选择单元格区域

2 切换至“数据”选项卡，在“分级显示”选项组中单击“分类汇总”按钮，如图 4-82 所示。

3 弹出“分类汇总”对话框，在其中设置相应参数，如图 4-83 所示。

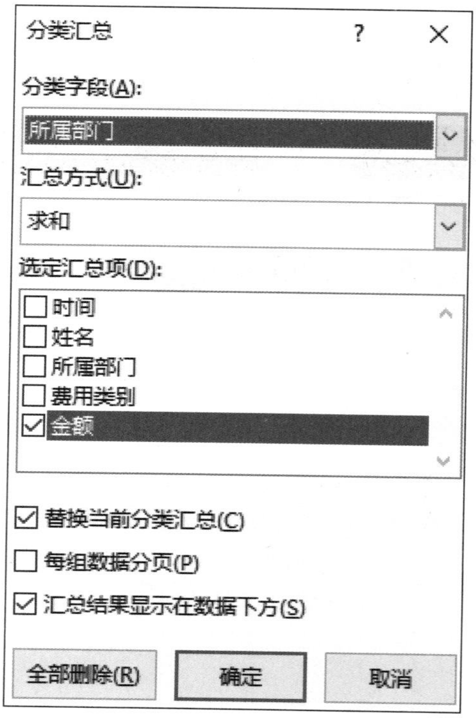

分类汇总 ? ×
分类字段(A): 所属部门
汇总方式(U): 求和
选定汇总项(D):
☐ 时间
☐ 姓名
☐ 所属部门
☐ 费用类别
☑ 金额
☑ 替换当前分类汇总(C)
☐ 每组数据分页(P)
☑ 汇总结果显示在数据下方(S)
全部删除(R) 确定 取消

图 4-83 设置相应参数

4 单击“确定”按钮，即可对数据进行分类汇总，如图 4-84 所示。

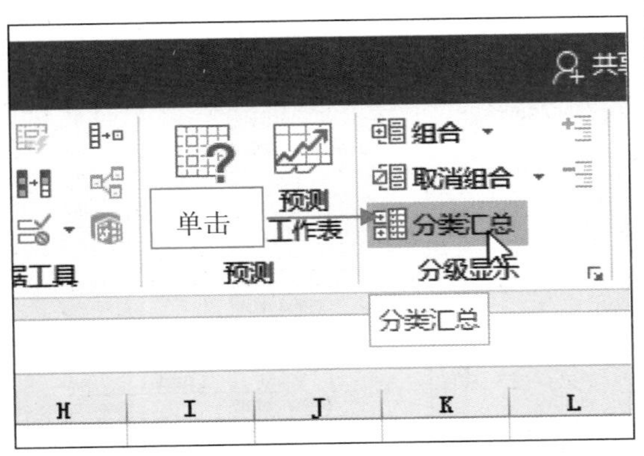

图 4-82　单击“分类汇总”按钮

追风公司日常费用表				
时间	姓名	所属部门	费用类别	金额
2011/12/18	杨明	销售部	差旅费	3500
2011/12/10	周涯	销售部	差旅费	3500
2011/10/15	李佳	销售部	办公用品	2500
		销售部 汇总		9500
2011/12/15	王亮	财务部	工资结算	5000
2011/12/20	孙洁	财务部	办公用品	3402
2011/11/25	陈芳	财务部	工资结算	5420
		财务部 汇总		13822
2011/10/11	曾婷	行政部	办公用品	1250
2011/11/25	李凤	行政部	差旅费	3200
2011/12/30	叶强	行政部	办公用品	1560
		行政部 汇总		6010
		总计		29332

图 4-84　创建分类汇总

专家提醒

在进行分类汇总前，需要先按分类字段的对数据进行排序，若不对其进行排序，则在执行分类汇总操作时就不能将同一类的数据汇总在一起。

4.5.3　嵌套分类汇总

在 Excel 2016 中，通过嵌套分类汇总可以对表格中的某一列关键字段进行多项不同汇总方式的汇总。嵌套分类汇总的具体操作步骤如下：

1. 打开上一例效果文件，选择汇总表格中的任意一个单元格，如图 4-85 所示。

追风公司日常费用表				
时间	姓名	所属部门	费用类别	金额
2011/12/18	杨明	销售部	差旅费	3500
2011/12/10	周涯	销售部	差旅费	3500
2011/10/15	李佳	销售部	办公用品	2500
		销售部 汇总		9500
2011/12/15	王亮	财务部	工资结算	5000
2011/12/20	孙洁	财务部	办公用品	3402
2011/11/25	陈芳	财务部	工资结算	5420
		财务部 汇总		13822
2011/10/11	曾婷	行政部	办公用品	1250
2011/11/25	李凤	行政部	差旅费	3200
2011/12/30	叶强	行政部	办公用品	1560
		行政部 汇总		6010
		总计		29332

图 4-85　打开工作簿

2. 切换至“数据”选项卡，在“分级显示”选项组单击“分类汇总”按钮，如图 4-86 所示。

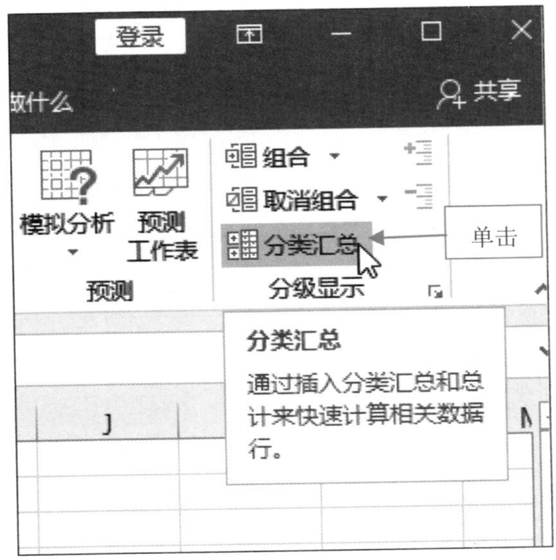

图 4-86　单击“分类汇总”按钮

3 弹出“分类汇总”对话框，在其中设置相应参数，如图 4-87 所示。

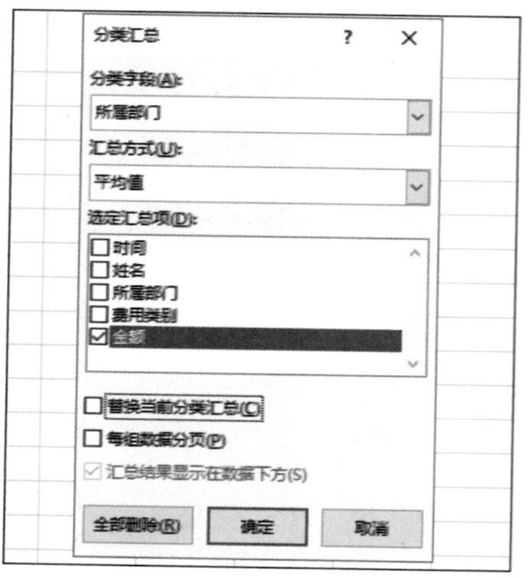

图 4-87 设置相应参数

4 单击“确定”按钮，即可对数据进行嵌套分类汇总，如图 4-88 所示。

	A	B	C	D	E
1	追风公司日常费用表				
2	时间	姓名	所属部门	费用类别	金额
3	2011/12/18	杨明	销售部	差旅费	3500
4	2011/12/10	周涯	销售部	差旅费	3500
5	2011/10/15	李佳	销售部	办公用品	2500
6			销售部 平均值		3166.666667
7			销售部 汇总		9500
8	2011/12/15	王亮	财务部	工资结算	5000
9	2011/12/20	孙洁	财务部	办公用品	3402
10	2011/11/25	陈芳	财务部	工资结算	5420
11			财务部 平均值		4607.333333
12			财务部 汇总		13822
13	2011/10/11	曾婷	行政部	办公用品	1250
14	2011/11/25	李凤	行政部	差旅费	3200
15	2011/12/30	叶强	行政部	办公用品	1560
16			行政部 平均值		2003.333333
17			行政部 汇总		6010
18			总计平均值		3259.111111
19			总计		29332

图 4-88 嵌套分类汇总

专家提醒

在 Excel 2016 中，还可以多次对工作表进行不同汇总方式的嵌套分类汇总，但必须是在“分类汇总”对话框中，取消选中“替换当前分类汇总”复选框的情况下，如果不取消选中该复选框，则每次分类汇总只能在表格中显示一种汇总方式。

4.5.4 分级显示数据

在 Excel 2016 中，可以根据操作需要对表格数据进行分级显示。分级显示数据的具体操作步骤如下：

1 单击“文件”|“打开”|“浏览”按钮，打开一个 Excel 工作簿，在工作表中选择需要分级显示的数据区域，如图 4-89 所示。

	A	B	C	D	E	F
1	喜丫服饰销售业绩表					
2	服饰	导购员	四月	五月	六月	二季度总计
3	短装	李刚	2300	1500	1800	5600
4	短装	曾琴	2430	1850	2100	6380
5	短装	陈芳	2000	1560	1560	5120
6	西服	杨明	1200	1350	1980	4530
7	西服	孙洁	2300	2000	4000	8300
8	运动装	田龙	3000	1890	2300	7190
9	运动装	王涛	3000	2300	1900	7200
10	长裙	曾婷	1560	1900	1500	4960

图 4-89 选择数据区域

2 切换至“数据”选项卡，在“分级显示”选项组中单击“组合”右侧的下三角按钮，在弹出的列表框中选择“组合”选项，如图 4-90 所示。

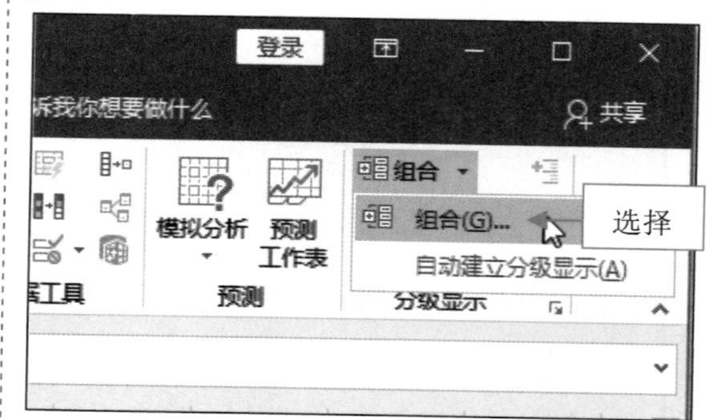

图 4-90 选择“组合”选项

3 弹出“组合”对话框，在“组合”对话框中选中“行”单选按钮，如图 4-91 所示。

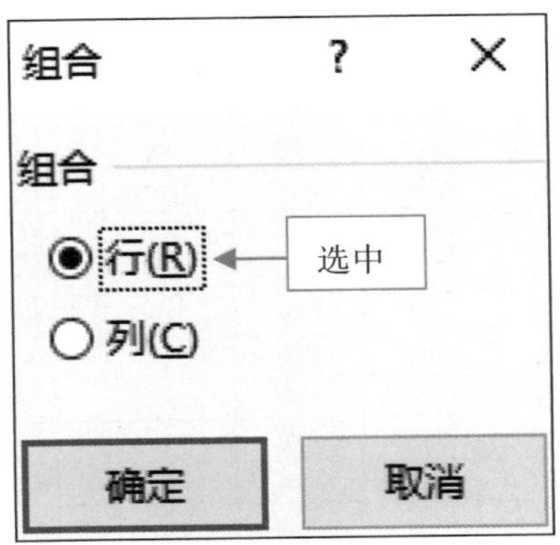

图 4-91　选中“行”单选按钮

4 单击“确定”按钮，即可将选择的数据区域创建组，单击工作表左侧的分级显示按钮，即可分级显示表格数据，如图 4-92 所示。

喜丫服饰销售业绩表

服饰	导购员	四月	五月	六月	二季度总计
短装	李刚	2300	1500	1800	5600
短装	曾琴	2430	1850	2100	6380
短装	陈芳	2000	1560	1560	5120
西服	杨明	1200	1350	1980	4530
西服	孙洁	2300	2000	4000	8300
运动装	田龙	3000	1890	2300	7190
运动装	王涛	3000	2300	1900	7200
长裙	曾婷	1560	1900	1500	4960
长裙	李凤	4000	1460	1560	42900

图 4-92　分级显示数据

专家提醒

在 Excel 2016 中，当对数据进行分类汇总后，系统将按照分类汇总的条件对数据进行分组处理，并在表格的左上角有分级显示控制按钮，通过单击相应按钮可对汇总表格数据进行分级显示。

4.5.5　删除分类汇总

在 Excel 2016 中，可以根据需要删除分类汇总数据。删除分类汇总的具体操作步骤如下：

1 打开上一例效果文件，在工作表中选择删除分类汇总的单元格区域，如图 4-93 所示。

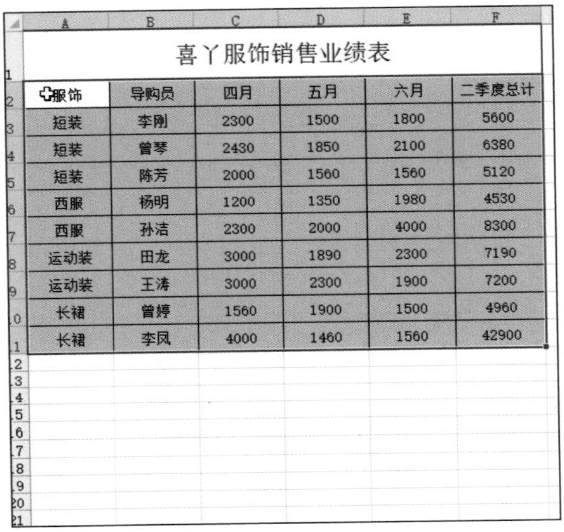

喜丫服饰销售业绩表

服饰	导购员	四月	五月	六月	二季度总计
短装	李刚	2300	1500	1800	5600
短装	曾琴	2430	1850	2100	6380
短装	陈芳	2000	1560	1560	5120
西服	杨明	1200	1350	1980	4530
西服	孙洁	2300	2000	4000	8300
运动装	田龙	3000	1890	2300	7190
运动装	王涛	3000	2300	1900	7200
长裙	曾婷	1560	1900	1500	4960
长裙	李凤	4000	1460	1560	42900

图 4-93　选择单元格区域

2 切换至“数据”选项卡，在“分级显示”选项组单击“分类汇总”按钮，如图 4-94 所示。

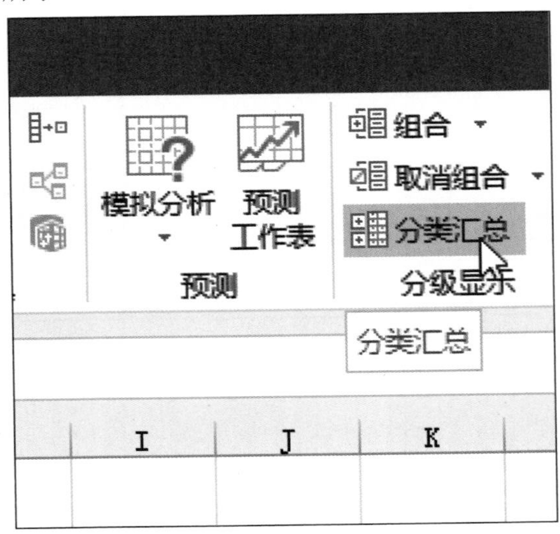

图 4-94　单击“分类汇总”按钮

第 4 章

3 弹出“分类汇总”对话框，单击“全部删除”按钮，如图 4-95 所示。

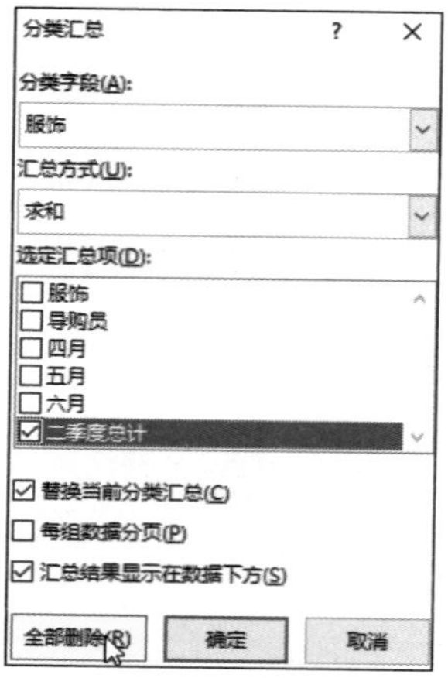

分类汇总 ? ×
分类字段(A):
服饰
汇总方式(U):
求和
选定汇总项(D):
☐ 服饰
☐ 导购员
☐ 四月
☐ 五月
☐ 六月
☑ 二季度总计
☑ 替换当前分类汇总(C)
☐ 每组数据分页(P)
☑ 汇总结果显示在数据下方(S)
全部删除(R) 确定 取消

图 4-95 单击“全部删除”按钮

4 执行上述操作后，即可删除分类汇总数据，如图 4-96 所示。

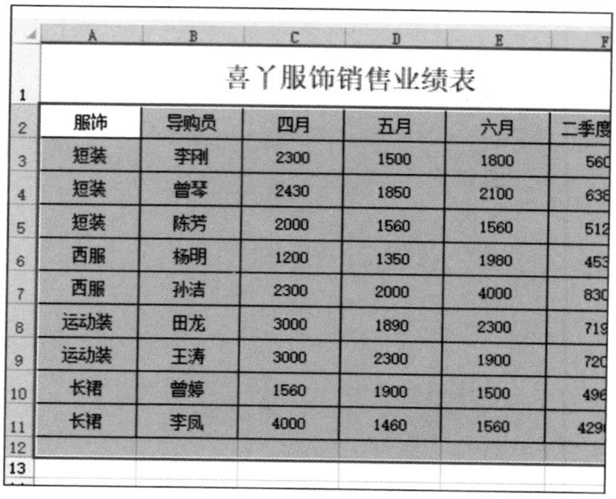

喜丫服饰销售业绩表

服饰	导购员	四月	五月	六月	二季度
短装	李刚	2300	1500	1800	560
短装	曾琴	2430	1850	2100	638
短装	陈芳	2000	1560	1560	512
西服	杨明	1200	1350	1980	453
西服	孙洁	2300	2000	4000	830
运动装	田龙	3000	1890	2300	719
运动装	王涛	3000	2300	1900	720
长裙	曾婷	1560	1900	1500	496
长裙	李凤	4000	1460	1560	429

图 4-96 删除分类汇总数据

专家提醒

在 Excel 2016 中，当对数据进行分类汇总后，如果需要删除分类汇总的数据，还可以在“分级显示”选项组中单击“分类汇总”按钮，在弹出的“分类汇总”对话框中取消选中所有的复选框即可。

学习笔记

第 5 章

应用公式与函数

在 Excel 2016 中，分析和处理 Excel 工作表中的数据离不开公式和函数，系统提供了强大的数据计算功能，可以运用公式和函数对数据进行准确而快速的运算处理。

本章主要介绍 Excel 2016 中公式和函数的应用方法，包括公式、引用公式的运用以及常用函数的类型和应用函数的计算等。

5.1 公式的使用

在工作表中输入数据后，可以通过 Excel 2016 中的公式对这些数据进行自动、精确且高速的运算处理。本节主要介绍公式的输入、复制、删除等常用基本操作。

5.1.1 公式的概念

在 Excel 2016 中，公式是函数的基础，它是单元格中的一系列值、单元格引用、名称或运算符的组合。使用公式可以执行各种运算，公式可以包括运算符、单元格引用、数值、工作表函数以及名称中的任意元素。

如果公式中同时用到多个运算符即运算符里既有加法，又有减法、乘法以及除法时，对于同一级运算，按照从等号左边到右边的顺序进行计算，对于不在同一级的运算符，则按照运算符的优先级进行运算，算术运算符的优先级是先乘、除运算，再加、减运算。

专家提醒

在 Excel 2016 中，一般情况下，公式中的运算符（如$、&、^等）需要在英文状态下利用【Shift】键和键盘上方相应的数字键组合输入。

5.1.2 输入与编辑公式

在 Excel 2016 中进行数据表格的计算时，会大量地运用到公式。在单元格中运用公式时，首先要掌握公式的基本操作，包括输入、编辑等操作。

1. 输入公式

在 Excel 2016 中，输入公式的方法与输入文本的方法类似，选择需要输入公式的单元格，在编辑栏中输入“＝”号，然后输入公式内容即可。输入公式后，单元格中将显示公式的计算结果，而编辑栏中显示的则是输入的公式。输入公式的具体操作步骤如下：

1 单击“文件”|“打开”|“浏览”按钮，打开一个 Excel 工作簿，如图 5-1 所示。

C13

	A	B	C	D	E
1	姓 名	语 文	数 学	体育	总分
2	阳凤	77	59	86	
3	王刚	96	81	85	
4	周滟	81	92	92	
5	李娟	85	92	81	
6	张洁	91	92	82	
7	李芳	92	77	59	
8	孙琴	59	85	81	
9	杨明	81	72	77	
10	赵静	90	34	92	
11	曾婷	85	92	59	
12					
13					
14					
15					
16					

图 5-1 打开一个 Excel 工作簿

2 在工作表中选择需要输入公式的单元格，如图 5-2 所示。

2

A	B	C	D	E
姓 名	语 文	数 学	体育	总分
阳凤	77	59	86	
王刚	96	81	85	
周滟	81	92	92	
李娟	85	92	81	
张洁	91	92	82	
李芳	92	77	59	
孙琴	59	85	81	
杨明	81	72	77	
赵静	90	34	92	
曾婷	85	92	59	

图 5-2 选择需要设置的单元格

③ 在编辑栏中输入公式“=B2+C2+D2”，如图 5-3 所示。

AVERAGE　=B2+C2+D2

	A	B	C	D	E
1	姓 名	语 文	数 学	体育	总分
2	阳凤	77	59	86	2+C2+D2
3	王刚	96	81	85	
4	周滟	81	92	92	
5	李娟	85	92	81	
6	张洁	91	92	82	
7	李芳	92	77	59	
8	孙琴	59	85	81	
9	杨明	81	72	77	
10	赵静	90	34	92	
11	曾婷	85	92	59	
12					

图 5-3　输入公式

④ 按【Enter】键确认，即会在单元格中显示公式计算的结果，如图 5-4 所示。

E2　=B2+C2+D2

	A	B	C	D	E
1	姓 名	语 文	数 学	体育	总分
2	阳凤	77	59	86	222
3	王刚	96	81	85	
4	周滟	81	92	92	
5	李娟	85	92	81	
6	张洁	91	92	82	
7	李芳	92	77	59	
8	孙琴	59	85	81	
9	杨明	81	72	77	
10	赵静	90	34	92	
11	曾婷	85	92	59	
12					

图 5-4　输入公式的结果

2. 编辑公式

在 Excel 2016 中，当调整单元格或输入错误的公式后，可以对相应的公式进行编辑和修改。编辑公式的具体操作步骤如下：

① 单击“文件”|“打开”|“浏览”按钮，打开一个 Excel 工作簿，在工作表中选择需要编辑公式的单元格，如图 5-5 所示。

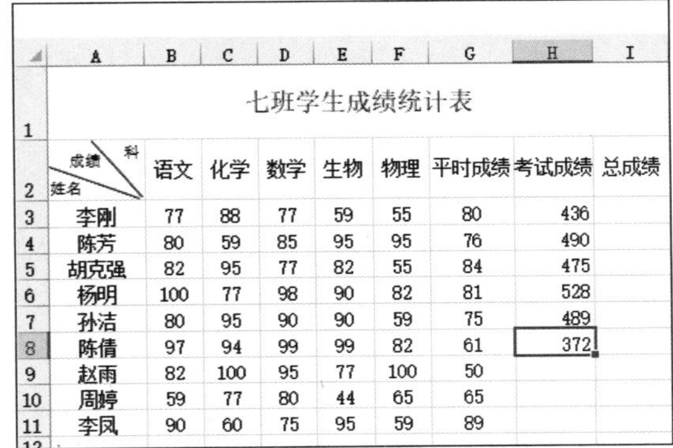

七班学生成绩统计表

姓名＼成绩＼科	语文	化学	数学	生物	物理	平时成绩	考试成绩	总成绩
李刚	77	88	77	59	55	80	436	
陈芳	80	59	85	95	95	76	490	
胡克强	82	95	77	82	55	84	475	
杨明	100	77	98	90	82	81	528	
孙洁	80	95	90	90	59	75	489	
陈倩	97	94	99	99	82	61	372	
赵雨	82	100	95	77	100	50		
周婷	59	77	80	44	65	65		
李凤	90	60	75	95	59	89		

图 5-5　打开一个 Excel 工作簿

② 在编辑栏中输入需要编辑数据的单元格位置，按【Enter】键确认，即可重新计算数据结果，如图 5-6 所示。

H8　=B8+C9+D10+E11+F12

七班学生成绩统计表

姓名＼成绩＼科	语文	化学	数学	生物	物理	平时成绩	考试成绩	总成绩
李刚	77	88	77	59	55	80	436	
陈芳	80	59	85	95	95	76	490	
胡克强	82	95	77	82	55	84	475	
杨明	100	77	98	90	82	81	528	
孙洁	80	95	90	90	59	75	489	
陈倩	97	94	99	99	82	61	372	
赵雨	82	100	95	77	100	50		
周婷	59	77	80	44	65	65		
李凤	90	60	75	95	59	89		

图 5-6　编辑公式

专家提醒

在 Excel 2016 中，还可以通过在要编辑公式的单元格上双击鼠标左键，然后将光标定位到该单元格中对原公式进行修改编辑，公式编辑好后按【Enter】键，即可完成公式的编辑修改。

5.1.3　自定义公式计算

在 Excel 2016 数据表格的计算中，会大量用到自定义公式。自定义公式可以在“编辑栏”中输入，也可以直接在单元格中输入。自定义公式计算的具体操作步骤如下：

1. 打开上一例效果文件，选中需要自定义公式计算的单元格，如图 5-7 所示。

	A	B	C	D	E	F	G	H	I
1	七班学生成绩统计表								
2	成绩 科 姓名	语文	化学	数学	生物	物理	平时成绩	考试成绩	总成绩
3	李刚	77	88	77	59	55	80	436	
4	陈芳	80	59	85	95	95	76	490	
5	胡克强	82	95	77	82	55	84	475	
6	杨明	100	77	98	90	82	81	528	
7	孙洁	80	95	90	90	59	75	489	
8	陈倩	97	94	99	99	82	61	471	
9	赵雨	82	100	95	77	100	50		
10	周婷	59	77	80	44	65	65		

图 5-7 选中单元格

2. 在编辑栏中输入公式，按【Enter】键确认即可完成自定义公式计算，如图 5-8 所示。

I3 =C3*0.3+H3*0.7

	A	B	C	D	E	F	G	H	I
1	七班学生成绩统计表								
2	成绩 科 姓名	语文	化学	数学	生物	物理	平时成绩	考试成绩	总成绩
3	李刚	77	88	77	59	55	80	436	331.6
4	陈芳	80	59	85	95	95	76	490	
5	胡克强	82	95	77	82	55	84	475	
6	杨明	100	77	98	90	82	81	528	
7	孙洁	80	95	90	90	59	75	489	
8	陈倩	97	94	99	99	82	61	471	

图 5-8 自定义公式计算

专家提醒

在 Excel 2016 中计算表格数据时，可以在多个单元格中同时输入相同的计算公式，即按住【Ctrl】键的同时，单击需要输入相同公式的单元格或单元格区域，然后按【F2】键，在“编辑栏”中输入相应的自定义公式，按【Ctrl+Enter】键计算结果。

5.1.4 复制与移动公式

在 Excel 2016 中，可对公式进行复制和移动操作，利用复制和移动功能可减轻计算工作量，从而提高工作效率。下面将介绍复制和移动公式的操作方法。

1. 复制公式

通过复制公式操作，可以快速地在其他单元格中输入公式。复制公式的方法与复制数据的方法相似，将公式复制到新的位置后，公式将会自动适应新的位置并计算出新的结果。复制公式的具体操作步骤如下：

1. 单击“文件”|“打开”|“浏览”按钮，打开一个 Excel 工作簿，将鼠标指针移至 G3 单元格的右下方，如图 5-9 所示。

G3 =E3*0.3+F3*0.7

	A	B	C	D	E	F	G
1	成绩统计表						
2	学号	姓名	语文	数学	平时成绩	考试成绩	总成绩
3	001	王刚	77	88	80	245	195.5
4	002	陈芳	55	59	50	164	
5	003	胡克强	82	95	84	261	
6	004	谢志	100	77	81	258	
7	005	姚表	80	95	75	250	
8	006	陈倩	97	94	61		
9	007	李清	82	100	50		
10	008	周婷	55	77	50		

图 5-9 选中单元格

2. 鼠标成黑色十字状显示，按住鼠标左键并向下拖曳，至 G7 单元格，释放鼠标左键，即可复制公式，如图 5-10 所示。

G3 =E3*0.3+F3*0.7

	A	B	C	D	E	F	G
1	成绩统计表						
2	学号	姓名	语文	数学	平时成绩	考试成绩	总成绩
3	001	王刚	77	88	80	245	195.5
4	002	陈芳	55	59	50	164	129.8
5	003	胡克强	82	95	84	261	207.9
6	004	谢志	100	77	81	258	204.9
7	005	姚表	80	95	75	250	197.5
8	006	陈倩	97	94	61		
9	007	李清	82	100	50		
10	008	周婷	55	77	50		

图 5-10 复制公式

专家提醒

在 Excel 2016 中，如果不希望其他用户查看输入的公式，只需选择公式所在的单元格，将光标定位于编辑栏中，按【F9】键即可。如果想撤销单元格中输入的公式按【Ctrl+Z】组合键即可。

2. 移动公式

在 Excel 2016 中，可以根据操作需要对单元格中的公式进行移动。移动公式的具体操作步骤如下：

1 打开上一例效果文件，选择 F7 单元格，将鼠标指针移至单元格边框上，鼠标指针呈✥形状，如图 5-11 所示。

F7 | =SUM(C7:E7)

成绩统计表						
学号	姓名	语文	数学	平时成绩	考试成绩	总成绩
001	王刚	77	88	80	245	195.5
002	陈芳	55	59	50	164	129.8
003	胡克强	82	95	84	261	207.9
004	谢志	100	77	81	258	204.9
005	姚表	80	95	75	250	197.5
006	陈倩	97	94	61		
007	李清	82	100	50		
008	周婷	55	77	50		
009	赵芳	90	60	89		

图 5-11　选中单元格

2 按住鼠标左键并拖曳至 G8 单元格后，释放鼠标左键，即可移动公式，如图 5-12 所示。

G8 | =SUM(C7:E7)

成绩统计表						
学号	姓名	语文	数学	平时成绩	考试成绩	总成绩
001	王刚	77	88	80	245	195.5
002	陈芳	55	59	50	164	129.8
003	胡克强	82	95	84	261	207.9
004	谢志	100	77	81	258	204.9
005	姚表	80	95	75		197.5
006	陈倩	97	94	61		250
007	李清	82	100	50		
008	周婷	55	77	50		
009	赵芳	90	60	89		

图 5-12　移动公式

5.1.5　删除公式

在 Excel 2016 中使用公式计算出结果后，可根据需要删除该单元格中的公式，但保留计算结果。删除公式的具体操作步骤如下：

1 单击“文件”|“打开”|“浏览”按钮，打开一个 Excel 工作簿，如图 5-13 所示。

美丽新世界员工工资表				
姓名	基本工资	出勤工资	奖金	实发工资
李凤	6500	250	100	6850
杨明	4200	230	150	4580
李艳	3200	320	120	3640
赵倩	10500	200	100	10800
周涯	4200	250	150	4600
王涛	7700	400	150	8250
孙洁	4500	320	120	4940
曾婷	12000	250	100	12350
陈芳	4200	320	150	4670

图 5-13　打开工作簿

2 在工作表中选择需要删除公式的单元格区域，如图 5-14 所示。

美丽新世界员工工资表				
姓名	基本工资	出勤工资	奖金	实发工资
李凤	6500	250	100	6850
杨明	4200	230	150	4580
李艳	3200	320	120	3640
赵倩	10500	200	100	10800
周涯	4200	250	150	4600
王涛	7700	400	150	8250
孙洁	4500	320	120	4940
曾婷	12000	250	100	12350
陈芳	4200	320	150	4670

图 5-14　选择单元格区域

3 单击鼠标右键，在弹出的快捷菜单中选择“复制”选项，如图 5-15 所示。

图 5-15 选择“复制”选项

4 在“开始”选项卡下的“剪贴板”选项组中，单击“粘贴”按钮，在弹出的列表框中选择“选择性粘贴”选项，如图 5-16 所示。

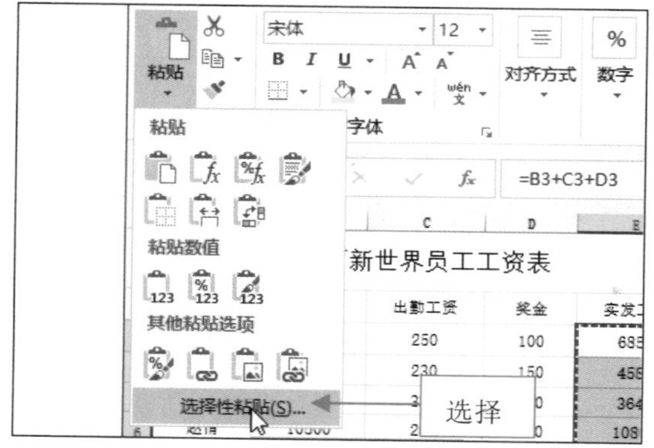

图 5-16 选择“选择性粘贴”选项

5 弹出“选择性粘贴”对话框，在“粘贴”选项区中选中“数值”单选按钮，如图 5-17 所示。

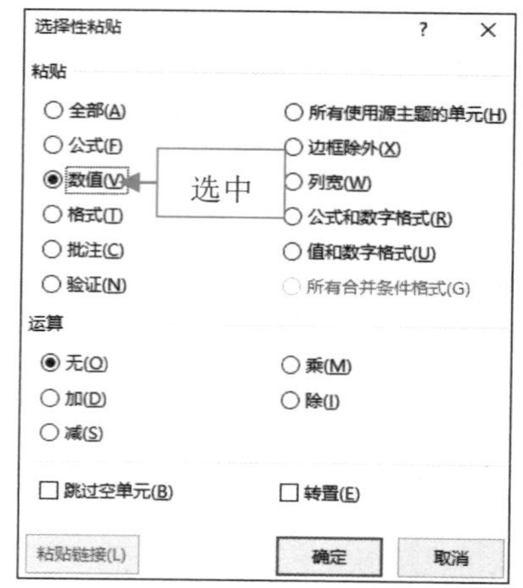

图 5-17 选中“数值”单选按钮

6 单击“确定”按钮，即可删除公式并但留数值，如图 5-18 所示。

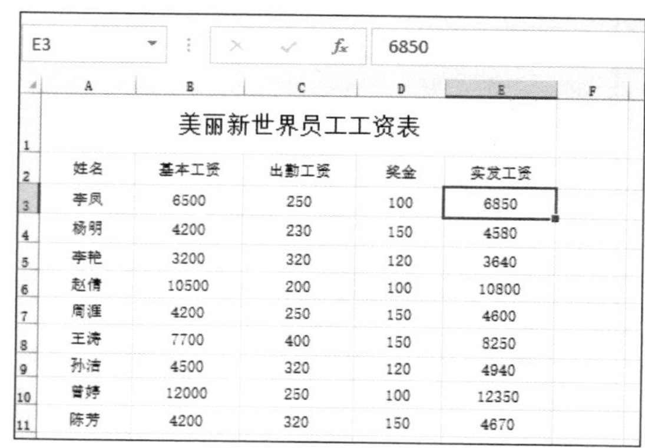

美丽新世界员工工资表

姓名	基本工资	出勤工资	奖金	实发工资
李凤	6500	250	100	6850
杨明	4200	230	150	4580
李艳	3200	320	120	3640
赵倩	10500	200	100	10800
周涯	4200	250	150	4600
王涛	7700	400	150	8250
孙洁	4500	320	120	4940
曾婷	12000	250	100	12350
陈芳	4200	320	150	4670

图 5-18 删除公式

专家提醒

在 Excel 2016 中，还可以通过按【Delete】组合键删除公式，不过这种删除方式不仅删除公式，而且内容也一并被删除。

5.2 引用公式的运用

在 Excel 2016 中，引用公式就是对工作表中的一个或多个单元格进行标识，通过引用，可以在同一公式中使用工作表不同部分的数据，或者几个公式使用同一单元格的数值。在 Excel 中，根据需要可以采用相对引用、绝对引用、混合引用和三维引用 4 种方法来标识。

扫码观看本节视频

5.2.1　相对引用

相对引用就是指用单元格所在的行号和列标作为引用，相对引用的特点是将相应的计算公式复制或填充到其他单元格时，其中的单元格引用会自动随着移动的位置发生相应的变化。相对引用的具体操作步骤如下：

1 单击“文件”|“打开”|“浏览”按钮，打开一个 Excel 工作簿，选择单元格 G3，将鼠标移至其右下角，如图 5-19 所示。

G3　=D3+E3+F3

	A	B	C	D	E	F	G
1	婷婷皮具工资表						
2	编号	姓名	部门	基本工资	住房补贴	其他扣款	实发工资
3	1	李凤	企 划	1650	180	40	1870
4	2	文章	销 售	1450	250	30	
5	3	叶飞	设 计	1800	180	40	
6	4	马娟	销 售	1450	300	60	
7	5	杨明	设 计	1700	320	100	

图 5-19　打开工作簿

2 单击鼠标左键并拖曳，至目标单元格后释放鼠标左键，复制得到的公式中均运用相对引用，如图 5-20 所示。

G3　=D3+E3+F3

	A	B	C	D	E	F	G
1	婷婷皮具工资表						
2	编号	姓名	部门	基本工资	住房补贴	其他扣款	实发工资
3	1	李凤	企 划	1650	180	40	1870
4	2	文章	销 售	1450	250	30	1730
5	3	叶飞	设 计	1800	180	40	
6	4	马娟	销 售	1450	300	60	
7	5	杨明	设 计	1700	320	100	

图 5-20　相对引用

5.2.2　绝对引用

绝对引用就是公式中引用的是单元格的绝对地址，与包含公式的单元格的位置无关，它的特点是需要在列标和行号前分别加上美元符号“$”。绝对引用的具体操作步骤如下：

1 单击“文件”|“打开”|“浏览”按钮，打开一个 Excel 工作簿，如图 5-21 所示。

G3　=$D$3+$E$3+$F$3

	A	B	C	D	E	F	G
1	雅美化妆品公司工资表						
2	编号	姓名	部门	基本工资	住房补贴	奖金	实发工资
3	1	李凤	企 划	1650	220	46	1916
4	2	王平	销 售	1450	180	30	
5	3	李清	生 产	1800	400	46	
6	4	周涛	销 售	1450	300	50	
7	5	陈娟	设 计	1700	400	100	

图 5-21　打开工作簿

2 选择单元格 G3，将鼠标移至其右下角，如图 5-22 所示。

=$D$3+$E$3+$F$3

C	D	E	F	G
雅美化妆品公司工资表				
部门	基本工资	住房补贴	奖金	实发工资
企 划	1650	220	46	1916
销 售	1450	180	30	
生 产	1800	400	46	
销 售	1450	300	50	

图 5-22　移动鼠标

3 执行上述操作后，按住鼠标左键并拖曳，如图 5-23 所示。

=$D$3+$E$3+$F$3

C	D	E	F	G
雅美化妆品公司工资表				
部门	基本工资	住房补贴	奖金	实发工资
企 划	1650	220	46	1916
销 售	1450	180	30	
生 产	1800	400	46	

图 5-23　释放鼠标

4 至目标单元格 G4 后释放鼠标左键，复制得到的公式中的绝对引用地址均保持不变，如图 5-24 所示。

=$D$3+$E$3+$F$3

C	D	E	F	G
雅美化妆品公司工资表				
部门	基本工资	住房补贴	奖金	实发工资
企 划	1650	220	46	1916
销 售	1450	180	30	1916
生 产	1800	400	46	
销 售	1450	300	50	

图 5-24　绝对引用

专家提醒

在 Excel 2016 中，绝对引用与相对引用的区别是：复制公式时，若公式中使用的是相对引用，则单元格引用会自动随着移动的相对位置作相应的变化；若公式中使用绝对引用，则单元格引用不会发生变化。

5.2.3 混合引用

混合引用是指在一个单元格引用中，既有绝对引用又有相对引用，即混合引用具有绝对列和相对行，或是绝对行和相对列。混合引用的具体操作步骤如下：

1. 单击“文件”|“打开”|“浏览”按钮，打开一个 Excel 工作簿，如图 5-25 所示。

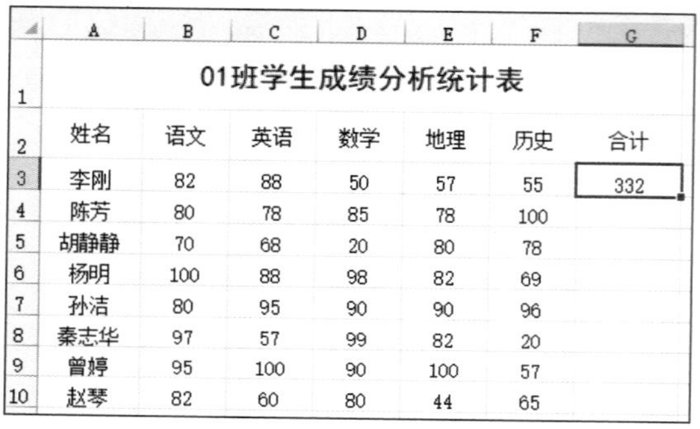

	A	B	C	D	E	F	G
1	01班学生成绩分析统计表						
2	姓名	语文	英语	数学	地理	历史	合计
3	李刚	82	88	50	57	55	332
4	陈芳	80	78	85	78	100	
5	胡静静	70	68	20	80	78	
6	杨明	100	88	98	82	69	
7	孙洁	80	95	90	90	96	
8	秦志华	97	57	99	82	20	
9	曾婷	95	100	90	100	57	
10	赵琴	82	60	80	44	65	

图 5-25 打开工作簿

2. 选择单元格 G3，在“编辑栏”中查看混合引用的计算公式，如图 5-26 所示。

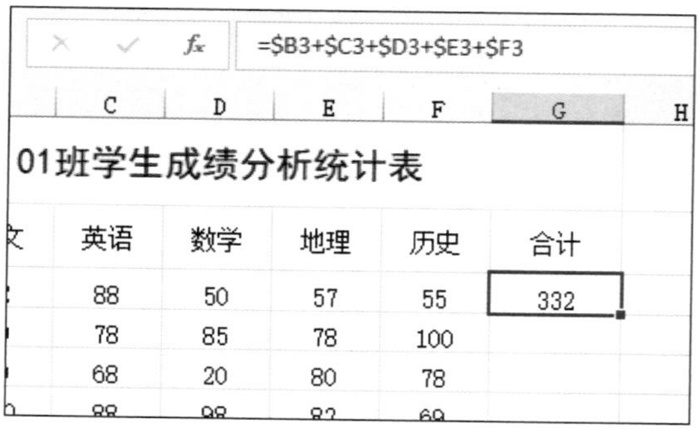

=$B3+$C3+$D3+$E3+$F3

C	D	E	F	G	H
01班学生成绩分析统计表					
英语	数学	地理	历史	合计	
88	50	57	55	332	
78	85	78	100		
68	20	80	78		

图 5-26 查看公式

3. 将鼠标指针移至右下角，按住鼠标左键并拖曳至目标单元格释放，如图 5-27 所示。

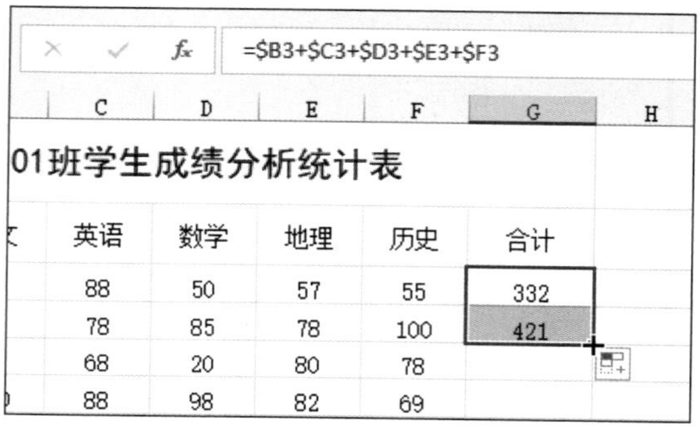

=$B3+$C3+$D3+$E3+$F3

C	D	E	F	G	H
01班学生成绩分析统计表					
英语	数学	地理	历史	合计	
88	50	57	55	332	
78	85	78	100	421	
68	20	80	78		
88	98	82	69		

图 5-27 操作鼠标

4. 执行上述操作后，在“编辑栏”中查看混合引用的结果，如图 5-28 所示。

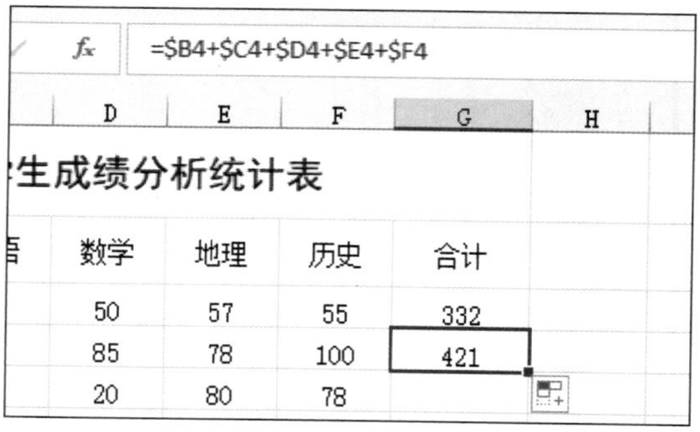

=$B4+$C4+$D4+$E4+$F4

D	E	F	G	H
生成绩分析统计表				
数学	地理	历史	合计	
50	57	55	332	
85	78	100	421	
20	80	78		

图 5-28 混合引用

专家提醒

在 Excel 2016 公式引用的过程中，可以在相对引用、绝对引用和混合引用中进行切换，首先选择包含公式的单元格，在编辑栏中选择要更改的引用，按【F4】键即可在三者间进行切换。

5.2.4　三维引用

在 Excel 2016 中，三维引用就是对两张或多张工作表上单元格或单元格区域的引用，也可以是引用一个工作簿中不同工作表的单元格地址。三维引用的具体操作步骤如下：

1 单击“文件”|“打开”|“浏览”按钮，打开一个 Excel 工作簿，如图 5-29 所示。

K5

一月产品销售数据					
编号	产品名称	单价	销售数量	销售总额	销售总数据
1	产品01	450	450	202500	
2	产品02	260	522	135720	
3	产品03	200	330	66000	
4	产品04	300	250	75000	
5	产品05	260	400	104000	
6	产品06	200	360	72000	
7	产品07	320	280	89600	
8	产品08	250	600	150000	
9	产品09	240	410	98400	
10	产品10	350	290	101500	

一月　二月　三月

图 5-29　打开工作簿

2 在工作表中选择单元格 F3，在编辑栏中输入“＝E3＋”，如图 5-30 所示。

SUM　=E3+

一月产品销售数据					
编号	产品名称	单价	销售数量	销售总额	销售总数据
1	产品01	450	450	202500	=E3+
2	产品02	260	522	135720	
3	产品03	200	330	66000	
4	产品04	300	250	75000	
5	产品05	260	400	104000	
6	产品06	200	360	72000	
7	产品07	320	280	89600	
8	产品08	250	600	150000	
9	产品09	240	410	98400	
10	产品10	350	290	101500	

一月　二月　三月

图 5-30　输入公式

3 单击“二月”工作表标签，切换至“二月”工作表，选择 E3 单元格，如图 5-31 所示。

E3　=E3+二月!E3

二月产品销售数据				
编号	产品名称	单价	销售数量	销售总额
1	产品01	450	588	264600
2	产品02	260	550	143000
3	产品03	200	254	50800
4	产品04	300	584	175200
5	产品05	260	532	138320
6	产品06	200	551	110200
7	产品07	320	550	176000
8	产品08	250	245	61250
9	产品09	240	225	54000
10	产品10	350	550	192500

一月　二月　三月

图 5-31　选择单元格

4 输入加号“＋”后，切换至“三月”工作表，选择 E3 单元格，如图 5-32 所示。

E3　=E3+二月!E3+三月!E3

三月产品销售数据				
编号	产品名称	单价	销售数量	销售总额
1	产品01	450	420	189000
2	产品02	260	431	112060
3	产品03	200	450	90000
4	产品04	300	352	105600
5	产品05	260	567	147420
6	产品06	200	521	104200
7	产品07	320	352	112640
8	产品08	250	384	96000
9	产品09	240	530	127200
10	产品10	350	582	203700

一月　二月　三月

图 5-32　选择 E3 单元格

专家提醒

在 Excel 2016 中，三维引用的一般格式为：“工作表名！单元格地址”，在工作表名后系统会自动加上“！”。

在表格中运用三维引用时，可以对一个工作簿中指定工作表的特定单元格进行汇总。

第 5 章

5 公式输入完成后，按【Enter】键确认，返回“一月”工作表，即会显示三维引用单元格的计算结果，如图 5-33 所示。

=E3+二月!E3+三月!E3

一月产品销售数据				
产品名称	单价	销售数量	销售总额	销售总数据
产品01	450	450	202500	656100
产品02	260	522	135720	
产品03	200	330	66000	
产品04	300	250	75000	
产品05	260	400	104000	
产品06	200	360	72000	
产品07	320	280	89600	
产品08	250	600	150000	
产品09	240	410	98400	
产品10	350	290	101500	

一月 二月 三月

图 5-33　三维引用

6 将鼠标移至 F3 单元格的右下角，按住鼠标左键并向下拖曳，至合适位置后释放鼠标左键，即可复制三维引用公式，如图 5-34 所示。

=E3+二月!E3+三月!E3

一月产品销售数据				
产品名称	单价	销售数量	销售总额	销售总数据
产品01	450	450	202500	656100
产品02	260	522	135720	390780
产品03	200	330	66000	206800
产品04	300	250	75000	355800
产品05	260	400	104000	389740
产品06	200	360	72000	286400
产品07	320	280	89600	378240
产品08	250	600	150000	307250
产品09	240	410	98400	279600
产品10	350	290	101500	497700

一月 二月 三月

图 5-34　复制三维引用格式

5.3 查找公式错误

在 Excel 2016 中，使用公式时并不能保证公式能够得到正确的结果，也不一定能判断出错误出现的原因。为了能够更好地使用公式，可以使用公式的审核功能找出错误之处，然后对公式的错误进行更正。

扫码观看本节视频

5.3.1 追踪引用单元格

在 Excel 2016 中，追踪引用单元格能够添加分别指向每个直接引用单元格的箭头，甚至能够指向更多层次的引用单元格，用于指示影响当前所选单元格值的单元格。在对表格数据进行编辑操作时，可以根据需要对单元格公式进行追踪引用。追踪引用单元格的具体操作步骤如下：

1 单击“文件”|“打开”|“浏览”按钮，打开一个 Excel 工作簿，如图 5-35 所示。

景鸿公司12月员工工资表						
月份	姓名	部门	基本工资	奖金	其他扣款	实发工资
2011年12月	李凤	设计	1600	100	50	1650
2011年12月	王刚	销售	1500	250	100	1650
2011年12月	张强	加工	1900	250	80	2070
2011年12月	杨明	设计	1600	200	25	1775
2011年12月	孙洁	企划	1600	180	50	1730
2011年12月	邓春	销售	1600	250	10	1840
2011年12月	方怡	销售	1500	200	60	1640
2011年12月	曾婷	加工	1600	100	0	1700
2011年12月	赵芳	企划	1850	180	30	2000
2011年12月	苏秦	销售	1600	200	25	1775
2011年12月	白起	加工	1500	250	60	1690
2011年12月	陈敏	企划	1800	100	50	1850
2011年12月	杨倩	销售	1600	150	70	1680
2011年12月	郭德	设计	1500	250	25	1725
					总工资	24775

图 5-35　打开工作簿

2 在工作表中选择需要追踪引用的单元格 G3，如图 5-36 所示。

G3　=D3+E3-F3

景鸿公司12月员工工资表						
月份	姓名	部门	基本工资	奖金	其他扣款	实发工资
2011年12月	李凤	设计	1600	100	50	1650
2011年12月	王刚	销售	1500	250	100	1650
2011年12月	张强	加工	1900	250	80	2070
2011年12月	杨明	设计	1600	200	25	1775
2011年12月	孙洁	企划	1600	180	50	1730
2011年12月	邓春	销售	1600	250	10	1840
2011年12月	方怡	销售	1500	200	60	1640
2011年12月	曾婷	加工	1600	100	0	1700
2011年12月	赵芳	企划	1850	180	30	2000
2011年12月	苏秦	销售	1600	200	25	1775
2011年12月	白起	加工	1500	250	60	1690
2011年12月	陈敏	企划	1800	100	50	1850
2011年12月	杨倩	销售	1600	150	70	1680

图 5-36　选择单元格

3 在“公式”选项卡的“公式审核”选项组中单击“追踪引用单元格”按钮，如图 5-37 所示。

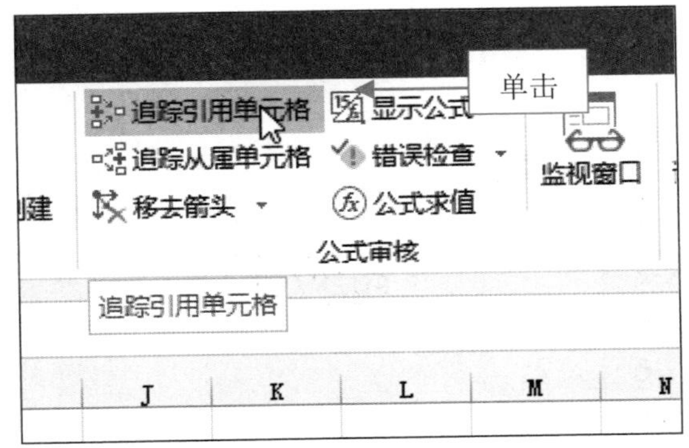

图 5-37 单击“追踪引用单元格”按钮

4 执行上述操作后，Excel 将添加箭头以指明其引用的单元格，如图 5-38 所示。

景鸿公司12月员工工资表

月份	姓名	部门	基本工资	奖金	其他扣款	实发工资
2011年12月	李凤	设计	1600	100	50	1650
2011年12月	王刚	销售	1500	250	100	1650
2011年12月	张强	加工	1900	250	80	2070
2011年12月	杨明	设计	1600	200	25	1775
2011年12月	孙洁	企划	1600	180	50	1730
2011年12月	邓春	销售	1600	250	10	1840
2011年12月	方怡	销售	1500	200	60	1640
2011年12月	曾婷	加工	1600	100	0	1700
2011年12月	赵芳	企划	1850	180	30	2000
2011年12月	苏黎	销售	1600	200	25	1775
2011年12月	白起	加工	1500	250	60	1690
2011年12月	陈敏	企划	1800	100	50	1850
2011年12月	杨倩	销售	1600	150	70	1680
2011年12月	郭德	设计	1500	250	25	1725
					总工资	24775

图 5-38 追踪引用单元格

5.3.2 追踪从属单元格

在 Excel 2016 中，从属单元格是指包含公式的单元格，它的值依赖于其他单元格的值。追踪从属单元格用于指示受当前所选单元格值影响的单元格。追踪从属单元格的具体操作步骤如下：

1 打开上一例效果文件，选择 G3 单元格，在“公式”选项卡下的“公式审核”选项组中，单击“追踪从属单元格”按钮，如图 5-39 所示。

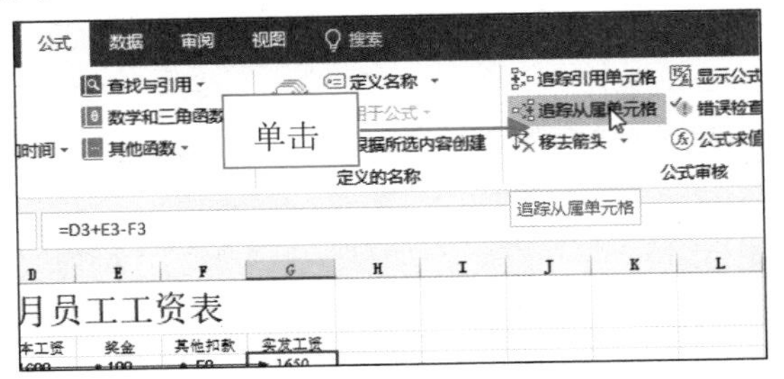

图 5-39 单击“追踪从属单元格”按钮

2 执行上述操作后，Excel 将添加箭头指明其从属的单元格，如图 5-40 所示。

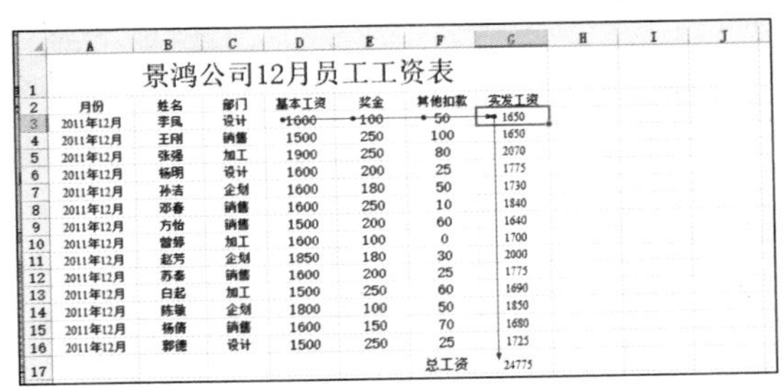

景鸿公司12月员工工资表

月份	姓名	部门	基本工资	奖金	其他扣款	实发工资
2011年12月	李凤	设计	1600	100	50	1650
2011年12月	王刚	销售	1500	250	100	1650
2011年12月	张强	加工	1900	250	80	2070
2011年12月	杨明	设计	1600	200	25	1775
2011年12月	孙洁	企划	1600	180	50	1730
2011年12月	邓春	销售	1600	250	10	1840
2011年12月	方怡	销售	1500	200	60	1640
2011年12月	曾婷	加工	1600	100	0	1700
2011年12月	赵芳	企划	1850	180	30	2000
2011年12月	苏黎	销售	1600	200	25	1775
2011年12月	白起	加工	1500	250	60	1690
2011年12月	陈敏	企划	1800	100	50	1850
2011年12月	杨倩	销售	1600	150	70	1680
2011年12月	郭德	设计	1500	250	25	1725
					总工资	24775

图 5-40 追踪从属单元格

专家提醒

在 Excel 2016 中，使用审核功能可以方便地找到直接或间接包含公式的单元格、被公式直接或间接引用的单元格、被公式直接或间接引用又出现错误值的单元格。

5.3.3 追踪错误与错误检查

在 Excel 2016 中，错误检查和追踪错误功能不仅能够给出出现错误的原因和单元格，并且还能够再现计算的步骤。追踪错误与错误检查的具体操作步骤如下：

1 单击“文件”|“打开”|“浏览”按钮，打开一个 Excel 工作簿，如图 5-41 所示。

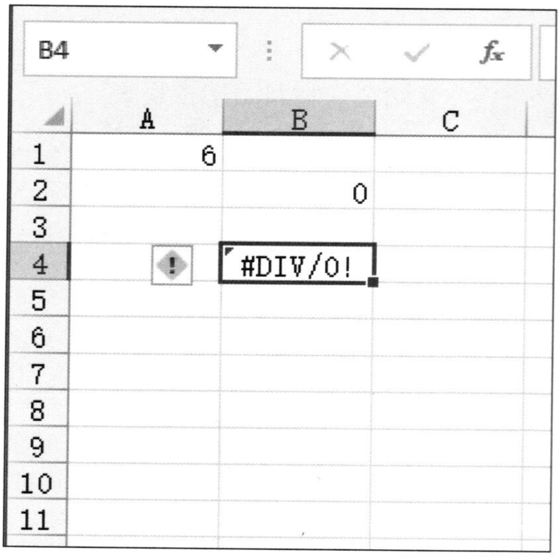

图 5-41 打开工作簿

2 切换至“公式”选项卡，在“公式审核”选项组中单击“错误检查”右侧的下三角按钮，在弹出的列表框中选择“追踪错误”选项，如图 5-42 所示。

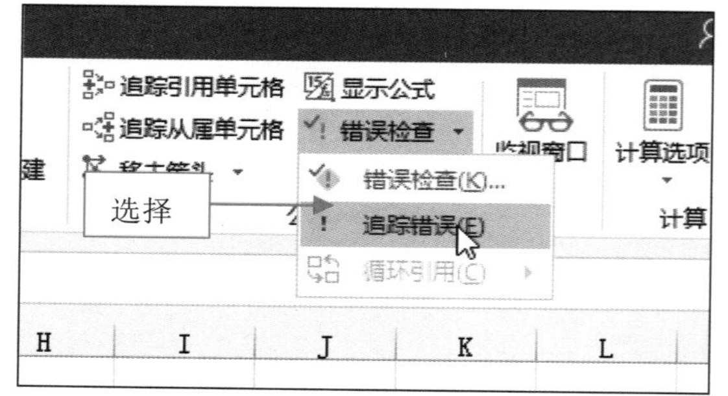

图 5-42 选择“错误追踪”选项

3 执行上述操作后，Excel 会将箭头指向产生错误的单元格，如图 5-43 所示。

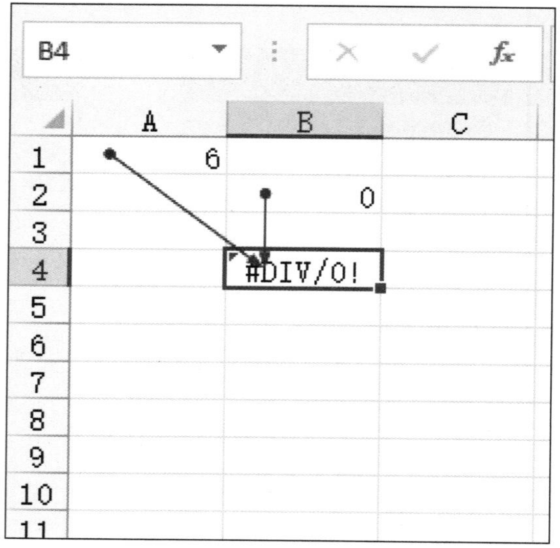

图 5-43 追踪错误

4 单击“错误检查”按钮，弹出列表框，选择“错误检查”选项，弹出“错误检查”对话框，在其中查看错误信息，如图 5-44 所示。

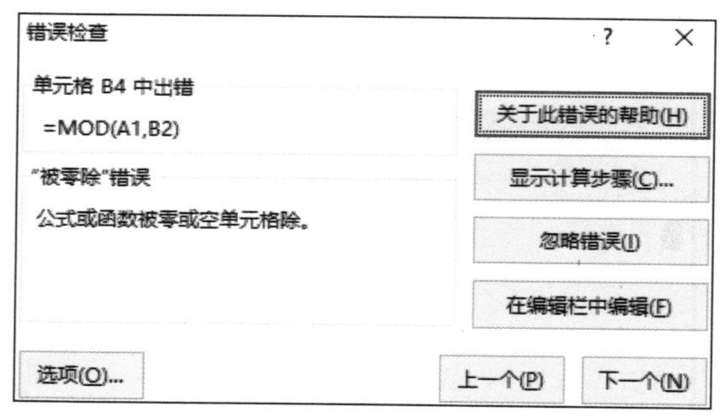

图 5-44 弹出“错误检查”对话框

在“错误检查”对话框中，显示出了错误的单元格和错误的类型及其原因，可以根据需要在其中单击相应按钮进行操作，包括在计算步骤中修改公式或者定位至单元格中编辑修改。

5.3.4 在公式中查找错误

在 Excel 2016 中，可以根据操作需要随时在工作表中查找公式中的错误。在公式中查找错误的具体操作步骤如下：

①单击“文件”|“打开”|“浏览”按钮，打开一个 Excel 工作簿，如图 5-45 所示。

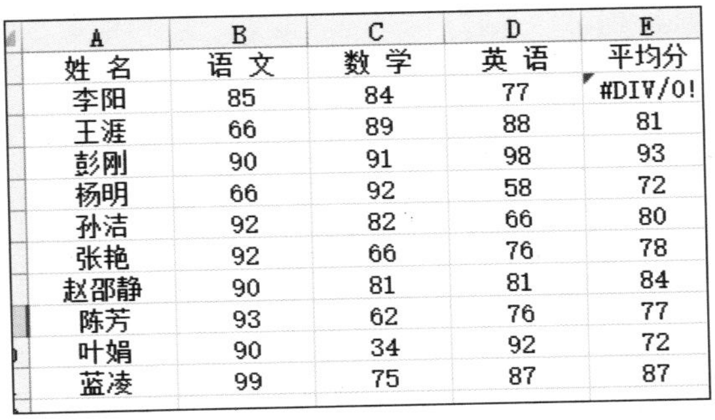

	A	B	C	D	E
1	姓 名	语 文	数 学	英 语	平均分
2	李阳	85	84	77	#DIV/0!
3	王涯	66	89	88	81
4	彭刚	90	91	98	93
5	杨明	66	92	58	72
6	孙洁	92	82	66	80
7	张艳	92	66	76	78
8	赵邵静	90	81	81	84
9	陈芳	93	62	76	77
10	叶娟	90	34	92	72
11	蓝凌	99	75	87	87

图 5-45 打开工作簿

②切换至“公式”选项卡，在“公式审核”选项组中单击“错误检查”按钮，在弹出的列表框中选择“错误检查”选项，如图 5-46 所示。

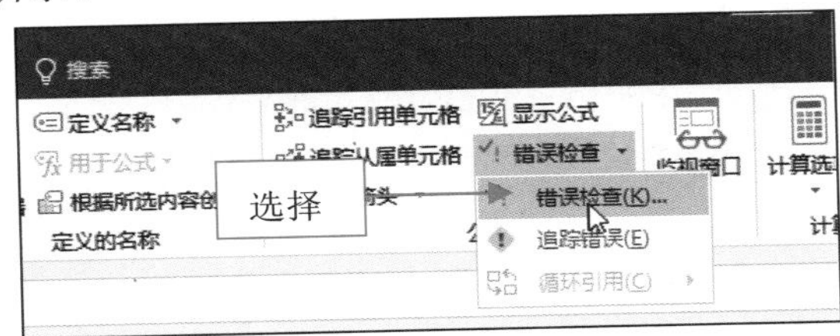

图 5-46 选择“错误检查”选项

③弹出“错误检查”对话框，单击“在编辑栏中编辑”按钮，如图 5-47 所示。

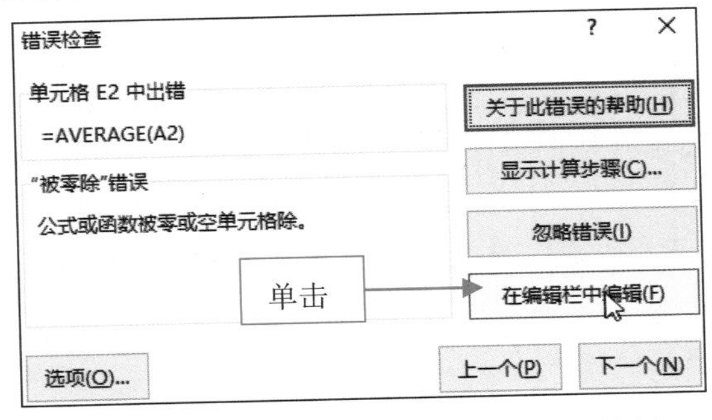

图 5-47 单击“在编辑栏中编辑”按钮

④在编辑栏中修改公式的内容，修改完成后，单击“错误检查”对话框的“继续”按钮，如图 5-48 所示。

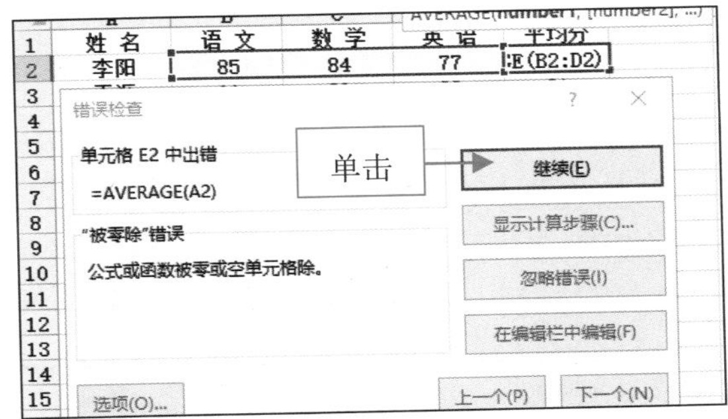

图 5-48 单击“继续”按钮

⑤执行上述操作后，弹出对话框，单击“确定”按钮，如图 5-49 所示。

图 5-49 单击“确定”按钮

⑥即可在公式中查找出错误，并更正错误，如图 5-50 所示。

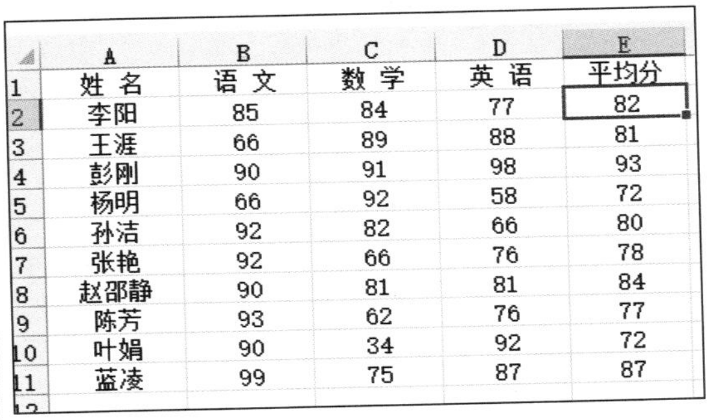

	A	B	C	D	E
1	姓 名	语 文	数 学	英 语	平均分
2	李阳	85	84	77	82
3	王涯	66	89	88	81
4	彭刚	90	91	98	93
5	杨明	66	92	58	72
6	孙洁	92	82	66	80
7	张艳	92	66	76	78
8	赵邵静	90	81	81	84
9	陈芳	93	62	76	77
10	叶娟	90	34	92	72
11	蓝凌	99	75	87	87

图 5-50 更正错误后的结果

专家提醒

在 Excel 2016 中，可以通过切换至“公式”选项卡，在“公式审核”选项组中单击“显示公式”按钮，将具有公式的单元格以公式形式显示出来。

还可以通过单击“监视窗口”按钮来监视某些单元格中的值，这些值在单独的窗口中显示，无论工作簿显示的是哪个区域，该窗口将始终可见。

5.4 常用函数类型

在 Excel 2016 中内置的函数包括常用函数、财务函数、日期与时间函数、数字与三角函数等等。下面分别介绍这些函数的语法和作用。

5.4.1 常用函数

在 Excel 2016 中，常用函数是指经常使用的函数，如求和、计算算术平均值函数等。常用函数的语法及作用如下表：

语 法	作 用
SUM（number1，number2）	返回单元格区域中所有数值的和
AVERAGE（number1，number2，…）	计算参数的算术平均值；参数可以是数值或包含数值的名称、数组或引用
IF（Logical_test，Value_if_true，Value_if_false）	执行真假判断，根据对指定条件进行逻辑评价的真假而返回不同的结果
HYPERLINK（Link_location，Friendly_name）	创建快捷方式，以便打开文档或网络驱动器，或连接 Internet
COUNT（Value1，Value2，…）	计算参数表中数字和包含数字的单元格的个数
MAX（number1，number2，…）	返回一组数值中的最大值，忽略逻辑值和文本字符
SIN（number）	返回给定弧度的正弦值
SUMIF（Range，Criteria，Sum_range）	根据指定条件对若干单元格求和
PMT（Rate，Nper，Pv，Fv，Type，）	返回在固定利率下，投资或贷款的等额分期偿还额

5.4.2 财务函数

在 Excel 2016 中，财务函数用于财务的计算，可以根据利率、贷款金额和期限计算出所要支付的金额，其中各变量紧密地相互关联，下面简单介绍财务函数的语法：

＝PMT（rate，nper，pv）

该函数是指计算在固定利率下，贷款的等额分期偿还额。其中 rate 是贷款的各期利率，nper 是贷款期，pv 是各期所应支付的金额。

＝RATE（nper，pmt，pv）

该函数是指返回投资或贷款的每期实际利率。其中 nper 是款项的数目，pmt 是每笔款项的金额，pv 是款项的当前金额。

5.4.3 日期与时间函数

在 Excel 2016 中，日期和时间函数主要用于分析和处理日期值和时间值，系统内部的日期和时间函数包括 DATE、DATEVALUE、DAY、HOUR、TODAY 及 YEAR 等，下面主要以 DATE 函数为例来进行介绍。

DATE 函数返回代表特定日期的序列号，如果在输入函数前，单元格的格式设置为“常规”，

那么结果将设置为日期格式。它的语法是：

DATE(year，month，day)

其中 year 的参数可以是 1~4 位数字，Excel 会根据系统所使用的日期系统来解释 year 的参数；month 代表的是月份的数字，如果输入的月份值大于 12，那么系统将会自动地从指定月份的一月份开始往上计算；day 代表的是月份中的第几天的数字，如果 day 大于该月份的最大天数，系统则将从指定月份的第一天开始往上计算。

5.4.4　数学与三角函数

在 Excel 2016 中，数学和三角函数主要用于各种各样的数学计算中，系统提供的数学和三角函数包括 ABS、ASIN、COMBINE、PI 以及 TAN 等，下面以 COMBIN 函数为例来进行介绍。

COMBIN 函数用于计算从给定数目的对象集合中提取若干对象的组合数，它的语法是：

COMBIN(number，number_chosen)

其中参数 number 代表对象的总数量，参数 number_chosen 为每一组合中对象的数量，在统计中经常遇到关于组合数的计算，可以用此函数来解决。

5.5　应用函数计算

在 Excel 2016 中，根据函数的应用领域不同，可以将函数分为数据库函数、逻辑函数、信息函数、财务函数、工程函数以及自定义函数等类型。本节主要介绍函数式结构、输入函数式、嵌套函数式和复制函数等内容。

5.5.1　函数式结构

在 Excel 2016 中，可以自定义函数的类型，在调用函数时要遵守函数的结构才不会出现错误。下面对函数的结构进行介绍。

函数的结构大致可分为函数名和参数表两部分，如下所示：

函数名（参数 1，参数 2，参数 3，……）

其中，函数名是说明函数要执行的运算，函数名后用括号括起来的是参数表，参数表是指函数使用的单元格数值，可以是数字、文本、逻辑值以及数组等，给定的参数必须能产生有效的值。在 Excel 中输入函数时，要用圆括号把参数括起来，左括号标记参数必须跟在函数名后面。

5.5.2　输入函数式

在 Excel 的公式或表达式中调用函数，首先要输入函数，输入函数要遵守前面介绍的函数结构，可以在单元格中直接输入，也可以在“编辑栏”中输入。

若对函数名和函数的参数非常了解，那么可以在公式或表达式中直接输入函数，这是最常用的一种输入函数的方法，也是最快捷的输入方法。

若对函数名和函数的参数不是非常了解，那么可以使用函数向导来完成输入，通过函数向导，可以很方便地知道函数所需要的各种参数及参数的类型。

5.5.3　嵌套函数式

在 Excel 中函数的参数也可以是常量、公式或其他函数，当某函数的参数表中又包含了其他的函数时，就称该函数为嵌套函数。不同的函数所需要的参数个数是不相同的，有的函数需要一个参数，有的函数需要两个参数，有的函数需要多达30个参数，也有的函数不需要参数，没有参数的函数称为无参函数，无参函数的形式为：函数名（）。

5.5.4 修改函数式

在Excel 2016中，如果在输入函数的过程中出现了错误，可以对函数的内容进行修改。修改函数式的具体操作步骤如下：

1 单击“文件”|“打开”|“浏览”按钮，打开一个Excel工作簿，选择单元格F3，如图5-51所示。

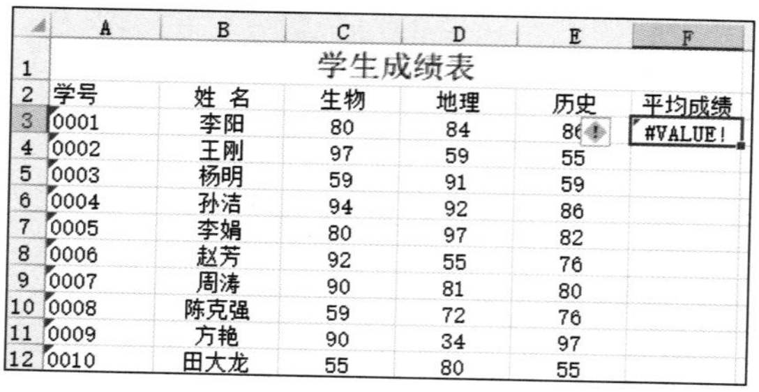

	A	B	C	D	E	F
1			学生成绩表			
2	学号	姓 名	生物	地理	历史	平均成绩
3	0001	李阳	80	84	86	#VALUE!
4	0002	王刚	97	59	55	
5	0003	杨明	59	91	59	
6	0004	孙洁	94	92	86	
7	0005	李娟	80	97	82	
8	0006	赵芳	92	55	76	
9	0007	周涛	90	81	80	
10	0008	陈克强	59	72	76	
11	0009	方艳	90	34	97	
12	0010	田大龙	55	80	55	

图5-51 打开工作簿

2 在工作表中，单击编辑栏，即可激活编辑栏，如图5-52所示。

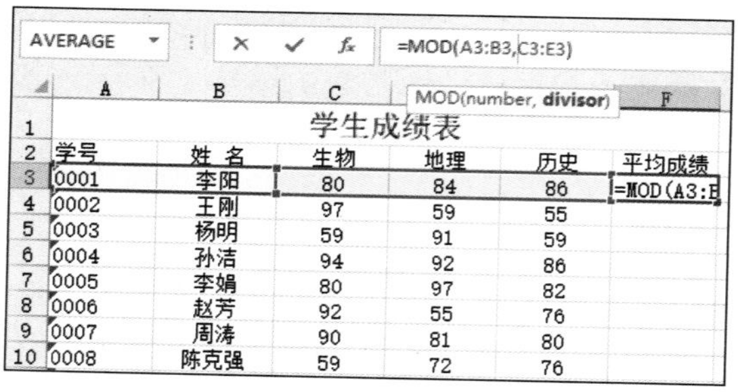

AVERAGE　=MOD(A3:B3,C3:E3)　MOD(number, **divisor**)

	A	B	C	D	E	F
1			学生成绩表			
2	学号	姓 名	生物	地理	历史	平均成绩
3	0001	李阳	80	84	86	=MOD(A3:B
4	0002	王刚	97	59	55	
5	0003	杨明	59	91	59	
6	0004	孙洁	94	92	86	
7	0005	李娟	80	97	82	
8	0006	赵芳	92	55	76	
9	0007	周涛	90	81	80	
10	0008	陈克强	59	72	76	

图5-52 激活编辑栏

3 在激活的编辑栏中输入正确的函数，如图5-53所示。

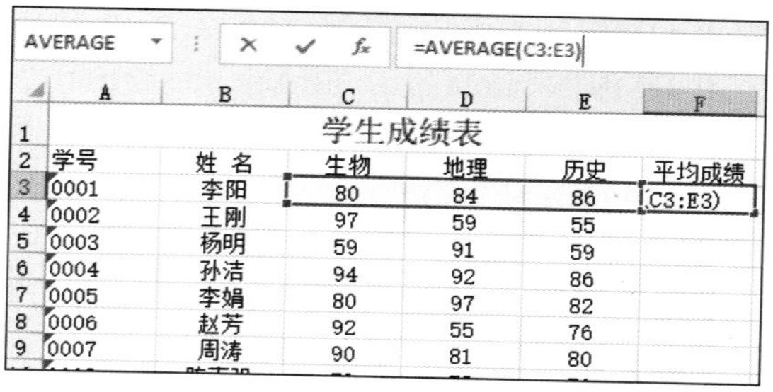

AVERAGE　=AVERAGE(C3:E3)

	A	B	C	D	E	F
1			学生成绩表			
2	学号	姓 名	生物	地理	历史	平均成绩
3	0001	李阳	80	84	86	C3:E3)
4	0002	王刚	97	59	55	
5	0003	杨明	59	91	59	
6	0004	孙洁	94	92	86	
7	0005	李娟	80	97	82	
8	0006	赵芳	92	55	76	
9	0007	周涛	90	81	80	

图5-53 输入函数

4 按【Enter】键确认，完成函数式修改，如图5-54所示。

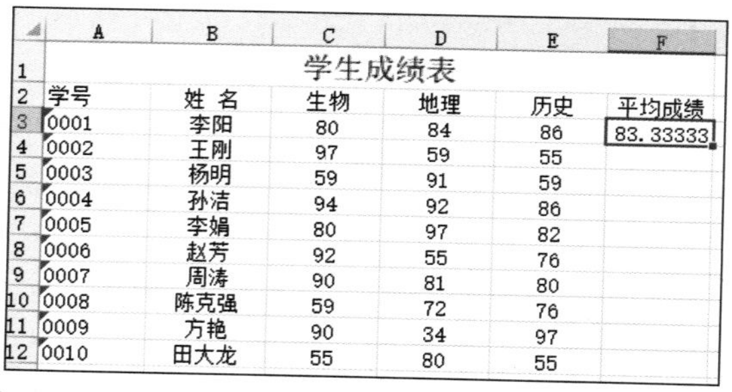

	A	B	C	D	E	F
1			学生成绩表			
2	学号	姓 名	生物	地理	历史	平均成绩
3	0001	李阳	80	84	86	83.33333
4	0002	王刚	97	59	55	
5	0003	杨明	59	91	59	
6	0004	孙洁	94	92	86	
7	0005	李娟	80	97	82	
8	0006	赵芳	92	55	76	
9	0007	周涛	90	81	80	
10	0008	陈克强	59	72	76	
11	0009	方艳	90	34	97	
12	0010	田大龙	55	80	55	

图5-54 修改函数式

5.5.5 复制函数

在Excel 2016编辑工作表的过程中，可以利用复制功能对工作表中的数据进行处理，这样可以提高工作效率。复制函数的具体操作步骤如下：

1 打开上一例效果文件，选择单元格F3，按【Ctrl＋C】组合键复制，如图5-55所示。

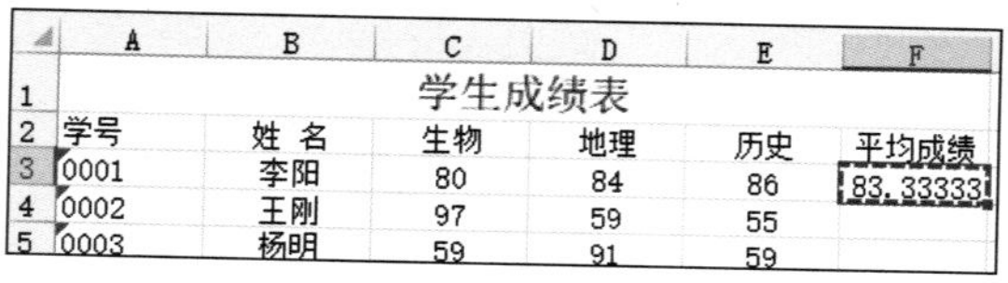

	A	B	C	D	E	F
1			学生成绩表			
2	学号	姓 名	生物	地理	历史	平均成绩
3	0001	李阳	80	84	86	83.33333
4	0002	王刚	97	59	55	
5	0003	杨明	59	91	59	

图5-55 复制单元格

2 选择目标单元格F4，按【Ctrl＋V】组合键粘贴，按【Enter】键确认，如图5-56所示。

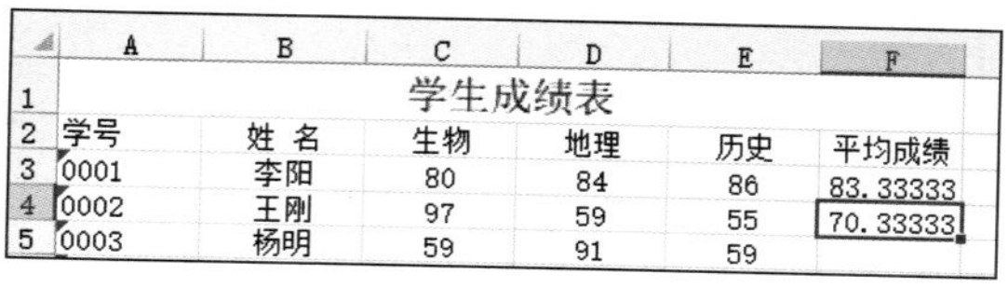

	A	B	C	D	E	F
1			学生成绩表			
2	学号	姓 名	生物	地理	历史	平均成绩
3	0001	李阳	80	84	86	83.33333
4	0002	王刚	97	59	55	70.33333
5	0003	杨明	59	91	59	

图5-56 复制函数

5.5.6 搜索函数

在 Excel 2016 编辑工作表的过程中，当需要使用一些陌生的函数时，如果只知道该函数代表的意思，而不知道怎样拼写，可以利用搜索函数功能来进行查询。搜索函数的具体操作步骤如下：

在“插入函数”对话框“选择函数”下拉列表框中，可以选择需要的函数。

1 打开上一例效果文件，选择单元格，如图 5-57 所示。

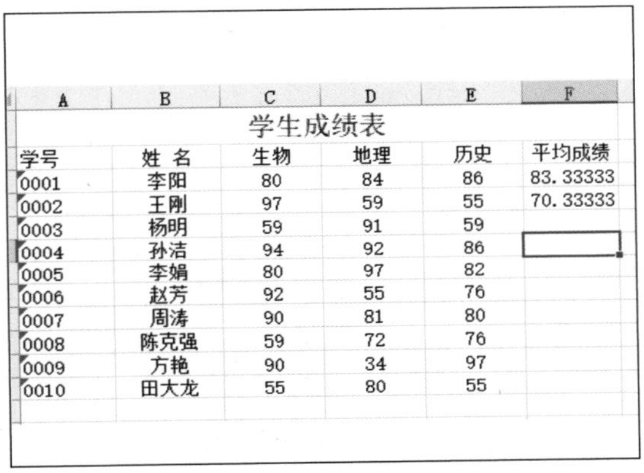

A	B	C	D	E	F
学生成绩表					
学号	姓 名	生物	地理	历史	平均成绩
0001	李阳	80	84	86	83.33333
0002	王刚	97	59	55	70.33333
0003	杨明	59	91	59	
0004	孙洁	94	92	86	
0005	李娟	80	97	82	
0006	赵芳	92	55	76	
0007	周涛	90	81	80	
0008	陈克强	59	72	76	
0009	方艳	90	34	97	
0010	田大龙	55	80	55	

图 5-57 选择单元格

2 切换至“公式”选项卡，单击“函数库”选项组中的“插入函数”按钮，如图 5-58 所示。

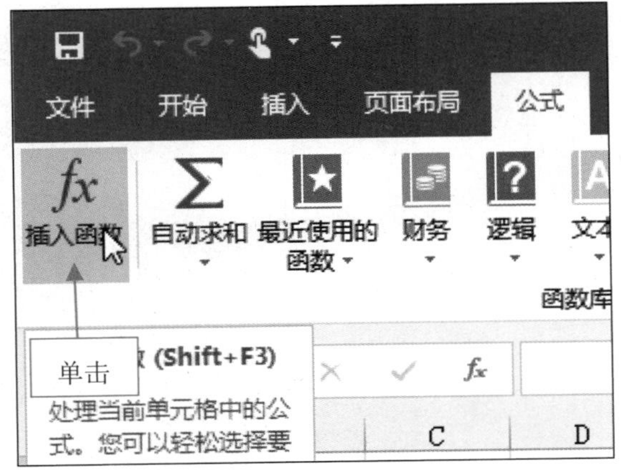

图 5-58 单击“插入函数”按钮

3 弹出“插入函数”对话框，在“搜索函数”文本框中输入文本，如图 5-59 所示。

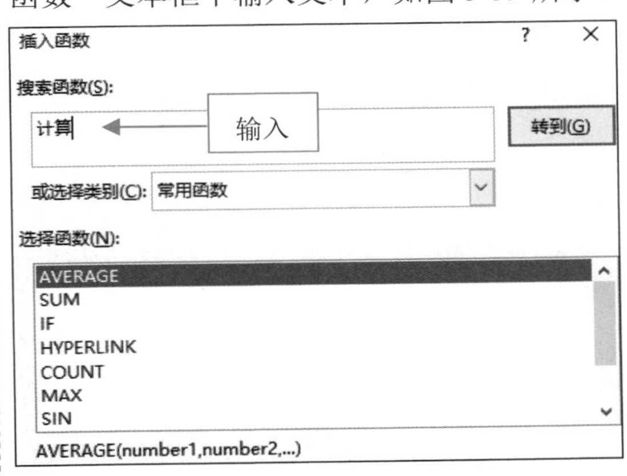

图 5-59 输入需要搜索的函数

4 单击“转到”按钮，即可搜索到相应的函数，如图 5-60 所示。

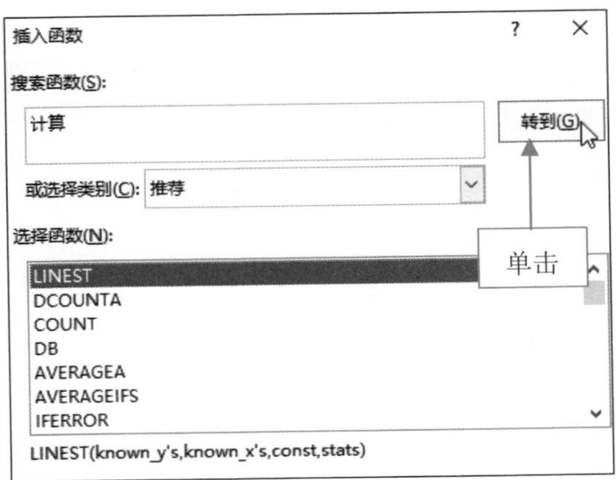

图 5-60 单击“转到”按钮

第 6 章

创建与编辑图表

在 Excel 2016 中，对工作表中的数据进行计算及统计等操
后，可以将表格中的数据创建成各种图表，以便更好地显示出数
的发展趋势或分布状况。

本章主要介绍在 Excel 2016 中创建图表、编辑图表以及设置
表选项等内容的操作方法。

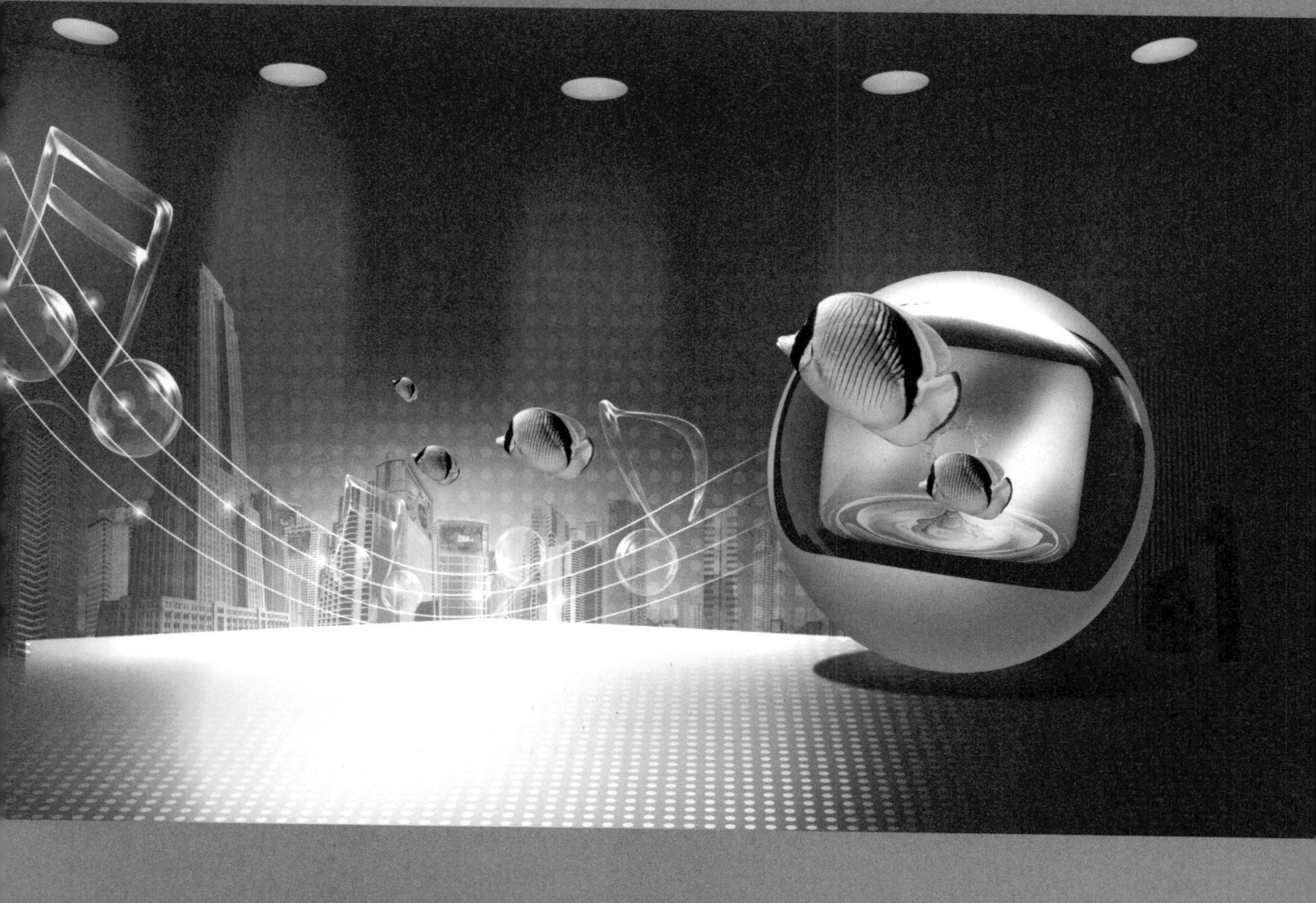

6.1　创建图表

Excel 2016 强大的图表功能，能够更加直观地将工作表中的数据表现出来，并能够做到层次分明、条理清楚并易于理解。本节主要介绍创建数据图表的操作方法。

6.1.1　图表的组成

在 Excel 2016 中，可以把图表看作一个图形对象，能够作为工作表的一部分进行保存，在创建图表前，应该对图表的组成有所了解。图表的基本组成结构如图 6-1 所示。

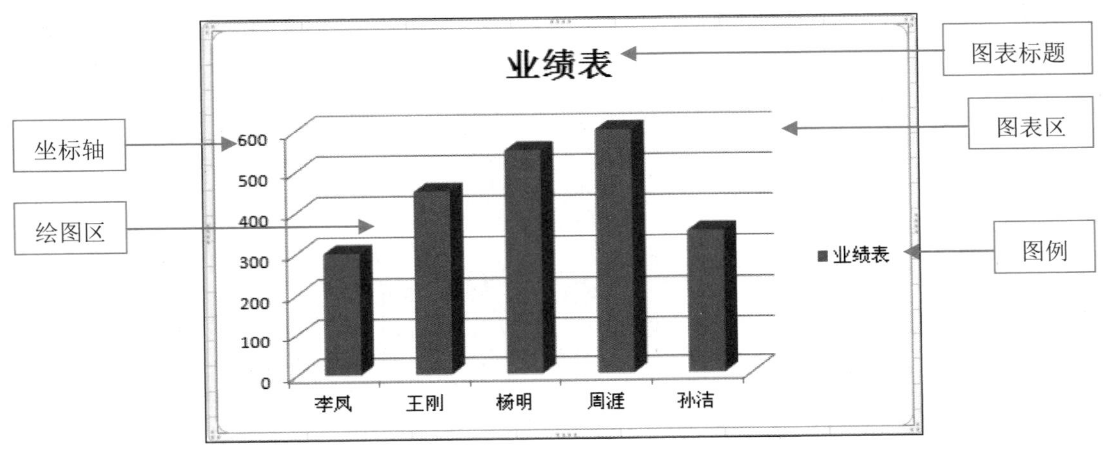

图 6-1　图表的基本组成结构

在图表的基本组织结构图中，各组成部分含义如下：

- 坐标轴：用于标记图表中的数据名称。
- 绘图区：图表的整个绘制区域，显示图表中的数据状态。
- 图表标题：用于显示统计图表的标题名称，能够自动与坐标轴对齐或居中于图表的顶端，在图表中起到说明性的作用。
- 图表区：该部分是指图表的中心区域，单击图表区可以选择整个图表。
- 图例：用于标识绘图区中不同系列所代表的内容。

6.1.2　创建所需的图表

在 Excel 2016 中，提供了图表向导功能，可以方便、快速地引导用户创建一个标准类型或自定义的图表。Excel 用图表将工作表中的数据图形化后，使原本枯燥无味的数据信息变得生动形象。创建所需图表的具体操作步骤如下：

专家提醒

在 Excel 2016 中，创建图表时，如果只选择了一个单元格，则 Excel 会自动将相邻单元格中包含的所有数据绘制在图表中。

如果将图表放在新建工作表中，则 Excel 默认的新工作表名称为 Chart。在 Excel 2016 图表区中，也可以使用不同的颜色、间距、图例和网格等，使同一类型的图表在外观上有所差异。

① 单击“文件”|“打开”|“浏览”按钮，打开一个 Excel 工作簿，在工作表中选择需要创建图表的单元格区域，如图 6-2 所示。

	A	B	C	D	E
1	阳城公司销售账表				
2	品名	进货量	进货价	销售量	销售价
3	主板	50	300	80	400
4	光盘	150	100	73	150
5	显示器	20	1200	8	1500
6	硬盘	100	150	65	180
7	打印机	100	250	71	300
8	光盘	200	80	183	100
9	墨盒	30	54	22	58
10	光驱	200	45	230	60
11	鼠标	60	25	20	30
12	键盘	80	42	60	50

图 6-2　选择单元格区域

② 切换至“插入”选项卡，在“图表”选项组中单击对话框启动器按钮，如图 6-3 所示。

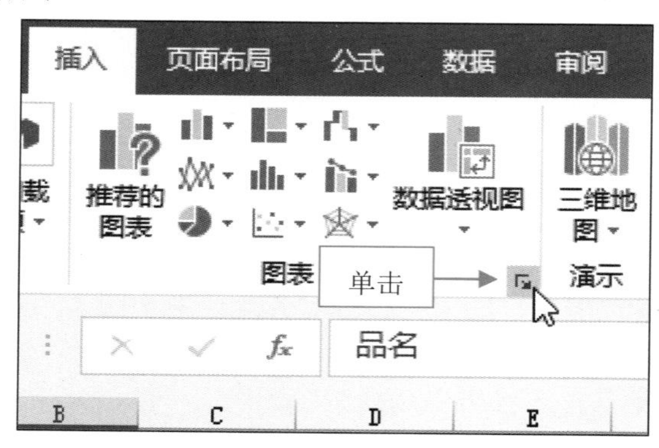

图 6-3　单击“创建图表”按钮

③ 弹出“插入图表”对话框，切换到“所有图表”选项卡，在“柱形图”选项区中选择所需的图表样式，如图 6-4 所示。

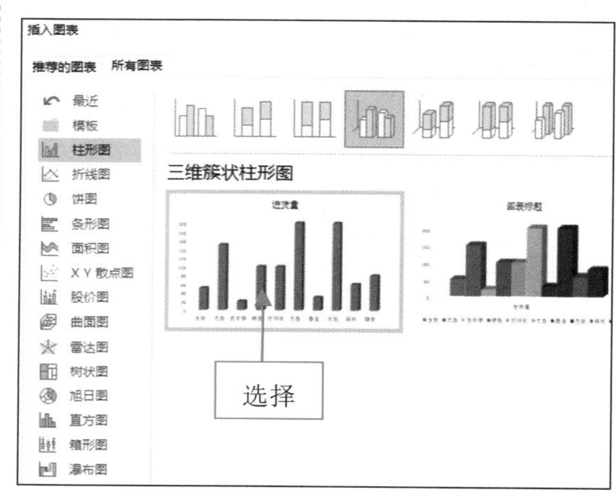

图 6-4　选择相应的图表样式

④ 单击“确定”按钮，即可创建所需的图表，如图 6-5 所示。

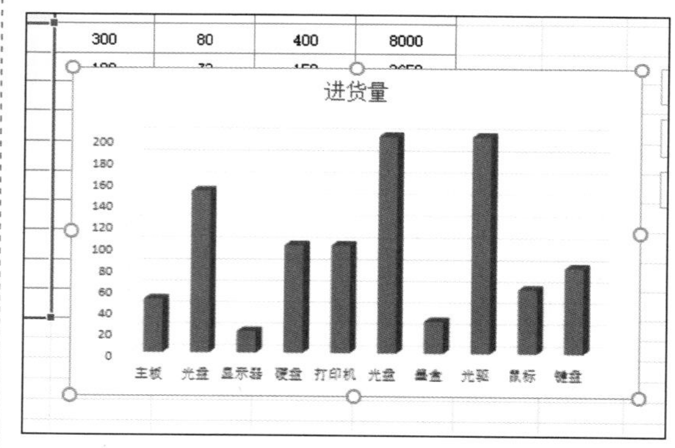

图 6-5　创建所需的图表

6.1.3　修改图表类型

默认情况下，Excel 2016 采用的图表类型为簇状柱形图，但也可以根据需要修改图表类型。修改图表类型的具体操作步骤如下：

专家提醒

在 Excel 2016 中修改图表类型时，还可以在“插入”选项卡下的“图表”选项组中单击相应的按钮，在弹出的列表框中选择所需的图表样式即可。

在“更改图表类型”对话框的“所有图表”选项卡中，选中需更换的图表类型并右击，单击“设置为默认图表”按钮，可将当前所选的图表类型设置为默认的图表样式。

1 打开上一例的效果文件，在工作表中选择需要修改类型的图表，如图 6-6 所示。

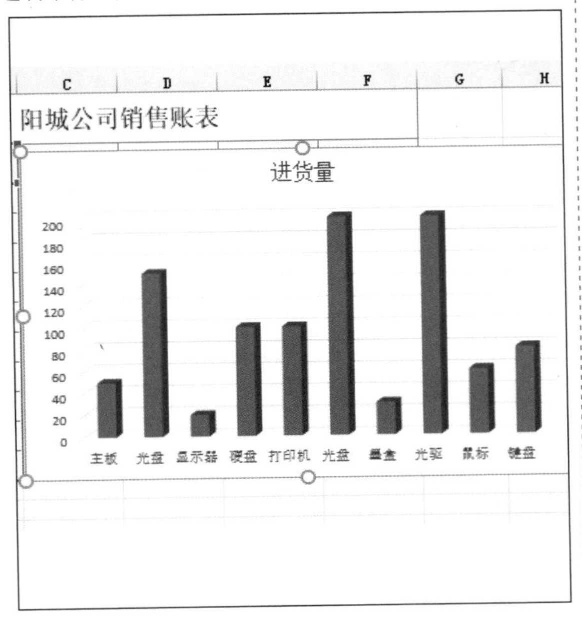

图 6-6　选择需要修改的图表

2 单击鼠标右键，在弹出的快捷菜单中选择“更改图表类型”选项，如图 6-7 所示。

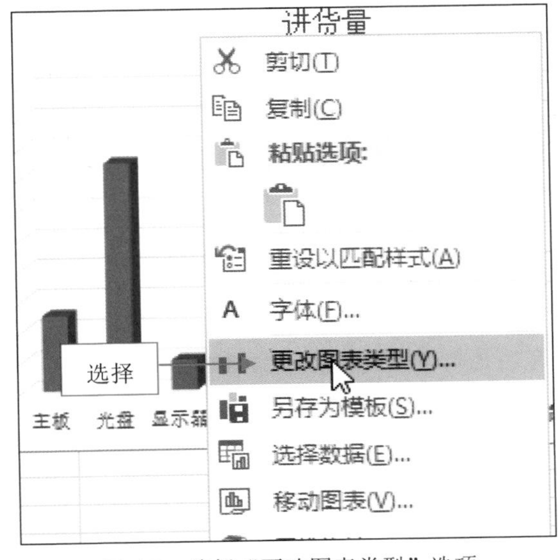

图 6-7　选择“更改图表类型”选项

3 弹出“更改图表类型”对话框，在“折线图”选项区中选择图表样式，如图 6-8 所示。

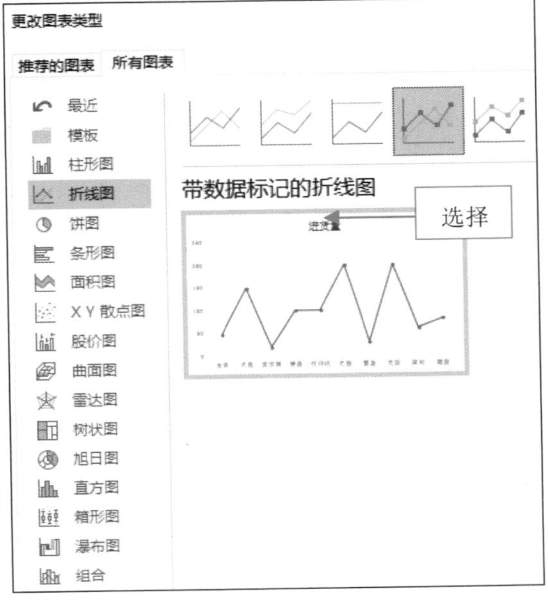

图 6-8　选择图表样式

4 单击“确定”按钮，即可改变图表的类型，如图 6-9 所示。

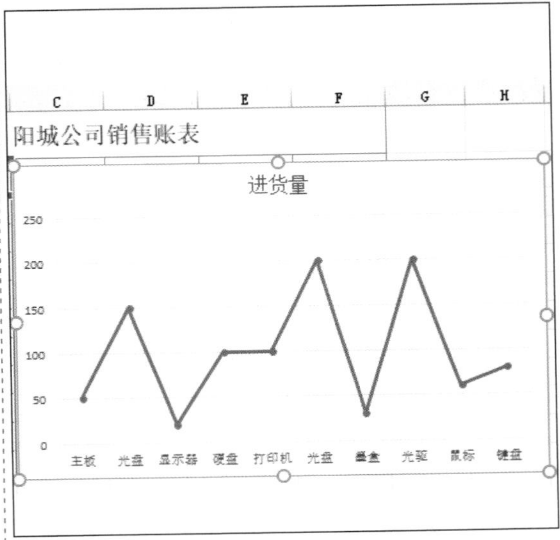

图 6-9　修改图表类型

6.1.4　将图表另存为模板

在 Excel 2016 中，如果需要经常使用相同设置的图表，可以将其保存为图表模板，以便以后使用。自定义图表的具体操作步骤如下：

1. 单击“文件”|“打开”|“浏览”按钮，打开一个 Excel 工作簿，选择图表，如图 6-10 所示。

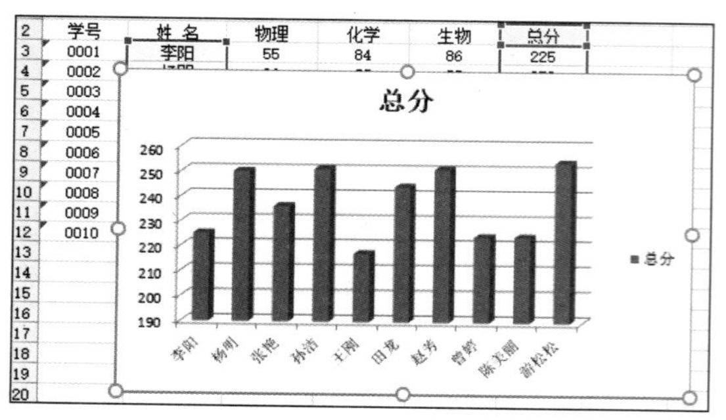

图 6-10 选择图表

2. 单击鼠标右键，在弹出的快捷菜单中单击“另存为模板”选项，如图 6-11 所示。

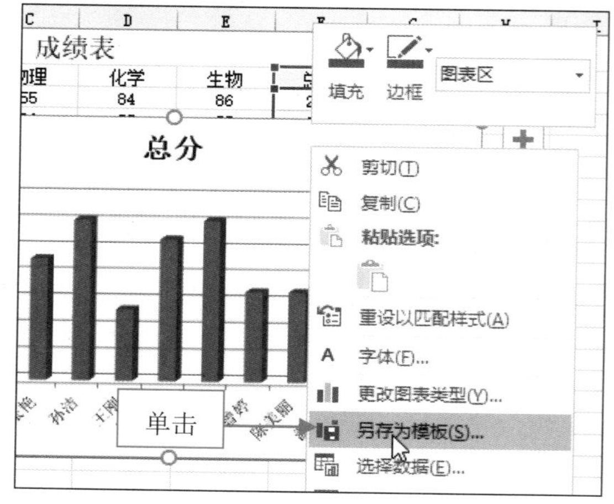

图 6-11 单击“另存为模板”选项

3. 弹出“保存图表模板”对话框，在其中设置保存位置和文件名称，如图 6-12 所示。

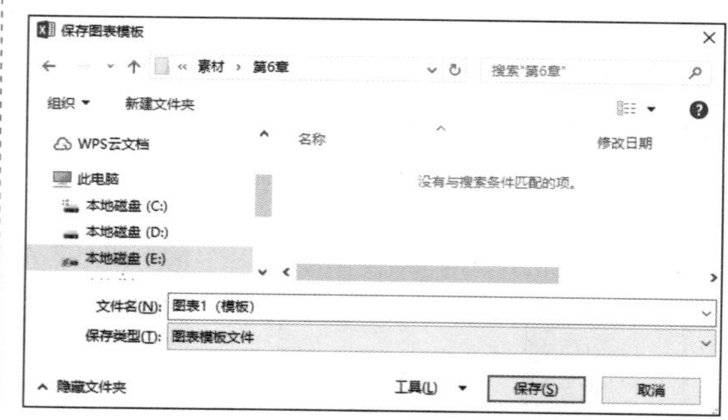

图 6-12 设置相应选项

4. 单击“保存”按钮，将文件保存至目标位置，在目标位置查看文件，如图 6-13 所示。

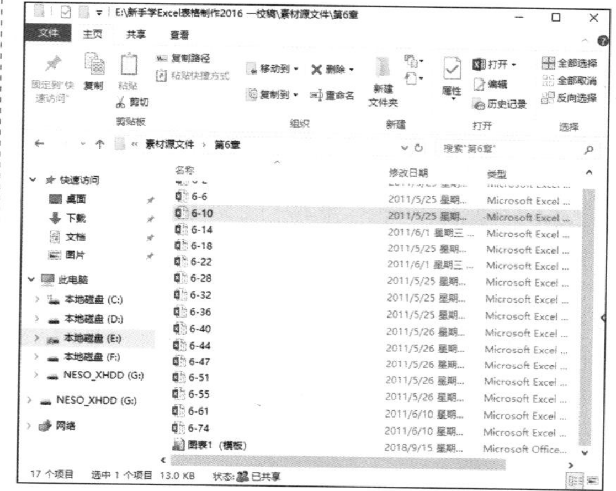

图 6-13 查看保存文件

6.2 编辑图表

在 Excel 2016 中，如果创建的图表不符合要求，还可以对图表进行编辑或修饰，如调整图表大小、移动图表位置、添加或删除数据项、修改图表文字等。

6.2.1 调整图表大小

在 Excel 2016 中创建完图表后，如果图表的大小不符合要求，可以根据需要适当地调整图表的大小。调整图表大小的具体操作步骤如下：

专家提醒

选择图表后，用鼠标拖曳图表周围的 8 个控制点，可以快速调整其大小。

1 单击“文件”|“打开”|“浏览”按钮，打开一个 Excel 工作簿，在工作表中选择需要调整大小的图表，如图 6-14 所示。

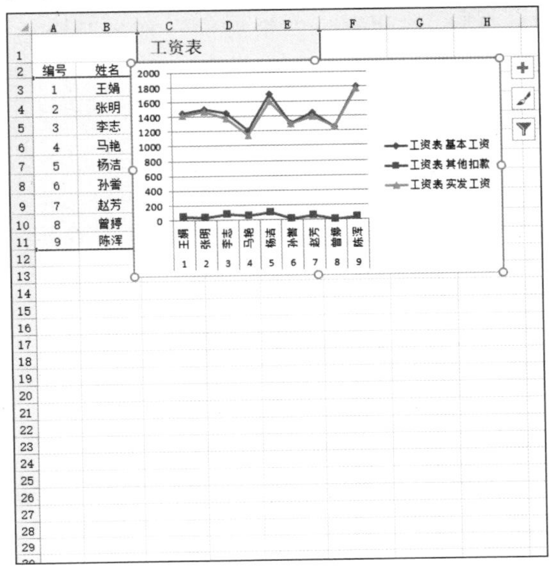

图 6-14　选择图表

2 切换至“图表工具”-“格式”选项卡，在“大小”选项组中单击对话框启动器按钮，如图 6-15 所示。

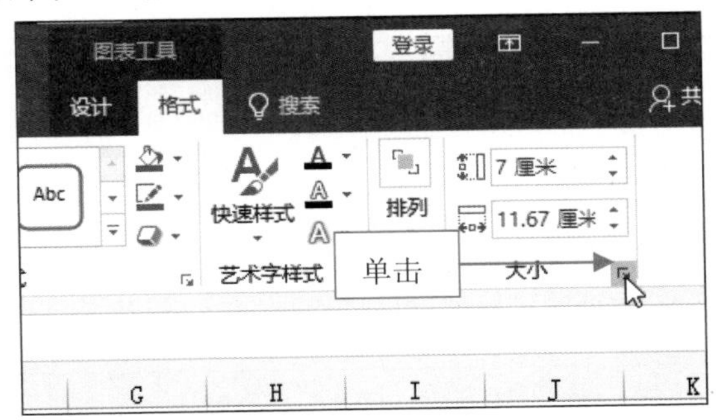

图 6-15　单击“大小”对话框启动器按钮

3 弹出“设置图表区格式”窗格，选中“锁定纵横比”复选框，设置高度值，如图 6-16 所示。

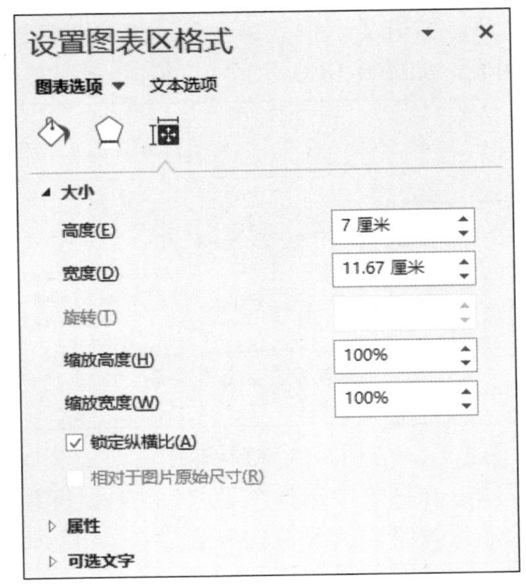

图 6-16　设置相应选项

4 设置完成后，单击“关闭”按钮，即可调整图表的大小，如图 6-17 所示。

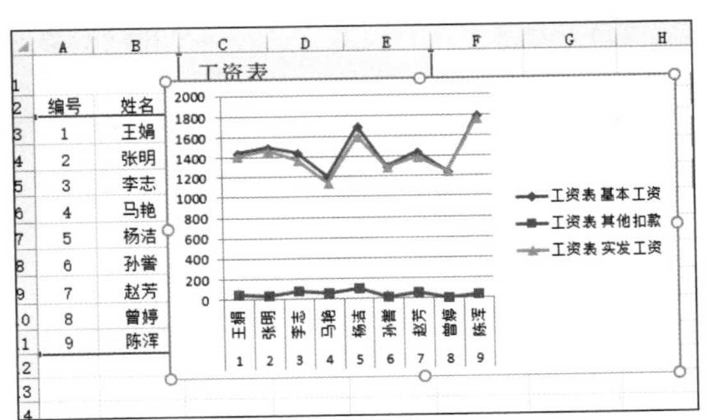

图 6-17　调整图表大小

专家提醒

在 Excel 2016 中，图表、分类轴和数值标题不能通过拖曳鼠标的方法来调整大小，只能通过改变文字的大小来调整。

在 Excel 中，除了运用上述方法会弹出“设置图表区格式”窗格外，还可以在图表区单击鼠标右键，在弹出的快捷菜单中选择“设置图表区域格式”选项，或者在需要调整大小的图表上双击鼠标左键，也会弹出“设置图表区格式”窗格。

6.2.2 移动图表位置

在 Excel 2016 中，可以根据操作需要移动图表的位置。移动图表位置的具体操作步骤如下：

1 打开上一例效果文件，在工作表中选择图表，如图 6-18 所示。

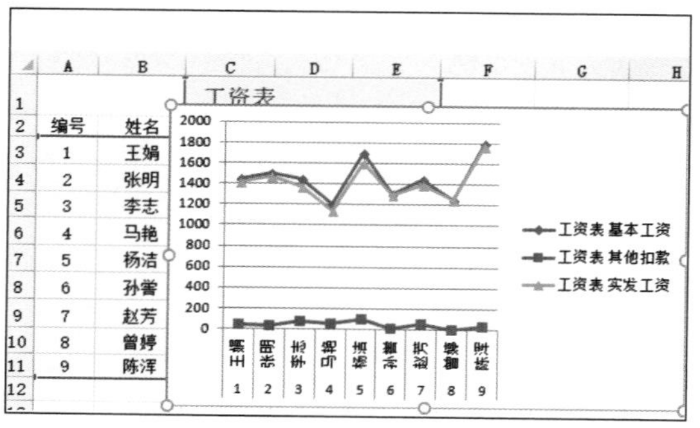

图 6-18 选择图表

2 在图表中选择图表区，此时鼠标指针呈✥形状按钮，如图 6-19 所示。

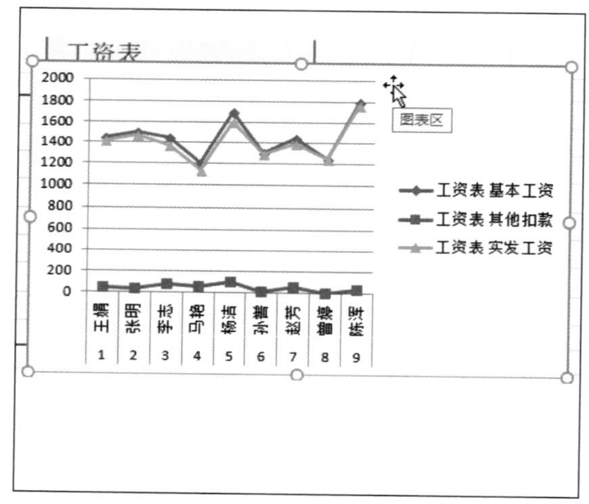

图 6-19 选择图表区

3 按住鼠标左键并向左拖曳至合适位置，如图 6-20 所示。

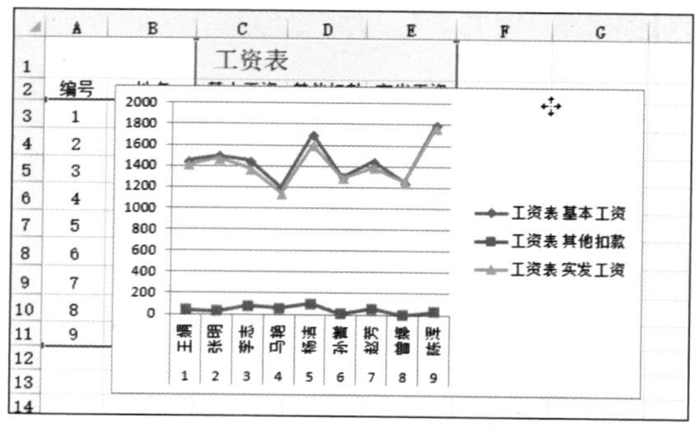

图 6-20 拖曳鼠标

4 释放鼠标左键，即可移动图表位置，如图 6-21 所示。

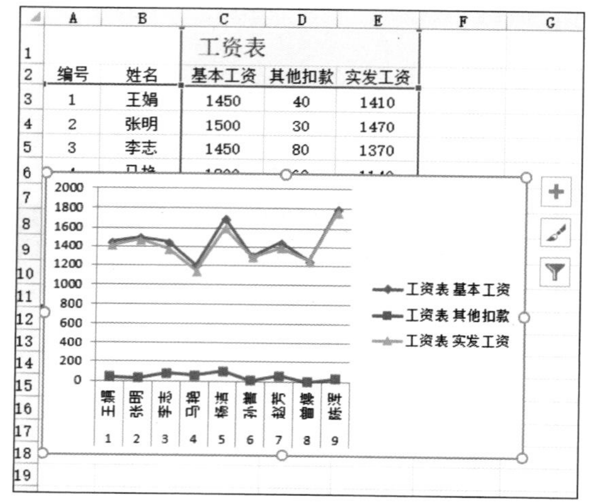

图 6-21 移动图表位置

6.2.3 添加与删除数据项

在 Excel 2016 中，当在工作表中创建图表后，可以根据需要对图表的数据项进行添加或删除。下面将介绍添加与删除数据项的操作方法。

1. 添加图表数据项

在 Excel 2016 中，添加图表数据项的具体操作步骤如下：

添加图表数据项后，可以在“图例项”列表框中，查看新添加的数据项。

第6章

1 单击“文件”|“打开”|“浏览”按钮，打开一个 Excel 工作簿，在工作表中选择需要添加图表数据项的图表，如图 6-22 所示。

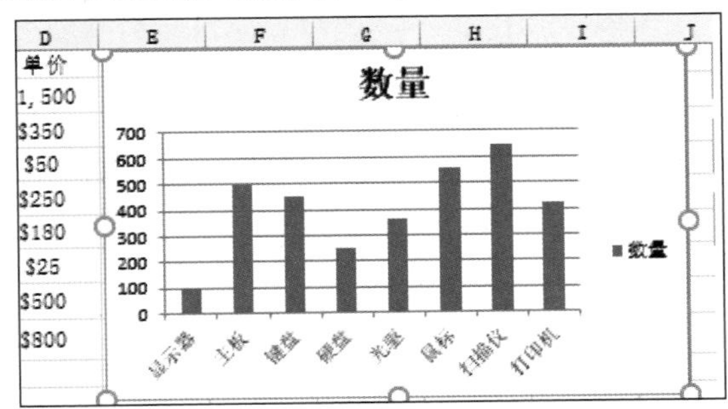

图 6-22　选择图表

2 切换至“图表工具”-“设计”选项卡，单击“数据”选项组中的“选择数据”按钮，如图 6-23 所示。

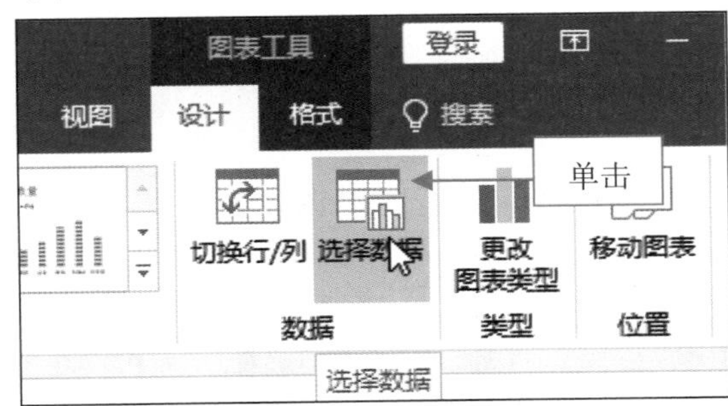

图 6-23　单击“选择数据”按钮

3 弹出“选择数据源”对话框，在“图例项”选项区中单击“添加”按钮，如图 6-24 所示。

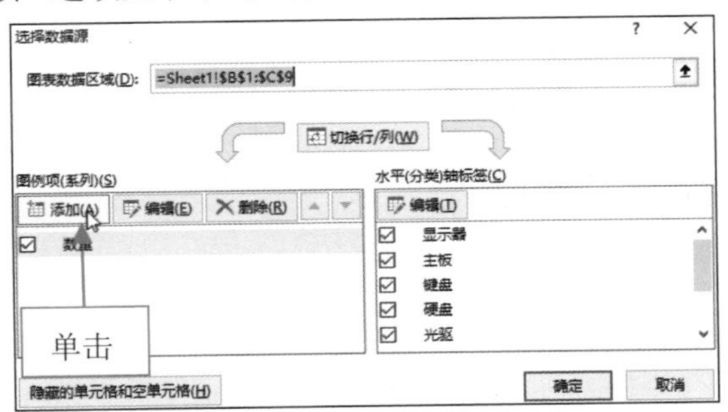

图 6-24　单击“添加”按钮

4 弹出“编辑数据系列”对话框，在相应文本框输入需添加的图表数据的单元格区域地址，如图 6-25 所示。

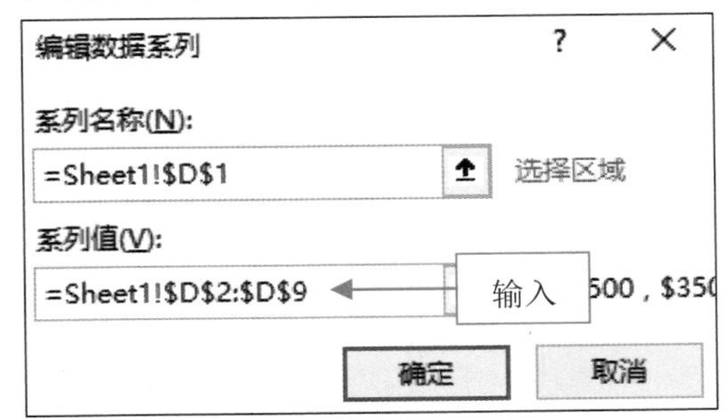

图 6-25　输入单元格区域

5 单击“确定”按钮，返回“选择数据源”对话框，如图 6-26 示。

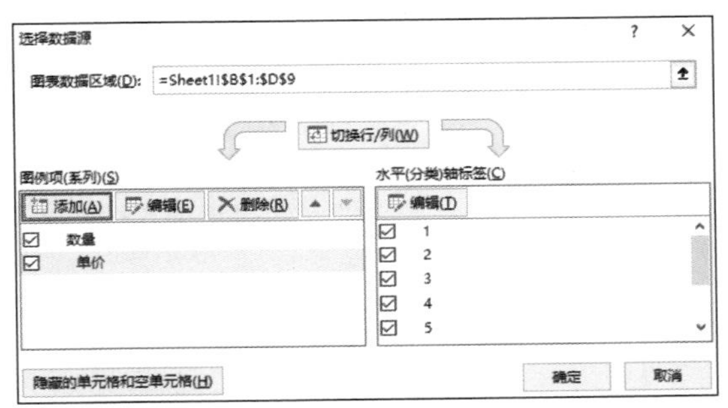

图 6-26　返回“选择数据源”对话框

6 单击“确定”按钮，即可添加图表数据项，如图 6-27 所示。

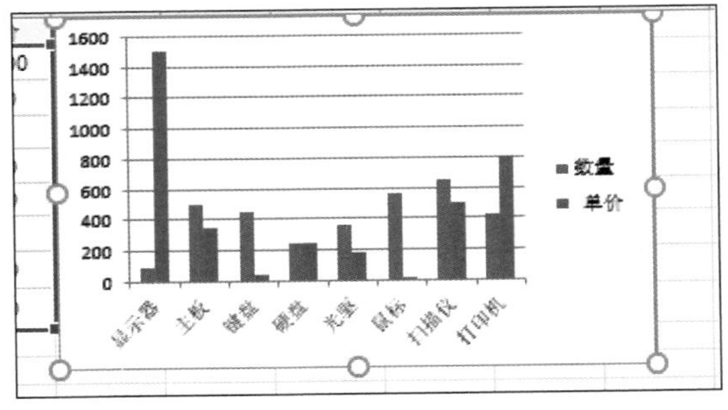

图 6-27　添加图表数据项

专家提醒

在 Excel 2016 中，可以单击“选择数据源”对话框中的“编辑”按钮，对图表数据项进行编辑，也可以在“图例项”选项区中，同时添加多个图表数据项。添加图表数据项后，还可以对图表数据进行更改，图表与原始数据之间是相互链接的，因此改变原始数据后，图表中的数据也将随之作相应的变动。

2．删除图表数据项

在 Excel 2016 中，删除图表数据项的具体操作步骤如下：

1 打开上一例效果文件，在工作表中选择需要删除数据项的图表，如图 6-28 所示。

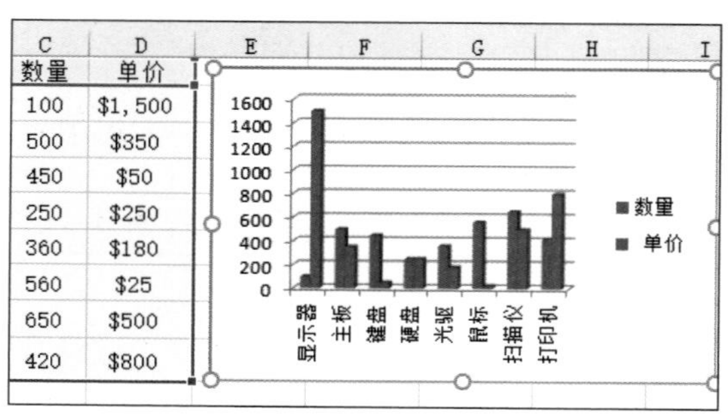

图 6-28 选择图表

2 单击鼠标右键，在弹出的快捷菜单中选择“选择数据”选项，如图 6-29 所示。

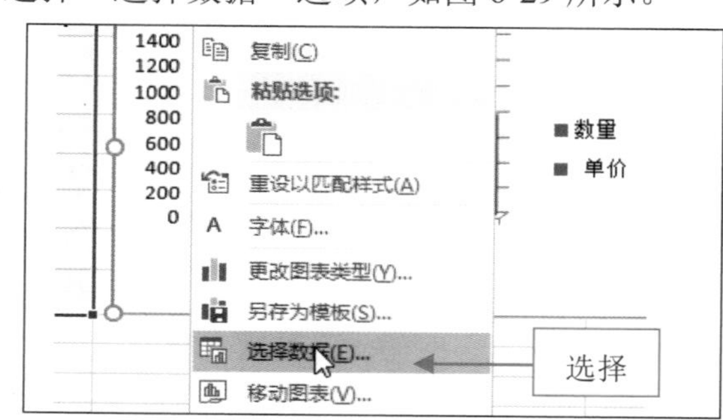

图 6-29 选择“选择数据”选项

3 弹出“选择数据源”对话框，在“图例项”选项区中选择“数量”选项，单击“删除”按钮，如图 6-30 所示。

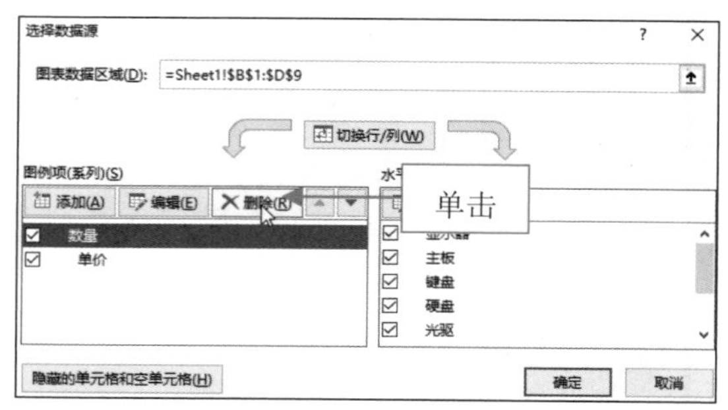

图 6-30 单击“删除”按钮

4 单击“确定”按钮，即可删除图表数据项，如图 6-31 所示。

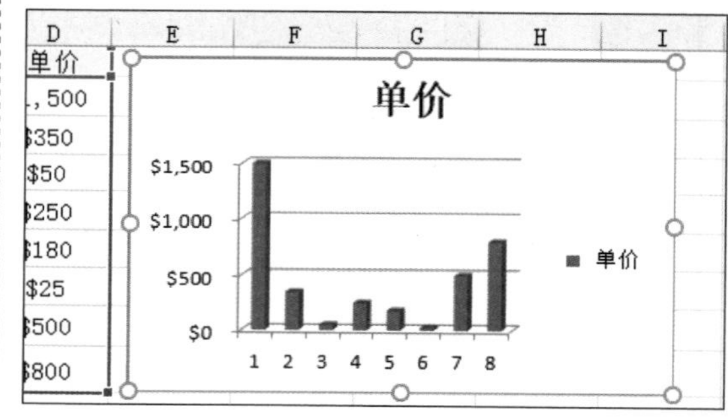

图 6-31 删除图表数据项

6.2.4 更改图表文字

在 Excel 2016 中，如果对图表中自动生成的文字不满意，可以根据自己的需要进行适当的更改。更改图表文字的具体操作步骤如下：

1 打开上一例效果文件，在工作表的图表中选择图表标题，如图 6-32 所示。

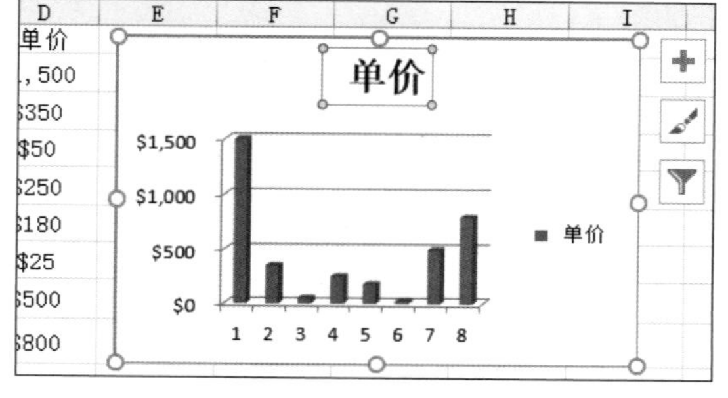

图 6-32 选择“图表标题”

2 单击鼠标右键，在弹出的快捷菜单中选择“字体”选项，如图 6-33 所示。

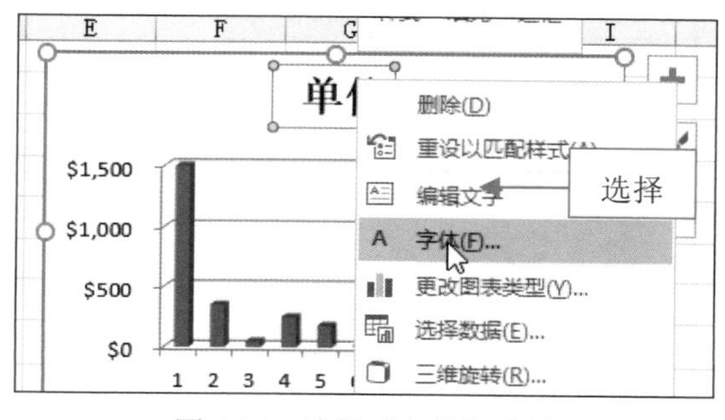

图 6-33 选择“字体”选项

3 弹出“字体”对话框，在“字体”选项区中进行相应的设置，如图 6-34 所示。

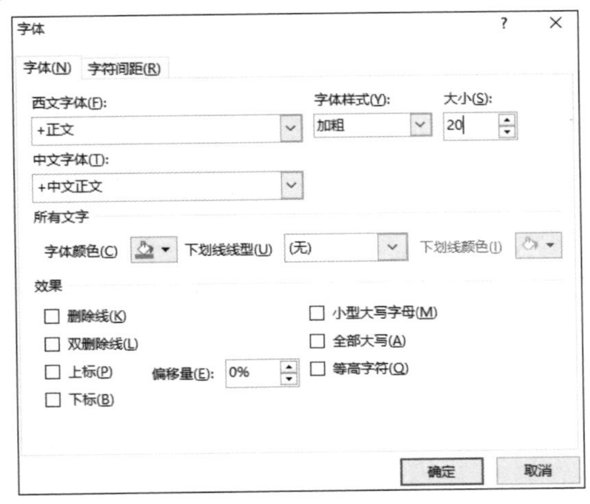

图 6-34　设置相应选项

4 单击“确定”按钮，即可更改图表标题的文字格式，如图 6-35 所示。

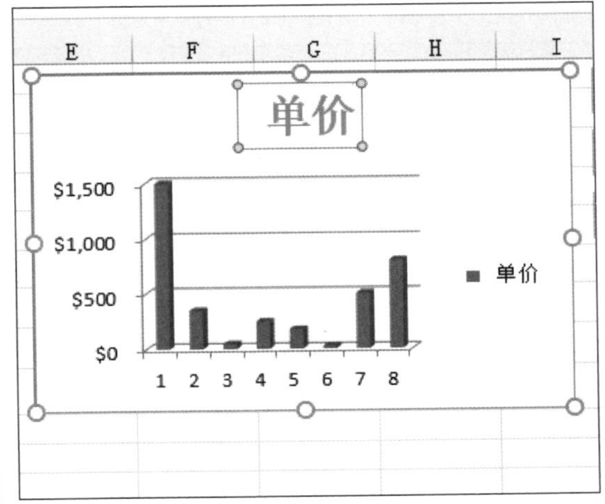

图 6-35　更改图表标题文字格式

6.3　设置图表选项

在 Excel 2016 中，设置图表的选项包括为图表添加数据标签、趋势线和网络线等。本节主要介绍设置图表选项的相应操作方法。

扫码观看本节视频

6.3.1　添加数据标签

在 Excel 2016 中，可以通过在图表上添加数据标签来标注图形和数据信息，指明该图所显现的数据信息，增强图表的可读性。添加数据标签的具体操作步骤如下：

1 单击“文件”|“打开”|“浏览”按钮，打开一个 Excel 工作簿，在工作表中选择图表，如图 6-36 所示。

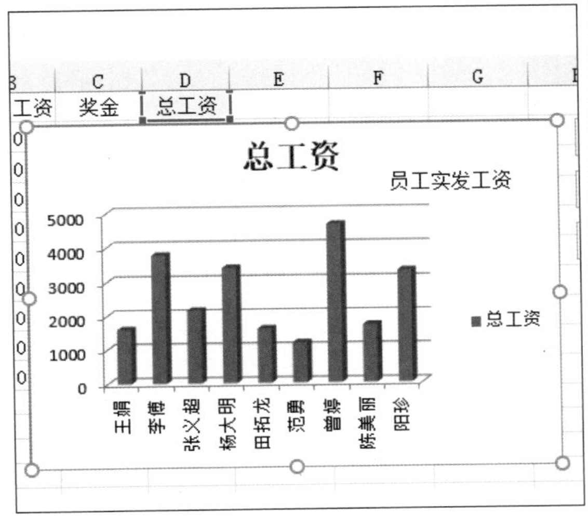

图 6-36　选择图表

2 在“图表工具”-“格式”选项卡下的“当前所选内容”选项组中，设置“图表元素”为“系列总工资”，如图 6-37 所示。

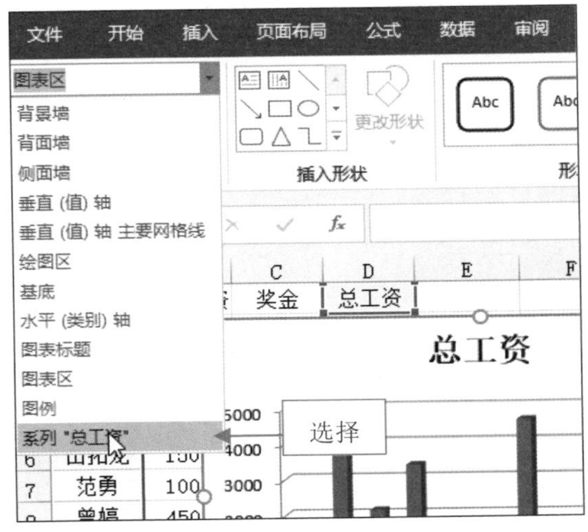

图 6-37　选择“系列总工资”选项

3 将鼠标指针移至图表中的数据上，单击鼠标右键，在弹出的快捷菜单中选择“添加数据标签”选项，如图 6-38 所示。

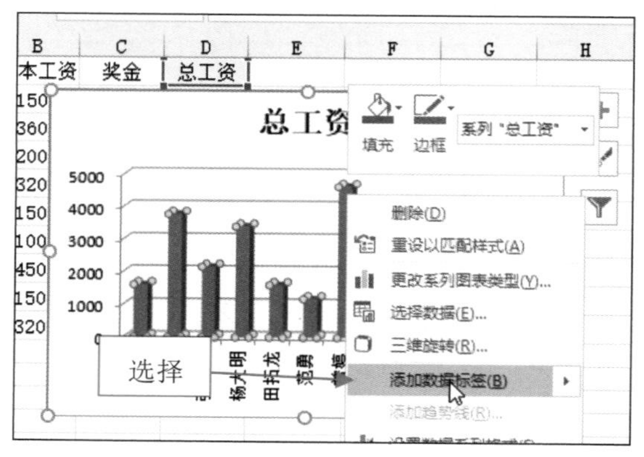

图 6-38　选择“添加数据标签”选项

4 执行上述操作后，即可完成数据标签的添加，如图 6-39 所示。

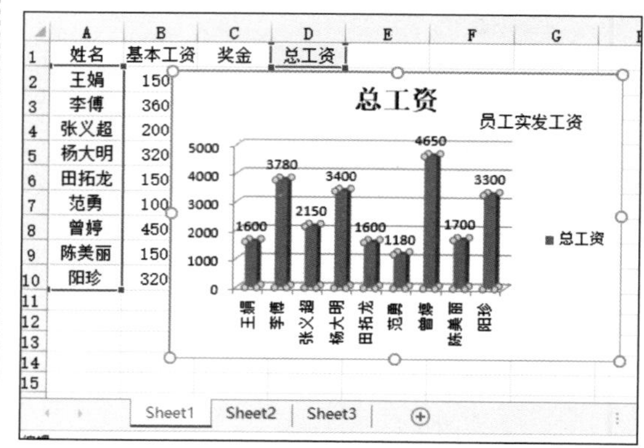

图 6-39　添加数据标签

专家提醒

在“图表工具”-“设计”选项卡下的“图表布局”选项组中单击“添加图表元素”按钮，在弹出的列表框中选择“数据标签”|“其他数据标签选项”选项，在弹出的“设置数据标签格式”窗格中可设置数据标签的格式。

6.3.2　添加趋势线与误差线

在 Excel 2016 中，趋势线和误差线是进行数据分析的重要工具，趋势线能以图形的方式显示任意系列中数据的变化趋势，而误差线能以图形的方式表示出数据系列中每个数据标记的可能误差量。

1. 添加趋势线

在 Excel 2016 中，趋势线就是用图形的方式显示数据的预测趋势并可用于预测分析，也叫做回归分析。运用趋势线可以在图表中扩展趋势线，即根据实际数据预测未来数据。添加趋势线的具体操作步骤如下：

1 单击“文件”|“打开”|“浏览”按钮，打开一个 Excel 工作簿，在工作表中选择需要添加趋势线的图表，如图 6-40 所示。

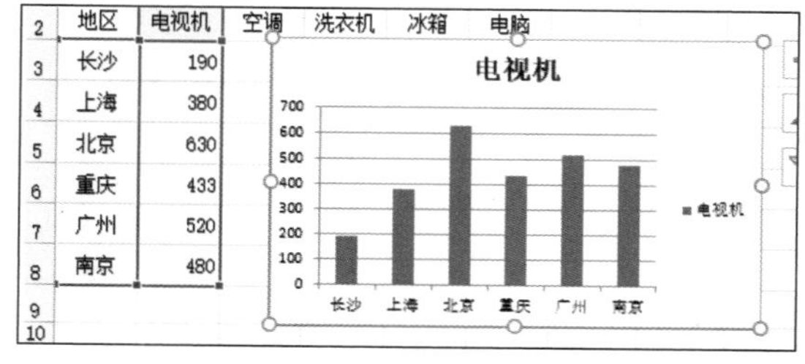

图 6-40　选择图表

2 在“图表工具”-“设计”选项卡下的“图表布局”选项组中单击“添加图表元素”按钮，在弹出的列表框中选择“趋势线”|“其他趋势线选项”选项，如图 6-41 所示。

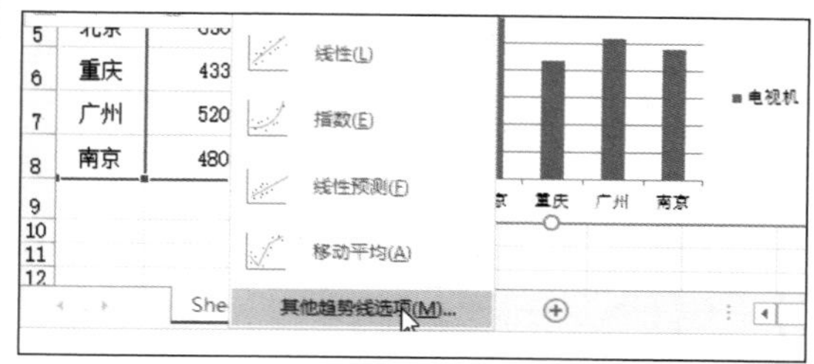

图 6-41　选择“其他趋势线选项”选项

3 弹出“设置趋势线格式”窗格，在“趋势线选项”列表中选中“指数”单选按钮，如图 6-42 所示。

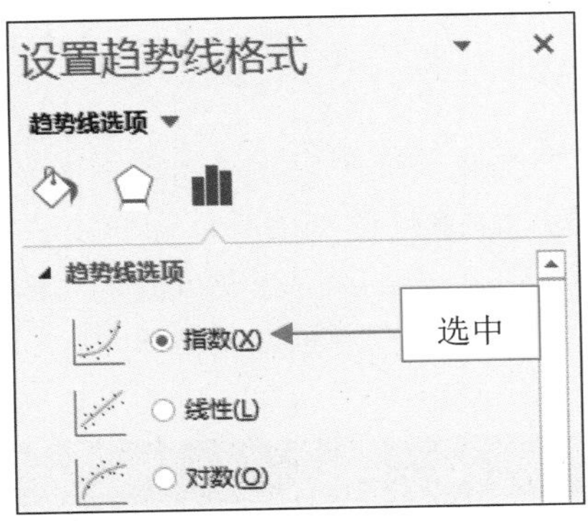

图 6-42　选中“指数”单选按钮

4 执行上述操作后，在“设置趋势线格式”窗格中，单击“关闭”按钮，即可为图表添加趋势线，如图 6-43 所示。

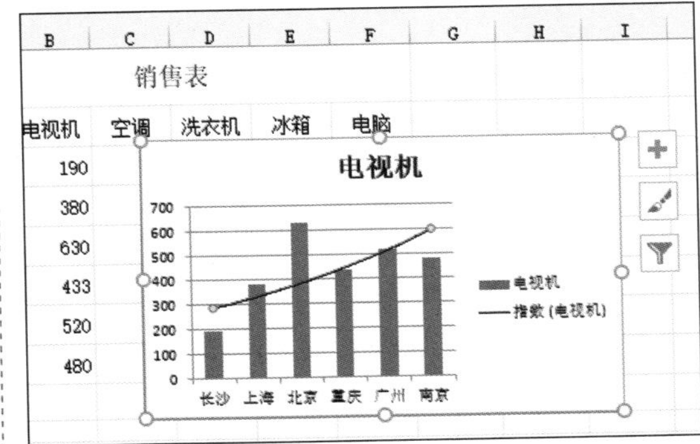

图 6-43　添加趋势线

2．添加误差线

在 Excel 2016 中，可以根据需要为图表添加误差线。添加误差线的具体操作步骤如下：

1 打开上一例效果文件，在工作表中选择需要添加误差线的图表，如图 6-44 所示。

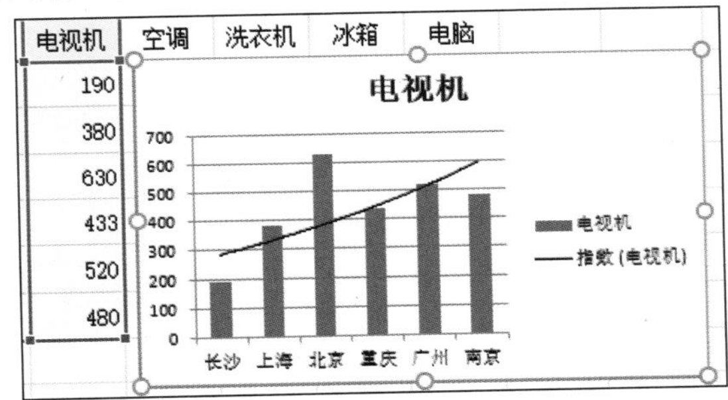

图 6-44　选择图表

2 在“图表工具”-“设计”选项卡下的“图表布局”选项组中单击“误添加图表元素”按钮，在弹出的列表框中选择“误差线”|“标准误差”选项，如图 6-45 所示。

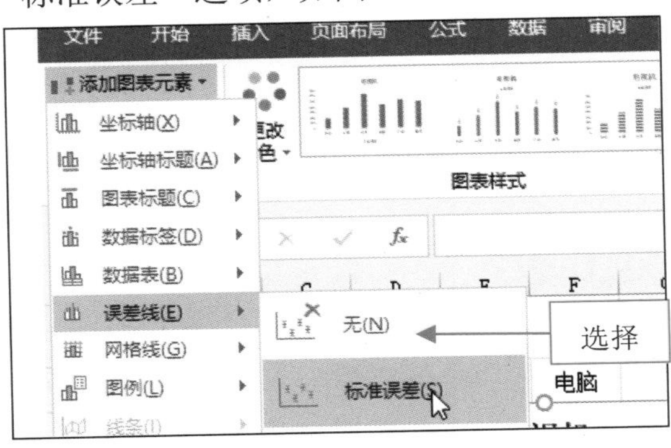

图 6-45　选择“标准误差误差线”选项

3 执行上述操作后，即可为图表添加误差线，如图 6-46 所示。

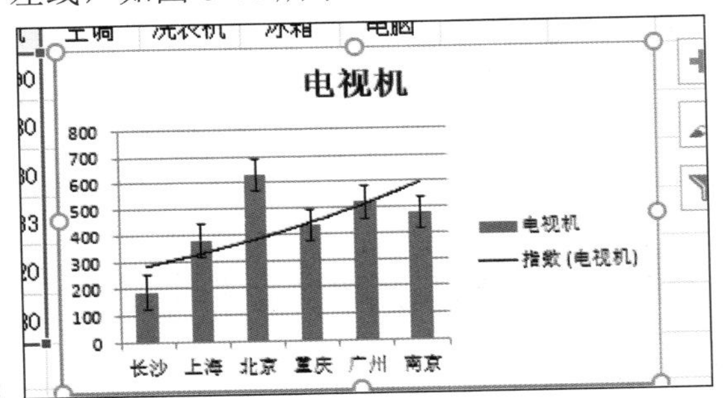

图 6-46　添加误差线

专家提醒

在 Excel 2016 中，为图表添加误差线后，可以更加明显地看到数据之间的变化。

如果要删除误差线，只要选择所要删除的误差线，按【Delete】键即可。如果用户改变了与数据系列中的数据点相关联的工作表数值或公式，则误差线也会作相应的改变。

6.3.3 设置坐标轴与网格线

在 Excel 2016 中，可以根据需要为图表设置坐标轴与网格线，设置图表的坐标轴和网格线可以美化图表。

1. 设置坐标轴

在 Excel 2016 中，除饼图和雷达图外，其他图表类型都必须使用坐标轴。对于大多数图表来说，数值沿 Y 坐标轴绘制，数据分类沿 X 坐标轴绘制。设置坐标轴的具体操作步骤如下：

1 单击“文件”|“打开”|“浏览”按钮，打开一个 Excel 工作簿，在工作表中选择需要设置坐标轴的图表，如图 6-47 所示。

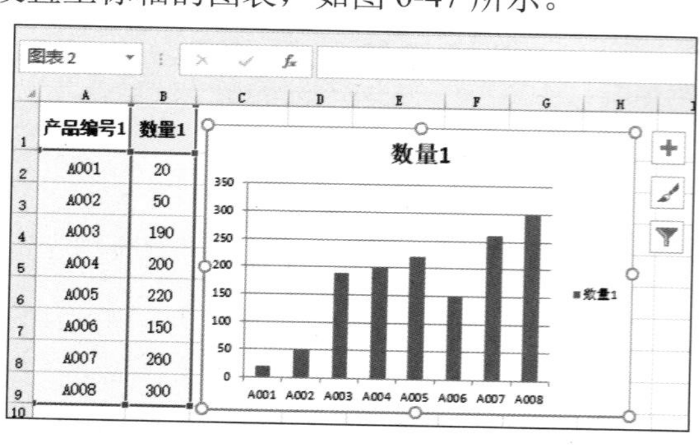

图 6-47 选择图表

2 在“图表工具”-“设计”选项卡下的“图表布局”选项组中单击“添加图表元素”按钮，如图 6-48 所示。

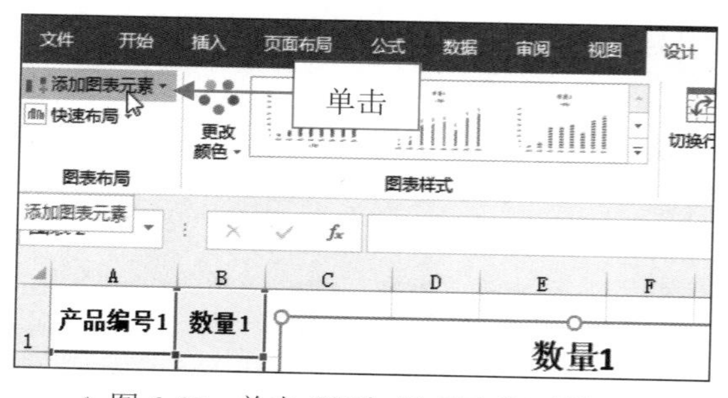

图 6-48 单击“添加图表元素”按钮

3 在弹出的列表框中选择“坐标轴”|“主要横坐标轴”选项，如图 6-49 所示。

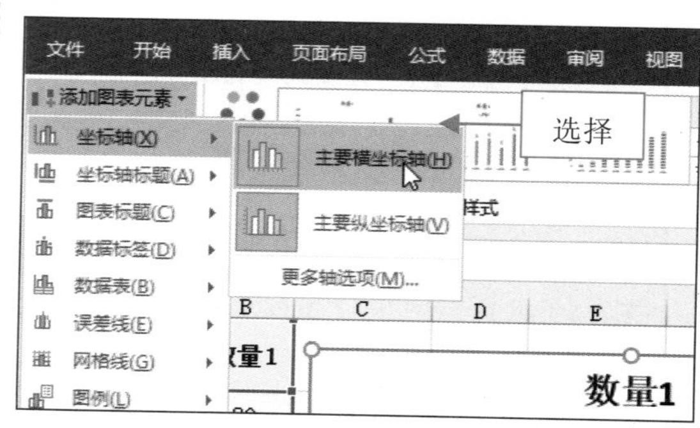

图 6-49 选择“主要横坐标轴”选项

4 执行上述操作后，即可添加所设置的坐标轴，如图 6-50 所示。

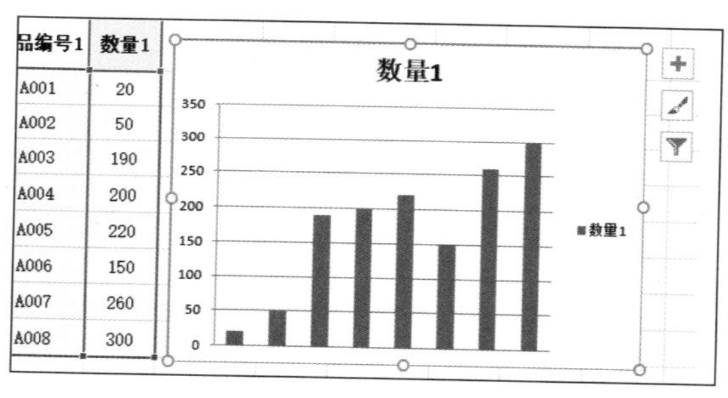

图 6-50 设置坐标轴

2. 设置网格线

在 Excel 2016 中，设置网格线可以美化图表，但如果设置了太多的网格线，会让图表显得杂乱，可以根据需要设置网格线。设置网格线的具体操作步骤如下：

专家提醒

在 Excel 2016 中，还可以在“图表工具”-“设计”选项卡下“图表布局”选项组中单击“添加图表元素”按钮，在弹出的列表框中选择“网格线”|“更多网格线选项”选项，在弹出的“设置主要网格线格式”窗格中设置主要网横线的格式。

1 打开上一例效果文件，在工作表中选择需要设置网格线的图表，如图 6-51 所示。

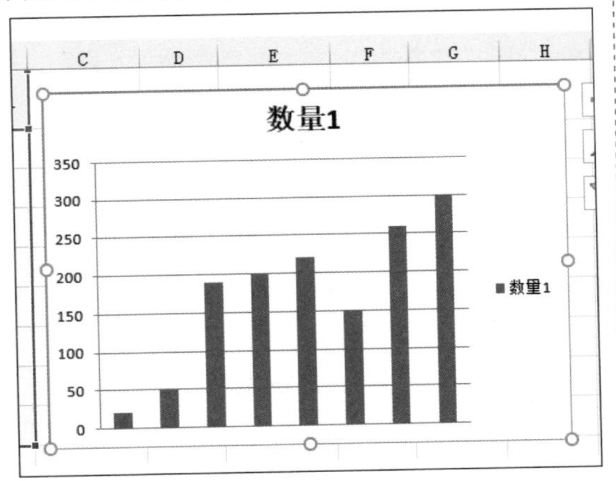

图 6-51　选择图表

2 在“图表工具”-“设计”选项卡下的“图表布局”选项组中单击“添加图表元素”按钮，如图 6-52 所示。

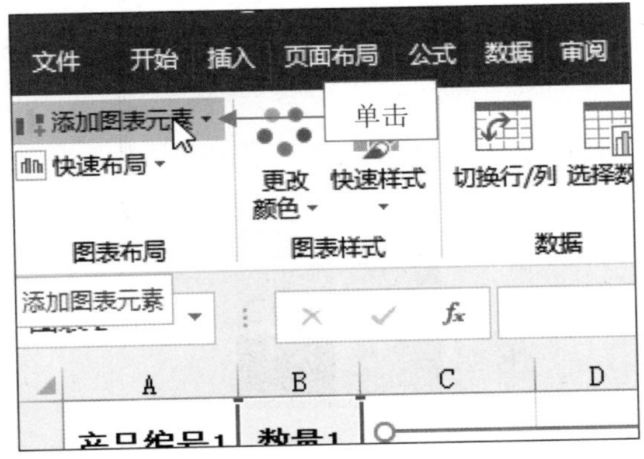

图 6-52　单击“添加图表元素”按钮

3 在弹出的列表框中选择“网格线”|“主轴主要垂直网格线”选项，如图 6-53 所示。

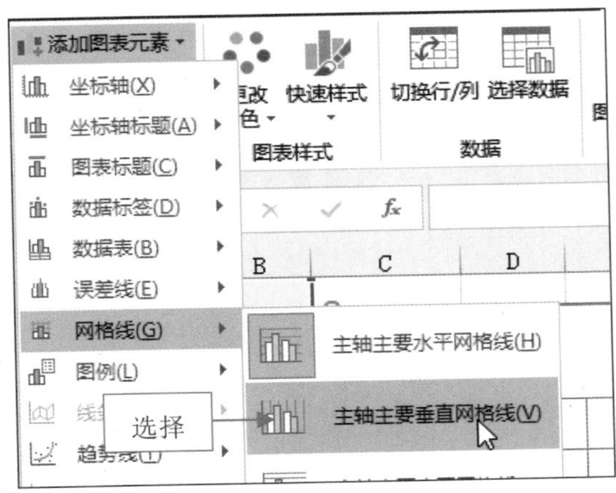

图 6-53　选择“主轴主要垂直网格线”选项

4 执行上述操作后，即可添加所设置的网格线，如图 6-54 所示。

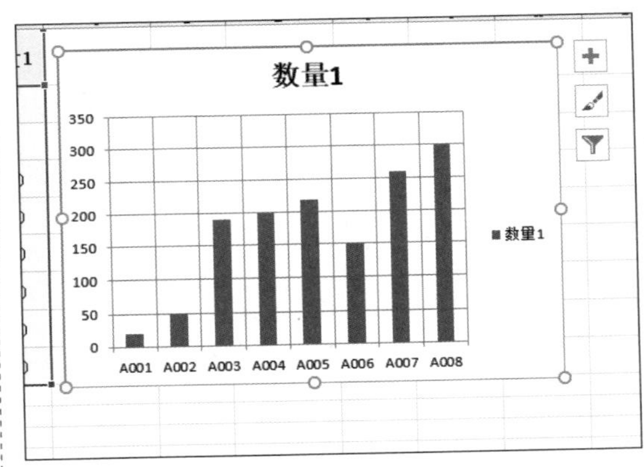

图 6-54　设置网格线

6.3.4　设置图表格式

在 Excel 2016 中，为了使图表更加清晰美观，可以根据需要设置图表的格式，包括套用图表样式，设置填充效果以及形状格式等。设置图表格式的具体操作步骤如下：

专家提醒

在 Excel 2016 中，为图表设置填充效果时，有多种填充效果，包括纯色、渐变、纹理、图片和图案填充等。设置填充颜色时，要注意所设置的图案要简单，而且颜色不能太深，以免影响图表的示例效果。

Excel 不仅能为图表设置填充效果，并且还能设置边框样式、三维格式和添加阴影样式等。

1 单击“文件”|“打开”|“浏览”按钮，打开一个 Excel 工作簿，选择图表，如图 6-55 所示。

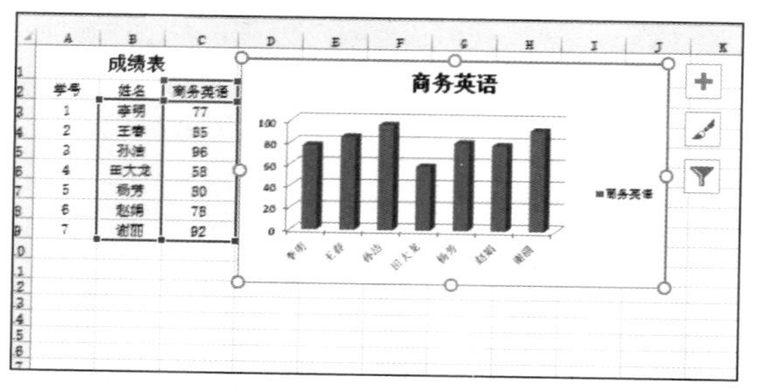

图 6-55 选择图表

2 单击鼠标右键，在弹出的快捷菜单中选择“设置图表区域格式”选项，如图 6-56 所示。

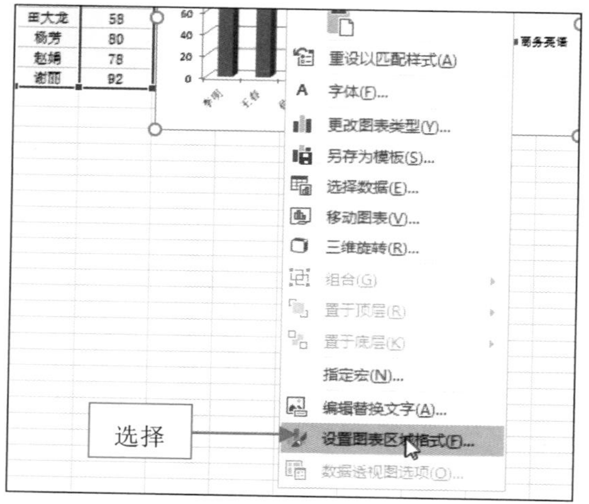

图 6-56 选择“设置图表区域格式”选项

3 弹出“设置图表区格式”窗格，如图 6-57 所示。

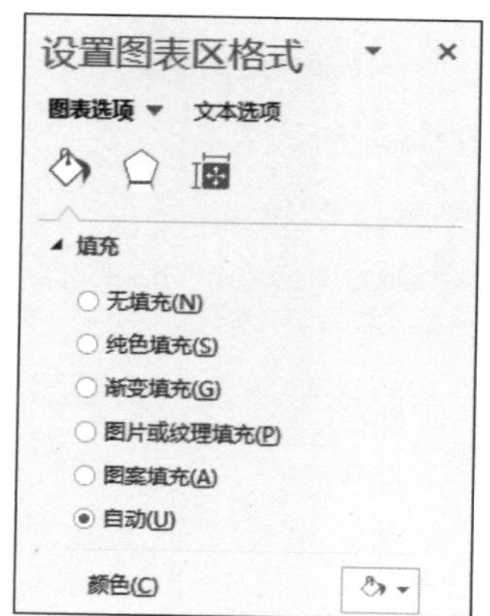

图 6-57 “设置图表区格式”窗格

4 选中“图片或纹理填充”单选按钮，如图 6-58 所示。

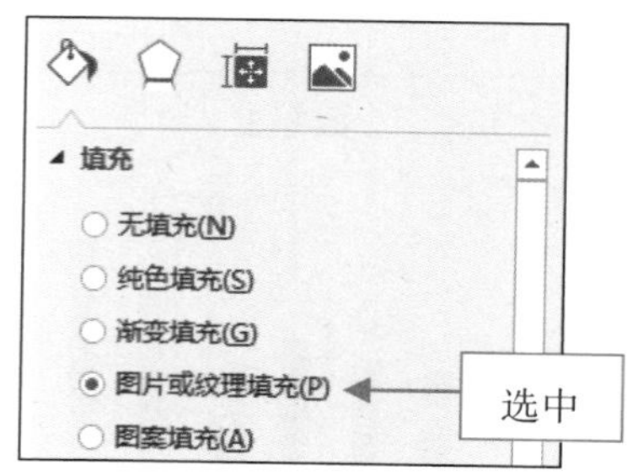

图 6-58 选中“图片或纹理填充”单选按钮

5 单击“纹理”右侧的按钮，在弹出的下拉列表框中选中所需的选项，如图 6-59 示。

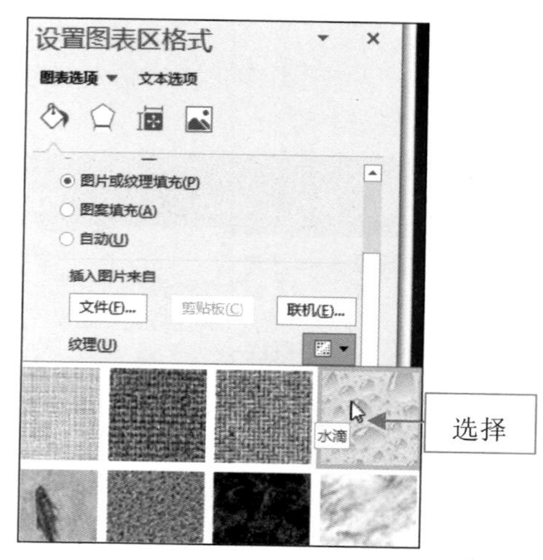

图 6-59 设置相应选项

6 单击“关闭”按钮，即可应用对图表区的填充设置，如图 6-60 所示。

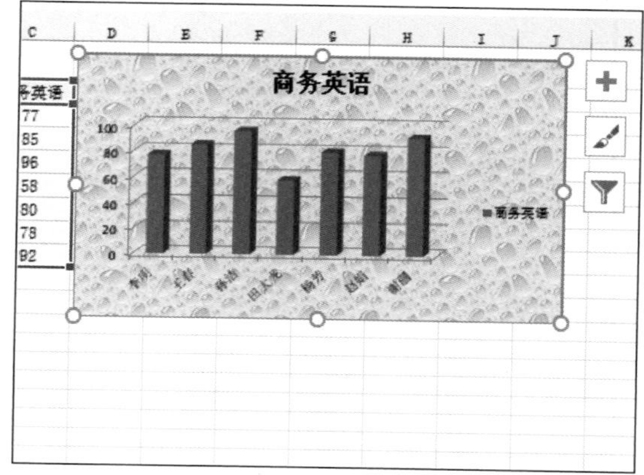

图 6-60 设置填充效果

第6章

6.3.5　设置图表标题

在 Excel 2016 中，可以根据需要设置图表标题以及分类坐标轴（X）和数值坐标轴（Y）的标题等。设置图表标题的具体操作步骤如下：

1 单击“文件”|“打开”|“浏览”按钮，打开一个 Excel 工作簿，在工作表中选择单元格区域，如图 6-61 所示。

	A	B	C	D
1		销售财务报表		
2	分店	篮球	足球	羽毛球
3	岳麓店	4000	7000	4000
4	五一店	5000	5500	7600
5	芙蓉店	2900	7800	8500
6	万家丽店	6000	4000	5800
7	马王堆店	8000	8500	2900
8				

图 6-61　选择单元格区域

2 切换至“插入”选项卡，在“图表”选项组中单击“插入柱形图活条形图”按钮，如图 6-62 所示。

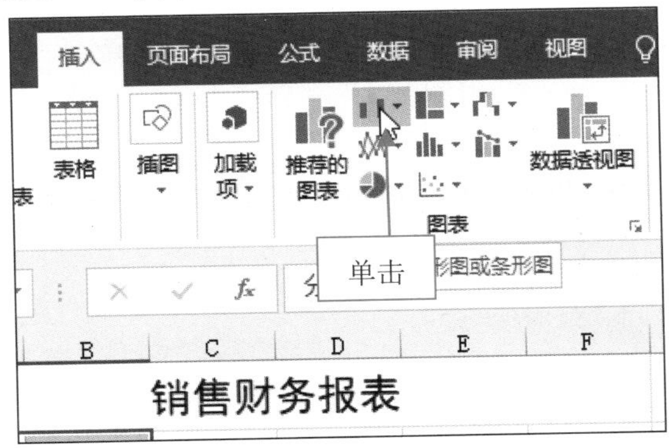

图 6-62　单击“柱形图”按钮

3 在弹出的列表框中选择“三维簇状柱形图”选项，即可在工作表中插入柱形图，如图 6-63 所示。

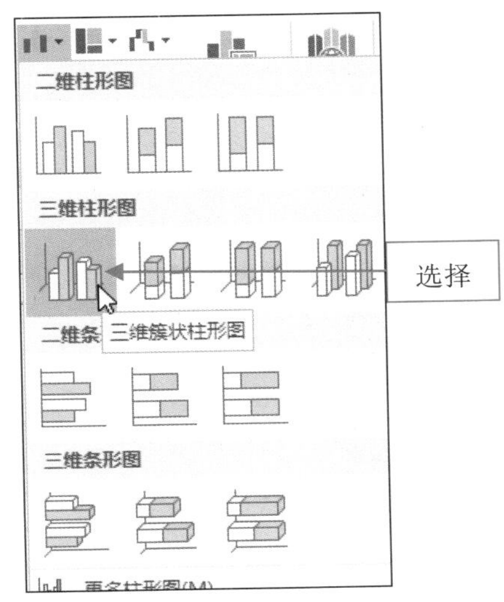

图 6-63　选择相应选项

4 执行上述操作后，即可完成图表的插入，如图 6-64 所示。

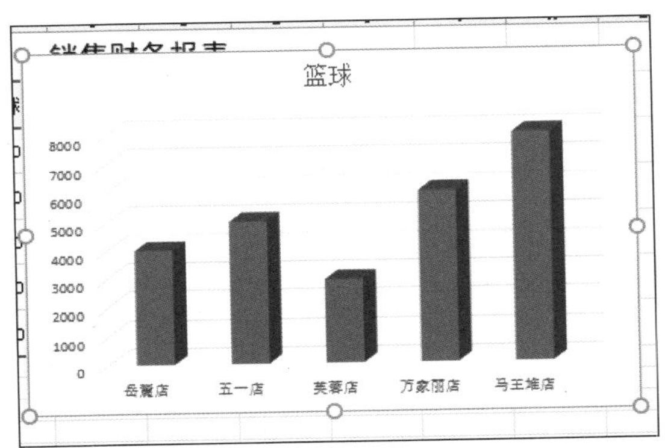

图 6-64　插入图表

专家提醒

在 Excel 2016 中，不管是以何种方式创建的图表，都会自动链接工作表中的源数据，若改变与图表有关的源数据，图表也会自动更新。

5 在图表中选择水平（类别）轴，如图6-65所示。

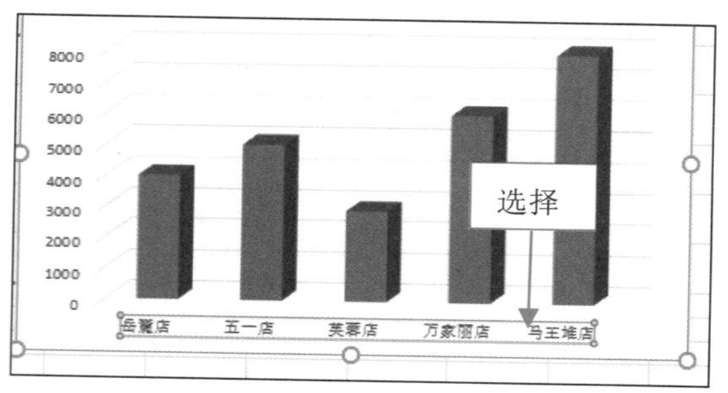

图 6-65　选择水平轴

6 切换至“图表工具”-“格式”选项卡，在“艺术字样式”选项组中单击“其他”按钮，在弹出的列表框中选择所需样式，如图6-66所示。

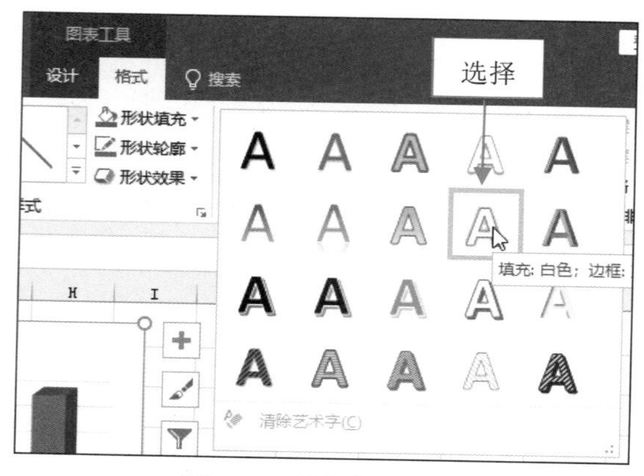

图 6-66　选择相应样式

7 执行上述操作后，即可为水平坐标轴标题添加艺术效果，如图6-67所示。

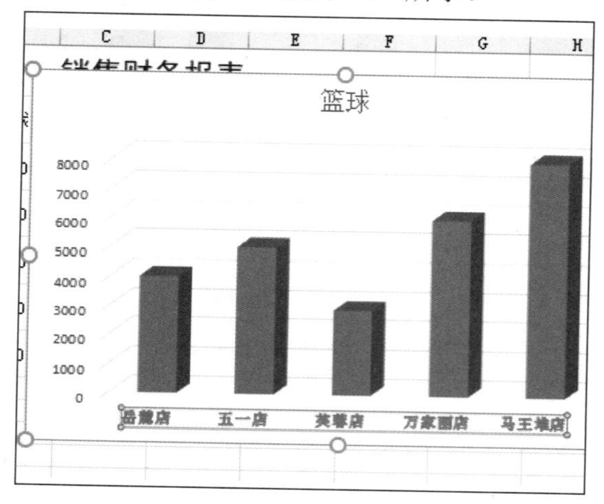

图 6-67　添加艺术效果

8 用与上述相同的方法，设置垂直（值）轴的艺术效果，如图6-68所示。

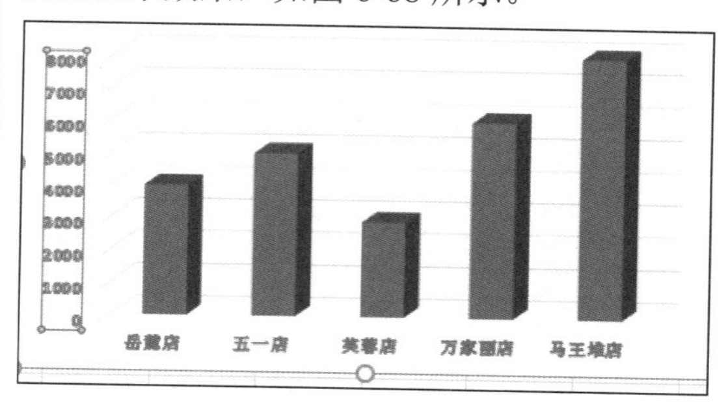

图 6-68　设置垂直轴的艺术效果

9 执行上述操作后，切换至“图表工具”-“设计”选项卡，在“图表布局”选项组中单击“添加图表元素”按钮，如图6-69所示。

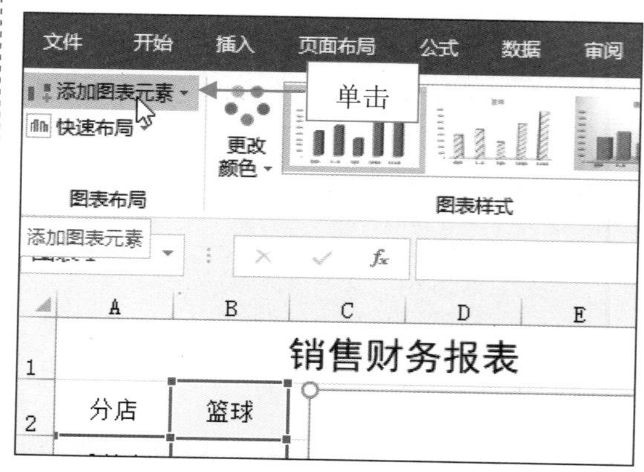

图 6-69　单击“添加图表元素”按钮

10 弹出列表框，选择“坐标轴标题”|“主要横坐标轴”选项，如图6-70所示。

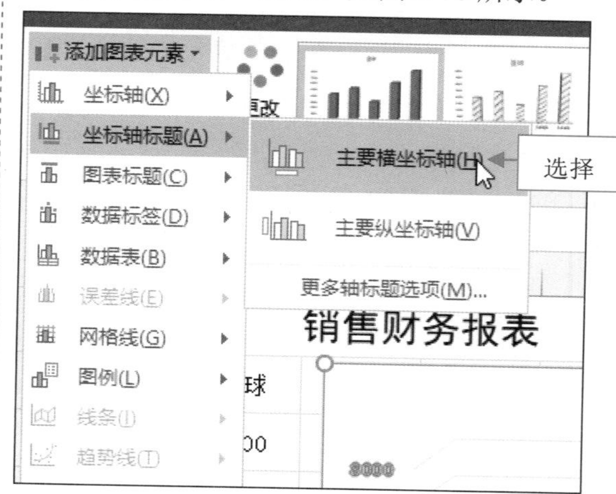

图 6-70　选择相应选项

11 执行上述操作后，即可在图表中添加横坐标轴标题，在文本框中输入标题，如图 6-71 所示。

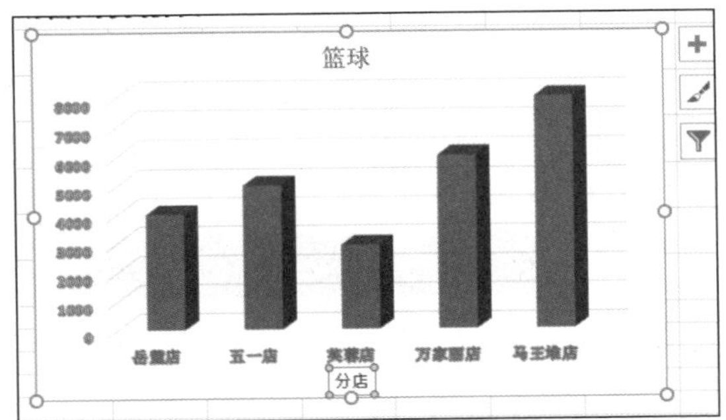

图 6-71　添加横坐标轴标题

12 在“图表布局”选项组中单击“添加图表元素”按钮，在弹出的列表框中选择“坐标轴标题”|“主要纵坐标轴”选项，如图 6-72 所示。

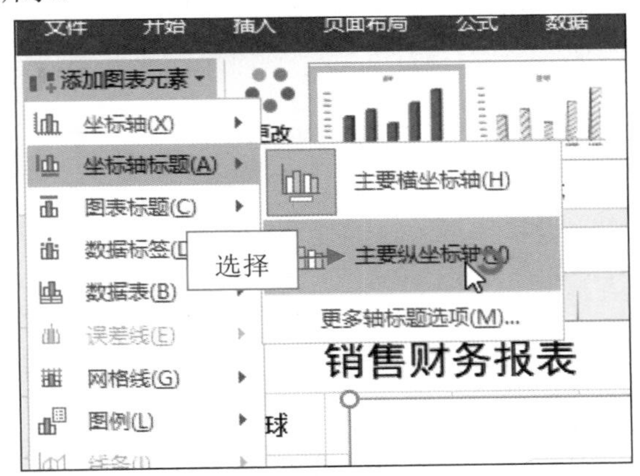

图 6-72　选择相应选项

13 执行上述操作后，即可在图表中添加纵坐标轴标题，在文本框中输入标题，如图 6-73 所示。

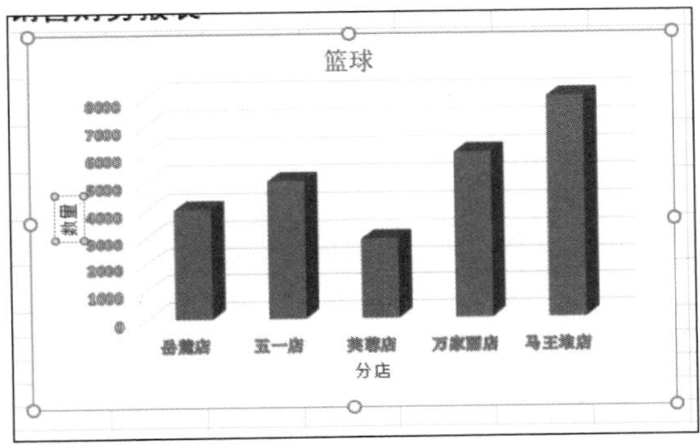

图 6-73　添加纵坐标轴标题

14 在“图表布局”选项组中单击“添加图表元素”下拉按钮，如图 6-74 所示。

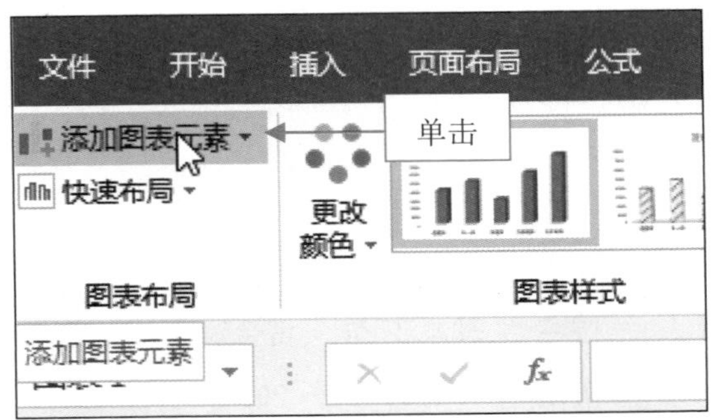

图 6-74　单击“添加图表元素”下拉按钮

15 在弹出的下拉列表框中选择“图表标题”|“居中覆盖”选项，即可将图表标题覆盖在图表上，如图 6-75 所示。

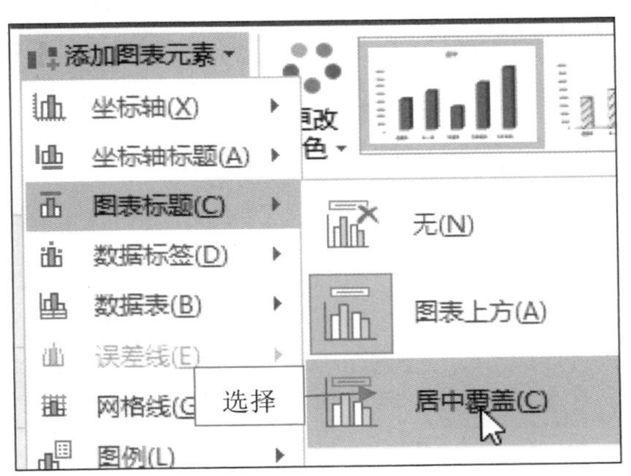

图 6-75　选择“居中覆盖”选项

16 执行上述操作后，即可完成图表标题的设置，如图 6-76 所示。

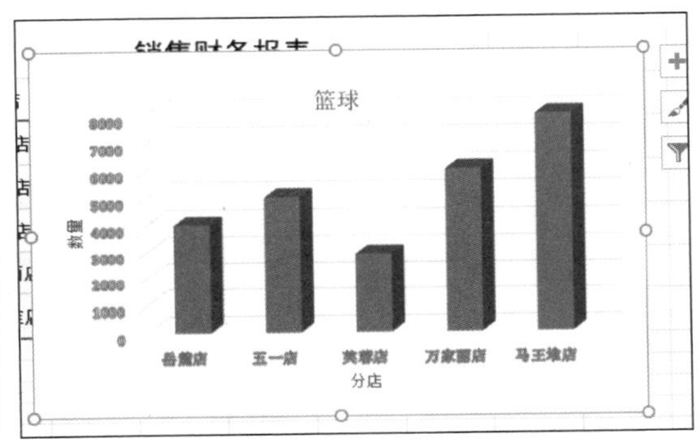

图 6-76　设置图表标题

6.3.6 设置图表图例

在 Excel 2016 中，可以根据需要设置图例的位置以及是否显示图例等选项。设置图表图例的具体操作步骤如下：

1 单击“文件”|“打开”“浏览”按钮，打开一个 Excel 工作簿，在工作表中选择单元格区域，如图 6-77 所示。

	A	B	C	D
1	姓名	基本工资	资金	总工资
2	董高	1500	200	1700
3	黄仁杰	1400	150	1550
4	朱兴	1620	200	1820
5	杨明	1200	300	1500
6	孙洁	1550	150	1700
7	赵莹	1800	250	2050
8	李刚强	1350	200	1550
9	苏凤	1480	150	1630
10				

图 6-77 选择单元格区域

2 切换至“插入”选项卡，在“图表”选项组中单击“插入饼图或圆环图”按钮，如图 6-78 所示。

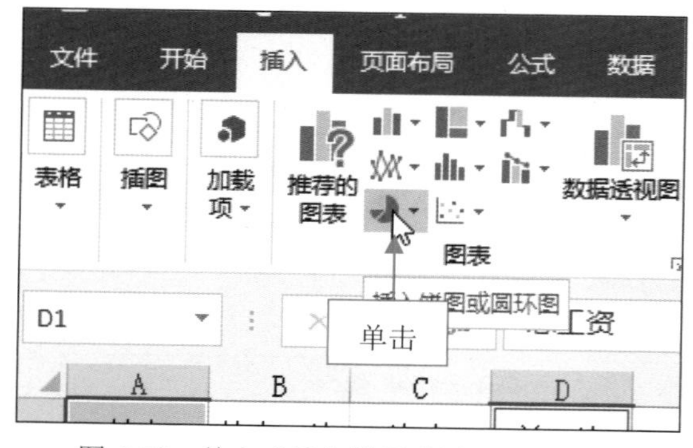

图 6-78 单击“插入饼图或圆环图”按钮

3 在弹出的列表框中选择“三维饼图”选项，即可在工作表中插入一张三维饼图，如图 6-79 所示。

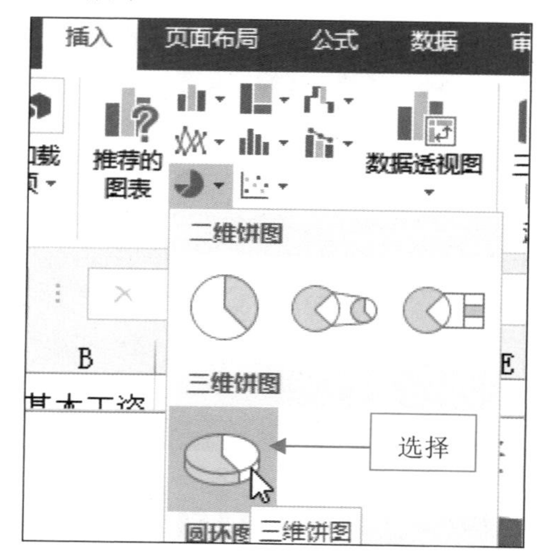

图 6-79 选择相应选项

4 执行上述操作后，即可完成饼图的插入，如图 6-80 所示。

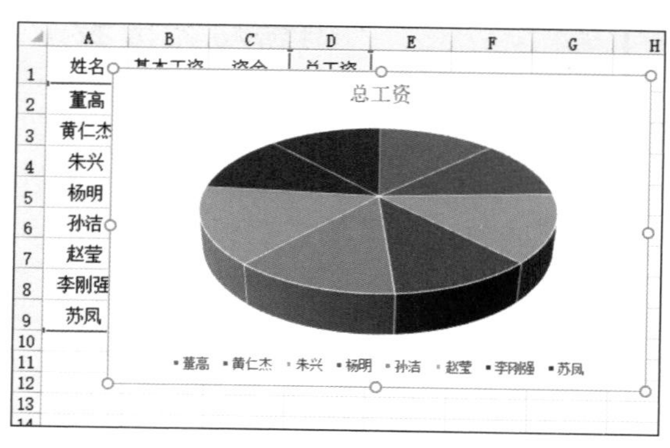

图 6-80 插入饼图

专家提醒

在 Excel 2016 中，插入图表后，可以根据需要在“图表工具”-“设计”选项卡的“图表样式”选项组中更改图表的样式。

5 切换至“图表工具”-“设计”选项卡，在“图表布局”选项组中单击“添加图表元素”按钮，在弹出的列表框中选择“图例”|“右侧”选项，如图 6-81 所示。

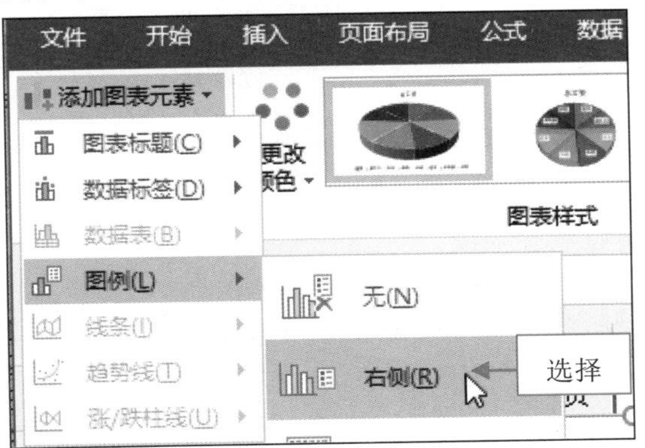

图 6-81　选择相应选项

6 执行上述操作后，即可在右侧显示图例，完成设置图表图例的操作，如图 6-82 所示。

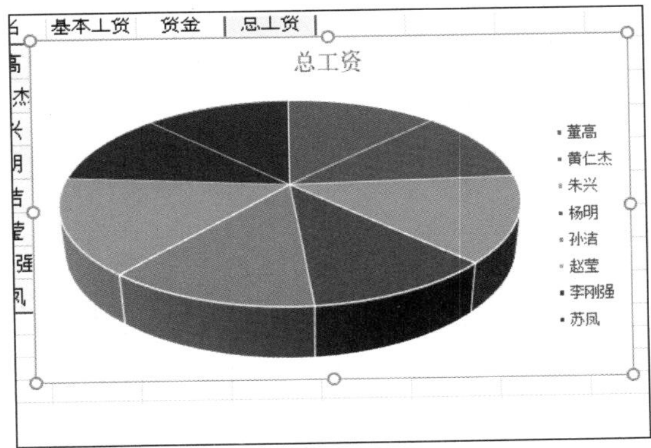

图 6-82　设置图表图例

● 学习笔记

第 6 章

第 7 章

应用数据透视图表

Excel 2016 提供了简单、形象和实用的数据分析工具——数据透视表及数据透视图，使用该工具可以生动全面地对数据表格的数据进行重组和统计。

本章主要介绍数据透视图表的编辑，如创建和编辑数据透视表以及创建和编辑数据透视图等。

7.1　创建数据透视表

在 Excel 2016 中，数据透视表是一种能对大量数据进行快速汇总和建立交叉列表的交互式表格。使用数据透视表可以全面地对数据表格进行重新组织和统计数据，也可以显示不同页面以筛选数据。本节主要介绍使用向导创建数据透视表和创建分类筛选数据透视表等内容。

扫码观看本节视频

7.1.1　使用向导创建数据透视表

在 Excel 2016 中，可以使用向导功能，方便地为数据库或数据表格创建数据透视表。使用向导创建数据透视表的具体操作步骤如下：

1. 单击“文件”|“打开”|“浏览”按钮，打开一个 Excel 工作簿，如图 7-1 所示。

虹丽饰品公司2011年第4季度销售表				
地区	九月份销售	十月份销售	十一月份销售	十二月份销售
长沙	280,500.00	546,642.00	354,949.00	280,500.00
南昌	355,000.00	486,521.00	466,666.00	486,521.00
武汉	560,400.00	479,951.00	267,964.00	560,400.00
浙江	345,660.00	355,000.00	546,154.00	355,000.00
大连	416,890.00	395,400.00	379,419.00	486,521.00
上海	560,400.00	546,462.00	481,849.00	356,890.00
北京	498,200.00	498,200.00	355,000.00	287,945.00
深圳	512,000.00	280,500.00	560,400.00	459,610.00

图 7-1　打开一个 Excel 工作簿

2. 切换至“插入”选项卡，在“表格”选项组中单击“数据透视表”按钮，如图 7-2 所示。

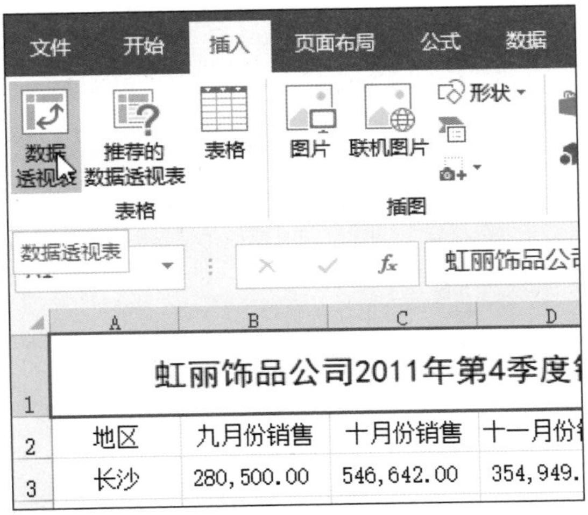

图 7-2　选择“数据透视表”按钮

3. 弹出“创建数据透视表”对话框，在“表/区域”右侧的文本框中输入单元格区域，如图 7-3 所示。

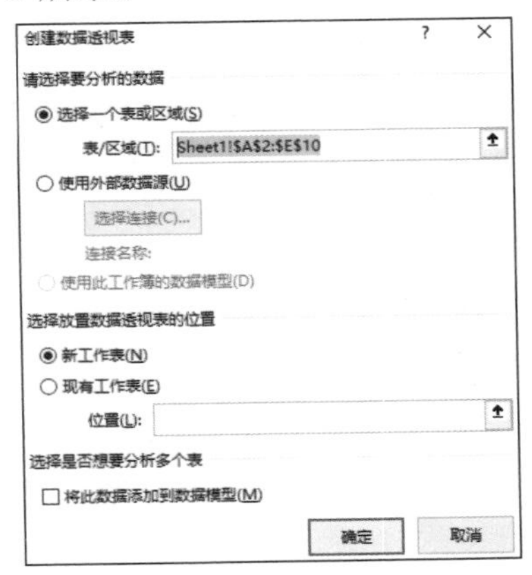

图 7-3　输入单元格区域

4. 然后选中“新工作表”单选按钮，如图 7-4 所示。

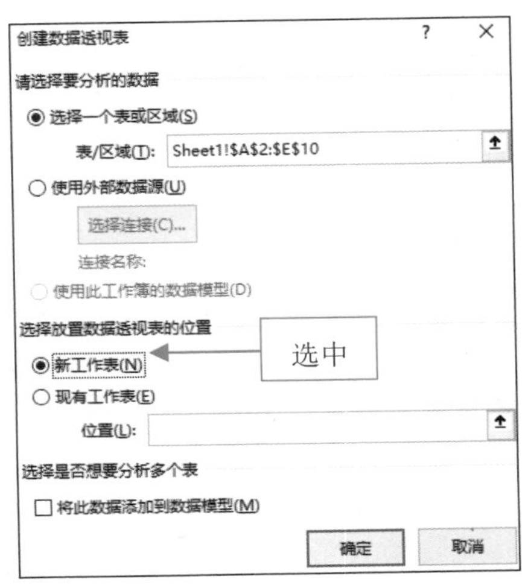

图 7-4　选中“新工作表”单选按钮

5 单击“确定”按钮，即可在一张新工作表中创建数据透视表，如图 7-5 所示。

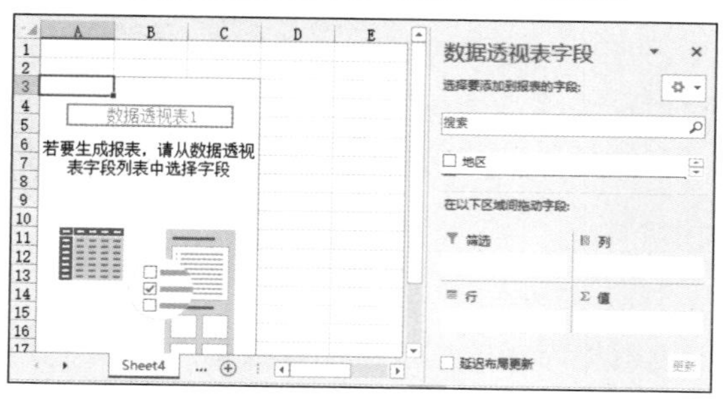

图 7-5　创建数据透视表

6 在“数据透视表字段列表”窗格中选中复选框，即可显示相应数据，如图 7-6 所示。

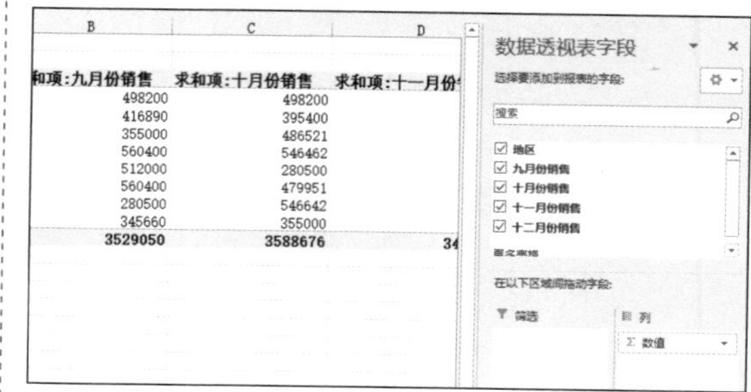

图 7-6　显示相应数据

专家提醒

新建的数据透视表中是没有内容的，需要在“数据透视表字段列表”窗格中选中相应的字段复选框，为数据透视表添加数据。在 Excel 中选择数据区域时，可以在文本框中直接输入，也可以单击“引用”按钮在工作表中选择。

7.1.2　创建分类筛选数据透视表

在 Excel 2016 中，有的数据透视表中的数据不在同一类别中，就需要创建分类筛选数据透视表。可以根据需要同时创建多个分类筛选数据透视表，方法与创建向导数据透视表的方法基本相同。创建分类筛选数据透视表的具体操作步骤如下：

1 打开上一例效果文件，将鼠标指针移至“行标签”按钮上，如图 7-7 所示。

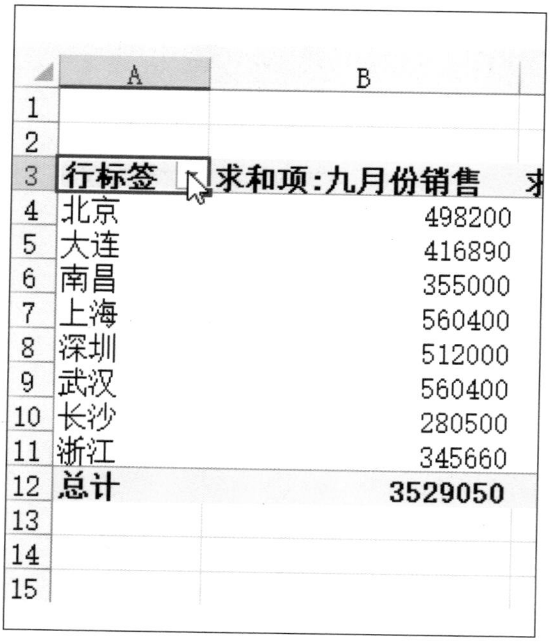

	A	B
1		
2		
3	行标签	求和项:九月份销售
4	北京	498200
5	大连	416890
6	南昌	355000
7	上海	560400
8	深圳	512000
9	武汉	560400
10	长沙	280500
11	浙江	345660
12	总计	3529050
13		
14		
15		

图 7-7　移动鼠标

2 单击“行标签”按钮，在弹出的列表框中取消选中“全选”复选框，如图 7-8 所示。

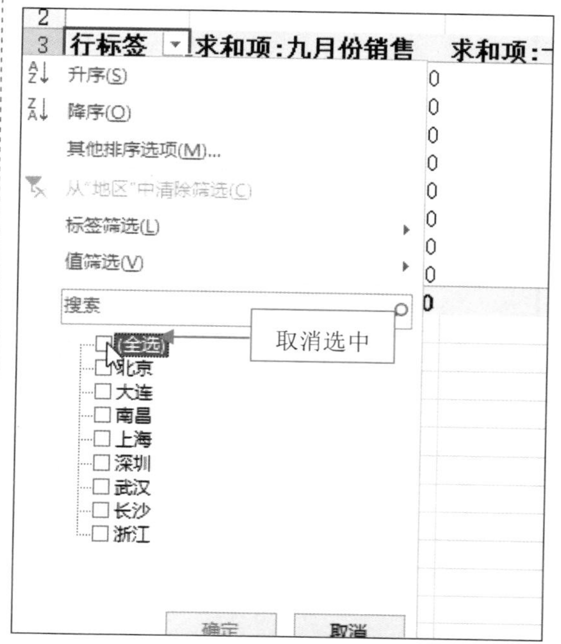

图 7-8　取消选中“全选”复选框

3. 在列表框中选中“北京”“长沙”复选框，如图 7-9 所示。

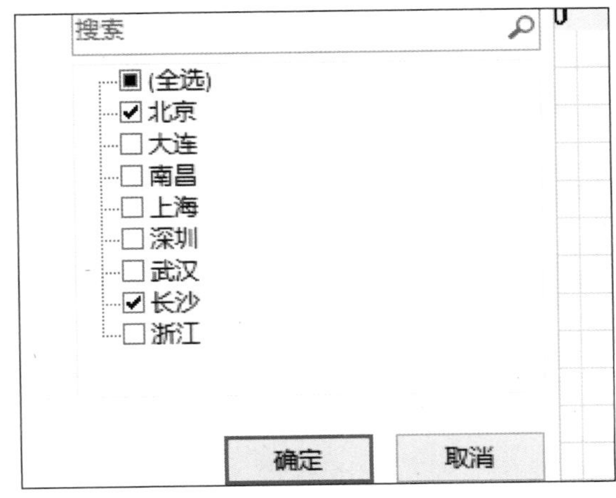

图 7-9　选中复选框

4. 单击“确定”按钮，即可创建分类筛选数据透视表，如图 7-10 所示。

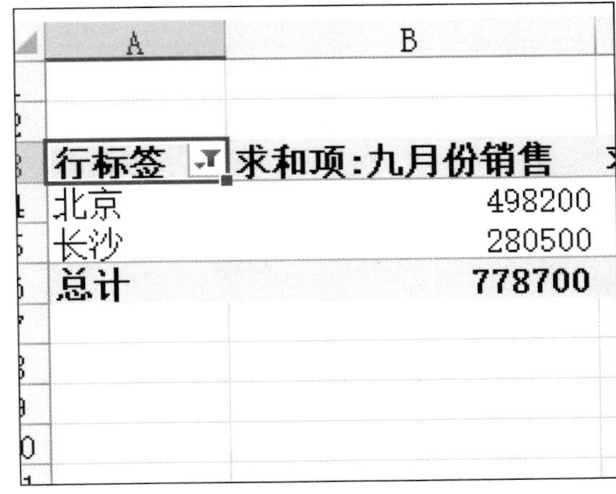

图 7-10　创建分类筛选数据透视表

7.2　编辑数据透视表

在 Excel 2016 中，创建数据透视表后，有可能不符合工作需要，此时可以根据实际需要修改数据透视表，从而编辑出更符合实际需求的数据透视表。本节主要介绍更改数据透视表布局、调整透视表排序以及复制、移动、删除数据透视表等操作方法。

7.2.1　更改数据透视表布局

在 Excel 2016 中，更改数据透视表的布局，可以通过拖动字段按钮或字段标题，直接更改数据透视表的布局，也可以使用数据透视表向导来更改布局。

更改数据透视表布局的具体操作步骤如下：

1. 单击“文件”|“打开”|“浏览”按钮，打开一个 Excel 工作簿，在数据透视表中选择单元格，如图 7-11 所示。

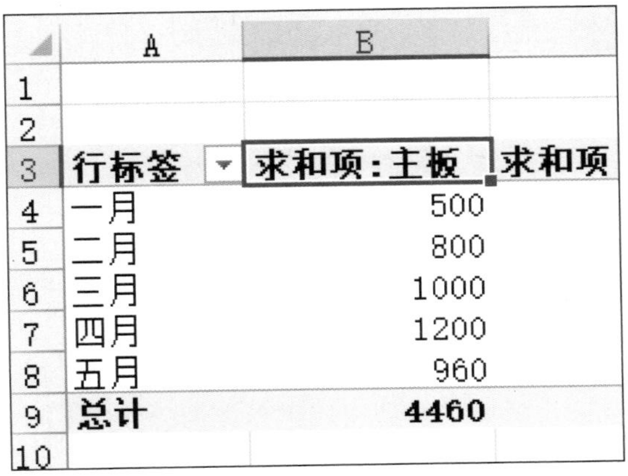

	A	B	
1			
2			
3	行标签	求和项:主板	求和项
4	一月	500	
5	二月	800	
6	三月	1000	
7	四月	1200	
8	五月	960	
9	总计	4460	
10			

图 7-11　选择单元格

2. 切换至“数据透视表工具”-“设计”选项卡，在“布局”选项组中单击“报表布局”按钮，弹出的列表框，选择“以表格形式显示”选项，如图 7-12 所示。

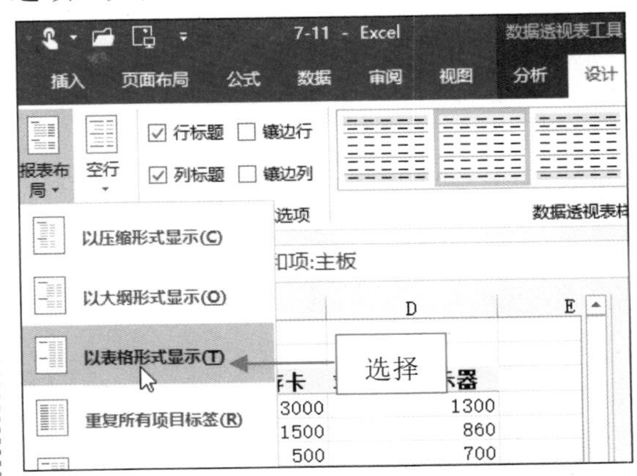

图 7-12　选择“以表格形式显示”选项

3. 执行上述操作后，即可为数据透视表添加表格网格线，以表格形式显示，如图 7-13 所示。

	A	B	C	D
1				
2				
3	月份	求和项:主板	求和项:内存卡	求和项:显示器
4	一月	500	3000	1300
5	二月	800	1500	860
6	三月	1000	500	700
7	四月	1200	4500	1500
8	五月	960	4500	680
9	总计	4460	14000	5040
10				
11				
12				
13				
14				
15				

图 7-13　更改数据透视表布局

专家提醒

在 Excel 2016 中，更改数据透视表的布局可以让数据透视表以不同的方式显示出来，当数据透视表中分类内容较多时，可以使用压缩形式显示数据表。

在数据透视表中，内置的报表样式有以压缩形式、以大纲形式和以表格形式显示等。

7.2.2　调整透视表排序

在 Excel 2016 中，可以根据操作需要对数据透视表调整排序。调整透视表排序的具体操作步骤如下：

1. 打开上一例效果文件，在数据透视表中选择单元格，如图 7-14 所示。

	A	B	C
1			
2			
3	月份	求和项:主板	求和项:内存卡
4	一月	500	3000
5	二月	800	1500
6	三月	1000	500
7	四月	1200	4500
8	五月	960	4500
9	总计	4460	14000
10			
11			
12			
13			
14			
15			

图 7-14　选择单元格

2. 在“数据透视表字段”窗格中的“值”列表框中，将鼠标指针移至“求和项:主板”选项上，单击鼠标左键并拖曳至“行”列表框中，如图 7-15 所示。

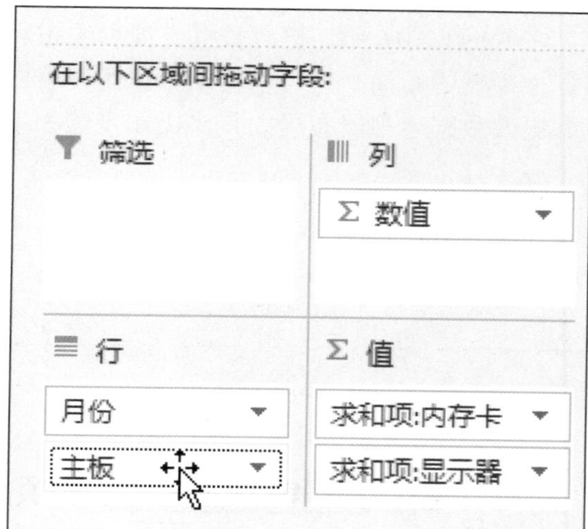

图 7-15　拖曳鼠标

专家提醒

在 Excel 2016 的“数据透视表字段列表”窗格中，还可以调整“值”列表框中各字段的顺序。

③ 单击“行”列表框中的“主板”按钮，在弹出的快捷菜单中选择“上移”选项，如图 7-16 所示。

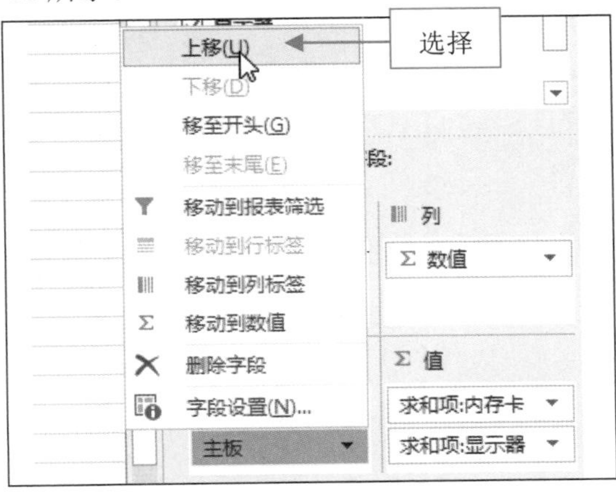

图 7-16　选择“上移”选项

④ 执行上述操作后，即可调整数据透视表的排列顺序，如图 7-17 所示。

	A	B	C	D
1				
2				
3	主板	月份	求和项:内存卡	求和项:显示器
4	⊟500	一月	3000	1300
5	500 汇总		3000	1300
6	⊟800	二月	1500	860
7	800 汇总		1500	860
8	⊟960	五月	4500	680
9	960 汇总		4500	680
10	⊟1000	三月	500	700
11	1000 汇总		500	700
12	⊟1200	四月	4500	1500
13	1200 汇总		4500	1500
14	总计		14000	5040
15				
16				

图 7-17　调整透视表排序

7.2.3　复制数据透视表

在 Excel 2016 中编辑数据透视表时，常常要对数据透视表进行复制操作。复制数据透视表的具体操作步骤如下：

① 单击“文件”|“打开”|“浏览”按钮，打开一个 Excel 工作簿，选择数据透视表，如图 7-18 所示。

	A	B	C
1			
2			
3	行标签	求和项:物理	求和项:化学
4	范海	66	92
5	蒋清	90	34
6	李勇	81	66
7	龙林	78	66
8	孙洁	81	81
9	田大龙	93	72
10	王明	85	93
11	杨松	90	91
12	张学	92	78
13	赵社	78	81
14	总计	834	754
15			

图 7-18　选择数据透视表

② 单击鼠标右键，在弹出的快捷菜单中选择“复制”选项，如图 7-19 所示。

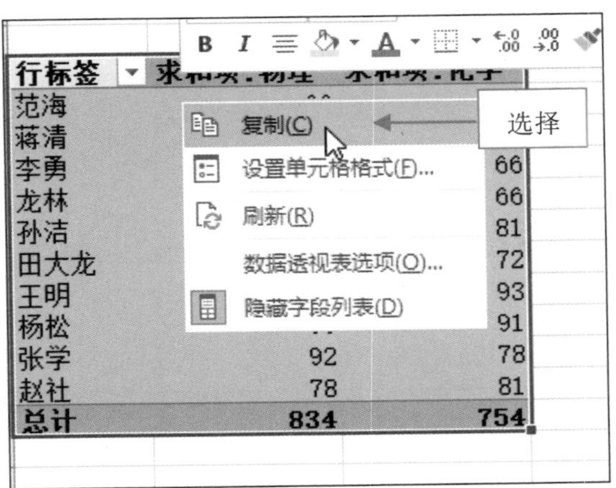

图 7-19　选择“复制”选项

专家提醒

在 Excel 2016 中，除了使用上述方法复制数据透视表外，还可以选择需要复制的数据透视表，按【Ctrl+C】组合键复制，然后选择目标单元格，按【Ctrl+V】组合键粘贴。

3 选择需要粘贴的单元格，单击鼠标右键，在弹出的快捷菜单中选择“粘贴选项”|“粘贴”选项，如图 7-20 所示。

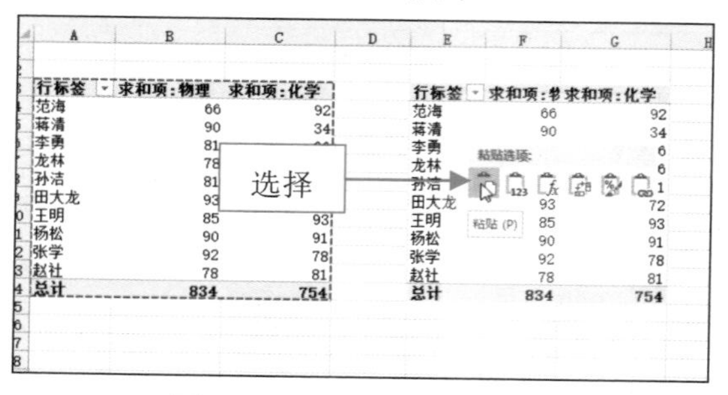

图 7-20 选择“粘贴”选项

4 执行上述操作后，按【Enter】键确认，即可完成对数据透视表的复制操作，如图 7-21 所示。

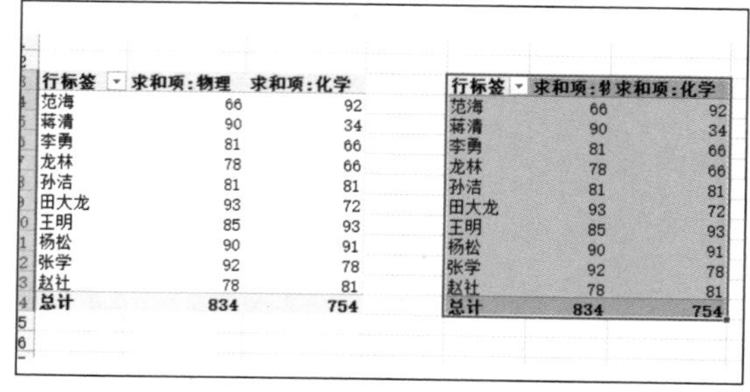

图 7-21 复制数据透视表

7.2.4 移动数据透视表

在 Excel 2016 中，可以根据操作需要对数据透视表进行移动。移动数据透视表的具体操作步骤如下：

1 打开上一例效果文件，在工作表中选择右侧的数据透视表，如图 7-22 所示。

行标签	求和项:物	求和项:化学
范海	66	92
蒋清	90	34
李勇	81	66
龙林	78	66
孙洁	81	81
田大龙	93	72
王明	85	93
杨松	90	91
张学	92	78
赵社	78	81
总计	834	754

图 7-22 选择数据透视表

2 在“数据透视表工具”-“分析”选项组下的“操作”选项组中单击“移动数据透视表”按钮，如图 7-23 所示。

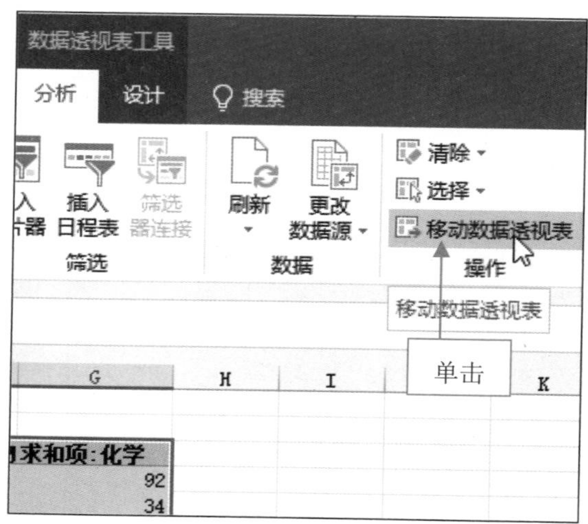

图 7-23 单击“移动数据透视表”按钮

专家提醒

在 Excel 2016 中，利用移动数据透视表功能，可将数据透视表移至工作表中的其他位置，只需在“移动数据透视表”对话框中选中“新工作表”单选按钮即可。

第7章

3 弹出“移动数据透视表”对话框，在文本框中输入目标位置，如图 7-24 所示。

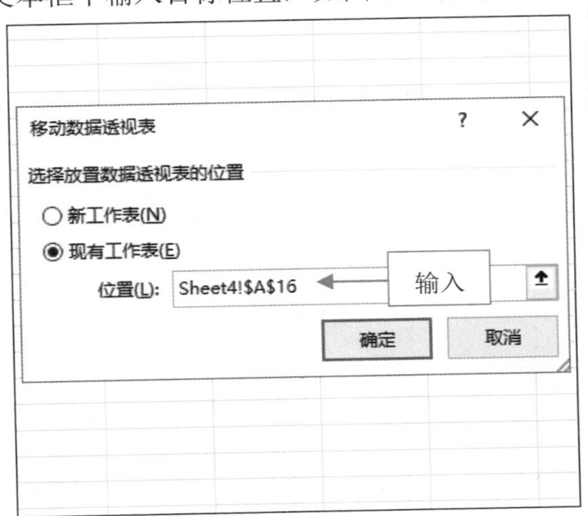

图 7-24　输入目标位置

4 单击“确定”按钮，即可完成对数据透视表的移动，如图 7-25 所示。

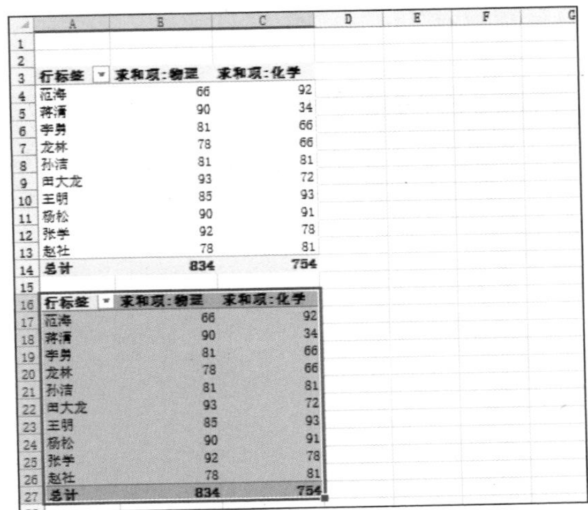

	A	B	C
3	行标签	求和项:物理	求和项:化学
4	范海	66	92
5	蒋清	90	34
6	李勇	81	66
7	龙林	78	66
8	孙洁	81	81
9	田大龙	93	72
10	王明	85	93
11	杨松	90	91
12	张学	92	78
13	赵社	78	81
14	总计	834	754
16	行标签	求和项:物理	求和项:化学
17	范海	66	92
18	蒋清	90	34
19	李勇	81	66
20	龙林	78	66
21	孙洁	81	81
22	田大龙	93	72
23	王明	85	93
24	杨松	90	91
25	张学	92	78
26	赵社	78	81
27	总计	834	754

图 7-25　移动数据透视表

7.2.5　删除数据透视表

在 Excel 2016 中，如果不再需要数据透视表，可以将其删除。删除数据透视表的具体操作步骤如下：

1 单击“文件”|“打开”|“浏览”按钮，打开一个 Excel 工作簿，如图 7-26 所示。

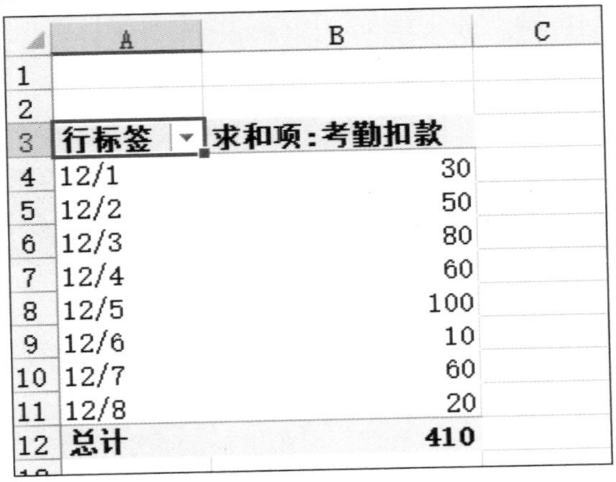

	A	B
3	行标签	求和项:考勤扣款
4	12/1	30
5	12/2	50
6	12/3	80
7	12/4	60
8	12/5	100
9	12/6	10
10	12/7	60
11	12/8	20
12	总计	410

图 7-26　打开一个 Excel 工作簿

2 在工作表中选择整个数据透视表，如图 7-27 所示。

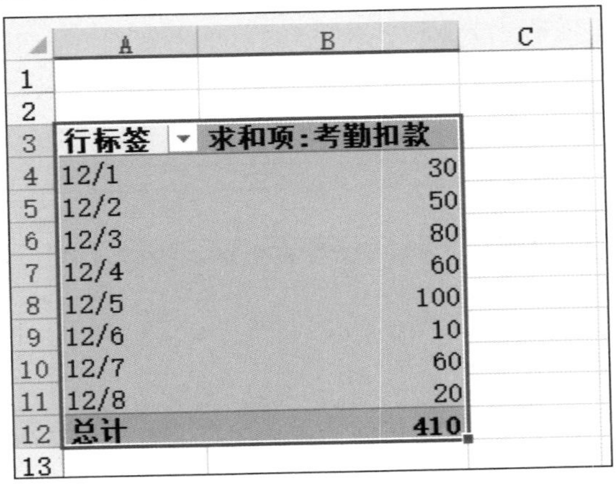

	A	B
3	行标签	求和项:考勤扣款
4	12/1	30
5	12/2	50
6	12/3	80
7	12/4	60
8	12/5	100
9	12/6	10
10	12/7	60
11	12/8	20
12	总计	410

图 7-27　选择数据透视表

专家提醒

在 Excel 2016 中，选择需要删除的数据透视表，按【Delete】键，即可将选中的数据透视表全部删除，结果与单击“清除”按钮不同。单击“清除”按钮后，数据透视表保留初始状态，但按【Delete】键后，会将数据透视表彻底删除。

3 在“数据透视表工具”-“分析”选项卡下的“操作”选项组中，单击“清除”按钮，在弹出的列表框中选择“全部清除”选项，如图 7-28 所示。

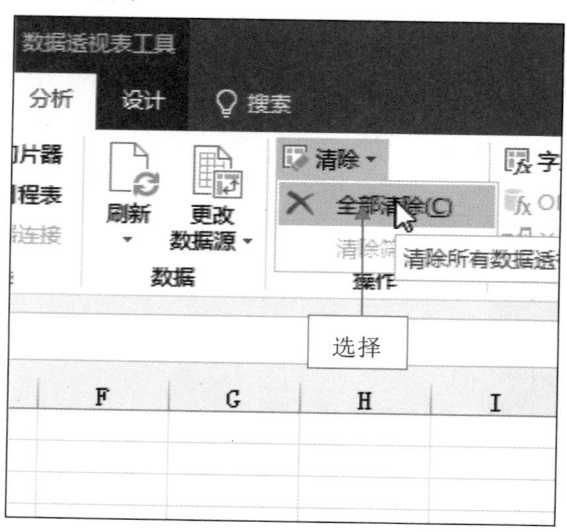

图 7-28 选择“全部清除”选项

4 执行上述操作后，即可完成对数据透视表的删除操作，如图 7-29 所示。

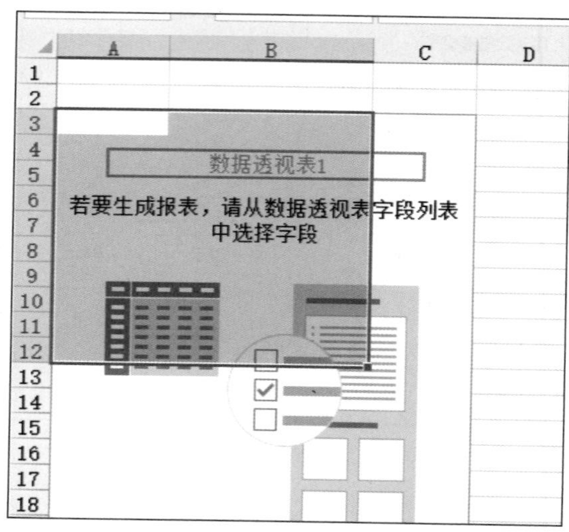

图 7-29 删除数据透视表

7.2.6 套用透视表样式

对于创建的数据透视表，可以使用自动套用格式功能，将 Excel 中内置的数据透视表样式应用于选中的数据透视图表。套用透视表样式的具体操作步骤如下：

1 单击“文件”|“打开”|“浏览”按钮，打开一个 Excel 工作簿，在工作表中选择数据透视表，如图 7-30 所示。

行标签	求和项:历史	求和项:政治	求和项:地理
0010	55	65	86
0011	77	85	88
0012	90	91	65
0013	65	77	85
0014	92	55	82
0015	85	76	77
0016	77	81	81
0017	93	72	76
0018	65	34	92
0019	55	75	55
总计	754	711	787

图 7-30 选择数据透视表

2 切换至“数据透视表工具”-“设计”选项卡，在“数据透视表样式”选项组中，单击“其他”按钮，如图 7-31 所示。

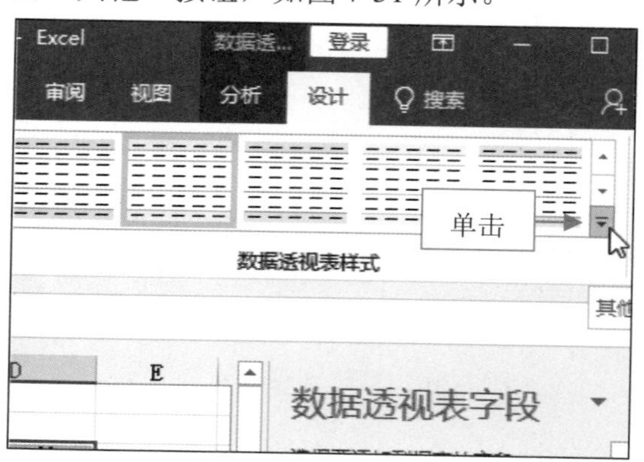

图 7-31 单击“其他”按钮

专家提醒

在“数据透视表样式”选项组中单击“其他”按钮，在弹出的下拉列表框中将显示所有数据透视表样式。

3 在弹出的下拉列表框中选择所需的透视表样式，如图 7-32 所示。

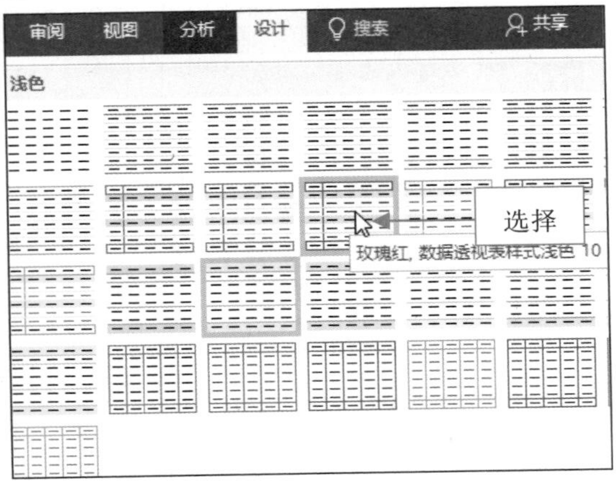

图 7-32　选择相应的透视表样式

4 执行上述操作后，即可完成对数据透视表样式的套用，如图 7-33 所示。

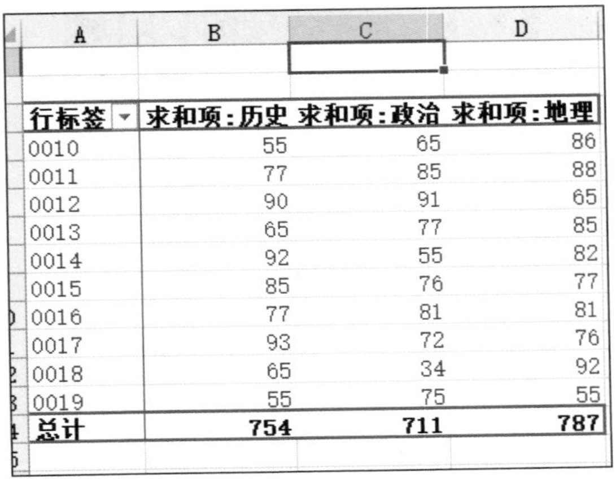

行标签	求和项：历史	求和项：政治	求和项：地理
0010	55	65	86
0011	77	85	88
0012	90	91	65
0013	65	77	85
0014	92	55	82
0015	85	76	77
0016	77	81	81
0017	93	72	76
0018	65	34	92
0019	55	75	55
总计	**754**	**711**	**787**

图 7-33　套用透视表样式

7.3　创建数据透视图

在 Excel 2016 中，数据透视图是数据表格的另外一种统计汇总的表现形式，它可以看作数据透视表和图表的结合，是以图形的形式表示数据透视表中的数据。数据透视图具有 Excel 图表显示数据的所有功能，而且同时具有数据透视表的方便和灵活等特性。本节主要介绍通过数据表格和数据透视表创建数据透视图的操作方法。

在 Excel 2016 中，还可以通过数据透视表中的数据创建数据透视图。通过数据透视表创建数据透视图的具体操作步骤如下：

1 单击“文件”|“打开”|“浏览”按钮，打开一个 Excel 工作簿，选择数据透视表，如图 7-34 所示。

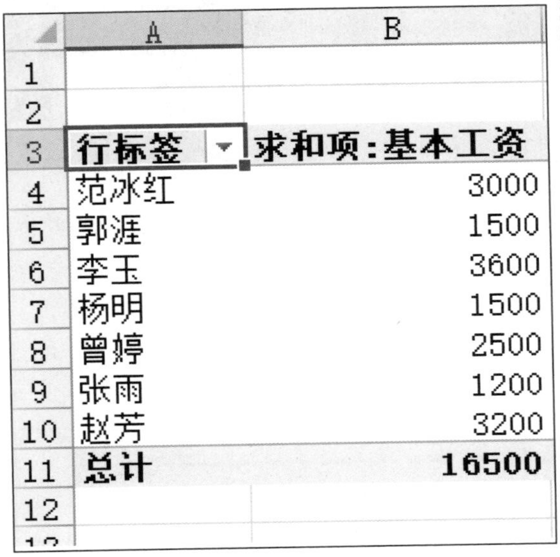

行标签	求和项：基本工资
范冰红	3000
郭涯	1500
李玉	3600
杨明	1500
曾婷	2500
张雨	1200
赵芳	3200
总计	**16500**

图 7-34　选择数据透视表

2 切换至“插入”选项卡，在“图表”选项组中单击“插入柱形图活条形图”按钮，如图 7-35 所示。

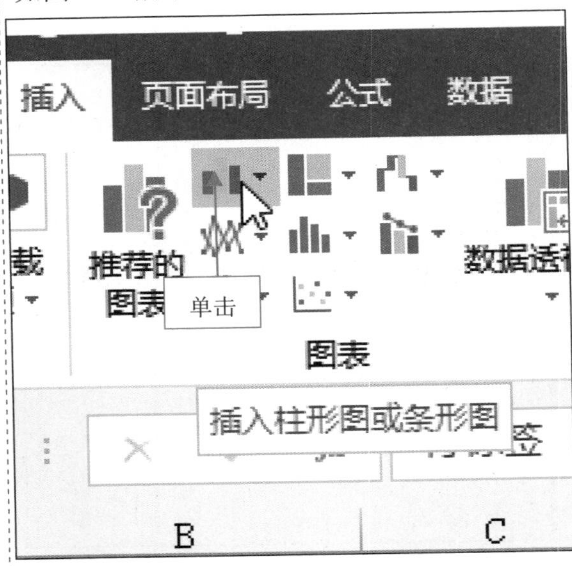

图 7-35　单击“插入柱形图或条形图”按钮

③ 在弹出的列表框中选择“三维堆积柱形图”选项，如图 7-36 所示。

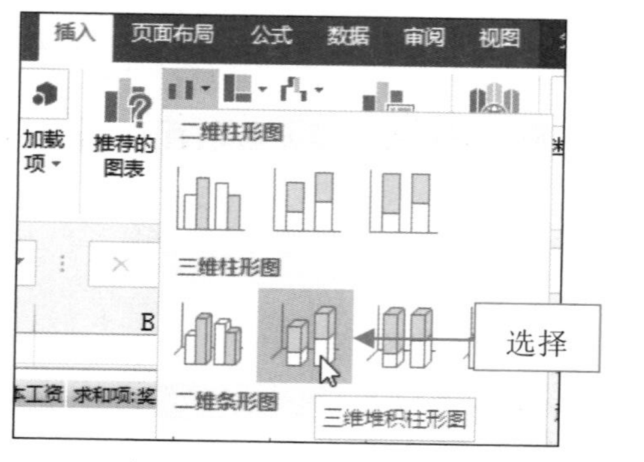

图 7-36 选择图表类型

④ 执行操作后，即可通过数据透视表创建数据透视图，如图 7-37 所示。

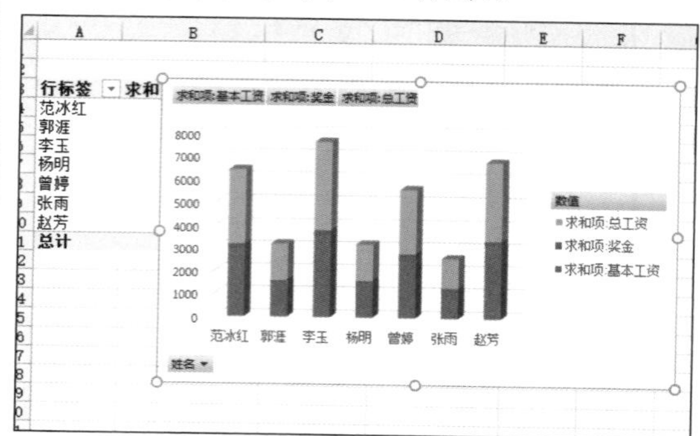

图 7-37 创建数据透视图

7.4 编辑数据透视图

Excel 自动创建的数据透视图，其效果不一定能满足需求，在 Excel 2016 中，可以根据需要对数据透视图进行编辑修改。本节主要介绍套用数据透视图样式、更改数据透视图类型以及刷新、删除数据透视图等操作方法。

扫码观看本节视频

7.4.1 套用数据透视图样式

在 Excel 2016 中，系统提供了大量的图表样式，可以根据需要套用数据透视图的样式。在“数据透视表样式”选项组中单击“其他”按钮，在弹出的列表框中将显示所有数据透视表样式。套用数据透视图样式的具体操作步骤如下：

① 单击“文件”|“打开”|“浏览”按钮，打开一个 Excel 工作簿，选择数据透视图，如图 7-38 所示。

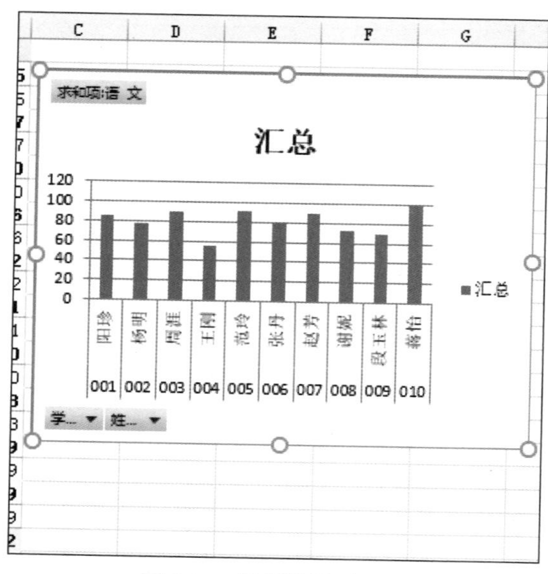

图 7-38 选择数据透视图

② 切换至“数据透视图工具”-“设计”选项卡，在“图表样式”选项组中，单击“其他”按钮，如图 7-39 所示。

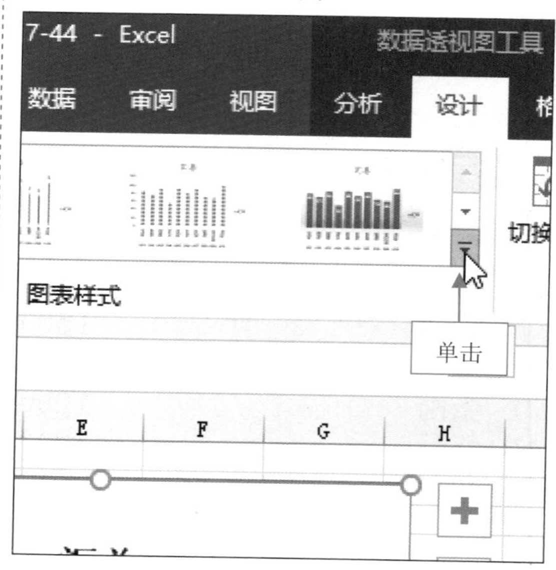

图 7-39 单击“其他”按钮

第7章

③ 在弹出的下拉列表框中选择所需的透视图样式，如图 7-40 所示。

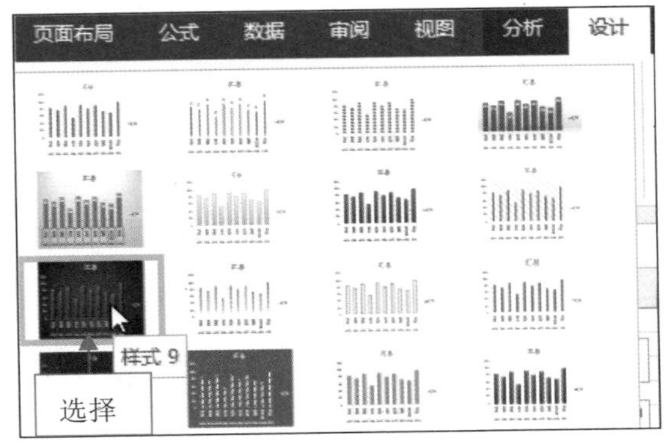

图 7-40　选择透视图样式

④ 执行上述操作后，即可完成对数据透视图样式的套用，如图 7-41 所示。

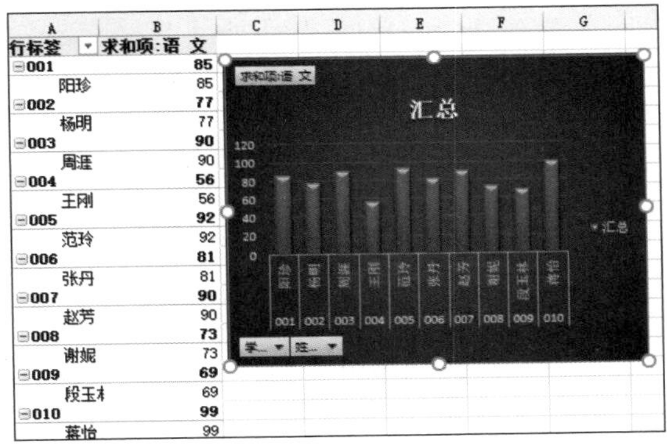

图 7-41　套用数据透视图样式

专家提醒

在“数据透视图工具”-“设计”选项卡下的“图表样式”选项组中，单击“其他”按钮，将弹出所有内置的图表样式，可以根据需要进行选择。

如果对更改的图表样式还不满意，可在“数据透视图工具”-“设计”选项卡下的“图表样式”选项组中重新选择所需的样式。

7.4.2　更改数据透视图类型

在 Excel 2016 中，可以根据操作需要更改数据透视图的类型。更改数据透视图类型的具体操作步骤如下：

① 打开上一例效果文件，选择数据透视图，如图 7-42 所示。

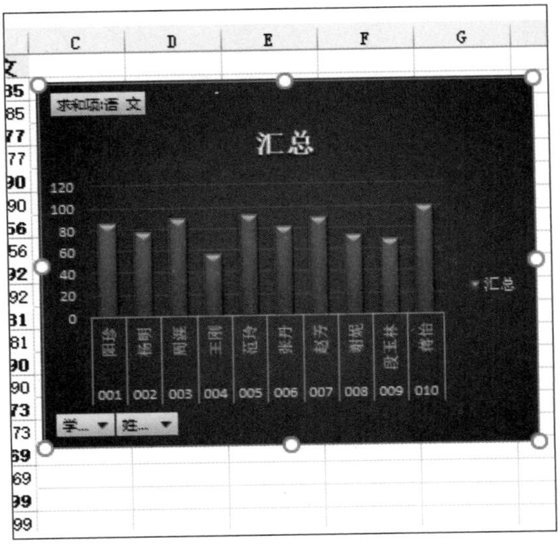

图 7-42　选择数据透视图

② 切换至“数据透视图工具”-“设计”选项卡，在“类型”选项组中单击“更改图表类型”按钮，如图 7-43 所示。

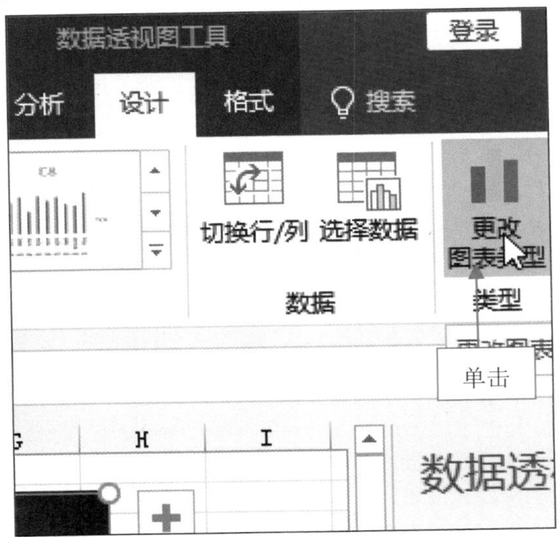

图 7-43　单击“更改图表类型”按钮

3 在弹出的“更改图表类型”对话框中选择“折线图”选项，选择图表类型，如图 7-44 所示。

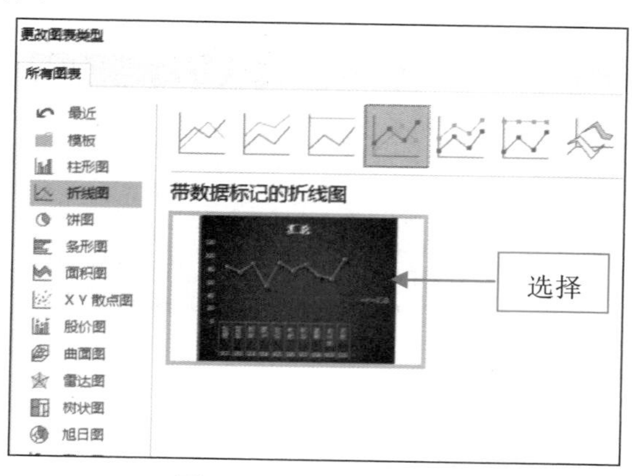

图 7-44 选择图表类型

4 单击“确定”按钮，即可更改数据透视图类型，如图 7-45 所示。

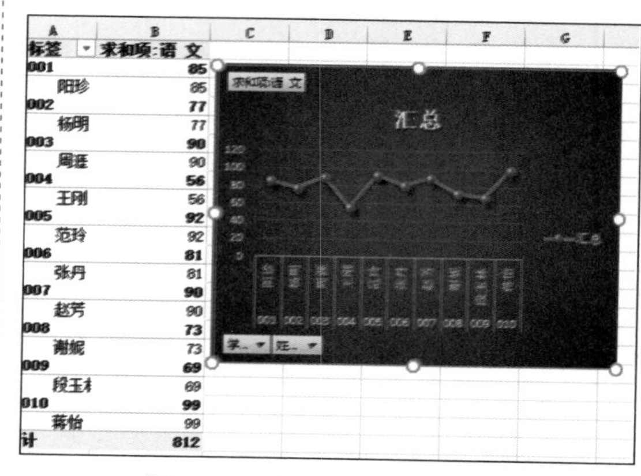

图 7-45 更改数据透视图类型

7.4.3 刷新数据透视图

在 Excel 2016 中，当数据透视图所引用的数据源信息被修改时，可以刷新数据透视图中的数据，更新工作簿中来自数据源的信息。刷新数据透视图的具体操作步骤如下：

专家提醒

在 Excel 2016 中，按【Alt+F5】组合键，可以快速刷新数据透视图中的数据。利用刷新功能，可刷新工作簿中来自数据源的所有信息。

1 单击“文件”|“打开”|“浏览”按钮，打开一个 Excel 工作簿，选择数据透视图，如图 7-46 所示。

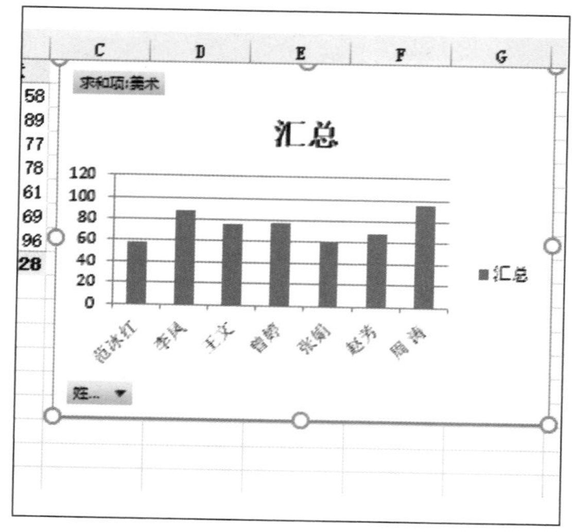

图 7-46 选择数据透视图

2 切换至 Sheet1 工作表，修改表格中的数据，如图 7-47 所示。

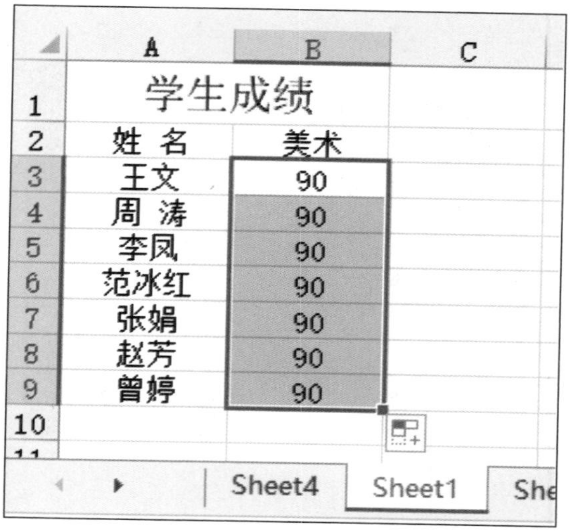

	A	B
1	学生成绩	
2	姓 名	美术
3	王文	90
4	周 涛	90
5	李凤	90
6	范冰红	90
7	张娟	90
8	赵芳	90
9	曾婷	90
10		

Sheet4 Sheet1

图 7-47 更改数据源

3 切换至 Sheet4，在“数据透视图工具”-“分析”选项卡下的“数据”选项组中单击“刷新”按钮，在弹出的列表框中选择“刷新”选项，如图 7-48 所示。

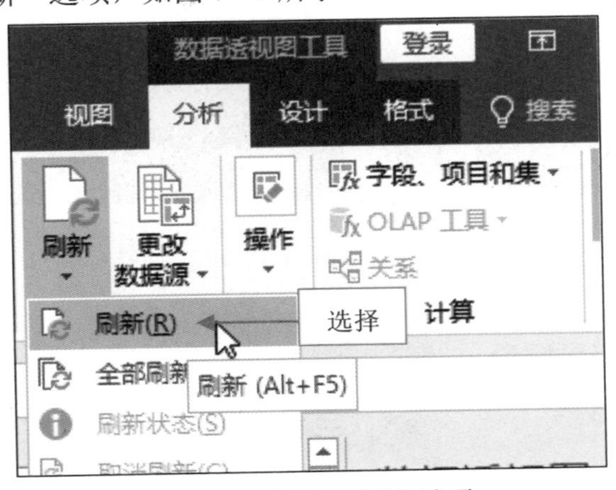

图 7-48　选择“刷新”选项

4 执行上述操作后，即可刷新数据透视图，如图 7-49 所示。

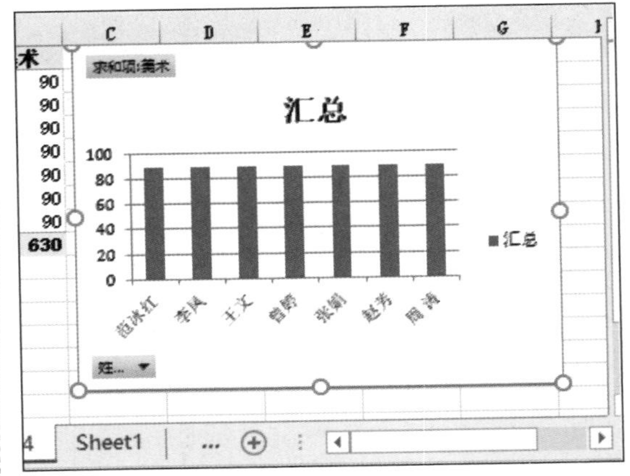

图 7-49　刷新数据透视图

7.4.4　隐藏数据字段列表

在 Excel 2016 中，如果工作表中的数据透视表字段列表窗格覆盖了单元格中的数据，此时可以根据需要将其隐藏。隐藏数据字段列表的具体操作步骤如下：

1 打开上一例效果文件，切换至“数据透视图工具”-“分析”选项卡，在“显示/隐藏”选项组中单击“字段列表”按钮，如图 7-50 所示。

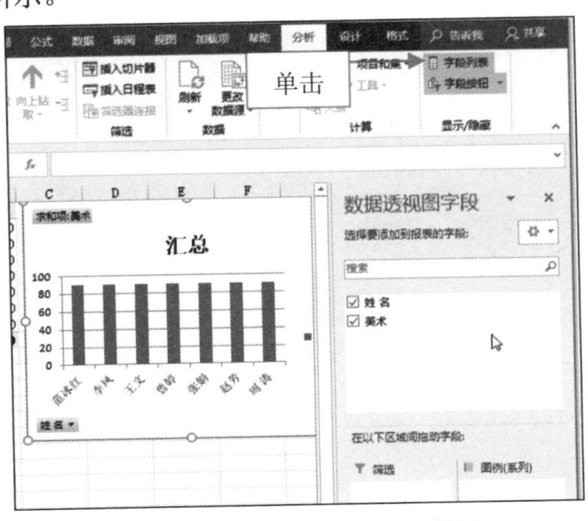

图 7-50　单击“字段列表”按钮

2 执行上述操作后，即可将右侧的“数据透视表字段列表”隐藏，如图 7-51 所示。

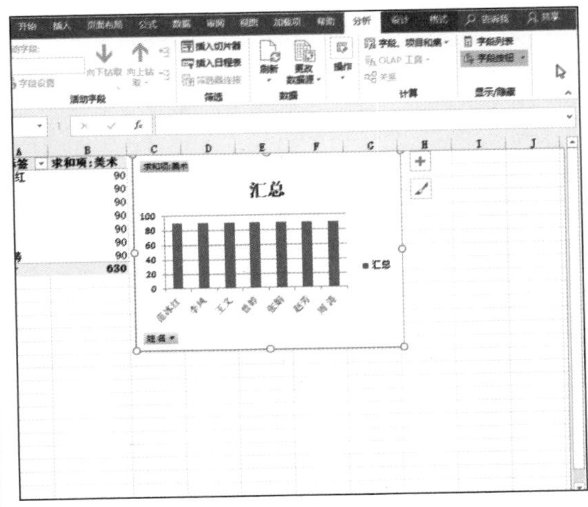

图 7-51　隐藏数据字段列表

7.4.5　删除数据透视图

在 Excel 2016 中，如果不再需要数据透视图，可以将其删除。删除数据透视图的具体操作步骤如下：

1 单击“文件”|“打开”|“浏览”按钮，打开一个Excel工作簿，如图7-52所示。

图7-52 打开一个Excel工作簿

2 在工作表中选择需要删除的数据透视图，如图7-53所示。

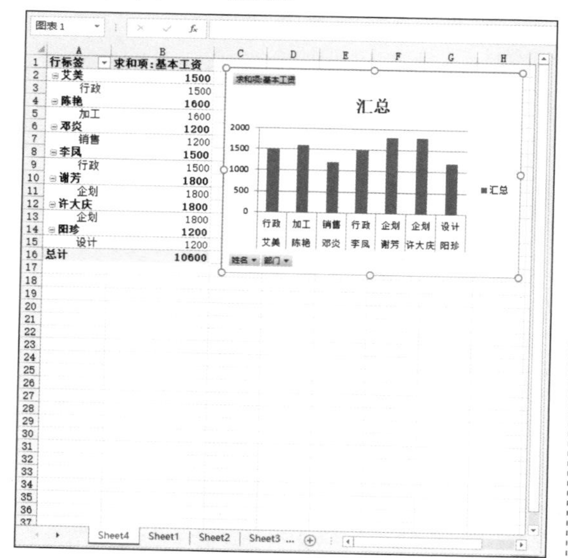

图7-53 选择数据透视图

3 在“数据透视图工具”-“分析”选项卡下的“操作”选项组中单击“清除”按钮，在弹出的列表框中选择“全部清除”选项，如图7-54所示。

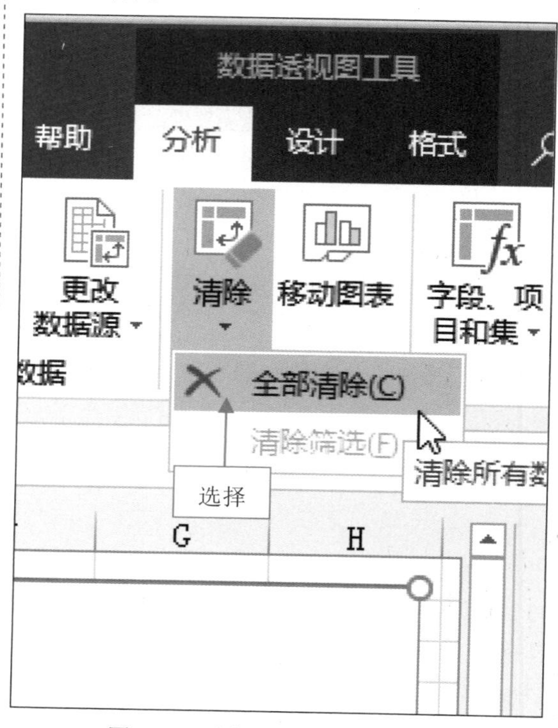

图7-54 选择“全部清除”选项

4 执行上述操作后，即可完成对数据透视图的删除操作，如图7-55所示。

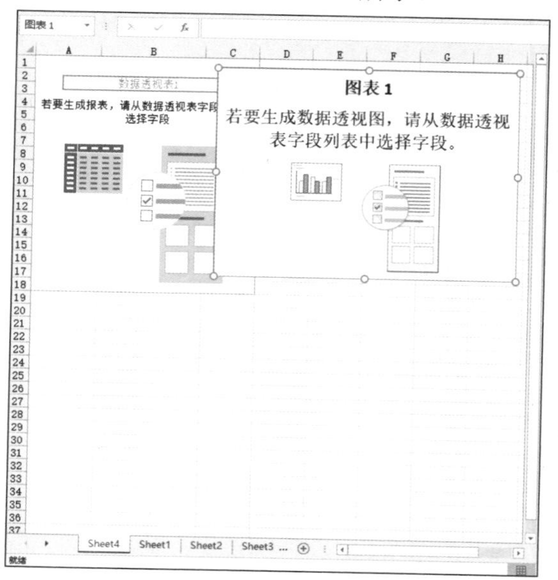

图7-55 删除数据透视图

专家提醒

在 Excel 2016 中，还可以按【Delete】键快速删除数据透视图。如果需要删除的数据透视图所在的工作表有保护，则系统将不显示“全部清除”选项。

7.4.6　添加数据透视图标题

在 Excel 2016 中，系统会自动为数据透视图添加标题，但用户也可以根据需要更改数据透视图的标题。添加数据透视图标题的具体操作步骤如下：

1 单击“文件”|“打开”|“浏览”按钮，打开一个 Excel 工作簿，在工作表中选择数据透视图，如图 7-56 所示。

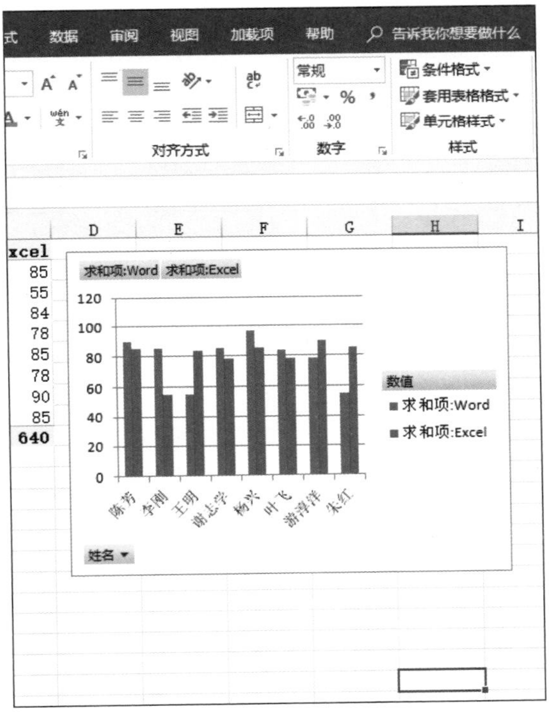

图 7-56　选择数据透视图

2 在“数据透视图”-“设计”选项卡下的“图表布局”选项组中单击“添加图表元素”按钮，在弹出的列表框中选择“图表标题”|“图表上方”选项，如图 7-57 所示。

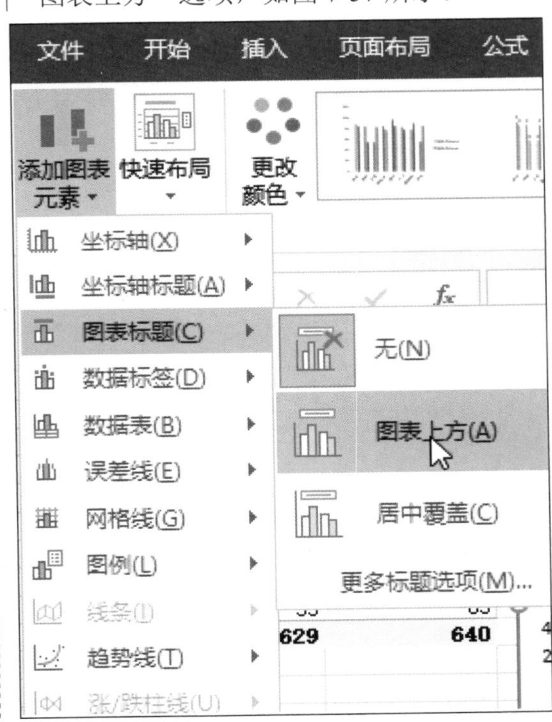

图 7-57　选择“图表上方”选项

专家提醒

在 Excel 2016 中，添加数据透视图标题后，可以切换至“图表工具”-“格式”选项卡，在“艺术字样式”选项组中设置标题的艺术效果。

3. 执行上述操作后，即可在数据透视图中添加标题，如图 7-58 所示。

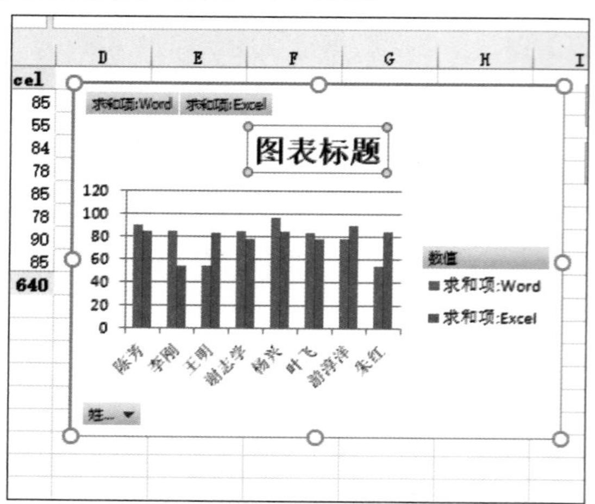

图 7-58 添加图表标题

4. 在图表标题中输入相应文本内容，如图 7-59 所示。

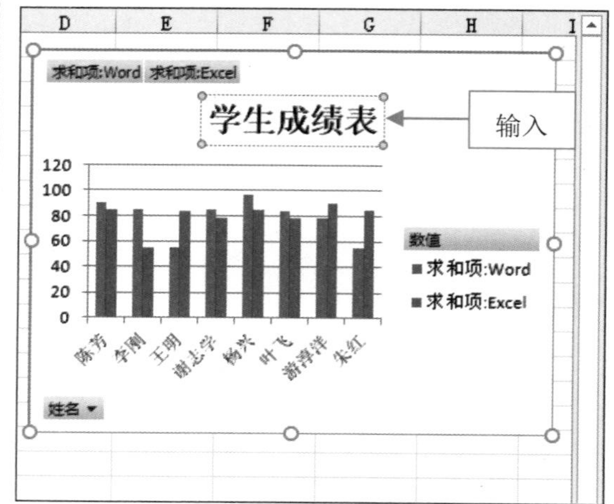

图 7-59 输入文本

● 学习笔记

第 8 章

打印与共享工作表

在办公应用中，当完成了电子表格或统计图表的编辑之后，有时需要将它们打印出来，在 Excel 2016 中，可以利用各种打印功能，轻松地完成工作表的打印操作。

本章主要介绍打印与共享工作表，包括设置页面和设置分页、打印文件、共享与保护工作簿等内容。

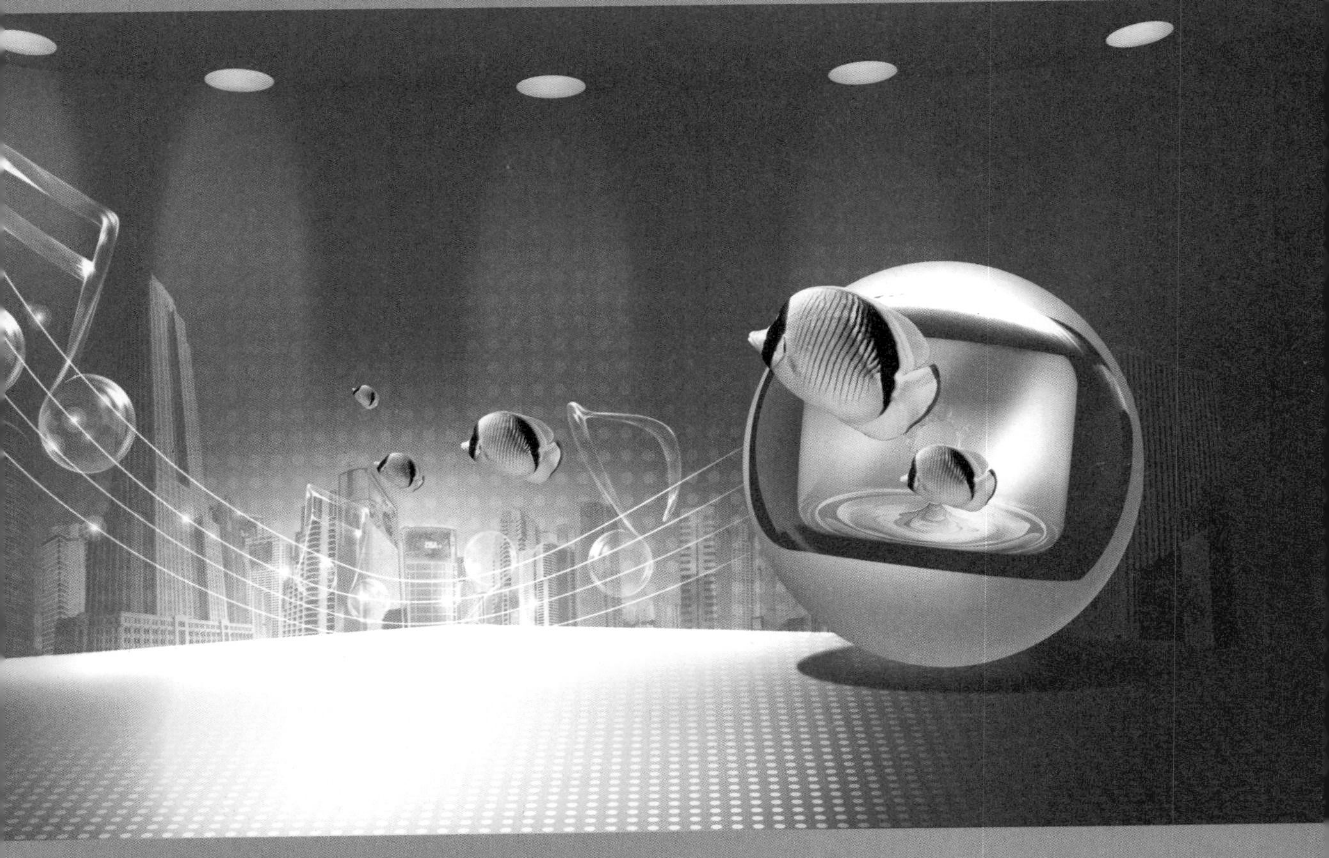

8.1 设置打印页面

在 Excel 2016 中进行打印预览后，可以对打印文件中的某些部分进行调整。本节主要介绍设置页面、页边距、页眉和页脚以及打印主题等操作方法。

扫码观看本节视频

8.1.1 设置页面

在 Excel 2016 中，可以根据操作需要在“页面设置”对话框中，设置打印页面的页面方向、缩放比例、纸张大小、打印质量、起始页码等属性。在“打印预览”面板的“显示比例”选项板中，单击“显示比例”按钮，可以调整工作表的显示比例，以便阅读。设置页面的具体操作步骤如下：

1 单击“文件”|“打开”|“浏览”按钮，打开一个 Excel 工作簿，如图 8-1 所示。

	A	B	C	D
1	学生基本资料			
2	姓名	性别	出生日期	电话
3	杨明	男	1990/5/21	15369874210
4	周涯	男	1988/3/28	15869874852
5	陈芳	女	1990/12/2	15968412560
6	谢导烃	男	1991/11/7	13584520384
7	曾虹	女	1992/12/5	18756321069
8	田龙	男	1989/11/1	15843589523
9	段驲	男	1990/10/9	15569832564
10				

图 8-1 打开一个 Excel 工作簿

2 切换至“页面布局”选项卡，在“页面设置”选项组中单击对话框启动器按钮，如图 8-2 所示。

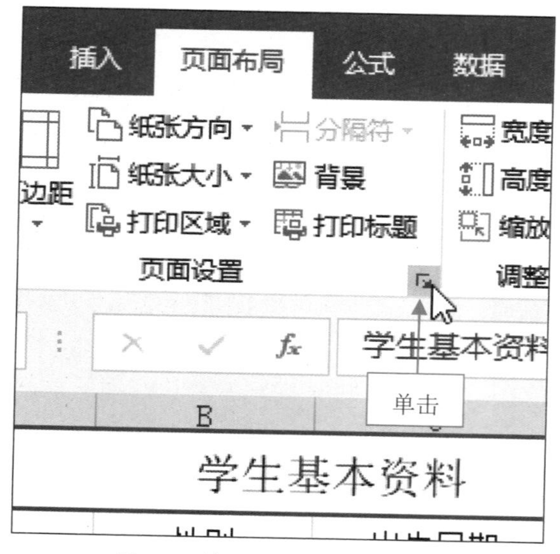

图 8-2 单击对话框启动器按钮

3 弹出“页面设置”对话框，在“方向”选项区选中“横向”单选按钮，如图 8-3 所示。

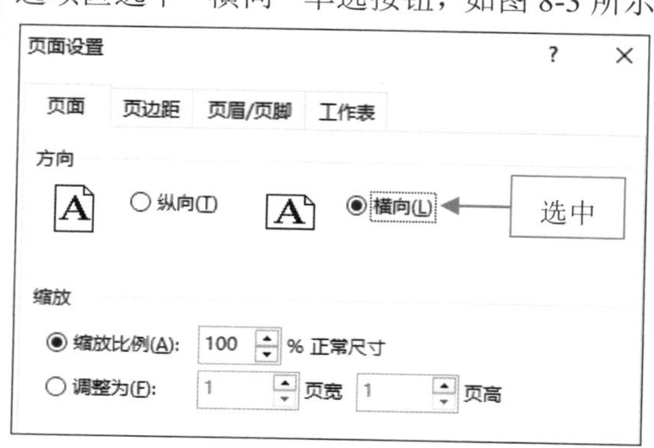

图 8-3 选中“横向”单选按钮

4 在“页面设置”对话框中设置“缩放比例”为 110，如图 8-4 所示。

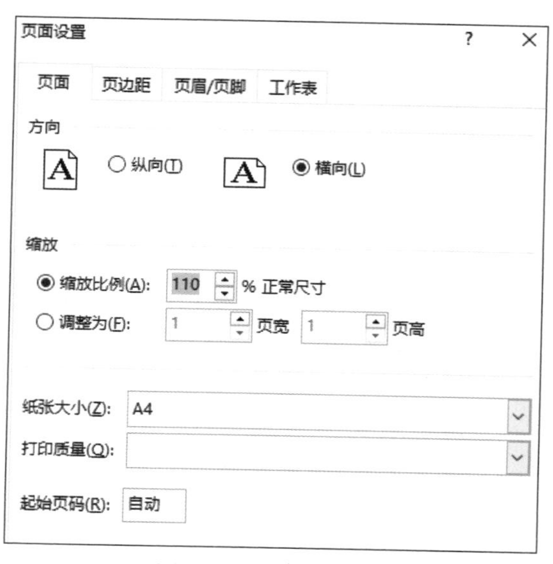

图 8-4 设置缩放比例

5 单击“纸张大小”文本框右侧的按钮，弹出下拉列表框，选择 A5 选项，如图 8-5 所示。

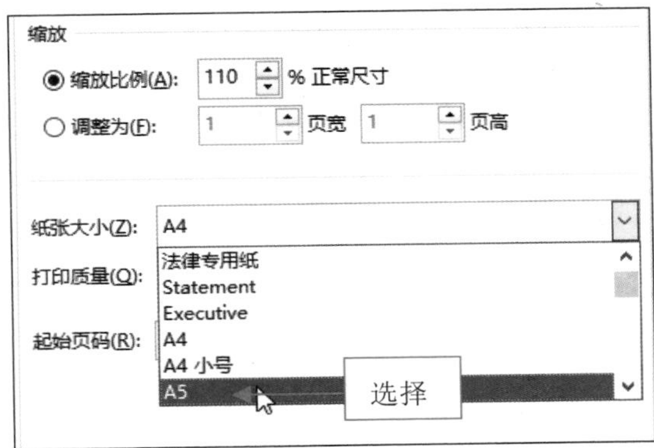

图 8-5　选择 A5 选项

6 单击“打印预览”按钮，即可查看页面设置的效果，如图 8-6 所示。

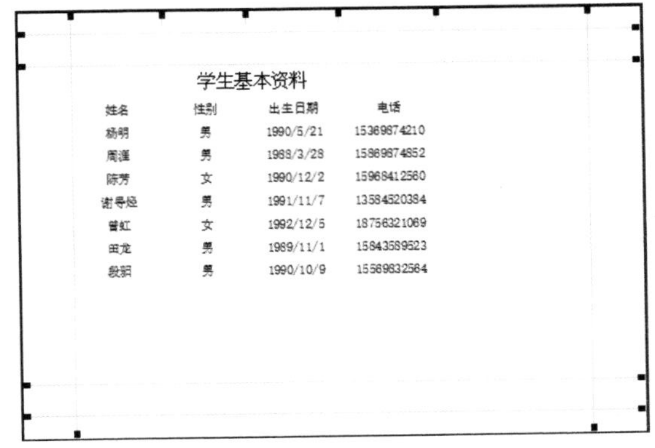

图 8-6　查看页面设置的效果

8.1.2　设置页边距

在 Excel 2016 中，设置页边距包括调整上、下、左、右边距，以及页眉和页脚距页边界的距离，使用这种方法设置页边距十分精确。设置页边距的具体操作步骤如下：

1 单击“文件”|“打开”|“浏览”按钮，打开一个 Excel 工作簿，切换至“页面布局”选项卡，如图 8-7 所示。

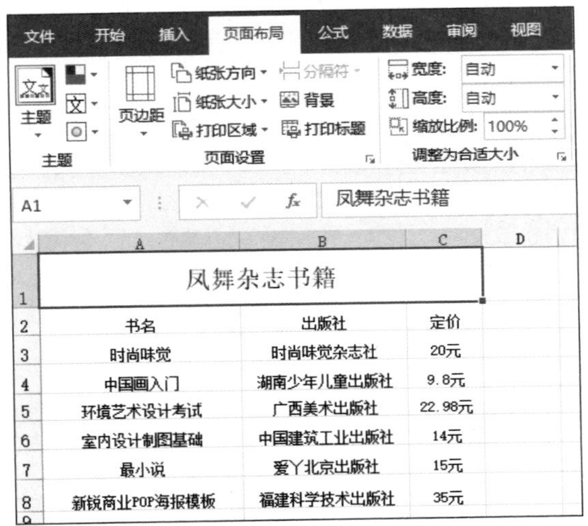

图 8-7　打开一个 Excel 工作簿

2 在“页面设置”选项组中，单击“页边距”按钮，在弹出的下拉列表框中选择“自定义边距”选项，如图 8-8 所示。

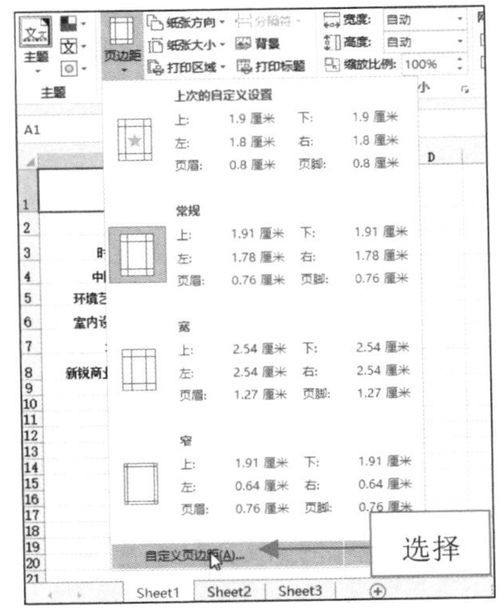

图 8-8　选择“自定义边距”选项

专家提醒

在 Excel 2016 中，在“页面布局”选项卡下的“页面设置”选项组中单击右侧下方的对话框启动器按钮，在弹出的“页面设置”对话框中切换至“页边距”选项卡，也可以调整页边距。

第8章

3 弹出“页面设置”对话框，在该对话框中调整相应的页边距，如图 8-9 所示。

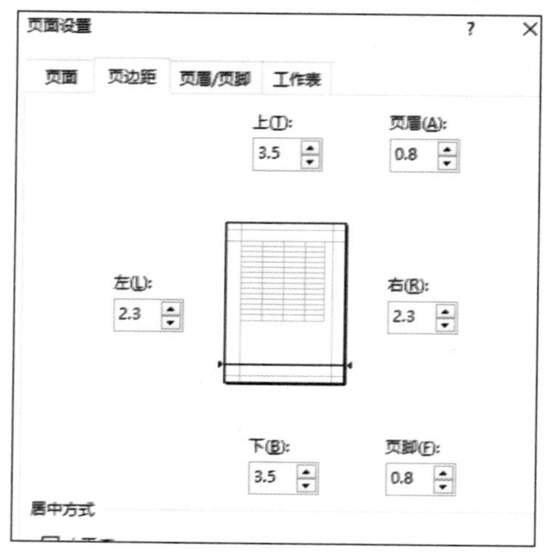

图 8-9 调整页边距

4 单击“打印预览”按钮，即可查看设置页边距后的效果，如图 8-10 所示。

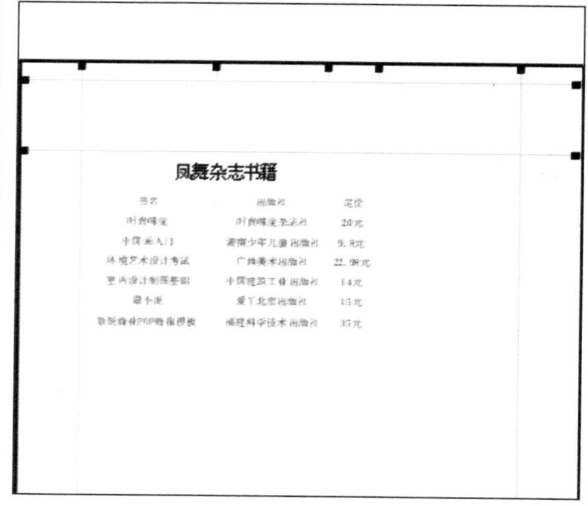

图 8-10 设置页边距

8.1.3 设置页眉与页脚

在 Excel 2016 中，页眉是打印页顶部所显示的信息，可以用于表示名称或标注等内容；页脚是打印页最底端所显示的信息，可以用于表示页号、打印日期和时间等内容，可以根据需要设置打印页面的页眉和页脚。设置页眉与页脚的具体操作步骤如下：

1 单击“文件”|“打开”|“浏览”按钮，打开一个 Excel 工作簿，如图 8-11 所示。

	A	B	C	D	E	F
1	魅力青春职工档案表					
2	员工编号	姓名	性别	部门	职位	基本工资
3	0001	王刚	男	销售部	主管	1200
4	0002	孙洁	女	销售部	专员	1450
5	0003	李清化	男	行政部	助理	800
6	0004	杨明	男	销售部	经理	1200
7	0005	曾凤	女	人事部	主管	1300
8	0006	胡美美	女	人事部	专员	1450
9	0007	谢导强	男	人事部	主管	1800
10	0008	蒋玉华	男	财务部	经理	2050
11	0009	叶悄	男	行政部	专员	1950
12	0010	方辉	男	财务部	主管	1200
13	0011	范虹	女	财务部	经理	1450
14						

图 8-11 打开一个 Excel 工作簿

2 在“页面布局”选项卡下的“页面设置”选项组中单击对话框启动器按钮，如图 8-12 所示。

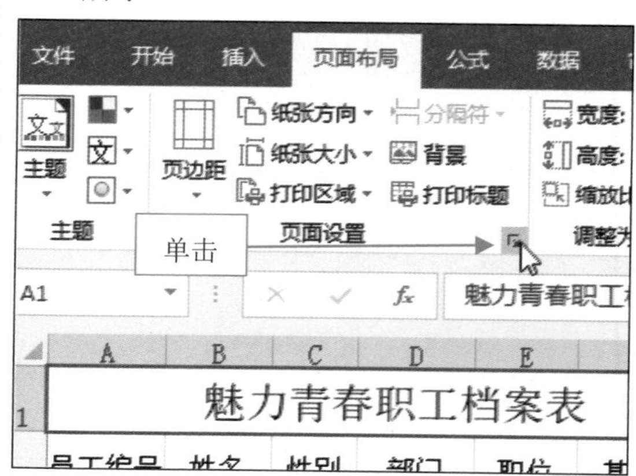

图 8-12 单击对话框启动器按钮

专家提醒

在 Excel 2016 中，切换至“视图”选项卡，在“工作簿视图”选项组中单击“页面布局”按钮，切换至“页面布局”视图，在该视图中也可设置页眉和页脚。在“页眉”和“页脚”文本框中按【Enter】键可另起一行。

3. 弹出“页面设置”对话框，切换至“页眉 / 页脚”选项卡中，单击“自定义页眉”按钮，如图 8-13 所示。

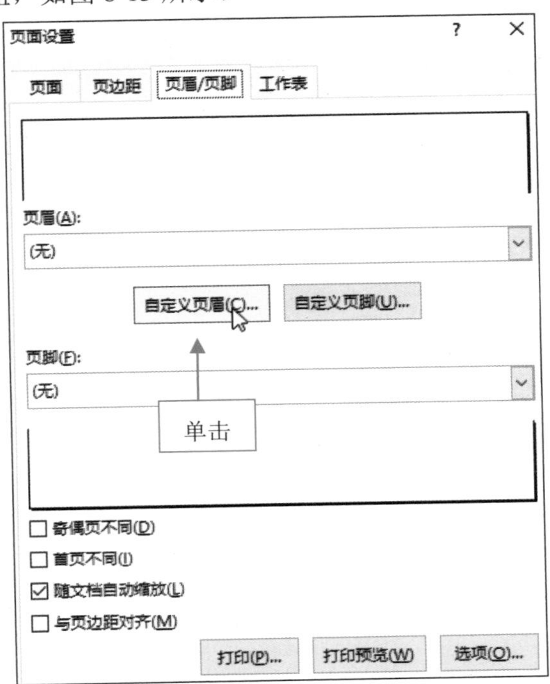

图 8-13　单击“自定义页眉”按钮

4. 弹出“页眉”对话框，在其中输入需要的页眉内容，如图 8-14 所示。

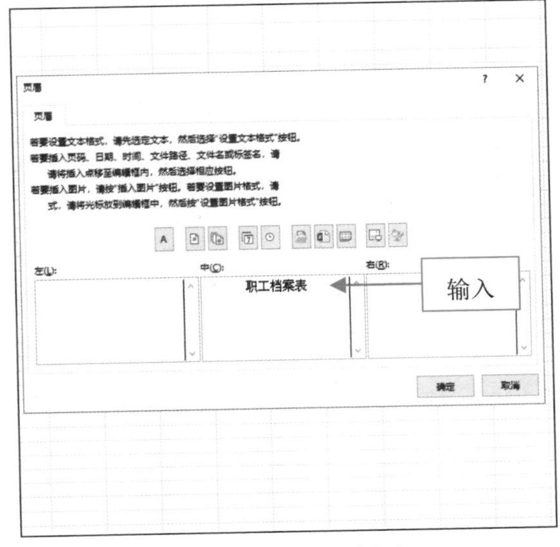

图 8-14　输入页眉内容

5. 单击“确定”按钮返回“页面设置”对话框，单击“自定义页脚”按钮，如图 8-15 所示。

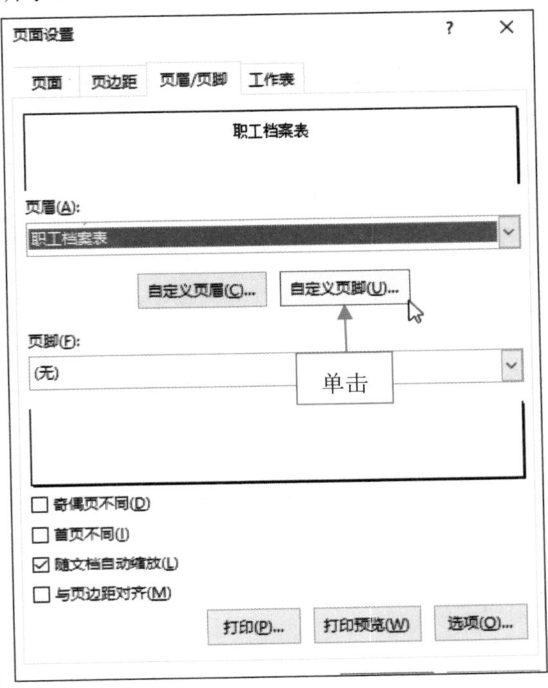

图 8-15　单击“自定义页脚”按钮

6. 弹出“页脚”对话框，在其中输入需要的页脚内容，然后单击“确定”按钮，如图 8-16 所示。

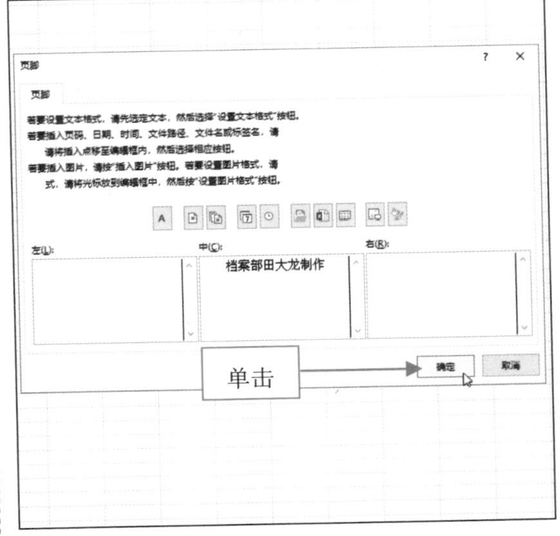

图 8-16　单击“确定”按钮

7 返回“页面设置”对话框，单击“打印预览”按钮，如图 8-17 所示。

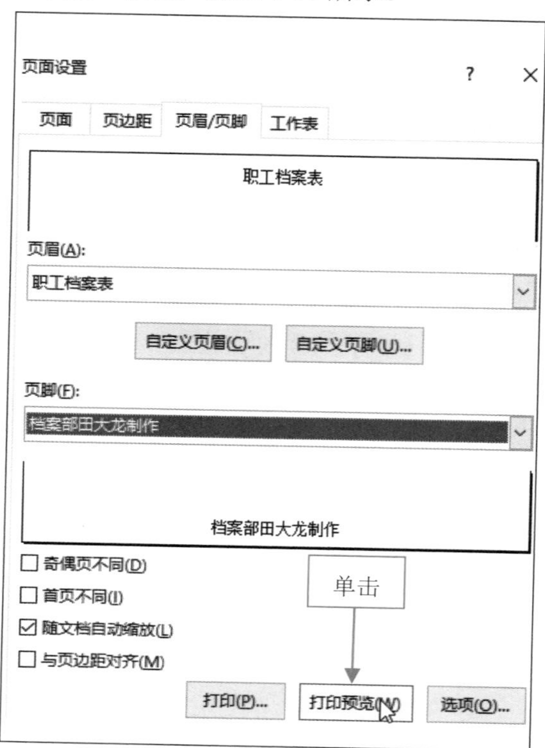

图 8-17　单击“打印预览”按钮

8 执行上述操作后，即可查看设置页眉和页脚后的效果，如图 8-18 所示。

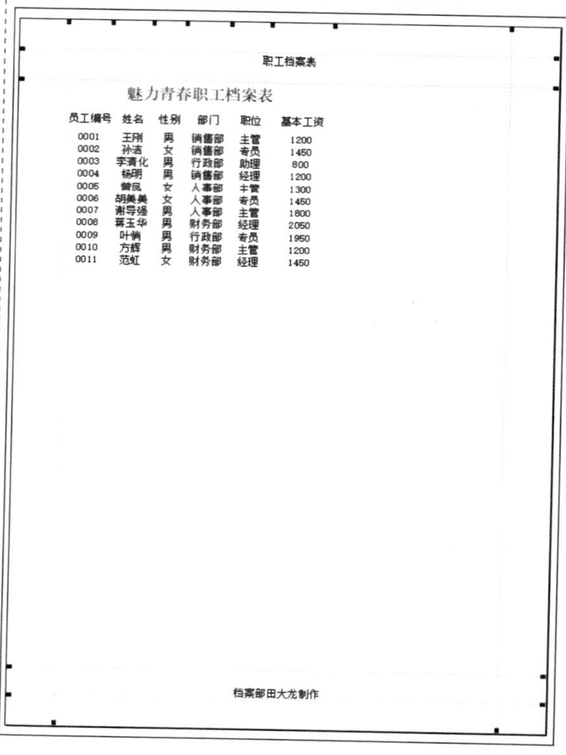

职工档案表
魅力青春职工档案表
员工编号 姓名 性别 部门 职位 基本工资
档案部田大龙制作

图 8-18　设置页眉与页脚

8.1.4　设置打印主题

在 Excel 2016 中，可以根据操作需要设置打印主题。设置打印主题的具体操作步骤如下：

1 单击“文件”|“打开”|“浏览”按钮，打开一个 Excel 工作簿，如图 8-19 所示。

A4　场馆图片

	A	B	C	D
1				
2	场地类型	新建比赛场馆		
3	场馆名称	国家体育场	国家游泳中心	国家体育馆
4	场馆图片			
5	用途	开闭幕式、田径	游泳	竞技体操
6	用途	开闭幕式、田径	游泳	轮椅篮球
7	建筑面积（M²）	258000	79532	80890
8	固定座位数	80000	6000	18000
9	临时座位数	11000	11000	2000

图 8-19　打开一个 Excel 工作簿

2 在“页面布局”选项卡下的“页面设置”选项组中单击“打印标题”按钮，如图 8-20 所示。

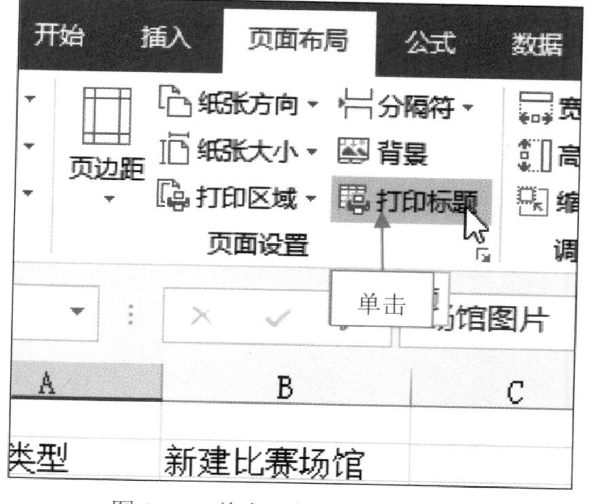

图 8-20　单击“打印标题”按钮

第8章

3 弹出“页面设置”对话框，在“打印标题”选项区中设置标题，如图 8-21 所示。

页面设置
页面　页边距　页眉/页脚　工作表
打印区域(A): $A$2:$E$9
打印标题
顶端标题行(R): $2:$2
左端标题列(C): $A:$A
打印
网格线(G)　注释(M): (无)
单色打印(B)　错误单元格打印为(E): 显示值
草稿质量(Q)
行号列标(L)
打印顺序
先列后行(D)
先行后列(V)

图 8-21　设置标题

4 单击“打印预览”按钮，即可查看对打印主题设置的效果，如图 8-22 所示。

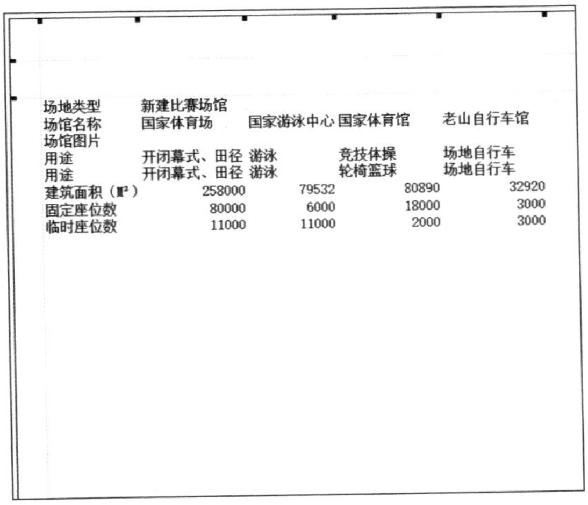

场地类型	新建比赛场馆			
场馆名称	国家体育场	国家游泳中心	国家体育馆	老山自行车馆
场馆图片				
用途	开闭幕式、田径	游泳	竞技体操	场地自行车
用途	开闭幕式、田径	游泳	轮椅篮球	场地自行车
建筑面积（m²）	258000	79532	80890	32920
固定座位数	80000	6000	18000	3000
临时座位数	11000	11000	2000	3000

图 8-22　设置打印主题

专家提醒

在 Excel 2016 中，除了可以在“打印标题”选项区的两个文本框中，输入打印区域的单元格引用和名称外，还可以用鼠标在工作表中选择要打印的标题所在的单元格区域，来设置打印标题。

在工作表中选定单元格区域后，才能激活“工作表”选项卡中的“打印区域”和“打印标题”选项区。

8.1.5　设置打印区域

在 Excel 2016 中，可以根据操作需要设置打印区域。设置打印区域的具体操作步骤如下：

1 单击“文件”|“打开”“浏览”按钮，打开一个 Excel 工作簿，如图 8-23 所示。

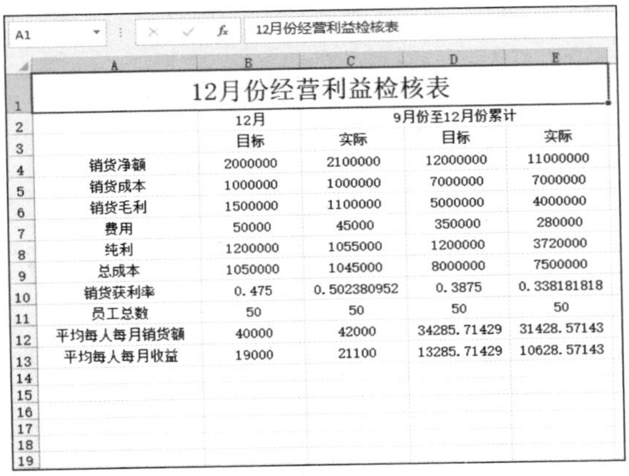

A1　12月份经营利益检核表

	12月份经营利益检核表			
	12月		9月份至12月份累计	
	目标	实际	目标	实际
销货净额	2000000	2100000	12000000	11000000
销货成本	1000000	1000000	7000000	7000000
销货毛利	1500000	1100000	5000000	4000000
费用	50000	45000	350000	280000
纯利	1200000	1055000	1200000	3720000
总成本	1050000	1045000	8000000	7500000
销货获利率	0.475	0.502380952	0.3875	0.338181818
员工总数	50	50	50	50
平均每人每月销货额	40000	42000	34285.71429	31428.57143
平均每人每月收益	19000	21100	13285.71429	10628.57143

图 8-23　打开一个 Excel 工作簿

2 在工作表中选择需要设置打印的单元格区域，如图 8-24 所示。

A2

	12月份经营利益检核表			
	12月		9月份至12月份累计	
	目标	实际	目标	实际
销货净额	2000000	2100000	12000000	11000000
销货成本	1000000	1000000	7000000	7000000
销货毛利	1500000	1100000	5000000	4000000
费用	50000	45000	350000	280000
纯利	1200000	1055000	1200000	3720000
总成本	1050000	1045000	8000000	7500000
销货获利率	0.475	0.502380952	0.3875	0.338181818
员工总数	50	50	50	50
平均每人每月销货额	40000	42000	34285.71429	31428.57143
平均每人每月收益	19000	21100	13285.71429	10628.57143

图 8-24　选择单元格区域

第 8 章

③ 在“页面布局”选项卡下的“页面设置”选项组中单击“打印区域”按钮，弹出列表框，选择“设置打印区域”选项，如图 8-25 所示。

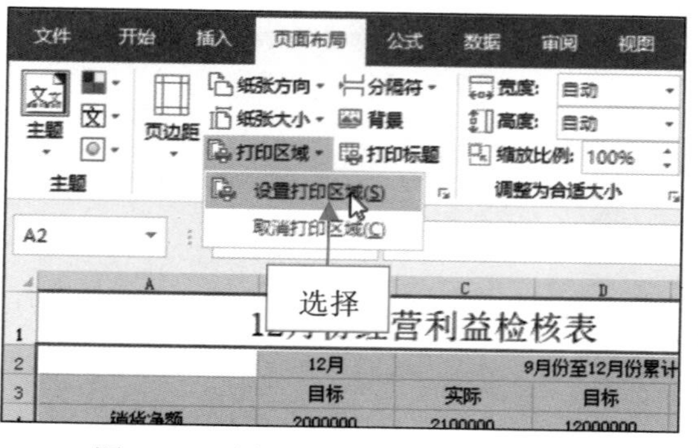

图 8-25 选择“设置打印区域”选项

④ 执行上述操作后，即可设置打印区域，如图 8-26 所示。

12月份经营利益检核表				
	12月		9月份至12月份累计	
	目标	实际	目标	实际
销货净额	2000000	2100000	12000000	11000000
销货成本	1000000	1000000	7000000	7000000
销货毛利	1500000	1100000	5000000	4000000
费用	50000	45000	350000	280000
纯利	1200000	1055000	1200000	3720000
总成本	1050000	1045000	8000000	7500000
销货获利率	0.475	0.502380952	0.3875	0.338181818
员工总数	50	50	50	50
平均每人每月销货额	40000	42000	34285.71429	31428.57143
平均每人每月收益	19000	21100	13285.71429	10628.57143

图 8-26 设置打印区域

8.2 设置分页符

在 Excel 2016 中，在对工作表进行打印时，如果工作表中的内容超过一页，Excel 将自动对工作表进行分页，并在分页处添加分页符。本节主要介绍对分页符的插入、编辑和删除等操作。

8.2.1 插入分页符

在 Excel 2016 中，分页符包括水平分页符和垂直分页符，水平分页符用于改变页面上数据行的数量，垂直分页符用于改变页面上数据列的数量。如果需要打印的工作簿内容较长，此时，可以通过手动插入分页符来调整其位置。插入分页符的具体操作步骤如下：

① 单击“文件”|“打开”|“浏览”按钮，打开一个 Excel 工作簿，如图 8-27 所示。

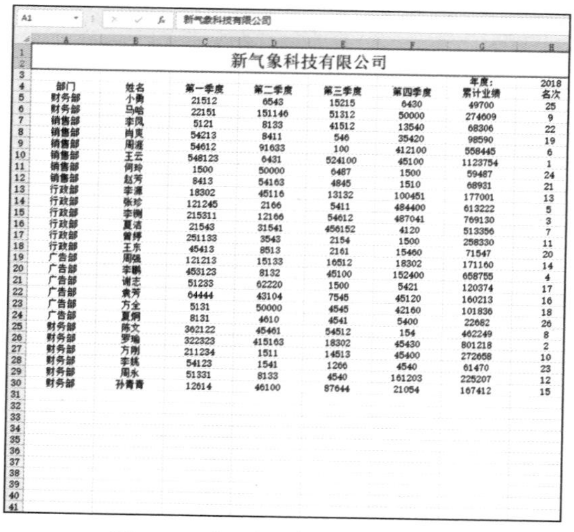

图 8-27 打开一个 Excel 工作簿

② 在工作表中选择需要在其上方插入分页符的单元格，如图 8-28 所示。

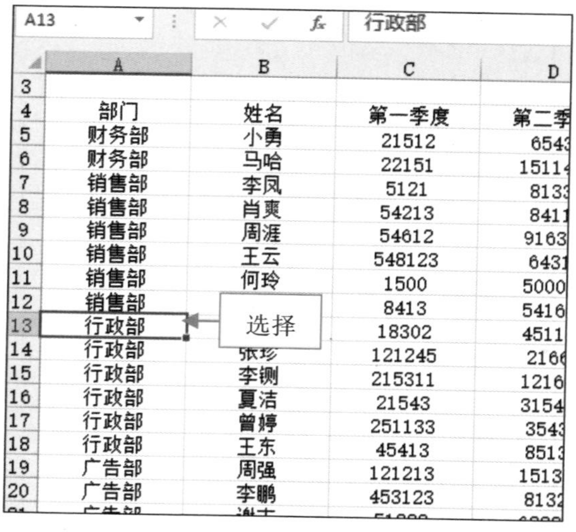

图 8-28 选择单元格区域

第8章

3 在“页面布局”选项卡下的“页面设置”选项组中单击“分隔符”按钮，在弹出的列表框中选择“插入分页符”选项，如图 8-29 所示。

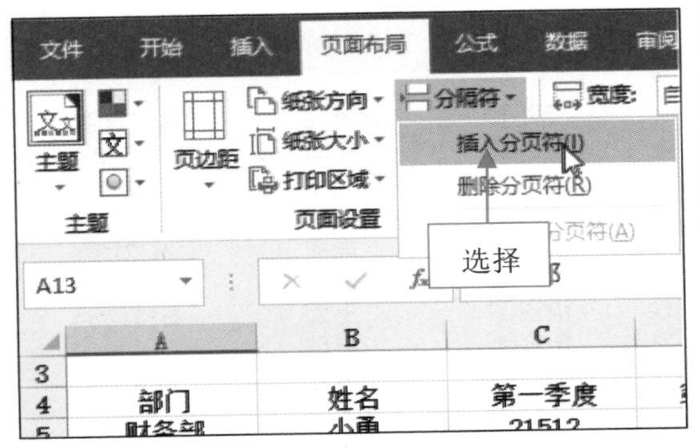

图 8-29　选择“插入分页符”选项

4 执行上述操作后，即可插入分页符，如图 8-30 所示。

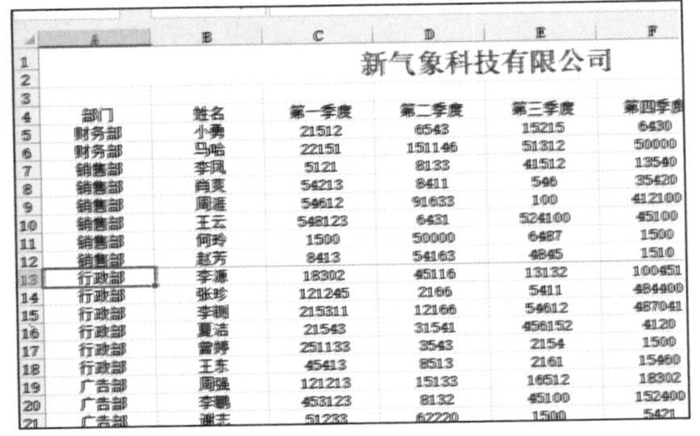

新气象科技有限公司

部门	姓名	第一季度	第二季度	第三季度	第四季度
财务部	小勇	21512	6543	15215	6430
财务部	马哈	22151	151146	51312	50000
销售部	李凤	5121	8133	41512	13540
销售部	肖爽	54213	8411	546	35420
销售部	周涯	54612	91633	100	412100
销售部	王云	548123	6431	524100	45100
销售部	何玲	1500	50000	6487	1500
销售部	赵芳	8413	54163	4845	1510
行政部	李源	18302	45116	13132	100451
行政部	张珍	121245	2166	5411	484400
行政部	李翻	215311	12166	54612	487041
行政部	夏洁	21543	31541	456152	4120
行政部	曾婷	251133	3543	2154	1500
行政部	王东	45413	8513	2161	15460
广告部	周强	121213	15133	16512	18302
广告部	李鹏	453123	8132	45100	152400
广告部	谢志	51233	62220	1500	5421

图 8-30　插入分页符

8.2.2　编辑分页符

在 Excel 2016 工作表中插入分页符后，可以根据需要对插入的分页符进行编辑。编辑分页符的具体操作步骤如下：

专家提醒

在“分布预览”视图中，可以通过拖曳鼠标的方法来改变分页符在工作表中的位置。

1 打开上一例效果文件，切换至“视图”选项卡，如图 8-31 所示。

图 8-31　切换至“视图”选项卡

2 在工作簿“视图”选项组中，单击“分页预览”按钮，如图 8-32 所示。

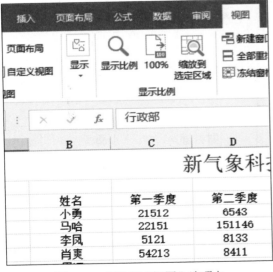

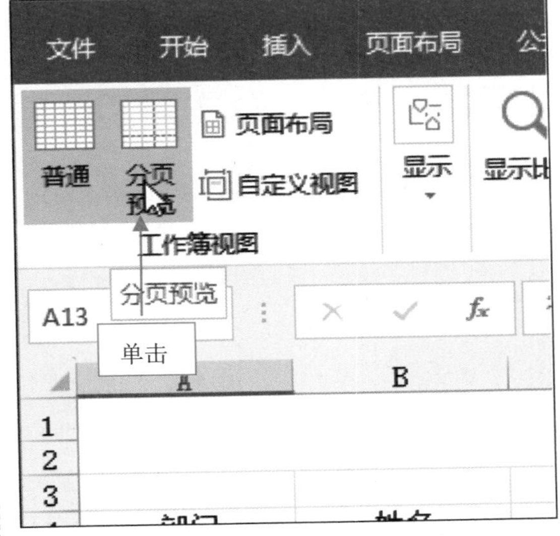

图 8-32　单击“分页预览”按钮

3 进入“分页预览”模式，移动鼠标指针至分页符处，按住鼠标左键并拖曳至目标位置，如图 8-33 所示。

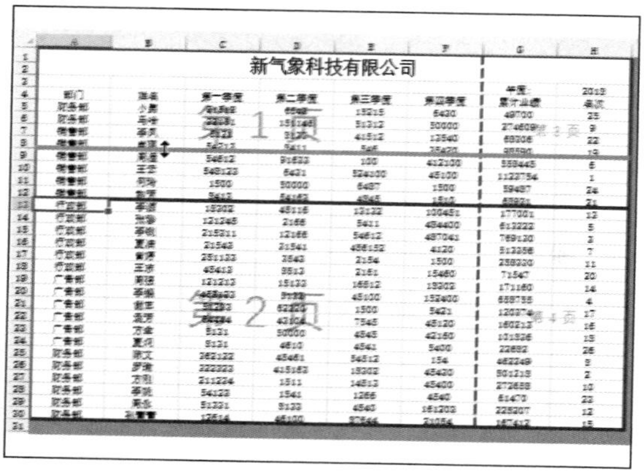

图 8-33 拖曳鼠标

4 释放鼠标左键，切换至普通视图，即可查看分页符的移动，如图 8-34 所示。

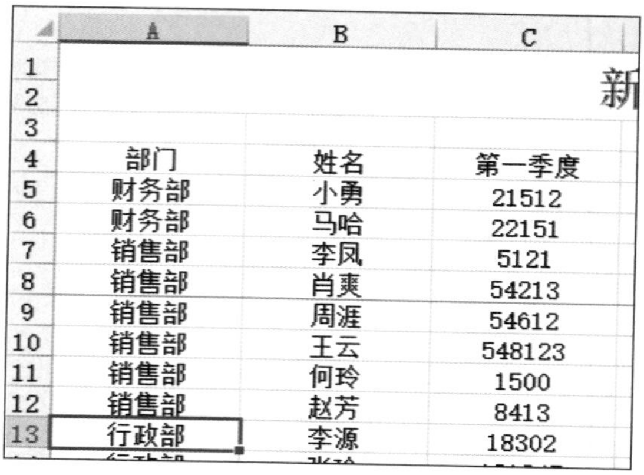

图 8-34 查看分页符

8.2.3 删除分页符

在 Excel 2016 中，插入分页符后如果不再需要该分页符，可以根据需要将其删除。删除分页符的具体操作步骤如下：

专家提醒

在 Excel 2016 中，若要删除分页符，需要先选择插入该分页符时所选择的单元格，然后在“页面布局”选项卡下的“页面设置”选项组中，单击“分隔符”按钮，在弹出的下拉菜单中选择“删除分页符”选项即可。如果在弹出的下拉菜单中选择“重设所有分页符”选项，可以删除工作表中的所有分页符。

1 打开上一例效果文件，切换至“页面布局”选项卡，如图 8-35 所示。

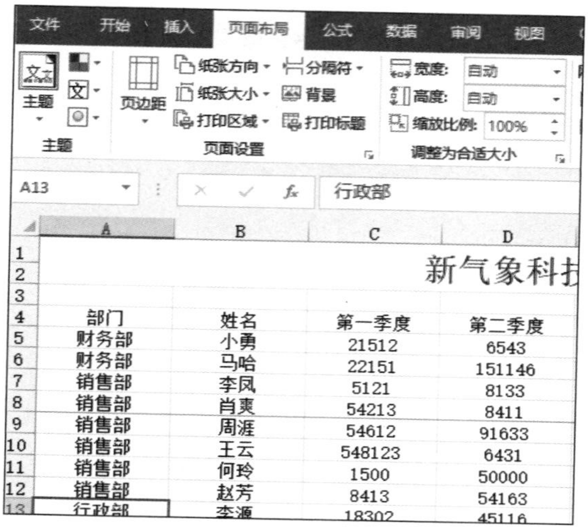

图 8-35 切换至“页面布局”选项卡

2 在工作表中选择插入的分页符下的某个单元格，如图 8-36 所示。

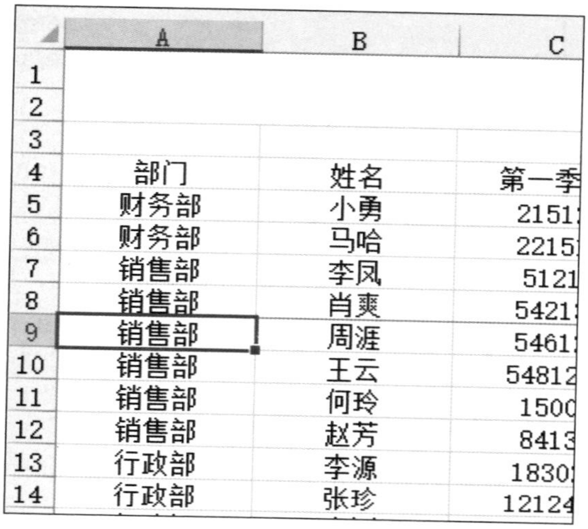

图 8-36 选择单元格

3 在“页面设置”选项组中，单击“分隔符”按钮，在弹出的列表框中选择“删除分页符”选项，如图 8-37 所示。

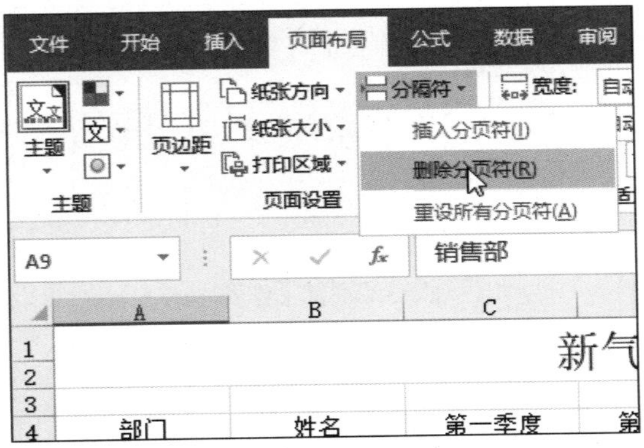

图 8-37　选择“删除分页符”选项

4 执行上述操作后，即可删除分页符，如图 8-38 所示。

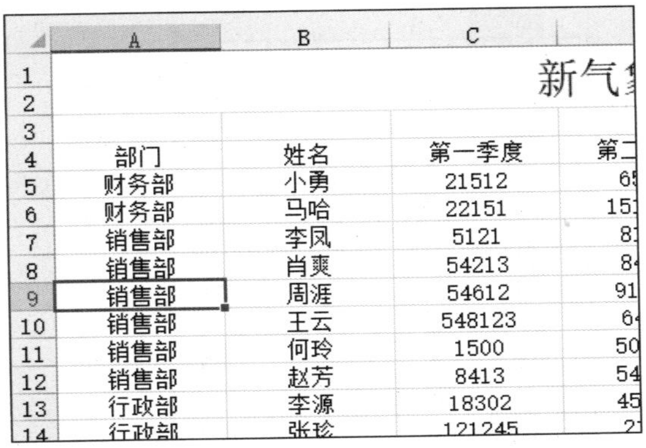

	A	B	C	
1			新气	
2				
3				
4	部门	姓名	第一季度	第二
5	财务部	小勇	21512	6
6	财务部	马哈	22151	15
7	销售部	李凤	5121	8
8	销售部	肖爽	54213	8
9	销售部	周涯	54612	91
10	销售部	王云	548123	6
11	销售部	何玲	1500	50
12	销售部	赵芳	8413	54
13	行政部	李源	18302	45
14	行政部	张珍	121245	2

图 8-38　删除分页符

8.3　打印文件

在 Excel 2016 中，对工作表进行打印设置完成后，可以对需要打印的文件进行预览。若对打印预览的效果满意，就可以开始打印文件。本节主要介绍打印工作表、打印指定内容和预览打印效果等内容。

8.3.1　预览打印效果

在 Excel 2016 中进行打印操作前，应该先对工作簿文件进行打印预览。预览打印效果的具体操作步骤如下：

1 单击“文件”|“打印”命令，在弹出的面板右下角单击“缩放到页面”按钮，如图 8-39 所示。

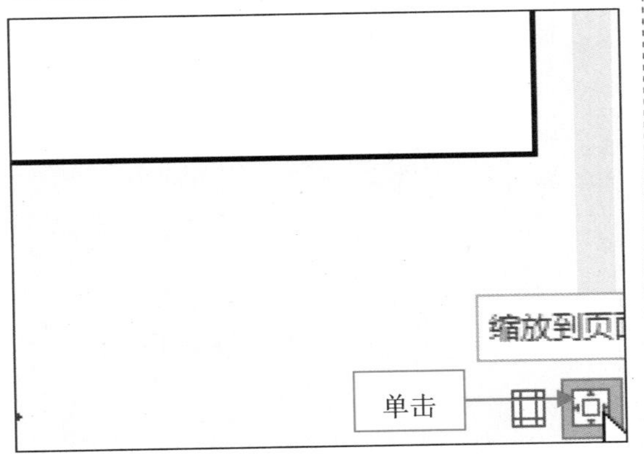

图 8-39　单击“缩放到页面”按钮

2 执行上述操作后，即可预览打印效果如图 8-40 所示。

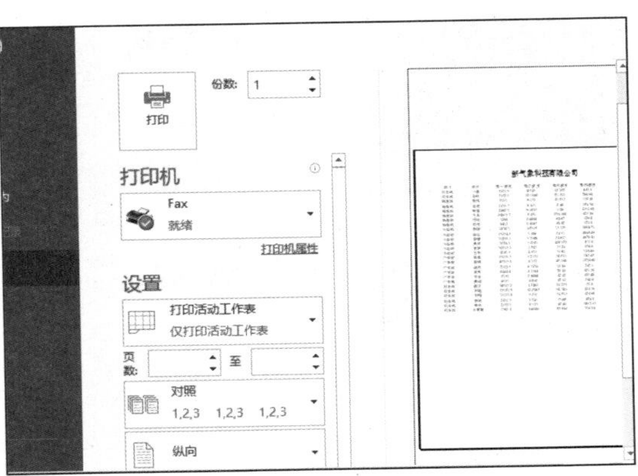

图 8-40　预览打印效果

8.3.2　打印指定内容

在 Excel 2016 中，可以根据需要打印指定的内容。打印指定内容的具体操作步骤如下：

1 单击“文件”|“打开”|“浏览”按钮，打开一个 Excel 工作簿，选择打印内容，如图 8-41 所示。

	A	B	C	D	E
1			学生成绩表		
2	学号	姓名	语文	英语	数学
3	0030	谢志	90	88	50
4	0031	范军	61	77	85
5	0032	曾虹	70	68	77
6	0033	赵芳	100	61	98
7	0034	游松	80	95	90
8	0035	秦怡	90	94	99
9	0036	孙洁	61	100	90
10	0037	周源	34	77	80
11	0038	田龙	90	60	75
12					

图 8-41　选择打印内容

2 单击“文件”|“打印”命令，如图 8-42 所示。

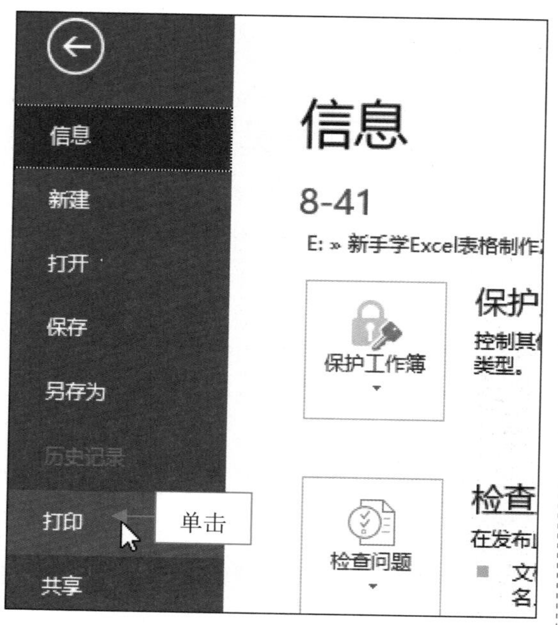

图 8-42　单击“打印”命令

3 在“设置”选项区中单击下拉按钮，选择“打印选定区域”选项，如图 8-43 所示。

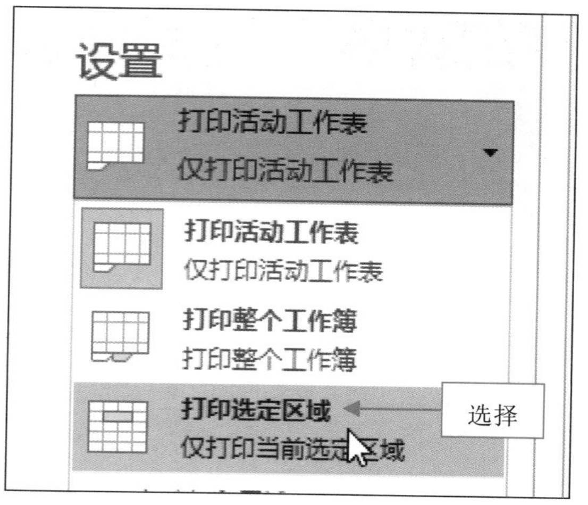

图 8-43　选择“打印选定区域”选项

4 单击“打印”按钮，如图 8-44 所示，即可打印指定内容。

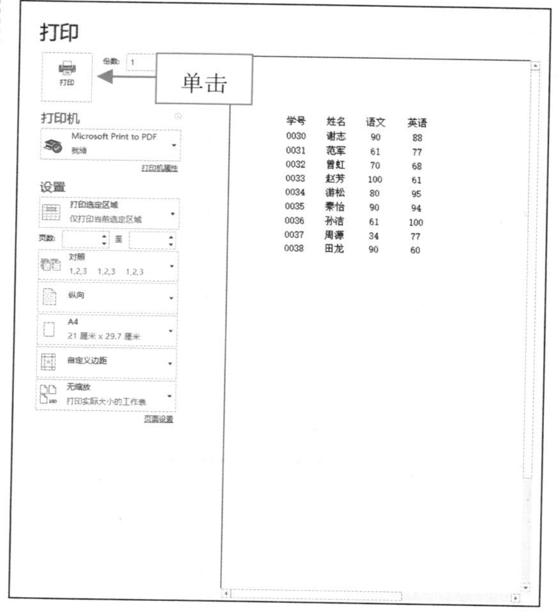

图 8-44　打印指定内容

8.3.3　打印工作表

在 Excel 2016 中，工作表中包含的数据很多，但有时只需打印其中一部分数据，或是只需打印多页工作表中的某一页，可以根据需要设置打印工作表。在 Excel 的快速访问工具栏中，单击“快速打印”按钮，可以快速打印当前工作表。打印工作表的具体操作步骤如下：

1 单击“文件”|“打开”|“浏览”按钮，打开一个 Excel 工作簿，如图 8-45 所示。

运鸿集团财务会计科目			
科目代号	科目名称	科目代号	科目名称
1020	资产	1220	预付货款
1100	流动资产	1230	预付税捐
1130	现金	1250	预付租金
1120	银行存款	1260	其它预付款
1121	银行存款—活存	1300	基金及长期投资
1122	银行存款—甲存	1312	基金
1130	短期投资	1320	长期投资
1140	应收票据	1400	固定资产
1141	应收票据折价	1419	土地
1145	备抵呆帐-应收票据	1420	房屋建筑
1150	应收帐款	1460	累计折旧-房屋建筑
1160	备抵呆帐-应收帐款	1500	生财器具

图 8-45　打开一个 Excel 工作簿

2 单击“文件”|“打印”按钮，如图 8-46 所示。

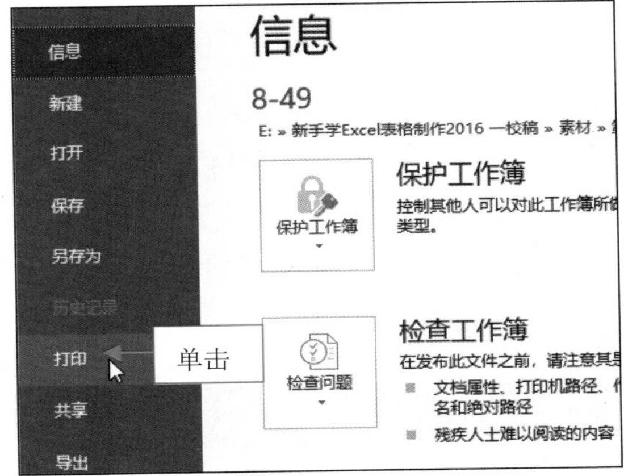

图 8-46　单击“打印”命令

3 在“设置”选项区中，单击下拉按钮，选择“打印活动工作表”选项，如图 8-47 所示。

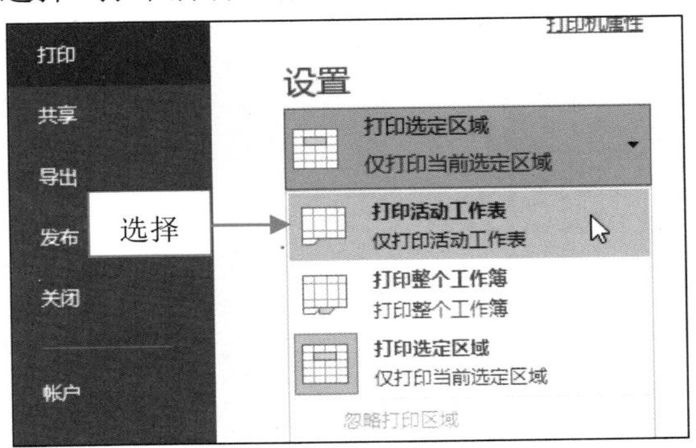

图 8-47　选择“打印活动工作表”选项

4 单击“打印”按钮，如图 8-48 所示，即可打印活动工作表。

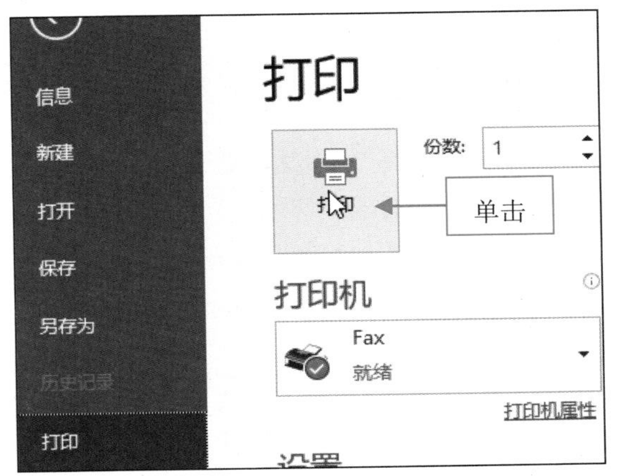

图 8-48　打印工作表

专家提醒

在 Excel 2016 中，打印整个工作簿的操作与打印工作表类似，只需在“设置”选项区中，选择“打印整个工作簿”选项即可。

8.4　共享与保护工作簿

在 Excel 2016 中提供了共享与保护工作簿功能，若计算机已经连接到一个网络中，可以使用该功能来共享与保护工作簿。本节主要介绍在网络上打开工作簿、设置共享工作簿、设置工作簿密码以及保护共享工作簿等内容。

扫码观看本节视频

8.4.1　在网络上打开工作簿

如果计算机已经连接到了一个网络上，那么就可以打开保存在网络共享文件夹中的工作簿文件。在网络上打开工作簿的具体操作步骤如下：

1 单击“文件”|“打开”|“浏览”按钮，弹出“打开”对话框，选择“网络”选项，如图 8-49 所示。

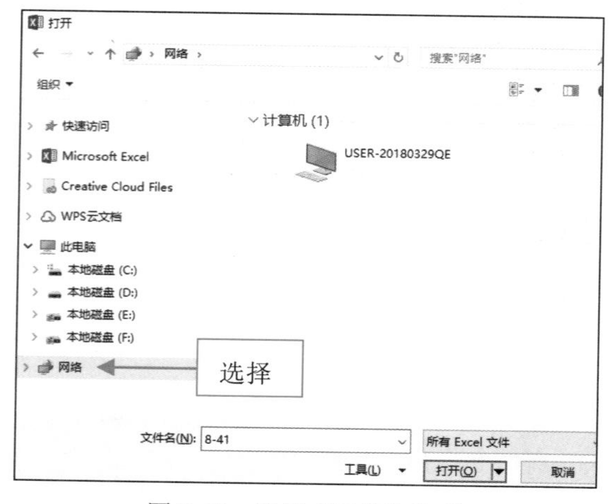

图 8-49 选择“网络”选项

2 在共享文件夹中选择需要打开的工作簿文件，单击“打开”按钮，即可打开所选工作簿，如图 8-50 所示。

图 8-50 在网络上打开工作簿

8.4.2 设置共享工作簿

在 Excel 2016 中，为了便于局域网中的用户阅读工作簿，可以把工作簿设置为共享。设置共享工作簿的具体操作步骤如下：

1 单击“文件”|“打开”|“浏览”命令，打开一个 Excel 工作簿，如图 8-51 所示。

A	B	C	D	E
销售报表				
业务员	产品	单价	数量	金额
王刚	洗面奶	40	160	7200
谢导	洗发水	58	190	11020
李凤	护手霜	42	240	25000
杨明	沐浴露	45	150	18660
游鸿	护发素	60	280	22480
何蓉	洗面奶	35	160	26300
阳珍	洗发水	42	240	30120
彭文	护手霜	20	250	33940
张兰	沐浴露	36	260	25000
曾婷	护发素	42	160	41580

图 8-51 打开一个 Excel 工作簿

2 在“审阅”选项卡下的“更改”选项组中单击“共享工作簿”按钮，如图 8-52 所示。

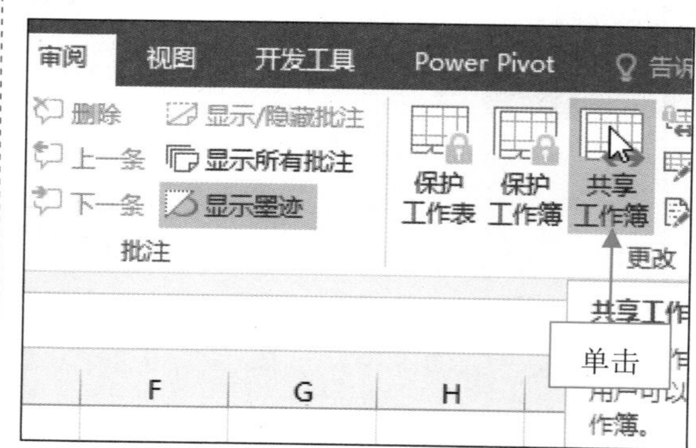

图 8-52 单击“共享工作簿”按钮

专家提醒

在“共享工作簿”对话框中选中“允许多用户同时编辑，同时允许工作簿合并”复选框后，用户不仅可以对工作簿进行查看，同时还可以进行编辑。

3 弹出“共享工作簿”对话框，选中“允许多用户同时编辑，同时允许工作簿合并”复选框，如图 8-53 所示。

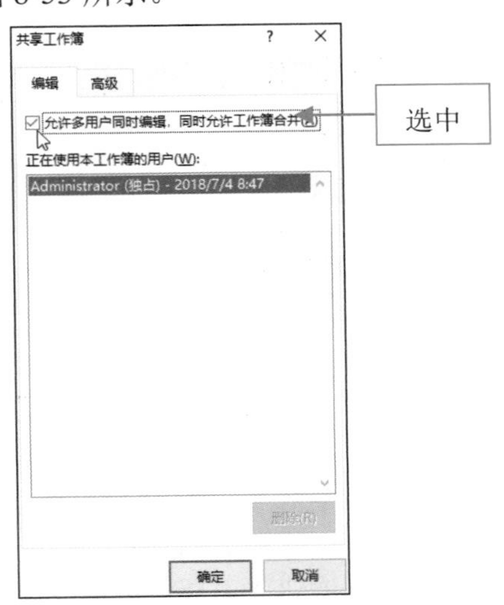

图 8-53　选中相应复选框

4 切换至“高级”选项卡，选中“自动更新间隔”单选按钮，如图 8-54 所示。

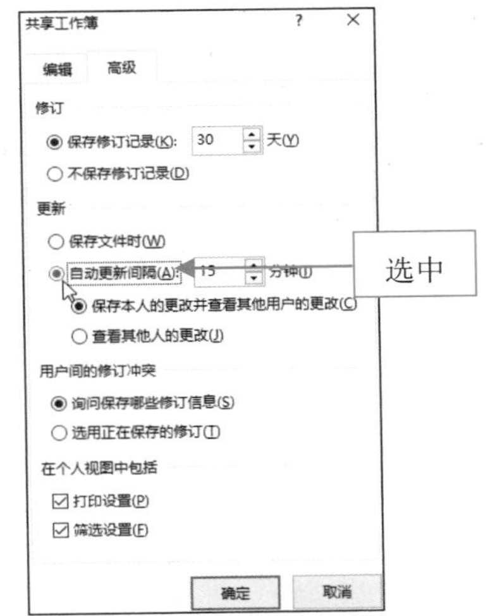

图 8-54　选中“自动更新间隔”单选按钮

5 执行上述操作后，单击“确定”按钮，弹出提示信息框，如图 8-55 所示。

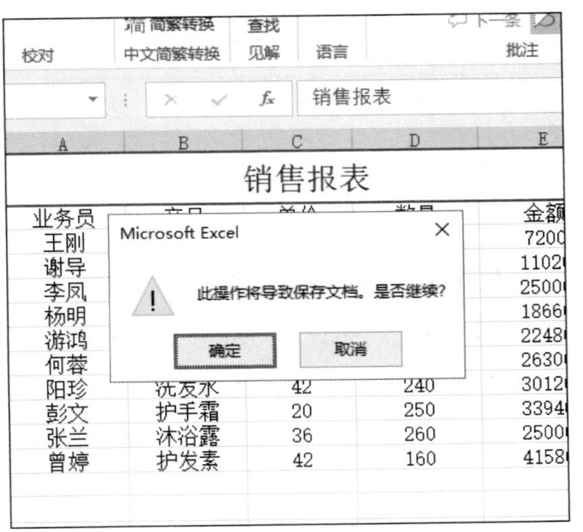

图 8-55　弹出提示信息框

6 单击“确定”按钮，即可共享工作簿，如图 8-56 所示。

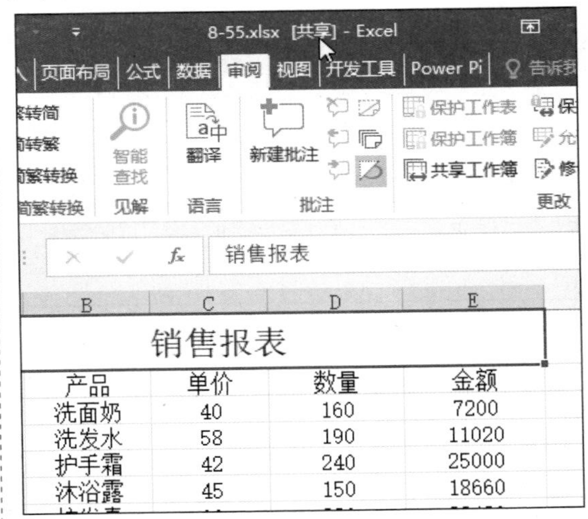

图 8-56　设置共享工作簿

8.4.3　设置工作簿密码

为了防止其他用户随意打开或修改工作簿中的内容，可以为工作簿设置密码。设置工作簿密码的具体操作步骤如下：

专家提醒

在 Excel 2016 中，对工作簿进行加密后，如果密码丢失或遗忘，则无法将其恢复，所以建议在设置密码时要慎重。在设置工作簿密码时，应注意工作簿密码是区分大小写的。

1 单击“文件”|“打开”|“浏览”按钮，打开一个 Excel 工作簿，如图 8-57 所示。

	A	B	C	D
1	销售财务报表			
2	单位名称	DVD	磁带	总计
3	芙蓉店	4000	5500	9500
4	雨花店	4500	6700	11200
5	岳麓店	8500	8500	17000
6	万家丽店	4500	5500	10000
7	五一店	5500	6700	12200

图 8-57　打开一个 Excel 工作簿

2 切换至“审阅”选项卡，在“更改”选项组中，单击“保护工作簿”按钮，如图 8-58 所示。

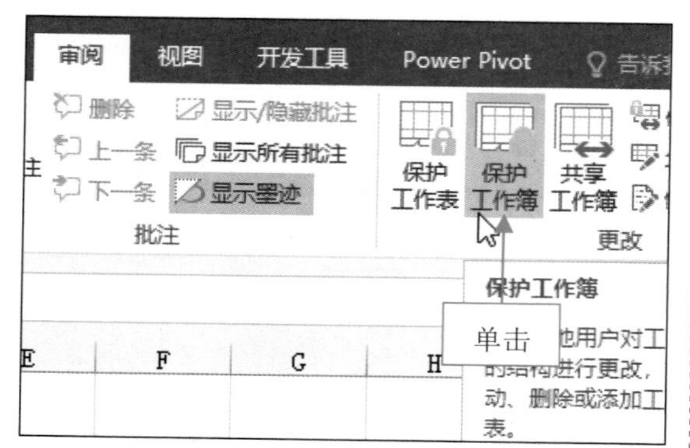

图 8-58　单击“保护工作簿”按钮

3 弹出“保护结构和窗口”对话框，在“密码”文本框中输入密码，如图 8-59 所示。

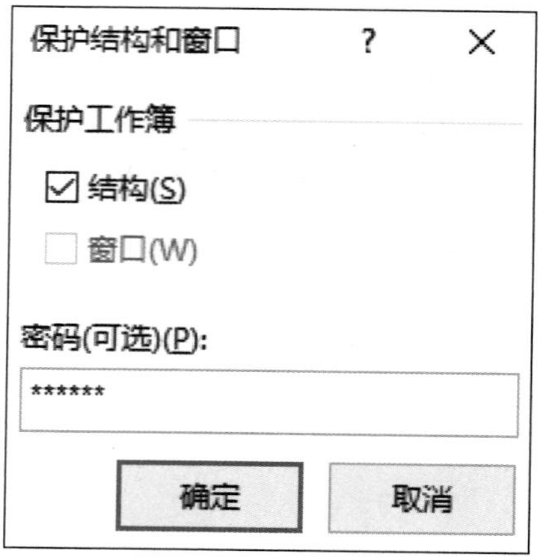

保护结构和窗口

保护工作簿

结构(S)

窗口(W)

密码(可选)(P):

******

确定　取消

图 8-59　输入密码

4 单击“确定”按钮，弹出“确认密码”对话框，再次输入密码，单击“确定”按钮即完成工作簿密码的设置，如图 8-60 所示。

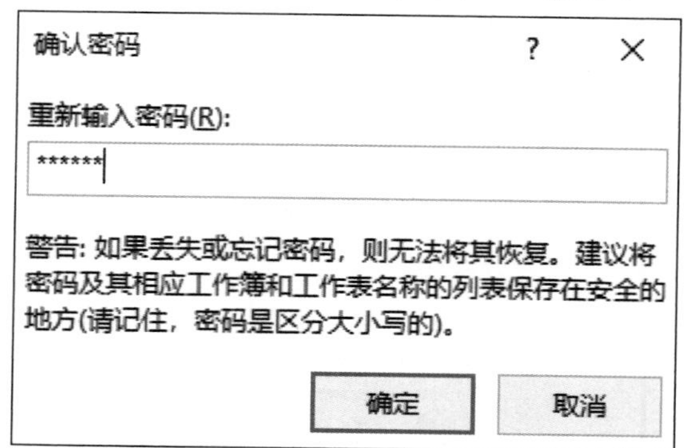

图 8-60　设置工作簿密码

8.4.4　保护共享工作簿

在 Excel 2016 中，任何能够访问网络资源的用户都可以访问共享工作簿，并且具有相同的权限，为了防止共享工作簿的共享状态被修改，需要对共享的工作簿进行保护。保护共享工作簿的具体操作步骤如下：

专家提醒

在“保护共享工作簿”对话框中，“以跟踪修订方式共享”方法是指可以共享工作簿，并避免丢失修订记录。如果要设置密码，必须在工作簿共享之前设置密码。

1. 单击“文件”|“打开”|“浏览”按钮，打开一个 Excel 工作簿，如图 8-61 所示。

	A	B	C	D	E	F
1	工资表					
2	编号	姓名	部门	基本工资	地区津贴	奖金
3	1	王明	销售部	1500	150	300
4	2	谢导	行政部	1100	110	120
5	3	游糊	财务部	1300	130	220
6	4	吴强	企划部	1600	100	250
7	5	杨兴	销售部	1300	150	300
8	6	李键	人事部	1500	150	120
9	7	袁芳	财务部	1200	110	200
10	8	赵倩	企划部	1600	100	250
11	9	张珍	销售部	1300	130	220
12	10	曾琴	行政部	1300	150	300

图 8-61　打开一个 Excel 工作簿

2. 在“审阅”选项卡下的“更改”选项组中单击“保护并共享工作簿”按钮，如图 8-62 所示。

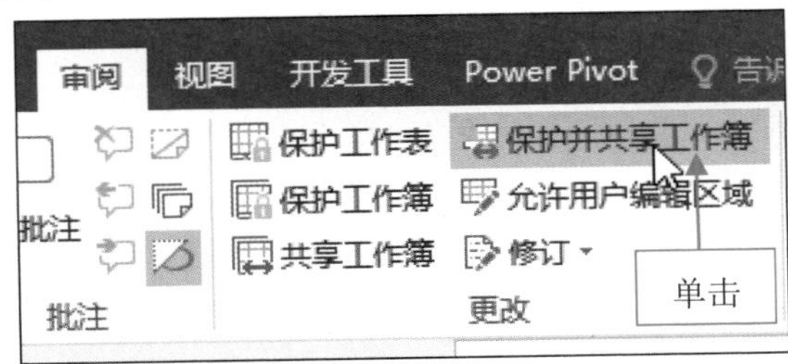

图 8-62　单击“保护并共享工作簿”按钮

3. 弹出“保护共享工作簿”对话框，在其中选中相应复选框，如图 8-63 所示。

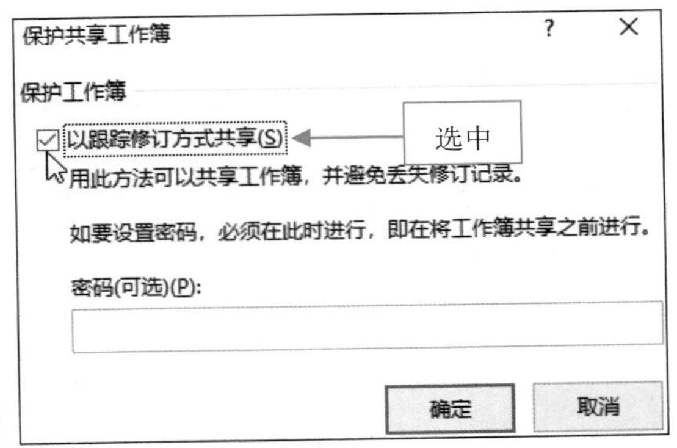

图 8-63　选中相应复选框

4. 单击“确定”按钮，即可保护共享的工作簿，如图 8-64 所示。

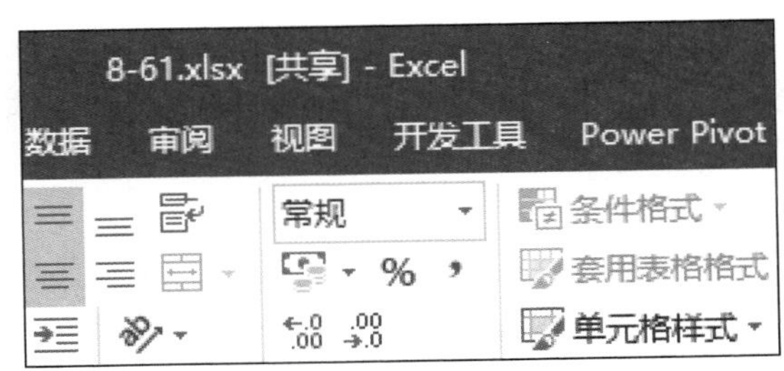

图 8-64　保护共享工作簿

8.4.5　撤销工作簿的共享状态

在 Excel 2016 中，如果不再需要共享工作簿，则可以撤销该工作簿的共享状态。撤销工作簿共享状态的具体操作步骤如下：

1. 单击“文件”|“打开”命令，打开一个要撤销共享的 Excel 工作簿，如图 8-65 所示。

	A	B	C	D	E
1	晨雨超市日常用品销售报表				
2	导购员员	产品	单价	数量	金额
3	王刚	防晒霜	40	160	7200
4	谢导	湿巾	2	190	11020
5	李凤	护手霜	42	240	25000
6	杨明	指甲油	15	150	18660
7	游鸿	护发素	60	280	22480
8	何蓉	洗面奶	35	160	26300
9	阳珍	洗发水	42	240	30120
10	彭文	湿巾	2	250	33940
11	张兰	沐浴露	36	260	25000
12	曾婷	指甲油	15	160	41580
13					
14					

图 8-65　打开一个 Excel 工作簿

2. 在“审阅”选项卡下的“更改”选项组中单击“共享工作簿”按钮，如图 8-66 所示。

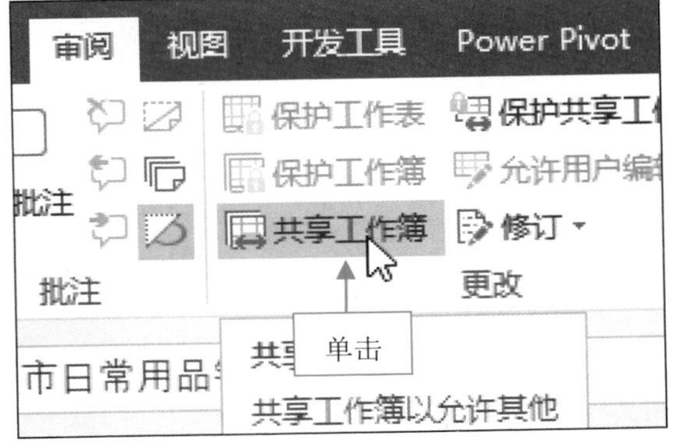

图 8-66　单击“共享工作簿”按钮

3 弹出“共享工作簿”对话框，在其中取消选中“允许多读者同时编辑，同时允许工作簿合并”复选框，如图 8-67 所示。

图 8-67 取消选中相应复选框

4 单击“确定”按钮，弹出提示信息框，单击“是”按钮，如图 8-68 所示，即可撤销工作簿的共享状态。

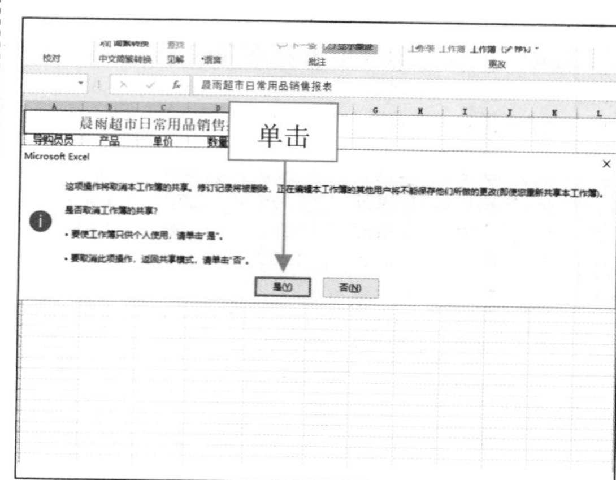

图 8-68 撤销工作簿的共享状态

学习笔记

第 9 章

行政与办公案例

在行政与办公工作中，常常需要制作各种各样的表格数据清单，用来进行数据运算、数据统计以及结果分析，使用 Excel 2016 可以使这些数据处理变得十分简单。

本章主要介绍 Excel 2016 在行政与办公中的应用，包括组织结构图、客户信息管理表和采购管理分析表等内容。

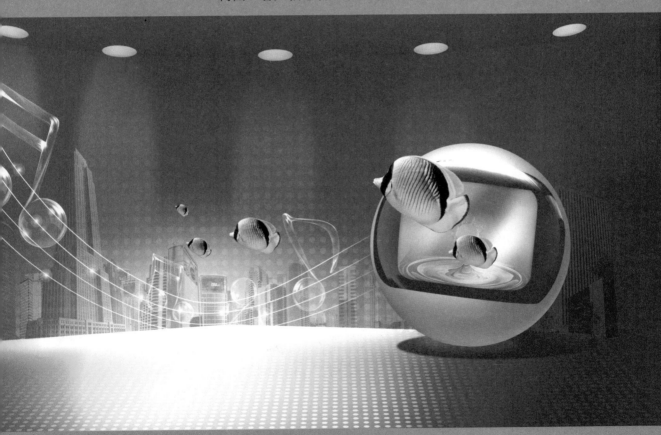

9.1 组织结构图

在 Excel 2016 中，为了使文字之间的关联表示得更加清晰，常常使用配有文字的插图。对于普通的文档，只需绘制形状，然后在其中输入文字即可满足需要，但如果想制作出具有专业设计师水准的插图，则需要借助 SmartArt 图形。本节主要介绍通过 SmartArt 图形创建组织结构图的具体操作方法，可以灵活快速地绘制出各种结构图。

扫码观看本节视频

本案例介绍制作组织结构图，效果如图 9-1 所示。

图 9-1 组织结构图

9.1.1 添加层次结构图

在创建组织结构图之前，首先要创建 SmartArt 图形，当创建的 SmartArt 图形满足不了需要时，可以根据需要在“设计”面板中添加图形，也可以更改图形的样式。创建层次结构图的具体操作步骤如下：

1 启动 Excel 2016 应用程序，创建一个空白工作簿，如图 9-2 所示。

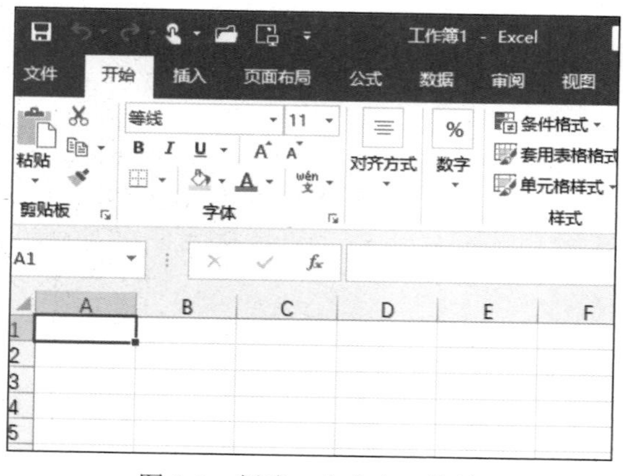

图 9-2 创建一个空白工作簿

2 在“插入”选项卡下的“插图”选项组中单击“SmartArt”按钮，如图 9-3 所示。

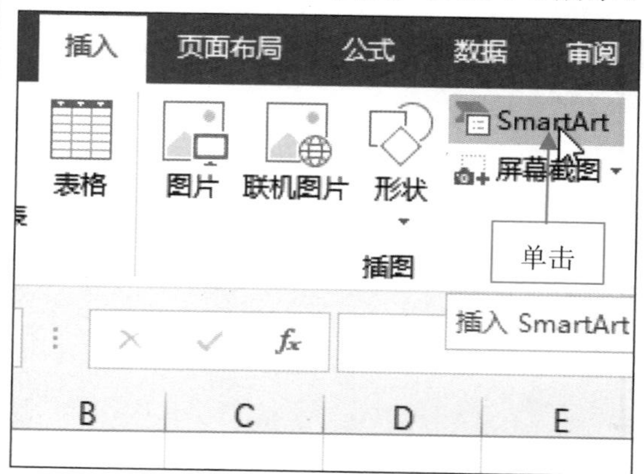

图 9-3 单击“SmartArt”按钮

3 弹出“选择 SmartArt 图形”对话框，在“层次结构”选项区中选择“层次结构”选项，如图 9-4 所示。

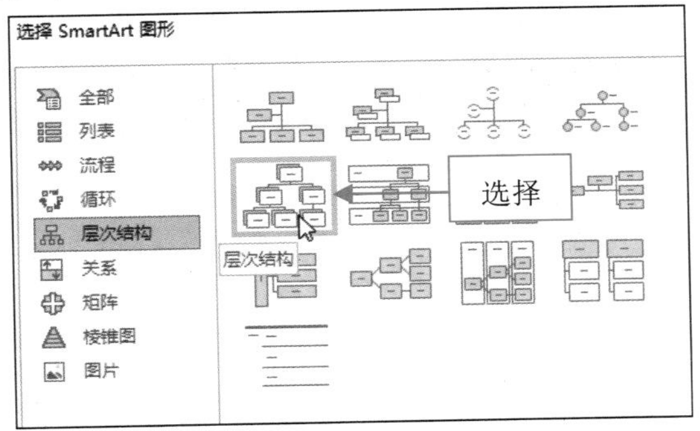

图 9-4　选择“层次结构”选项

4 单击“确定”按钮，即可在工作表中插入一个层次结构图，如图 9-5 所示。

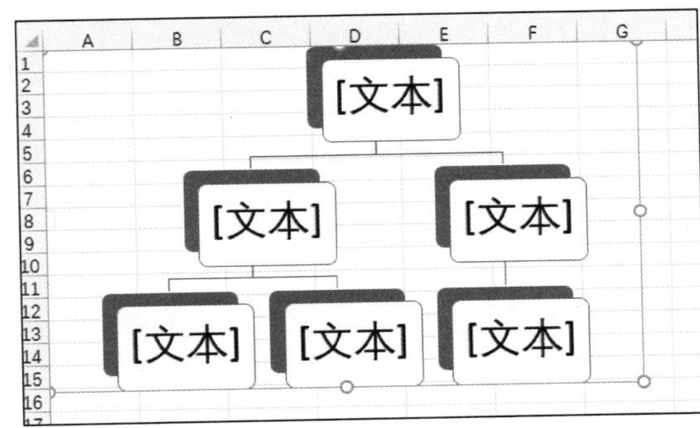

图 9-5　插入层次结构图

5 选择第二行的第二个文本框，在“SmartArt 工具”-“设计”选项卡下的“创建图形”选项组中单击“添加形状”右侧的下三角按钮，在弹出的列表框中选择“在后面添加形状”选项，如图 9-6 所示。

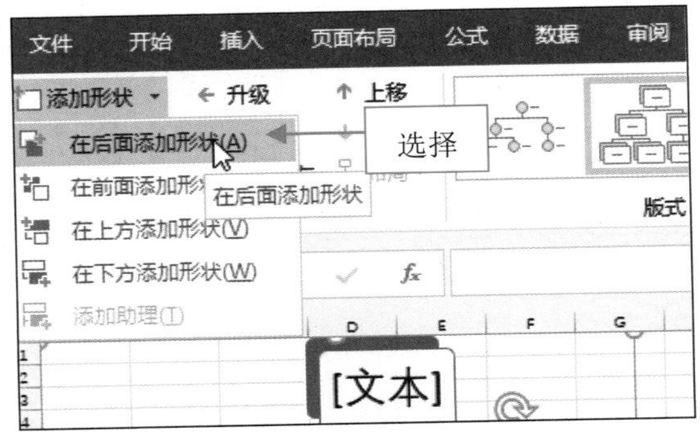

图 9-6　选择“在后面添加形状”选项

6 用与上述相同的方法，在添加的形状下再添加一个文本框，然后调整文本框的位置，如图 9-7 所示。

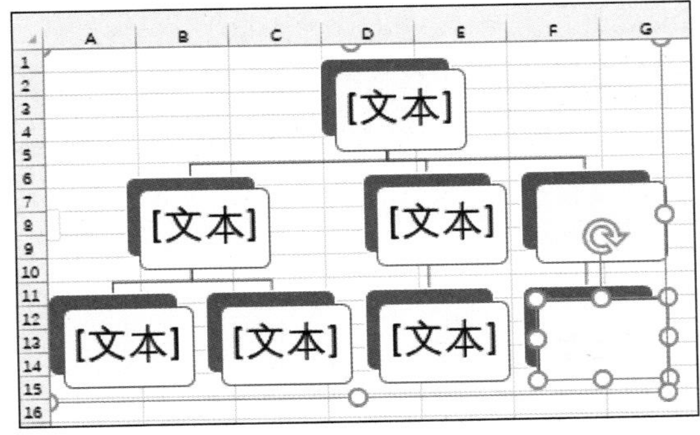

图 9-7　添加文本框

7 单击“文本”字样，在其中输入文本，用与上述相同的方法添加其他文本，如图 9-8 所示。

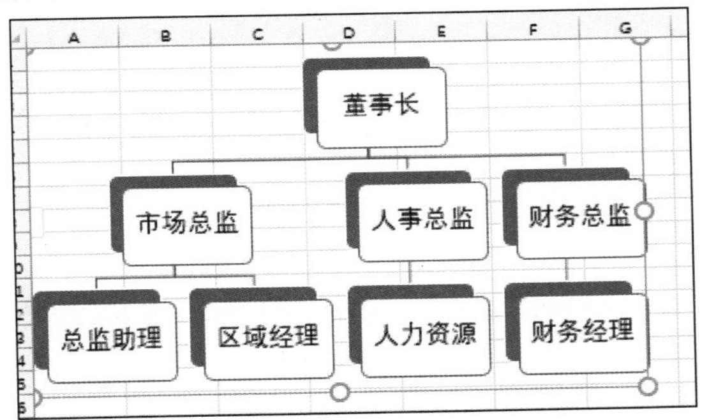

图 9-8　添加文本

8 切换至“开始”选项卡，在“字体”选项组中设置“字体”为“黑体”、“字号”为 20，如图 9-9 所示。

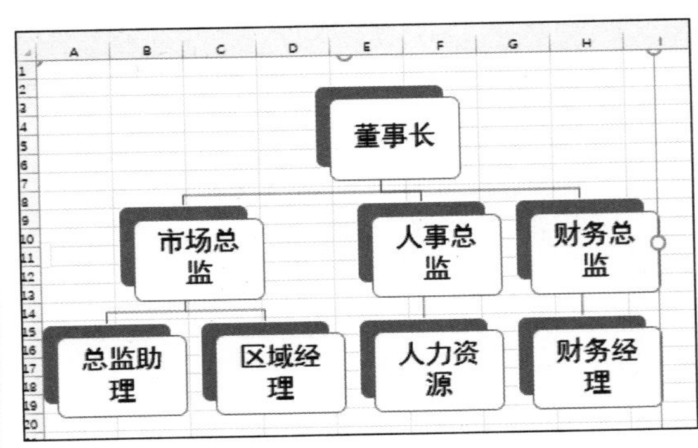

图 9-9　设置字体格式

9 选择层次结构图，切换至“SmartArt工具”-“设计”选项卡，单击“SmartArt样式”选项组中的“更改颜色”按钮，在弹出的列表框中选择一种颜色，如图9-10所示。

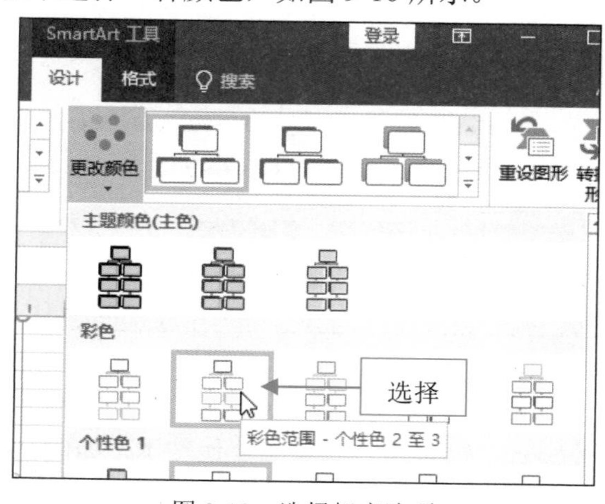

图9-10 选择相应选项

10 在“SmartArt样式”选项组中，单击“其他”按钮，在弹出的列表框中选择“强烈效果”选项，如图9-11所示，即可更改层次结构图的样式。

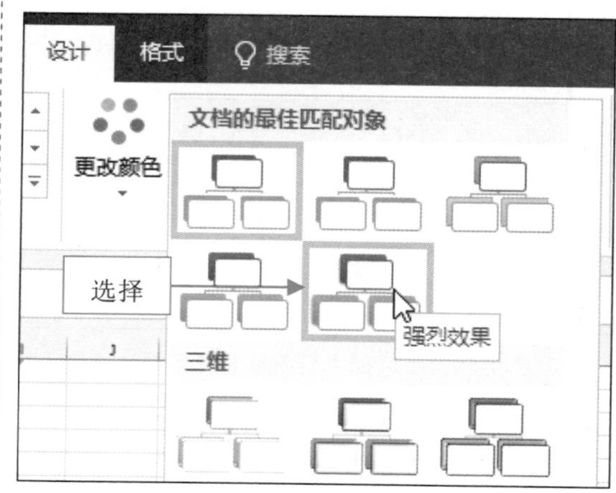

图9-11 选择相应选项

9.1.2 添加公司的名称

在Excel 2016中，创建的SmartArt图形是没有标题的，可以根据需要为SmartArt图形添加标题。添加公司名称的具体操作步骤如下：

1 调整层次结构图大小，切换至“插入”选项卡，单击“文本”选项组中的“文本框”按钮，在弹出的列表框中选择“横排文本框”选项，在图形上方绘制一个文本框，然后输入文本内容，如图9-12所示。

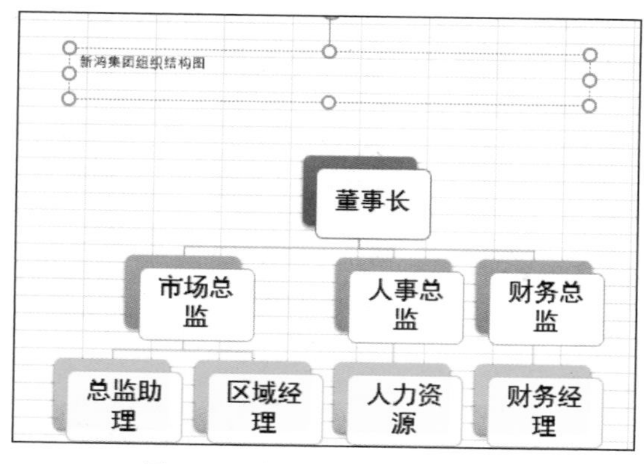

图9-12 在文本框中输入内容

2 选择文本内容，切换至“开始”选项卡，在“字体”选项组中设置文本的格式，调整文本框的大小位置，执行上述操作后，完成公司名称的添加，如图9-13所示。

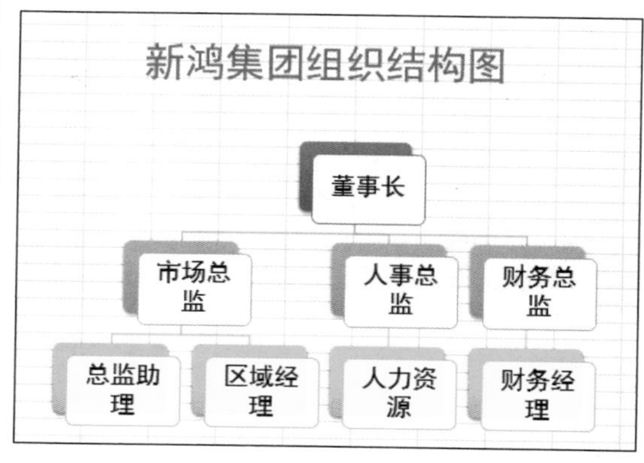

图9-13 添加公司名称

9.1.3 设置结构图背景

为了使创建的SmartArt图形更加美观形象，可以为其填充背景颜色，在Excel 2016中，有纹理、纯色、渐变等可供选择，也可以填充图片作为背景。设置结构图背景的具体操作步骤如下：

1 选择层次结构图，切换至“SmartArt 工具”-“格式”选项卡，如图 9-14 所示。

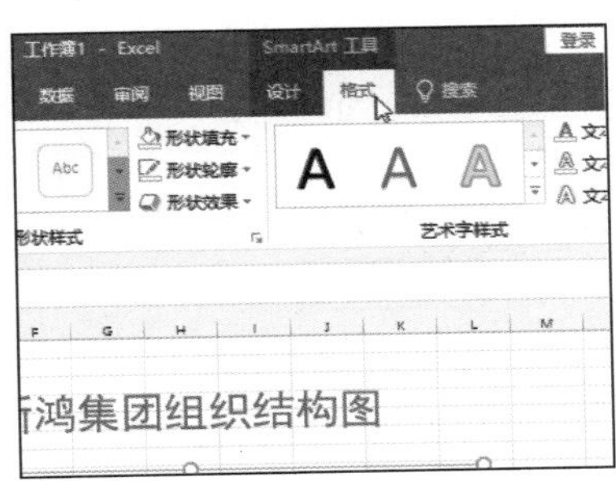

图 9-14　切换至“格式”选项卡

2 单击“形状样式”选项组中的“形状填充”按钮，在弹出的列表框中选择“图片”选项，如图 9-15 所示。

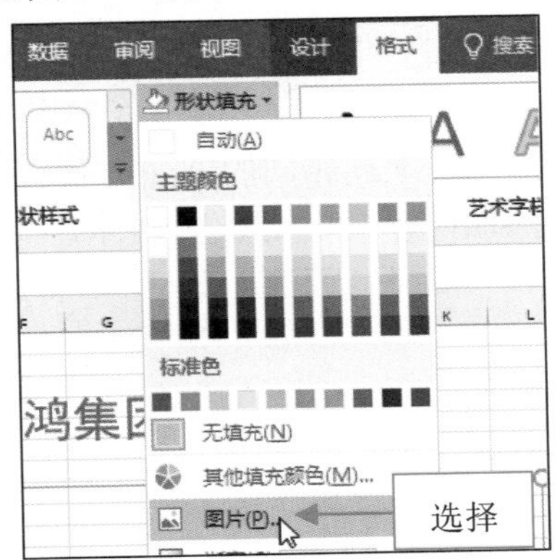

图 9-15　选择“图片”选项

3 弹出“插入图片”对话框选择“从文件浏览”选项，打开“插入图片”对话框，选择要插入的图片，如图 9-16 所示。

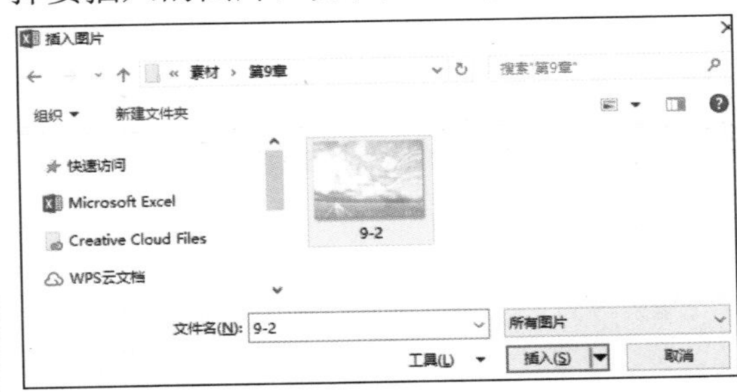

图 9-16　选择需要的图片

4 单击“插入”按钮，即可将图片插入到层次结构图中，如图 9-17 所示。

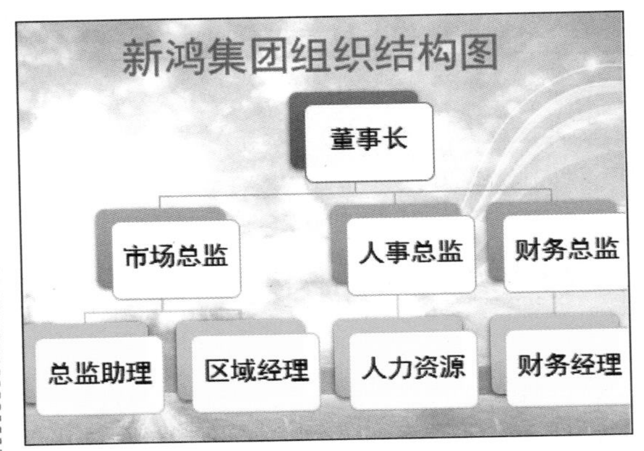

图 9-17　设置结构图背景

9.2　客户信息管理

现代企业在经营管理活动中，都将客户作为企业有机整体的一部分加以科学管理，以便更充分地利用客户资源。客户信息管理表是工作中应用性、操作性极强的管理表格。用 Excel 2016 能够快捷地创建客户信息管理表，以便以后的查找和阅读。

本案例介绍制作客户信息管理，效果如图 9-18 所示。

客户信息管理

编号	姓名	性别	出生年月	所在公司	所在职位	联系方式	联系地址
kh01	杨明	男	1989/12/12	艾美护肤	行政总监	1536986123	长沙五一大道89号
kh02	李青	男	1975/9/15	诚志网络	部门经理	1589875693	长沙人民路278号
kh03	王刚	男	1982/6/16	鑫宏科技	秘书	1569874563	长沙定王台137号
kh04	曾婷	女	1979/7/30	奔飞公司	销售部经理	1385964156	长沙八一路96号
kh05	陈旭	男	1982/12/10	艾美护肤	销售部经理	1894563254	长沙定王台221号
kh06	张凤	女	1985/11/12	时尚味觉	设计师	1874569326	长沙定王台47号
kh07	孙洁	女	1984/5/26	深度创意	人事主管	1552635126	长沙定王台78号
kh08	谢南平	男	1978/5/14	时尚味觉	程序员	1526248849	长沙人民路169号
kh09	周志涯	男	1980/9/18	摩根科技	秘书	1396591236	长沙芙蓉路56号
kh10	林云	女	1983/1/20	艾美护肤	设计师	1551265698	长沙五一路89号
kh11	曾美	女	1988/8/8	零度技术	行政总监	1869231023	长沙白沙路241号
kh12	叶璇	女	1979/7/9	爱梦婚纱	前台	1596311485	长沙五一路89号
kh13	代芳	女	1990/6/23	星辉公司	软件测试师	1347659452	长沙书院路45号
kh14	李依依	女	1983/6/10	零度技术	摄影师	1314589562	长沙书院路75号
kh15	蒋磊	男	1975/2/9	艾美护肤	人事主管	1895623369	长沙人民路145号
kh16	蒋雨倩	女	1979/8/26	零度技术	动漫设计师	1594632013	长沙东塘120号

图 9-18　客户信息管理

9.2.1 添加表格内容

在创建客户信息管理表之前，首先得添加表格内容。添加表格内容的具体操作步骤如下：

1. 启动 Excel 2016 应用程序，创建一个空白工作簿，如图 9-19 所示。

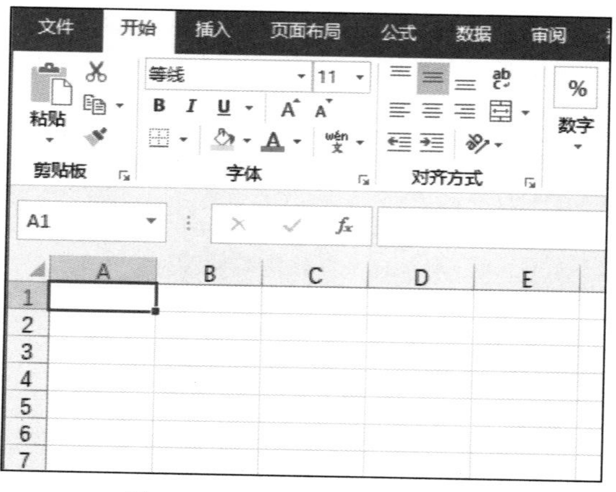

图 9-19 创建一个空白工作簿

2. 在单元格 A1 中输入“客户信息管理”，如图 9-20 所示。

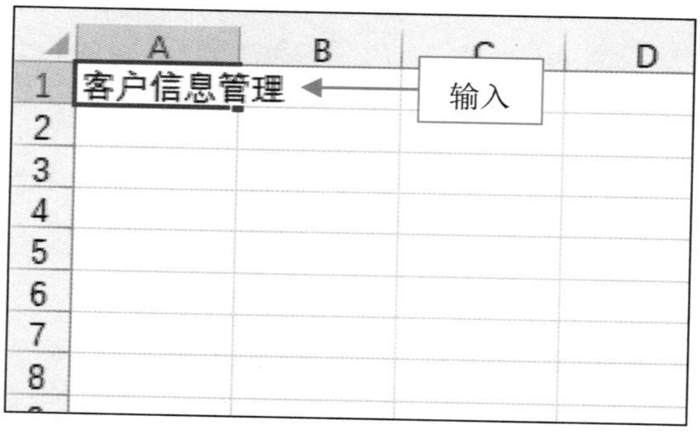

图 9-20 输入“客户信息管理”

3. 选择 A2 单元格，在单元格中输入“编号”，如图 9-21 所示。

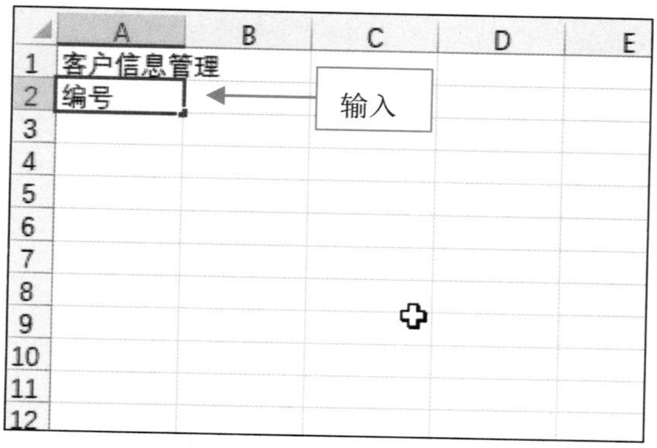

图 9-21 输入“编号”

4. 按方向键“→”将鼠标定位到 B2 单元格，如图 9-22 所示。

图 9-22 定位单元格

5. 用与上述相同的方法，在第 2 行各单元格中添加内容，如图 9-23 所示。

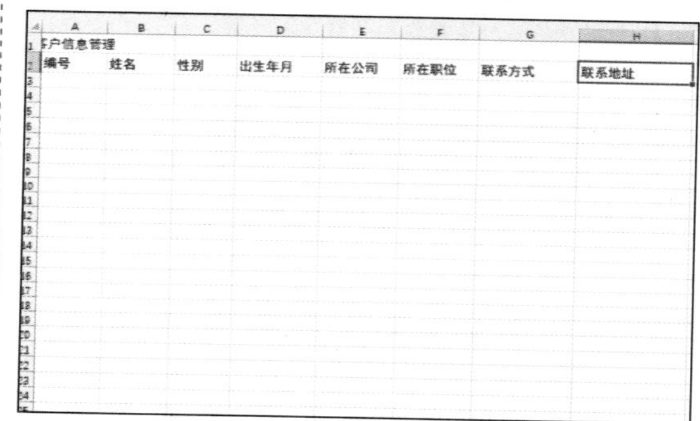

客户信息管理							
编号	姓名	性别	出生年月	所在公司	所在职位	联系方式	联系地址

图 9-23 添加内容

6. 在其他相应单元格中输入数据，如图 9-24 所示。

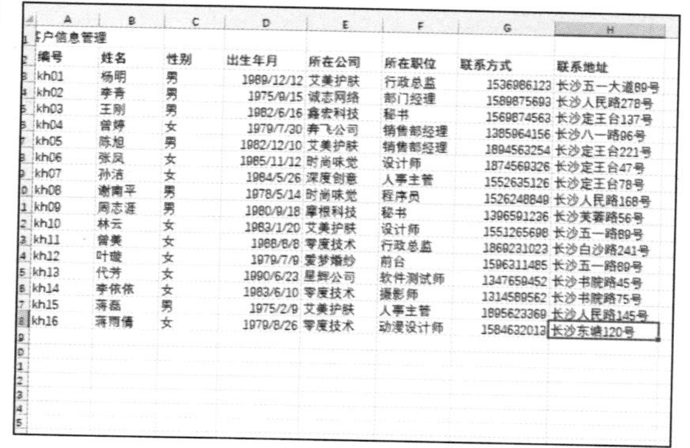

客户信息管理							
编号	姓名	性别	出生年月	所在公司	所在职位	联系方式	联系地址
kh01	杨明	男	1989/12/12	艾美护肤	行政总监	1536986123	长沙五一大道89号
kh02	李青	男	1975/9/15	诚志网络	部门经理	1589875693	长沙人民路278号
kh03	王刚	男	1982/6/16	鑫宏科技	秘书	1569874563	长沙定王台137号
kh04	曾婷	女	1979/7/30	奔飞公司	销售部经理	1385964156	长沙八一路96号
kh05	陈旭	男	1982/12/10	艾美护肤	销售部经理	1894563254	长沙定王台221号
kh06	张凤	女	1985/11/12	时尚味觉	设计师	1874569326	长沙定王台47号
kh07	孙洁	女	1984/5/26	深度创意	人事主管	1552635126	长沙定王台78号
kh08	谢南平	男	1978/5/14	时尚味觉	程序员	1526248849	长沙人民路168号
kh09	周志涯	男	1980/9/18	摩根科技	秘书	1396591236	长沙芙蓉路56号
kh10	林云	女	1983/1/20	艾美护肤	设计师	1551265698	长沙五一路89号
kh11	曾美	女	1988/8/8	零度技术	行政总监	1869231023	长沙白沙路241号
kh12	叶薇	女	1979/7/9	爱梦婚纱	前台	1596311485	长沙五一路89号
kh13	代芳	女	1990/6/23	星辉公司	软件测试师	1347659452	长沙书院路45号
kh14	李依依	女	1983/6/10	零度技术	摄影师	1314589562	长沙书院路75号
kh15	蒋磊	男	1975/2/9	艾美护肤	人事主管	1895623369	长沙人民路145号
kh16	蒋雨倩	女	1979/8/26	零度技术	动漫设计师	1584632013	长沙东塘120号

图 9-24 输入数据

7. 选择 A3 单元格，在其中输入 kh01，如图 9-25 所示。

	A	B	C	D
1	客户信息管理			
2	编号	姓名	性别	出生年月
3	kh01	杨明	男	
4		李青	男	
5		王刚	男	
6		曾婷	女	
7		陈旭	男	
8		张凤	女	
9		孙洁	女	
10		谢南平	男	
11		周志涯	男	
12		林云	女	
13		曾美	女	
14		叶璇	女	
15		代芳	女	

图 9-25　输入 kh01

8. 选择 A3 单元格，将鼠标指针移至右下角，此时鼠标指针呈✚形状，如图 9-26 所示。

	A	B	C	D
1	客户信息管理			
2	编号	姓名	性别	出生年
3	kh01	杨明	男	
4		李青	男	
5		王刚	男	
6		曾婷	女	
7		陈旭	男	
8		张凤	女	
9		孙洁	女	

图 9-26　选择单元格

9. 按住鼠标并向下拖曳，至 A18 单元格释放，即可自动填充单元格，如图 9-27 所示。

	A	B	C	D	E	F
1	客户信息管理					
2	编号	姓名	性别	出生年月	所在公司	所在职位
3	kh01	杨明	男		艾美护肤	行政总监
4	kh02	李青	男		诚志网络	部门经理
5	kh03	王刚	男		鑫宏科技	秘书
6	kh04	曾婷	女		奔飞公司	销售部经理
7	kh05	陈旭	男		艾美护肤	销售部经理
8	kh06	张凤	女		时尚味觉	设计师
9	kh07	孙洁	女		深度创意	人事主管
10	kh08	谢南平	男		时尚味觉	程序员
11	kh09	周志涯	男		摩根科技	秘书
12	kh10	林云	女		艾美护肤	设计师
13	kh11	曾美	女		零度技术	行政总监
14	kh12	叶璇	女		爱梦婚纱	前台
15	kh13	代芳	女		星辉公司	软件测试师
16	kh14	李依依	女		零度技术	摄影师
17	kh15	蒋磊	男		艾美护肤	人事主管
18	kh16	蒋雨倩	女		零度技术	动漫设计师

图 9-27　自动填充单元格

10. 在工作表中选择 D3:D18 单元格区域，如图 9-28 所示。

	A	B	C	D	E
1	客户信息管理				
2	编号	姓名	性别	出生年月	所在公司
3	kh01	杨明	男		艾美护肤
4	kh02	李青	男		诚志网络
5	kh03	王刚	男		鑫宏科技
6	kh04	曾婷	女		奔飞公司
7	kh05	陈旭	男		艾美护肤
8	kh06	张凤	女		时尚味觉
9	kh07	孙洁	女		深度创意
10	kh08	谢南平	男		时尚味觉
11	kh09	周志涯	男		摩根科技
12	kh10	林云	女		艾美护肤
13	kh11	曾美	女		零度技术
14	kh12	叶璇	女		爱梦婚纱
15	kh13	代芳	女		星辉公司
16	kh14	李依依	女		零度技术
17	kh15	蒋磊	男		艾美护肤
18	kh16	蒋雨倩	女		零度技术

图 9-28　选择单元格区域

11. 在“开始”选项卡下的“数字”选项组中，单击“数字格式”下拉按钮，在弹出的下拉列表框中选择“短日期”选项，如图 9-29 所示。

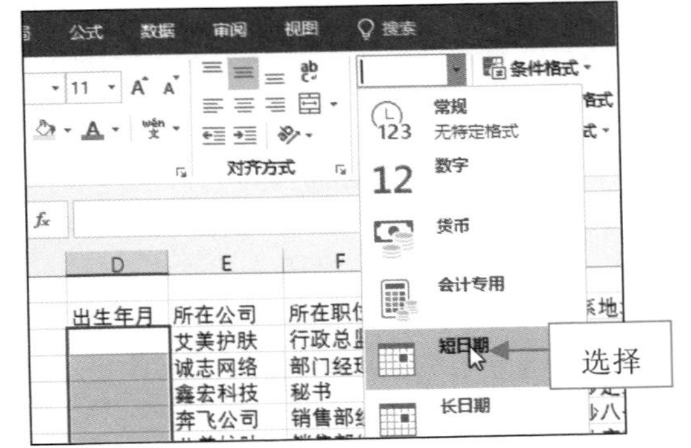

图 9-29　选择短日期

12. 选择 D3 单元格，在其中输入相应的数据，如图 9-30 所示。

	A	B	C	D	E
1	客户信息管理				
2	编号	姓名	性别	出生年月	所在公司
3	kh01	杨明	男	89-12-12	艾美护肤
4	kh02	李青	男		诚志网络
5	kh03	王刚	男		鑫宏科技
6	kh04	曾婷	女		奔飞公司
7	kh05	陈旭	男		艾美护肤
8	kh06	张凤	女		时尚味觉
9	kh07	孙洁	女		深度创意
10	kh08	谢南平	男		时尚味觉
11	kh09	周志涯	男		摩根科技
12	kh10	林云	女		艾美护肤
13	kh11	曾美	女		零度技术
14	kh12	叶璇	女		爱梦婚纱

图 9-30　输入数据

13 按【Enter】键进行确认，即可将输入的数据值转换为设置的短日期格式，如图 9-31 所示。

	A	B	C	D	E
1	客户信息管理				
2	编号	姓名	性别	出生年月	所在公司
3	kh01	杨明	男	1989/12/12	艾美护肤
4	kh02	李青	男		诚志网络
5	kh03	王刚	男		鑫宏科技
6	kh04	曾婷	女		奔飞公司
7	kh05	陈旭	男		艾美护肤
8	kh06	张凤	女		时尚味觉
9	kh07	孙洁	女		深度创意
10	kh08	谢南平	男		时尚味觉
11	kh09	周志涯	男		摩根科技
12	kh10	林云	女		艾美护肤
13	kh11	曾美	女		零度技术

图 9-31 按【Enter】键确认

14 用与上述相同的方法，为其他单元格添加数据，如图 9-32 所示。

	A	B	C	D	E	F
1	客户信息管理					
2	编号	姓名	性别	出生年月	所在公司	所在职位
3	kh01	杨明	男	1989/12/12	艾美护肤	行政总监
4	kh02	李青	男	1975/9/15	诚志网络	部门经理
5	kh03	王刚	男	1982/6/16	鑫宏科技	秘书
6	kh04	曾婷	女	1979/7/30	奔飞公司	销售部经理
7	kh05	陈旭	男	1982/12/10	艾美护肤	销售部经理
8	kh06	张凤	女	1985/11/12	时尚味觉	设计师
9	kh07	孙洁	女	1984/5/26	深度创意	人事主管
10	kh08	谢南平	男	1978/5/14	时尚味觉	程序员
11	kh09	周志涯	男	1980/9/18	摩根科技	秘书
12	kh10	林云	女	1983/1/20	艾美护肤	设计师
13	kh11	曾美	女	1988/8/8	零度技术	行政总监
14	kh12	叶璇	女	1979/7/9	爱梦婚纱	前台
15	kh13	代芳	女	1990/6/23	星辉公司	软件测试师
16	kh14	李依依	女	1983/6/10	零度技术	摄影师
17	kh15	蒋磊	男	1975/2/9	艾美护肤	人事主管
18	kh16	蒋雨倩	女	1979/8/26	零度技术	动漫设计师
19						

图 9-32 添加数据

9.2.2 设置数据格式

在 Excel 2016 中添加表格数据后，可以根据需要设置数据的格式。设置数据格式的具体操作步骤如下：

专家提醒

在 Excel 2016 中设置数据格式后，还可以根据需要进行更改。在设置行高、列宽时，可以直接选中该行或列，将鼠标指针移至该行的上边框或列的前边框，此时鼠标呈$\updownarrow$或$\leftrightarrow$形状，拖曳鼠标即可快速调整行高或列宽。

1 在工作表中，选择 A1:H1 单元格，如图 9-33 所示。

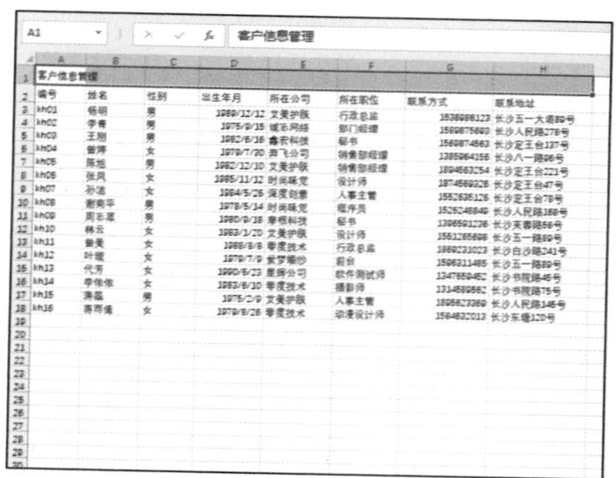

图 9-33 选择单元格

2 在“开始”选项卡下的“对齐方式”选项组中，单击“合并后居中”右侧的下三角按钮，在弹出的列表框中选择“合并后居中”选项，如图 9-34 所示。

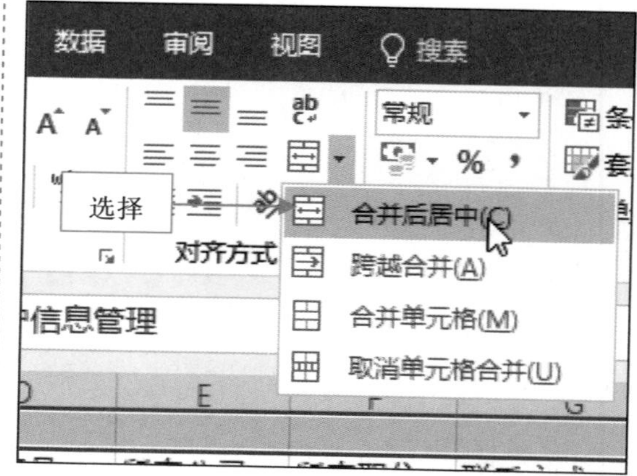

图 9-34 选择“合并后居中”选项

3. 执行操作后，即可合并单元格，并将内容居中，如图 9-35 所示。

客户信息管理							
编号	姓名	性别	出生年月	所在公司	所在职位	联系方式	联系地址
kh01	杨明	男	1989/12/12	艾美护肤	行政总监	1536986123	长沙五一大
kh02	李青	男	1975/9/15	诚志网络	部门经理	1589875693	长沙人民路
kh03	王刚	男	1982/6/16	鑫宏科技	秘书	1569874563	长沙定王台
kh04	曾婷	女	1979/7/30	奔飞公司	销售部经理	1385964156	长沙八一路
kh05	陈旭	男	1982/12/10	艾美护肤	销售部经理	1894563254	长沙定王台
kh06	张凤	女	1985/11/12	时尚味觉	设计师	1874569326	长沙定王台
kh07	孙洁	女	1984/5/26	深度创意	人事主管	1552635126	长沙定王台
kh08	谢南平	男	1978/5/14	时尚味觉	程序员	1526248849	长沙人民路
kh09	周志涯	男	1980/9/18	摩根科技	秘书	1396591236	长沙芙蓉路
kh10	林云	女	1983/1/20	艾美护肤	设计师	1551265698	长沙五一路
kh11	曾美	女	1988/8/8	零度技术	行政总监	1869231023	长沙白沙路
kh12	叶璇	女	1979/7/9	爱梦婚纱	前台	1596311485	长沙五一路
kh13	代芳	女	1990/6/23	星辉公司	软件测试师	1347659452	长沙书院路
kh14	李依依	女	1983/6/10	零度技术	摄影师	1314589562	长沙书院路

图 9-35　合并后居中

4. 在“字体”选项组中，设置“字体”为“黑体”、“字号”为 28，如图 9-36 所示。

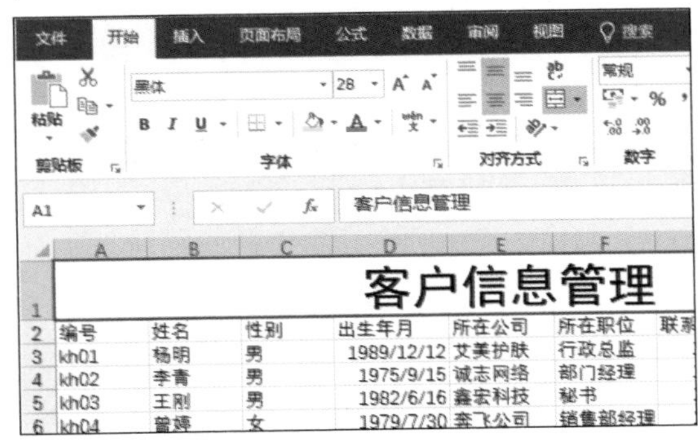

图 9-36　设置字体格式

5. 选择标题所在的行，单击鼠标右键，在弹出的快捷菜单中，选择“行高”选项，如图 9-37 所示。

编号	姓名	性别
kh01	杨明	男
kh02	李青	男
kh03	王刚	男
kh04	曾婷	女
kh05	陈旭	男
kh06	张凤	女
kh07	孙洁	女
kh08	谢南平	男
kh09	周志涯	男
kh10	林云	女
kh11	曾美	女
kh12	叶璇	女
kh13	代芳	女
kh14	李依依	女
kh15	蒋磊	男
kh16	蒋雨倩	女

剪切(T)
复制(C)
粘贴选项:
选择性粘贴(S)...
插入(I)
删除(D)
清除内容(N)
设置单元格格式(F)...
行高(R)...　选择
隐藏(H)
取消隐藏(U)

图 9-37　选择“行高”选项

6. 弹出“行高”对话框，在数值框中输入 45，如图 9-38 所示。

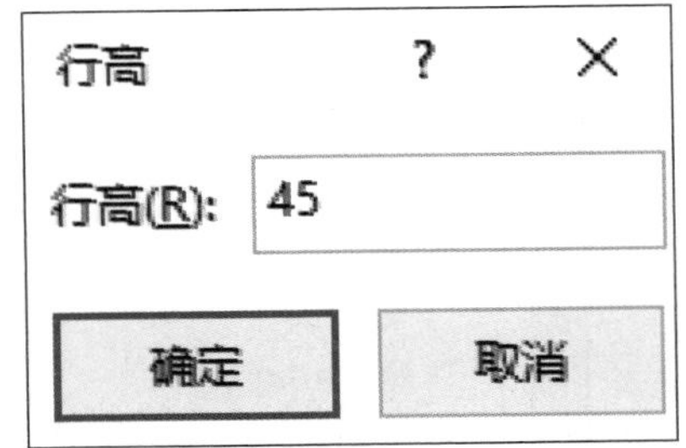

图 9-38　输入数值

7. 单击“确定”按钮，即可将选择的标题行的行高设置为 45，如图 9-39 所示。

客户信息管理							
编号	姓名	性别	出生年月	所在公司	所在职位	联系方式	联系地址
kh01	杨明	男	1989/12/12	艾美护肤	行政总监	1536986123	长沙五一大道89号
kh02	李青	男	1975/9/15	诚志网络	部门经理	1589875693	长沙人民路278号
kh03	王刚	男	1982/6/16	鑫宏科技	秘书	1569874563	长沙定王台137号
kh04	曾婷	女	1979/7/30	奔飞公司	销售部经理	1385964156	长沙八一路96号
kh05	陈旭	男	1982/12/10	艾美护肤	销售部经理	1894563254	长沙定王台221号
kh06	张凤	女	1985/11/12	时尚味觉	设计师	1874569326	长沙定王台47号
kh07	孙洁	女	1984/5/26	深度创意	人事主管	1552635126	长沙定王台78号
kh08	谢南平	男	1978/5/14	时尚味觉	程序员	1526248849	长沙人民路168号
kh09	周志涯	男	1980/9/18	摩根科技	秘书	1396591236	长沙芙蓉路56号
kh10	林云	女	1983/1/20	艾美护肤	设计师	1551265698	长沙五一路89号
kh11	曾美	女	1988/8/8	零度技术	行政总监	1869231023	长沙白沙路241号
kh12	叶璇	女	1979/7/9	爱梦婚纱	前台	1596311485	长沙五一路89号
kh13	代芳	女	1990/6/23	星辉公司	软件测试师	1347659452	长沙书院路45号
kh14	李依依	女	1983/6/10	零度技术	摄影师	1314589562	长沙书院路75号
kh15	蒋磊	男	1975/2/9	艾美护肤	人事主管	1895623369	长沙人民路145号
kh16	蒋雨倩	女	1979/8/26	零度技术	动漫设计师	1584632013	长沙东塘120号

图 9-39　设置行高

8. 用与上述相同的方法，设置第 2 行的字体格式、行高和对齐方式，如图 9-40 所示。

客户信息管理							
编号	姓名	性别	出生年月	所在公司	所在职位	联系方式	联系地址
kh01	杨明	男	1989/12/12	艾美护肤	行政总监	1536986123	长沙五一大道89号
kh02	李青	男	1975/9/15	诚志网络	部门经理	1589875693	长沙人民路278号
kh03	王刚	男	1982/6/16	鑫宏科技	秘书	1569874563	长沙定王台137号
kh04	曾婷	女	1979/7/30	奔飞公司	销售部经理	1385964156	长沙八一路96号
kh05	陈旭	男	1982/12/10	艾美护肤	销售部经理	1894563254	长沙定王台221号
kh06	张凤	女	1985/11/12	时尚味觉	设计师	1874569326	长沙定王台47号
kh07	孙洁	女	1984/5/26	深度创意	人事主管	1552635126	长沙定王台78号
kh08	谢南平	男	1978/5/14	时尚味觉	程序员	1526248849	长沙人民路168号
kh09	周志涯	男	1980/9/18	摩根科技	秘书	1396591236	长沙芙蓉路56号
kh10	林云	女	1983/1/20	艾美护肤	设计师	1551265698	长沙五一路89号
kh11	曾美	女	1988/8/8	零度技术	行政总监	1869231023	长沙白沙路241号
kh12	叶璇	女	1979/7/9	爱梦婚纱	前台	1596311485	长沙五一路89号
kh13	代芳	女	1990/6/23	星辉公司	软件测试师	1347659452	长沙书院路45号
kh14	李依依	女	1983/6/10	零度技术	摄影师	1314589562	长沙书院路75号
kh15	蒋磊	男	1975/2/9	艾美护肤	人事主管	1895623369	长沙人民路145号
kh16	蒋雨倩	女	1979/8/26	零度技术	动漫设计师	1584632013	长沙东塘120号

图 9-40　设置相应格式

9 选择B列单元格，单击鼠标右键，在弹出的快捷菜单中，选择“列宽”选项，如图9-41所示。

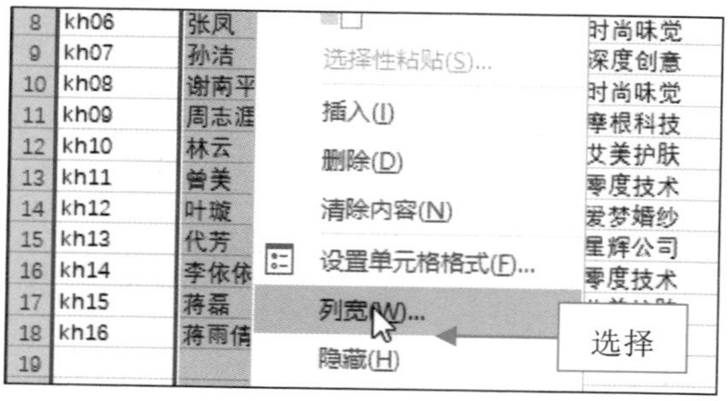

图9-41 选择“列宽”选项

10 在弹出的“列宽”对话框输入8.75，单击“确定”按钮即可设置列宽，如图9-42所示。

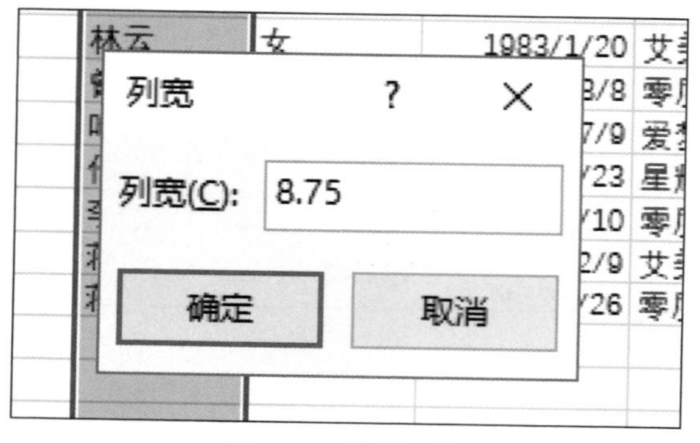

图9-42 设置列宽

11 用与上述相同的方法，设置其他列的列宽，如图9-43所示。

图9-43 设置其他列宽

12 在工作表中选择A3:H18单元格区域，在“字体”和“对齐方式”选项组中，设置字体和居中对齐方式，如图9-44所示。

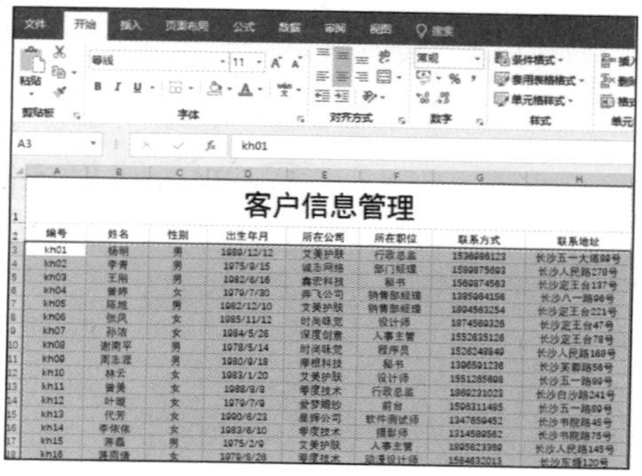

图9-44 设置数据格式

9.2.3 设置表格格式

在Excel 2016中，为客户信息管理表设置数据格式后，可以根据需要设置表格的格式。设置表格格式的具体操作步骤如下：

1 在工作表中，选择A1:H18单元格区域，如图9-45所示。

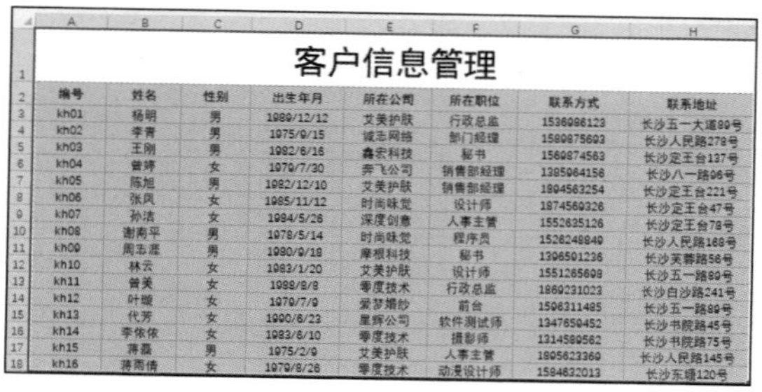

图9-45 选择单元格区域

2 在“开始”选项卡下的“字体”选项组中，单击“填充颜色”右侧的下三角按钮，在弹出的颜色面板中，选择所需的颜色，如图9-46所示。

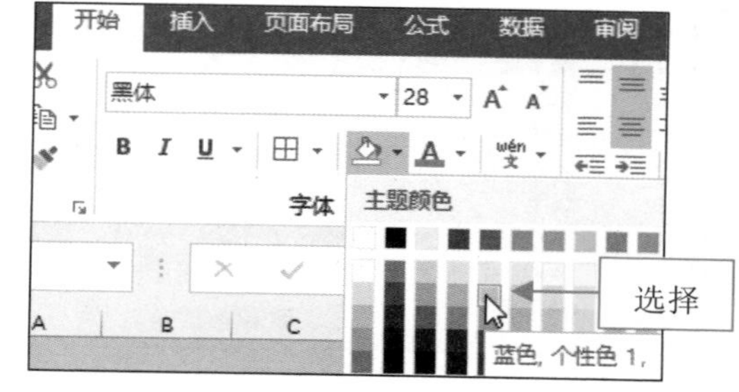

图9-46 选择所需颜色

3. 在“字体”选项组中，单击“无框线”右侧的下三角按钮，在弹出的列表框中选择“所有框线”选项，如图 9-47 所示。

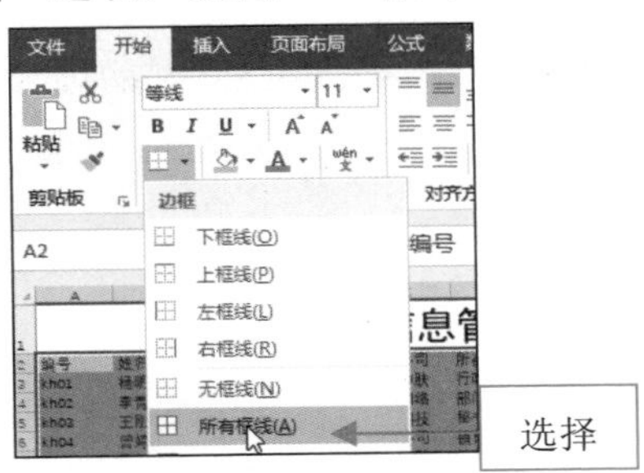

图 9-47　选择“所有框线”选项

4. 执行上述操作后，即可为表格添加颜色和边框线，如图 9-48 所示。

客户信息管理							
编号	姓名	性别	出生年月	所在公司	所在职位	联系方式	联系地址
kh01	杨明	男	1989/12/12	艾美护肤	行政总监	1536986123	长沙五一大道89号
kh02	李青	男	1975/9/15	诚志网络	部门经理	1589875693	长沙人民路278号
kh03	王刚	男	1982/6/16	鑫宏科技	秘书	1569874563	长沙定王台137号
kh04	曾婷	女	1979/7/30	奔飞公司	销售部经理	1385964156	长沙八一路96号
kh05	陈旭	男	1982/12/10	艾美护肤	销售部经理	1894563254	长沙定王台221号
kh06	张风	女	1985/11/12	时尚味觉	设计师	1874569326	长沙定王台47号
kh07	孙洁	女	1984/5/26	深度创意	人事主管	1552635126	长沙定王台78号
kh08	谢雨平	男	1978/5/14	时尚味觉	程序员	1526248849	长沙人民路169号
kh09	周志强	男	1980/9/18	摩根科技	秘书	1396591236	长沙芙蓉路56号
kh10	林云	女	1983/1/20	艾美护肤	设计师	1551265698	长沙五一路89号
kh11	曾美	女	1988/8/8	零度技术	行政总监	1869231023	长沙白沙路241号
kh12	叶璇	女	1979/7/9	爱梦婚纱	前台	1596311485	长沙五一路89号
kh13	代芳	女	1990/6/23	星辉公司	软件测试师	1347659452	长沙书院路45号
kh14	李依依	女	1983/6/10	零度技术	摄影师	1314589562	长沙书院路75号
kh15	蒋磊	男	1975/2/9	艾美护肤	人事主管	1895623369	长沙人民路145号
kh16	蒋雨倩	女	1979/8/26	零度技术	动漫设计师	1584632013	长沙东塘120号

图 9-48　设置表格格式

9.3　公司采购管理分析

公司采购管理是指为了完成生产或销售计划，从合适的供应商那里，在确保质量的前提下，在适当的时间以适当的价格，购入适当数量的商品所采取的一系列管理活动。

本案例介绍制作公司采购管理分析表，效果如图 9-49 所示。

公司采购管理分析							
	厂商编号	SHWJ-078956		账单编号	SHWJ-165892		
	厂商名称	湖南省长沙市		登记日期	40906		
	公司地址	五一广场188号		联络电话	18956033986		
	账单总额	45000		采购编号	CS系列		
进货日期	产品编号	产品名称	规格	数量	单价	小计	备注
35512	CS-12	计算机图书	5*2	250	12	3000	
35520	CS-05	商用软件	双CD附书	150	25.9	3885	
35568	CS-33	杂志刊物	4*6	700	6.8	4760	
35509	CS-14	绘图板	12寸	653	160	104480	
35568	CS-33	杂志刊物	4*6	800	6.8	5440	
35520	CS-05	商用软件	双CD附书	200	12	2400	
35568	CS-33	杂志刊物	4*6	150	25.9	3885	
35515	CS-08	语言类图书	4*8	40	38.8	1552	
35520	CS-05	商用软件	双CD附书	653	160	104480	
35509	CS-14	绘图板	12寸	250	70	17500	
35509	CS-14	绘图板	12寸	60	160	9600	
35512	CS-12	计算机图书	5*2	550	58.9	32395	
35568	CS-33	杂志刊物	4*6	150	25.9	3885	
35509	CS-14	绘图板	12寸	400	12	4800	
35515	CS-08	语言类图书	4*8	250	58.9	14725	
35512	CS-12	计算机图书	5*2	653	66	43098	

行标签	计数项:进货日期	求和项:数量	求和项:单价	求和项:小计
CS-05	3	1003	197.9	110765
商用软件	3	1003	197.9	110765
双CD附书	3	1003	197.9	110765
CS-08	2	290	97.7	16277
语言类图书	2	290	97.7	16277
4*8	2	290	97.7	16277
CS-12	3	1453	136.9	78493
计算机图书	3	1453	136.9	78493
5*2	3	1453	136.9	78493
CS-14	4	1363	402	136380
绘图板	4	1363	402	136380
12寸	4	1363	402	136380
CS-33	4	1800	65.4	17970
杂志刊物	4	1800	65.4	17970
4*6	4	1800	65.4	17970
总计	16	5909	899.9	359885

图 9-49　公司采购管理分析表

9.3.1　设置单元格格式

在 Excel 2016 中，制作公司采购管理分析表时，输入数据内容后需要设置单元格的格式。设置单元格格式的具体操作步骤如下：

1. 单击“文件”|“打开”|“浏览”按钮，打开一个 Excel 工作簿，如图 9-50 所示。

	A	B	C	D	E	F	G	H
1	公司采购管理分析							
2		厂商编号	SHWJ-078956		账单编号	SHWJ-165892		
3		厂商名称	湖南省长沙市		登记日期	40906		
4		公司地址	五一广场188号		联络电话	1.896E+10		
5		账单总额	45000		采购编号	CS系列		
6	进货日期	产品编号	产品名称	规格	数量	单价	小计	备注
7	35512	CS-12	计算机图书	5*2	250	12	3000	
8	35520	CS-05	商用软件	双CD附书	150	25.9	3885	
9	35568	CS-33	杂志刊物	4*6	700	6.8	4760	
10	35509	CS-14	绘图板	12寸	653	160	104480	
11	35568	CS-33	杂志刊物	4*6	800	6.8	5440	
12	35520	CS-05	商用软件	双CD附书	200	12	2400	
13	35568	CS-33	杂志刊物	4*6	150	25.9	3885	
14	35515	CS-08	语言类图书	4*8	40	38.8	1552	
15	35520	CS-05	商用软件	双CD附书	653	160	104480	

图 9-50　打开一个 Excel 工作簿

2. 在工作表中选择 A1:H1 单元格区域，如图 9-51 所示。

剪贴板　字体　对齐方式　数字

A1　公司采购管理分析

	A	B	C	D	E	F	G	H
1	公司采购管理分析							
2		厂商编号	SHWJ-078956		账单编号	SHWJ-165892		
3		厂商名称	湖南省长沙市		登记日期	40906		
4		公司地址	五一广场188号		联络电话	1.896E+10		
5		账单总额	45000		采购编号	CS系列		
6	进货日期	产品编号	产品名称	规格	数量	单价	小计	备注
7	35512	CS-12	计算机图书	5*2	250	12	3000	
8	35520	CS-05	商用软件	双CD附书	150	25.9	3885	
9	35568	CS-33	杂志刊物	4*6	700	6.8	4760	
10	35509	CS-14	绘图板	12寸	653	160	104480	
11	35568	CS-33	杂志刊物	4*6	800	6.8	5440	

图 9-51　选择单元格区域

3 在“开始”选项卡下的“对齐方式”选项组中，单击“合并后居中”按钮，如图 9-52 所示。

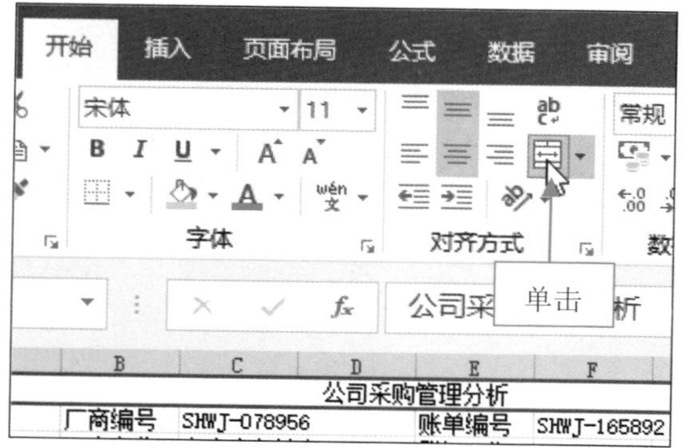

图 9-52　单击“合并后居中”按钮

4 在“字体”选项组中设置“字体”为“黑体”、“字号”为 18，如图 9-53 所示。

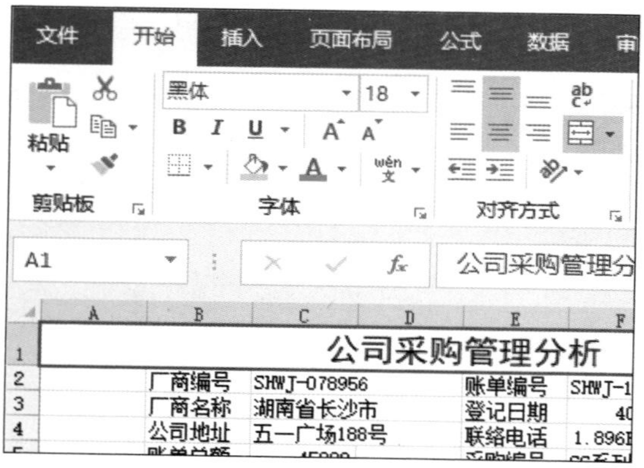

图 9-53　设置字体

5 在工作表中选择 A2:H22 的单元格区域，如图 9-54 所示。

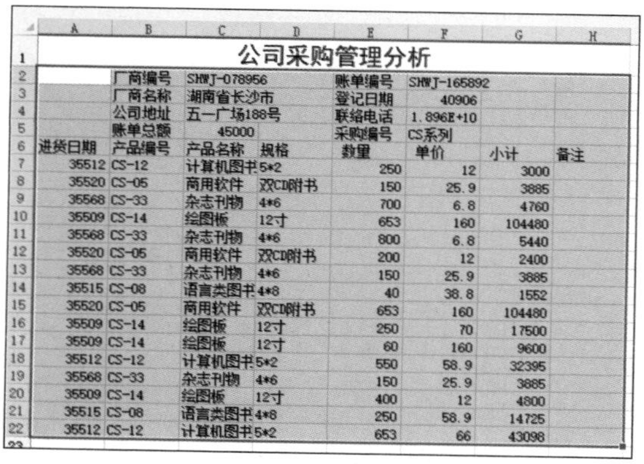

	A	B	C	D	E	F	G	H
1	公司采购管理分析							
2		厂商编号	SHWJ-078956		账单编号	SHWJ-165892		
3		厂商名称	湖南省长沙市		登记日期	40906		
4		公司地址	五一广场188号		联络电话	1.896E+10		
5		账单总额	45000		采购编号	CS系列		
6	进货日期	产品编号	产品名称	规格	数量	单价	小计	备注
7	35512	CS-12	计算机图书	5*2	250	12	3000	
8	35520	CS-05	商用软件	双CD附书	150	25.9	3885	
9	35568	CS-33	杂志刊物	4*6	700	6.8	4760	
10	35509	CS-14	绘图板	12寸	653	160	104480	
11	35568	CS-33	杂志刊物	4*6	800	6.8	5440	
12	35520	CS-05	商用软件	双CD附书	200	12	2400	
13	35568	CS-33	杂志刊物	4*6	150	25.9	3885	
14	35515	CS-08	语言类图书	4*8	40	38.8	1552	
15	35520	CS-05	商用软件	双CD附书	653	160	104480	
16	35509	CS-14	绘图板	12寸	250	70	17500	
17	35509	CS-14	绘图板	12寸	60	160	9600	
18	35512	CS-12	计算机图书	5*2	550	58.9	32395	
19	35568	CS-33	杂志刊物	4*6	150	25.9	3885	
20	35509	CS-14	绘图板	12寸	400	12	4800	
21	35515	CS-08	语言类图书	4*8	250	58.9	14725	
22	35512	CS-12	计算机图书	5*2	653	66	43098	

图 9-54　选择单元格区域

6 在“字体”选项组中，设置“字号”为 12，如图 9-55 所示。

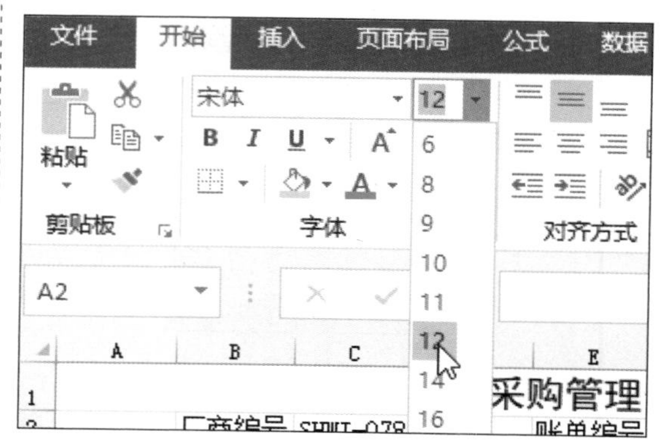

图 9-55　设置字号

7 在“对齐方式”选项组中单击“居中”按钮，如图 9-56 所示。

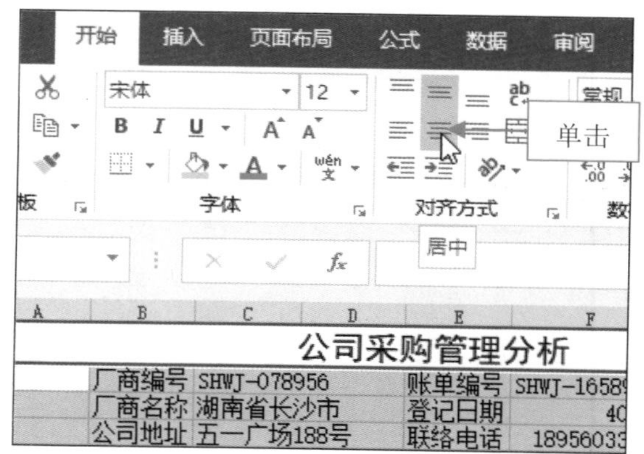

图 9-56　单击“居中”按钮

8 执行上述操作后，即可将选择的单元格区域内容居中对齐，如图 9-57 所示。

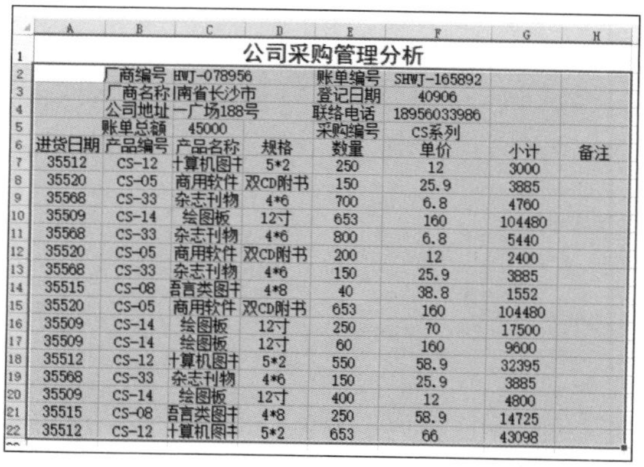

	A	B	C	D	E	F	G	H
1	公司采购管理分析							
2		厂商编号	HWJ-078956		账单编号	SHWJ-165892		
3		厂商名称	南省长沙市		登记日期	40906		
4		公司地址	一广场188号		联络电话	18956033986		
5		账单总额	45000		采购编号	CS系列		
6	进货日期	产品编号	产品名称	规格	数量	单价	小计	备注
7	35512	CS-12	十算机图书	5*2	250	12	3000	
8	35520	CS-05	商用软件	双CD附书	150	25.9	3885	
9	35568	CS-33	杂志刊物	4*6	700	6.8	4760	
10	35509	CS-14	绘图板	12寸	653	160	104480	
11	35568	CS-33	杂志刊物	4*6	800	6.8	5440	
12	35520	CS-05	商用软件	双CD附书	200	12	2400	
13	35568	CS-33	杂志刊物	4*6	150	25.9	3885	
14	35515	CS-08	吾言类图书	4*8	40	38.8	1552	
15	35520	CS-05	商用软件	双CD附书	653	160	104480	
16	35509	CS-14	绘图板	12寸	250	70	17500	
17	35509	CS-14	绘图板	12寸	60	160	9600	
18	35512	CS-12	十算机图书	5*2	550	58.9	32395	
19	35568	CS-33	杂志刊物	4*6	150	25.9	3885	
20	35509	CS-14	绘图板	12寸	400	12	4800	
21	35515	CS-08	吾言类图书	4*8	250	58.9	14725	
22	35512	CS-12	十算机图书	5*2	653	66	43098	

图 9-57　居中对齐

9 在工作表中选择 A6:H6 单元格区域，如图 9-58 所示。

	A	B	C	D	E	F	G	H
1			公司采购管理分析					
2		厂商编号	HWJ-078956		账单编号	SHWJ-165892		
3		厂商名称	南省长沙市		登记日期	40906		
4		公司地址	一广场188号		联络电话	18956033986		
5		账单总额	45000		采购编号	CS系列		
6	进货日期	产品编号	产品名称	规格	数量	单价	小计	备注
7	35512	CS-12	十算机图书	5*2	250	12	3000	
8	35520	CS-05	商用软件	双CD附书	150	25.9	3885	
9	35568	CS-33	杂志刊物	4*6	700	6.8	4760	
10	35509	CS-14	绘图板	12寸	653	160	104480	
11	35568	CS-33	杂志刊物	4*6	800	6.8	5440	
12	35520	CS-05	商用软件	双CD附书	200	12	2400	
13	35568	CS-33	杂志刊物	4*6	150	25.9	3885	
14	35515	CS-08	吾言类图书	4*8	40	38.8	1552	
15	35520	CS-05	商用软件	双CD附书	653	160	104480	
16	35509	CS-14	绘图板	12寸	250	70	17500	
17	35509	CS-14	绘图板	12寸	60	160	9600	
18	35512	CS-12	十算机图书	5*2	550	58.9	32395	

图 9-58　选择单元格区域

10 在“字体”选项组中，单击“加粗”按钮，如图 9-59 所示。

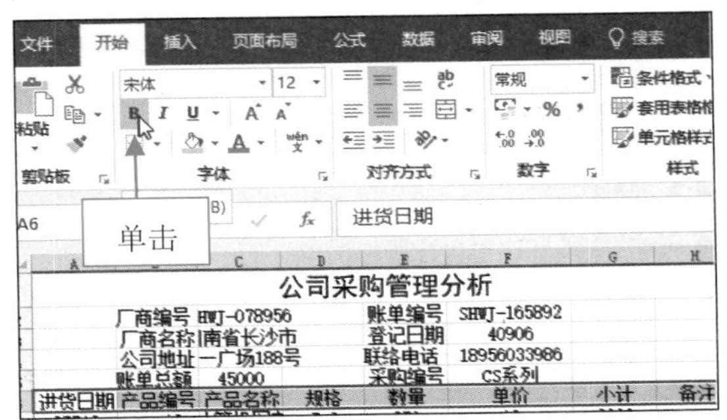

图 9-59　单击“加粗”按钮

9.3.2　设置表格样式

在 Excel 2016 中设置单元格的格式后，可以根据需要设置表格的样式。设置表格样式的具体操作步骤如下：

1 在工作表选择 A6 单元格，切换至“插入”选项卡，如图 9-60 所示。

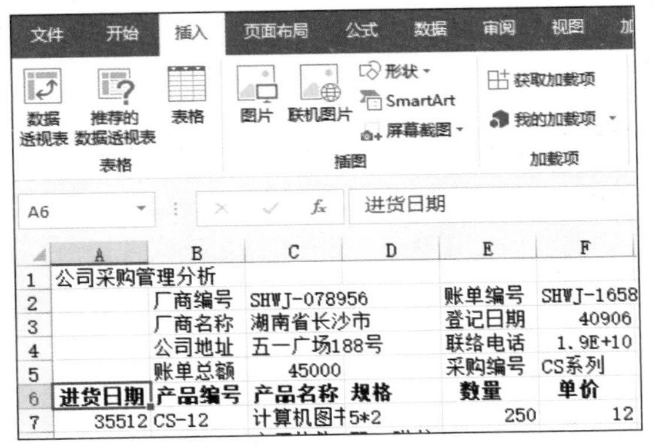

图 9-60　选择单元格

2 在“表格”选项组中，单击“表格”按钮，如图 9-61 所示。

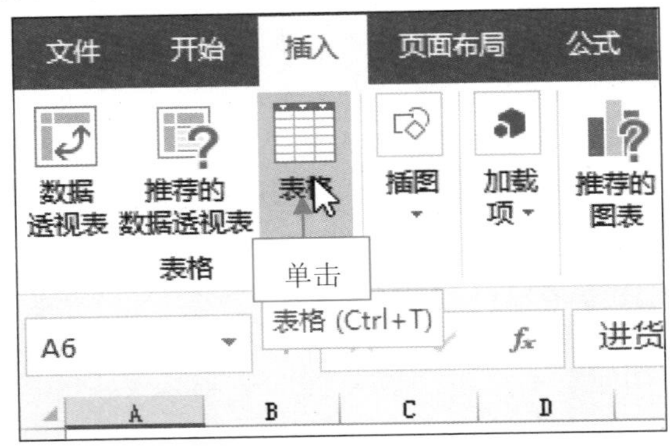

图 9-61　单击“表格”按钮

3 弹出“创建表”对话框，单击“表数据的来源”右侧的引用按钮，如图 9-62 所示。

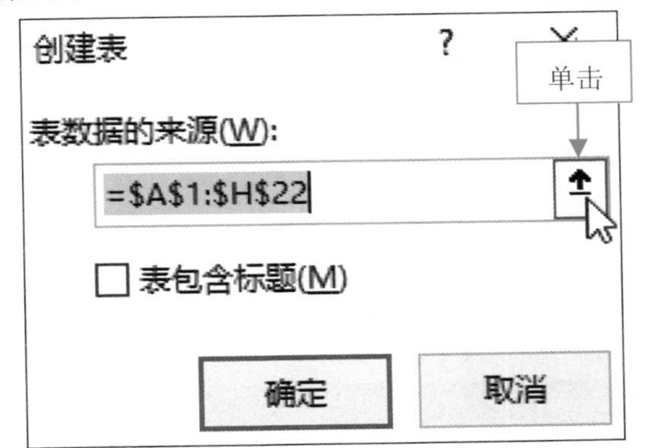

图 9-62　单击相应按钮

4 在工作表中选择 A6:H22 单元格区域，如图 9-63 所示。

	A	B	C	D	E	F	G	H
1			公司采购管理分析					
2		厂商编号	HWJ-078956					
3		厂商名称	南省长沙市					
4		公司地址	一广场188号					
5		账单总额	45000					
6	进货日期	产品编号	产品名称	规格	数量	单价	小计	备注
7	35512	CS-12	十算机图书	5*2	250	12	3000	
8	35520	CS-05	商用软件	双CD附书	150	25.9	3885	
9	35568	CS-33	杂志刊物	4*6	700	6.8	4760	
10	35509	CS-14	绘图板	12寸	653	160	104480	
11	35568	CS-33	杂志刊物	4*6	800	6.8	5440	
12	35520	CS-05	商用软件	双CD附书	200	12	2400	
13	35568	CS-33	杂志刊物	4*6	150	25.9	3885	
14	35515	CS-08	吾言类图书	4*8	40	38.8	1552	
15	35520	CS-05	商用软件	双CD附书	653	160	104480	
16	35509	CS-14	绘图板	12寸	250	70	17500	
17	35509	CS-14	绘图板	12寸	60	160	9600	
18	35512	CS-12	十算机图书	5*2	550	58.9	32395	
19	35568	CS-33	杂志刊物	4*6	150	25.9	3885	
20	35509	CS-14	绘图板	12寸	400	12	4800	
21	35515	CS-08	吾言类图书	4*8	250	58.9	14725	
22	35512	CS-12	十算机图书	5*2	653	66	43098	

创建表　$A$6:$H$22

图 9-63　选择单元格区域

⑤ 按【Enter】键返回“创建表”对话框选中“表包含标题”复选框，如图 9-64 所示。

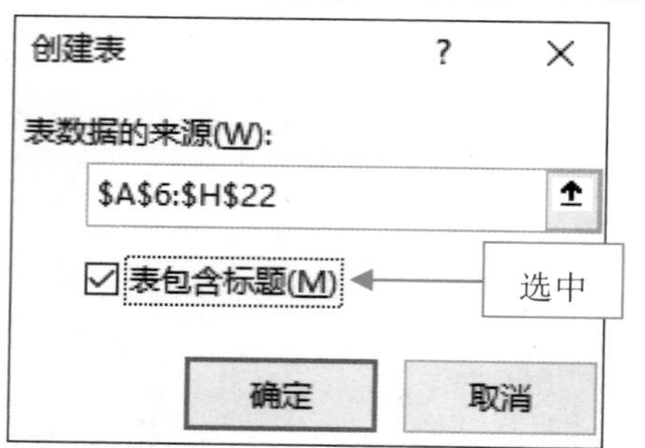

图 9-64　选中“表包含标题”复选框

⑥ 单击“确定”按钮，即可创建表格，如图 9-65 所示。

	A	B	C	D	E	F	G
1			公司采购管理分析				
2		厂商编号	SHWJ-078956		账单编号	SHWJ-165892	
3		厂商名称	湖南省长沙市		登记日期	40906	
4		公司地址	五一广场188号		联络电话	18956033986	
5		账单总额	45000		采购编号	CS系列	
6	进货日期	产品编号	产品名称	规格	数量	单价	小计
7	35512	CS-12	计算机图书	5*2	250	12	3000
8	35520	CS-05	商用软件	双CD附书	150	25.9	3885
9	35568	CS-33	杂志刊物	4*6	700	6.8	4760
10	35509	CS-14	绘图板	12寸	653	160	104480
11	35568	CS-33	杂志刊物	4*6	800	6.8	5440
12	35520	CS-05	商用软件	双CD附书	200	12	2400
13	35568	CS-33	杂志刊物	4*6	150	25.9	3885
14	35515	CS-08	语言类图书	4*8	40	38.8	1552
15	35520	CS-05	商用软件	双CD附书	653	160	104480
16	35509	CS-14	绘图板	12寸	250	70	17500
17	35509	CS-14	绘图板	12寸	60	160	9600
18	35512	CS-12	计算机图书	5*2	550	58.9	32395
19	35568	CS-33	杂志刊物	4*6	150	25.9	3885
20	35509	CS-14	绘图板	12寸	400	12	4800
21	35515	CS-08	语言类图书	4*8	250	58.9	14725
22	35512	CS-12	计算机图书	5*2	653	66	43098

图 9-65　创建表格

⑦ 切换至“表格工具”-“设计”选项卡，如图 9-66 所示。

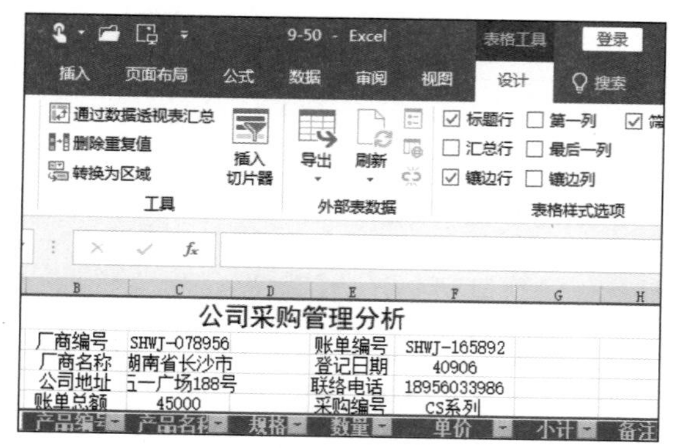

图 9-66　切换至“设计”选项卡

⑧ 在“表格样式”选项组中单击“其他”按钮，如图 9-67 所示。

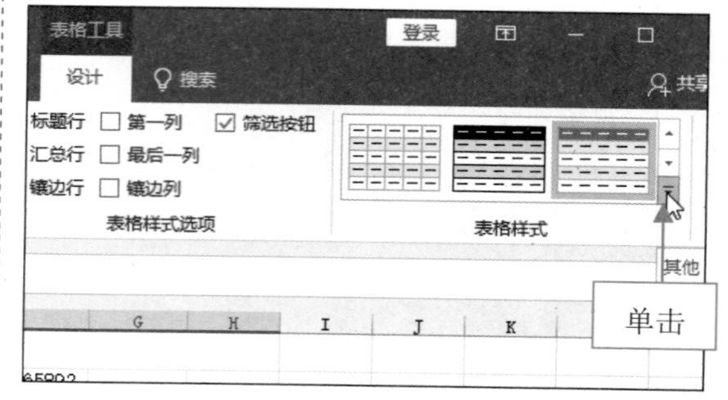

图 9-67　单击“其他”按钮

⑨ 在弹出的下拉列表框中，选择表格样式，如图 9-68 所示。

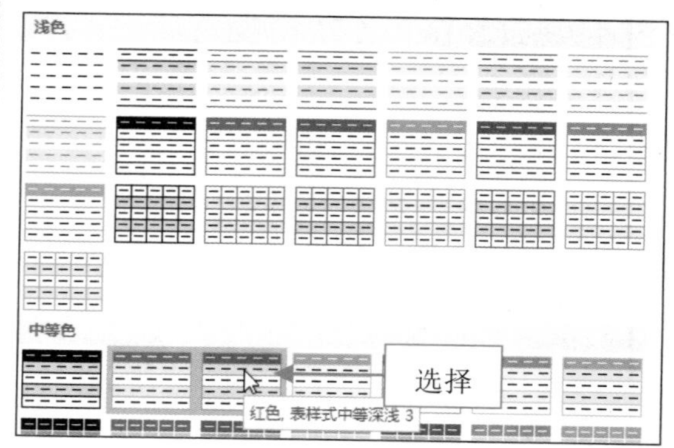

图 9-68　选择相应选项

⑩ 执行上述操作后，即可设置表格样式，如图 9-69 所示。

	A	B	C	D	E	F	G	H
1			公司采购管理分析					
2		厂商编号	SHWJ-078956		账单编号	SHWJ-165892		
3		厂商名称	湖南省长沙市		登记日期	40906		
4		公司地址	五一广场188号		联络电话	18956033986		
5		账单总额	45000		采购编号	CS系列		
6	进货日期	产品编号	产品名称	规格	数量	单价	小计	备注
7	35512	CS-12	计算机图书	5*2	250	12	3000	
8	35520	CS-05	商用软件	双CD附书	150	25.9	3885	
9	35568	CS-33	杂志刊物	4*6	700	6.8	4760	
10	35509	CS-14	绘图板	12寸	653	160	104480	
11	35568	CS-33	杂志刊物	4*6	800	6.8	5440	
12	35520	CS-05	商用软件	双CD附书	200	12	2400	
13	35568	CS-33	杂志刊物	4*6	150	25.9	3885	
14	35515	CS-08	语言类图书	4*8	40	38.8	1552	
15	35520	CS-05	商用软件	双CD附书	653	160	104480	
16	35509	CS-14	绘图板	12寸	250	70	17500	
17	35509	CS-14	绘图板	12寸	60	160	9600	
18	35512	CS-12	计算机图书	5*2	550	58.9	32395	
19	35568	CS-33	杂志刊物	4*6	150	25.9	3885	
20	35509	CS-14	绘图板	12寸	400	12	4800	
21	35515	CS-08	语言类图书	4*8	250	58.9	14725	
22	35512	CS-12	计算机图书	5*2	653	66	43098	

图 9-69　设置表格样式

专家提醒

在 Excel 2016 中设置表格样式后，切换至“表格工具”-“设计”选项卡，在“表格样式”选项组中单击“其他”按钮，在弹出的下拉列表框中选择“清除”选项，可以快速清除表格样式。

11 在工作表中选择 A6:H6 单元格区域，如图 9-70 所示。

公司采购管理分析

	厂商编号	SHWJ-078956		账单编号	SHWJ-165892		
	厂商名称	湖南省长沙市		登记日期	40906		
	公司地址	五一广场188号		联络电话	18956033986		
	账单总额	45000		采购编号	CS系列		
进货日期	产品编号	产品名称	规格	数量	单价	小计	备注
35512	CS-12	计算机图书	5*2	250	12	3000	
35520	CS-05	商用软件	双CD附书	150	25.9	3885	
35568	CS-33	杂志刊物	4*6	700	6.8	4760	
35509	CS-14	绘图板	12寸	653	160	104480	
35568	CS-33	杂志刊物	4*6	800	6.8	5440	
35520	CS-05	商用软件	双CD附书	200	12	2400	
35568	CS-33	杂志刊物	4*6	150	25.9	3885	
35515	CS-08	语言类图书	4*8	40	38.8	1552	
35520	CS-05	商用软件	双CD附书	653	160	104480	
35509	CS-14	绘图板	12寸	250	70	17500	

图 9-70　选择单元格区域

12 在“开始”选项卡下的“字体”选项组中，单击“字体颜色”按钮，弹出列表框，选择“自动”选项，如图 9-71 所示，即可设置字体颜色。

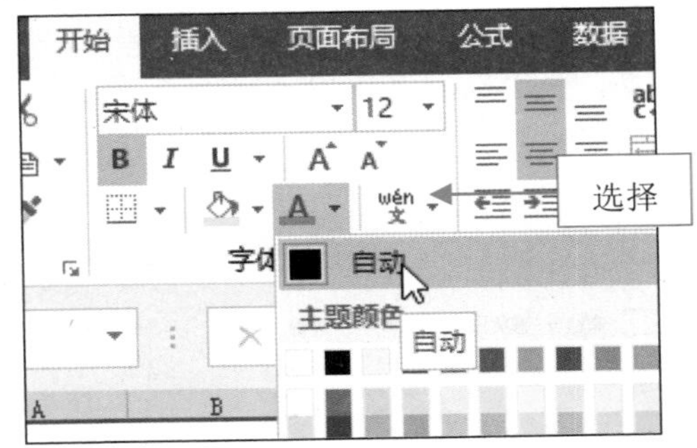

图 9-71　设置字体颜色

9.3.3　添加数据透视表

在 Excel 2016 中设置表格样式后，可以根据需要添加数据透视表。添加数据透视表的具体操作步骤如下：

1 在工作表中选择需要的数据区域，如图 9-72 所示。

	账单总额	45000		采购编号	CS系列		
进货日期	产品编号	产品名称	规格	数量	单价	小计	备注
35512	CS-12	计算机图书	5*2	250	12	3000	
35520	CS-05	商用软件	双CD附书	150	25.9	3885	
35568	CS-33	杂志刊物	4*6	700	6.8	4760	
35509	CS-14	绘图板	12寸	653	160	104480	
35568	CS-33	杂志刊物	4*6	800	6.8	5440	
35520	CS-05	商用软件	双CD附书	200	12	2400	
35568	CS-33	杂志刊物	4*6	150	25.9	3885	
35515	CS-08	语言类图书	4*8	40	38.8	1552	
35520	CS-05	商用软件	双CD附书	653	160	104480	
35509	CS-14	绘图板	12寸	250	70	17500	
35509	CS-14	绘图板	12寸	60	160	9600	
35512	CS-12	计算机图书	5*2	550	58.9	32395	
35568	CS-33	杂志刊物	4*6	150	25.9	3885	
35509	CS-14	绘图板	12寸	400	12	4800	
35515	CS-08	语言类图书	4*8	250	58.9	14725	
35512	CS-12	计算机图书	5*2	653	66	43098	

图 9-72　选择数据区域

2 在“插入”选项卡的“表格”选项组中，单击“数据透视表”按钮，如图 9-73 所示。

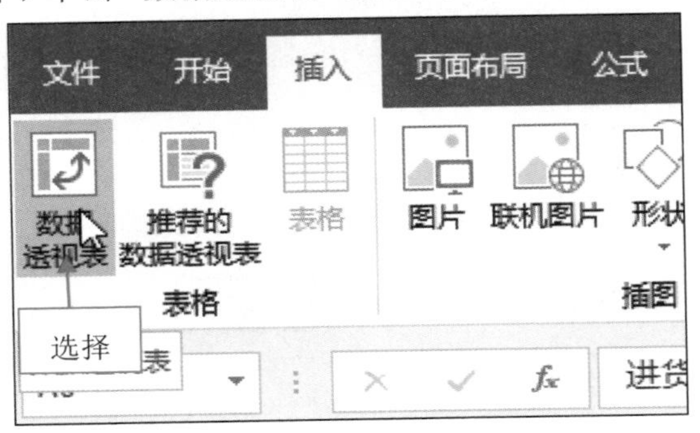

图 9-73　单击“数据透视表”按钮

3 弹出“创建数据透视表”对话框，在“表 / 区域”后的文本框中输入表的名称，如图 9-74 所示。

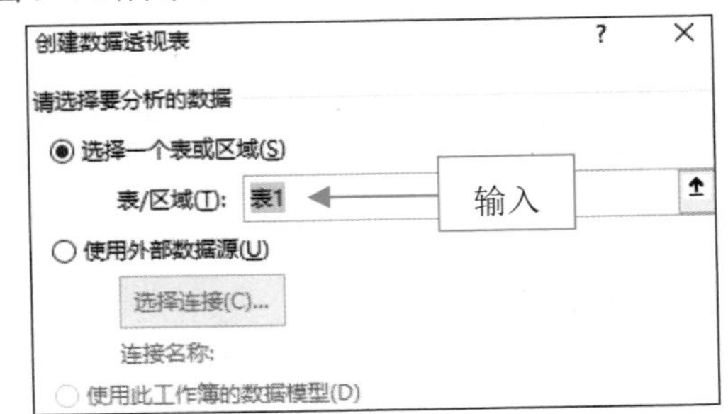

图 9-74　输入名称

4 单击“确定”按钮，即可在一张新工作表中创建一个数据透视表，如图 9-75 所示。

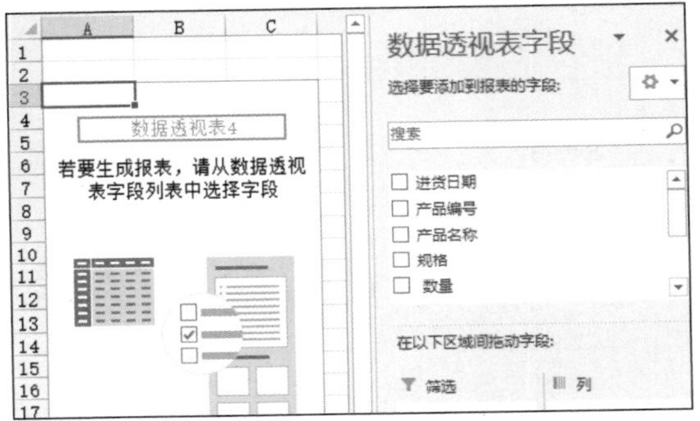

图 9-75　创建数据透视表

专家提醒

在弹出的“创建数据透视表”对话框中，可以单击“表/区域”右侧的引用按钮，在工作表中选择需要的单元格区域。

5 在“数据透视表字段列表”中选中相应的复选框，如图 9-76 所示。

	求和项:进货日期	求和项：数量
	106560	1003
软件	106560	1003
CD附书	106560	1003
	71030	290
类图书	71030	290
*8	71030	290
	106536	1453
机图书	106536	1453
*2	106536	1453
	142036	1363
板	142036	1363
2寸	142036	1363
	142272	1800
刊物	142272	1800
*6	142272	1800
	568434	5909

图 9-76 选中相应复选框

6 在“值”列表框中单击“求和项：进货日期”按钮，在弹出的快捷菜单中选择“移至末尾”选项，如图 9-77 所示。

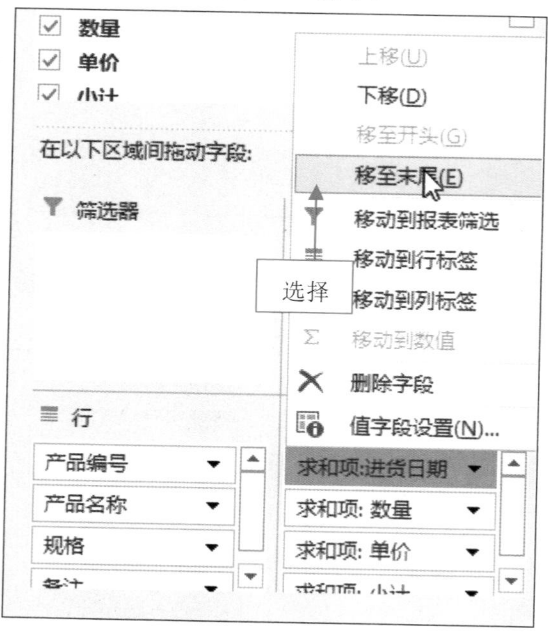

图 9-77 选择“移至末尾”选项

7 单击“值”列表的“求和项：进货日期”按钮，在弹出的列表中选择“值字段设置”选项，如图 9-78 所示。

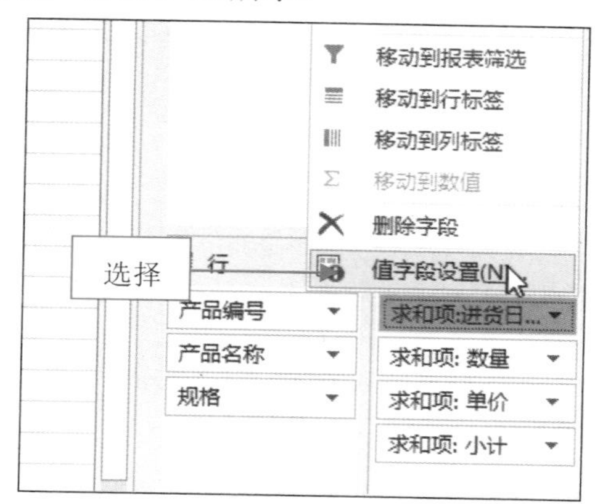

图 9-78 选择“值字段设置”选项

8 弹出“值字段设置”对话框，切换至“值汇总方式”选项卡，如图 9-79 所示。

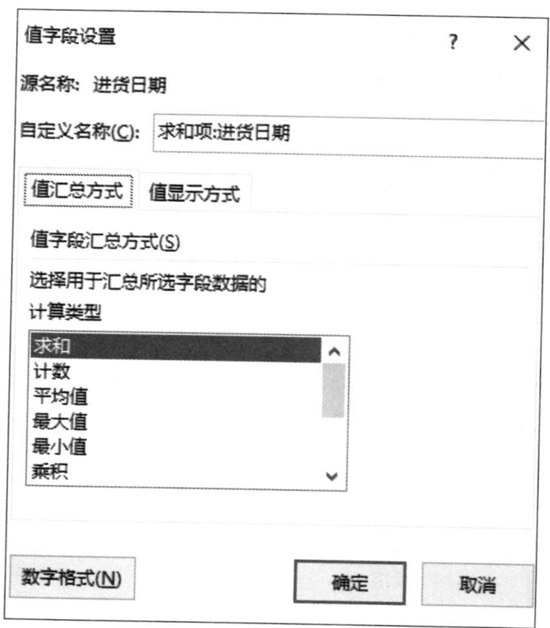

图 9-79 切换至“值汇总方式”选项卡

9 在“计算类型”下拉列表框中选择“计数”选项，如图 9-80 所示。

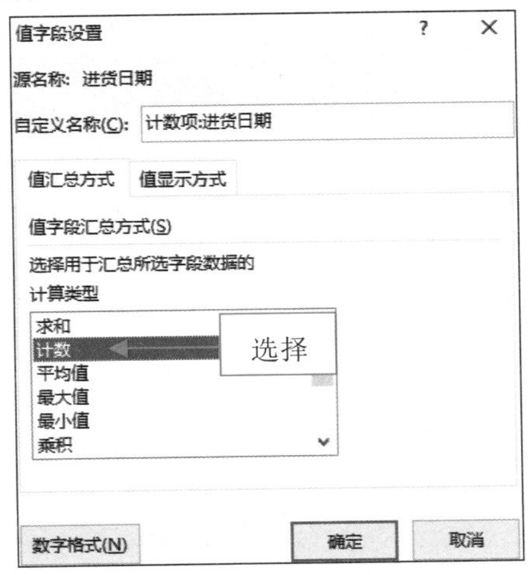

图 9-80　选择“计数”选项

10 执行上述操作后，单击“确定”按钮，在工作表中选择数据透视表，如图 9-81 所示。

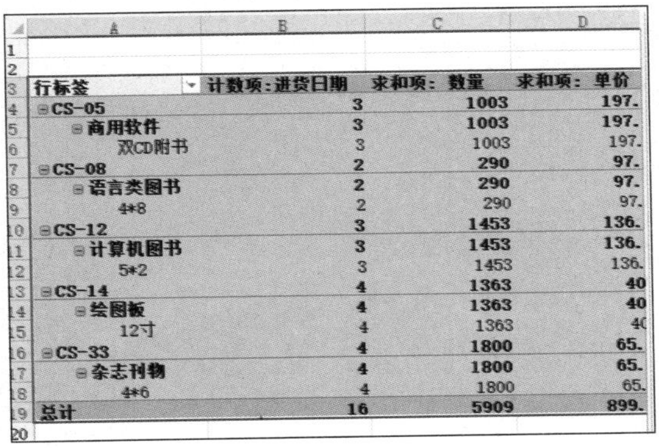

行标签	计数项:进货日期	求和项：数量	求和项：单价
CS-05	3	1003	197.
商用软件	3	1003	197.
双CD附书	3	1003	197.
CS-08	2	290	97.
语言类图书	2	290	97.
4*8	2	290	97.
CS-12	3	1453	136.
计算机图书	3	1453	136.
5*2	3	1453	136.
CS-14	4	1363	40
绘图板	4	1363	40
12寸	4	1363	4
CS-33	4	1800	65.
杂志刊物	4	1800	65.
4*6	4	1800	65.
总计	16	5909	899.

图 9-81　选择数据透视表

11 在“开始”选项卡下的“字体”选项组中，设置字体和字号大小，如图 9-82 所示。

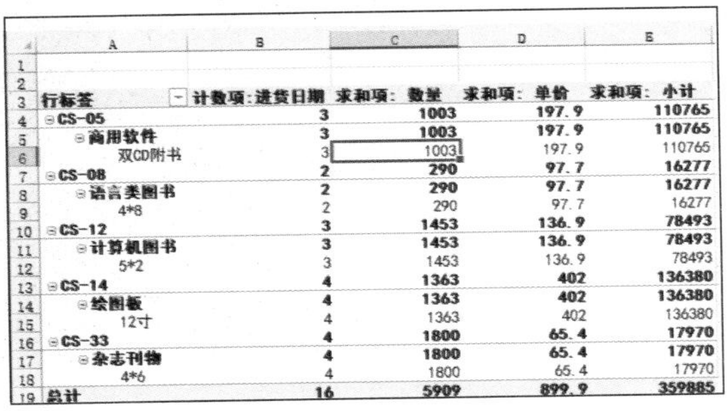

行标签	计数项:进货日期	求和项：数量	求和项：单价	求和项：小计
CS-05	3	1003	197.9	110765
商用软件	3	1003	197.9	110765
双CD附书	3	1003	197.9	110765
CS-08	2	290	97.7	16277
语言类图书	2	290	97.7	16277
4*8	2	290	97.7	16277
CS-12	3	1453	136.9	78493
计算机图书	3	1453	136.9	78493
5*2	3	1453	136.9	78493
CS-14	4	1363	402	136380
绘图板	4	1363	402	136380
12寸	4	1363	402	136380
CS-33	4	1800	65.4	17970
杂志刊物	4	1800	65.4	17970
4*6	4	1800	65.4	17970
总计	16	5909	899.9	359885

图 9-82　设置字体和字号大小

12 选择数据透视表，切换至“数据透视表工具”-“设计”选项卡，如图 9-83 所示。

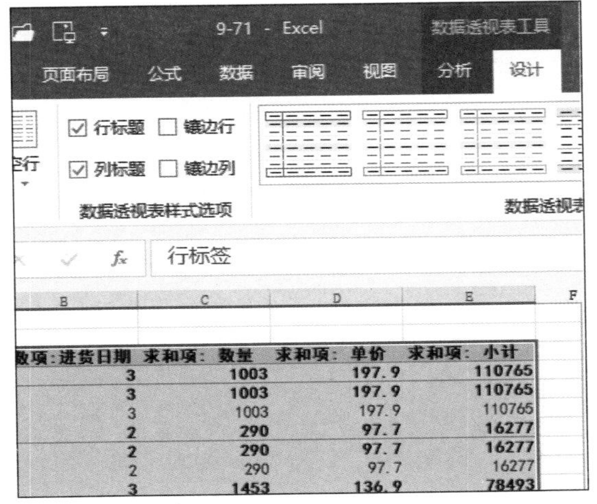

图 9-83　切换至“设计”选项卡

13 在“数据透视表样式”选项组中，单击“其他”按钮，在弹出的下拉列表框中选择所需样式，如图 9-84 所示。

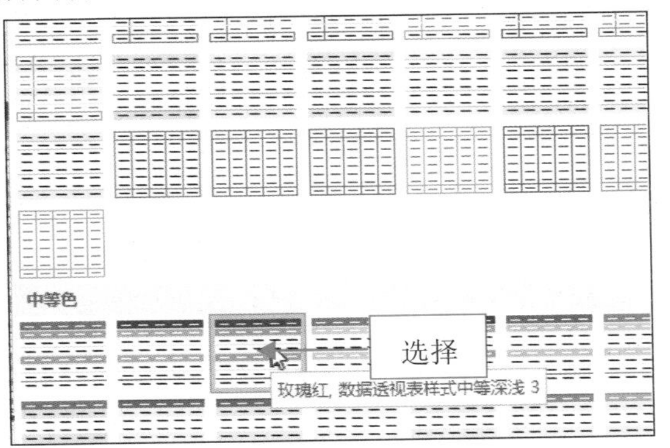

图 9-84　选择相应样式

14 执行上述操作后，即可将选择的样式应用到数据透视表中，如图 9-85 所示。

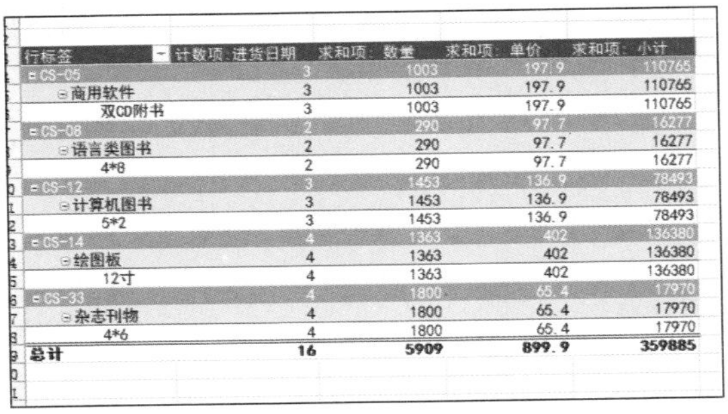

行标签	计数项:进货日期	求和项：数量	求和项：单价	求和项：小计
CS-05	3	1003	197.9	110765
商用软件	3	1003	197.9	110765
双CD附书	3	1003	197.9	110765
CS-08	2	290	97.7	16277
语言类图书	2	290	97.7	16277
4*8	2	290	97.7	16277
CS-12	3	1453	136.9	78493
计算机图书	3	1453	136.9	78493
5*2	3	1453	136.9	78493
CS-14	4	1363	402	136380
绘图板	4	1363	402	136380
12寸	4	1363	402	136380
CS-33	4	1800	65.4	17970
杂志刊物	4	1800	65.4	17970
4*6	4	1800	65.4	17970
总计	16	5909	899.9	359885

图 9-85　应用样式

第10章

市场与销售案例

在企业的市场和销售管理中，经常会根据销售情况，统计出各地、各个季度或各部门的销售数据，并对统计的结果进行数据分析，制作出相应的图表，以便分析产品的市场与销售情况。

本章主要介绍Excel 2016在市场和销售管理中的应用，包括制作销售利润分析表、销售单和销售情况表等内容。

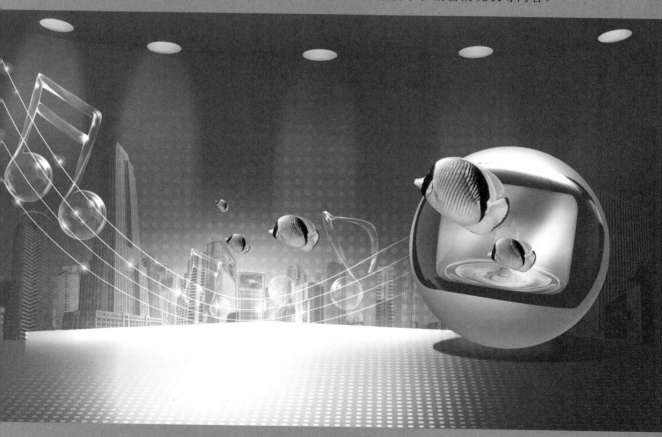

10.1　公司销售利润分析

销售利润是指企业在其全部销售业务中实现的利润，又称营业利润、经营利润，它包含主营业务利润。销售利润永远是商业经济活动中的行为目标，没有足够的利润企业就无法继续生存，没有足够的利润，企业就无法继续扩大发展。

本案例介绍制作公司销售利润分析图表，效果如图 10-1 所示。

公司销售利润分析

七月份	八月份	九月份	十月份	十一月份	十二月份
¥120,000.00	¥133,000.00	¥120,000.00	¥100,000.00	¥150,000.00	¥125,000.00
¥2,100.00	¥1,520.00	¥3,201.00	¥2,500.00	¥2,630.00	¥3,200.00
¥6,520.00	¥1,550.00	¥6,230.00	¥1,220.00	¥1,360.00	¥3,210.00
¥128,620.00	¥136,070.00	¥129,431.00	¥103,720.00	¥153,990.00	¥131,410.00
¥3,600.00	¥6,500.00	¥1,200.00	¥3,600.00	¥2,130.00	¥1,021.00
¥1,260.00	¥2,150.00	¥2,301.00	¥1,260.00	¥2,142.00	¥2,102.00
¥500.00	¥189.00	¥241.00	¥200.00	¥500.00	¥189.00
¥1,200.00	¥1,000.00	¥900.00	¥800.00	¥220.00	¥750.00
¥220.00	¥300.00	¥220.00	¥100.00	¥50.00	¥220.00
¥6,780.00	¥10,139.00	¥4,862.00	¥5,960.00	¥5,042.00	¥4,282.00
¥33,000.00	¥45,000.00	¥33,000.00	¥25,000.00	¥20,200.00	¥36,000.00
¥5,000.00	¥4,250.00	¥4,500.00	¥2,360.00	¥6,500.00	¥4,250.00
¥2,360.00	¥2,360.00	¥1,211.00	¥5,000.00	¥4,250.00	¥2,000.00
¥1,000.00	¥1,200.00	¥1,602.00	¥1,360.00	¥1,420.00	¥1,602.00
¥41,360.00	¥52,810.00	¥40,313.00	¥33,720.00	¥32,370.00	¥43,852.00
¥3,000.00	¥6,500.00	¥5,000.00	¥1,200.00	¥6,050.00	¥1,000.00
¥950.00	¥620.00	¥530.00	¥600.00	¥600.00	¥950.00
¥3,950.00	¥7,120.00	¥5,530.00	¥1,800.00	¥6,650.00	¥1,950.00
¥76.530.00	¥66.001.00	¥78.726.00	¥62.240.00	¥109.928.00	¥81.326.00

图 10-1　公司销售利润分析图表

10.1.1　设置表格内容

在 Excel 2016 中，制作公司销售利润分析表时，首先需要设置表格的内容。设置表格内容的具体操作步骤如下：

1 单击“文件”|“打开”|“浏览”按钮，打开一个 Excel 工作簿，如图 10-2 所示。

	A	B	C	D	E	F	G
1							
2		七月份	八月份	九月份	十月份	十一月份	十二月份
3	销售收入	120000	133000	120000	100000	150000	125000
4	销售利润	2100	1520	3201	2500	2630	3200
5	其他	6520	1550	6230	1220	1360	3210
6	合计	128620	136070	129431	103720	153990	131410
7	产品成本						
8	原料采购	3600	6500	1200	3600	2130	1021
9	设备投资	1260	2150	2301	1260	2142	2102
10	设备耗损	500	189	241	200	500	189
11	产品加工	1200	1000	900	800	220	750
12	其他	220	300	220	100	50	220
13	合计	6780	10139	4862	5960	5042	4282
14	人工成本						
15	员工工资	33000	45000	33000	25000	20200	36000
16	员工奖金	5000	4250	4500	2360	6500	4250
17	员工福利	2360	2360	1211	5000	4250	2000
18	其他	1000	1200	1602	1360	1420	1602
19	合计	41360	52810	40313	33720	32370	43852
20	其他开销						
21	广告费用	3000	6500	5000	1200	6050	1000
22	接待顾客	950	620	530	600	600	950
23	合计	3950	7120	5530	1800	6650	1950

图 10-2　打开一个 Excel 工作簿

2 在工作表中选择 A2:G24 单元格区域，如图 10-3 所示。

	A	B	C	D	E	F	G
1							
2		七月份	八月份	九月份	十月份	十一月份	十二月份
3	销售收入	120000	133000	120000	100000	150000	125000
4	销售利润	2100	1520	3201	2500	2630	3200
5	其他	6520	1550	6230	1220	1360	3210
6	合计	128620	136070	129431	103720	153990	131410
7	产品成本						
8	原料采购	3600	6500	1200	3600	2130	1021
9	设备投资	1260	2150	2301	1260	2142	2102
10	设备耗损	500	189	241	200	500	189
11	产品加工	1200	1000	900	800	220	750
12	其他	220	300	220	100	50	220
13	合计	6780	10139	4862	5960	5042	4282
14	人工成本						
15	员工工资	33000	45000	33000	25000	20200	36000
16	员工奖金	5000	4250	4500	2360	6500	4250
17	员工福利	2360	2360	1211	5000	4250	2000
18	其他	1000	1200	1602	1360	1420	1602
19	合计	41360	52810	40313	33720	32370	43852
20	其他开销						
21	广告费用	3000	6500	5000	1200	6050	1000
22	接待顾客	950	620	530	600	600	950
23	合计	3950	7120	5530	1800	6650	1950

图 10-3　选择单元格区域

在 Excel 2016 中，设置表格内容的格式时，可以在输入数据内容之前设置单元格区域的格式。

3 在“开始”选项卡下的“字体”选项组中，单击“填充颜色”右侧的下三角按钮，在弹出的列表框中选择颜色，如图10-4所示。

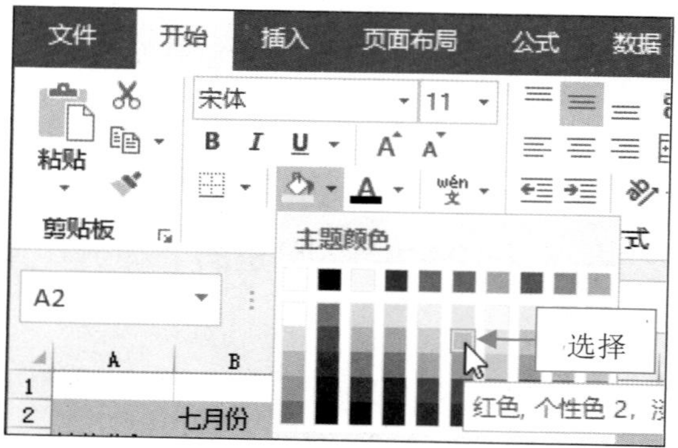

图 10-4 选择颜色

4 在工作表中按住【Ctrl】键的同时选择需要设置的单元格区域，如图10-5所示。

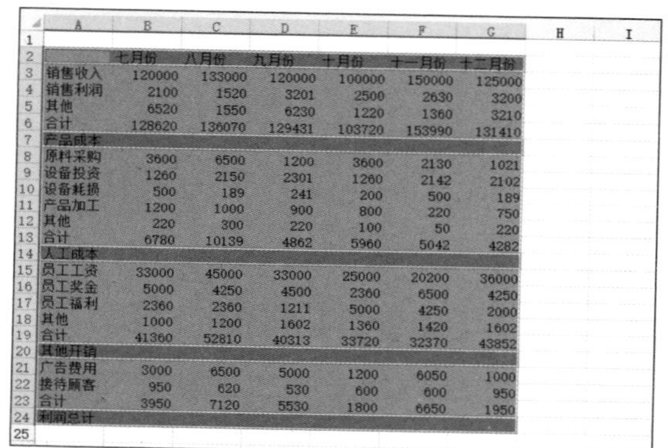

图 10-5 选择单元格区域

5 在“字体”选项组中，单击“填充颜色”按钮，在弹出的列表框中选择颜色，如图10-6所示。

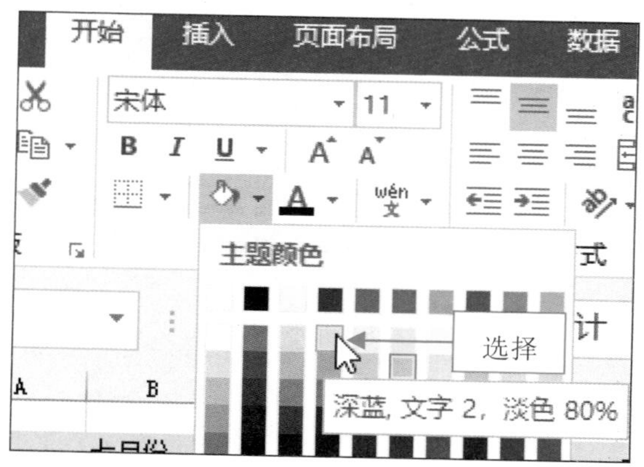

图 10-6 选择颜色

6 在工作表中选择需要设置的数据区域，如图10-7所示。

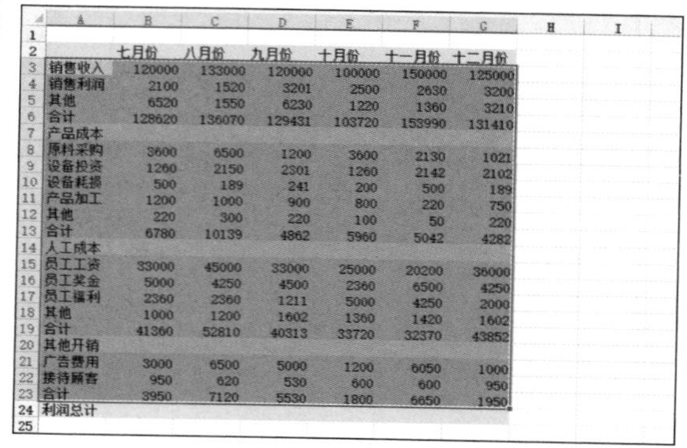

图 10-7 选择数据区域

7 在“字体”选项组中，单击“下框线”按钮，在弹出的列表框中选择“所有框线”选项，如图10-8所示。

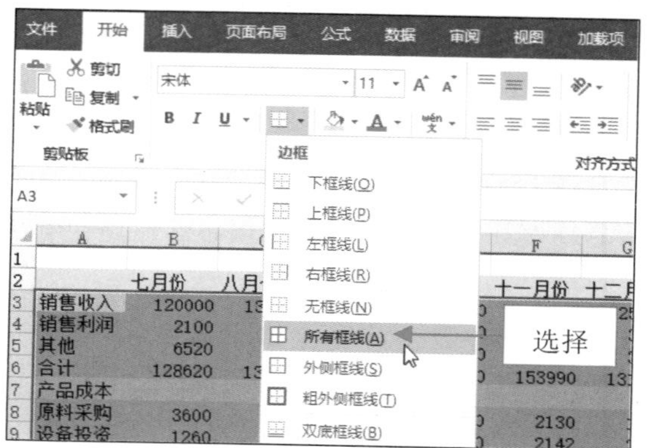

图 10-8 选择“所有框线”选项

8 执行上述操作后，即可添加边框线，如图10-9所示。

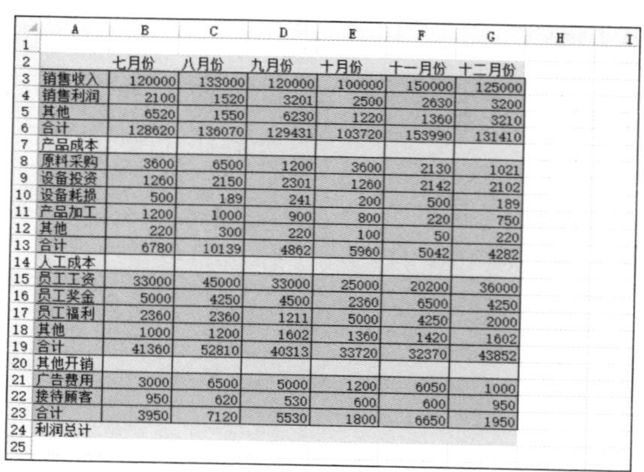

图 10-9 设置相应格式

9 在工作表中选择 A7、A14、A20 以及 A24 单元格，如 10-10 所示。

	A	B	C	D	E	F	G
2		七月份	八月份	九月份	十月份	十一月份	十二月份
3	销售收入	120000	133000	120000	100000	150000	125000
4	销售利润	2100	1520	3201	2500	2630	3200
5	其他	6520	1550	6230	1220	1360	3210
6	合计	128620	136070	129431	103720	153990	131410
7	产品成本						
8	原料采购	3600	6500	1200	3600	2130	1021
9	设备投资	1260	2150	2301	1260	2142	2102
10	设备耗损	500	189	241	200	500	189
11	产品加工	1200	1000	900	800	220	750
12	其他	220	300	220	100	50	220
13	合计	6780	10139	4862	5960	5042	4282
14	人工成本						
15	员工工资	33000	45000	33000	25000	20200	36000
16	员工奖金	5000	4250	4500	2360	6500	4250
17	员工福利	2360	2360	1211	5000	4250	2000
18	其他	1000	1200	1602	1360	1420	1602
19	合计	41360	52810	40313	33720	32370	43852
20	其他开销						
21	广告费用	3000	6500	5000	1200	6050	1000
22	接待顾客	950	620	530	600	600	950
23	合计	3950	7120	5530	1800	6650	1950
24	利润总计						

图 10-10　选择单元格

10 在“字体”选项组中，单击“加粗”和“倾斜”按钮，如图 10-11 所示。

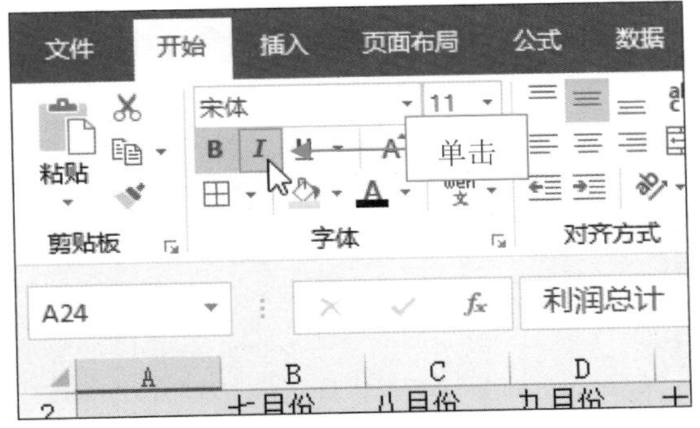

图 10-11　单击相应按钮

11 在工作表中选择 B3:G24 单元格区域，如图 10-12 所示。

	A	B	C	D	E	F	G
2		七月份	八月份	九月份	十月份	十一月份	十二月份
3	销售收入	120000	133000	120000	100000	150000	125000
4	销售利润	2100	1520	3201	2500	2630	3200
5	其他	6520	1550	6230	1220	1360	3210
6	合计	128620	136070	129431	103720	153990	131410
7	***产品成本***						
8	原料采购	3600	6500	1200	3600	2130	1021
9	设备投资	1260	2150	2301	1260	2142	2102
10	设备耗损	500	189	241	200	500	189
11	产品加工	1200	1000	900	800	220	750
12	其他	220	300	220	100	50	220
13	合计	6780	10139	4862	5960	5042	4282
14	***人工成本***						
15	员工工资	33000	45000	33000	25000	20200	36000
16	员工奖金	5000	4250	4500	2360	6500	4250
17	员工福利	2360	2360	1211	5000	4250	2000
18	其他	1000	1200	1602	1360	1420	1602
19	合计	41360	52810	40313	33720	32370	43852
20	***其他开销***						
21	广告费用	3000	6500	5000	1200	6050	1000
22	接待顾客	950	620	530	600	600	950
23	合计	3950	7120	5530	1800	6650	1950
24	***利润总计***						

图 10-12　选择单元格区域

12 在“数字”选项组中，单击“数字格式”下拉按钮，在弹出的下拉列表框中选择“货币”选项，如图 10-13 所示。

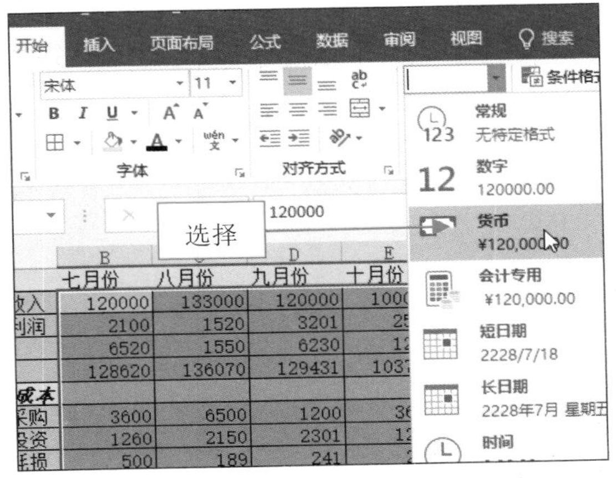

图 10-13　选择“货币”选项

13 执行上述操作后，即可将选择区域的数字格式设置为货币格式，如图 10-14 所示。

	A	B	C	D	E	F	G
1							
2		七月份	八月份	九月份	十月份	十一月份	十二月份
3	销售收入	¥120,000.00	¥133,000.00	¥120,000.00	¥100,000.00	¥150,000.00	¥125,000.0
4	销售利润	¥2,100.00	¥1,520.00	¥3,201.00	¥2,500.00	¥2,630.00	¥3,200.0
5	其他	¥6,520.00	¥1,550.00	¥6,230.00	¥1,220.00	¥1,360.00	¥3,210.0
6	合计	¥128,620.00	¥136,070.00	¥129,431.00	¥103,720.00	¥153,990.00	¥131,410.0
7	***产品成本***						
8	原料采购	¥3,600.00	¥6,500.00	¥1,200.00	¥3,600.00	¥2,130.00	¥1,021.0
9	设备投资	¥1,260.00	¥2,150.00	¥2,301.00	¥1,260.00	¥2,142.00	¥2,102.0
10	设备耗损	¥500.00	¥189.00	¥241.00	¥200.00	¥500.00	¥189.0
11	产品加工	¥1,200.00	¥1,000.00	¥900.00	¥800.00	¥220.00	¥750.0
12	其他	¥220.00	¥300.00	¥220.00	¥100.00	¥50.00	¥220.0
13	合计	¥6,780.00	¥10,139.00	¥4,862.00	¥5,960.00	¥5,042.00	¥4,282.0
14	***人工成本***						
15	员工工资	¥33,000.00	¥45,000.00	¥33,000.00	¥25,000.00	¥20,200.00	¥36,000.0
16	员工奖金	¥5,000.00	¥4,250.00	¥4,500.00	¥2,360.00	¥6,500.00	¥4,250.0
17	员工福利	¥2,360.00	¥2,360.00	¥1,211.00	¥5,000.00	¥4,250.00	¥2,000.0
18	其他	¥1,000.00	¥1,200.00	¥1,602.00	¥1,360.00	¥1,420.00	¥1,602.0
19	合计	¥41,360.00	¥52,810.00	¥40,313.00	¥33,720.00	¥32,370.00	¥43,852.0
20	***其他开销***						
21	广告费用	¥3,000.00	¥6,500.00	¥5,000.00	¥1,200.00	¥6,050.00	¥1,000.0
22	接待顾客	¥950.00	¥620.00	¥530.00	¥600.00	¥600.00	¥950.0
23	合计	¥3,950.00	¥7,120.00	¥5,530.00	¥1,800.00	¥6,650.00	¥1,950.0
24	***利润总计***						
25							

图 10-14　设置数字格式

14 选择 B2:G2 数据区域，在“字体”和“对齐方式”选项组中设置字体格式，如图 10-15 所示。

文件　开始　插入　页面布局　公式　数据　审阅　视图

黑体　14

粘贴　剪贴板　字体　对齐方式

B2　七月份

	A	B	C	D
1				
2		七月份	八月份	九月份
3	销售收入	¥120,000.00	¥133,000.00	¥120,000.00
4	销售利润	¥2,100.00	¥1,520.00	¥3,201.00
5	其他	¥6,520.00	¥1,550.00	¥6,230.00
6	合计	¥128,620.00	¥136,070.00	¥129,431.00

图 10-15　设置字体格式

15 在工作表中选择第 1 行数据，在“开始”选项卡下的“单元格”选项组中单击“格式”按钮，在弹出的列表框中选择“行高”选项，如 10-16 所示。

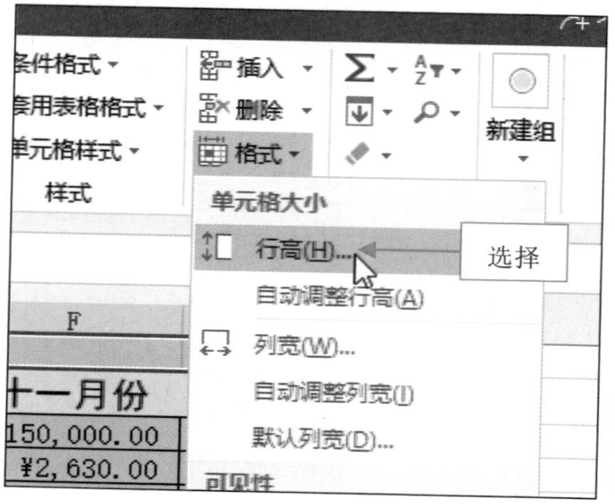

图 10-16　选择“行高”选项

16 弹出“行高”对话框，在文本框中输入 45，如图 10-17 所示。

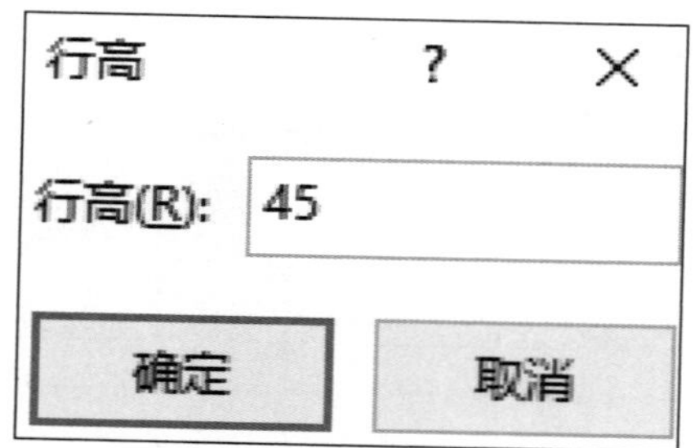

图 10-17　行高对话框

17 单击“确定”按钮，选择 A1:G1 单元格区域，在“对齐方式”选项组中单击“合并后居中”按钮，如图 10-18 所示，即可设置居中对齐。

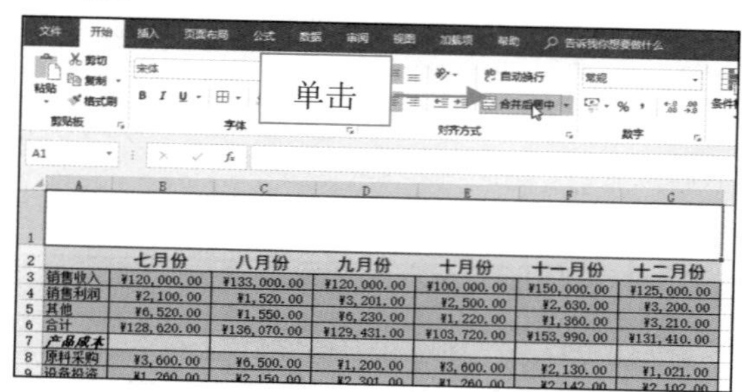

图 10-18　单击“合并后居中”按钮

18 在“插入”选项卡下的“文本”选项组中，单击“艺术字”按钮，在弹出的列表框中选择一种艺术字样式，如图 10-19 所示。

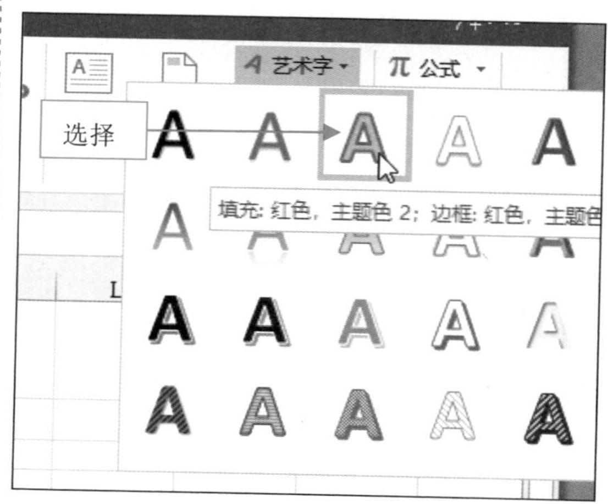

图 10-19　选择艺术字样式

19 执行上述操作后，即可在工作表中插入艺术字，在文本框中输入文本，如图 10-20 所示。

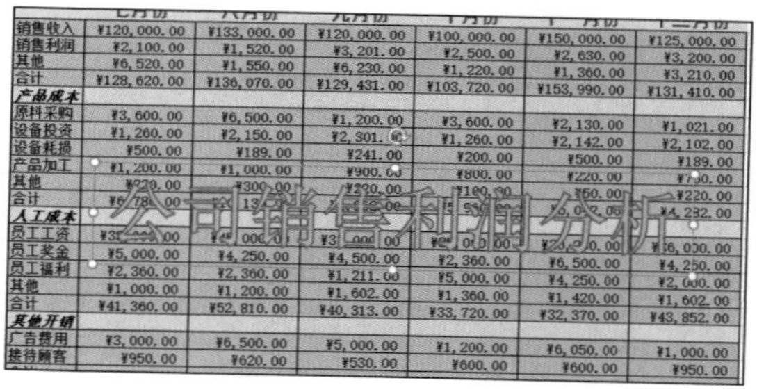

图 10-20　输入文本

20 在“开始”选项卡下的“字体”选项组中，设置“字体”为“黑体”、“字号”为 24，如图 10-21 所示。

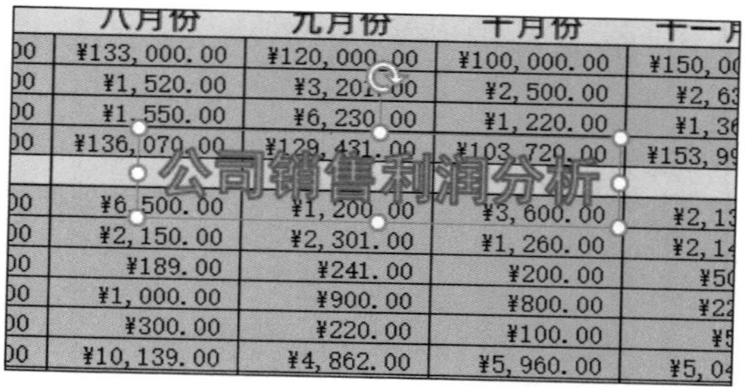

图 10-21　设置字体格式

21 在工作表中适当调整文本的位置和间距，如图 10-22 所示。

图 10-22　调整文本

22 选择 A1 单元格，在“字体”选项组中，设置其填充颜色，如图 10-23 所示。

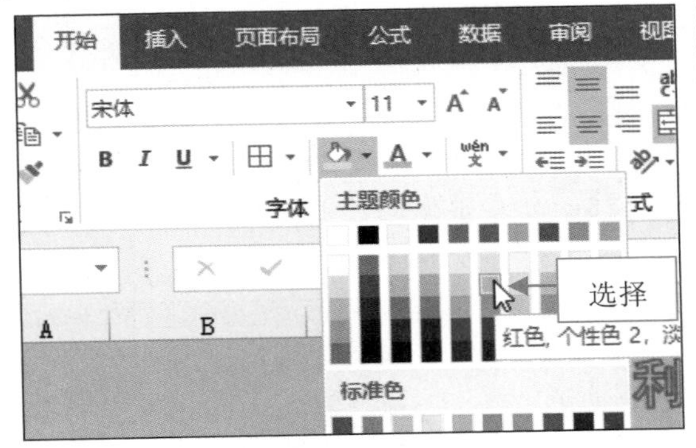

图 10-23　设置填充颜色

23 选择 A3:G24 数据区域，在“对齐方式”选项组中单击“居中”按钮，如图 10-24 所示。

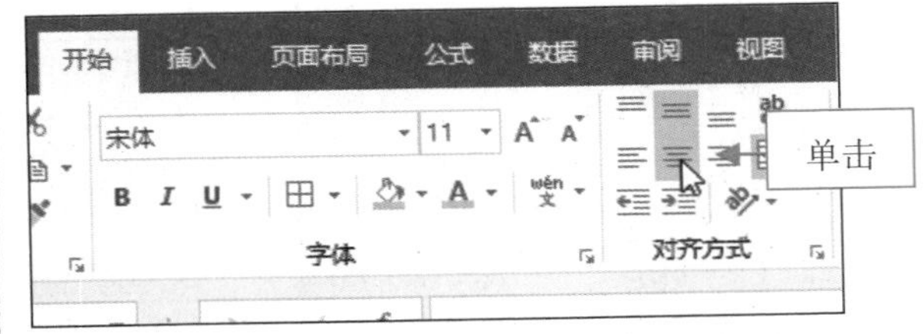

图 10-24　单击“居中”按钮

24 执行上述操作后，即可完成对表格内容的设置，如图 10-25 所示。

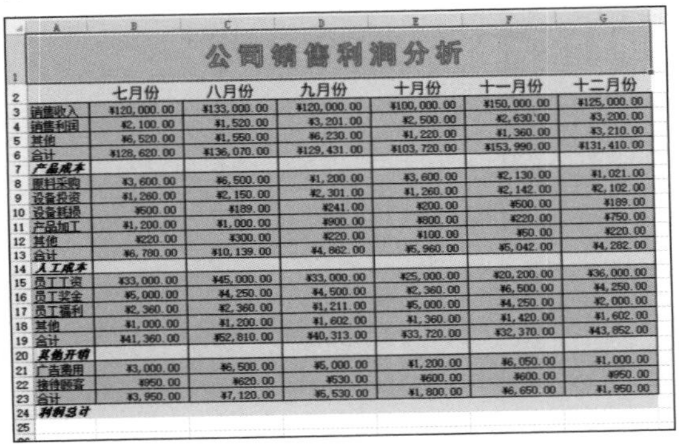

图 10-25　设置表格内容

10.1.2　公式运算数据

在 Excel 2016 中，设置表格内容后需要使用公式计算表格中的数据，公式运算数据的具体操作步骤如下：

1 在工作表中选择 B24 单元格，如图 10-26 所示。

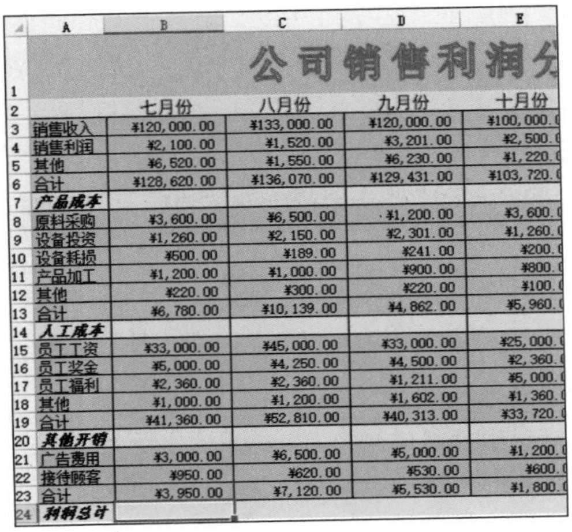

图 10-26　选择单元格

2 在单元格中输入相应公式，如图 10-27 所示。

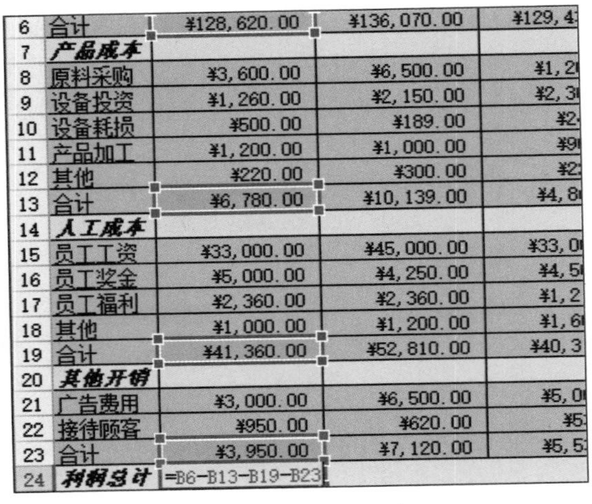

图 10-27　输入公式

3 按【Enter】键确认，得到计算结果，如图 10-28 所示。

14	人工成本		
15	员工工资	¥33,000.00	¥45,000.00
16	员工奖金	¥5,000.00	¥4,250.00
17	员工福利	¥2,360.00	¥2,360.00
18	其他	¥1,000.00	¥1,200.00
19	合计	¥41,360.00	¥52,810.00
20	其他开销		
21	广告费用	¥3,000.00	¥6,500.00
22	接待顾客	¥950.00	¥620.00
23	合计	¥3,950.00	¥7,120.00
24	利润总计	¥76,530.00	

图 10-28 得到计算结果

4 用与上述相同的方法，计算其他的数据结果，如图 10-29 所示。

	A	B	C	D	E	F	G
1	公司销售利润分析						
2		七月份	八月份	九月份	十月份	十一月份	十二月份
3	销售收入	¥120,000.00	¥133,000.00	¥120,000.00	¥100,000.00	¥150,000.00	¥125,000.00
4	销售利润	¥2,100.00	¥1,520.00	¥3,201.00	¥2,500.00	¥2,630.00	¥3,200.00
5	其他	¥6,520.00	¥1,550.00	¥6,230.00	¥1,220.00	¥1,360.00	¥3,210.00
6	合计	¥128,620.00	¥136,070.00	¥129,431.00	¥103,720.00	¥153,990.00	¥131,410.00
7	产品成本						
8	原料采购	¥3,600.00	¥6,500.00	¥1,200.00	¥3,600.00	¥2,130.00	¥1,021.00
9	设备投资	¥1,260.00	¥2,150.00	¥2,301.00	¥1,260.00	¥2,142.00	¥2,102.00
10	设备耗损	¥600.00	¥189.00	¥241.00	¥200.00	¥600.00	¥189.00
11	产品加工	¥1,200.00	¥1,000.00	¥900.00	¥800.00	¥220.00	¥750.00
12	其他	¥220.00	¥300.00	¥220.00	¥100.00	¥50.00	¥220.00
13	合计	¥6,780.00	¥10,139.00	¥4,862.00	¥5,960.00	¥5,042.00	¥4,282.00
14	人工成本						
15	员工工资	¥33,000.00	¥45,000.00	¥33,000.00	¥25,000.00	¥20,200.00	¥36,000.00
16	员工奖金	¥5,000.00	¥4,250.00	¥4,500.00	¥2,360.00	¥6,500.00	¥4,250.00
17	员工福利	¥2,360.00	¥2,360.00	¥1,211.00	¥5,000.00	¥4,250.00	¥2,000.00
18	其他	¥1,000.00	¥1,200.00	¥1,602.00	¥1,360.00	¥1,420.00	¥1,602.00
19	合计	¥41,360.00	¥52,810.00	¥40,313.00	¥33,720.00	¥32,370.00	¥43,852.00
20	其他开销						
21	广告费用	¥3,000.00	¥6,500.00	¥5,000.00	¥1,200.00	¥6,050.00	¥1,000.00
22	接待顾客	¥950.00	¥620.00	¥530.00	¥600.00	¥600.00	¥950.00
23	合计	¥3,950.00	¥7,120.00	¥5,530.00	¥1,800.00	¥6,650.00	¥1,950.00
24	利润总计	¥76,530.00	¥66,001.00	¥78,726.00	¥62,240.00	¥109,928.00	¥81,326.00

图 10-29 计算其他数据

10.1.3 添加数据图表

在 Excel 2016 中，为了让表格中的数据更加直观、清晰，可以根据需要添加数据图表。添加数据图表的具体操作步骤如下：

1 在工作表中选择 B2:G2 和 B24:G24 单元格区域，如图 10-30 所示。

	A	B	C	D	E	F	G
1	公司销售利润分析						
2		七月份	八月份	九月份	十月份	十一月份	十二月份
3	销售收入	¥120,000.00	¥133,000.00	¥120,000.00	¥100,000.00	¥150,000.00	¥125,000.00
4	销售利润	¥2,100.00	¥1,520.00	¥3,201.00	¥2,500.00	¥2,630.00	¥3,200.00
5	其他	¥6,520.00	¥1,550.00	¥6,230.00	¥1,220.00	¥1,360.00	¥3,210.00
6	合计	¥128,620.00	¥136,070.00	¥129,431.00	¥103,720.00	¥153,990.00	¥131,410.00
7	产品成本						
8	原料采购	¥3,600.00	¥6,500.00	¥1,200.00	¥3,600.00	¥2,130.00	¥1,021.00
9	设备投资	¥1,260.00	¥2,150.00	¥2,301.00	¥1,260.00	¥2,142.00	¥2,102.00
10	设备耗损	¥600.00	¥189.00	¥241.00	¥200.00	¥600.00	¥189.00
11	产品加工	¥1,200.00	¥1,000.00	¥900.00	¥800.00	¥220.00	¥750.00
12	其他	¥220.00	¥300.00	¥220.00	¥100.00	¥50.00	¥220.00
13	合计	¥6,780.00	¥10,139.00	¥4,862.00	¥5,960.00	¥5,042.00	¥4,282.00
14	人工成本						
15	员工工资	¥33,000.00	¥45,000.00	¥33,000.00	¥25,000.00	¥20,200.00	¥36,000.00
16	员工奖金	¥5,000.00	¥4,250.00	¥4,500.00	¥2,360.00	¥6,500.00	¥4,250.00
17	员工福利	¥2,360.00	¥2,360.00	¥1,211.00	¥5,000.00	¥4,250.00	¥2,000.00
18	其他	¥1,000.00	¥1,200.00	¥1,602.00	¥1,360.00	¥1,420.00	¥1,602.00
19	合计	¥41,360.00	¥52,810.00	¥40,313.00	¥33,720.00	¥32,370.00	¥43,852.00
20	其他开销						
21	广告费用	¥3,000.00	¥6,500.00	¥5,000.00	¥1,200.00	¥6,050.00	¥1,000.00
22	接待顾客	¥950.00	¥620.00	¥530.00	¥600.00	¥600.00	¥950.00
23	合计	¥3,950.00	¥7,120.00	¥5,530.00	¥1,800.00	¥6,650.00	¥1,950.00
24	利润总计	¥76,530.00	¥66,001.00	¥78,726.00	¥62,240.00	¥109,928.00	¥81,326.00

图 10-30 选择单元格区域

2 在“插入”选项卡下的“图表”选项组中，单击“插入饼图或圆环图”按钮，在弹出的列表框中选择“饼图”选项，如图 10-31 所示。

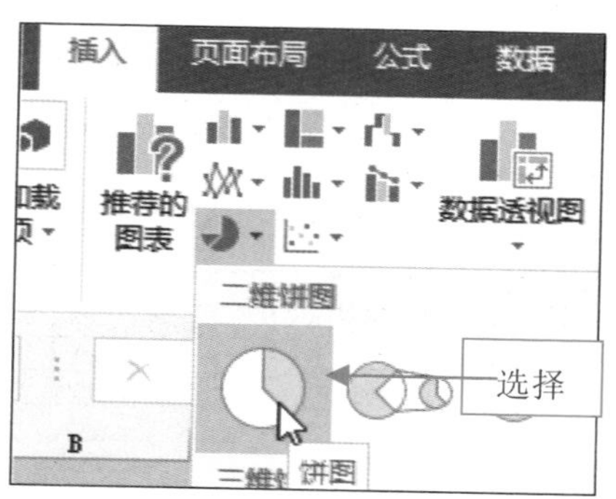

图 10-31 选择“饼图”选项

3 执行上述操作后，即可在工作表中插入一个饼图，如图 10-32 所示。

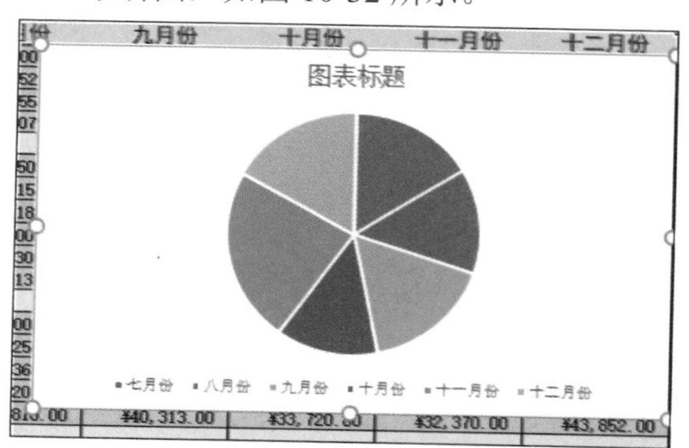

图 10-32 插入饼图

4 在“图表工具”-“设计”选项卡下的“图表样式”选项组中，单击“其他”按钮，在弹出的列表框中选择一种图表样式，如图 10-33 所示。

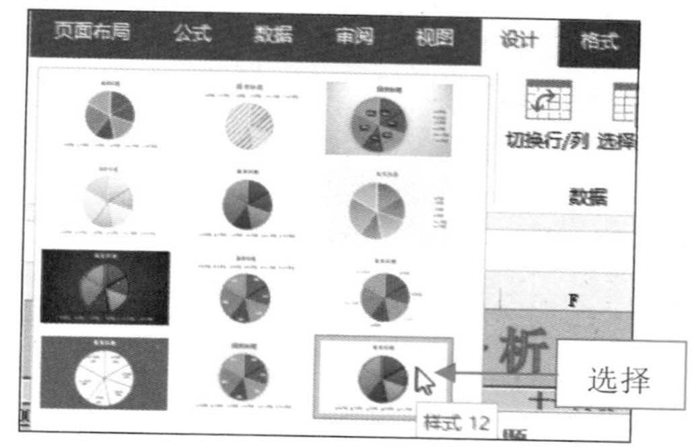

图 10-33 选择图表样式

5 执行上述操作后，即可将选择的样式应用到图表中，如图 10-34 所示。

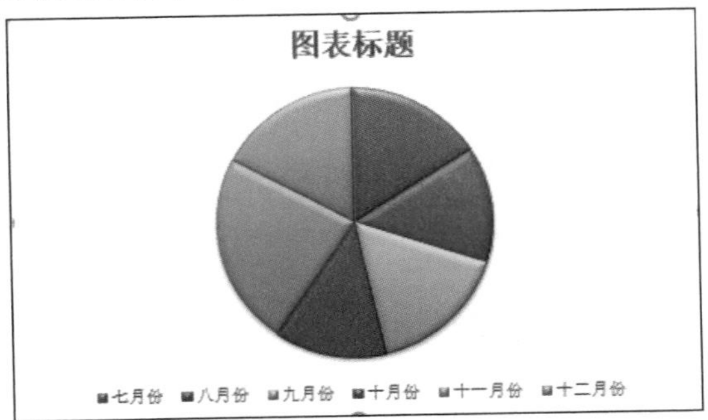

图 10-34　应用图表样式

6 在“图表工具”-“设计”选项卡下的“图表布局”选项组中，单击“添加图表元素”按钮，在弹出的列表框中选择“图例”|“右侧”选项，如图 10-35 所示。

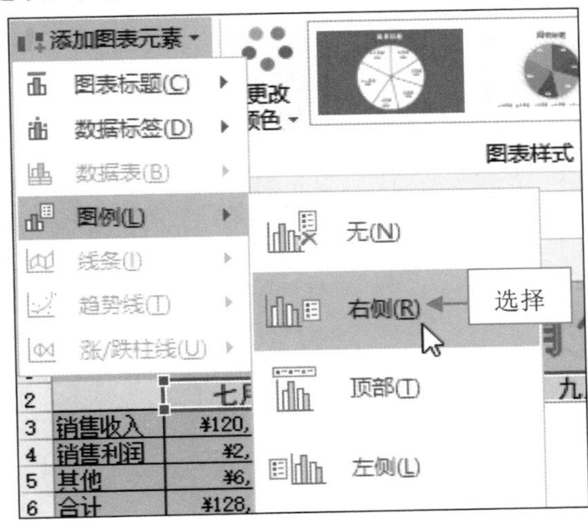

图 10-35　选择“右侧”选项

7 执行上述操作后，即可在图表的右侧显示图例，如图 10-36 所示。

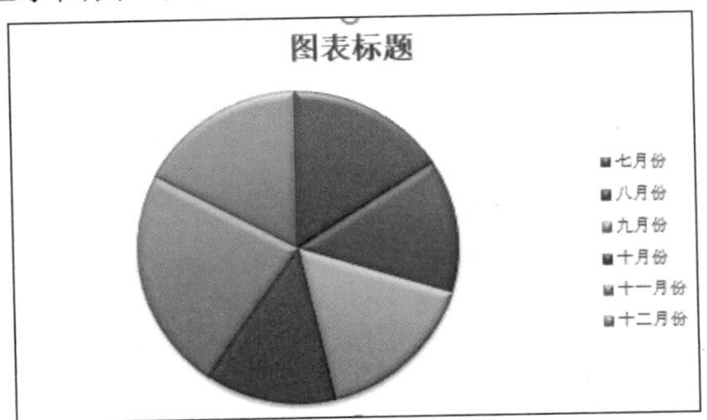

图 10-36　底部显示图例

8 在工作表中选择图表中的饼图，如图 10-37 所示。

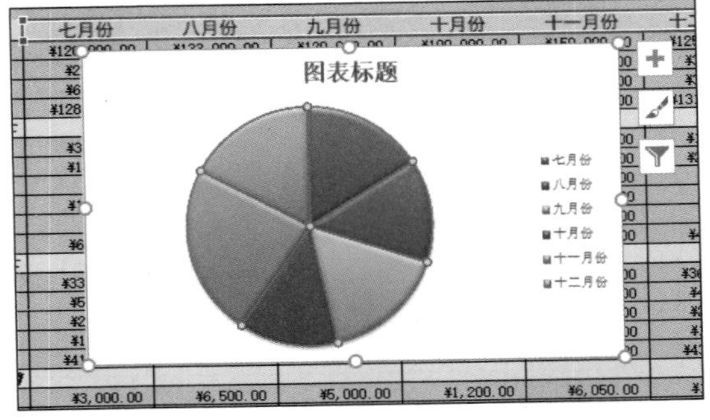

图 10-37　选择饼图

9 在饼图上单击鼠标右键，在弹出的快捷菜单中，选择“添加数据标签”选项，如图 10-38 所示。

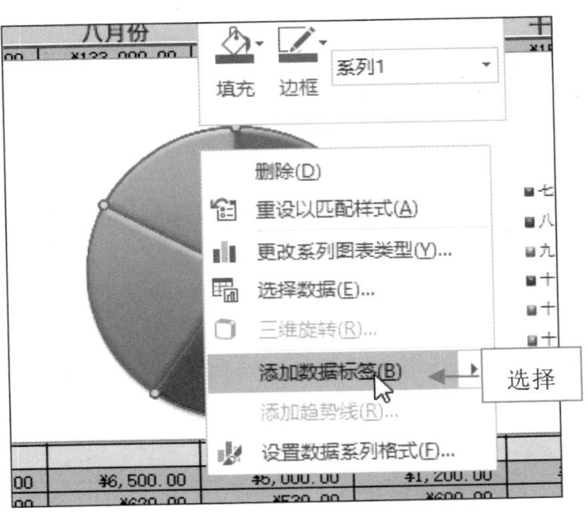

图 10-38　选择“添加数据标签”选项

10 执行上述操作后，即可为饼图添加数据标签，如图 10-39 所示。

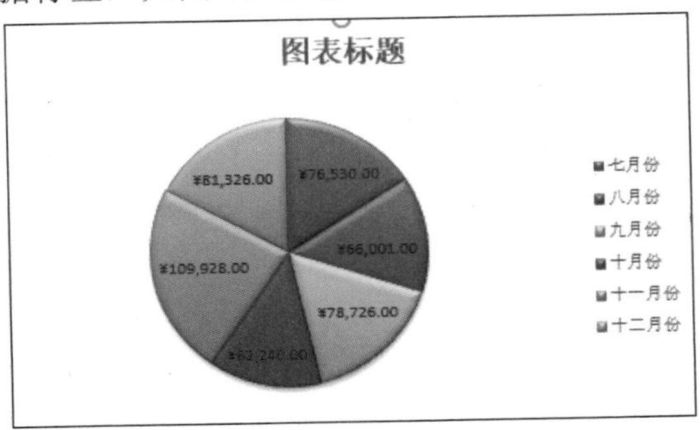

图 10-39　添加数据标签

11 在图表标题文本框中输入“公司销售利润分析图”文本，如图 10-40 所示。

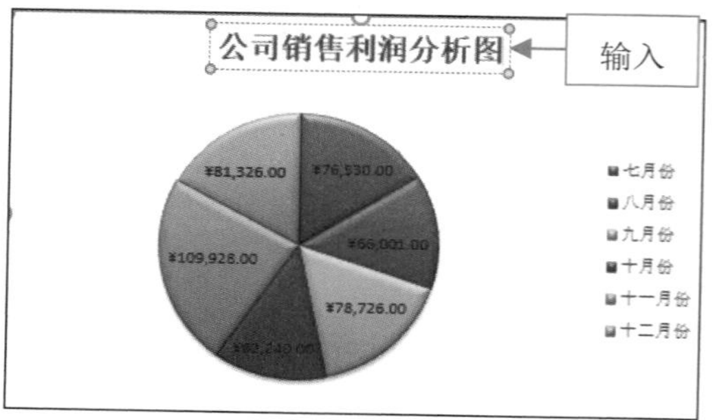

图 10-40 输入图表标题

12 选择输入的文本，在“开始”选项卡下的“字体”选项组中，设置“字体”为“黑体”、“字号”为 18，如图 10-41 所示。

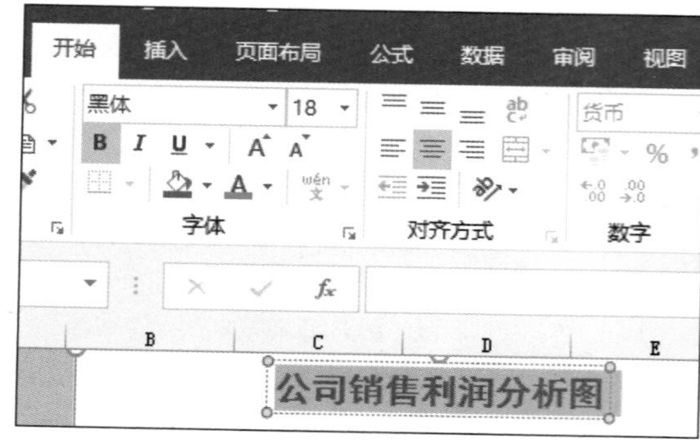

图 10-41 设置标题格式

13 在图表上单击鼠标右键，弹出快捷菜单，选择“设置图表区域格式”选项，如图 10-42 所示。

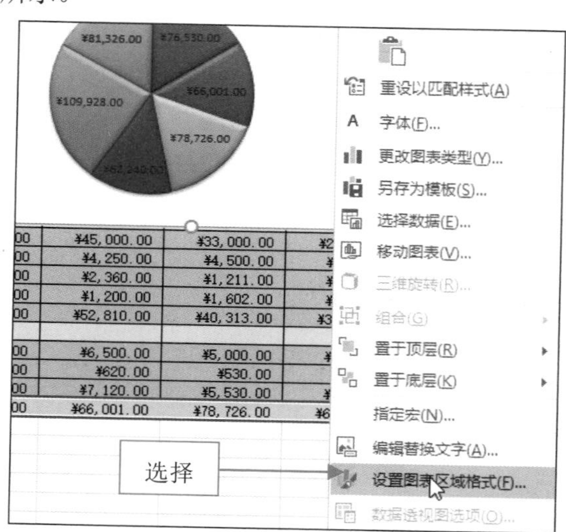

图 10-42 选择“设置图表区域格式”选项

14 弹出“设置图表区格式”窗格，选中“纯色填充”单选按钮，如图 10-43 所示。

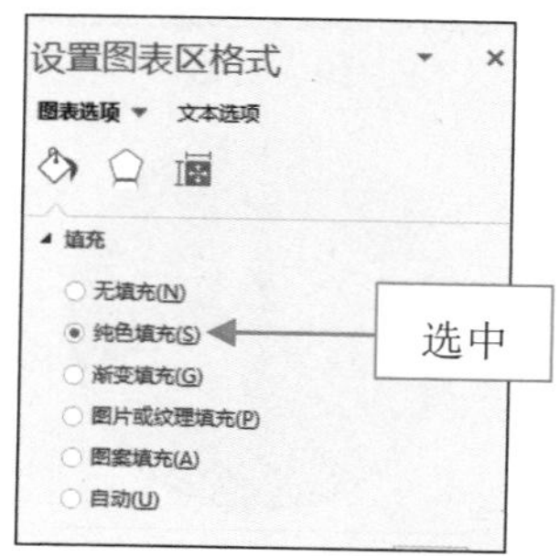

图 10-43 选中“纯色填充”单选按钮

15 单击“颜色”按钮，在弹出的列表框中选择所需的颜色，如 10-44 所示。

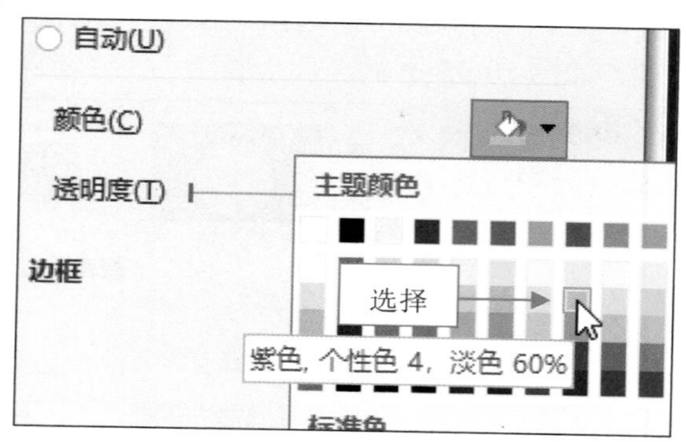

图 10-44 选择相应颜色

16 在“设置图表区格式”窗格中，切换至“边框”选项，如图 10-45 所示。

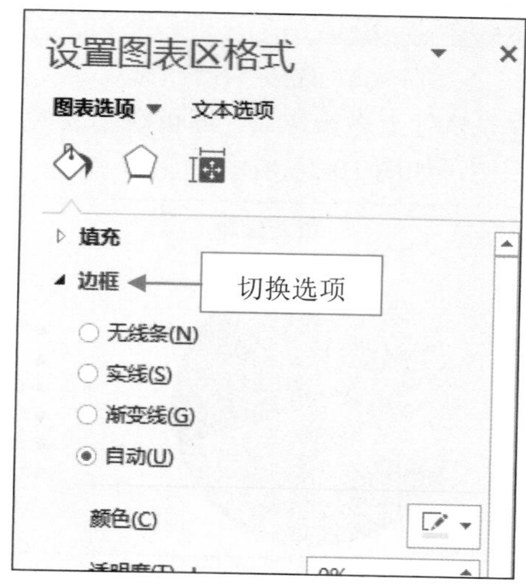

图 10-45 切换选项

17 在底部的选项区中选中“圆角”复选框，如图 10-46 所示。

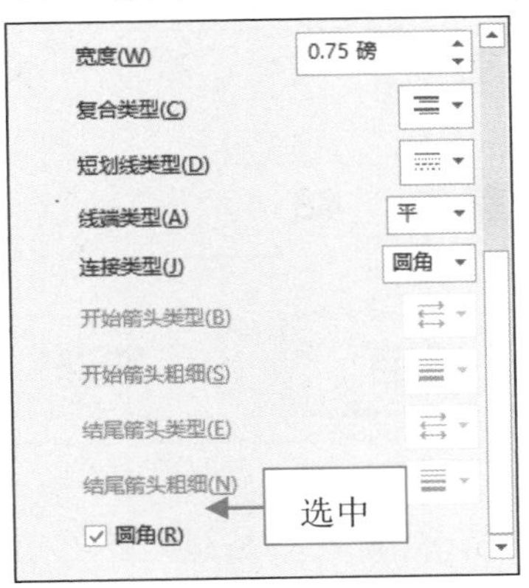

图 10-46　选中“圆角”复选框

18 单击“关闭”按钮，即可完成数据图表的添加，如图 10-47 所示。

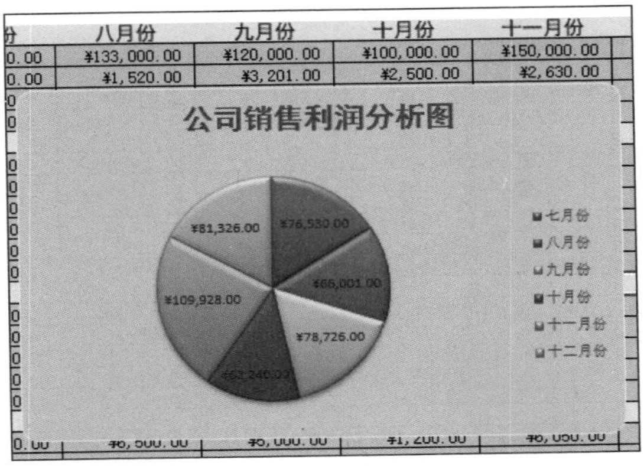

图 10-47　添加数据图表

10.2　产品销售单

产品销售单是指在一定时间内，某产品的销售情况。通过 Excel 2016 对销售数据进行处理，可以快速地了解在一段时间内产品的销售情况。本节主要介绍制作产品销售单的具体操作方法，希望用户学完以后，可以举一反三，快速制作出各种企业的产品销售单。

扫码观看本节视频

本案例介绍制作产品销售单，效果如图 10-48 所示。

专家提醒

在 Excel 2016 中，完成产品销售单的制作后，如果想要去掉表格中的背景，只需通过切换至“页面布局”选项卡，在“页面设置”选项组中单击“删除背景”按钮即可。

枫林电器2011年电器销售单

月份	电视（台）	电冰箱	空调	洗衣机	热水器	微波炉	电磁炉	电饭煲	吸尘器	电风扇
1月	440	320	350	280	220	420	350	220	310	50
2月	120	240	320	500	330	250	330	350	500	35
3月	250	330	280	167	440	234	440	280	330	50
4月	440	190	240	190	210	240	402	170	250	60
5月	120	160	235	156	120	250	401	190	190	440
6月	89	167	340	160	100	323	500	350	340	320
7月	60	350	440	500	90	240	360	330	150	260
8月	500	250	450	250	90	410	440	250	120	250
9月	440	250	420	280	86	351	310	250	301	120
10月	150	330	358	340	120	241	500	320	245	90
11月	156	200	350	240	150	240	420	340	240	20
12月	350	150	150	300	190	400	420	450	260	50
总计	3115	2937	3933	3363	2146	3599	4873	3500	3236	1745

图 10-48　产品销售单

10.2.1　输入数据内容

在对工作表进行数据处理时，必须先输入数据，为了使其更加美观还可以进行相应的格式设置。输入数据内容的具体操作步骤如下：

1 启动 Excel 2016 应用程序，输入表格内容，如图 10-49 所示。

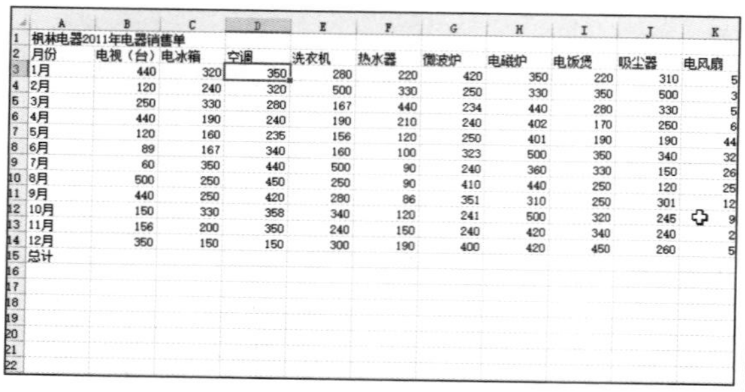

图 10-49 输入表格内容

2 选择单元格区域 A1:K1，在“开始”选项卡下的“对齐方式”选项组中单击“合并后居中”按钮，如图 10-50 所示。

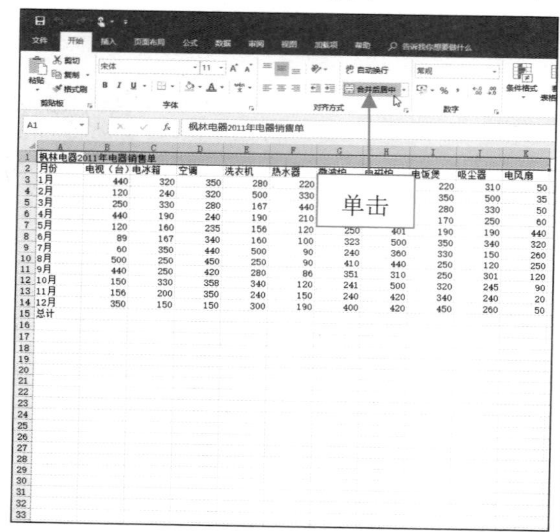

图 10-50 单击“合并后居中”按钮

3 选中第 1 行，在“单元格”选项组中单击“格式”按钮，弹出列表框，选择“行高”选项，如图 10-51 所示。

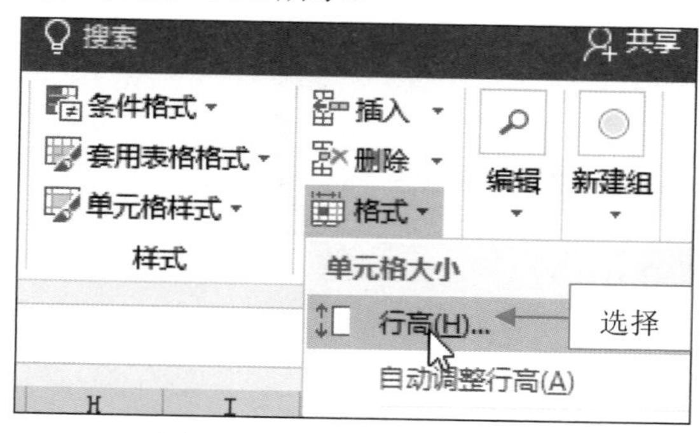

图 10-51 选择“行高”选项

4 弹出“行高”对话框，在文本框中输入 48，如图 10-52 所示。

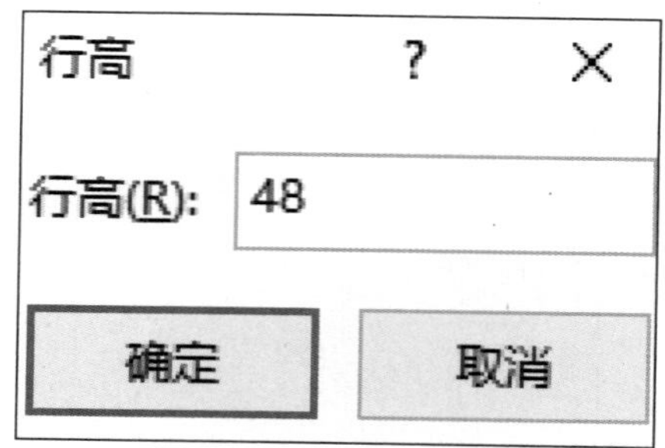

图 10-52 输入行高

5 单击“确定”按钮，在“字体”选项组中设置“字体”为黑体，字号为 24，如图 10-53 所示。

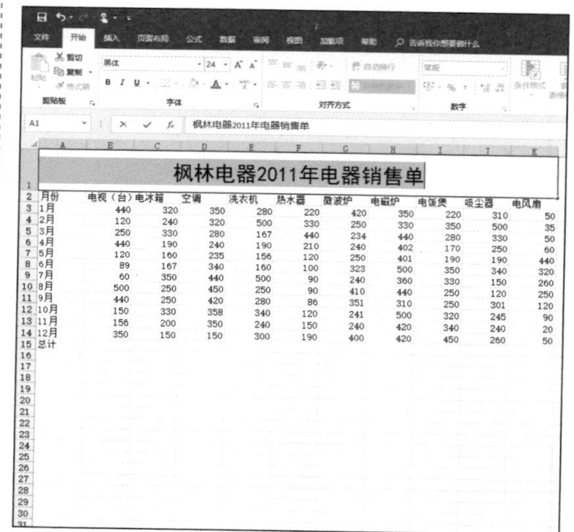

图 10-53 设置标题格式

6 用与上述相同的方法设置其他字体格式，如图 10-54 所示。

图 10-54 设置字体格式

7. 在工作表中选择 A2:K15 单元格区域，如图 10-55 所示。

枫林电器2011年电器销售单

月份	电视（台	电冰箱	空调	洗衣机	热水器	微波炉	电磁炉	电饭煲	吸尘器	电风扇
1月	440	320	350	280	220	420	350	220	310	50
2月	120	240	320	500	330	250	330	350	500	35
3月	250	330	280	167	440	234	440	280	330	50
4月	440	190	240	190	210	240	402	170	250	60
5月	120	160	235	156	120	250	401	190	190	440
6月	89	167	340	160	100	323	500	350	340	320
7月	60	350	440	500	90	240	360	330	150	260
8月	500	250	450	250	90	410	440	250	120	250
9月	440	250	420	280	86	351	310	250	301	120
10月	150	330	358	340	120	241	500	320	245	90
11月	156	200	350	240	150	240	420	340	240	20
12月	350	150	150	300	190	400	420	450	260	50
总计										

图 10-55　选择单元格区域

8. 在“对齐方式”选项组中单击“居中”按钮，如图 10-56 所示。

开始　插入　页面布局　公式　数据　审阅　视图

等线　14　常规

字体　对齐方式　数字

单击

电视（台	电冰箱	空调	洗衣机	热水器	微波炉
440	320	350	280	220	

图 10-56　单击“居中”按钮

9. 在工作表中选择 A1:K15 单元格区域，如图 10-57 所示。

枫林电器2011年电器销售单

月份	电视（台）	电冰箱	空调	洗衣机	热水器	微波炉	电磁炉	电饭煲	吸尘器	电风扇
1月	440	320	350	280	220	420	350	220	310	50
2月	120	240	320	500	330	250	330	350	500	35
3月	250	330	280	167	440	234	440	280	330	50
4月	440	190	240	190	210	240	402	170	250	60
5月	120	160	235	156	120	250	401	190	190	440
6月	89	167	340	160	100	323	500	350	340	320
7月	60	350	440	500	90	240	360	330	150	260
8月	500	250	450	250	90	410	440	250	120	250
9月	440	250	420	280	86	351	310	250	301	120
10月	150	330	358	340	120	241	500	320	245	90
11月	156	200	350	240	150	240	420	340	240	20
12月	350	150	150	300	190	400	420	450	260	50
总计										

图 10-57　选择单元格区域

10. 在“字体”选项组中单击“边框”按钮，在弹出的列表框中选择“所有框线”选项，如图 10-58 所示。

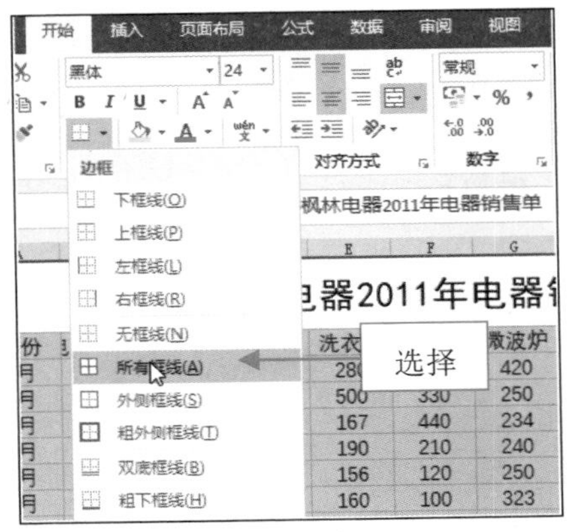

图 10-58　选择“所有边框”选项

11. 执行上述操作后，即可为表格添加边框线，如 10-59 所示。

枫林电器2011年电器销售单

月份	电视（台	电冰箱	空调	洗衣机	热水器	微波炉	电磁炉	电饭煲	吸尘器	电风扇
1月	440	320	350	280	220	420	350	220	310	50
2月	120	240	320	500	330	250	330	350	500	35
3月	250	330	280	167	440	234	440	280	330	50
4月	440	190	240	190	210	240	402	170	250	60
5月	120	160	235	156	120	250	401	190	190	440
6月	89	167	340	160	100	323	500	350	340	320
7月	60	350	440	500	90	240	360	330	150	260
8月	500	250	450	250	90	410	440	250	120	250
9月	440	250	420	280	86	351	310	250	301	120
10月	150	330	358	340	120	241	500	320	245	90
11月	156	200	350	240	150	240	420	340	240	20
12月	350	150	150	300	190	400	420	450	260	50
总计										

图 10-59　添加边框线

12. 在工作表中选择 A2:K15 单元格区域，如图 10-60 所示。

枫林电器2011年电器销售单

月份	电视（台）	电冰箱	空调	洗衣机	热水器	微波炉	电磁炉	电饭煲	吸尘器	电风扇
1月	440	320	350	280	220	420	350	220	310	50
2月	120	240	320	500	330	250	330	350	500	35
3月	250	330	280	167	440	234	440	280	330	50
4月	440	190	240	190	210	240	402	170	250	60
5月	120	160	235	156	120	250	401	190	190	440
6月	89	167	340	160	100	323	500	350	340	320
7月	60	350	440	500	90	240	360	330	150	260
8月	500	250	450	250	90	410	440	250	120	250
9月	440	250	420	280	86	351	310	250	301	120
10月	150	330	358	340	120	241	500	320	245	90
11月	156	200	350	240	150	240	420	340	240	20
12月	350	150	150	300	190	400	420	450	260	50
总计										

图 10-60　选择单元格区域

13 在“单元格”选项组中单击“格式”按钮，在弹出的列表框中选择“行高”选项，如图 10-61 所示。

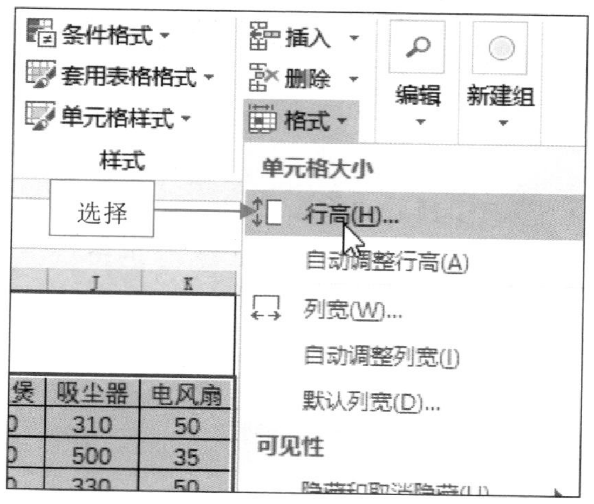

图 10-61 选择“行高”选项

14 弹出“行高”对话框，在文本框中输入 23，如图 10-62 所示。

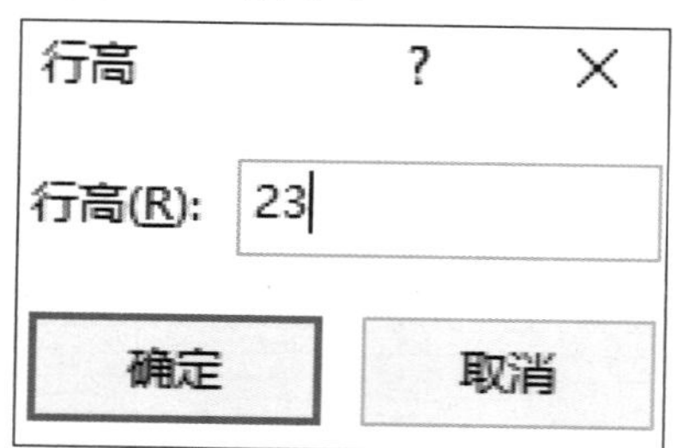

图 10-62 输入行高

15 单击“确定”按钮，即可应用所设置的行高，如图 10-63 所示。

枫林电器2011年电器销售单

月份	电视（台）	电冰箱	空调	洗衣机	热水器	微波炉	电磁炉	电饭煲	吸尘器	电风扇
1月	440	320	350	280	220	420	350	220	310	50
2月	120	240	320	500	330	250	330	350	500	35
3月	250	330	280	167	440	234	440	280	330	50
4月	440	190	240	190	210	240	402	170	250	60
5月	120	160	235	156	120	250	401	190	190	440
6月	89	167	340	160	100	323	500	350	340	320
7月	60	350	440	500	90	240	360	330	150	260
8月	500	250	450	250	90	410	440	250	120	250
9月	440	250	420	280	86	351	310	250	301	120
10月	150	330	358	340	120	241	500	320	245	90
11月	156	200	350	240	150	240	420	340	240	20
12月	350	150	150	300	190	400	420	450	260	50
总计										

图 10-63 设置行高

16 在“单元格”选项组中单击“格式”按钮，在弹出的列表框中选择“列宽”选项，如图 10-64 所示。

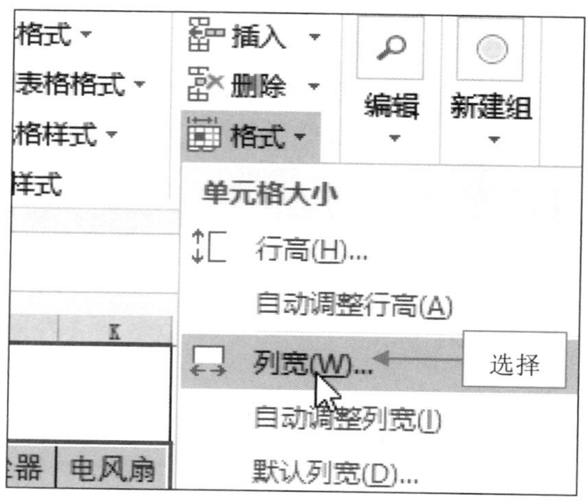

图 10-64 选择“列宽”选项

17 弹出“列宽”对话框，在文本框中输入 10，如 10-65 所示。

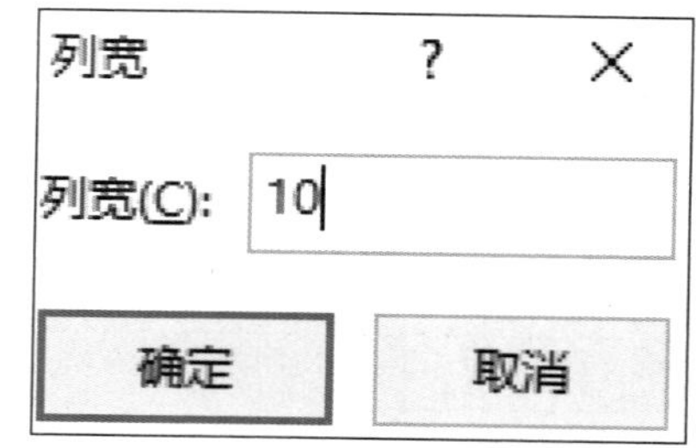

图 10-65 输入列宽

18 单击“确定”按钮，即可设置表格的列宽，如图 10-66 所示。

枫林电器2011年电器销售单

月份	电视（台）	电冰箱	空调	洗衣机	热水器	微波炉	电磁炉	电饭煲	吸尘器	电风扇
1月	440	320	350	280	220	420	350	220	310	50
2月	120	240	320	500	330	250	330	350	500	35
3月	250	330	280	167	440	234	440	280	330	50
4月	440	190	240	190	210	240	402	170	250	60
5月	120	160	235	156	120	250	401	190	190	440
6月	89	167	340	160	100	323	500	350	340	320
7月	60	350	440	500	90	240	360	330	150	260
8月	500	250	450	250	90	410	440	250	120	250
9月	440	250	420	280	86	351	310	250	301	120
10月	150	330	358	340	120	241	500	320	245	90
11月	156	200	350	240	150	240	420	340	240	20
12月	350	150	150	300	190	400	420	450	260	50
总计										

图 10-66 设置列宽

10.2.2 使用 SUM 函数

在 Excel 2016 中，可以使用 SUM 函数对表格中的数据进行求和计算。使用 SUM 函数的具体操作步骤如下：

专家提醒

在 Excel 2016 中，如果需要对表格进行其他函数的操作，如求平均值、计数等，可以通过单击“公式”选项卡下的“函数库”选项组中“插入函数”按钮 f_x，在弹出的“插入函数”对话框中选择需要的函数公式。

1 在工作表中选择 B15 单元格，如图 10-67 所示。

5	3月	250	330	280	167	440
6	4月	440	190	240	190	210
7	5月	120	160	235	156	120
8	6月	89	167	340	160	100
9	7月	60	350	440	500	90
10	8月	500	250	450	250	90
11	9月	440	250	420	280	86
12	10月	150	330	358	340	120
13	11月	156	200	350	240	150
14	12月	350	150	150	300	190
15	总计					

图 10-67　选择单元格

2 在“公式”选项卡下的“函数库”选项组中单击“自动求和”按钮，如图 10-68 所示。

图 10-68　单击“自动求和”按钮

3 执行上述操作后，按【Enter】键即可求和，如图 10-69 所示。

10	8月	500	250	450
11	9月	440	250	420
12	10月	150	330	358
13	11月	156	200	350
14	12月	350	150	150
15	总计	3115		

图 10-69　求和计算

4 选择 B15 单元格，将鼠标移至单元格的右下角呈黑色十字状显示，如图 10-70 所示。

	A	B	C	D
8	6月	89	167	340
9	7月	60	350	440
10	8月	500	250	450
11	9月	440	250	420
12	10月	150	330	358
13	11月	156	200	350
14	12月	350	150	150
15	总计	3115		
16				
17				

图 10-70　移动鼠标

5 按住鼠标左键并拖曳鼠标至 K15 单元格，如图 10-71 所示。

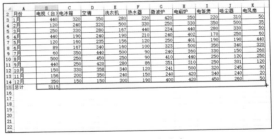

	A	B	C	D	E	F	G	H	I	J	K
2	月份	电视（台）	电冰箱	空调	洗衣机	热水器	微波炉	电磁炉	电饭煲	吸尘器	电风扇
3	1月	440	320	350	280	220	420	350	220	310	50
4	2月	120	240	320	500	330	250	330	350	500	35
5	3月	250	330	280	167	440	234	440	280	330	50
6	4月	440	190	240	190	210	240	402	170	250	60
7	5月	120	160	235	156	120	250	401	190	190	440
8	6月	89	167	340	160	100	323	500	350	340	320
9	7月	60	350	440	500	90	240	360	330	150	260
10	8月	500	250	450	250	90	410	440	250	120	250
11	9月	440	250	420	280	86	351	310	250	301	120
12	10月	150	330	358	340	120	241	500	320	245	90
13	11月	156	200	350	240	150	240	420	340	240	20
14	12月	350	150	150	300	190	400	420	450	260	50
15	总计	3115									

图 10-71　拖曳鼠标

6 释放鼠标，即可复制公式到其他单元格，如图 10-72 所示。

	A	B	C	D	E	F	G	H	I	J	K
2	月份	电视（台）	电冰箱	空调	洗衣机	热水器	微波炉	电磁炉	电饭煲	吸尘器	电风扇
3	1月	440	320	350	280	220	420	350	220	310	50
4	2月	120	240	320	500	330	250	330	350	500	35
5	3月	250	330	280	167	440	234	440	280	330	50
6	4月	440	190	240	190	210	240	402	170	250	60
7	5月	120	160	235	156	120	250	401	190	190	440
8	6月	89	167	340	160	100	323	500	350	340	320
9	7月	60	350	440	500	90	240	360	330	150	260
10	8月	500	250	450	250	90	410	440	250	120	250
11	9月	440	250	420	280	86	351	310	250	301	120
12	10月	150	330	358	340	120	241	500	320	245	90
13	11月	156	200	350	240	150	240	420	340	240	20
14	12月	350	150	150	300	190	400	420	450	260	50
15	总计	3115	2937	3933	3363	2146	3599	4873	3500	3236	1745

图 10-72　复制公式

10.2.3 设置页面背景

在 Excel 2016 的工作表中，设置表格格式后还可以为工作表设置页面背景。设置页面背景的具体操作步骤如下：

1 在工作表中，切换至“页面布局”选项卡，如图 10-73 所示。

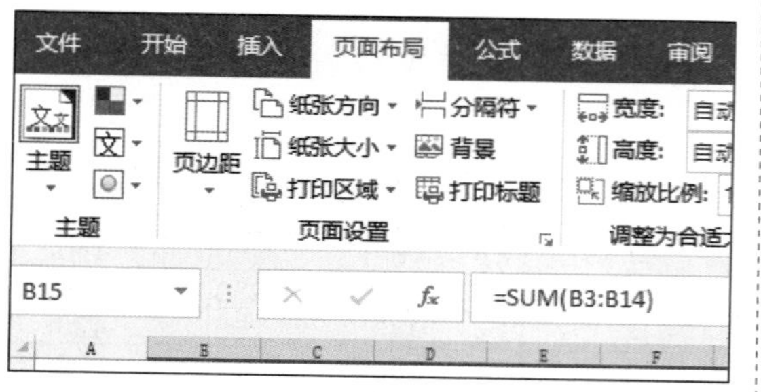

图 10-73 切换面板

2 在“页面设置”选项组中单击“背景”按钮，如图 10-74 所示。

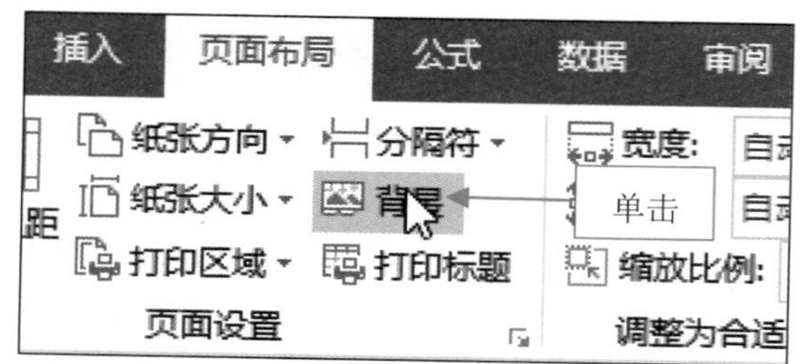

图 10-74 单击“背景”按钮

3 弹出“插入图片”对话框，选择“从文件浏览”选项，弹出“工作表背景”对话框，在其中选择需要的背景图片，如图 10-75 所示。

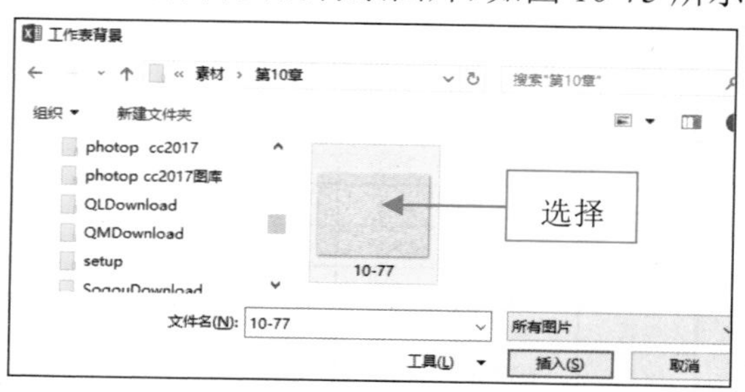

图 10-75 选择背景图片

4 单击“插入”按钮，即可为工作表添加背景，如图 10-76 所示。

枫林电器2011年电器销售单

月份	电视（台）	电冰箱	空调	洗衣机	热水器	微波炉	电磁炉	电饭煲	吸尘器	电风扇
1月	440	320	350	280	220	420	350	220	310	50
2月	120	240	320	500	330	250	330	350	500	35
3月	250	330	280	167	440	234	440	280	330	50
4月	440	190	240	190	210	240	402	170	250	60
5月	120	160	235	156	120	250	401	190	190	440
6月	89	167	340	160	100	323	500	350	340	320
7月	60	350	440	500	90	240	360	330	150	260
8月	500	250	450	250	90	410	440	250	120	250
9月	440	250	420	280	86	351	310	250	301	120
10月	150	330	358	340	120	241	500	320	245	90
11月	156	200	350	240	150	240	420	340	240	20
12月	350	150	150	300	190	400	420	450	260	50
总计	3115	2937	3933	3363	2146	3599	4873	3500	3236	1745

图 10-76 添加页面背景

10.3 销售情况表

在 Excel 2016 中，可以根据需要制作销售情况表。为销售情况表添加数据图表可以快速、直观地反映产品销售情况。本节主要介绍创建销售情况图表的操作方法。

本案例介绍制作销售情况图表，效果如图 10-77 所示。

明源房屋销售趋势图

项目/区域	商品房			住宅		
	批准预售面积（万M2）	同比(%)	比例(%)	批准预售面积（万M2）	同比(%)	比例(%)
芙蓉区	74	10	15	19	6	25
天心区	55	27	18	25	27	18
雨花区	80	12	25	74	15	30
岳麓区	69	24	32	28	26	22
开福区	40	33	17	41	9	34
全市	318	20	87	187	24	105

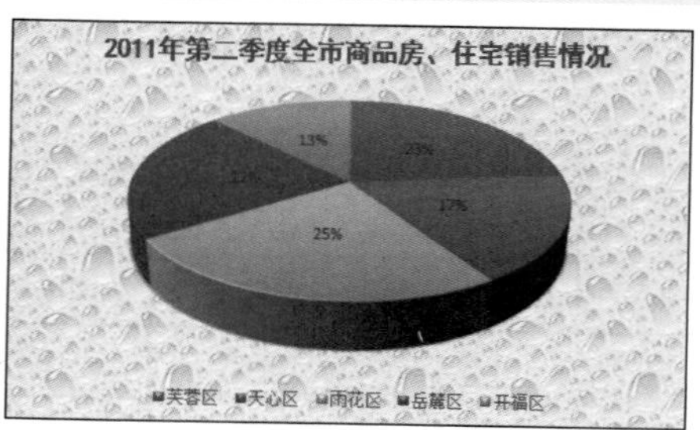

图 10-77 销售情况图表

10.3.1 输入数据内容

在创建数据图表之前，首先需要将数据输入至表格中，然后设置表格格式，如设置表格标

题格式、字体、字号，调整行高列宽以及添加边框和底纹。

输入数据内容的具体操作步骤如下：

专家提醒

在 Excel 2016 中，调整行高和列宽时，可以先选择该行或该列，在“开始”选项卡下的“单元格”选项组中单击“格式”按钮，在弹出的列表框中选择“行高”或“列宽”选项，即可精确地设置行高和列宽。

1 启动 Excel 2016 应用程序，在表格中输入数据，合并相应的单元格，调整其行高和列宽，如图 10-78 所示。

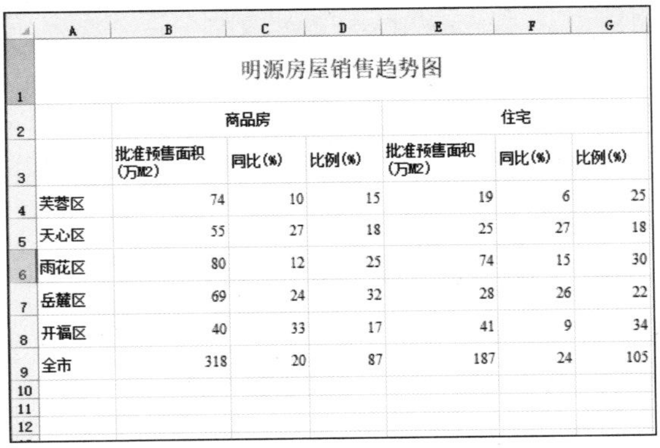

	明源房屋销售趋势图					
	商品房			住宅		
	批准预售面积（万M2）	同比(%)	比例(%)	批准预售面积（万M2）	同比(%)	比例(%)
芙蓉区	74	10	15	19	6	25
天心区	55	27	18	25	27	18
雨花区	80	12	25	74	15	30
岳麓区	69	24	32	28	26	22
开福区	40	33	17	41	9	34
全市	318	20	87	187	24	105

图 10-78　输入数据

2 在工作表中选择 A3:G9 单元格区域，如图 10-79 所示。

	明源房屋销售趋势图					
	商品房			住宅		
	批准预售面积（万M2）	同比(%)	比例(%)	批准预售面积（万M2）	同比(%)	比例(%)
芙蓉区	74	10	15	19	6	25
天心区	55	27	18	25	27	18
雨花区	80	12	25	74	15	30
岳麓区	69	24	32	28	26	22
开福区	40	33	17	41	9	34
全市	318	20	87	187	24	105

图 10-79　选择单元格区域

3 在“开始”选项卡下的“对齐方式”选项组中，单击“居中”按钮，如图 10-80 所示。

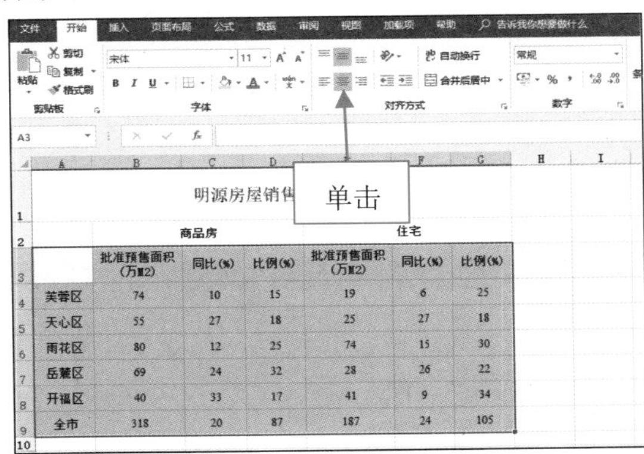

图 10-80　单击“居中”按钮

4 切换至“插入”选项卡，单击“插图”选项组中的“形状”按钮，在弹出的列表框中选择“直线”形状，如图 10-81 所示。

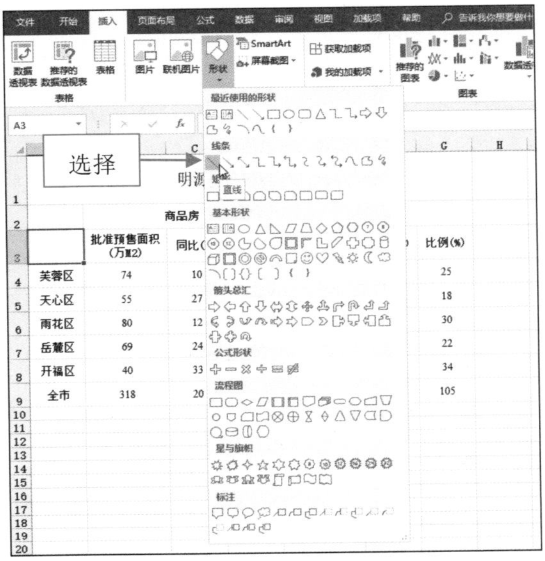

图 10-81　选择“直线”形状

5 在 A2:A3 单元格区域中绘制一条斜线，如图 10-82 所示。

明源房屋销售趋势图					
	商品房			住宅	
	批准预售面积(万M2)	同比(%)	比例(%)	批准预售面积(万M2)	同比
芙蓉区	74	10	15	19	
天心区	55	27	18	25	
雨花区	80	12	25	74	
岳麓区	69	24	32	28	
开福区	40	33	17	41	
全市	318	20	87	187	

图 10-82 绘制斜线

6 在“文本”选项组中单击“文本框”下三角按钮，在弹出的列表框中选择“横排文本框”选项，如图 10-83 所示。

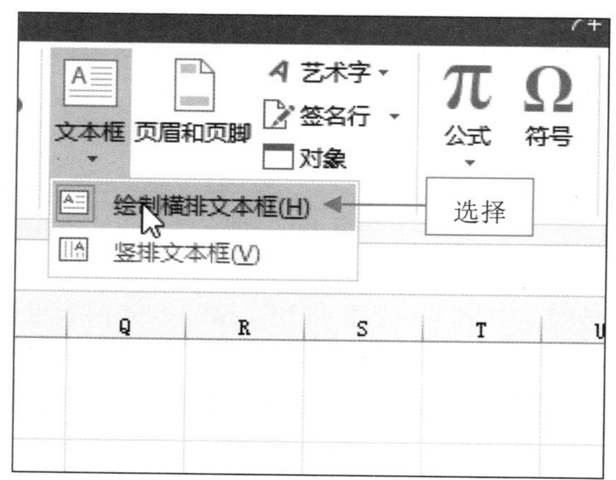

图 10-83 选择“横排文本框”选项

7 在绘制的斜线上方绘制一个文本框，并输入文字，如图 10-84 所示。

明源房屋销售趋势			
项目	商品房		
	批准预售面积(万M2)	同比(%)	比例(%)
芙蓉区	74	10	15
天心区	55	27	18

图 10-84 绘制文本框

8 用与上述相同的方法在斜线下方绘制一个文本框，并输入文字，如图 10-85 所示。

明源房屋销售趋			
项目	商品房		
区域	批准预售面积(万M2)	同比(%)	比例(%)
芙蓉区	74	10	15
天心区	55	27	18
雨花区	80	12	25
岳麓区	69	24	32

图 10-85 输入文字

9 选择 A1 单元格，在“开始”选项卡下的“字体”选项组中设置“字体”为“黑体”、“字号”为 18，并设置相应的填充颜色，如图 10-86 所示。

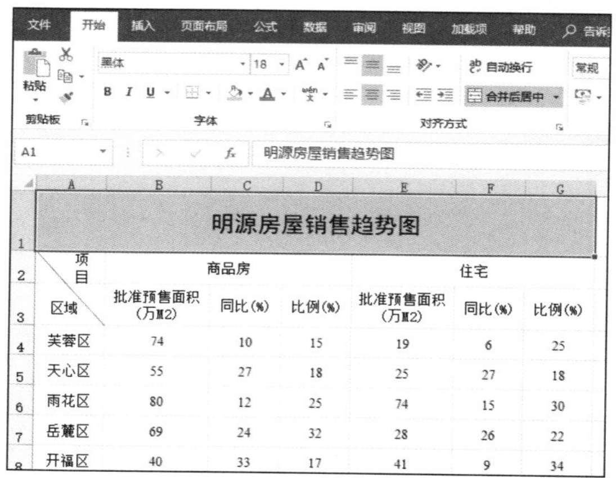

明源房屋销售趋势图						
项目	商品房			住宅		
区域	批准预售面积(万M2)	同比(%)	比例(%)	批准预售面积(万M2)	同比(%)	比例(%)
芙蓉区	74	10	15	19	6	25
天心区	55	27	18	25	27	18
雨花区	80	12	25	74	15	30
岳麓区	69	24	32	28	26	22
开福区	40	33	17	41	9	34

图 10-86 设置标题格式

10 在工作表中选择 A2:G9 单元格区域，如图 10-87 所示。

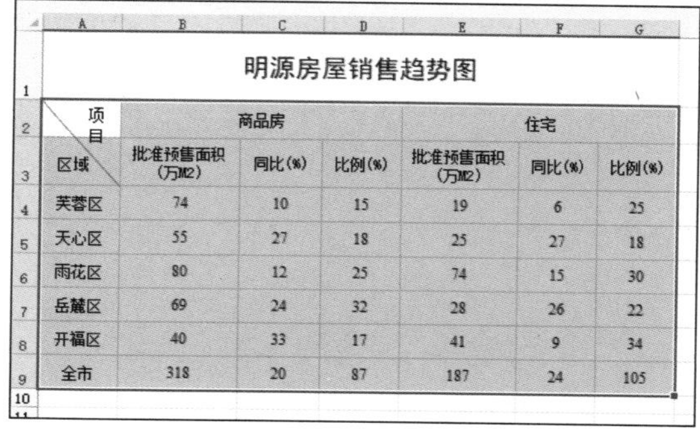

明源房屋销售趋势图						
项目	商品房			住宅		
区域	批准预售面积(万M2)	同比(%)	比例(%)	批准预售面积(万M2)	同比(%)	比例(%)
芙蓉区	74	10	15	19	6	25
天心区	55	27	18	25	27	18
雨花区	80	12	25	74	15	30
岳麓区	69	24	32	28	26	22
开福区	40	33	17	41	9	34
全市	318	20	87	187	24	105

图 10-87 选择单元格区域

第10章

11 在“字体”选项组中设置相应的填充颜色，设置效果如图 10-88 所示。

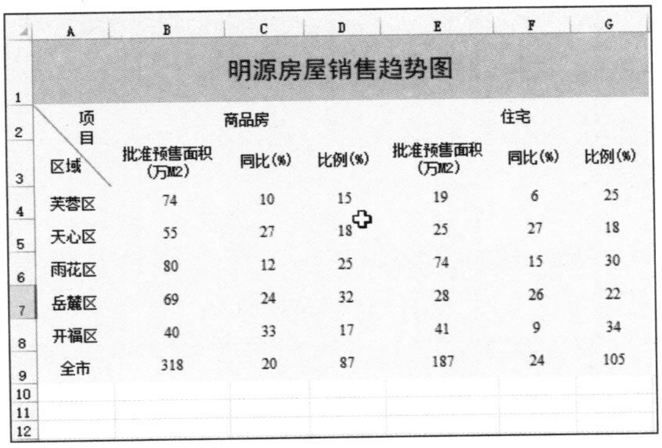

明源房屋销售趋势图						
项目 / 区域	商品房			住宅		
	批准预售面积（万M2）	同比(%)	比例(%)	批准预售面积（万M2）	同比(%)	比例(%)
芙蓉区	74	10	15	19	6	25
天心区	55	27	18	25	27	18
雨花区	80	12	25	74	15	30
岳麓区	69	24	32	28	26	22
开福区	40	33	17	41	9	34
全市	318	20	87	187	24	105

图 10-88　设置填充颜色

12 选择 A1:G9 单元格区域，在“字体”选项组中单击“其他边框”按钮，弹出的列表框，选择“所有框线”选项，如图 10-89 所示。

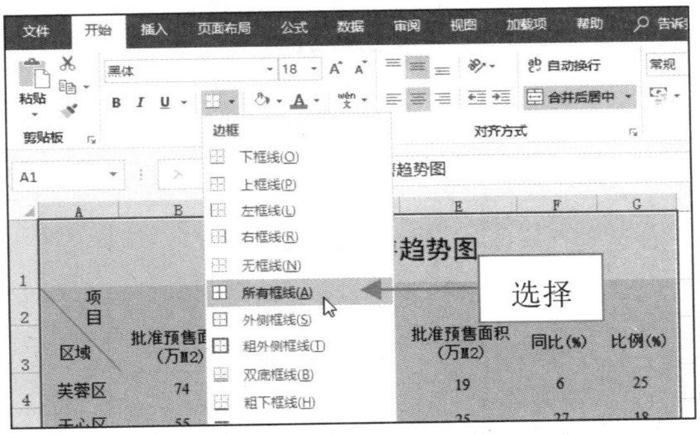

图 10-89　选择“所有框线”选项

13 执行上述操作后，即可为表格添加边框线，如 10-90 所示。

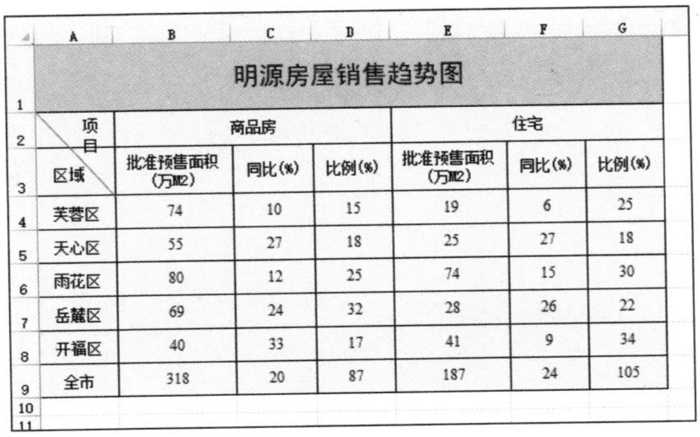

明源房屋销售趋势图						
项目 / 区域	商品房			住宅		
	批准预售面积（万M2）	同比(%)	比例(%)	批准预售面积（万M2）	同比(%)	比例(%)
芙蓉区	74	10	15	19	6	25
天心区	55	27	18	25	27	18
雨花区	80	12	25	74	15	30
岳麓区	69	24	32	28	26	22
开福区	40	33	17	41	9	34
全市	318	20	87	187	24	105

图 10-90　添加边框线

14 在工作表中选择 A2 和 A3 单元格，如图 10-91 所示。

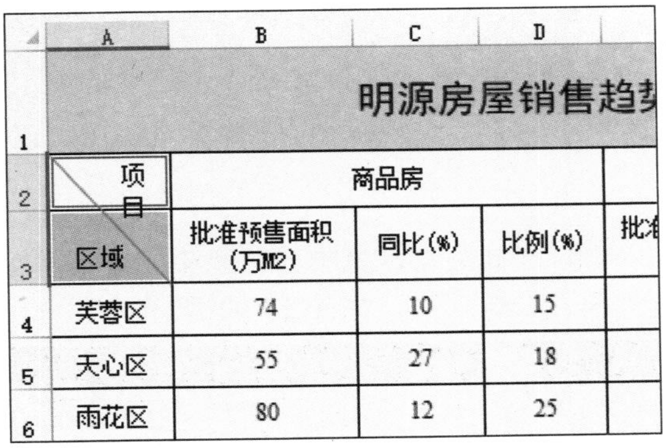

明源房屋销售趋势			
项目 / 区域	商品房		
	批准预售面积（万M2）	同比(%)	比例(%)
芙蓉区	74	10	15
天心区	55	27	18
雨花区	80	12	25

图 10-91　选择单元格

15 在“开始”选项卡下的“对齐方式”选项组中单击“合并后居中”按钮，如图 10-92 所示。

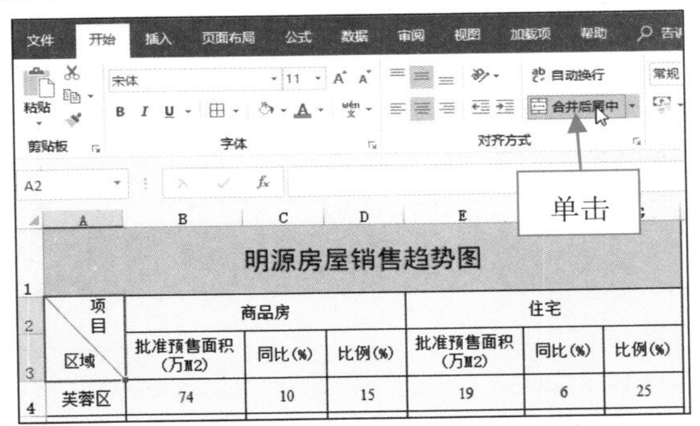

图 10-92　单击“合并后居中”按钮

16 选中插入的斜线，在“绘图工具-格式”选项卡下的“形状样式”选项组板中设置相应的颜色样式，如图 10-93 所示。

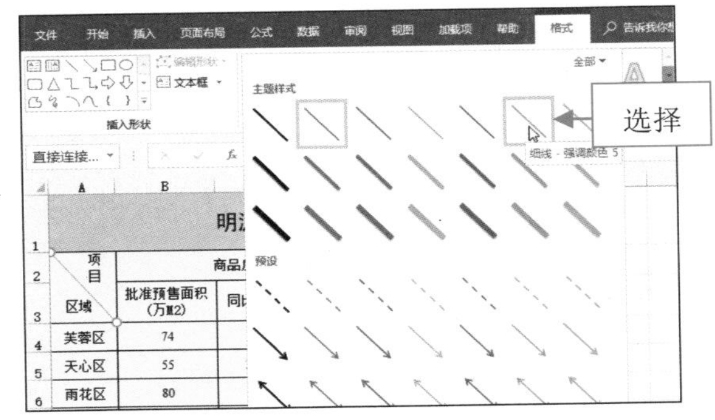

图 10-93　设置颜色样式

10.3.2　插入数据图表

在 Excel 2016 中可以使用两种方法创建数据图表，利用向导创建和自动生成，对于销售情况图表，可以使用“图表”面板中的图表直接生成图表。

专家提醒

在“选择数据源”对话框中，选择需要创建图表的单元格区域时，不仅可以手动输入单元格区域，还可以通过单击“图表数据区域”右侧的按钮，在工作表中选择单元格区域。

1 选择数据区域中的任意单元格，切换至“插入”选项卡，如图 10-94 所示。

明源房屋销售趋势图						
项目	商品房			住宅		
区域	批准预售面积(万M2)	同比(%)	比例(%)	批准预售面积(万M2)	同比(%)	比例(%)
芙蓉区	74	10	15	19	6	25
天心区	55	27	18	25	27	18
雨花区	80	12	25	74	15	30
岳麓区	69	24	32	28	26	22
开福区	40	33	17	41	9	34

图 10-94 切换到“插入”选项卡

2 单击“图表”选项组中的“插入饼图或圆环图”按钮，在弹出的列表框中选择“三维饼图”选项，如图 10-95 所示。

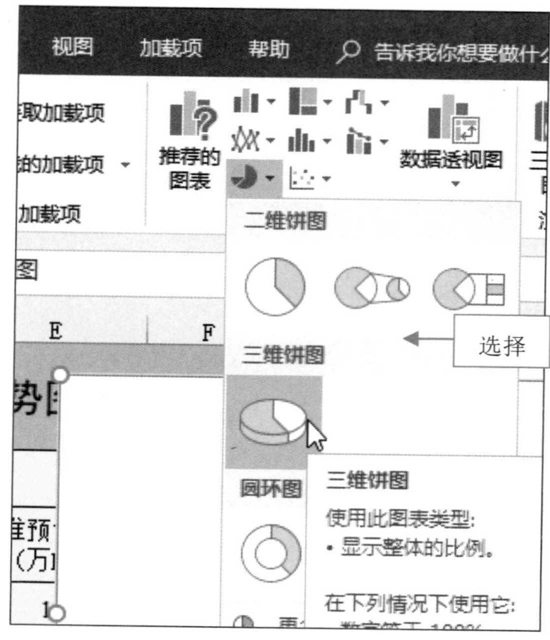

图 10-95 选择“三维饼图”选项

3 执行上述操作后，在工作表中插入一张三维饼图，如图 10-96 所示。

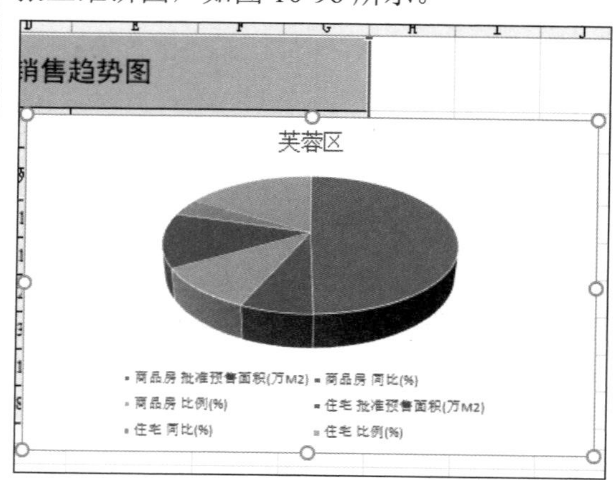

图 10-96 插入三维饼图

4 在“图表工具”-“设计”选项卡下的“数据”选项组中单击“选择数据”按钮，如图 10-97 所示。

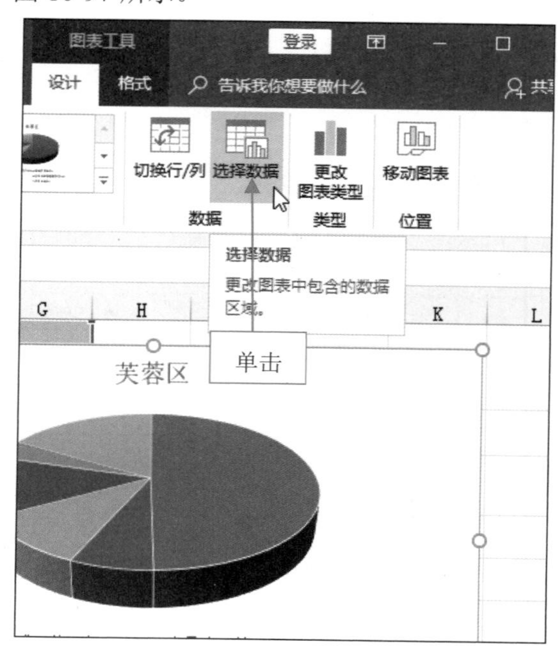

图 10-97 单击“选择数据”按钮

5 弹出“选择数据源”对话框，在“图表数据区域”右侧的文本框中输入要创建图表的数据源的单元格区域，如图 10-98 所示。

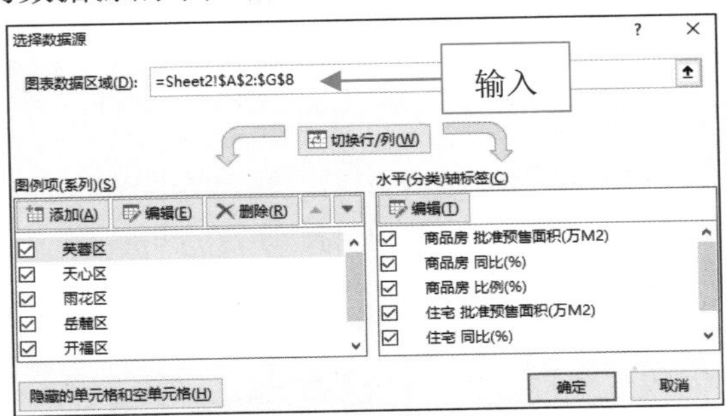

图 10-98　输入单元格区域

6 在该对话框中单击“切换行 / 列”按钮，切换数据表的行 / 列，如图 10-99 所示。

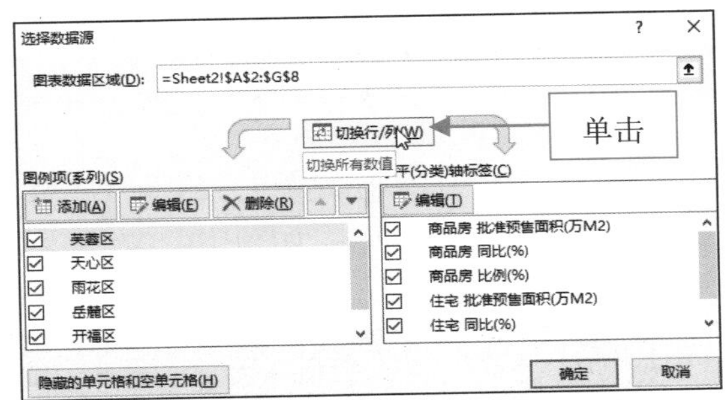

图 10-99　单击“切换行/列”按钮

7 单击“确定”按钮，即可切换数据表的行 / 列，以及图表范围，如图 10-100 所示。

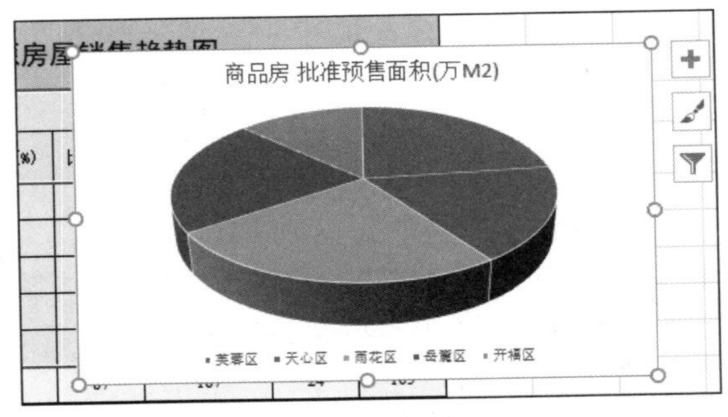

图 10-100　切换数据表行/列

8 单击“图表样式”选项组中的“其他”按钮，在弹出的列表中选择一种样式，如图 10-101 所示，即可更改图表样式。

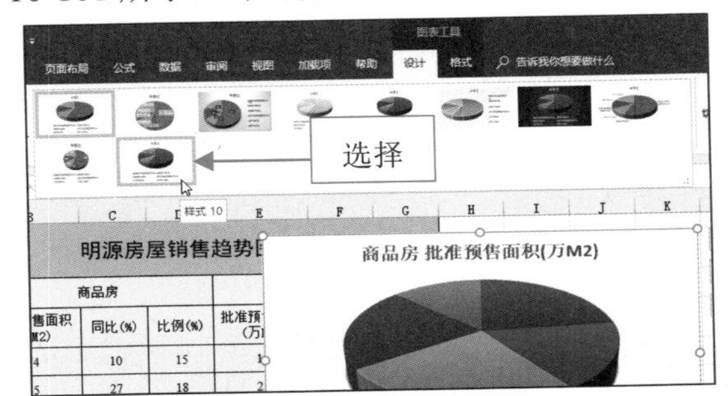

图 10-101　选择相应样式

10.3.3　设置数据标签

在 Excel 2016 中，为了使表格中的数据更加清晰的体现在图表中，可以为图表添加数据标签。设置数据标签的具体操作步骤如下：

1 选择图表标题，按【Delete】键删除，然后输入需要的图表标题，如图 10-102 所示。

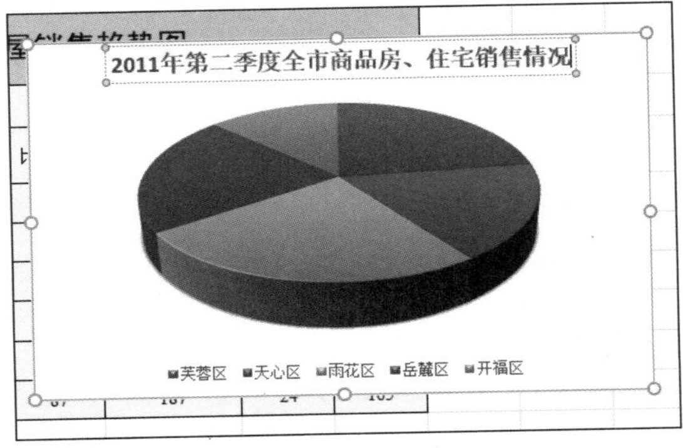

图 10-102　输入图表标题

2 在“开始”选项卡下的“字体”选项组中设置标题的格式，如图 10-103.所示。

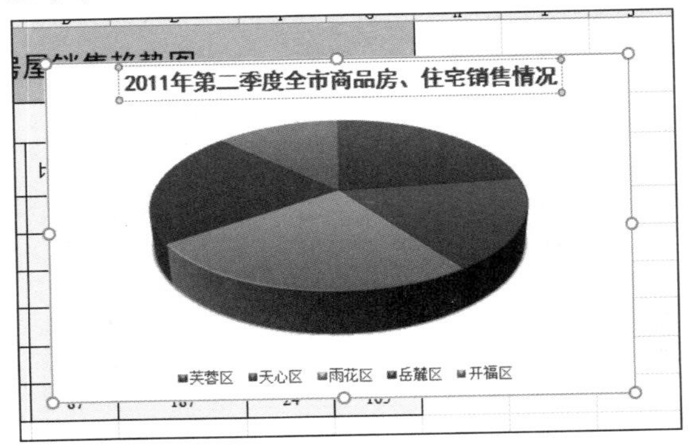

图 10-103　设置标题的格式

专家提醒

在"设置数据标签格式"对话框中，还可以根据需要设置标签在表格中显示的位置。

3 在工作表中选择图表，切换至"图表工具"-"格式"选项卡，如图 10-104 所示。

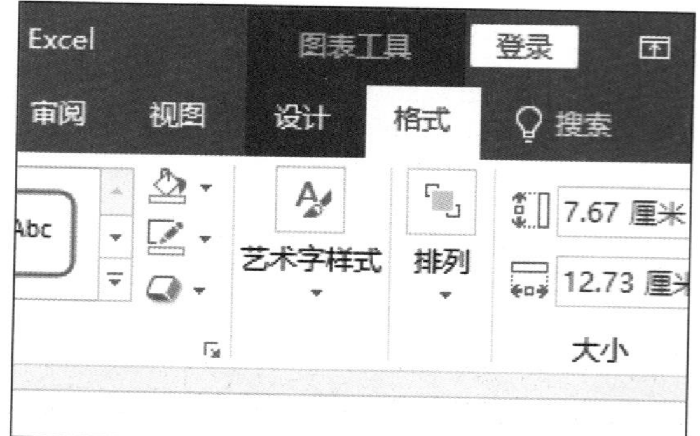

图 10-104　切换选项卡

4 在"形状样式"选项组中单击"形状填充"按钮，在弹出的列表框中选择"纹理"|"水滴"选项，如图 10-105 所示。

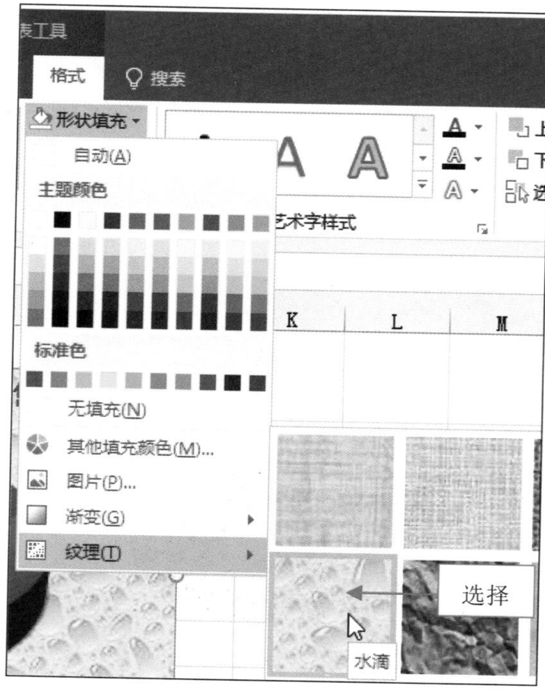

图 10-105　选择相应选项

5 执行上述操作后，即可为图表添加纹理填充，如图 10-106 所示。

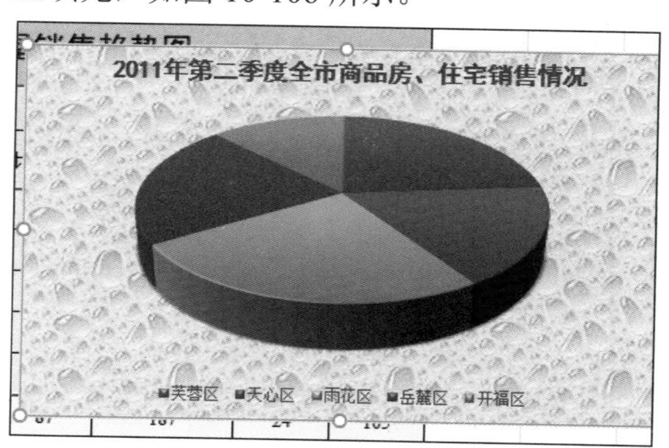

图 10-106　添加纹理填充

6 在工作表中选择图表，切换至"图表工具"-"设计"选项卡，如图 10-107 所示。

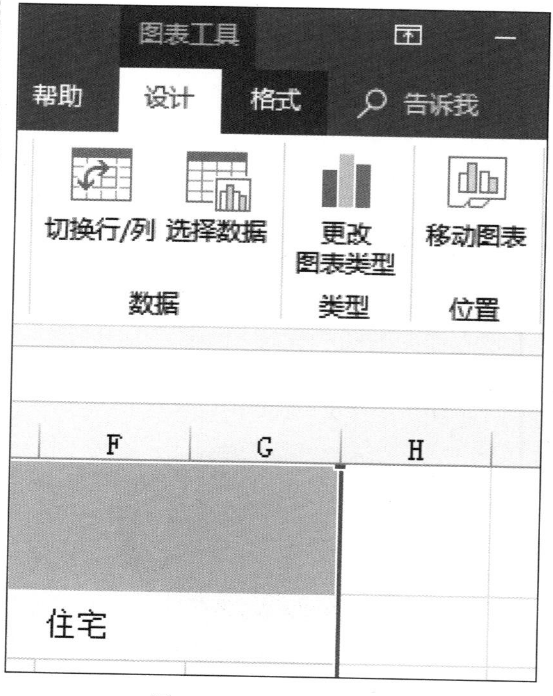

图 10-107　切换选项卡

7 在“图表布局”选项组中单击“添加图表元素”按钮，在弹出的列表框中选择“数据标签”|“居中”选项，如图 10-108 所示。

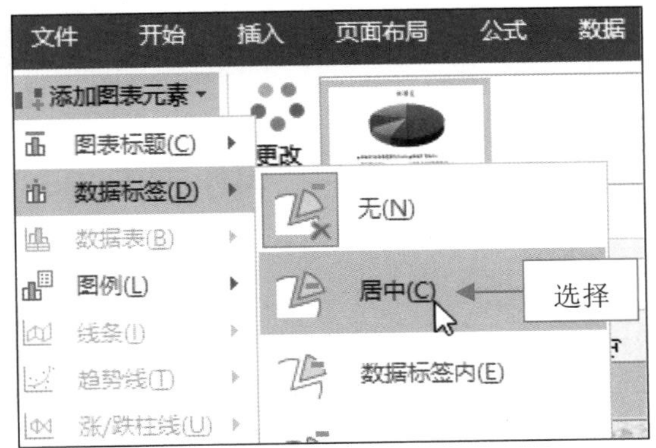

图 10-108　选择“居中”选项

8 选择数据标签，单击鼠标右键，在弹出的快捷菜单中选择“设置数据标签格式”选项，如图 10-109 所示。

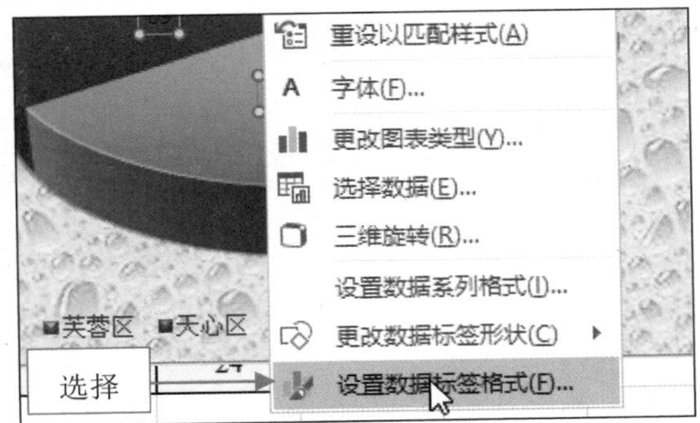

图 10-109　选择“设置数据标签格式”选项

9 弹出“设置数据标签格式”窗格，在“标签包括”选项区中只选中“百分比”复选框，如图 10-110 所示。

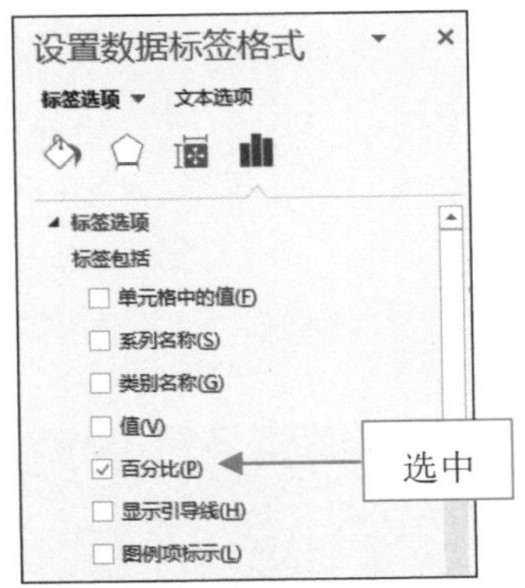

图 10-110　选中相应复选框

10 执行上述操作后，单击“关闭”按钮，即可应用所设置的数据标签格式，如图 10-111 所示。

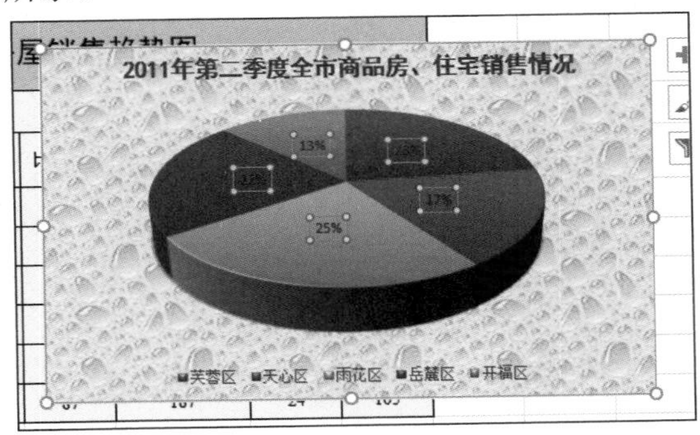

图 10-111　应用数据标签格式

学习笔记

第 10 章

第 11 章

会计与财务案例

在会计与财务应用中，根据公司管理的需要经常要用到 Excel 2016 中的数据处理、统计图表绘制和数据库管理等图表制作功能。

本章主要介绍 Excel 2016 在会计与财务管理中的应用，包括制作公司损益表、现金流量表和薪资与业绩分析表等内容。

11.1　制作公司损益表

损益表又称为利润表，是指反映企业在一定会计期间的经营成果及其分配情况的会计报表，是一段时间内公司经营业绩的财务记录，反映了这段时间的销售收入、销售成本、经营费用及税收状况，报表结果为公司实现的利润或形成的亏损。本节主要介绍通过 SmartArt 工具和统计图表绘制功能来制作公司损益表。

本案例介绍制作公司损益表，效果如图 11-1 所示。

公司年度损益表

单位：万元

项目＼季度	第一季度	第二季度	第三季度	第四季度	总计
收入					
销售收入	3200	1250	1100	4210	9760
支出					
工资支出	120	180	150	160	5387
日常支出	22	15	20	30	
广告支出	420	300	360	500	
成本支出	700	800	850	760	
损益					
季度损益	1938	-45	-280	2760	4373
年度损益	1125	1080	800	3560	7933

图 11-1　制作公司损益表

11.1.1　编辑表格内容

在 Excel 2016 中，制作公司损益表时，首先需要编辑表格的内容。编辑表格内容的具体操作步骤如下：

1 启动 Excel 2016 应用程序，单击“文件”|“打开”|“浏览”按钮，打开 Excel 文件，如图 11-2 所示。

	A	B	C	D	E	F
1	公司年度损益表					
2	单位：万元					
3	季度	第一季度	第二季度	第三季度	第四季度	总计
4	收入					
5	销售收入	3200	1250	1100	4210	
6	支出					
7	工资支出	120	180	150	160	
8	日常支出	22	15	20	30	
9	广告支出	420	300	360	500	
10	成本支出	700	800	850	760	
11	损益					
12	季度损益					

图 11-2　打开 Excel 文件

2 选择第 1 列数据，在“开始”选项卡下的“单元格”选项组中单击“格式”按钮，弹出列表框，选择“列宽”选项，如图 11-3 所示。

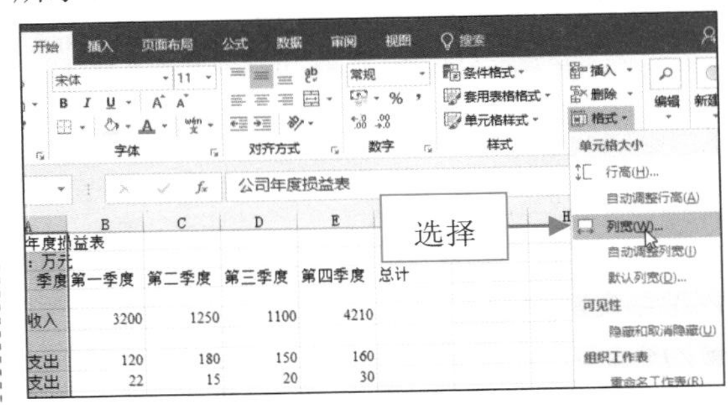

图 11-3　选择“列宽”选项

专家提醒

在 Excel 2016 中，还可以通过手动拖曳单元格行号线与列标线方式，调整单元格的行高与列宽。

3 弹出“列宽”对话框，在文本框中输入 11.5，如图 11-4 所示。

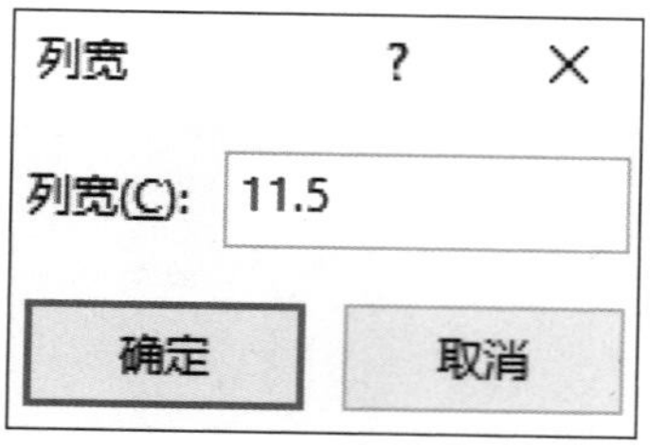

列宽 ? ×
列宽(C): 11.5
确定 取消

图 11-4 输入列宽

4 单击“确定”按钮，即可调整工作表 A 列的列宽，如图 11-5 所示。

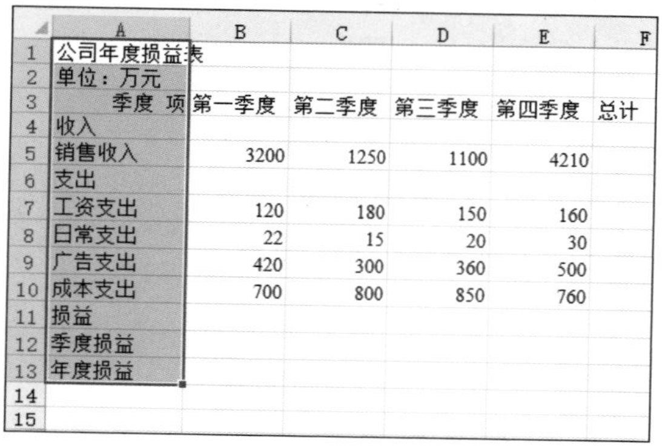

	A	B	C	D	E	F
1	公司年度损益表					
2	单位：万元					
3	季度 项	第一季度	第二季度	第三季度	第四季度	总计
4	收入					
5	销售收入	3200	1250	1100	4210	
6	支出					
7	工资支出	120	180	150	160	
8	日常支出	22	15	20	30	
9	广告支出	420	300	360	500	
10	成本支出	700	800	850	760	
11	损益					
12	季度损益					
13	年度损益					
14						
15						

图 11-5 调整列宽

5 选择第 1 行数据，在“单元格”选项组中单击“格式”按钮，在弹出的列表框中选择“行高”选项，如图 11-6 所示。

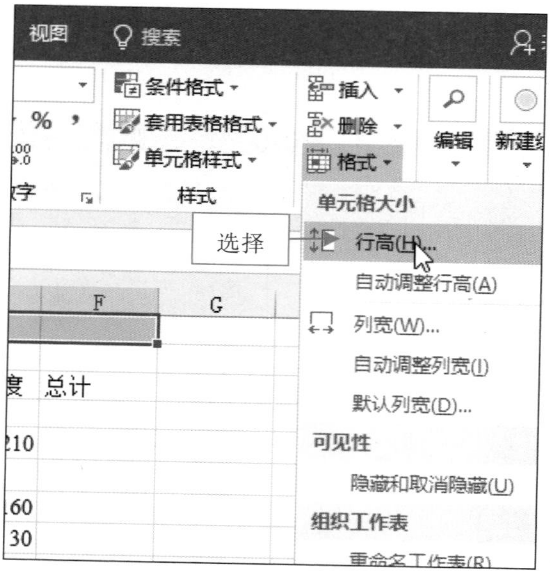

视图 搜索
条件格式 套用表格格式 单元格样式 样式
插入 删除 格式 编辑 新建
单元格大小
选择
行高(H)...
自动调整行高(A)
列宽(W)...
自动调整列宽(I)
默认列宽(D)...
可见性
隐藏和取消隐藏(U)
组织工作表
重命名工作表(R)

图 11-6 选择“行高”选项

6 弹出“行高”对话框，在文本框中输入 46.5，如图 11-7 所示。

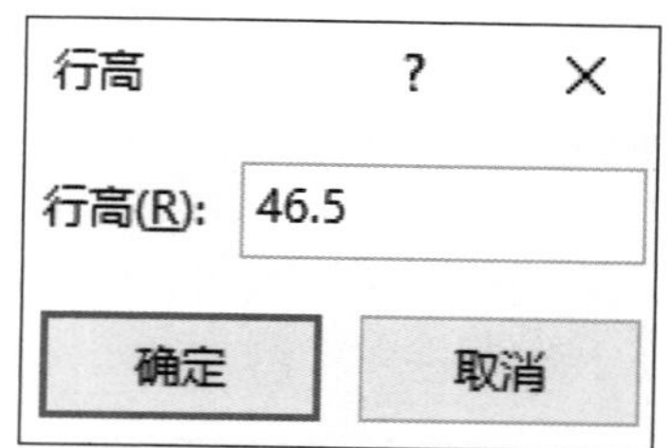

图 11-7 输入行高

7 单击“确定”按钮，即可调整工作表第一行的行高，如图 11-8 所示。

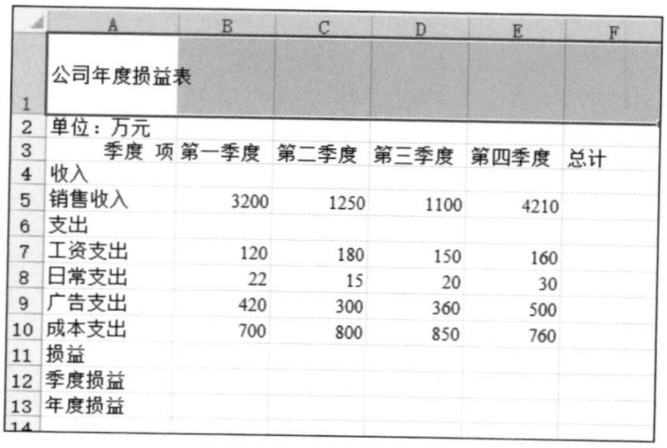

	A	B	C	D	E	F
1	公司年度损益表					
2	单位：万元					
3	季度 项	第一季度	第二季度	第三季度	第四季度	总计
4	收入					
5	销售收入	3200	1250	1100	4210	
6	支出					
7	工资支出	120	180	150	160	
8	日常支出	22	15	20	30	
9	广告支出	420	300	360	500	
10	成本支出	700	800	850	760	
11	损益					
12	季度损益					
13	年度损益					

图 11-8 调整行高

8 用与上述相同的方法，调整其他单元格的行高与列宽，如图 11-9 所示。

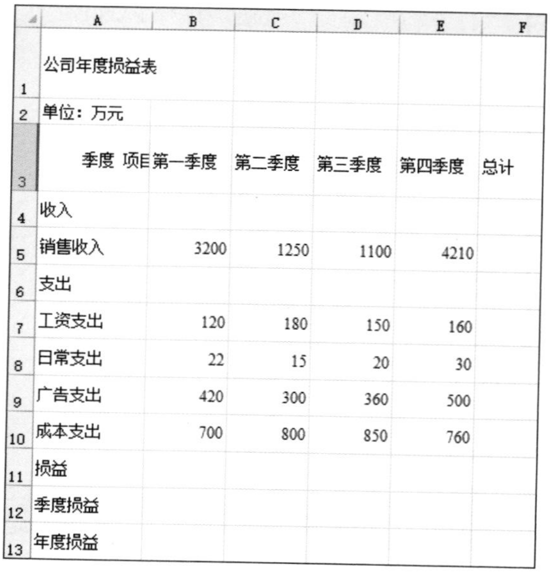

	A	B	C	D	E	F
1	公司年度损益表					
2	单位：万元					
3	季度 项目	第一季度	第二季度	第三季度	第四季度	总计
4	收入					
5	销售收入	3200	1250	1100	4210	
6	支出					
7	工资支出	120	180	150	160	
8	日常支出	22	15	20	30	
9	广告支出	420	300	360	500	
10	成本支出	700	800	850	760	
11	损益					
12	季度损益					
13	年度损益					

图 11-9 调整其他单元格

9 选择 A1:F1 单元格区域，在“开始”选项卡下的“对齐方式”选项组中单击“合并后居中”按钮，合并单元格区域，如图 11-10 所示。

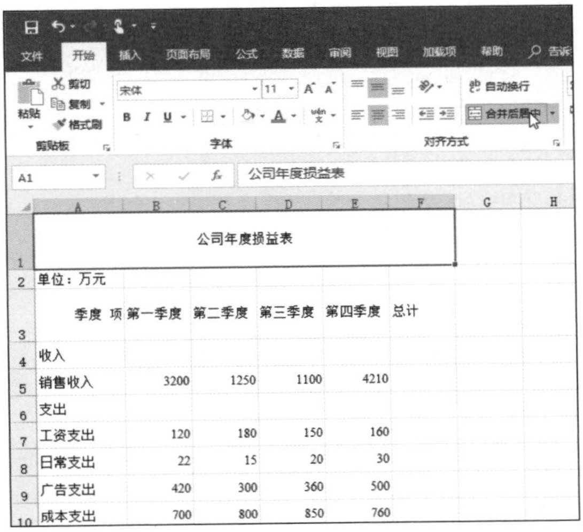

	A	B	C	D	E	F
1	公司年度损益表					
2	单位：万元					
3	季度 项	第一季度	第二季度	第三季度	第四季度	总计
4	收入					
5	销售收入	3200	1250	1100	4210	
6	支出					
7	工资支出	120	180	150	160	
8	日常支出	22	15	20	30	
9	广告支出	420	300	360	500	
10	成本支出	700	800	850	760	

图 11-10　合并单元格区域

10 用与上述相同的方法，对工作表中的其他单元格区域进行合并操作，如图 11-11 所示。

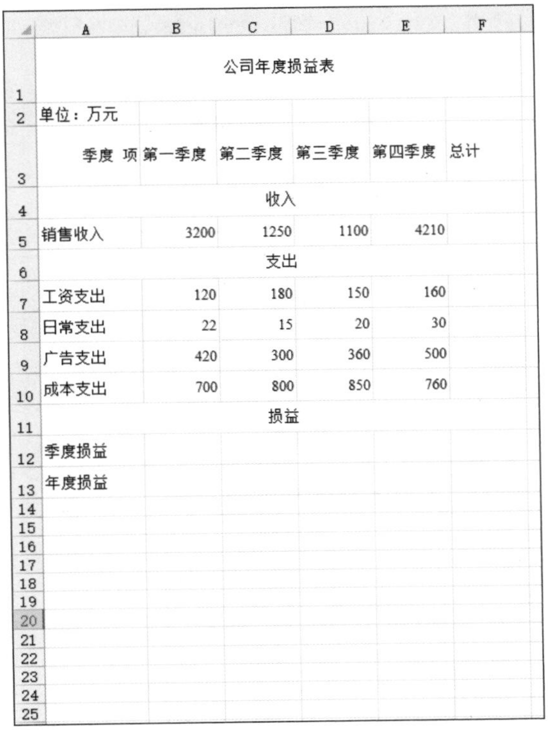

	A	B	C	D	E	F
1	公司年度损益表					
2	单位：万元					
3	季度 项	第一季度	第二季度	第三季度	第四季度	总计
4	收入					
5	销售收入	3200	1250	1100	4210	
6	支出					
7	工资支出	120	180	150	160	
8	日常支出	22	15	20	30	
9	广告支出	420	300	360	500	
10	成本支出	700	800	850	760	
11	损益					
12	季度损益					
13	年度损益					

图 11-11　合并其他单元格区域

11 选择 A1 单元格，在“字体”选项组中设置字体的格式，如图 11-12 所示。

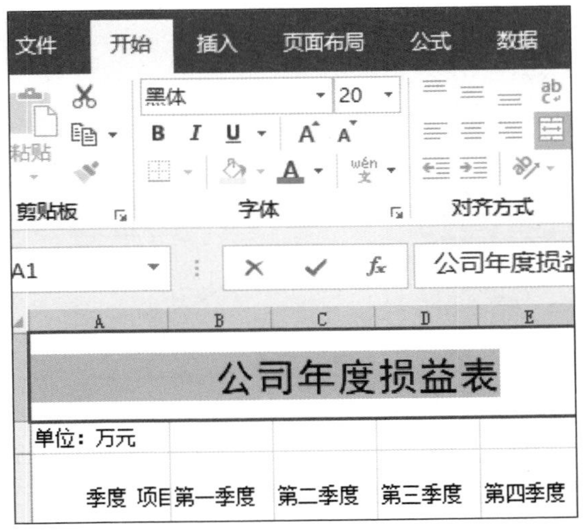

图 11-12　设置字体格式

12 选择 A3 单元格，在“字体”选项组中单击“边框”下拉按钮，在弹出的列表框中选择“其他边框”选项，如图 11-13 所示。

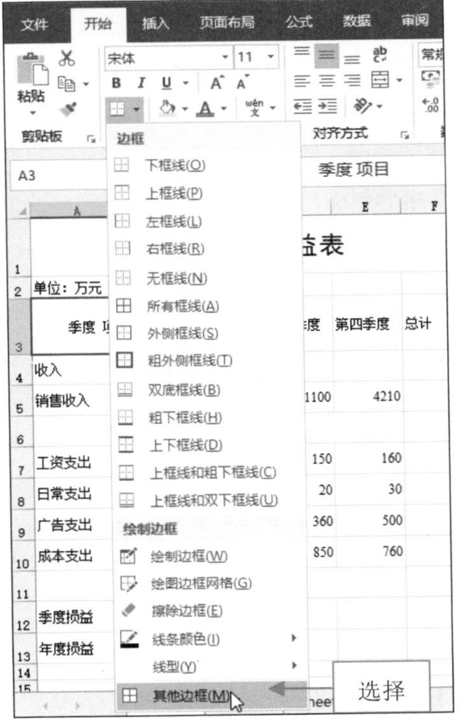

图 11-13　选择“其他边框”选项

13 弹出“设置单元格格式”对话框，在其中设置相应的边框线条样式，如图 11-14 所示。

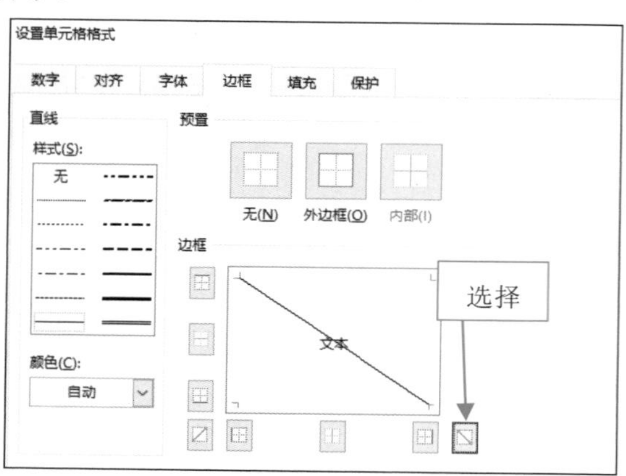

图 11-14 设置边框线条样式

14 切换至“对齐”选项卡，在“文本控制”选项区选中相应复选框，如图 11-15 所示。

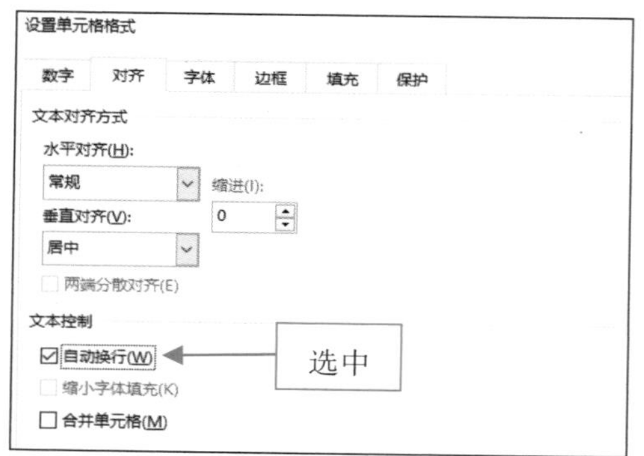

图 11-15 选中相应复选框

15 单击“确定”按钮，设置边框与对齐效果，如图 11-16 所示。

	A	B	C	D	E	F
1	公司年度损益表					
2	单位：万元					
3	季度 项目	第一季度	第二季度	第三季度	第四季度	总计
4	收入					
5	销售收入	3200	1250	1100	4210	
6	支出					
7	工资支出	120	180	150	160	
8	日常支出	22	15	20	30	
9	广告支出	420	300	360	500	

图 11-16 设置边框与对齐效果

16 参照与上述相同的方法，设置其他单元格区域的边框效果，如图 11-17 所示。

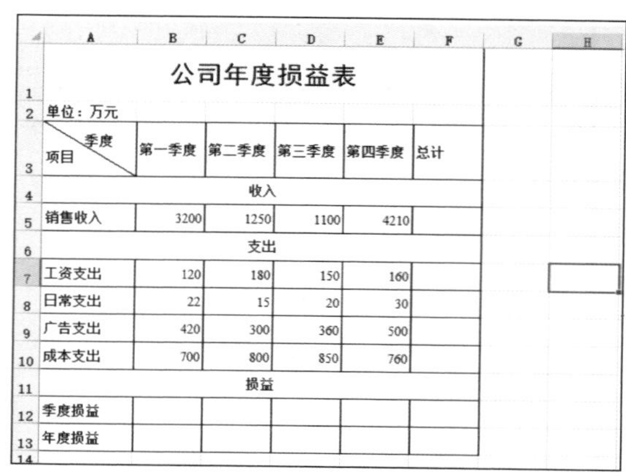

	A	B	C	D	E	F
1	公司年度损益表					
2	单位：万元					
3	季度 项目	第一季度	第二季度	第三季度	第四季度	总计
4	收入					
5	销售收入	3200	1250	1100	4210	
6	支出					
7	工资支出	120	180	150	160	
8	日常支出	22	15	20	30	
9	广告支出	420	300	360	500	
10	成本支出	700	800	850	760	
11	损益					
12	季度损益					
13	年度损益					

图 11-17 设置其他单元格的边框效果

17 选择 B3:F3 单元格区域，在“开始”选项卡下的“对齐方式”选项组中单击“居中”按钮，设置文本内容的居中效果，如图 11-18 所示。

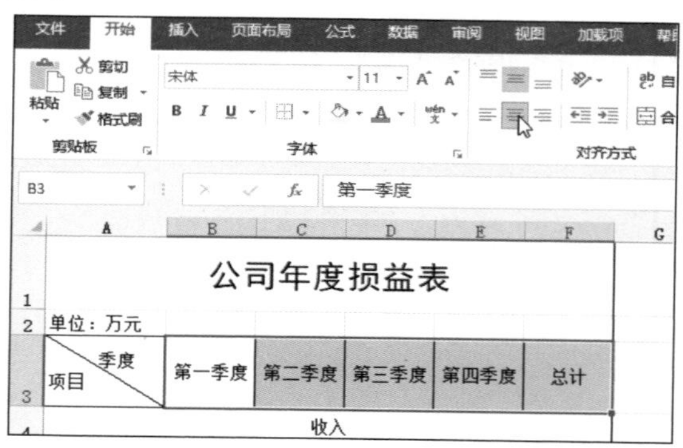

	A	B	C	D	E	F
1	公司年度损益表					
2	单位：万元					
3	季度 项目	第一季度	第二季度	第三季度	第四季度	总计
4	收入					

图 11-18 设置文本内容的居中效果

18 用与上述相同的方法，设置其他单元格的居中对齐效果，如图 11-19 所示。

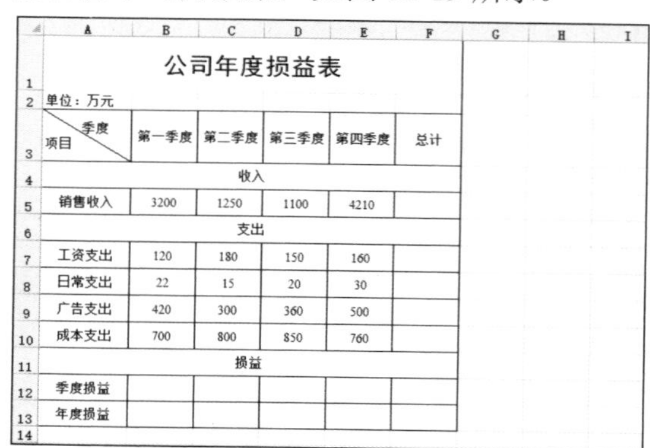

	A	B	C	D	E	F
1	公司年度损益表					
2	单位：万元					
3	季度 项目	第一季度	第二季度	第三季度	第四季度	总计
4	收入					
5	销售收入	3200	1250	1100	4210	
6	支出					
7	工资支出	120	180	150	160	
8	日常支出	22	15	20	30	
9	广告支出	420	300	360	500	
10	成本支出	700	800	850	760	
11	损益					
12	季度损益					
13	年度损益					

图 11-19 设置其他单元格的居中效果

19 选择 A1 单元格，在“字体”选项组中设置填充颜色，如图 11-20 所示。

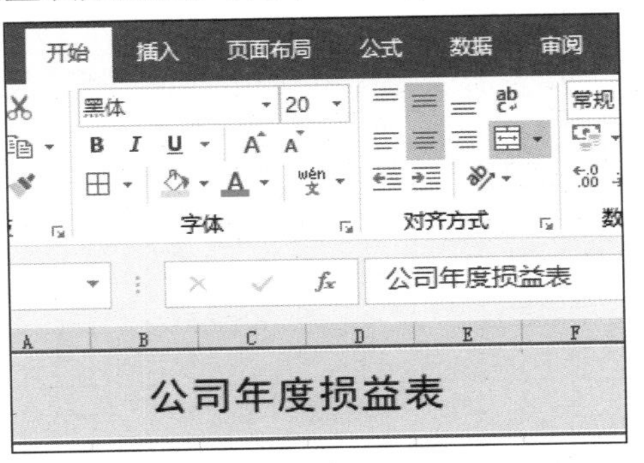

图 11-20　设置填充颜色

20 用与上述相同的方法，为其他单元格区域填充相应的颜色，如图 11-21 所示。

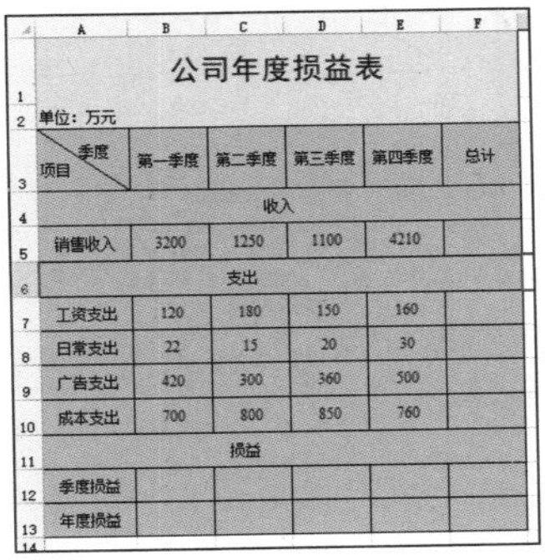

公司年度损益表					
单位：万元					
季度 项目	第一季度	第二季度	第三季度	第四季度	总计
收入					
销售收入	3200	1250	1100	4210	
支出					
工资支出	120	180	150	160	
日常支出	22	15	20	30	
广告支出	420	300	360	500	
成本支出	700	800	850	760	
损益					
季度损益					
年度损益					

图 11-21　填充相应颜色

11.1.2　计算表格数据

在 Excel 2016 中，编辑表格内容后需要使用函数计算表格中的数据。计算表格数据的具体操作步骤如下：

1 选择 F5 单元格，在“编辑栏”中输入函数，如图 11-22 所示。

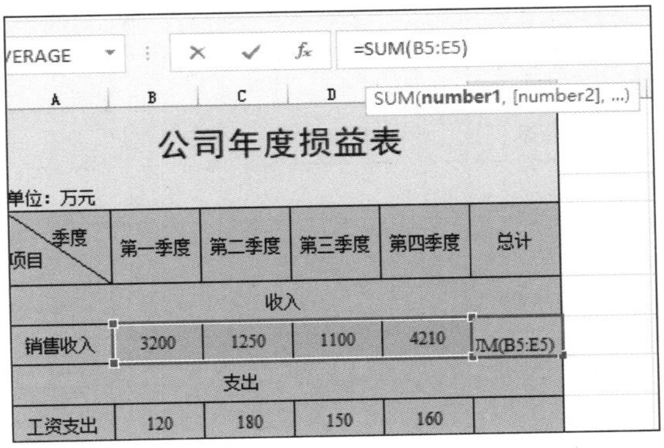

=SUM(B5:E5)

SUM(number1, [number2], ...)

公司年度损益表					
单位：万元					
季度 项目	第一季度	第二季度	第三季度	第四季度	总计
收入					
销售收入	3200	1250	1100	4210	JM(B5:E5)
支出					
工资支出	120	180	150	160	

图 11-22　输入函数

2 按【Enter】键确认，即可计算指定的单元格区域中数据的总和，如图 11-23 所示。

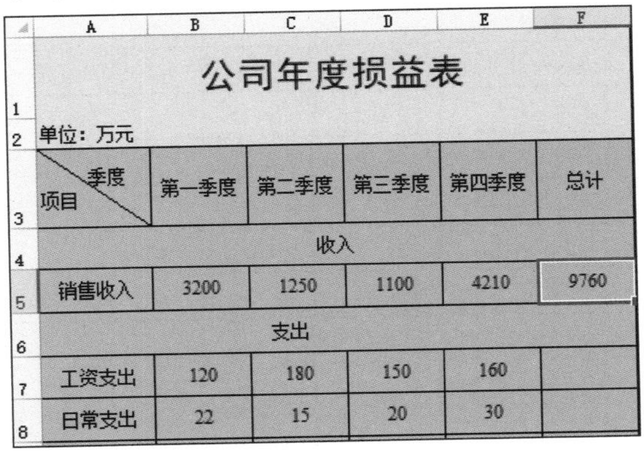

公司年度损益表					
单位：万元					
季度 项目	第一季度	第二季度	第三季度	第四季度	总计
收入					
销售收入	3200	1250	1100	4210	9760
支出					
工资支出	120	180	150	160	
日常支出	22	15	20	30	

图 11-23　计算数据总和

3 选择 F7:F10 单元格区域，进行合并操作，在编辑栏中输入函数，如图 11-24 所示。

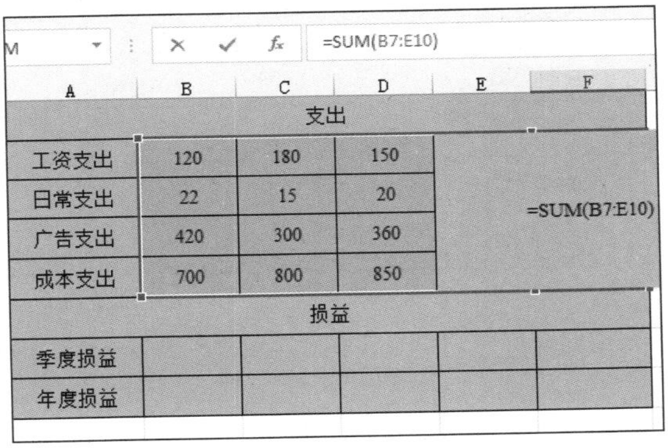

=SUM(B7:E10)

A	B	C	D	E	F
支出					
工资支出	120	180	150		=SUM(B7:E10)
日常支出	22	15	20		
广告支出	420	300	360		
成本支出	700	800	850		
损益					
季度损益					
年度损益					

图 11-24　输入函数

4 按【Enter】键确认，即可计算其右侧单元格区域中的数值总和，如图 11-25 所示。

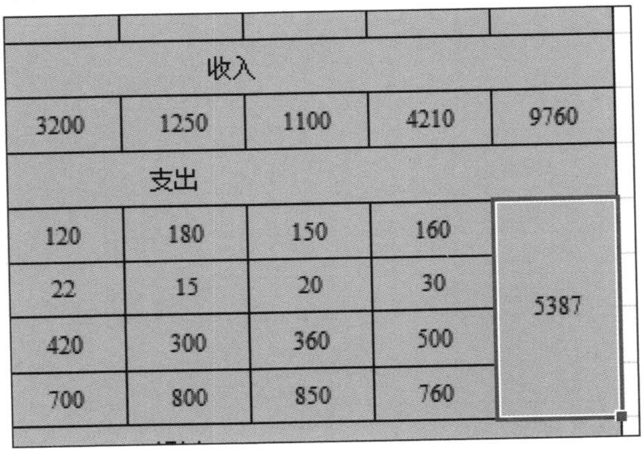

收入				
3200	1250	1100	4210	9760
支出				
120	180	150	160	5387
22	15	20	30	
420	300	360	500	
700	800	850	760	

图 11-25　计算单元格区域数值总和

5 选择 B12 单元格，在编辑栏中输入函数“=sum(B5-sum(B7:B10))”，计算第一季度的损益数据，如图 11-26 所示。

B12 =sum(B5-sum(B7:B10))

	A	B	C	D	E	F
4	收入					
5	销售收入	3200	1250	1100	4210	9760
6	支出					
7	工资支出	120	180	150	160	5387
8	日常支出	22	15	20	30	
9	广告支出	420	300	360	500	
10	成本支出	700	800	850	760	
11	损益					
12	季度损益	=sum(B5-sum(B7:B10))				

图 11-26 计算第一季度损益数据

6 将鼠标指针移至 B12 单元格右下角，此时鼠标指针呈黑色十字形状，如图 11-27 所示。

8	日常支出	22	15	20	30
9	广告支出	420	300	360	500
10	成本支出	700	800	850	760
11	损益				
12	季度损益	1938			
13	年度损益				
14					

Sheet1 Sheet2 Sheet3

图 11-27 移动鼠标

7 按住鼠标左键并向右拖曳，至合适位置后释放鼠标，如图 11-28 所示。

4	收入					
5	销售收入	3200	1250	1100	4210	9760
6	支出					
7	工资支出	120	180	150	160	5387
8	日常支出	22	15	20	30	
9	广告支出	420	300	360	500	
10	成本支出	700	800	850	760	
11	损益					
12	季度损益	1938	-45	-280	2760	4373
13	年度损益					

图 11-28 拖曳鼠标

8 选择 B13 单元格，如：输入数值 1125，然后选择 C13 单元格，在编辑栏中输入“＝B13＋C12”，如图 11-29 所示。

5	销售收入	3200	1250	1100	4210
6	支出				
7	工资支出	120	180	150	160
8	日常支出	22	15	20	30
9	广告支出	420	300	360	500
10	成本支出	700	800	850	760
11	损益				
12	季度损益	1938	-45	-280	2760
13	年度损益	1125	=B13+C12		

图 11-29 输入公式

9 按【Enter】键确认，将鼠标指针移到 C13 单元格的右下角，如图 11-30 所示。

7	工资支出	120	180	150
8	日常支出	22	15	20
9	广告支出	420	300	360
10	成本支出	700	800	850
11	损益			
12	季度损益	1938	-45	-28
13	年度损益	1125	1080	
14				

图 11-30 移动鼠标

10 按住鼠标左键并向右拖曳，至合适位置后释放鼠标，即可得出其他的年度损益数据，如图 11-31 所示。

收入					
销售收入	3200	1250	1100	4210	9760
支出					
工资支出	120	180	150	160	5387
日常支出	22	15	20	30	
广告支出	420	300	360	500	
成本支出	700	800	850	760	
损益					
季度损益	1938	-45	-280	2760	4373
年度损益	1125	1080	800	3560	7933

图 11-31 计算表格数据

11.1.3　使用图形说明

在 Excel 2016 中，为了让表格中的数据更加直观、清晰，可以为表格添加 SmartArt 图形。使用图形说明的具体操作步骤如下：

1 在“插入”选项卡下的“插图”选项组中单击“SmartArt”按钮，如图 11-32 所示。

图 11-32　单击“SmartArt”按钮

2 弹出“选择 SmartArt 图形”对话框，在其中选择所需图形样式，如图 11-33 所示。

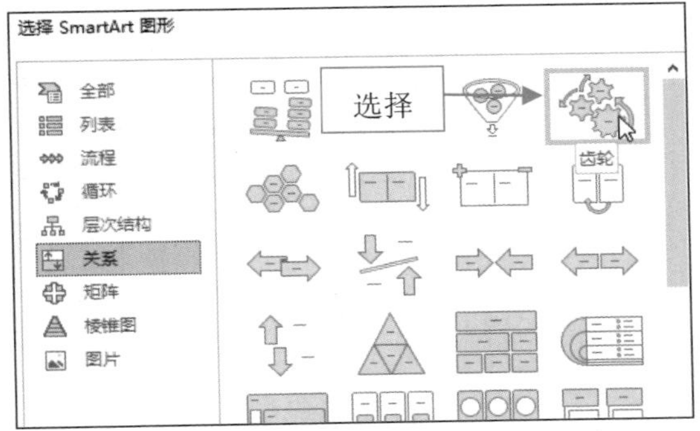

图 11-33　选择相应图形样式

3 单击“确定”按钮，将图形插入工作表中，如图 11-34 所示。

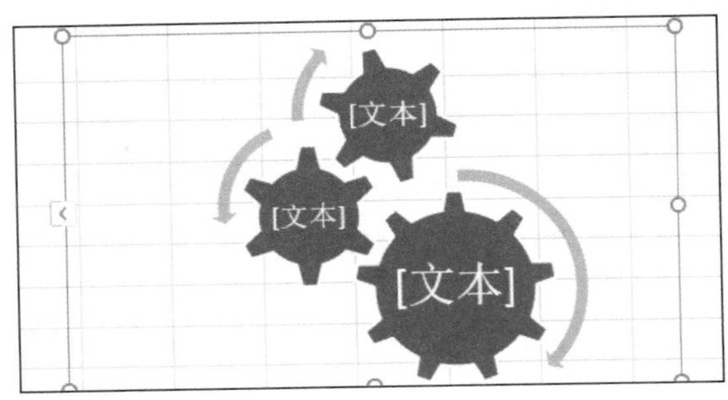

图 11-34　插入图形

4 切换至“SmartArt”-“设计”选项卡，在“SmartArt 样式”选项组中设置图形的样式，如图 11-35 所示。

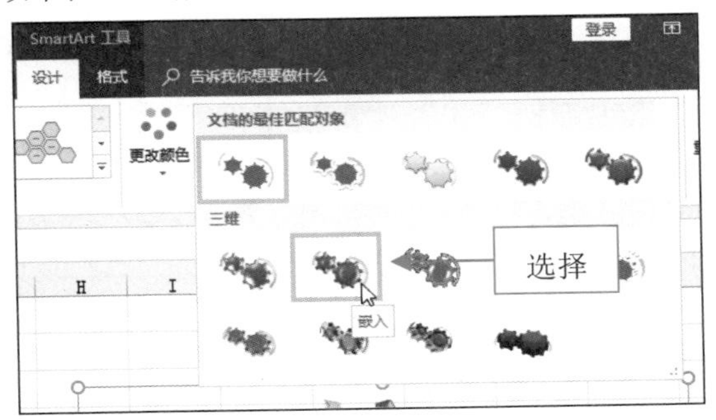

图 11-35　设置样式

5 拖曳 SmartArt 图形四周的控制柄，调整图表的大小，如图 11-36 所示。

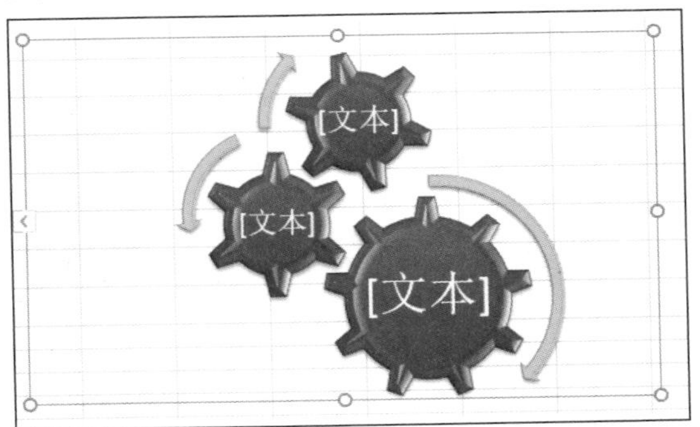

图 11-36　调整图表大小

6 在“SmartArt 工具”-“设计”选项卡下的“SmartArt 样式”选项组中单击“更改颜色”按钮，弹出的下拉列表框中选择所需的颜色样式，如图 11-37 所示。

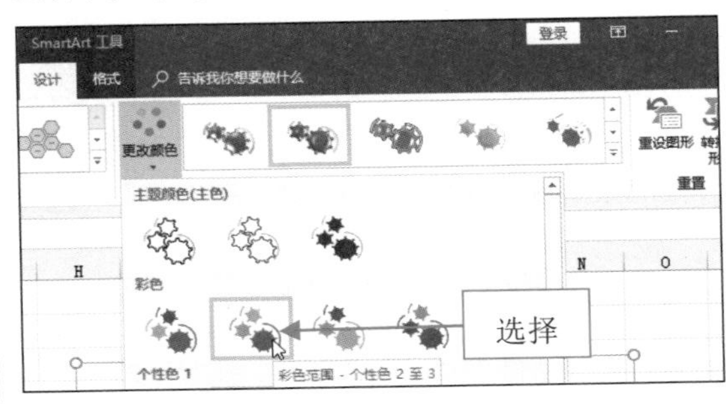

图 11-37　选择相应颜色样式

7 执行上述操作后，即可应用所设置的图形的颜色样式，如图 11-38 所示。

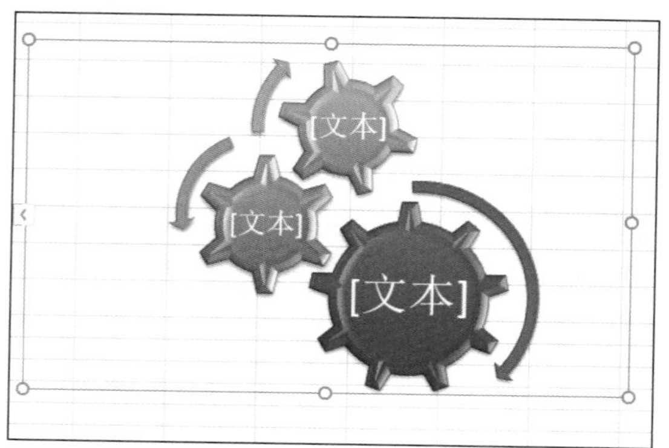

图 11-38　设置颜色样式

8 单击图形左侧的三角形按钮，弹出“在此处键入文字”窗口，如图 11-39 所示。

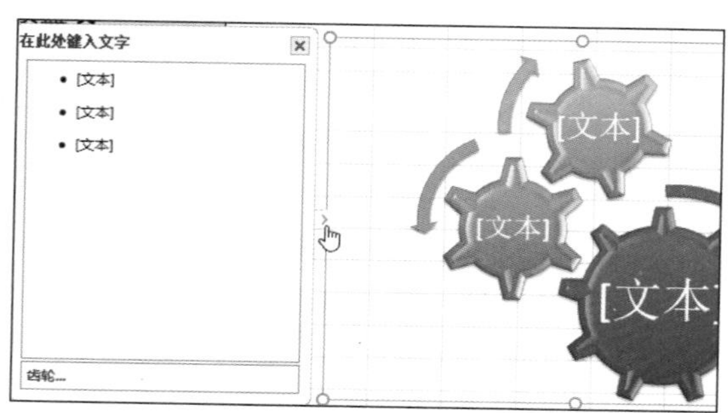

图 11-39　弹出相应窗口

9 在上方窗格中可以根据需要输入所需文本内容，此时图形中的文字将进行相应的更改，如图 11-40 所示。

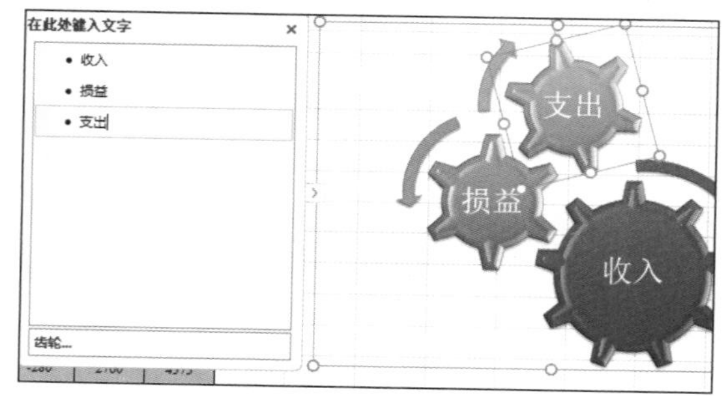

图 11-40　输入文本

10 切换至 “SmartArt” - “设计” 选项卡，在“创建图形”选项组中单击“添加项目符号”按钮，如图 11-41 所示。

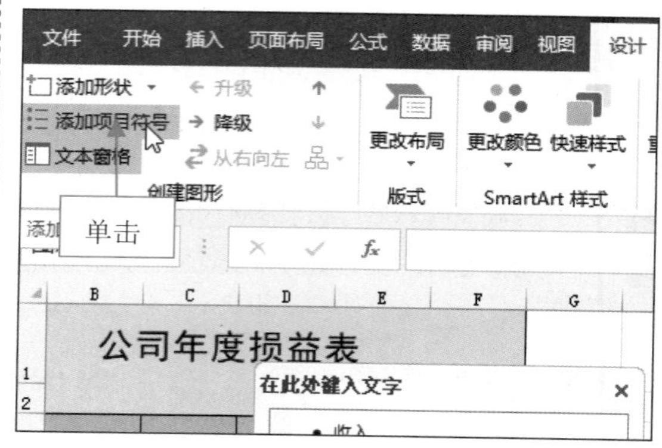

图 11-41　单击“添加项目符号”按钮

11 在“在此处键入文字”窗口中添加相应项目符号，在其中输入所需文本内容，在“开始”选项卡中设置字体格式，如图 11-42 所示。

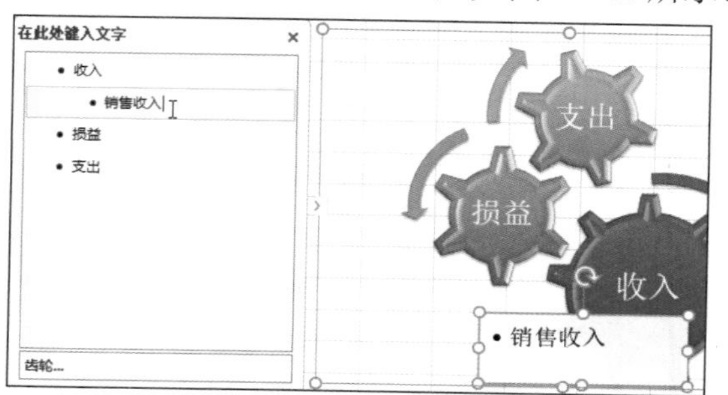

图 11-42　设置相应格式

12 用与上述相同的方法，在窗口中添加多个项目符号内容，并调整文本框大小，即可完成公司损益表的制作，如图 11-43 所示。

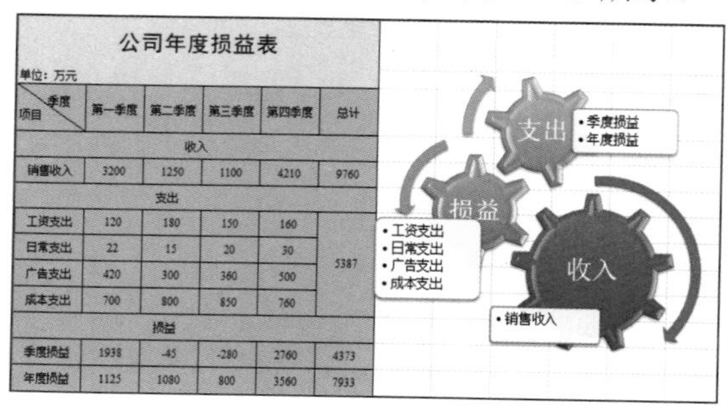

公司年度损益表

单位：万元

项目 \ 季度	第一季度	第二季度	第三季度	第四季度	总计
收入					
销售收入	3200	1250	1100	4210	9760
支出					
工资支出	120	180	150	160	5387
日常支出	22	15	20	30	
广告支出	420	300	360	500	
成本支出	700	800	850	760	
损益					
季度损益	1938	-45	-280	2760	4373
年度损益	1125	1080	800	3560	7933

图 11-43　制作公司损益表

11.2　公司现金流量表分析

现金流量表是财务报表的三个基本报告之一，也叫账务状况变动表，所表达的是在一固定

期间（通常是每月或每季）内，一家机构的现金（包含现金等价物）的增减变动情形。本节主要介绍通过统计图表绘制功能来制作公司现金流量表分析。

本案例介绍制作公司现金流量表分析，效果如图 11-44 所示。

专家提醒

在 Excel 2016 中，制作现金流量表时要注意数据、小数点输入的正确性。

公司现金流量表分析						
	具体项目	第一季度	第二季度	第三季度	第四季度	合計
营业活动：现金流量						
	本期纯益	425000	400000	23500	64500	
加:	呆帐、折旧、摊销	200000	150000	150000	150000	
	出售固定资产	90000	0	50000	0	
	流动资产减少数	320000	200000	376000	429000	
	流动负债增加数	210000	375000	35025	96750	
减:	权益法之投资收入	105670	15670	15670	15670	
	出售资产固定资产;	0	80000	0	0	
	流动资产增加数	64224	53820	67680	77220	
	流动负债减少数	135000	175000	217050	319350	
营业活动之净现金流入（出）		¥940,106.00	¥800,510.00	¥334,125.00	¥328,010.00	¥2,402,751.00
投资活动：现金流量						
加:	出售长短期投资	120000	35000	35000	55000	
	出售固定资产	352000	680000	160000	0	
减:	购入长短期投资	85000	50000	50000	50000	
	购入固定资产	680000	0	0	0	
投资活动之净现金流入（出）		¥293,000.00	¥665,000.00	¥145,000.00	¥5,000.00	¥522,000.00
理财活动：现金流量						
加:	借款增加	556000	250000	0	1200000	
	现金增资发行新股!	0	0	1500000	1600000	
减:	偿还借款（本金）	120000	0	0	166000	
	发放现金股利	0	0	500000	0	
	赎回特别股库藏股;	0	0	0	0	
理财活动之净现金流入（出）		436000	250000	1000000	2634000	4320000
加：期初现金余额		2273000	2090000	2329525	3595250	10287775
期末现金余额		¥ 1,189,894.00	¥ 374,490.00	¥ 850,400.00	¥ 628,240.00	¥3,043,024.00

图 11-44　公司现金流量表分析图

11.2.1　设置表格内容

在 Excel 2016 中，制作公司现金流量表时，首先需要设置表格的内容。设置表格内容的具体操作步骤如下：

1 启动 Excel 2016 应用程序，单击“文件”|“打开”|“浏览”按钮，打开一个 Excel 文件，如图 11-45 所示。

	A	B	C	D	E	F	G	H	I	J	K
2											
3											
4		具体项目	第一季度		第二季度		第三季度		第四季度		合計
5	营业活动：现金流量										
6		本期纯益	425000		400000		23500		64500		
7	加：	呆帐、折旧、摊销	200000		150000		150000		150000		
8		出售固定资产	90000		0		50000		0		
9		流动资产减少数	320000		200000		376000		429000		
10		流动负债增加数	210000		375000		35025		96750		
11	减：	权益法之投资收入	105670		15670		15670		15670		
12		出售资产固定资产之利益	0		80000		0		0		
13		流动资产增加数	64224		53820		67680		77220		
14		流动负债减少数	135000		175000		217050		319350		
15	营业活动之净现金流入（出）										
16											
17	投资活动：现金流量										
18	加：	出售长短期投资	120000		35000		35000		55000		
19		出售固定资产	352000		680000		160000		0		
20	减：	购入长短期投资	85000		50000		50000		50000		
21		购入固定资产	680000		0		0		0		
22	投资活动之净现金流入（出）										
23											
24	理财活动：现金流量										
25	加：	借款增加	556000		250000		0		1200000		
26		现金增资发行新股售价	0		0		1500000		1600000		
27	减：	偿还借款（本金）	120000		0		0		166000		
28		发放现金股利	0		0		500000		0		
29		赎回特别股库藏股及减资	0		0		0		0		
30	理财活动之净现金流入（出）										
31											
32	加：期初现金余额										
33	期末现金余额										
34											

图 11-45　打开 Excel 文件

2 选择 A4:K33 单元格区域，在“字体”选项组中，设置“字号”为 12，如图 11-46 所示。

	A	B	C	D	E	F	G	H	I	J	K
4		具体项目	第一季度		第二季度		第三季度		第四季度		合計
5	营业活动：现金流量										
6		本期纯益	425000		400000		23500		64500		
7	加：	呆帐、折旧、摊	200000		150000		150000		150000		
8		出售固定资产	90000		0		50000		0		
9		流动资产减少数	320000		200000		376000		429000		
10		流动负债增加数	210000		375000		35025		96750		
11	减：	权益法之投资收	105670		15670		15670		15670		
12		出售资产固定资	0		80000		0		0		
13		流动资产增加数	64224		53820		67680		77220		
14		流动负债减少数	135000		175000		217050		319350		
15	营业活动之净现金流入（出）										
16											
17	投资活动：现金流量										
18	加：	出售长短期投资	120000		35000		35000		55000		
19		出售固定资产	352000		680000		160000		0		
20	减：	购入长短期投资	85000		50000		50000		50000		
21		购入固定资产	680000		0		0		0		
22	投资活动之净现金流入（出）										
23											
24	理财活动：现金流量										
25	加：	借款增加	556000		250000		0		1200000		
26		现金增资发行新	0		0		1500000		1600000		
27	减：	偿还借款（本金	120000		0		0		166000		
28		发放现金股利	0		0		500000		0		
29		赎回特别股库藏	0		0		0		0		
30	理财活动之净现金流入		436000		250000		1000000		2634000		
31											
32	加：期初现金余额										
33	期末现金余额										
34											
35											

图 11-46　设置字体格式

3 选择 A1:K3 区域，在“对齐方式”选项组中单击“合并后居中”按钮，如图 11-47 所示。

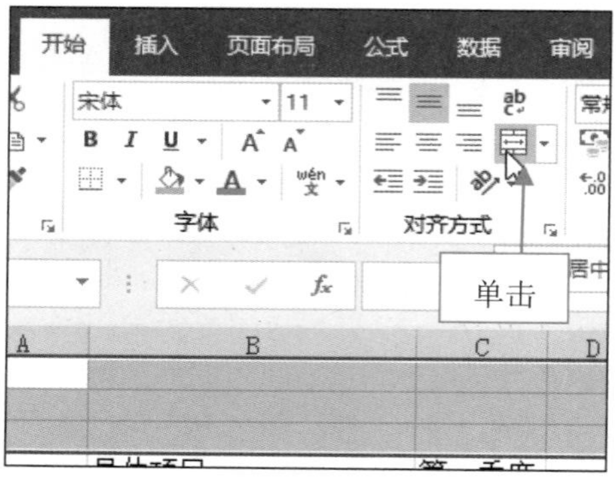

图 11-47　单击“合并后居中”按钮

4 用与上述相同的方法，合并并居中其他单元格，如图 11-48 所示。

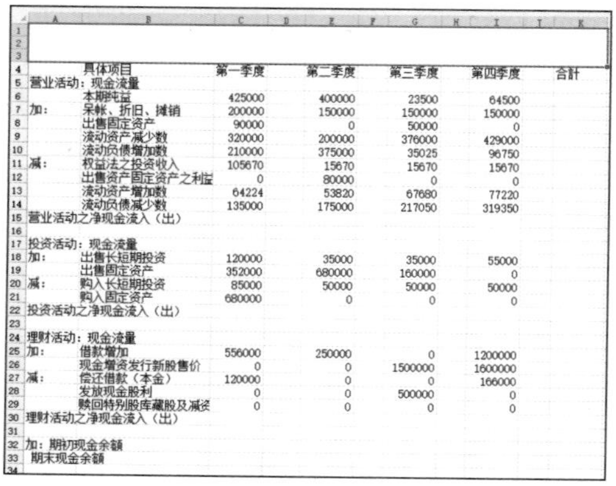

	A	B	C	E	G	I	K
1							
2							
3							
4		具体项目	第一季度	第二季度	第三季度	第四季度	合計
5	营业活动：现金流量						
6		本期纯益	425000	400000	23500	64500	
7	加：	呆帐、折旧、摊销	200000	150000	150000	150000	
8		出售固定资产	90000	0	50000	0	
9		流动资产减少数	320000	200000	376000	429000	
10		流动负债增加数	210000	375000	35025	96750	
11	减：	权益法之投资收入	105670	15670	15670	15670	
12		出售资产固定资产之利益	0	80000	0	0	
13		流动资产增加数	64224	53820	67680	77220	
14		流动负债减少数	135000	175000	217050	319350	
15	营业活动之净现金流入（出）						
16							
17	投资活动：现金流量						
18	加：	出售长短期投资	120000	35000	35000	55000	
19		出售固定资产	352000	680000	160000	0	
20	减：	购入长短期投资	85000	50000	50000	50000	
21		购入固定资产	680000	0	0	0	
22	投资活动之净现金流入（出）						
23							
24	理财活动：现金流量						
25	加：	借款增加	556000	250000	0	1200000	
26		现金增资发行新股售价	0	0	1500000	1600000	
27	减：	偿还借款（本金）	120000	0	0	166000	
28		发放现金股利	0	0	500000	0	
29		赎回特别股库藏股及减资	0	0	0	0	
30	理财活动之净现金流入（出）						
31							
32	加：期初现金余额						
33	期末现金余额						
34							

图 11-48　合并并居中其他单元格

5 在工作表中选择 A5:B5、A17:B17 以及 A24:B24 数据区域，如图 11-49 所示。

图 11-49　选择数据区域

6 在“字体”选项组中，单击“加粗”按钮，设置字体为宋体加粗，如图 11-50 所示。

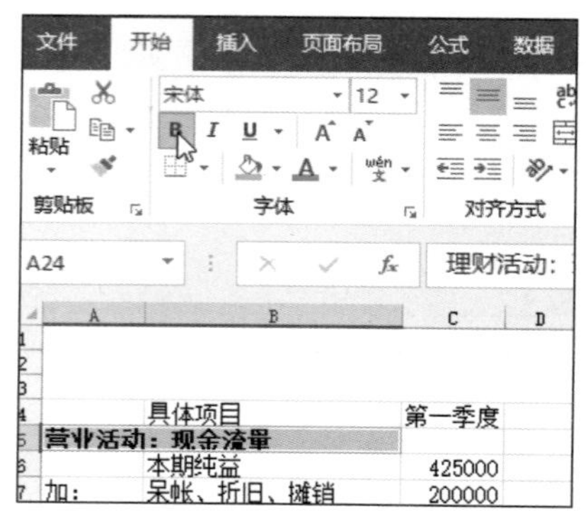

图 11-50　设置相应样式

7 在工作表中选择 A4:K33 单元格区域，如图 11-51 所示。

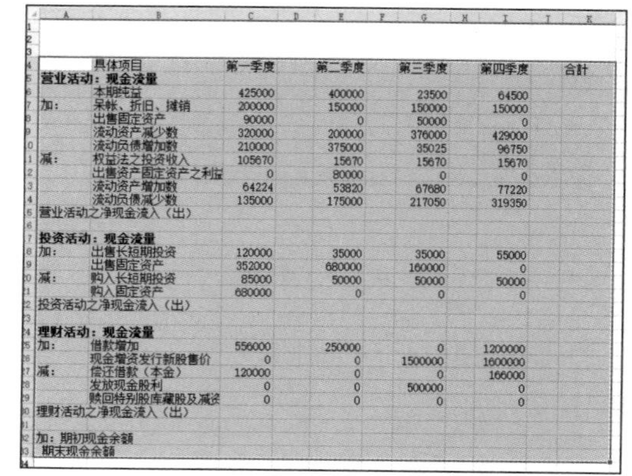

图 11-51　选择单元格区域

8 在“字体”选项组单击“字体颜色”按钮，弹出列表框，选择颜色，如图 11-52 所示。

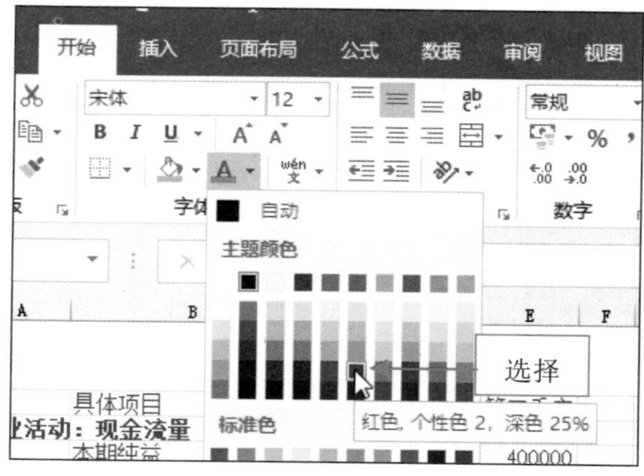

图 11-52　选择相应颜色

9. 执行上述操作后，即可设置字体的颜色，如图 11-53 所示。

		具体项目	第一季度	第二季度	第三季度	第四季度	合计
3							
4		具体项目	第一季度	第二季度	第三季度	第四季度	合计
5	**营业活动：现金流量**						
6		本期纯益	425000	400000	23500	64500	
7	加：	呆帐、折旧、摊销	200000	150000	150000	150000	
8		出售固定资产	90000	0	50000	0	
9		流动资产减少数	320000	200000	376000	429000	
10		流动负债增加数	210000	375000	35025	96750	
11	减：	权益法之投资收入	105670	15670	15670	15670	
12		出售资产固定资产之利益	0	80000	0	0	
13		流动资产增加数	64224	53820	67680	77220	
14		流动负债减少数	135000	175000	217050	319350	
15	营业活动之净现金流入（出）						
16							
17	**投资活动：现金流量**						
18	加：	出售长短期投资	120000	35000	35000	55000	
19		出售固定资产	352000	680000	160000	0	
20	减：	购入长短期投资	85000	50000	50000	50000	
21		购入固定资产	680000	0	0	0	
22	投资活动之净现金流入（出）						
23							
24	**理财活动：现金流量**						
25	加：	借款增加	556000	250000	0	1200000	
26		现金增资发行新股售价	0	0	1500000	1600000	
27	减：	偿还借款（本金）	120000	0	0	166000	
28		发放现金股利	0	0	500000	0	
29		赎回特别股库藏股及减资	0	0	0	0	
30	理财活动之净现金流入（出）						
31							
32	加：期初现金余额						

图 11-53　设置字体颜色

10. 选择 A1 单元格，切换至“插入”选项卡，如图 11-54 所示。

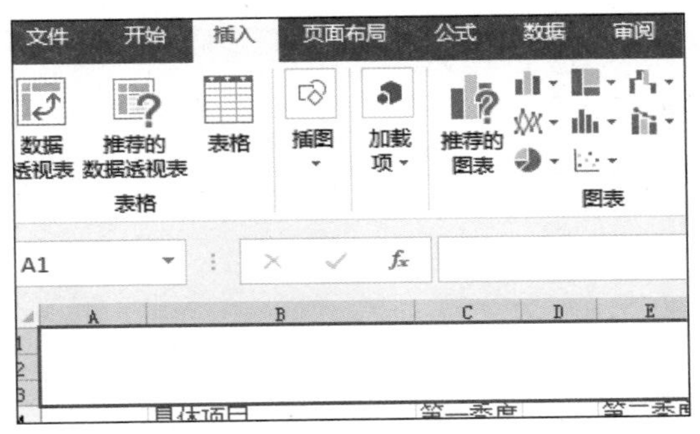

图 11-54　切换选项卡

11. 在“文本”选项组中单击“文本框”按钮，在弹出的列表框中选择“绘制横排文本框”选项，如图 11-55 所示。

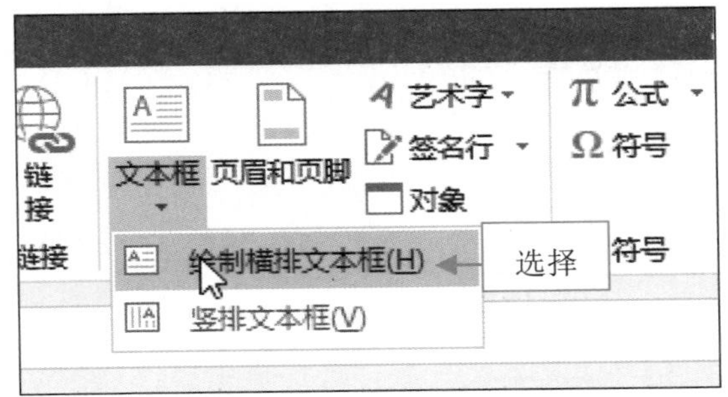

图 11-55　选择“横排文本框”选项

12. 在 A1 单元格中插入文本框，并在文本框中输入内容，如图 11-56 所示。

B	C	D	E	F
公司现金流量表分析				
本项目	第一季度		第二季度	第三
现金流量				
期纯益	425000		400000	
、折旧、摊销	200000		150000	
售固定资产	90000		0	
动资产减少数	320000		200000	
动负债增加数	210000		375000	
益法之投资收入	105670		15670	
售资产固定资产之利益	0		80000	
动资产增加数	64224		53820	
动负债减少数	135000		175000	

图 11-56　输入内容

13. 在文本框中选择文本，在“开始”选项卡下的“字体”选项组中设置字体、颜色、大小，并设置文本的间距，如图 11-57 所示。

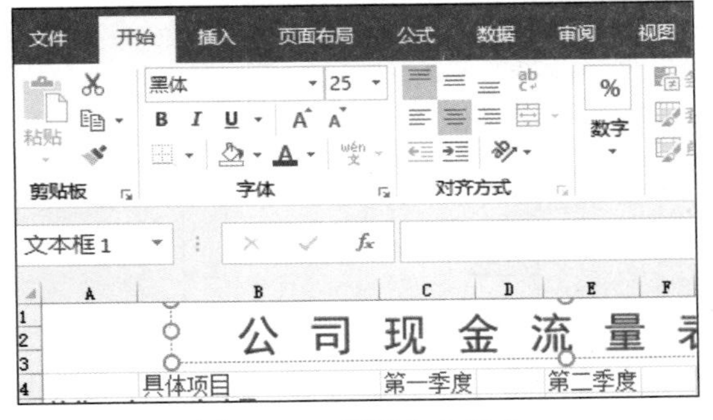

图 11-57　设置文本样式

14. 执行上述操作后，即可对输入的数据设置样式，如图 11-58 所示。

公 司 现 金 流 量 表 分 析

	具体项目	第一季度	第二季度	第三季度	第四季度
营业活动：现金流量					
	本期纯益	425000	400000	23500	64500
加：	呆帐、折旧、摊销	200000	150000	150000	150000
	出售固定资产	90000	0	50000	0
	流动资产减少数	320000	200000	376000	429000
	流动负债增加数	210000	375000	35025	96750
减：	权益法之投资收入	105670	15670	15670	15670
	出售资产固定资产之利益	0	80000	0	0
	流动资产增加数	64224	53820	67680	77220
	流动负债减少数	135000	175000	217050	319350
营业活动之净现金流入（出）					
投资活动：现金流量					
加：	出售长短期投资	120000	35000	35000	55000
	出售固定资产	352000	680000	160000	0
减：	购入长短期投资	85000	50000	50000	50000
	购入固定资产	680000	0	0	0
投资活动之净现金流入（出）					
理财活动：现金流量					
加：	借款增加	556000	250000	0	1200000
	现金增资发行新股售价	0	0	1500000	1600000
减：	偿还借款（本金）	120000	0	0	166000

图 11-58　设置数据样式

11.2.2　编辑表格格式

在 Excel 2016 中，为公司现金流量表设置表格内容后，可以根据需要编辑表格的格式。编辑表格格式的具体操作步骤如下：

1. 在工作表中选择相应的数据区域，如图 11-59 所示。

	公司现金流量表分析					
	具体项目	第一季度	第二季度	第三季度	第四季度	合计
营业活动：现金流量						
	本期纯益	425000	400000	23500	64500	
加：	呆帐、折旧、摊销	200000	150000	150000	150000	
	出售固定资产	90000	0	50000	0	
	流动资产减少数	320000	200000	376000	429000	
	流动负债增加数	210000	375000	35025	96750	
减：	权益法之投资收入	105670	15670	15670	15670	
	出售资产固定资产之利益	0	80000	0	0	
	流动资产增加数	64224	53820	67680	77220	
	流动负债减少数	135000	175000	217050	319350	
营业活动之净现金流入（出）						
投资活动：现金流量						
加：	出售长短期投资	120000	35000	35000	55000	
	出售固定资产	352000	680000	160000	0	
减：	购入长短期投资	85000	50000	50000	50000	
	购入固定资产	680000	0	0	0	
投资活动之净现金流入（出）						
理财活动：现金流量						
加：	借款增加	556000	250000	0	1200000	
	现金增资发行新股售价	0	0	1500000	1600000	
减：	偿还借款（本金）	120000	0	0	166000	
	发放现金股利	0	0	500000	0	
	赎回特别股库藏股及减资	0	0	0	0	
理财活动之净现金流入（出）						

图 11-59　选择数据区域

2. 在“字体”选项组中，设置“下框线”为“外侧框线”，如图 11-60 所示。

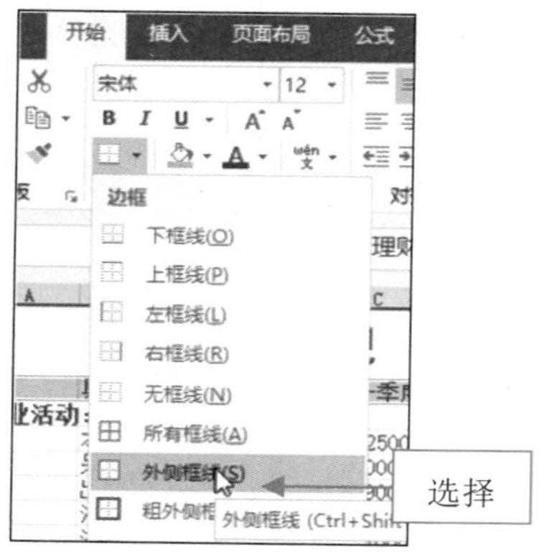

图 11-60　设置外框线

3. 执行上述操作后，即可为选择的数据区域添加外侧边框线，如图 11-61 所示。

	公司现金流量表分析					
	具体项目	第一季度	第二季度	第三季度	第四季度	合计
营业活动：现金流量						
	本期纯益	425000	400000	23500	64500	
加：	呆帐、折旧、摊销	200000	150000	150000	150000	
	出售固定资产	90000	0	50000	0	
	流动资产减少数	320000	200000	376000	429000	
	流动负债增加数	210000	375000	35025	96750	
减：	权益法之投资收入	105670	15670	15670	15670	
	出售资产固定资产之利益	0	80000	0	0	
	流动资产增加数	64224	53820	67680	77220	
	流动负债减少数	135000	175000	217050	319350	
营业活动之净现金流入（出）						
投资活动：现金流量						
加：	出售长短期投资	120000	35000	35000	55000	
	出售固定资产	352000	680000	160000	0	
减：	购入长短期投资	85000	50000	50000	50000	
	购入固定资产	680000	0	0	0	
投资活动之净现金流入（出）						
理财活动：现金流量						
加：	借款增加	556000	250000	0	1200000	
	现金增资发行新股售价	0	0	1500000	1600000	
减：	偿还借款（本金）	120000	0	0	166000	
	发放现金股利	0	0	500000	0	
	赎回特别股库藏股及减资	0	0	0	0	
理财活动之净现金流入（出）						

图 11-61　添加边框线

4. 在工作表中选择需要设置其他边框线的数据区域，如图 11-62 所示。

	公司现金流量表分析					
	具体项目	第一季度	第二季度	第三季度	第四季度	合计
营业活动：现金流量						
	本期纯益	425000	400000	23500	64500	
加：	呆帐、折旧、摊销	200000	150000	150000	150000	
	出售固定资产	90000	0	50000	0	
	流动资产减少数	320000	200000	376000	429000	
	流动负债增加数	210000	375000	35025	96750	
减：	权益法之投资收入	105670	15670	15670	15670	
	出售资产固定资产之利益	0	80000	0	0	
	流动资产增加数	64224	53820	67680	77220	
	流动负债减少数	135000	175000	217050	319350	
营业活动之净现金流入（出）						
投资活动：现金流量						
加：	出售长短期投资	120000	35000	35000	55000	
	出售固定资产	352000	680000	160000	0	
减：	购入长短期投资	85000	50000	50000	50000	
	购入固定资产	680000	0	0	0	
投资活动之净现金流入（出）						
理财活动：现金流量						
加：	借款增加	556000	250000	0	1200000	
	现金增资发行新股售价	0	0	1500000	1600000	
减：	偿还借款（本金）	120000	0	0	166000	
	发放现金股利	0	0	500000	0	
	赎回特别股库藏股及减资	0	0	0	0	
理财活动之净现金流入（出）						

图 11-62　选择数据区域

5. 在“字体”选项组中，单击“外侧框线”按钮，在弹出的列表框中选择“其他边框”选项，如图 11-63 所示。

图 11-63　选择“其他边框”选项

6. 在弹出的“设置单元格格式”对话框中设置相应选项，如图 11-64 所示。

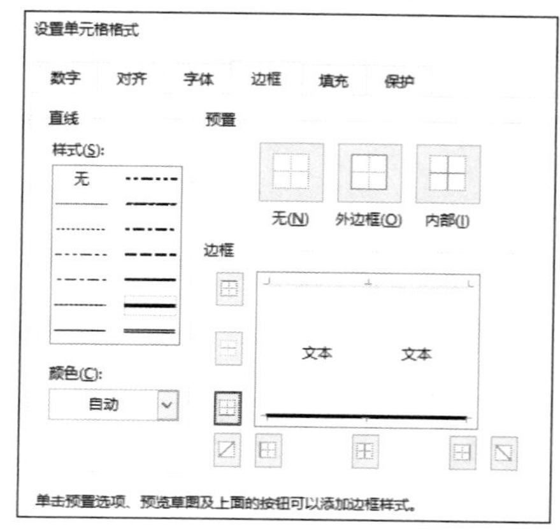

图 11-64　设置相应选项

7 单击“确定”按钮，即可为选择的数据区域添加下边框线，如图 11-65 所示。

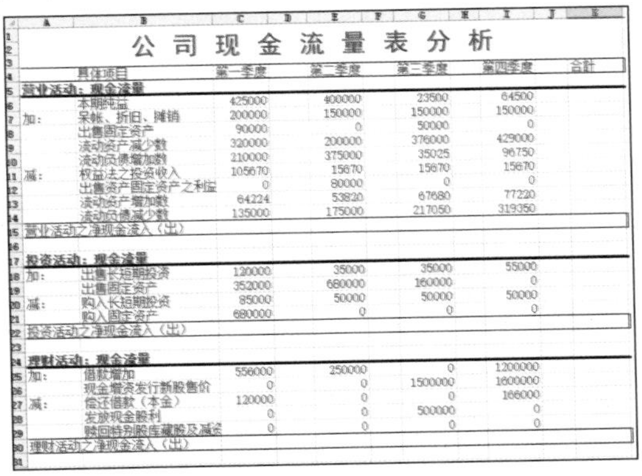

图 11-65　添加下边框线

8 在工作表中选择 A1 单元格区域，在“字体”选项组中单击“填充颜色”按钮，弹出的列表框中选择所需颜色，如图 11-66 所示。

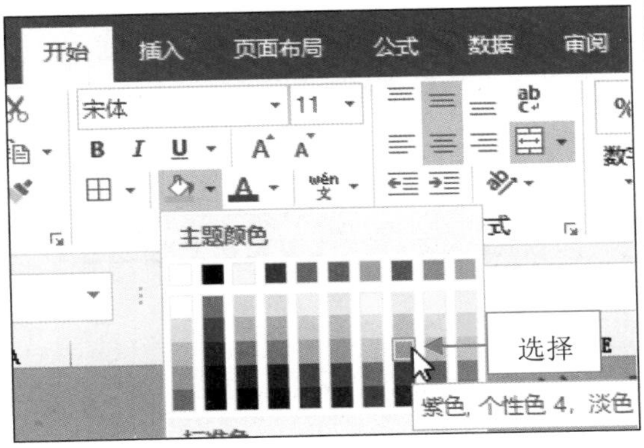

图 11-66　选择所需颜色

9 执行上述操作后，即可设置单元格填充颜色，如图 11-67 所示。

图 11-67　设置填充颜色

10 在工作表中选择 A4:K33 单元格区域，如图 11-68 所示。

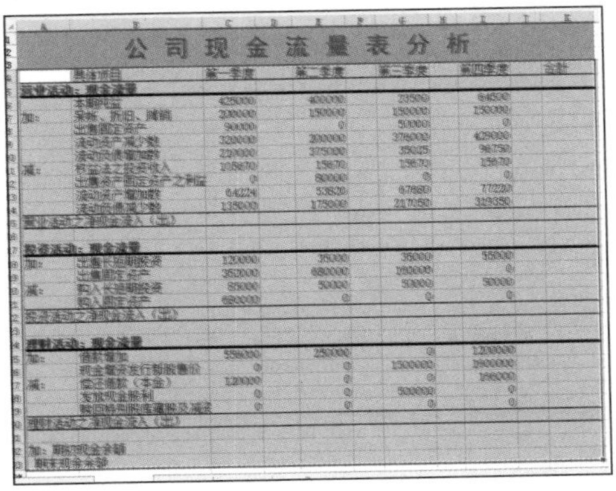

图 11-68　选择单元格区域

11 在“字体”选项组单击“填充颜色”按钮，弹出列表框，选择颜色，如图 11-69 所示。

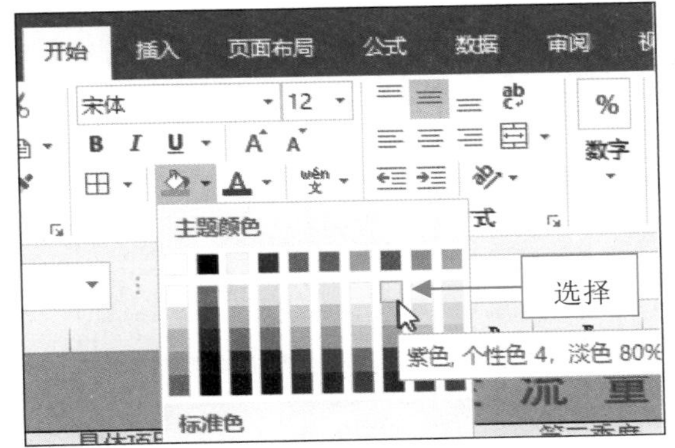

图 11-69　设置相应颜色

12 执行上述操作后，调整行高与列宽，以 75%的比例显示表格，如图 11-70 所示。

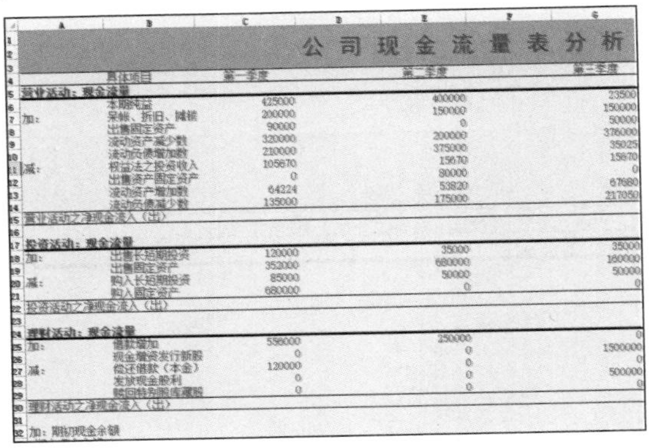

图 11-70　设置表格格式

11.2.3 公式运算数据

在 Excel 2016 中，编辑表格格式后需要使用公式计算表格中的数据。使用公式计算数据的具体操作步骤如下：

1 在工作表中选择 C15 单元格，如图 11-71 所示。

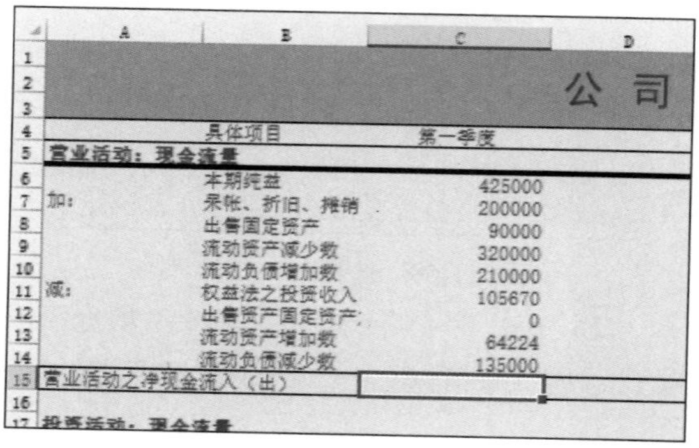

图 11-71 选择单元格

2 在编辑栏中输入相应的公式，如图 11-72 所示。

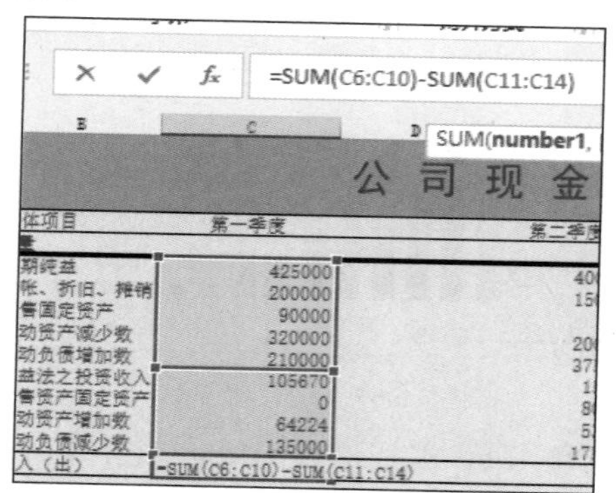

图 11-72 输入公式

3 按【Enter】键进行确认，得到计算结果，如图 11-73 所示。

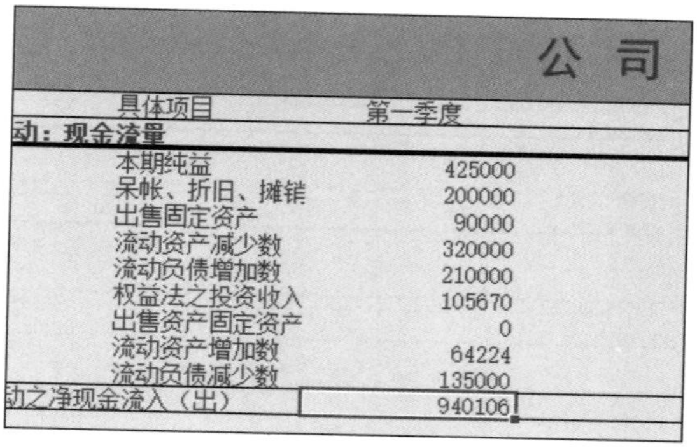

图 11-73 得到计算结果

4 用与上述相同的方法，计算其他季度的“营业活动之净现金流入（出）”数据，如图 11-74 所示。

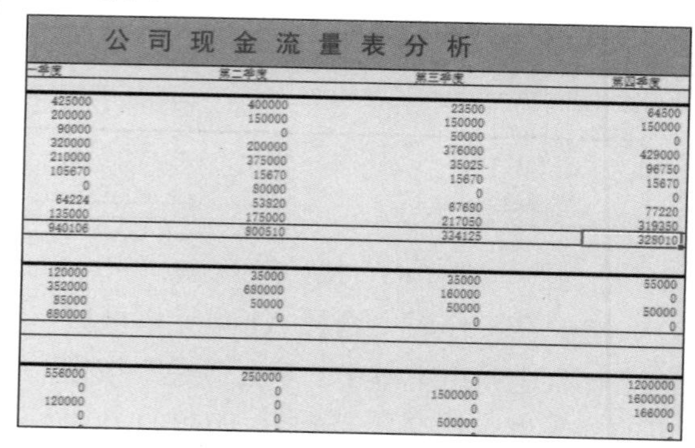

图 11-74 计算其他数据

5 选择 C22 单元格，在其中输入计算公式，如图 11-75 所示。

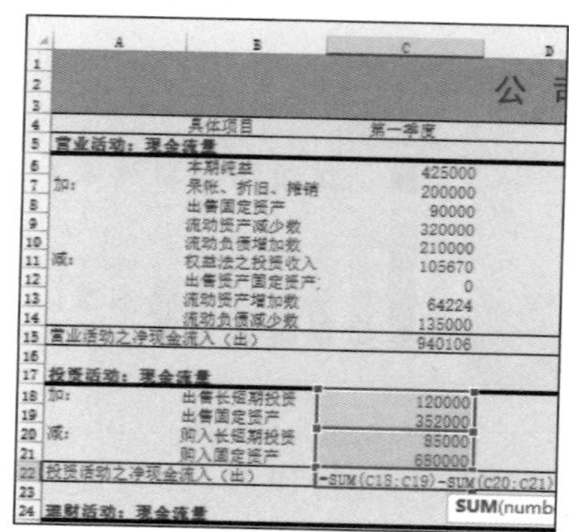

图 11-75 输入计算公式

6 按【Enter】键进行确认，得到计算结果，如图 11-76 所示。

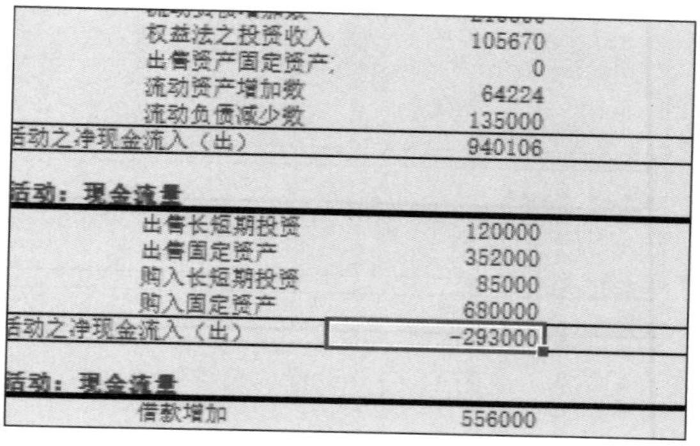

图 11-76 得到计算结果

7. 用与上述相同的方法，计算其他季度的“投资活动之净现金流入（出）”数据，如图 11-77 所示。

第二季度	第三季度	第四季度
400000	23500	64500
150000	150000	150000
0	50000	0
200000	376000	429000
375000	35025	96750
15670	15670	15670
80000	0	0
53820	67680	77220
175000	217050	319350
800510	334125	328010
35000	35000	55000
680000	160000	0
50000	50000	50000
0	0	0
665000	145000	5000
250000	0	1200000
0	1500000	1600000
0	0	166000
0	500000	0
0	0	0

图 11-77　计算其他数据

8. 用与上述相同的方法，计算“理财活动之净现金流入（出）”数据，如图 11-78 所示。

第一季度	第二季度	第三季度	第四季度
425000	400000	23500	64500
200000	150000	150000	150000
90000	0	50000	0
320000	200000	376000	429000
210000	375000	35025	96750
105670	15670	15670	15670
0	80000	0	0
64224	53820	67680	77220
135000	175000	217050	319350
940106	800510	334125	328010
120000	35000	35000	55000
352000	680000	160000	0
85000	50000	50000	50000
680000	0	0	0
-293000	665000	145000	5000
556000	250000	0	1200000
0	0	1500000	1600000
120000	0	0	166000
0	0	500000	0
0	0	0	0
436000	250000	1000000	2634000

图 11-78　计算其他数值

9. 选择 K15 单元格，在其中输入公式，计算总数，如图 11-79 所示。

H	I	J	K
	第四季度		合计
	64500		
	150000		
	0		
	429000		
	96750		
	15670		
	0		
	77220		
	319350		
	328010		=SUM(C15:J15)
	55000		
	0		
	50000		

图 11-79　计算总数

10. 按【Enter】键进行确认，用与上述相同的方法，计算其他的总数，如图 11-80 所示。

第四季度	合计
64500	
150000	
0	
429000	
96750	
15670	
0	
77220	
319350	
328010	2402751
55000	
0	
50000	
0	
5000	522000
1200000	
1600000	
166000	
0	
0	
2634000	4320000

图 11-80　计算其他总数

11. 选择 C32 单元格，在其中输入计算期初现金余额的公式，如图 11-81 所示。

7	加：	呆帐、折旧、摊销	200000
8		出售固定资产	90000
9		流动资产减少数	320000
10		流动负债增加数	210000
11	减：	权益法之投资收入	105670
12		出售资产固定资产	0
13		流动资产增加数	64224
14		流动负债减少数	135000
15	营业活动之净现金流入（出）		940106
16			
17	投资活动：现金流量		
18	加：	出售长短期投资	120000
19		出售固定资产	352000
20	减：	购入长短期投资	85000
21		购入固定资产	680000
22	投资活动之净现金流入（出）		-293000
23			
24	理财活动：现金流量		
25	加：	借款增加	556000
26		现金增资发行新股	0
27	减：	偿还借款（本金）	120000
28		发放现金股利	0
29		赎回特别股库藏股	0
30	理财活动之净现金流入（出）		436000
31			
32	加：期初现金余额		=SUM(C6:C10,C18,C25:C26)

图 11-81　输入公式

12. 按【Enter】键得到结果，用与上述相同的方法计算其他的数值，如图 11-82 所示。

公司现金流量表分析

第一季度	第二季度	第三季度	第四季度
425000	400000	23500	64500
200000	150000	150000	150000
90000	0	50000	0
320000	200000	376000	429000
210000	375000	35025	96750
105670	15670	15670	15670
0	80000	0	0
64224	53820	67680	77220
135000	175000	217050	319350
940106	800510	334125	328010
120000	35000	35000	55000
352000	680000	160000	0
85000	50000	50000	50000
680000	0	0	0
-293000	665000	145000	5000
556000	250000	0	1200000
0	0	1500000	1600000
120000	0	0	166000
0	0	500000	0
0	0	0	0
436000	250000	1000000	2634000
2273000	2090000	2329525	3595250
1189894	374490	850400	628240

图 11-82　计算其他数值

13 在工作表中选择计算结果所在的单元格区域，如图 11-83 所示。

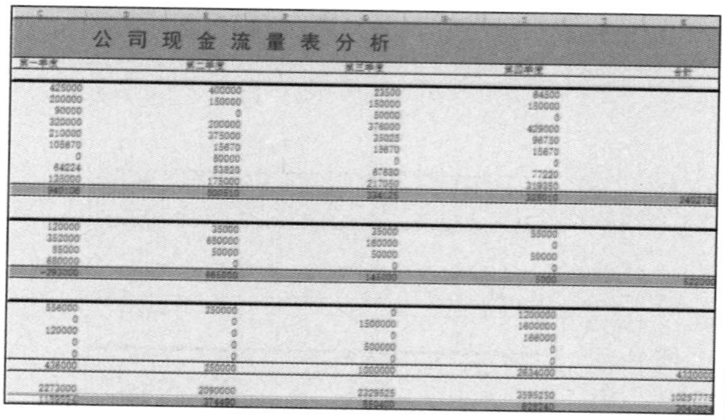

图 11-83 选择单元格区域

14 在“开始”选项卡下的“数字”选项组中单击对话框启动器按钮，如图 11-84 所示。

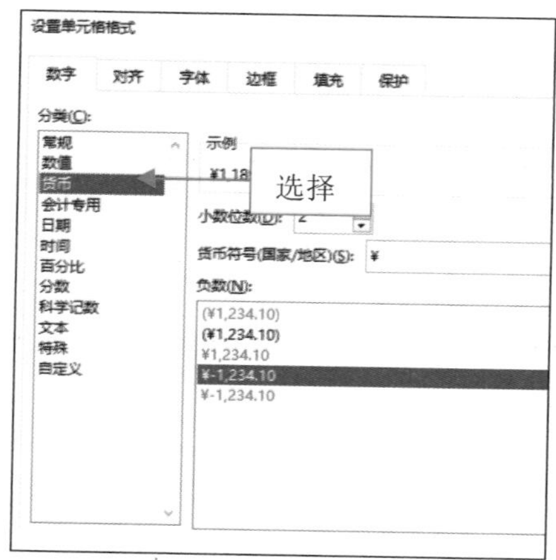

图 11-84 单击相应按钮

15 弹出“设置单元格格式”对话框，在“分类”列表框选择“货币”选项，如图 11-85 所示。

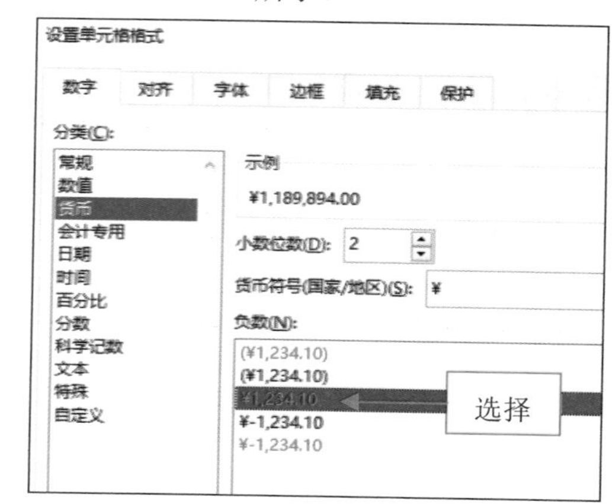

图 11-85 选择“货币”选项

16 在“负数”列表框中选择所需的货币格式，如图 11-86 所示。

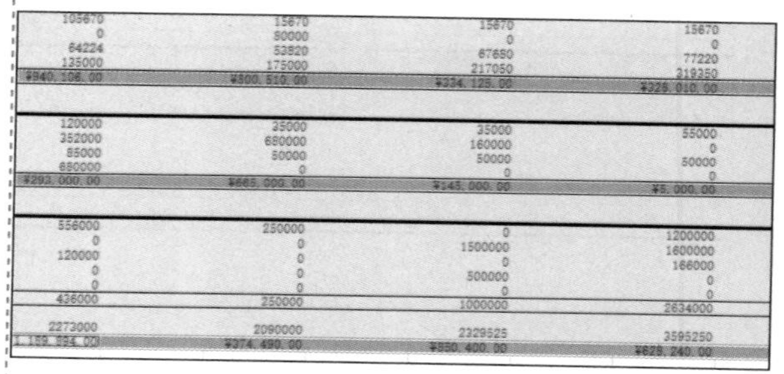

图 11-86 选择所需格式

17 单击“确定”按钮，即可设置单元格格式，如图 11-87 所示。

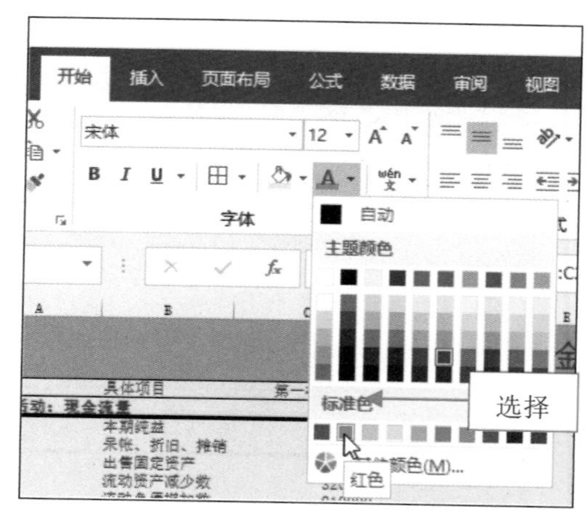

图 11-87 设置单元格格式

18 在“字体”选项组单击“字体颜色”按钮，弹出列表框，选择红色，如图 11-88 所示。

图 11-88 选择红色

19 执行上述操作后，即可应用所设置的字体颜色，如图 11-89 所示。

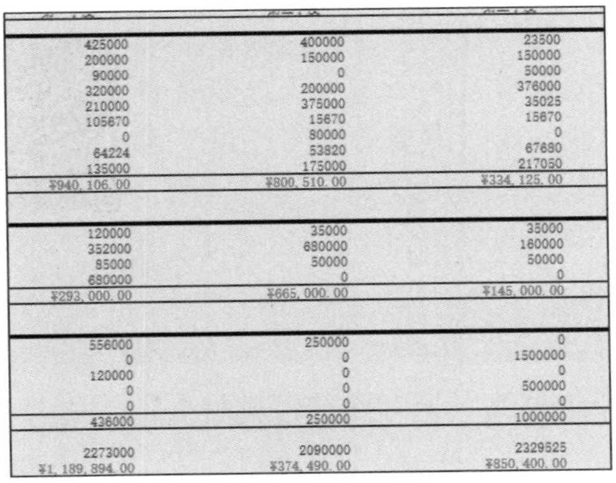

图 11-89　设置字体颜色

20 在工作表中选择 A33:K33 单元格区域，如图 11-90 所示。

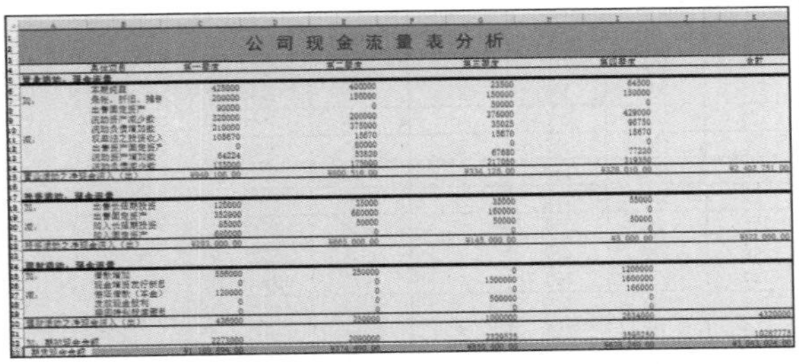

图 11-90　选择单元格区域

21 在“字体”选项组中，单击“下框线”按钮，在弹出的列表框中选择“双底框线”选项，如图 11-91 所示。

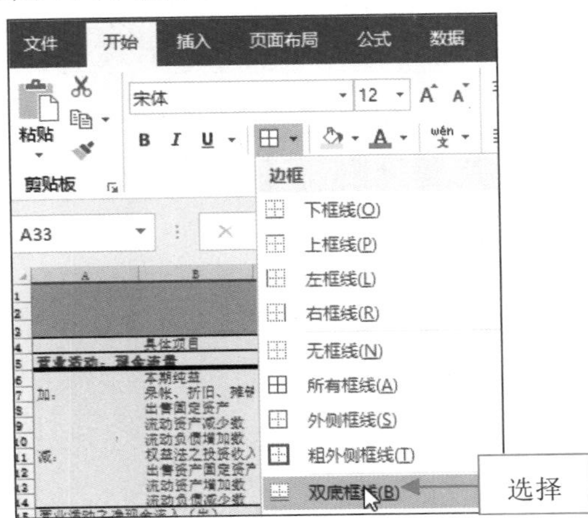

图 11-91　选择“双底框线”选项

22 执行上述操作后，即可为单元格区域添加双底框线，如图 11-92 所示。

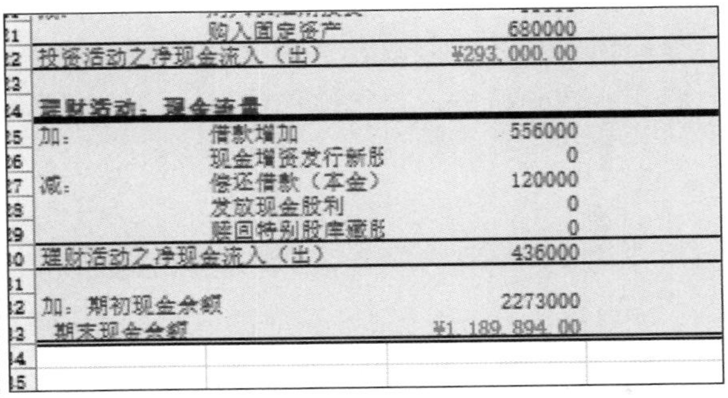

图 11-92　添加双底框线

23 在“数字”选项组中单击“数据格式”按钮，在弹出的下拉列表框中选择“会计专用”选项，如图 11-93 所示。

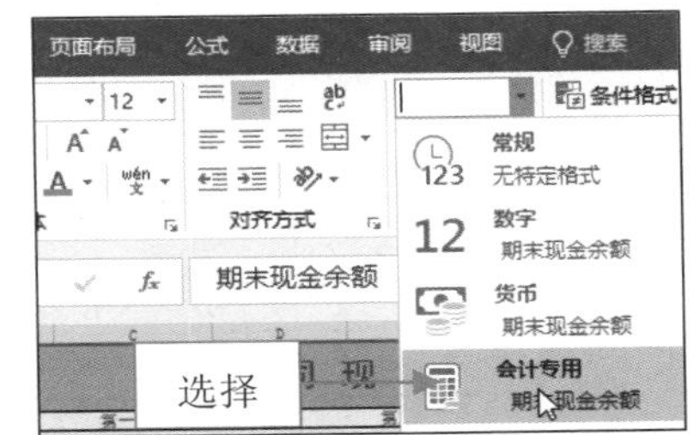

图 11-93　选择“会计专用”选项

24 执行上述操作后，公司现金流量表制作完成，如图 11-94 所示。

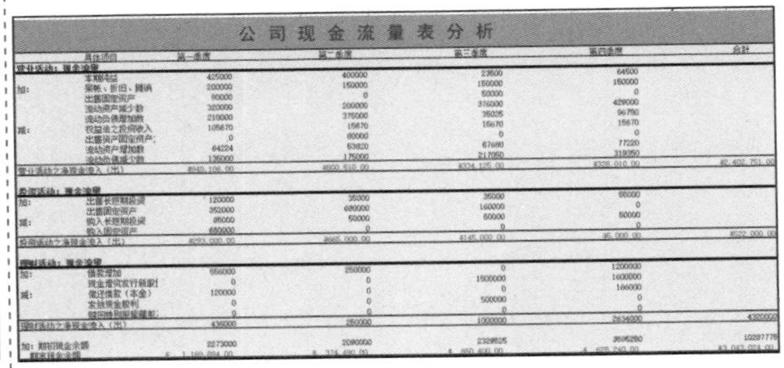

图 11-94　制作表格完成

11.3 员工薪资与业绩分析表

薪资又称工资，是指用人单位依据国家有关规定和劳动关系双方的约定，以货币形式支付给员工的劳动报酬。业绩在管理学中的定义是一个组织通过高效率地利用有限的资源来达成好的效果的组织目的。因此，本节主要介绍制作员工薪资与业绩分析表的具体操作方法。

扫码观看本节视频

本案例介绍制作员工薪资与业绩分析表，效果如图 11-95 所示。

专家提醒

设计薪酬要遵循五大基本原则：公平性原则、遵守法律原则、效率优先原则、激励限度原则、适应需求原则。

员工薪资与业绩分析

员工编号	员工姓名	本月业绩(金额)	底薪	补贴	效益奖金	全勤奖金	社保	扣款	提成	实发工资
001	杨明	20000	1750	420	80	98	150	40	1600	4058
002	孙洁	45000	1200	360	150	100	130	16	3600	5524
003	肖晴晴	40000	1000	290	120	110	200	10	3200	4910
004	田龙	60000	1800	200	100	100	150	45	4800	7105
005	殷玉	32000	1500	150	50	152	160	20	2560	4552
006	何强	41000	1800	410	110	50	200	22	3280	5828
007	陈怡	35000	1200	300	150	155	200	10	2800	4795
008	唐伟	79800	1000	200	135	100	140	15	6384	7944
009	叶飞	56300	1200	300	150	100	200	45	4504	6409
010	赵刚	47000	1000	200	100	100	150	20	3760	5290
011	侯晨	31500	1000	200	100	100	150	0	2520	4070
012	秦云龙	59000	800	150	50	100	100	20	4720	5900
013	杨慧	79800	1200	300	150	50	200	50	6384	8234
014	林佳	36500	1800	200	100	100	150	45	2920	5225
015	曾婷	24000	1200	300	150	100	200	0	1920	3870
016	程览	36000	1800	200	100	100	150	10	2880	5220
017	代倩	65000	1000	200	100	50	150	50	5200	6650
018	赵宇	50000	1200	150	150	100	200	10	4000	5790
019	刘静	79800	1200	300	150	100	200	45	6384	8289

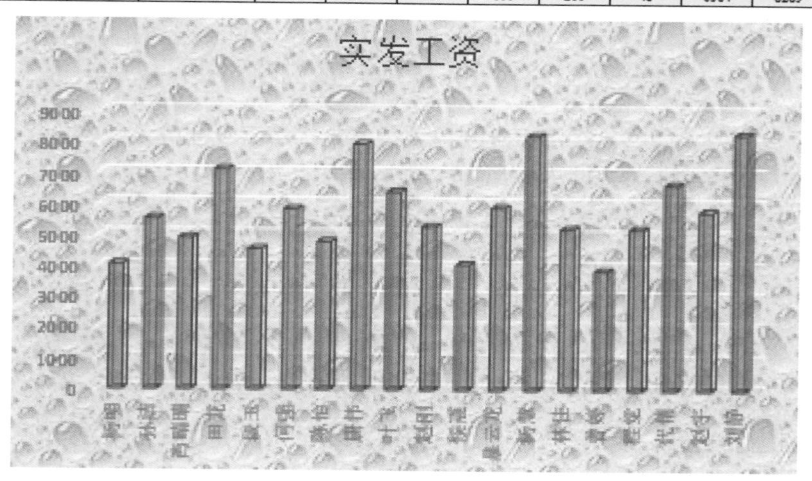

图 11-95 员工薪资与业绩分析图表

11.3.1 编辑表格内容

在 Excel 2016 中，制作员工薪资与业绩分析表时，首先需要编辑表格的内容。编辑表格内容的具体操作步骤如下：

1 启动 Excel 2016 应用程序，单击“文件”|“打开”|“浏览”按钮打开 Excel 文件，如图 11-96 所示。

员工编号	员工姓名	本月业绩(	底薪	补贴	效益奖金	全勤奖金	社保	扣款	提成	实发工
	杨明	20000	1750	420	80	98	150	40		
	孙洁	45000	1200	360	150	100	130	16		
	尚晴晴	40000	1000	290	120	110	200	10		
	田龙	60000	1800	200	100	100	150	45		
	段玉	32000	1500	150	50	152	160	20		
	何强	41000	1800	410	110	50	200	22		
	陈怡	35000	1200	300	150	155	200	10		
	唐伟	79800	1000	200	135	100	140	15		
	叶飞	56300	1200	300	150	100	200	45		
	赵刚	47000	1000	200	100	100	150	20		
	候震	31500	1000	200	100	100	150	0		
	聂云龙	59000	800	150	50	100	100	20		
	杨慧	79800	1200	300	150	50	200	50		
	林佳	36500	1800	200	100	100	150	45		
	曾婷	24000	1200	300	150	100	200	0		
	程觉	36000	1800	200	100	100	150	10		
	代倩	65000	1000	200	100	50	150	50		
	赵宇	50000	1200	150	150	100	200	10		
	刘静	79800	1200	300	150	100	200	45		

图 11-96　打开 Excel 文件

2 在工作表中选择 A1:K1 单元格区域，在“对齐方式”选项组中单击“合并后居中”按钮，如图 11-97 所示。

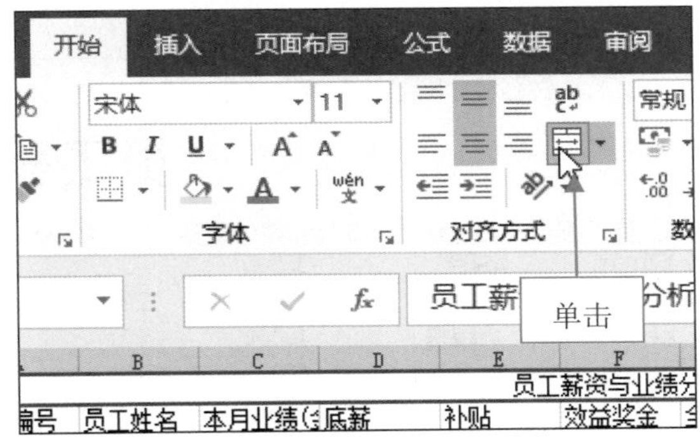

图 11-97　单击“合并后居中”按钮

3 在“字体”选项组中，设置“字体”为“黑体”、“字号”为 24，如图 11-98 所示。

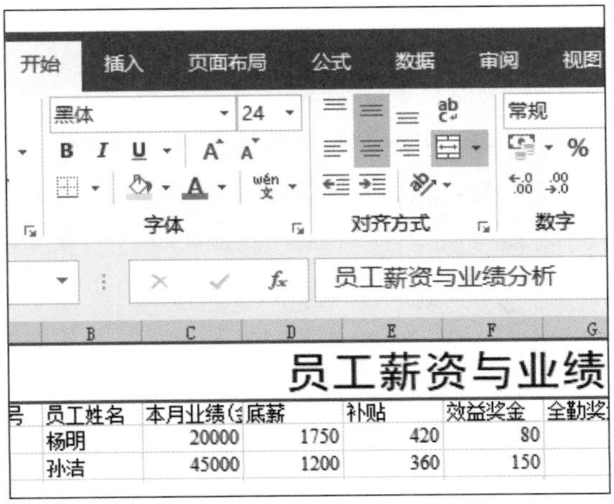

图 11-98　设置字体格式

4 在“单元格”选项组中，单击“格式”按钮，在弹出的列表框中选择“行高”选项，如图 11-99 所示。

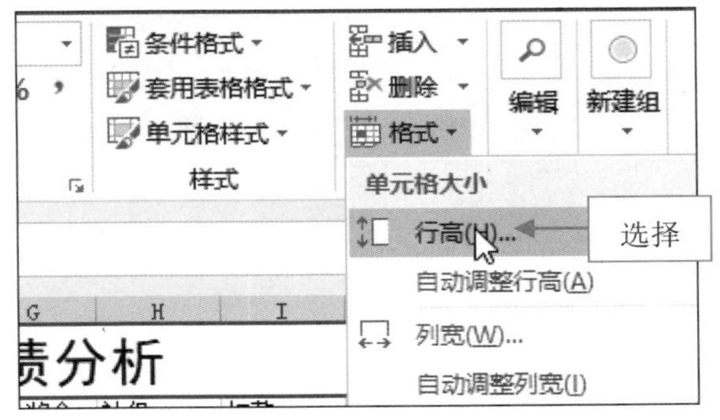

图 11-99　选择“行高”选项

5 弹出“行高”对话框，在文本框中输入 48，如图 11-100 所示。

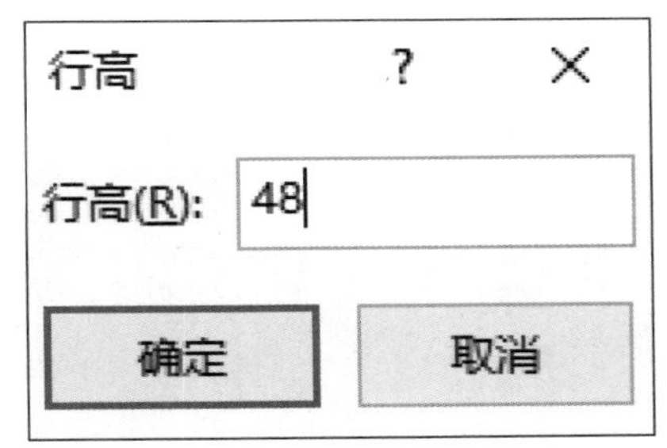

图 11-100　输入行高

6 单击“确定”按钮，即可应用所设置的标题的行高，如图 11-101 所示。

图 11-101　设置标题行高

7 在工作表中选择 A3:A21 单元格区域，如图 11-102 所示。

	A	B	C	D	E	F
1			员工薪资与			
2	员工编号	员工姓名	本月业绩(:	底薪	补贴	效益奖
3		杨明	20000	1750	420	
4		孙洁	45000	1200	360	
5		肖晴晴	40000	1000	290	
6		田龙	60000	1800	200	
7		段玉	32000	1500	150	
8		何强	41000	1800	410	
9		陈怡	35000	1200	300	
10		唐伟	79800	1000	200	
11		叶飞	56300	1200	300	
12		赵刚	47000	1000	200	
13		候震	31500	1000	200	
14		暴云龙	59000	800	150	
15		杨慧	79800	1200	300	
16		林佳	36500	1800	200	
17		曾婷	24000	1200	300	
18		程觉	36000	1800	200	
19		代倩	65000	1000	200	
20		赵宇	50000	1200	150	
21		刘静	79800	1200	300	

图 11-102　选择单元格区域

8 单击鼠标右键，在弹出的快捷菜单中选择“设置单元格格式”选项，如图 11-103 所示。

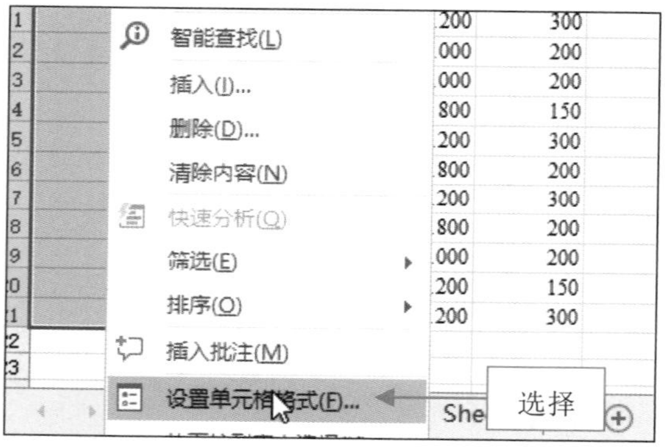

智能查找(L)
插入(I)...
删除(D)...
清除内容(N)
快速分析(Q)
筛选(E)
排序(O)
插入批注(M)
设置单元格格式(F)...
选择

图 11-103　选择“设置单元格格式”选项

9 弹出“设置单元格格式”对话框，在“分类”列表框中选择“文本”选项，如图 11-104 所示。

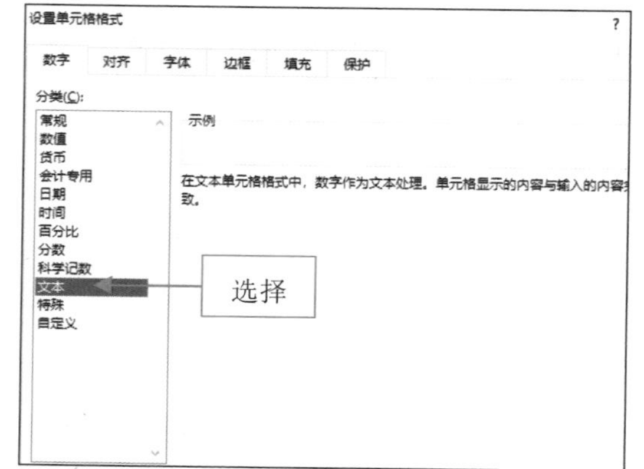

图 11-104　选择“文本”选项

10 单击“确定”按钮，在 A3 单元格中输入 001，如图 11-105 所示。

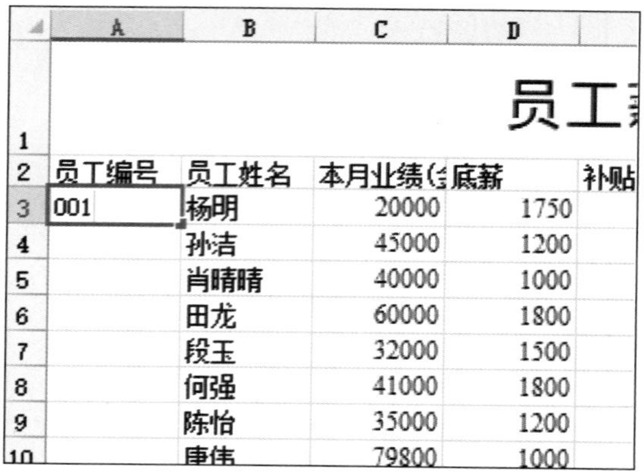

	A	B	C	D	
1				员工	
2	员工编号	员工姓名	本月业绩(:	底薪	补贴
3	001	杨明	20000	1750	
4		孙洁	45000	1200	
5		肖晴晴	40000	1000	
6		田龙	60000	1800	
7		段玉	32000	1500	
8		何强	41000	1800	
9		陈怡	35000	1200	
10		唐伟	79800	1000	

图 11-105　输入数值

11 将鼠标指针移至 A3 单元格右下角，此时鼠标指针呈十字形状，如图 11-106 所示。

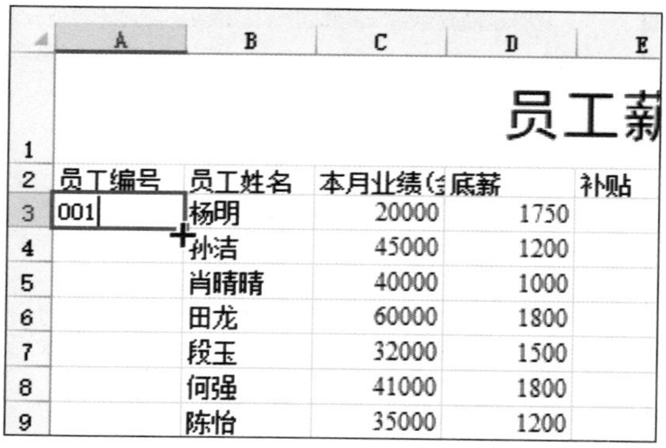

	A	B	C	D	E
1				员工薪	
2	员工编号	员工姓名	本月业绩(:	底薪	补贴
3	001	杨明	20000	1750	
4		孙洁	45000	1200	
5		肖晴晴	40000	1000	
6		田龙	60000	1800	
7		段玉	32000	1500	
8		何强	41000	1800	
9		陈怡	35000	1200	

图 11-106　移动鼠标

12 按住鼠标左键并向下拖曳，至 A21 单元格释放鼠标左键，如图 11-107 所示。

	A	B	C	D	E	F
1						
2	员工编号	员工姓名	本月业绩(:	底薪	补贴	效益奖金
3	001	明	20000	1750	420	8
4	002	孙洁	45000	1200	360	15
5	003	肖晴晴	40000	1000	290	12
6	004	田龙	60000	1800	200	10
7	005	段玉	32000	1500	150	5
8	006	何强	41000	1800	410	11
9	007	陈怡	35000	1200	300	15
10	008	唐伟	79800	1000	200	13
11	009	叶飞	56300	1200	300	15
12	010	赵刚	47000	1000	200	10
13	011	候震	31500	1000	200	10
14	012	暴云龙	59000	800	150	5
15	013	杨慧	79800	1200	300	15
16	014	林佳	36500	1800	200	10
17	015	曾婷	24000	1200	300	15
18	016	程觉	36000	1800	200	10
19	017	代倩	65000	1000	200	10
20	018	赵宇	50000	1200	150	15
21	019	刘静	79800	1200	300	15

图 11-107　拖曳鼠标

13 在工作表中选择 A2:K2 和 B3:B21 单元格区域，如图 11-108 所示。

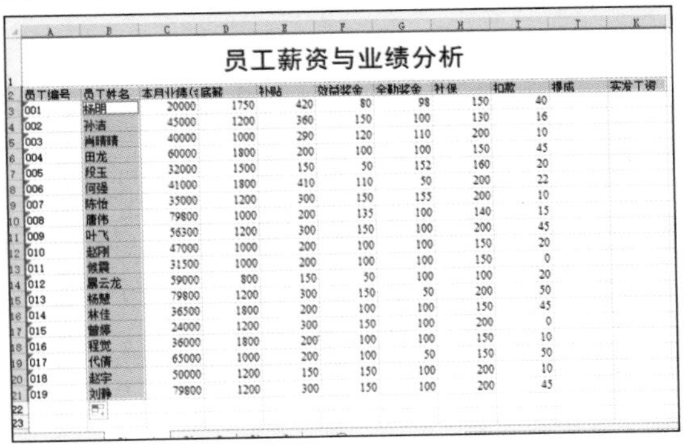

员工薪资与业绩分析

员工编号	员工姓名	本月业绩（金	底薪	补贴	效益奖金	全勤奖金	社保	扣款	提成	实发工资
001	杨明	20000	1750	420	80	98	150	40		
002	孙洁	45000	1200	360	150	100	130	16		
003	肖晴晴	40000	1000	290	120	110	200	10		
004	田龙	60000	1800	200	100	100	150	45		
005	段玉	32000	1500	150	50	152	160	20		
006	何强	41000	1800	410	110	50	200	22		
007	陈怡	35000	1200	300	150	155	200	10		
008	唐伟	79800	1000	200	135	100	140	15		
009	叶飞	56300	1200	300	150	100	200	45		
010	赵刚	47000	1000	200	100	100	150	20		
011	侯巽	31500	1000	200	100	100	150	0		
012	慕云龙	59000	800	150	50	100	100	20		
013	杨慧	79800	1200	300	150	50	200	50		
014	林佳	36500	1800	200	100	100	150	45		
015	曾婷	24000	1200	300	150	100	200	0		
016	程觉	36000	1800	200	100	100	150	10		
017	代倩	65000	1000	200	100	50	150	50		
018	赵宇	50000	1200	150	150	100	200	10		
019	刘静	79800	1200	300	150	100	200	45		

图 11-108　选择单元格区域

14 在“字体”选项组中设置“字号”为 10，如图 11-109 所示。

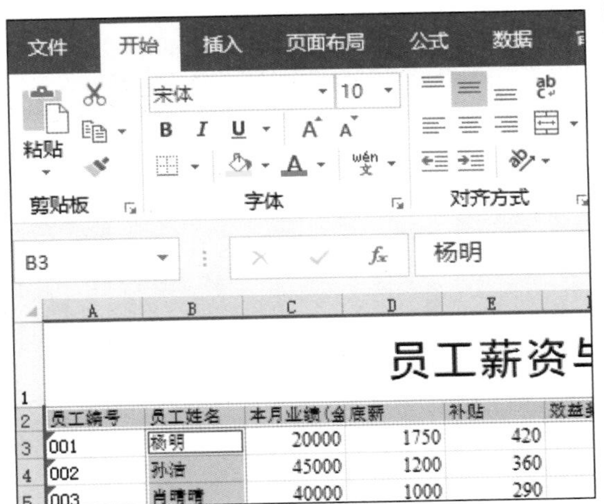

图 11-109　设置字体大小

15 在工作表中选择 A2:K21 单元格区域，如图 11-110 所示。

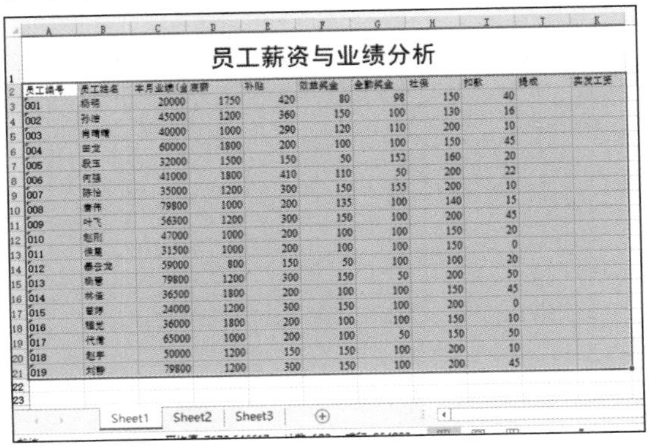

员工薪资与业绩分析

员工编号	员工姓名	本月业绩（金	底薪	补贴	效益奖金	全勤奖金	社保	扣款	提成	实发工资
001	杨明	20000	1750	420	80	98	150	40		
002	孙洁	45000	1200	360	150	100	130	16		
003	肖晴晴	40000	1000	290	120	110	200	10		
004	田龙	60000	1800	200	100	100	150	45		
005	段玉	32000	1500	150	50	152	160	20		
006	何强	41000	1800	410	110	50	200	22		
007	陈怡	35000	1200	300	150	155	200	10		
008	唐伟	79800	1000	200	135	100	140	15		
009	叶飞	56300	1200	300	150	100	200	45		
010	赵刚	47000	1000	200	100	100	150	20		
011	侯巽	31500	1000	200	100	100	150	0		
012	慕云龙	59000	800	150	50	100	100	20		
013	杨慧	79800	1200	300	150	50	200	50		
014	林佳	36500	1800	200	100	100	150	45		
015	曾婷	24000	1200	300	150	100	200	0		
016	程觉	36000	1800	200	100	100	150	10		
017	代倩	65000	1000	200	100	50	150	50		
018	赵宇	50000	1200	150	150	100	200	10		
019	刘静	79800	1200	300	150	100	200	45		

Sheet1　Sheet2　Sheet3

图 11-110　选择单元格区域

16 在“对齐方式”选项组中单击“居中”按钮，设置数据居中对齐，如图 11-111 所示。

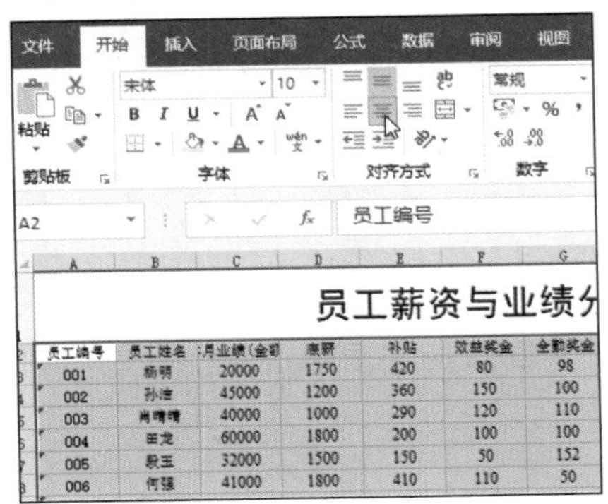

图 11-111　设置数据居中对齐

17 选中 C 列数据，单击鼠标右键，在弹出的快捷菜单中选择“列宽”选项，如图 11-112 所示。

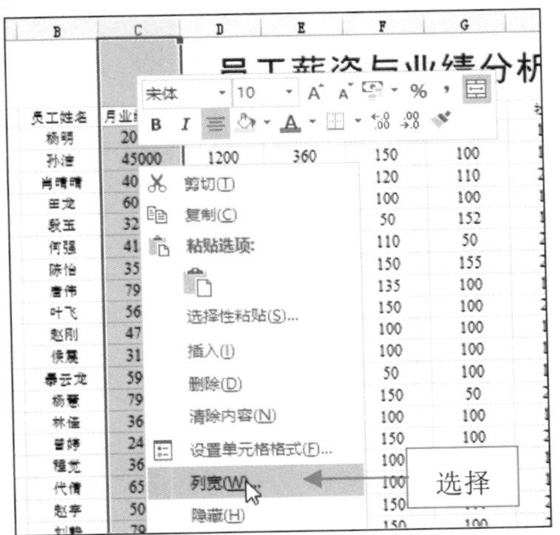

图 11-112　选择“列宽”选项

18 弹出“列宽”对话框，在文本框中输入 14，如图 11-113 所示。

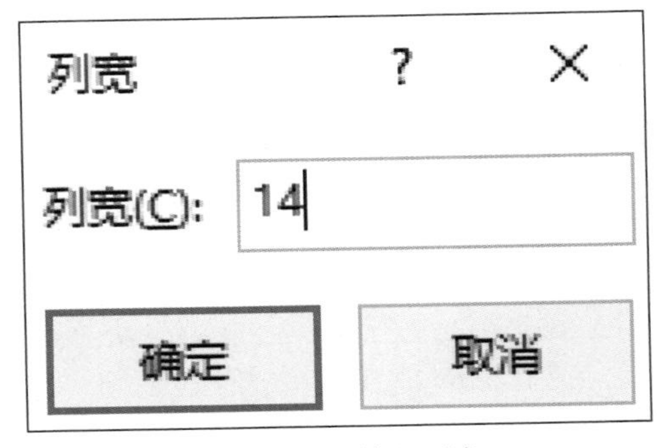

图 11-113　输入列宽

19 单击“确定”按钮，即可应用所设置的列宽，如图 11-114 所示。

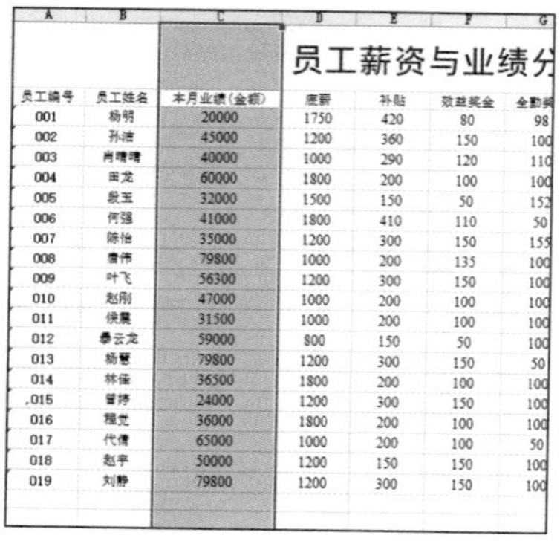

图 11-114 设置列宽

20 在工作表中选择 A1:K21 单元格区域，如图 11-115 所示。

图 11-115 选择单元格区域

21 在“字体”选项组中单击“下框线”按钮，在弹出的列表框中选择“所有框线”选项，如图 11-116 所示。

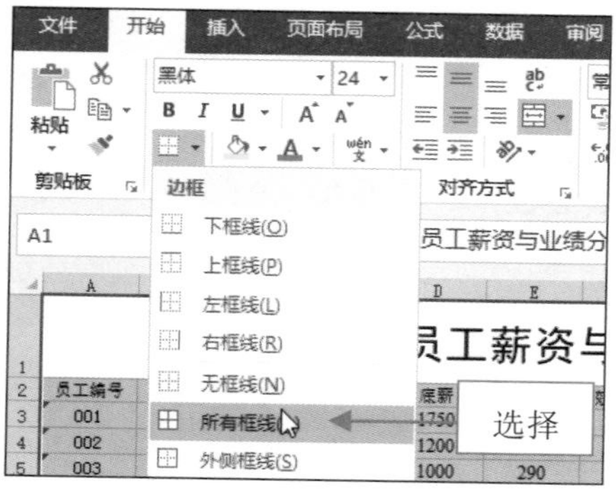

图 11-116 选择“所有框线”选项

22 执行上述操作后，即可为表格添加边框线，如图 11-117 所示。

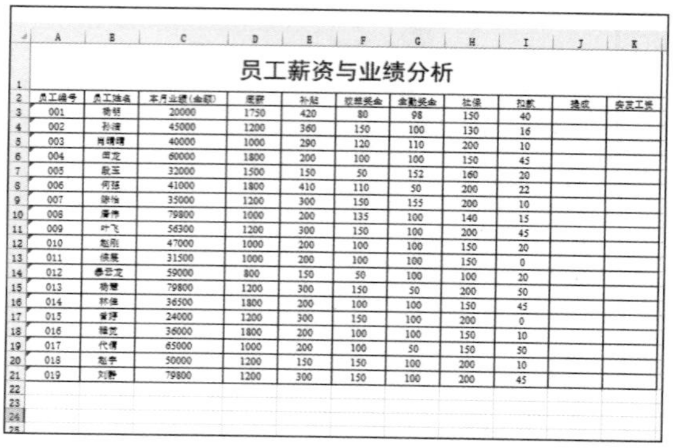

图 11-117 添加边框线

23 在工作表中选择 A1 单元格，在“字体”选项组中单击“填充颜色”按钮，在弹出的列表框中选择所需的颜色，如图 11-118 所示。

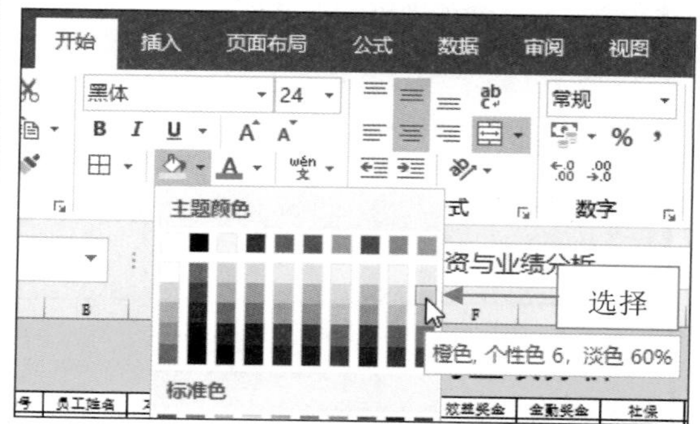

图 11-118 选择填充颜色

24 用与上述相同的方法，为其他单元格区域设置填充颜色，即可完成对表格内容的编辑，如图 11-119 所示。

图 11-119 编辑表格内容

11.3.2　计算实发工资

在员工薪资与业绩分析表中，不仅需要计算出业绩提成，而且要计算实发工资。计算提成与实发工资的具体操作步骤如下：

1 在工作表中选择 J3 单元格，在编辑栏中输入计算提成的公式，如图 11-120 所示。

G	H	I	J	K
分析				
勤奖金	社保	扣款	提成	实发工资
98	150	40	=C3*0.08	
100	130	16		
110	200	10		
100	150	45		
152	160	20		
50	200	22		
155	200	10		
100	140	15		

图 11-120　输入公式

2 按【Enter】键，即可得出计算结果，如图 11-121 所示。

	H	I	J	K
分析				
金	社保	扣款	提成	实发工资
	150	40	1600	
	130	16		
	200	10		
	150	45		
	160	20		
	200	22		
	200	10		
	140	15		

图 11-121　得出计算结果

3 选择 J3 单元格，移动鼠标指针至 J3 单元格右下角，当鼠标指针呈 **+** 形状时，按住鼠标左键并向下拖曳鼠标，可计算出其他单元格的结果，如图 11-122 所示。

F	G	H	I	J	K
与业绩分析					
效益奖金	全勤奖金	社保	扣款	提成	实发工资
80	98	150	40	1600	
150	100	130	16	3600	
120	110	200	10	3200	
100	100	150	45	4800	
50	152	160	20	2560	
110	50	200	22	3280	
150	155	200	10	2800	
135	100	140	15	6384	
150	100	200	45	4504	
100	100	150	20	3760	
100	100	150	0	2520	
50	100	100	20	4720	
150	50	200	50	6384	
100	100	150	45	2920	
150	100	200	0	1920	
100	100	150	10	2880	
100	50	150	50	5200	
150	100	200	10	4000	
150	100	200	45	6384	

图 11-122　计算其他数据

4 选择 K3 单元格，在其中输入相应公式，如图 11-123 所示。

H	I	J	K	L
析				
社保	扣款	提成	实发工资	
150	40	=SUM(D3+E3+F3+G3+H3-I3+J3)		
130	16	3600		
200	10	SUM(**number1**, [number2], ...)		
150	45	4800		
160	20	2560		
200	22	3280		
200	10	2800		
140	15	6384		
200	45	4504		
150	20	3760		
150	0	2520		

图 11-123　输入相应公式

专家提醒

在计算提成的公式中，0.08 是指 8%的提成，这是一个变数，可以根据不同的提成率来计算。

5 按【Enter】键，即可计算出结果，将鼠标移至该单元格的右下角，此时鼠标指针呈✚形状，如图 11-124 所示。

H	I	J	K
社保	扣款	提成	实发工资
150	40	1600	4058
130	16	3600	
200	10	3200	
150	45	4800	
160	20	2560	
200	22	3280	
200	10	2800	
140	15	6384	

图 11-124　移动鼠标

6 按住鼠标左键并向下拖曳，即可计算出其他单元格的结果，如图 11-125 所示。

业绩分析

G	H	I	J	K
全勤奖金	社保	扣款	提成	实发工资
98	150	40	1600	4058
100	130	16	3600	5524
110	200	10	3200	4910
100	150	45	4800	7105
152	160	20	2560	4552
50	200	22	3280	5828
155	200	10	2800	4795
100	140	15	6384	7944
100	200	45	4504	6409
100	150	20	3760	5290
100	150	0	2520	4070
100	100	20	4720	5900
50	200	50	6384	8234
100	150	45	2920	5225
100	200	0	1920	3870
100	150	10	2880	5220
50	150	50	5200	6650
100	200	10	4000	5790
100	200	45	6384	8289

图 11-125　得出计算结果

11.3.3　插入数据图表

在 Excel 2016 中，可以根据需要插入数据图表。插入数据图表的具体操作步骤如下：

1 选择 B2:B21 和 K2:K21 单元格区域，切换至“插入”选项卡，如图 11-126 所示。

员工薪资与业绩分析

员工姓名	本月业绩(金额)	底薪	补贴	效益奖金	全勤奖金	社保	扣款	提成	实发工资
[illegible]	20000	1750	420	80	98	150	40	1600	4058
[illegible]	45000	1200	360	150	100	130	16	3600	5524
[illegible]	40000	1000	290	120	110	200	10	3200	4910
[illegible]	60000	1800	200	100	100	150	45	4800	7105
[illegible]	32000	1500	150	50	152	160	20	2560	4552
[illegible]	41000	1800	410	110	50	200	22	3280	5828
[illegible]	35000	1200	300	150	155	200	10	2800	4795
[illegible]	79800	1000	200	135	100	140	15	6384	7944
叶飞	56300	1200	300	150	100	200	45	4504	6409
[illegible]	47000	1000	200	100	100	150	20	3760	5290
[illegible]	31500	1000	200	100	100	150	0	2520	4070
[illegible]	59000	800	150	50	100	100	20	4720	5900
[illegible]	79800	1200	300	150	50	200	50	6384	8234
[illegible]	36500	1800	200	100	100	150	45	2920	5225
[illegible]	24000	1200	300	150	100	200	0	1920	3870
[illegible]	36000	1800	200	100	100	150	10	2880	5220
[illegible]	65000	1000	200	100	50	150	50	5200	6650
[illegible]	50000	1200	150	150	100	200	10	4000	5790
刘静	79800	1200	300	150	100	200	45	6384	8289

图 11-126　选择单元格

2 在“图表”选项组中单击“插入柱形图或条形图”按钮，弹出列表框，选择图形，如图 11-127 所示。

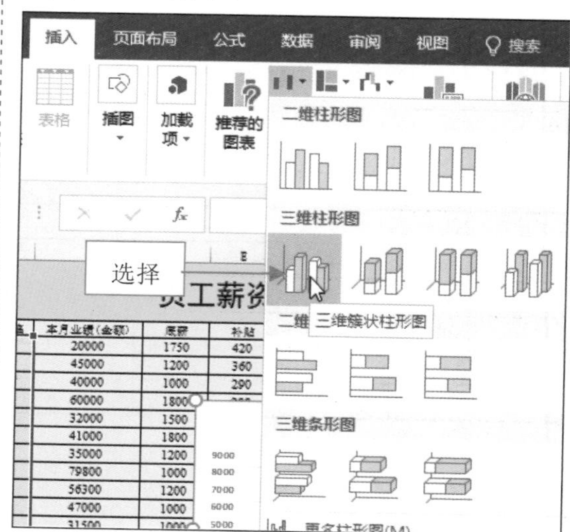

图 11-127　选择相应图形

3 执行上述操作后，即可在工作表中插入一张数据图表，如图 11-128 所示。

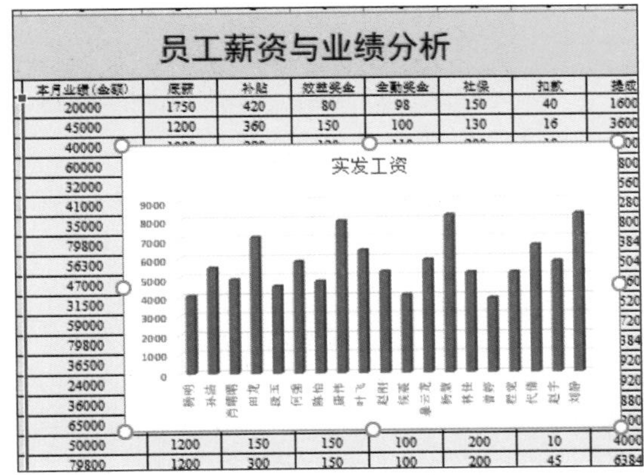

图 11-128　插入图表

4 选择数据图表，在“图表工具”-“设计”选项卡下的“图表样式”选项组中单击“其他”按钮，在弹出的列表框中选择所需的图表样式，如图 11-129 所示。

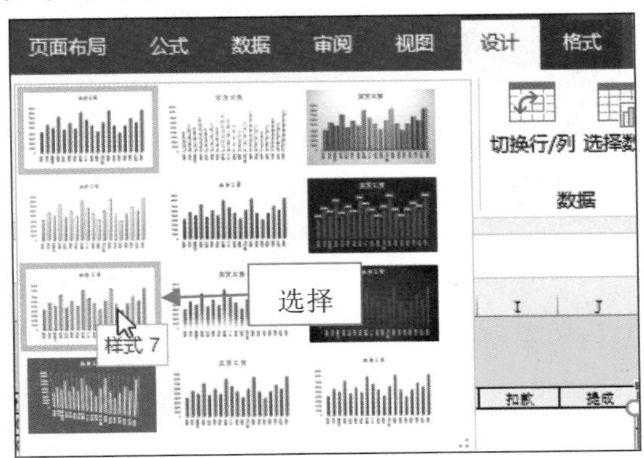

图 11-129　选择图表样式

5 执行上述操作后，即可更改图表的样式，如图 11-130 所示。

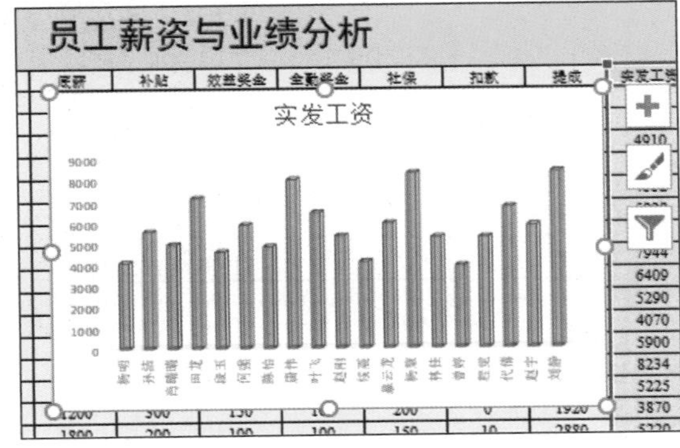

图 11-130　更改图表样式

6 选择数据图表，切换至“图表工具”-“格式”选项卡，如图 11-131 所示。

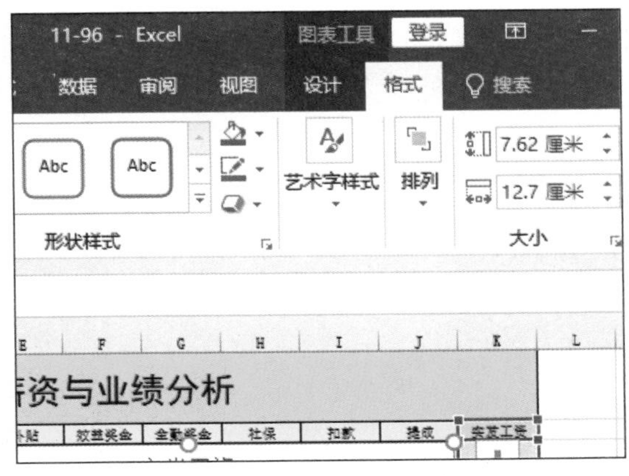

图 11-131　切换选项卡

7 在“形状样式”选项组中单击“形状填充”按钮，在弹出的列表框中选择“纹理”|“水滴”选项，如图 11-132 所示。

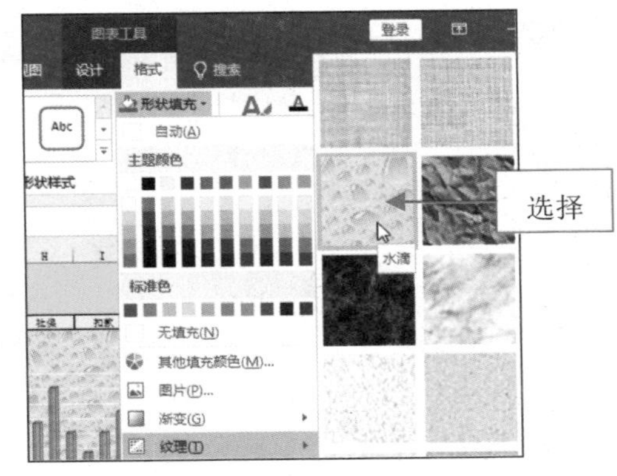

图 11-132　选择相应选项

8 执行上述操作后，调整图表大小，即可完成数据图表的插入，如图 11-133 所示。

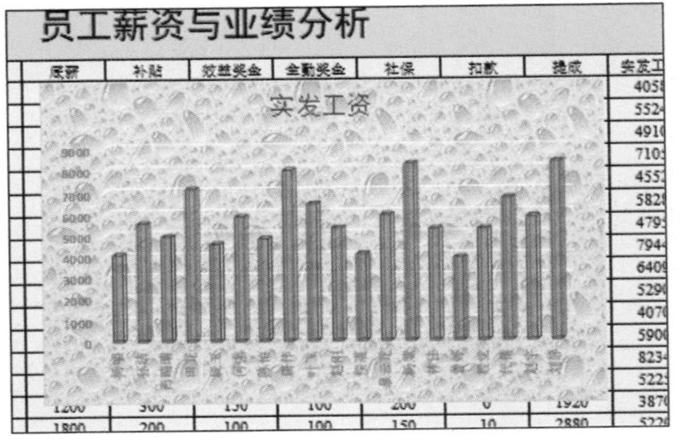

图 11-133　插入数据图表

第 12 章

人力资源管理案例

在人力资源管理中，根据公司需要经常要用到 Excel 2016 中的数据处理、统计图表绘制和数据库管理等图表制作功能。

本章根据现代企业人力资源管理工作的主要特点，通过案例介绍 Excel 2016 在人力资源管理中的具体应用，包括制作公司员工个人信息管理表、值班表和人力资源成本核算等内容。

12.1　制作公司员工个人信息管理表

公司员工个人信息管理表是根据公司各部门员工的个人信息所创建的。在 Excel 2016 中，可以根据公司管理的需要制作公司员工个人信息管理表。本节主要介绍通过使用 Excel 2016 的基本功能来制作公司员工个人信息管理表。

本案例介绍制作公司员工个人信息管理表，效果如图 12-1 所示。

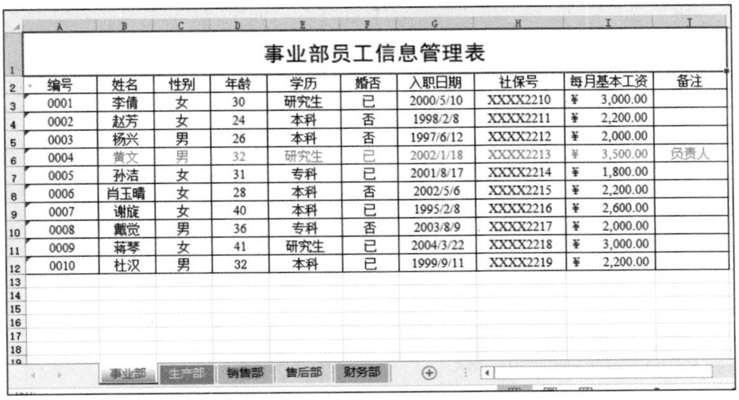

事业部员工信息管理表

编号	姓名	性别	年龄	学历	婚否	入职日期	社保号	每月基本工资	备注
0001	李倩	女	30	研究生	已	2000/5/10	XXXX2210	¥ 3,000.00	
0002	赵芳	女	24	本科	否	1998/2/8	XXXX2211	¥ 2,200.00	
0003	杨兴	男	26	本科	否	1997/6/12	XXXX2212	¥ 2,000.00	
0004	黄文	男	32	研究生	已	2002/1/18	XXXX2213	¥ 3,500.00	负责人
0005	孙洁	女	31	专科	已	2001/8/17	XXXX2214	¥ 1,800.00	
0006	肖玉晴	女	28	本科	否	2002/5/6	XXXX2215	¥ 2,200.00	
0007	谢旋	女	40	本科	已	1995/2/8	XXXX2216	¥ 2,600.00	
0008	戴赏	男	36	专科	否	2003/8/9	XXXX2217	¥ 2,000.00	
0009	蒋琴	女	41	研究生	已	2004/3/22	XXXX2218	¥ 3,000.00	
0010	杜汉	男	32	本科	已	1999/9/11	XXXX2219	¥ 2,200.00	

事业部　生产部　销售部　售后部　财务部

图 12-1　制作公司员工个人信息管理表

12.1.1　编辑表格内容

在 Excel 2016 中，制作公司员工个人信息管理表时，首先需要编辑表格的内容。编辑表格内容的具体操作步骤如下：

1. 启动 Excel 2016 应用程序，新建一个空白工作簿，如图 12-2 所示。

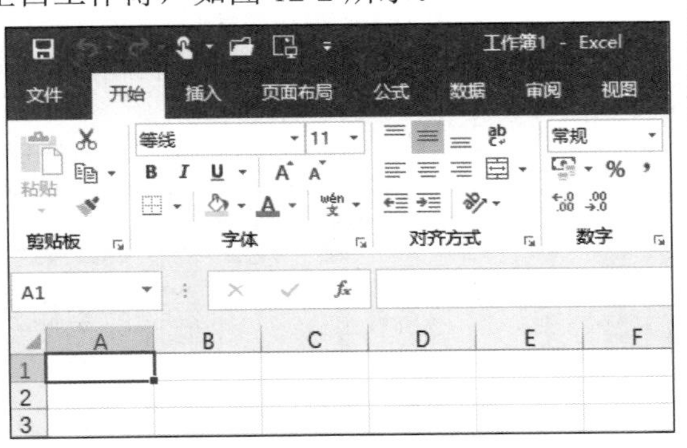

图 12-2　新建一个空白工作簿

2. 在工作表中输入需要的数据内容，如图 12-3 所示。

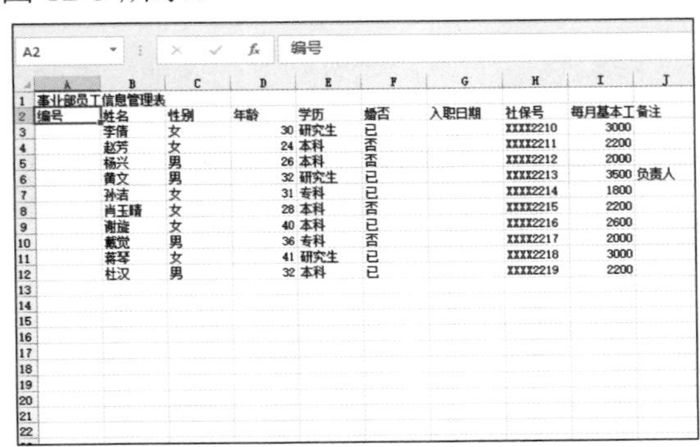

图 12-3　输入数据内容

专家提醒

在制作公司员工个人信息管理表时，需要在工作表中对各部门员工的信息进行录入。输入数据内容完成后，再进行设置单元格格式、插入工作表和设置工作表标签颜色等操作。

第 12 章

3 在工作表中选择 A1:J1 单元格区域，如图 12-4 所示。

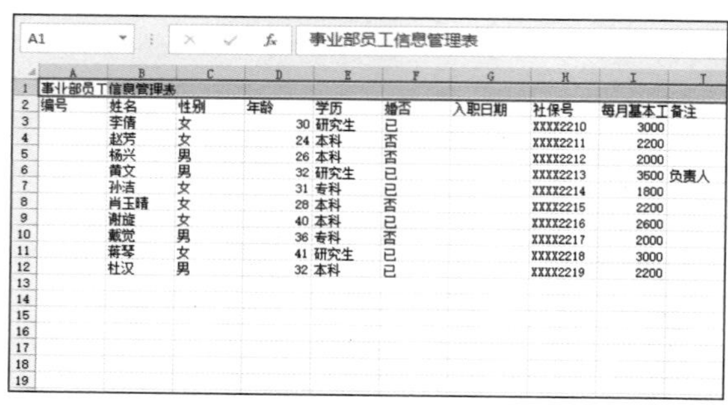

图 12-4 选择单元格区域

4 在“开始”选项卡下的“对齐方式”选项组中单击“合并后居中”按钮，设置居中对齐，如图 12-5 所示。

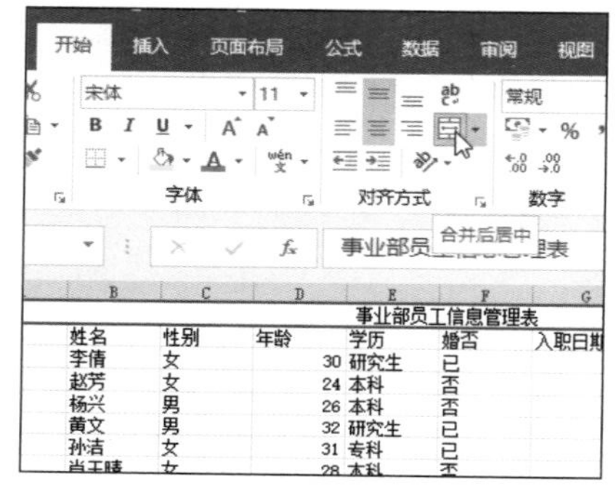

图 12-5 设置居中对齐

5 在“字体”选项组中，设置“字体”为“黑体”、“字号”为 20，如图 12-6 所示。

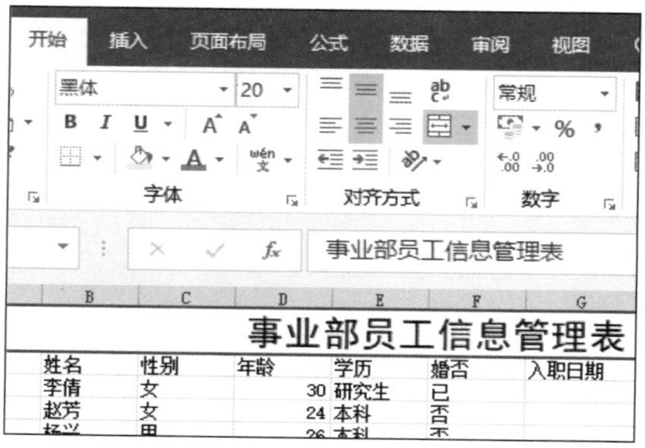

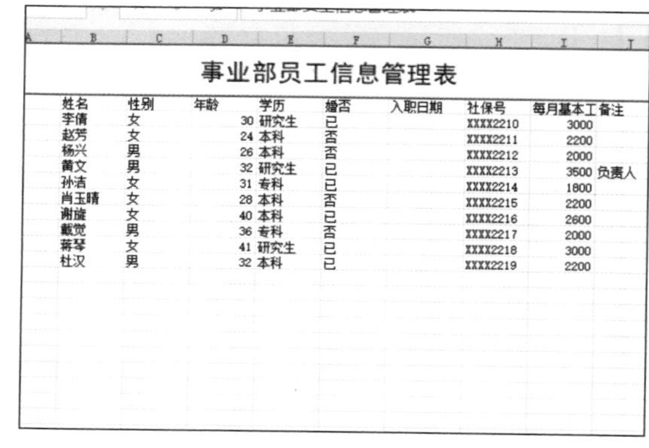

图 12-6 设置字体格式

6 在“单元格”选项组中单击“格式”按钮，在弹出的列表框中选择“行高”选项，如图 12-7 所示。

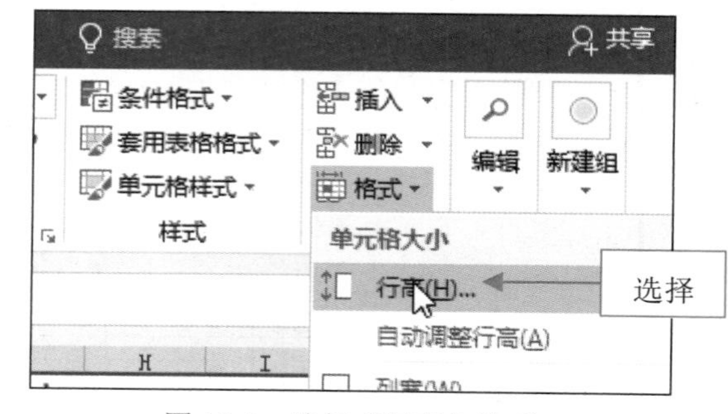

图 12-7 选择“行高”选项

7 弹出“行高”对话框，在文本框中输入 42，如图 12-8 所示。

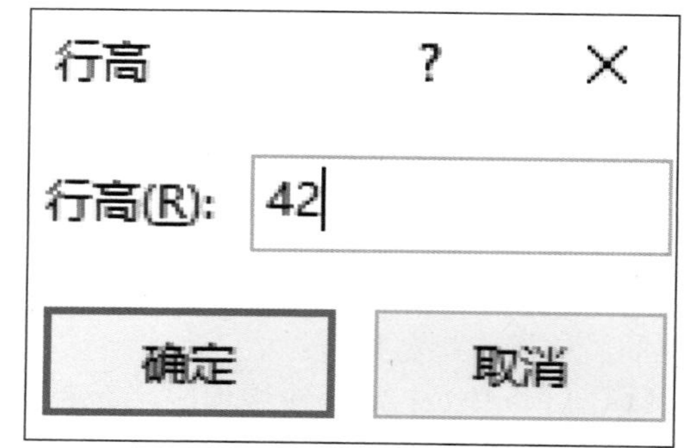

图 12-8 输入行高

8 单击“确定”按钮，即可调整单元格的行高，如图 12-9 所示。

图 12-9 调整行高

9. 在工作表中选择 A 列数据，单击鼠标右键，在弹出的快捷菜单中选择“列宽”选项，如图 12-10 所示。

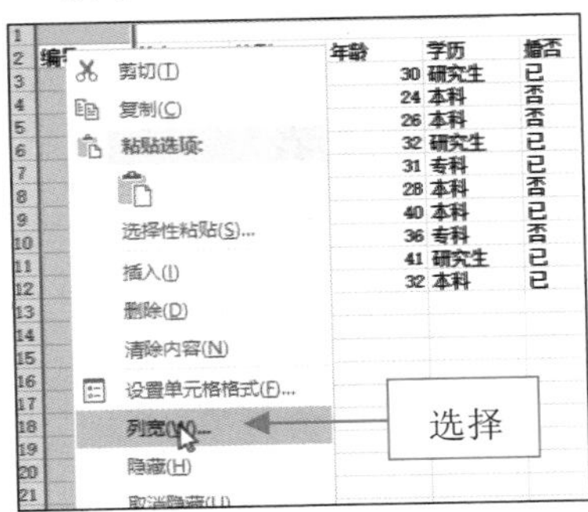

图 12-10 选择“列宽”选项

10. 弹出“列宽”对话框，在文本框中输入 11，如图 12-11 所示。

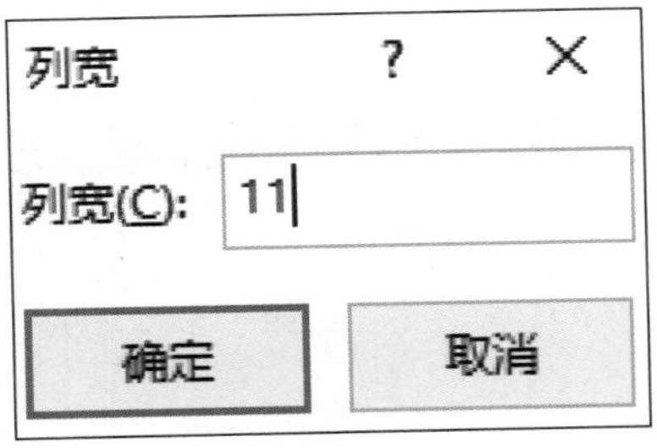

图 12-11 输入列宽

11. 单击“确定”按钮，即可调整列宽，如图 12-12 所示。

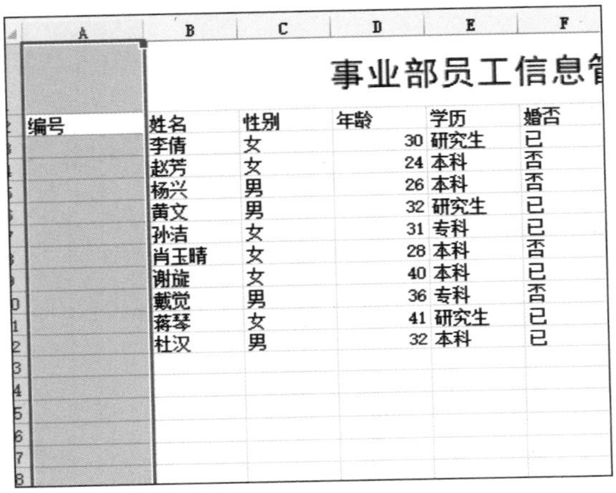

图 12-12 调整列宽

12. 用与上述相同的方法，调整其他单元格区域的行高和列宽，如图 12-13 所示。

图 12-13 调整其他单元格

13. 在工作表中选择 A3:A12 单元格区域，如图 12-14 所示。

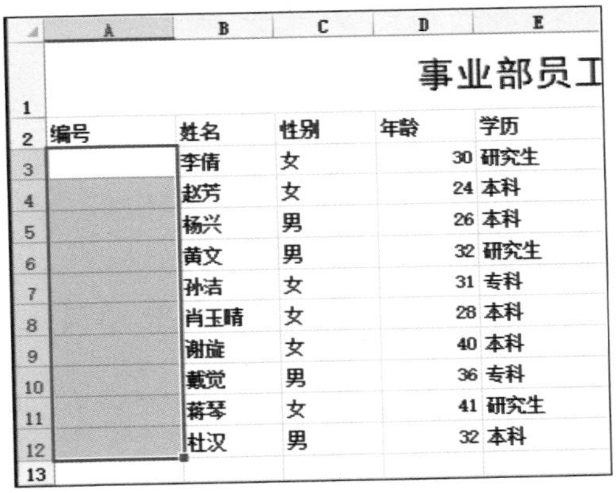

图 12-14 选择单元格区域

14. 单击鼠标右键，在弹出的快捷菜单中选择“设置单元格格式”选项，如图 12-15 所示。

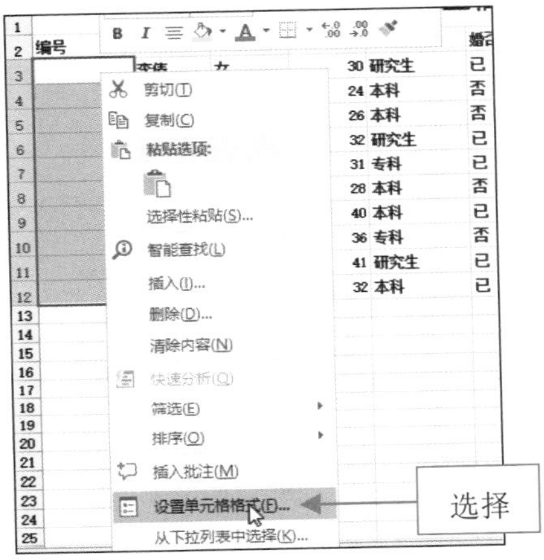

图 12-15 选择“设置单元格格式”选项

15 弹出“设置单元格格式”对话框，在“分类”列表框选择“文本”选项，如图 12-16 所示。

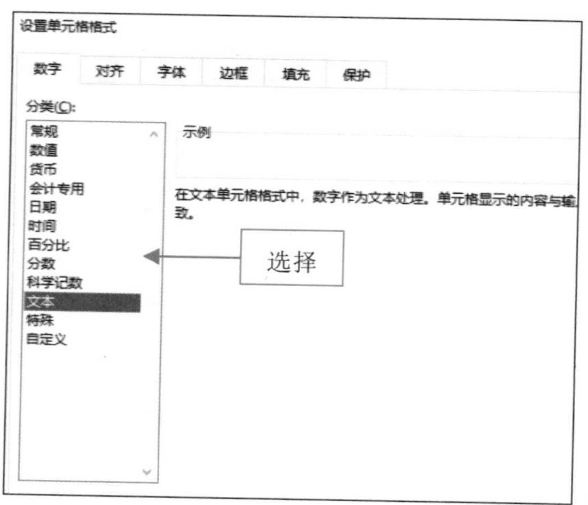

图 12-16 选择“文本”选项

16 单击“确定”按钮，在 A3 单元格中输入 0001，将鼠标指针移至单元格的右下角，此时鼠标指针呈十字形状，如图 12-17 所示。

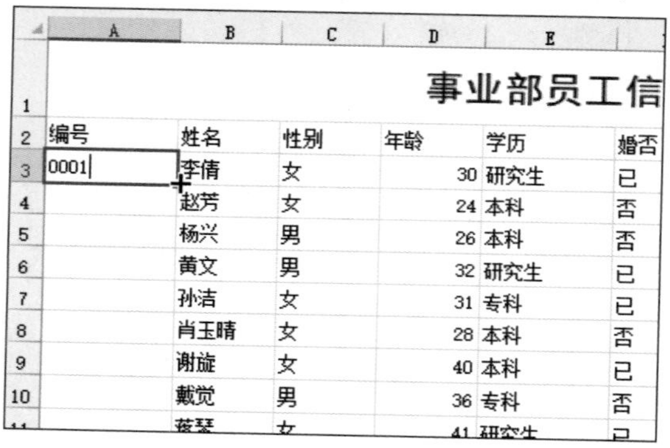

	A	B	C	D	E
1				事业部员工信	
2	编号	姓名	性别	年龄	学历	婚否
3	0001	李倩	女	30	研究生	已
4		赵芳	女	24	本科	否
5		杨兴	男	26	本科	否
6		黄文	男	32	研究生	已
7		孙洁	女	31	专科	已
8		肖玉晴	女	28	本科	否
9		谢旋	女	40	本科	已
10		戴觉	男	36	专科	否

图 12-17 移动鼠标

17 按住鼠标左键并拖曳至 A21 单元格，释放鼠标即可填充单元格，如图 12-18 所示。

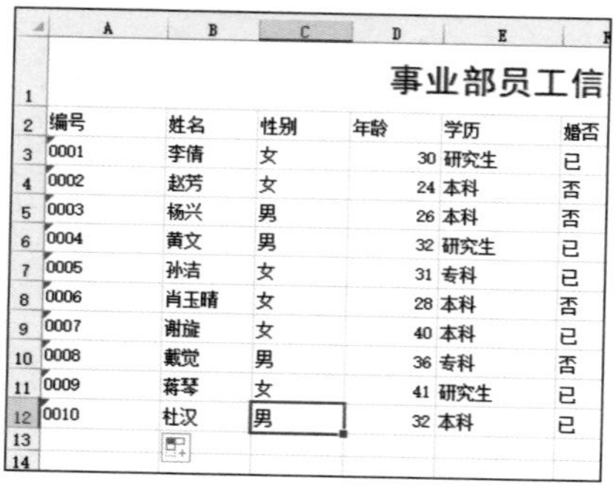

	A	B	C	D	E	
1				事业部员工信		
2	编号	姓名	性别	年龄	学历	婚否
3	0001	李倩	女	30	研究生	已
4	0002	赵芳	女	24	本科	否
5	0003	杨兴	男	26	本科	否
6	0004	黄文	男	32	研究生	已
7	0005	孙洁	女	31	专科	已
8	0006	肖玉晴	女	28	本科	否
9	0007	谢旋	女	40	本科	已
10	0008	戴觉	男	36	专科	否
11	0009	蒋琴	女	41	研究生	已
12	0010	杜汉	男	32	本科	已
13						
14						

图 12-18 填充单元格

18 在工作表中选择 G3:G12 单元格区域，如图 12-19 所示。

E	F	G	H	I
部员工信息管理表				
	婚否	入职日期	社保号	每月基本工 备
生	已		XXXX2210	3000
	否		XXXX2211	2200
	否		XXXX2212	2000
生	已		XXXX2213	3500 负
	已		XXXX2214	1800
	否		XXXX2215	2200
	已		XXXX2216	2600
	否		XXXX2217	2000
生	已		XXXX2218	3000
	已		XXXX2219	2200

图 12-19 选择单元格区域

19 在“开始”选项卡下的“数字”选项组中单击“数字格式”按钮，在弹出的列表框中选择“短日期”选项，如图 12-20 所示。

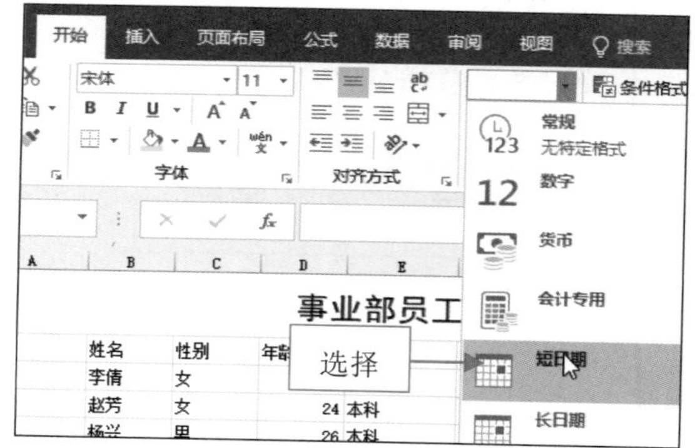

图 12-20 选择“短日期”选项

20 在 G3:G12 单元格区域中输入日期数据，如图 12-21 所示。

E	F	G	H	I	J
部员工信息管理表					
历	婚否	入职日期	社保号	每月基本工	备注
究生	已	2000/5/10	XXXX2210	3000	
科	否	1998/2/8	XXXX2211	2200	
科	否	1997/6/12	XXXX2212	2000	
究生	已	2002/1/18	XXXX2213	3500	负责人
科	已	2001/8/17	XXXX2214	1800	
科	否	2002/5/6	XXXX2215	2200	
科	已	1995/2/8	XXXX2216	2600	
科	否	2003/8/9	XXXX2217	2000	
究生	已	2004/3/22	XXXX2218	3000	
科	已	1999/9/11	XXXX2219	2200	

图 12-21 输入数据

21 在工作表中选择 A2:J12 单元格区域，如图 12-22 所示。

图 12-22 选择单元格区域

22 在“对齐方式”选项组中单击“居中”按钮，设置居中对齐，如图 12-23 所示。

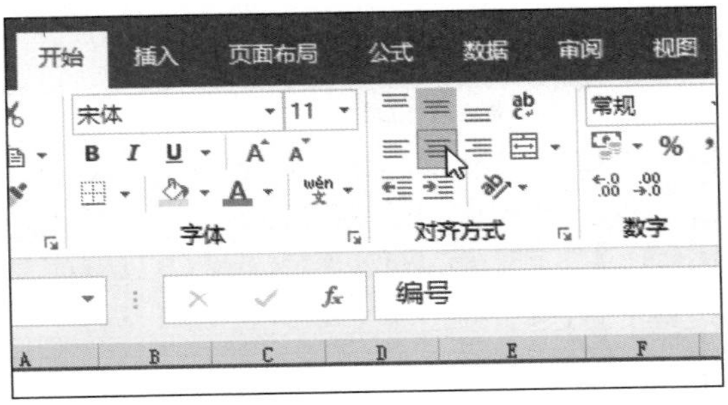

图 12-23 设置居中对齐

23 在“字体”选项组中设置“字号”为 12，如图 12-24 所示。

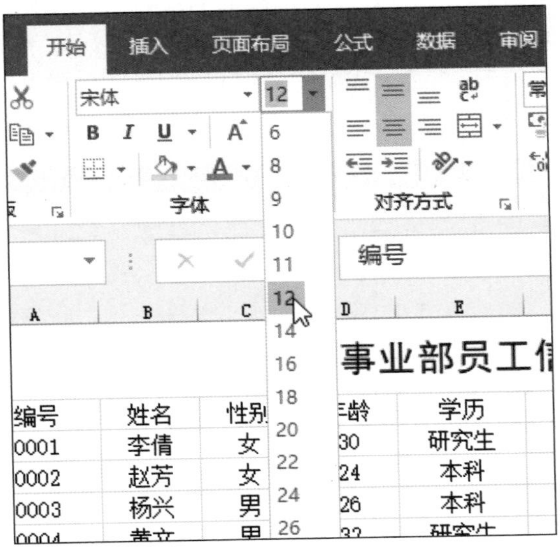

图 12-24 设置字号大小

24 选择相应的单元格区域，在“字体”选项组设置字体格式，如图 12-25 所示。

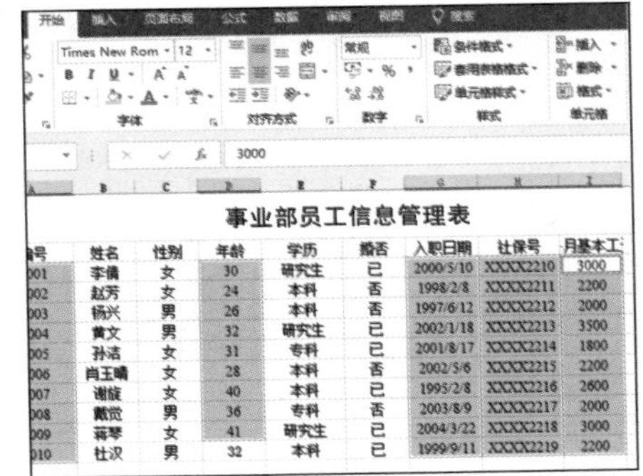

图 12-25 设置字体格式

25 在工作表中选择 A1:J12 单元格区域，如图 12-26 所示。

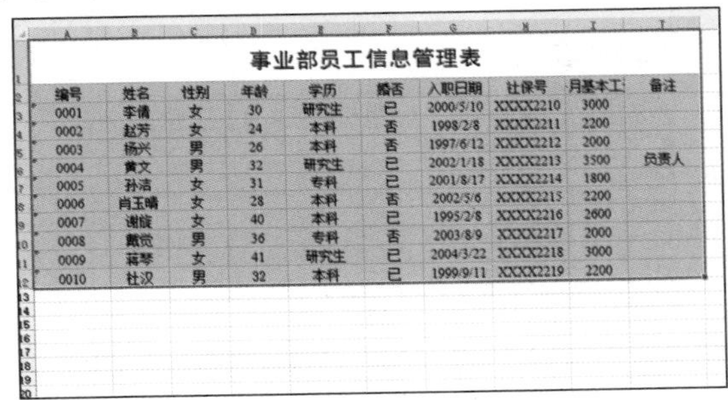

图 12-26 选择单元格区域

26 在“字体”选项组中单击“下框线”按钮，在弹出的快捷菜单中选择“所有框线”选项，如图 12-27 所示。

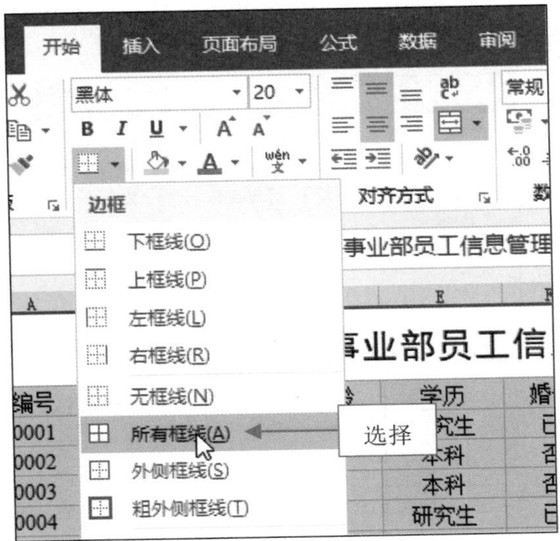

图 12-27 选择“所有框线”选项

第 12 章

27 执行上述操作后，即可为表格添加边框线，如图 12-28 所示。

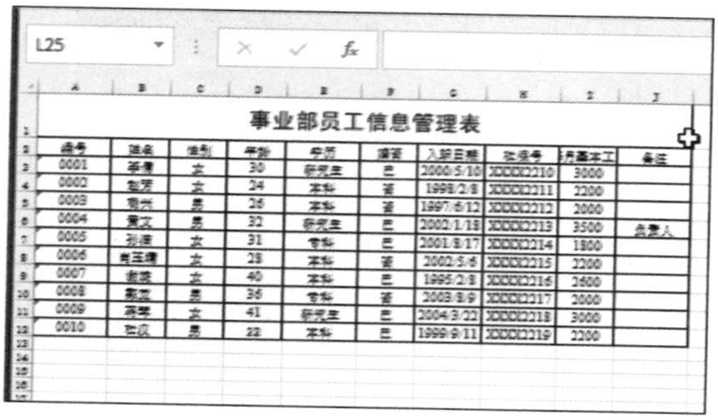

图 12-28　添加边框线

28 在工作表中选择 I3:I12 单元格区域，如图 12-29 所示。

图 12-29　选择单元格区域

29 在“数字”选项组中单击“数字格式”按钮，在弹出的下拉列表框中选择“会计专用”选项，如图 12-30 所示。

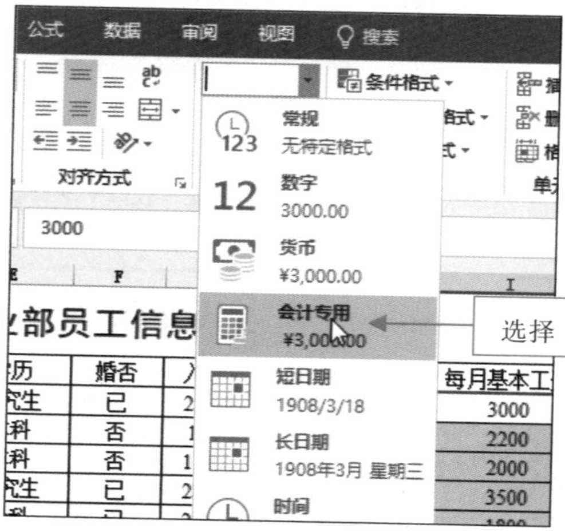

图 12-30　选择“会计专用”选项

30 执行上述操作后，即可更改单元格区域的格式，如图 12-31 所示。

图 12-31　设置单元格格式

31 在工作表中选择 A6:J6 单元格区域，如图 12-32 所示。

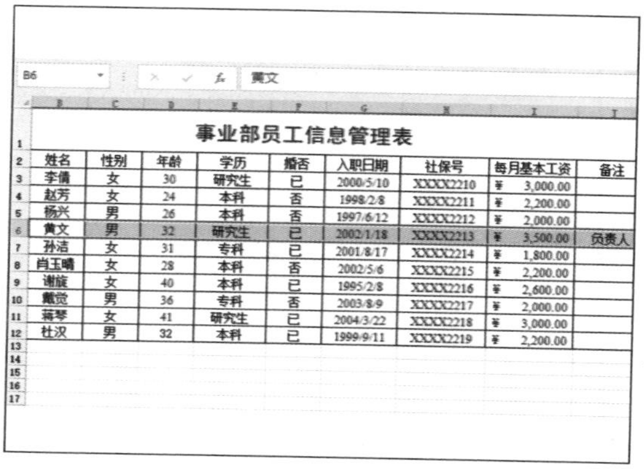

图 12-32　选择单元格区域

32 在“字体”选项组中设置“字体颜色”为红色，即可完成表格内容的编辑，如图 12-33 所示。

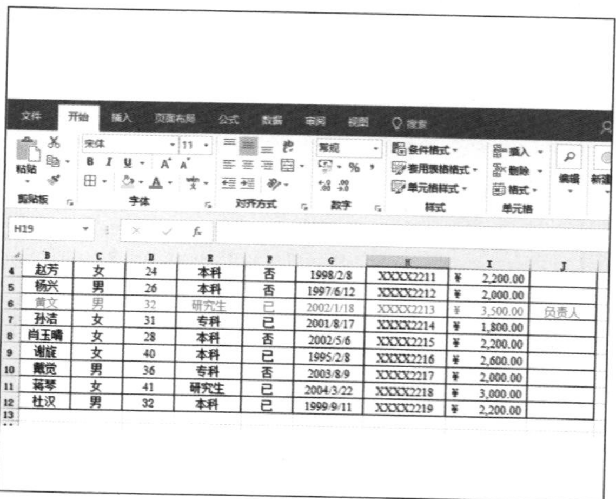

图 12-33　设置字体颜色

12.1.2　按部门管理员工资料

在公司管理中，员工的资料档案通常都是以部门的形式进行分类管理的，这样便于对员工资料进行查询。编辑管理工作表的具体操作步骤如下：

1 在 Sheet1 工作表中选择 A1:J2 单元格区域，如图 12-34 所示。

事业部员工信息管理表

编号	姓名	性别	年龄	学历	婚否	入职日期	社保号	每月基本工资	备注
0001	李倩	女	30	研究生	已	2000/5/10	XXXX2210	¥ 3,000.00	
0002	赵芳	女	24	本科	否	1998/2/8	XXXX2211	¥ 2,200.00	
0003	杨兴	男	26	本科	否	1997/6/12	XXXX2212	¥ 2,000.00	
0004	黄文	男	32	研究生	已	2002/1/18	XXXX2213	¥ 3,500.00	负责人
0005	孙洁	女	31	专科	已	2001/8/17	XXXX2214	¥ 1,800.00	
0006	肖玉晴	女	28	本科	否	2002/5/6	XXXX2215	¥ 2,200.00	
0007	谢旋	女	40	本科	已	1995/2/8	XXXX2216	¥ 2,600.00	
0008	戴觉	男	36	专科	否	2003/8/9	XXXX2217	¥ 2,000.00	
0009	蒋琴	女	41	研究生	已	2004/3/22	XXXX2218	¥ 3,000.00	
0010	杜汉	男	32	本科	已	1999/9/11	XXXX2219	¥ 2,200.00	

图 12-34　选择单元格区域

2 在“剪贴板”选项组中单击“复制”按钮，如图 12-35 所示，复制文本。

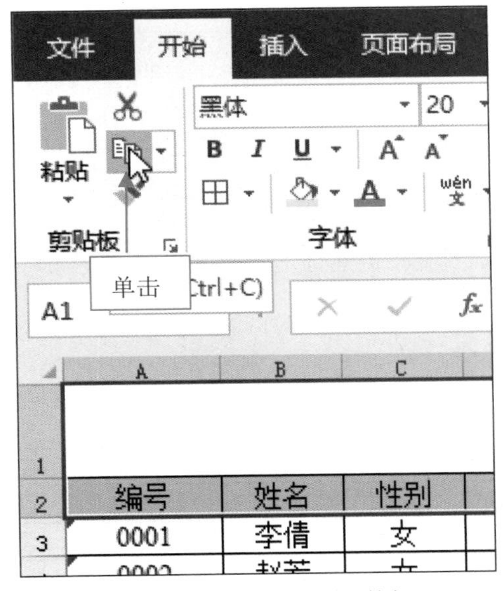

图 12-35　单击“复制”按钮

3 单击 Sheet2 工作表标签，切换工作表，如图 12-36 所示。

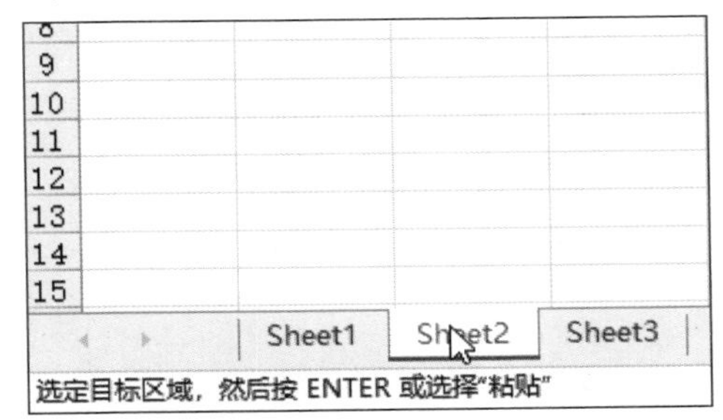

图 12-36　切换工作表

4 选择 A1 单元格，在“剪贴板”选项组中单击“粘贴”按钮，在弹出的列表框中选择“选择性粘贴”选项，如图 12-37 所示。

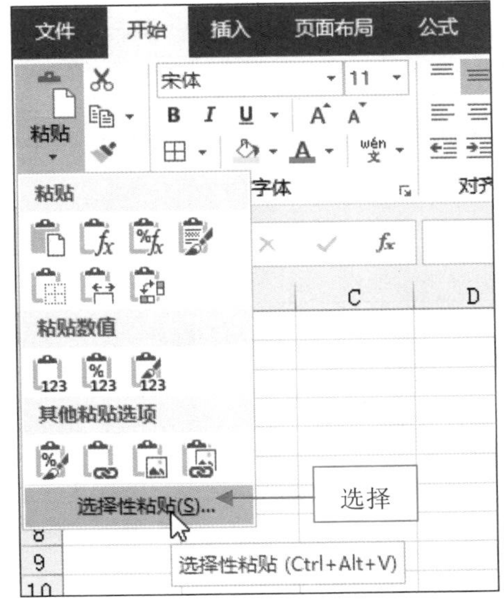

图 12-37　选择“选择性粘贴”选项

专家提醒

在管理各部门员工资料时，可以先把各部门员工的档案资料输入到 Excel 表格中，然后再对各表格中的员工信息数据进行处理，如设置边框线、更改字体大小及颜色等。

5. 弹出“选择性粘贴”对话框，在“粘贴”选项区选中“数值”单选按钮，如图 12-38 所示。

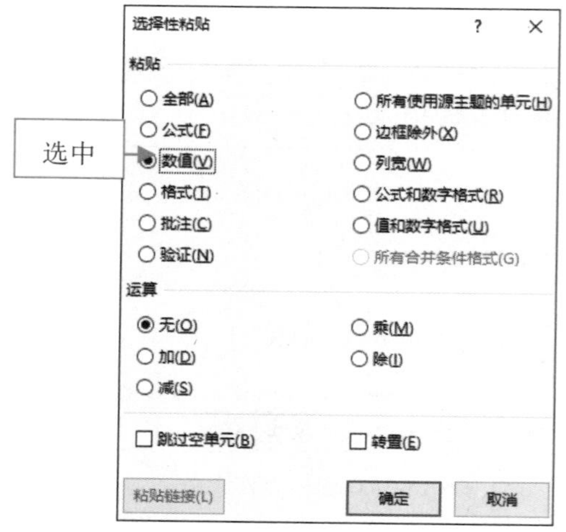

图 12-38 选中“数值”单选按钮

6. 单击“确定”按钮，即可在工作表中粘贴数据，如图 12-39 所示。

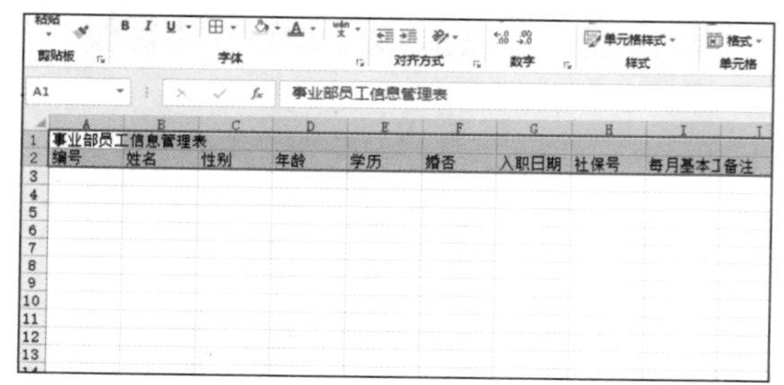

	A	B	C	D	E	F	G	H	I
1	事业部员工信息管理表								
2	编号	姓名	性别	年龄	学历	婚否	入职日期	社保号	每月基本工 备注

图 12-39 粘贴数据

7. 在 Sheet2 工作表中更改标题，输入生产部的员工信息，如图 12-40 所示。

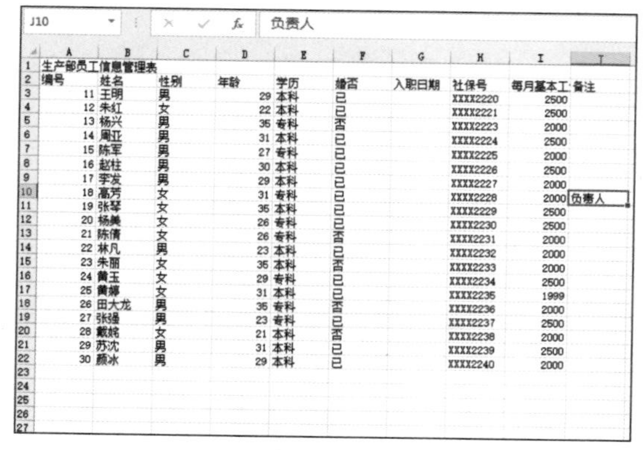

J10 负责人

	A	B	C	D	E	F	G	H	I	J
1	生产部员工信息管理表									
2	编号	姓名	性别	年龄	学历	婚否	入职日期	社保号	每月基本工	备注
3	11	王明	男	29	本科	已		XXXX2220	2500	
4	12	朱红	女	22	本科	已		XXXX2221	2500	
5	13	杨兴	男	35	专科	否		XXXX2223	2000	
6	14	周亚	男	31	本科	已		XXXX2224	2500	
7	15	陈军	男	27	专科	已		XXXX2225	2000	
8	16	赵柱	男	30	本科	已		XXXX2226	2500	
9	17	李发	男	29	本科	已		XXXX2227	2000	
10	18	高芳	女	31	专科	已		XXXX2228	2000	负责人
11	19	张琴	女	35	本科	已		XXXX2229	2500	
12	20	杨美	女	26	专科	已		XXXX2230	2500	
13	21	陈倩	女	26	专科	否		XXXX2231	2000	
14	22	林凡	男	23	本科	已		XXXX2232	2000	
15	23	朱丽	女	35	本科	否		XXXX2233	2000	
16	24	黄玉	女	29	专科	已		XXXX2234	2500	
17	25	黄婷	女	31	本科	已		XXXX2235	1999	
18	26	田大龙	男	35	专科	否		XXXX2236	2000	
19	27	张强	男	23	专科	已		XXXX2237	2500	
20	28	戴娆	女	21	本科	否		XXXX2238	2000	
21	29	苏沈	男	31	本科	已		XXXX2239	2500	
22	30	颜冰	男	29	本科	已		XXXX2240	2000	

图 12-40 输入数据

8. 用与编辑 Sheet1 工作表相同的方法，编辑 Sheet2 工作表的内容，如图 12-41 所示。

生产部员工信息管理表

姓名	性别	年龄	学历	婚否	入职日期	社保号	每月基本工资	备注
王明	男	29	本科	已	2000/5/10	XXXXX2220	¥ 2,500.00	
朱红	女	22	本科	已	1998/2/8	XXXXX2221	¥ 2,500.00	
杨兴	男	35	专科	否	1997/6/12	XXXXX2223	¥ 2,000.00	
周亚	男	31	本科	已	2002/1/18	XXXXX2224	¥ 2,500.00	
陈军	男	27	专科	已	2001/8/17	XXXXX2225	¥ 2,000.00	
赵柱	男	30	本科	已	2002/5/6	XXXXX2226	¥ 2,500.00	
李发	男	29	本科	已	1995/2/8	XXXXX2227	¥ 2,000.00	
高芳	女	31	专科	已	2003/8/9	XXXXX2228	¥ 2,000.00	负责
张琴	女	35	本科	已	2004/3/22	XXXXX2229	¥ 2,500.00	
杨美	女	26	专科	已	1999/9/11	XXXXX2230	¥ 2,500.00	
陈倩	女	26	专科	否	2002/5/6	XXXXX2231	¥ 2,000.00	
林凡	男	23	本科	已	1995/2/8	XXXXX2232	¥ 2,000.00	
朱丽	女	35	本科	否	2003/8/9	XXXXX2233	¥ 2,000.00	
黄玉	女	29	专科	已	2002/1/18	XXXXX2234	¥ 2,500.00	
黄婷	女	31	本科	已	2001/8/17	XXXXX2235	¥ 1,999.00	
田大龙	男	35	专科	否	2002/5/6	XXXXX2236	¥ 2,000.00	
张强	男	23	专科	已	1995/2/8	XXXXX2237	¥ 2,500.00	
戴娆	女	21	本科	否	2003/8/9	XXXXX2238	¥ 2,000.00	
苏沈	男	31	本科	已	2004/3/22	XXXXX2239	¥ 2,500.00	
颜冰	男	29	本科	已	1999/9/11	XXXXX2240	¥ 2,000.00	

图 12-41 编辑 Sheet2 工作表内容

9. 按照相同的方法，在 Sheet3 工作表中编辑销售部门的员工信息，如图 12-42 所示。

销售部员工信息管理表

编号	姓名	性别	年龄	学历	婚否	入职日期	社保号	每月基本工资	备注
0031	[illegible]	男	29	本科	已	2000/5/10	XXXXX2241	1880	
0032	[illegible]	女	28	本科	否	1998/2/8	XXXXX2242	1800	
0033	[illegible]	男	206	专科	否	1997/6/12	XXXXX2243	1900	
0034	[illegible]	男	25	专科	已	2002/1/18	XXXXX2244	1600	
0035	田大龙	男	30	本科	已	2001/8/17	XXXXX2245	1900	负责人
0036	[illegible]	男	32	本科	已	2002/5/6	XXXXX2246	1500	
0037	[illegible]	男	33	本科	否	1995/2/8	XXXXX2247	1800	
0038	[illegible]	女	35	专科	否	2003/8/9	XXXXX2248	1890	
0039	[illegible]	女	21	本科	已	2004/3/22	XXXXX2249	1600	
0040	[illegible]	女	28	专科	否	1999/9/11	XXXXX2250	1700	
0041	[illegible]	女	29	专科	已	2002/5/6	XXXXX2251	1800	
0042	[illegible]	男	30	专科	已	1995/2/8	XXXXX2252	1700	
0043	马娟	女	39	本科	已	2003/8/9	XXXXX2253	1690	
0044	杨振	女	25	本科	否	2002/1/18	XXXXX2254	1850	
0045	周涛	女	26	专科	否	2001/8/17	XXXXX2255	1900	
0046	张兵	男	24	本科	已	2002/5/6	XXXXX2256	2000	负责人
0047	廖青	男	27	专科	否	1995/2/8	XXXXX2257	1950	
0048	潘慧	女	28	本科	否	2003/8/9	XXXXX2258	1800	
0049	范呈	男	21	专科	已	2004/3/22	XXXXX2259	1900	
0050	妮娅	男	20	本科	否	1999/9/11	XXXXX2260	2000	

图 12-42 编辑 Sheet3 工作表内容

10. 单击 Sheet3 工作表标签右侧的“插入工作表”按钮，如图 12-43 所示。

马娟	女	39	本科	已
杨振	女	25	本科	否
周涛	女	26	专科	否
张兵	男	24	本科	已
廖青	男	27	专科	否
潘慧	女	28	本科	
范呈	男	21	专科	
妮娅	男	20	本科	否

Sheet1 Sheet2 Sheet3

单击

图 12-43 单击“插入工作表”按钮

11 执行上述操作后，即可在 Sheet3 工作表后插入名为 Sheet4 的工作表，如图 12-44 所示。

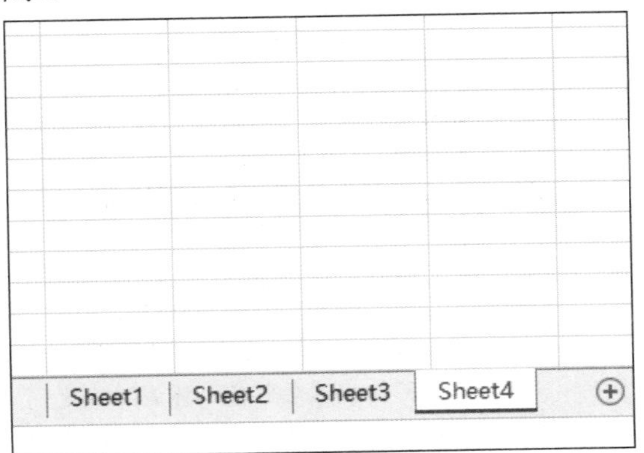

图 12-44　插入工作表

12 用与上述相同的方法，在 Sheet4 工作表后插入名为 Sheet5 的工作表，如图 12-45 所示。

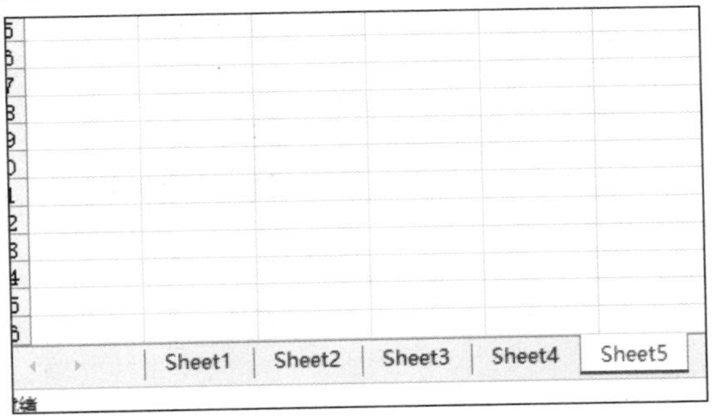

图 12-45　插入 Sheet5 工作表

13 选择 Sheet1 工作表，在工作表中选择 A1:J2 单元格区域，如图 12-46 所示。

事业部员工信息管理表

性别	年龄	学历	婚否	入职日期	社保号	每月基本工资
女	30	研究生	已	2000/5/10	XXXX2210	¥ 3,000.00
女	24	本科	否	1998/2/8	XXXX2211	¥ 2,200.00
男	26	本科	否	1997/6/12	XXXX2212	¥ 2,000.00
男	32	研究生	已	2002/1/18	XXXX2213	¥ 3,500.00
女	31	专科	已	2001/8/17	XXXX2214	¥ 1,800.00
女	28	本科	否	2002/5/6	XXXX2215	¥ 2,200.00
女	40	本科	已	1995/2/8	XXXX2216	¥ 2,600.00
男	36	专科	否	2003/8/9	XXXX2217	¥ 2,000.00
女	41	研究生	已	2004/3/22	XXXX2218	¥ 3,000.00
男	32	本科	已	1999/9/11	XXXX2219	¥ 2,200.00

图 12-46　选择单元格区域

14 按【Ctrl＋C】组合键，复制单元格内容，如图 12-47 所示。

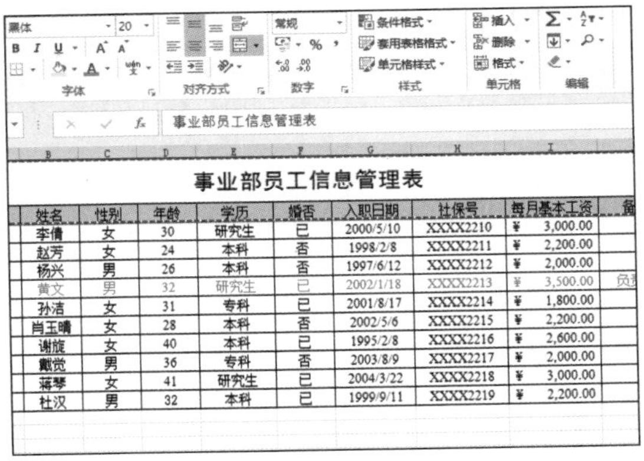

事业部员工信息管理表

姓名	性别	年龄	学历	婚否	入职日期	社保号	每月基本工资
李倩	女	30	研究生	已	2000/5/10	XXXX2210	¥ 3,000.00
赵芳	女	24	本科	否	1998/2/8	XXXX2211	¥ 2,200.00
杨兴	男	26	本科	否	1997/6/12	XXXX2212	¥ 2,000.00
黄文	男	32	研究生	已	2002/1/18	XXXX2213	¥ 3,500.00
孙洁	女	31	专科	已	2001/8/17	XXXX2214	¥ 1,800.00
肖玉晴	女	28	本科	否	2002/5/6	XXXX2215	¥ 2,200.00
谢旋	女	40	本科	已	1995/2/8	XXXX2216	¥ 2,600.00
戴赏	男	36	专科	否	2003/8/9	XXXX2217	¥ 2,000.00
蒋琴	女	41	研究生	已	2004/3/22	XXXX2218	¥ 3,000.00
杜汉	男	32	本科	已	1999/9/11	XXXX2219	¥ 2,200.00

图 12-47　复制单元格内容

15 选择 Sheet4 工作表，按【Ctrl＋V】组合键，粘贴数据，如图 12-48 所示。

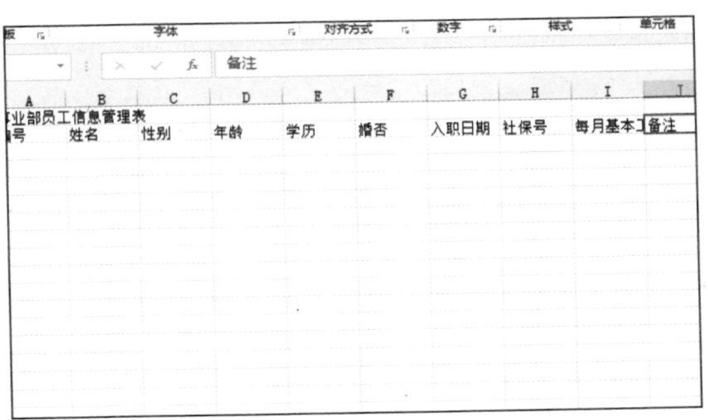

图 12-48　粘贴数据

16 用与编辑 Sheet1 工作表相同的方法，编辑 Sheet4 工作表的内容，如图 12-49 所示。

售后部员工信息管理表

姓名	性别	年龄	学历	婚否	入职日期	社保号	每月基本工资
王青	女	29	本科	否	1995/2/8	XXXX2261	2100
任宇	男	30	专科	已	2003/8/9	XXXX2262	1800
韩芮	女	25	本科	否	2004/3/22	XXXX2263	2100
戴佳	女	26	本科	已	1999/9/11	XXXX2264	1500
袁芳	女	29	专科	已	2002/5/6	XXXX2265	2100
田玉龙	男	28	专科	否	1995/2/8	XXXX2266	2800
林峰	男	25	本科	已	2003/8/9	XXXX2267	1900
马娟一	女	32	专科	否	2002/1/18	XXXX2268	1500
杨畅	男	33	本科	已	2001/8/17	XXXX2269	1600
曾伟	男	36	本科	已	2002/5/6	XXXX2270	2000

图 12-49　编辑内容

17 按照相同的方法，在 Sheet5 工作表中编辑财务部门的员工信息管理表，如图 12-50 所示。

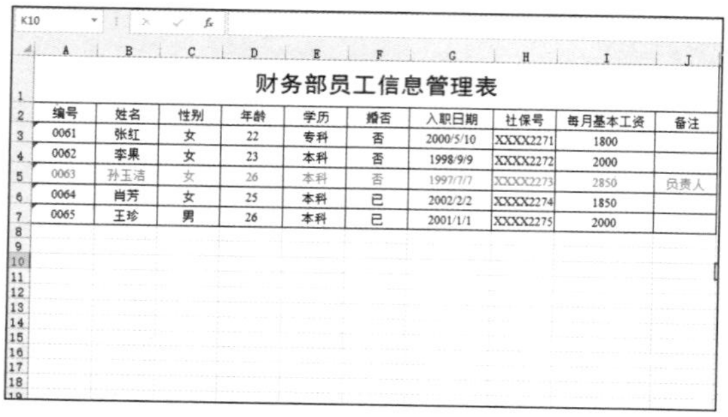

图 12-50 编辑工作表

18 选择 Sheet1 工作表，在工作表标签上单击鼠标右键，在弹出的快捷菜单中选择“重命名”选项，如图 12-51 所示。

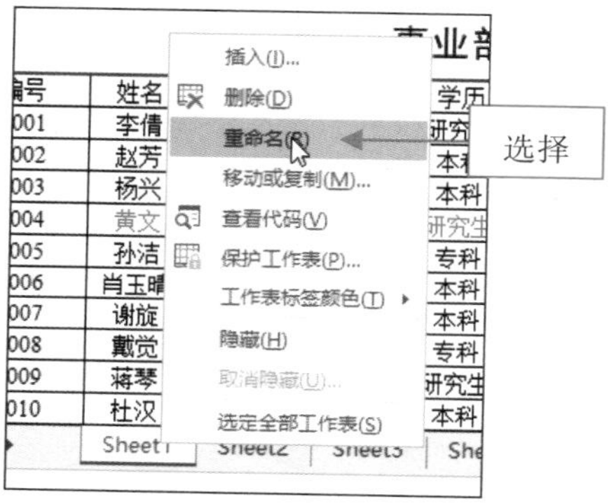

图 12-51 选择“重命名”选项

19 激活工作表标签后，输入新的工作表名，如图 12-52 所示。

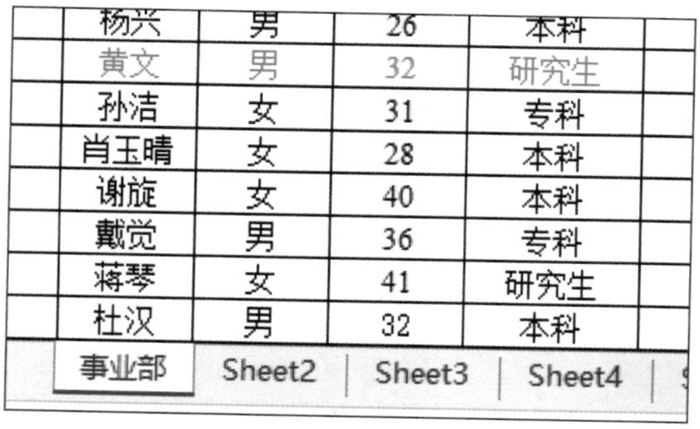

图 12-52 重命名工作表

20 用与上述相同的方法，重命名其他工作表，如图 12-53 所示。

图 12-53 重命名其他工作表

21 选择“事业部”工作表，在标签上单击鼠标右键，弹出快捷菜单选择“工作表标签颜色”选项，设置标签颜色，如图 12-54 所示。

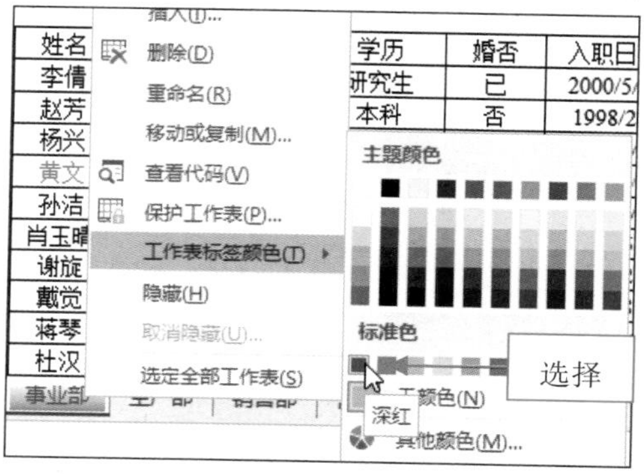

图 12-54 设置标签颜色

22 用与上述相同的方法，设置其他工作表标签的颜色，如图 12-55 所示。

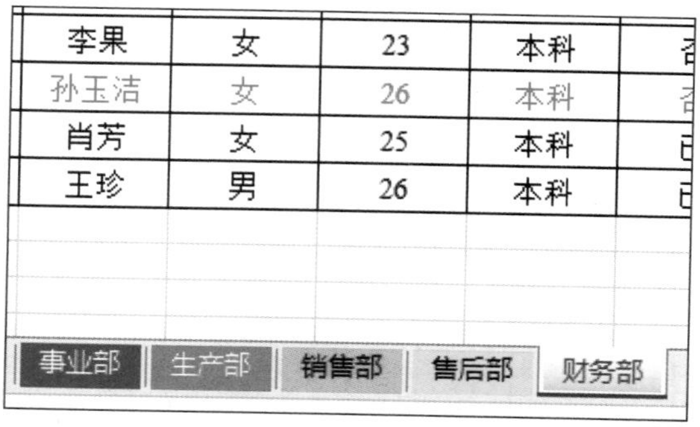

图 12-55 设置其他标签颜色

12.1.3 隐藏和显示工作表

在 Excel 2016 中，可以根据需要隐藏和显示工作表。隐藏和显示工作表的具体操作步骤如下：

①在“事业部”工作表标签上单击鼠标右键，在弹出的快捷菜单中选择“隐藏”选项，如图 12-56 所示。

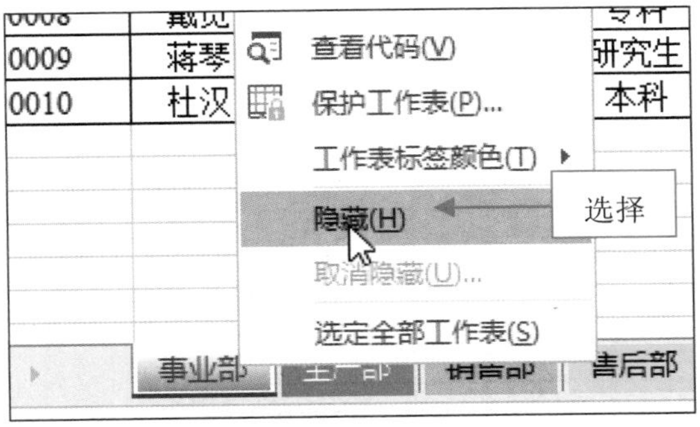

图 12-56　选择“隐藏”选项

②执行上述操作后，即可隐藏选中的工作表，如图 12-57 所示。

9	0017	李发	男	29	本科
10	0018	高芳	女	31	专科
11	0019	张琴	女	35	本科
12	0020	杨美	女	26	专科
13	0021	陈倩	女	26	专科
14	0022	林凡	男	23	本科
15	0023	朱丽	女	35	本科
16	0024	黄玉	女	29	专科

图 12-57　隐藏工作表

③在任意工作表标签上单击鼠标右键，在弹出的快捷菜单中选择“取消隐藏”选项，如图 12-58 所示。

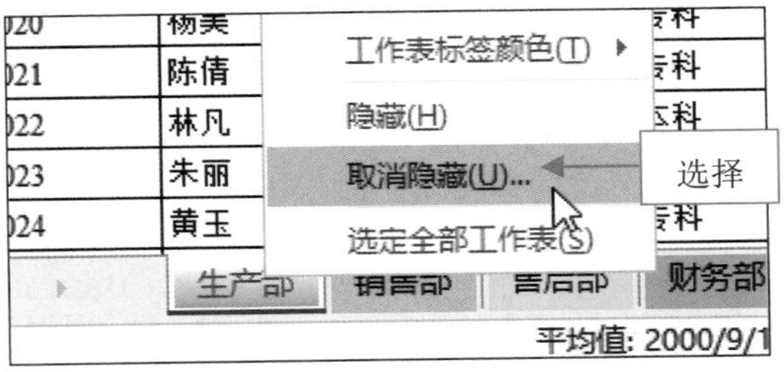

图 12-58　选择“取消隐藏”选项

④弹出“取消隐藏”对话框，在“取消隐藏工作表”列表框中选择需要显示的工作表，如图 12-59 所示。

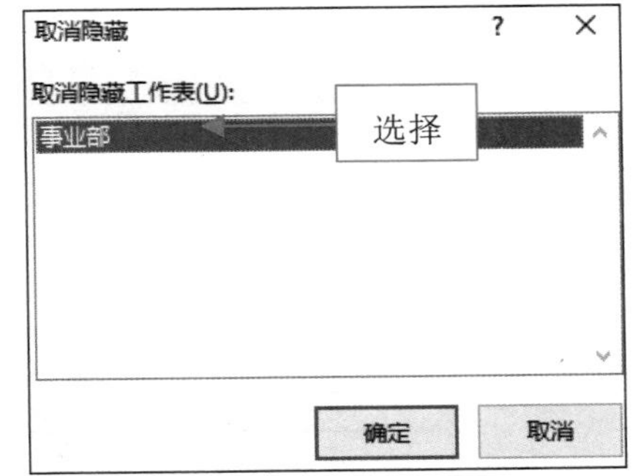

图 12-59　选择工作表

⑤执行上述操作后，单击“确定”按钮，如图 12-60 所示。

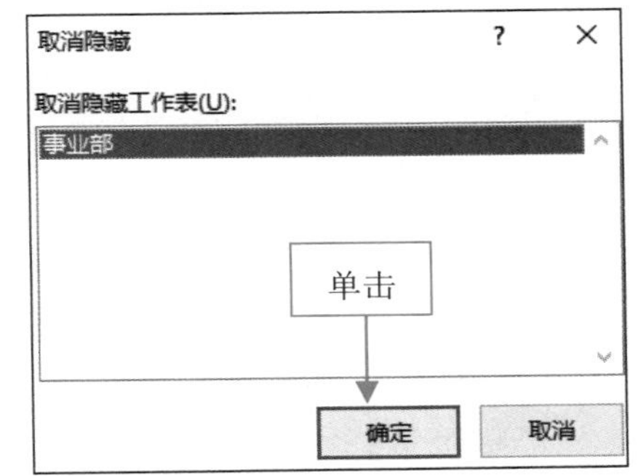

图 12-60　单击“确定”按钮

⑥执行上述操作后，即可取消对工作表的隐藏，将会显示“事业部”工作表，如图 12-61 所示。

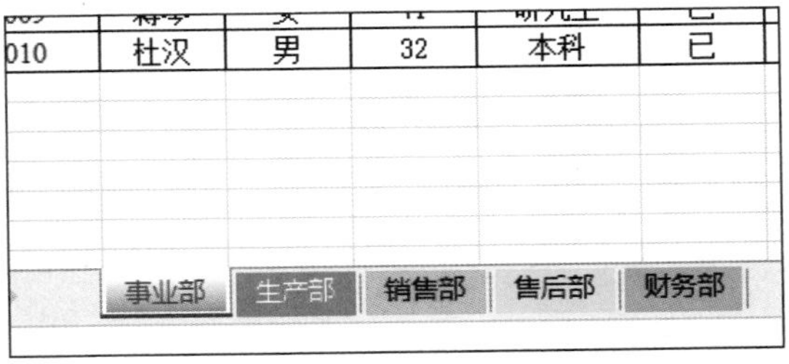

图 12-61　显示工作表

12.2　制作员工值班安排表

员工值班安排表是指把公司的员工按照顺序排列，根据轮流值班的规则所制作的表格。在 Excel 2016 中，可以根据节假日的制度需要来制作员工值班安排表。本节将主要介绍通过使用 Excel 2016 的基本功能来制作员工值班安排表。

扫码观看本节视频

本案例介绍制作员工值班安排表，效果如图 12-62 所示。

美新员工值班安排表				
值班日期	值班领导	值班时间	值班人员	联系电话
2011/5/1	朱冰	上午	唐晓晓	1875623301
		下午	李娜	1332310236
2011/5/2	杨明	上午	张军	1535698123
		下午	郑兵力	1874512323
2011/5/3	黎虹	上午	段雨萍	1551236632
		下午	李 均	1874562221
2011/5/4	李晴	上午	张 坤	1561230012
		下午	李芳	1569852223
2011/5/5	谭军	上午	周涛	1335654223
		下午	代琴珍	1875623236
2011/5/6	王玉燕	上午	孙志伟	1895623125
		下午	岑平平	1885623654
2011/5/7	胡强	上午	吴小勇	1563564236
		下午	陈飞	1585694456

值班室电话：8569321　　总值班室电话：1693265569
值班时间：上午8:00-12:00　　下午：14:00-18:00
值班职责：1. 负责做好值班期间的电话接听，并做好相关电话记录。
2. 如果出现紧急情况及时处理，并同时上报公司领导 。
3. 保持与各方的正常联系，做好上通下达工作。

图 12-62　员工值班安排表

12.2.1　编辑表格内容

在 Excel 2016 中，制作员工值班安排表时，首先需要编辑表格的内容。编辑表格内容的具体操作步骤如下：

1 启动 Excel 2016 应用程序，打开 Excel 文件，如图 12-63 所示。

	A	B	C	D	E
1	值班日期	值班领导	值班时间	值班人员	联系电话
2		朱冰	上午	唐晓晓	1875623301
3			下午	李娜	1332310236
4		杨明	上午	张军	1535698123
5			下午	郑兵力	1874512323
6		黎虹	上午	段雨萍	1551236632
7			下午	李 均	1874562221
8		李晴	上午	张 坤	1561230012
9			下午	李芳	1569852223
10		谭军	上午	周涛	1335654223
11			下午	代琴珍	1875623236
12		王玉燕	上午	孙志伟	1895623125
13			下午	岑平平	1885623654
14		胡强	上午	吴小勇	1563564236
15			下午	陈飞	1585694456
16					

图 12-63　打开 Excel 文件

2 在工作表中选择 A2:A14 单元格区域，如图 12-64 所示。

	A	B	C	D	E
1	值班日期	值班领导	值班时间	值班人员	联系电话
2		朱冰	上午	唐晓晓	187562330
3			下午	李娜	133231023
4		杨明	上午	张军	153569812
5			下午	郑兵力	187451232
6		黎虹	上午	段雨萍	155123663
7			下午	李 均	187456222
8		李晴	上午	张 坤	156123001
9			下午	李芳	156985222
10		谭军	上午	周涛	133565422
11			下午	代琴珍	187562323
12		王玉燕	上午	孙志伟	189562312
13			下午	岑平平	188562365
14		胡强	上午	吴小勇	156356423
15			下午	陈飞	158569445

图 12-64　选择单元格区域

在制作员工值班安排表时，首先需要创建表格，并输入相关的数据信息。

第12章

3 在“开始”选项卡下的“数字”选项组中单击“数字格式”按钮，在弹出的下拉列表框中选择“短日期”选项，如图 12-65 所示。

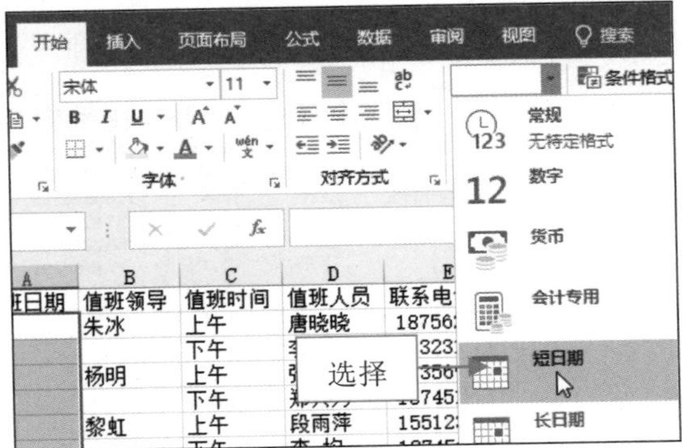

图 12-65　选择“短日期”选项

4 在该单元格区域中输入日期，如图 12-66 所示。

	A	B	C	D	E
1	值班日期	值班领导	值班时间	值班人员	联系电话
2	2001/5/1	朱冰	上午	唐晓晓	187562
3			下午	李娜	133231
4	2011/5/2	杨明	上午	张军	153569
5			下午	郑兵力	187451
6	2011/5/3	黎虹	上午	段雨萍	155123
7			下午	李 均	187456
8	2011/5/4	李晴	上午	张 坤	156123
9			下午	李芳	156985
10	2011/5/5	谭军	上午	周涛	133565
11			下午	代琴珍	187562
12	2011/5/6	王玉燕	上午	孙志伟	189562
13			下午	岑平平	188562
14	2011/5/7	胡强	上午	吴小勇	156356
15			下午	陈飞	158569
16					

图 12-66　输入日期

5 在工作表中选择 A16:E21 单元格区域，如图 12-67 所示。

	A	B	C	D	E	F
4	2011/5/2	杨明	上午	张军	1535698123	
5			下午	郑兵力	1874512323	
6	2011/5/3	黎虹	上午	段雨萍	1551236632	
7			下午	李 均	1874562221	
8	2011/5/4	李晴	上午	张 坤	1561230012	
9			下午	李芳	1569852223	
10	2011/5/5	谭军	上午	周涛	1335654223	
11			下午	代琴珍	1875623236	
12	2011/5/6	王玉燕	上午	孙志伟	1895623125	
13			下午	岑平平	1885623654	
14	2011/5/7	胡强	上午	吴小勇	1563564236	
15			下午	陈飞	1585694456	
16						
17						
18						
19						
20						
21						

图 12-67　选择单元格区域

6 在“对齐方式”选项组中单击“合并后居中”右侧的下三角按钮，在弹出的列表框中选择“合并单元格”选项，如图 12-68 所示。

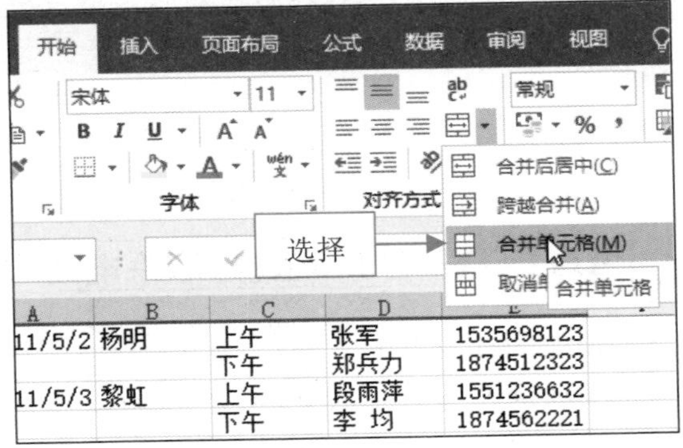

图 12-68　选择“合并单元格”选项

7 在 A16 单元格中输入需要的内容，如图 12-69 所示。

	A	B	C	D	E
1	值班日期	值班领导	值班时间	值班人员	联系电话
2	2011/5/1	朱冰	上午	唐晓晓	1875623301
3			下午	李娜	1332310236
4	2011/5/2	杨明	上午	张军	1535698123
5			下午	郑兵力	1874512323
6	2011/5/3	黎虹	上午	段雨萍	1551236632
7			下午	李 均	1874562221
8	2011/5/4	李晴	上午	张 坤	1561230012
9			下午	李芳	1569852223
10	2011/5/5	谭军	上午	周涛	1335654223
11			下午	代琴珍	1875623236
12	2011/5/6	王玉燕	上午	孙志伟	1895623125
13			下午	岑平平	1885623654
14	2011/5/7	胡强	上午	吴小勇	1563564236
15			下午	陈飞	1585694456
16–21	值班室电话：8569321　总值班室电话：1693265569 值班时间：上午8:00-12:00　下午：14:00-18:00 值班职责：1.负责做好值班期间的电话接听，并做好相关电话记录。 2.如果出现紧急情况及时处理，并同时上报公司领导。 3.保持与各方的正常联系，做好上通下达工作。				
22					

图 12-69　输入内容

8 在工作表中选择 A1:E1 单元格区域，如图 12-70 所示。

	A	B	C	D	E
1	值班日期	值班领导	值班时间	值班人员	联系电话
2	2011/5/1	朱冰	上午	唐晓晓	1875623301
3			下午	李娜	1332310236
4	2011/5/2	杨明	上午	张军	1535698123
5			下午	郑兵力	1874512323
6	2011/5/3	黎虹	上午	段雨萍	1551236632
7			下午	李 均	1874562221
8	2011/5/4	李晴	上午	张 坤	1561230012
9			下午	李芳	1569852223
10	2011/5/5	谭军	上午	周涛	1335654223
11			下午	代琴珍	1875623236
12	2011/5/6	王玉燕	上午	孙志伟	1895623125
13			下午	岑平平	1885623654
14	2011/5/7	胡强	上午	吴小勇	1563564236
15			下午	陈飞	1585694456

图 12-70　选择单元格区域

9 在“字体”选项组中设置“字体”为“黑体”、“字号”为20，如图12-71所示。

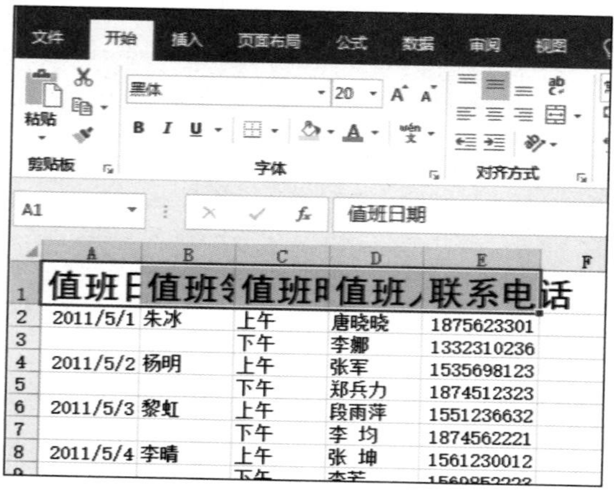

图12-71　设置字体格式

10 选择A列数据，单击鼠标右键，弹出快捷菜单中选择“列宽”选项，如图12-72所示。

图12-72　选择“列宽”选项

11 弹出“列宽”对话框，在文本框中输入19，如图12-73所示。

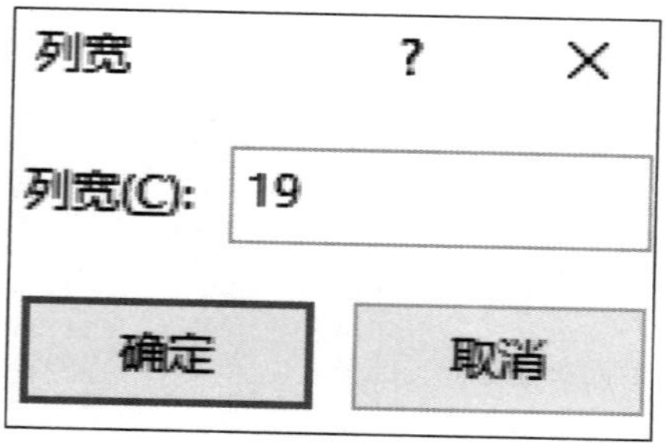

图12-73　输入列宽

12 单击“确定”按钮，即可调整列宽，如图12-74所示。

图12-74　调整列宽

13 用与上述相同的方法，调整其他列的列宽，如图12-75所示。

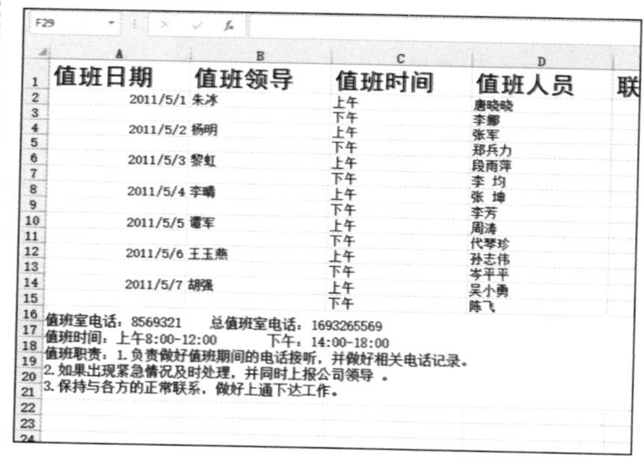

图12-75　调整其他列宽

14 在工作表中选择A2:E21单元格区域，如图12-76所示。

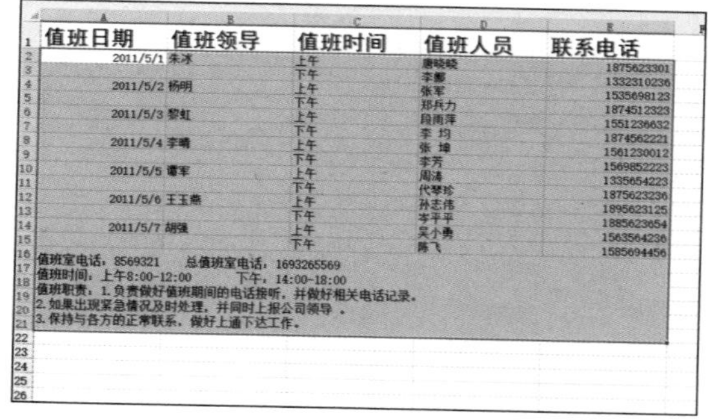

图12-76　选择单元格区域

第12章

15 在“字体”选项组中设置“字号”为 14，如图 12-77 所示。

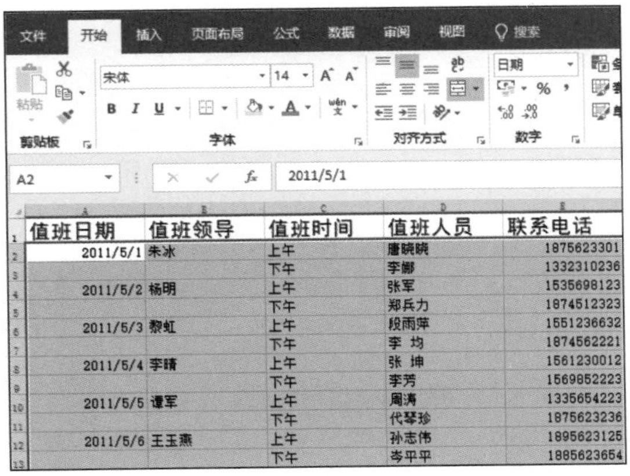

图 12-77　设置字体格式

16 在工作表中选择相应的文本区域，在“字体”选项组中设置“字体”为“黑体”，并调整相应的行高，如图 12-78 所示。

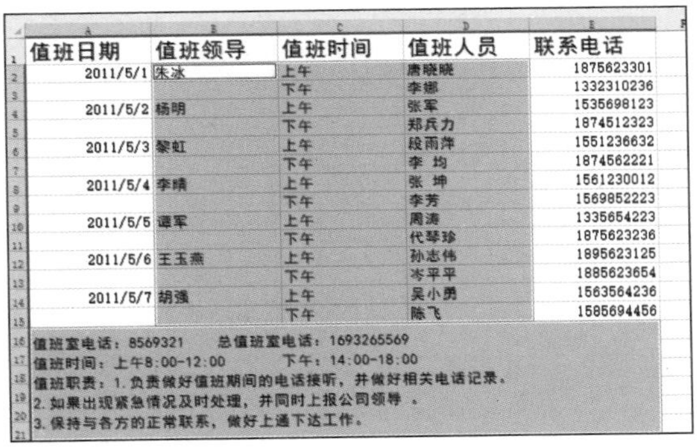

图 12-78　设置文本格式

17 在工作表中选择相应单元格区域，设置居中对齐，图 12-79 所示。

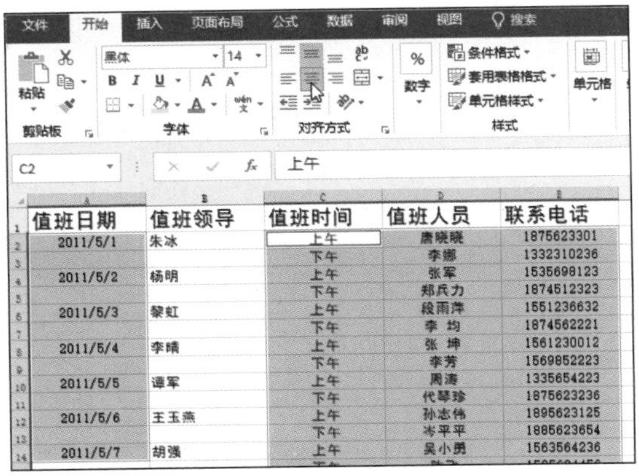

图 12-79　设置居中对齐

18 在工作表中选择 A2 和 A3 单元格，如图 12-80 所示。

图 12-80　选择单元格

19 在“对齐方式”选项组单击“合并后居中”右侧的下拉三角按钮，弹出的列表框，选择“合并单元格”选项，即可合并单元格区域，如图 12-81 所示。

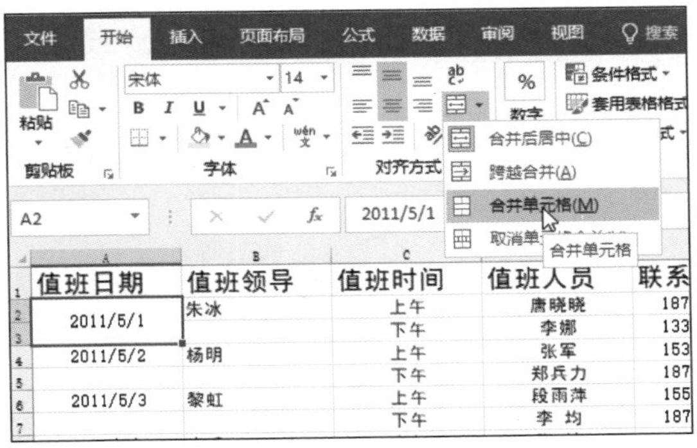

图 12-81　合并单元格

20 用与上述相同的方法，合并其他相应的单元格区域，如图 12-82 所示。

图 12-82　合并其他单元格

21 在工作表中选择 A2:A15 单元格区域，在“字体”选项组中设置“字号”为 16，如图 12-83 所示。

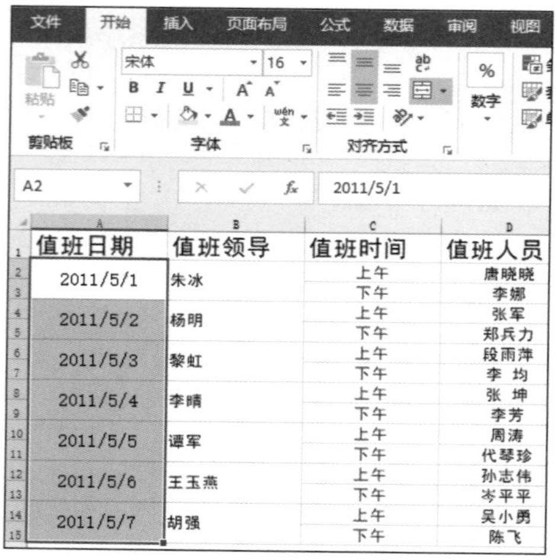

图 12-83　设置字体大小

22 在工作表中选择 A1:E21 单元格区域，如图 12-84 所示。

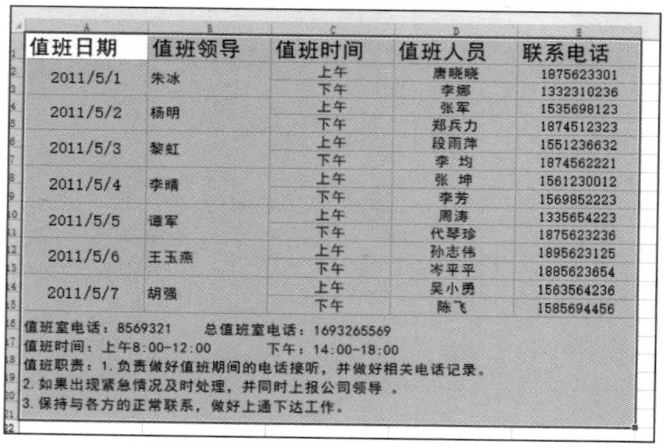

图 12-84　选择单元格区域

23 在“字体”选项组中单击“下框线”按钮，在弹出的列表框中选择“所有框线”选项，如图 12-85 所示。

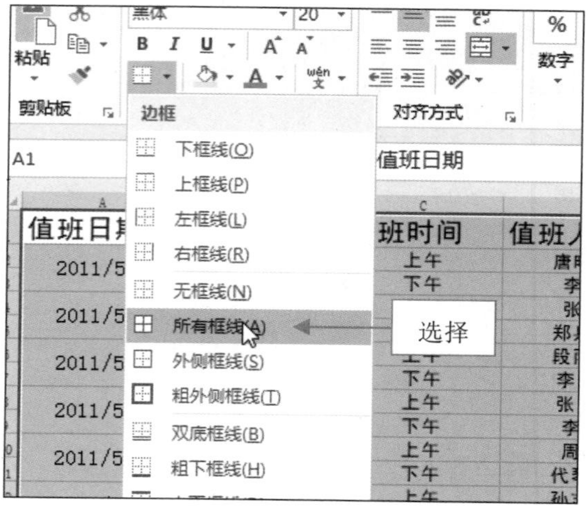

图 12-85　选择“所有框线”选项

24 执行上述操作后，即可为表格添加边框线，如图 12-86 所示。

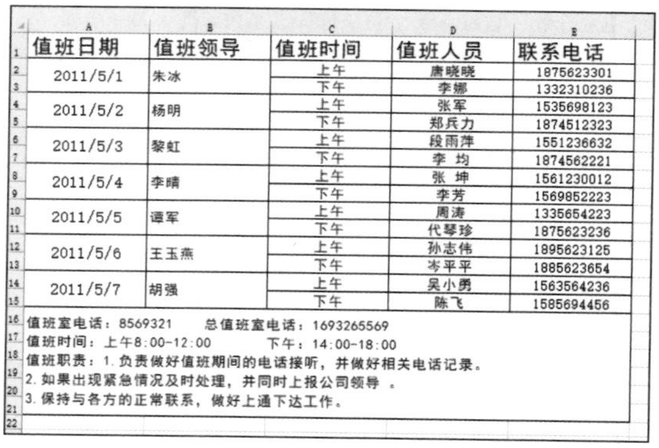

图 12-86　添加边框线

12.2.2　设置表格格式

在 Excel 2016 中，为员工值班安排表编辑表格内容后，可以根据需要设置表格的格式。设置表格格式的具体操作步骤如下：

1 在工作表中选择 A1:E1 单元格区域，如图 12-87 所示。

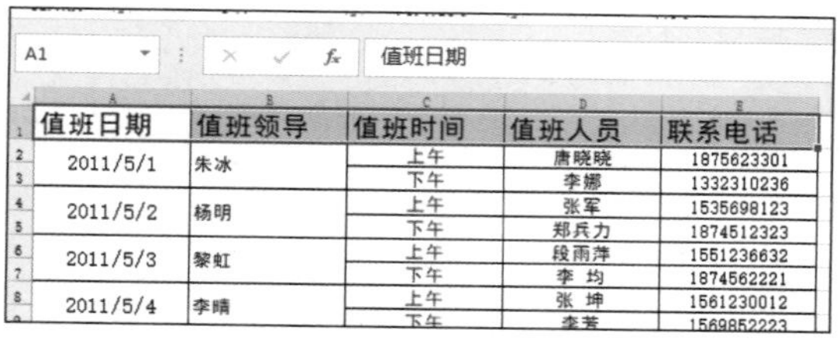

图 12-87　选择单元格区域

2 在“字体”选项组中设置“填充颜色”为浅绿色，如图 12-88 所示。

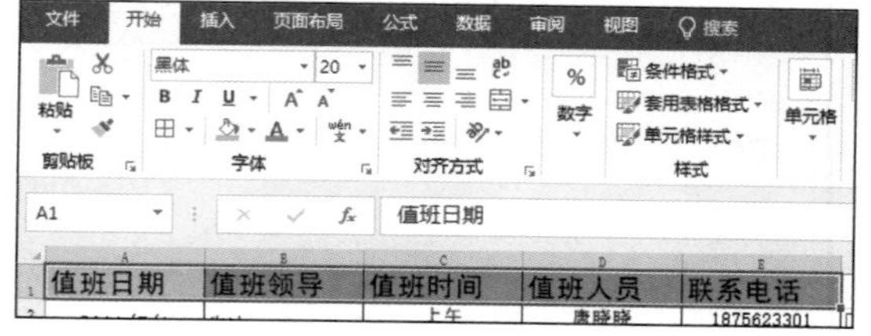

图 12-88　设置填充颜色

3 在工作表中选择 A2:A15 单元格区域，如图 12-89 所示。

值班日期	值班领导	值班时间	值班人员
2011/5/1	朱冰	上午	唐晓晓
		下午	李娜
2011/5/2	杨明	上午	张军
		下午	郑兵力
2011/5/3	黎虹	上午	段雨萍
		下午	李 均
2011/5/4	李晴	上午	张 坤
		下午	李芳
2011/5/5	谭军	上午	周涛
		下午	代琴珍
2011/5/6	王玉燕	上午	孙志伟
		下午	岑平平
2011/5/7	胡强	上午	吴小勇
		下午	陈飞

图 12-89　选择单元格区域

4 在“字体”选项组中设置相应的填充颜色，如图 12-90 所示。

值班日期	值班领导	值班时间	值班人员
2011/5/1	朱冰	上午	唐晓晓
		下午	李娜
2011/5/2	杨明	上午	张军
		下午	郑兵力
2011/5/3	黎虹	上午	段雨萍
		下午	李 均
2011/5/4	李晴	上午	张 坤
		下午	李芳
2011/5/5	谭军	上午	周涛
		下午	代琴珍
2011/5/6	王玉燕	上午	孙志伟
		下午	岑平平
2011/5/7	胡强	上午	吴小勇
		下午	陈飞
值班室电话：8569321	总值班室电话：1693265569		

图 12-90　设置相应填充颜色

5 选择第一行，单击鼠标右键，在弹出的快捷菜单中选择“插入”选项，如图 12-91 所示。

值班日期	值班领导
2011/5/1	朱冰
2011/5/2	杨明
2011/5/3	黎虹
2011/5/4	李晴
2011/5/5	谭军
2011/5/6	王玉燕
2011/5/7	胡强

剪切(T)
复制(C)
粘贴选项:
选择性粘贴(S)...
插入(I)　选择
删除(D)
清除内容(N)
设置单元格格式(F)...
行高(R)...

图 12-91　选择“插入”选项

6 即可插入一行，设置该行的行高为 74，如图 12-92 所示。

值班日期	值班领导	值班时间	值班人员	联
2011/5/1	朱冰	上午	唐晓晓	
		下午	李娜	
2011/5/2	杨明	上午	张军	
		下午	郑兵力	
2011/5/3	黎虹	上午	段雨萍	
		下午	李 均	
2011/5/4	李晴	上午	张 坤	
		下午	李芳	
2011/5/5	谭军	上午	周涛	
		下午	代琴珍	
		上午	孙志伟	

图 12-92　设置行高

7 切换至“插入”选项卡，在“文本”选项组中单击“艺术字”按钮，在弹出的列表框中选择所需的艺术字样式，如图 12-93 所示。

图 12-93　选择相应的艺术字

8 执行上述操作后，即可在工作表中插入艺术字，如图 12-94 所示。

值班领导	值班时间	值班人员	联系电话
朱冰	上午	唐晓晓	1875623301
	下午	李娜	1332310236
杨明	上午	张军	1535698123
	下午	郑兵力	1874512323
[illegible]	[illegible]	[illegible]	[illegible]
	[illegible]	[illegible]	[illegible]
李晴	上午	张 坤	1561230012
	下午	李芳	1569852223
谭军	上午	周涛	1335654223
	下午	代琴珍	1875623236
王玉燕	上午	孙志伟	1895623125
	下午	岑平平	1885623654
胡强	上午	吴小勇	1563564236
	下午	陈飞	1585694456
69321	总值班室电话：1693265569		

请在此放置您的文字

图 12-94　插入艺术字

9 在文本框中输入需要的标题内容，如图 12-95 所示。

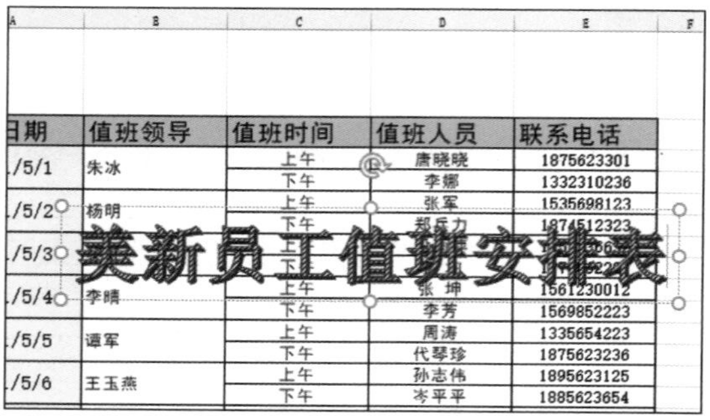

图 12-95　输入标题内容

10 将艺术字移至第一行单元格中，并设置标题的字体格式和颜色，如图 12-96 所示。

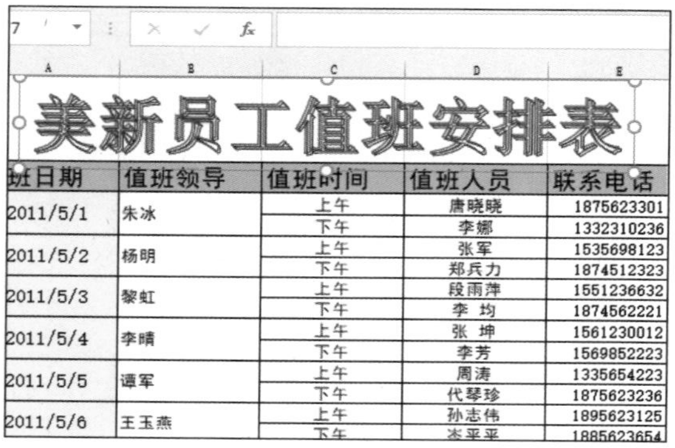

图 12-96　设置标题格式

11 在“绘图工具”-“格式”选项卡下的“艺术字样式”选项组中单击“文本效果”按钮，弹出的列表框，选择“发光”选项，选择相应样式，如图 12-97 所示。

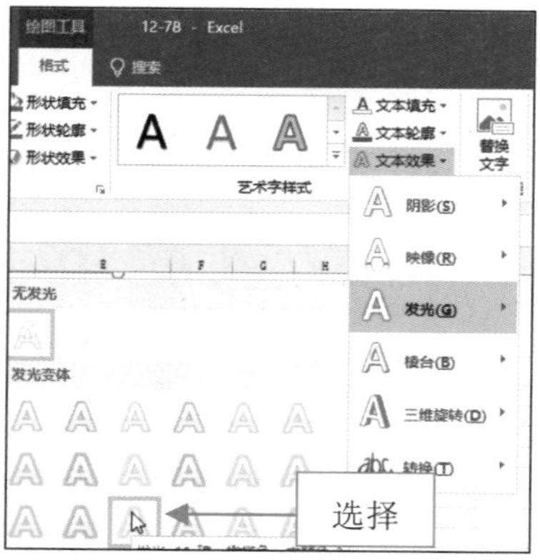

图 12-97　选择相应样式

12 执行上述操作后，即可设置标题的发光样式，如图 12-98 所示。

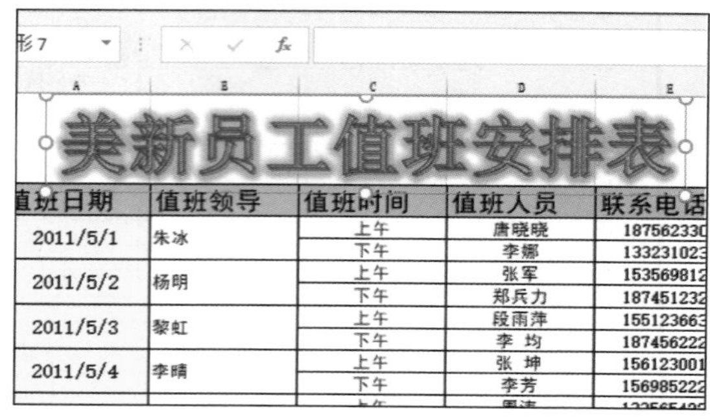

图 12-98　设置发光样式

13 单击“文本效果”按钮，在弹出列表框中选择“映像”选项，设置相应样式，如图 12-99 所示。

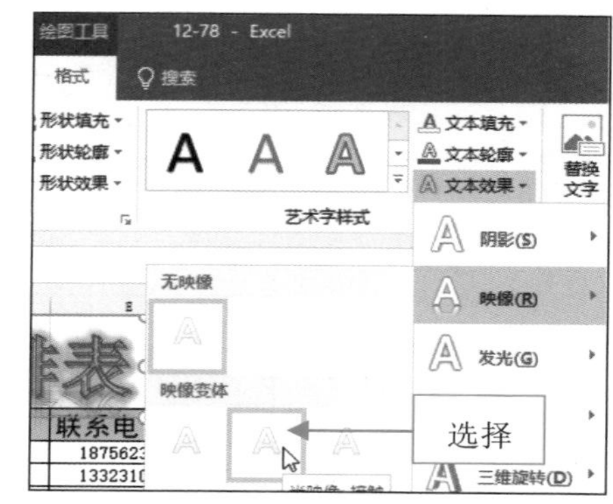

图 12-99　设置相应样式

14 执行上述操作后，即可为标题设置艺术字映像效果，如图 12-100 所示。

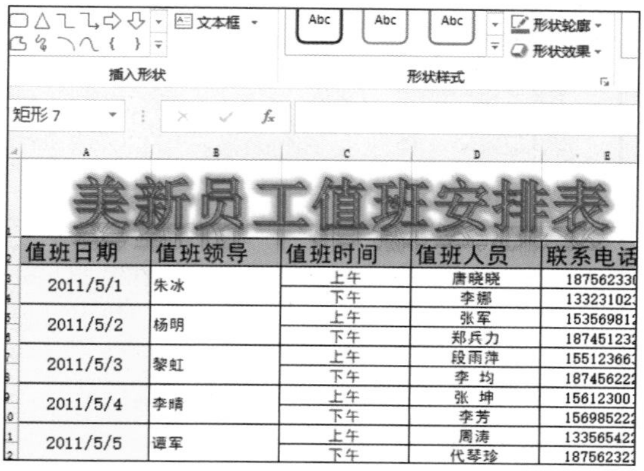

图 12-100　设置映像效果

第12章

15 单击“文本效果”按钮，在弹出的列表框中选择“转换”选项，设置转换样式，如图 12-101 所示。

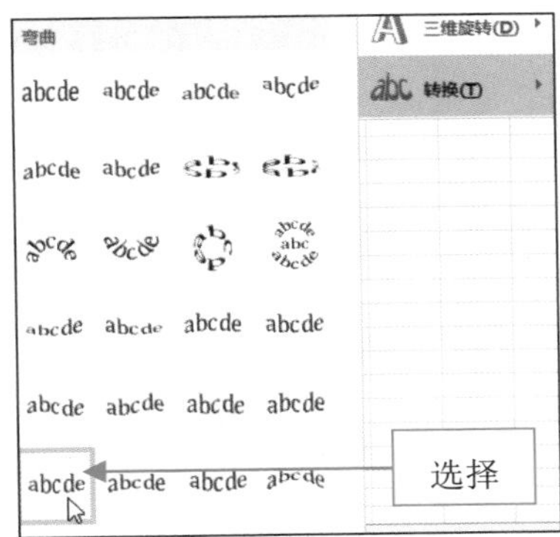

图 12-101　设置转换样式

16 执行上述操作后，即可为标题设置转换效果，如图 12-102 所示。

美新员工值班安排表

值班日期	值班领导	值班时间	值班人员	联系电话
2011/5/1	朱冰	上午	唐晓晓	187562330
		下午	李娜	133231023
2011/5/2	杨明	上午	张军	153569812
		下午	郑兵力	187451232
2011/5/3	黎虹	上午	段雨萍	155123663
		下午	李　均	187456222
2011/5/4	李晴	上午	张　坤	156123001
		下午	李芳	156985222
2011/5/5	谭军	上午	周涛	133565422
		下午	代琴珍	187562323

图 12-102　设置转换效果

17 将鼠标指针移至艺术字占位符的对角控制手柄上，按住 鼠标左键拖动即可调整大小，图 12-103 所示。

美新员工值班安排表

班日期	值班领导	值班时间	值班人员	联系电
2011/5/1	朱冰	上午	唐晓晓	187562
		下午	李娜	133231
2011/5/2	杨明	上午	张军	153569
		下午	郑兵力	187451
2011/5/3	黎虹	上午	段雨萍	155123
		下午	李　均	187456
2011/5/4	李晴	上午	张　坤	156123
		下午	李芳	156985
2011/5/5	谭军	上午	周涛	133565
		下午	代琴珍	187562
2011/5/6	王玉燕	上午	孙志伟	189562

图 12-103　拖动鼠标

18 执行上述操作后，调整艺术字的位置，即可完成艺术字的制作，如图 12-104 所示。

美新员工值班安排表

值班日期	值班领导	值班时间	值班人员	联系电话
2011/5/1	朱冰	上午	唐晓晓	1875623301
		下午	李娜	1332310236
2011/5/2	杨明	上午	张军	1535698123
		下午	郑兵力	1874512323
2011/5/3	黎虹	上午	段雨萍	1551236632
		下午	李　均	1874562221
2011/5/4	李晴	上午	张　坤	1561230012
		下午	李芳	1569852223
2011/5/5	谭军	上午	周涛	1335654223
		下午	代琴珍	1875623236
2011/5/6	王玉燕	上午	孙志伟	1895623125
		下午	岑平平	1885623654

图 12-104　完成艺术字的制作

12.2.3　美化值班安排表

在 Excel 2016 中，为了让表格中的数据更加直观、清晰，可以美化值班安排表。美化值班安排表的具体操作步骤如下：

1 在“插入”选项卡下的“插图”选项组中单击“图片”按钮，如图 12-105 所示。

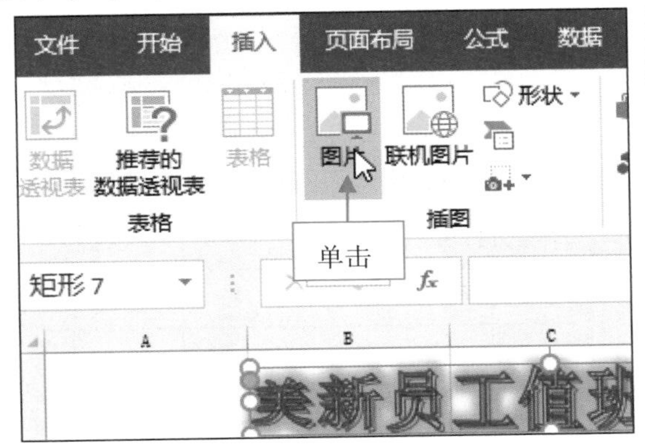

图 12-105　单击“图片”按钮

2 弹出“插入图片”对话框，选择需要的图片，如图 12-106 所示。

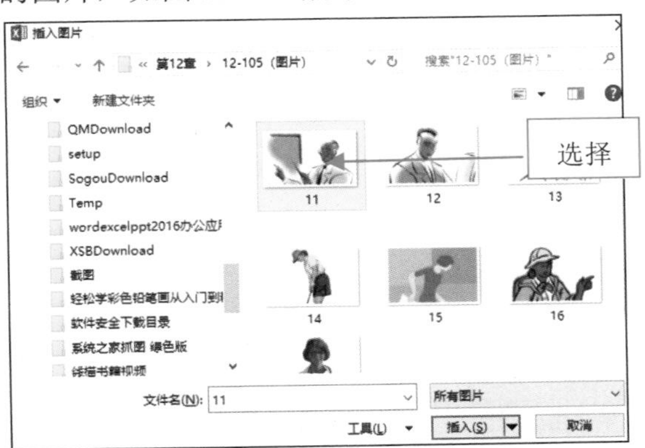

图 12-106　选择图片

3 单击“插入”按钮，即可在工作表中插入一张图片，如图 12-107 所示。

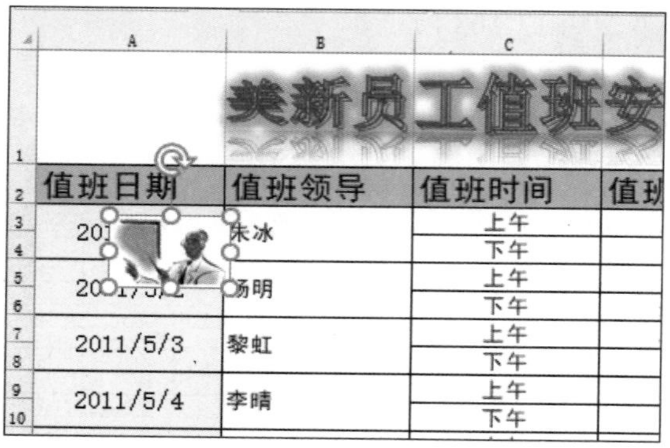

	A	B	C	
1		美新员工值班安		
2	值班日期	值班领导	值班时间	值班
3	201	朱冰	上午	
4			下午	
5	20	杨明	上午	
6			下午	
7	2011/5/3	黎虹	上午	
8			下午	
9	2011/5/4	李晴	上午	
10			下午	

图 12-107　插入图片

4 将图片移至 B3 单元格的右侧，并调整其大小，如图 12-108 所示。

	A	B	
1		美新员工	
2	值班日期	值班领导	值班
3	2011/5/1	朱冰	
4			
5	2011/5/2	杨明	
6			
7	2011/5/3	黎虹	
8			
9	2011/5/4	李晴	

图 12-108　调整图片大小

5 用与上述相同的方法，插入其他的图片，如图 12-109 所示。

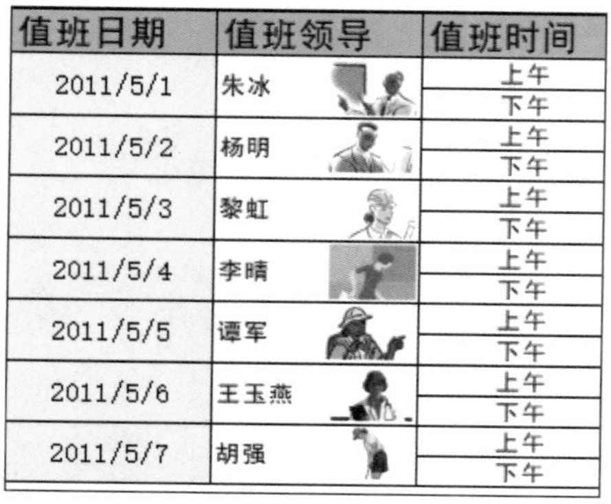

值班日期	值班领导	值班时间
2011/5/1	朱冰	上午
		下午
2011/5/2	杨明	上午
		下午
2011/5/3	黎虹	上午
		下午
2011/5/4	李晴	上午
		下午
2011/5/5	谭军	上午
		下午
2011/5/6	王玉燕	上午
		下午
2011/5/7	胡强	上午
		下午

图 12-109　插入其他图片

6 选择 A1 单元格，切换至“插入”选项卡，如图 12-110 所示。

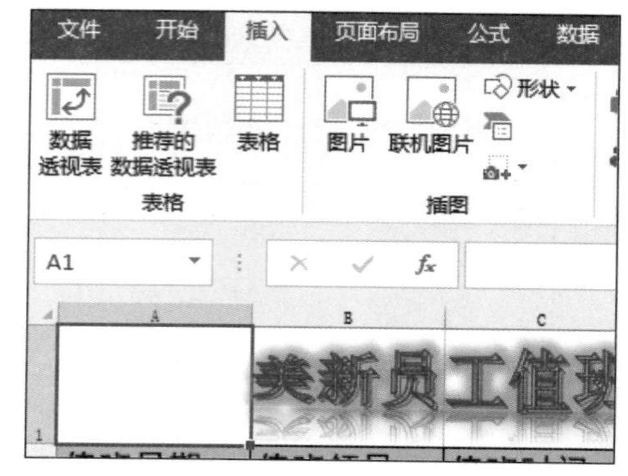

图 12-110　切换选项卡

7 在“插图”选项组中单击“形状”按钮，在弹出的列表框中选择“星与旗帜”|“十字星”选项，如图 12-111 所示。

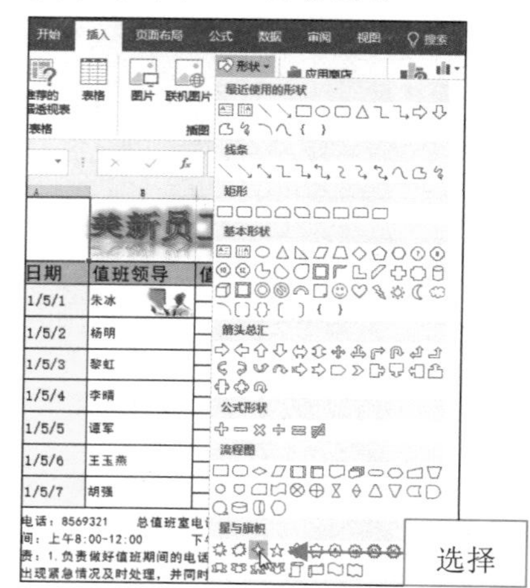

图 12-111　选择相应选项

8 在 A1 单元格中绘制十字星图形，如图 12-112 所示。

	A	B	C
1		美新员工值	
2	值班日期	值班领导	值班时间
3	2011/5/1	朱冰	上午
4			下午
5	2011/5/2	杨明	上午
6			下午
7	2011/5/3	黎虹	上午
8			下午
9	2011/5/4	李晴	上午

图 12-112　绘制图形

第12章

9 在“绘图工具”-“格式”选项卡下的“形状样式”选项组中，单击“其他”按钮，在弹出的列表框中选择所需样式，如图 12-113 所示。

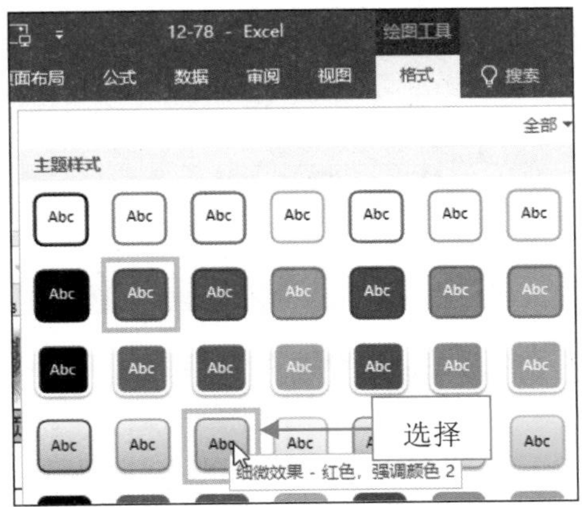

图 12-113　选择相应样式

10 执行上述操作后，调整图形的大小，即可设置图形样式，如图 12-114 所示。

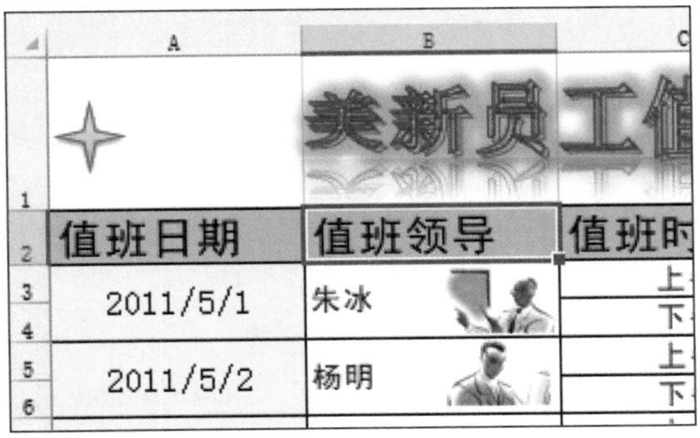

图 12-114　设置图形样式

11 在 A1 单元格中复制 3 个相同样式的十字星图形，并调整其大小，如图 12-115 所示。

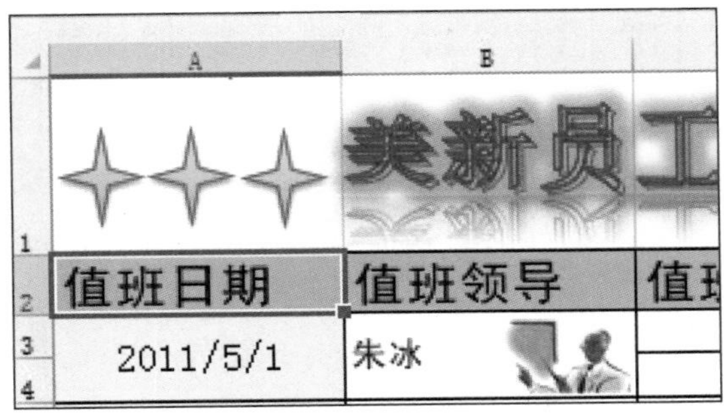

图 12-115　复制图形

12 在 A1 单元格中，按住【Ctrl】键的同时，单击选中 3 个十字星图形，如图 12-116 所示。

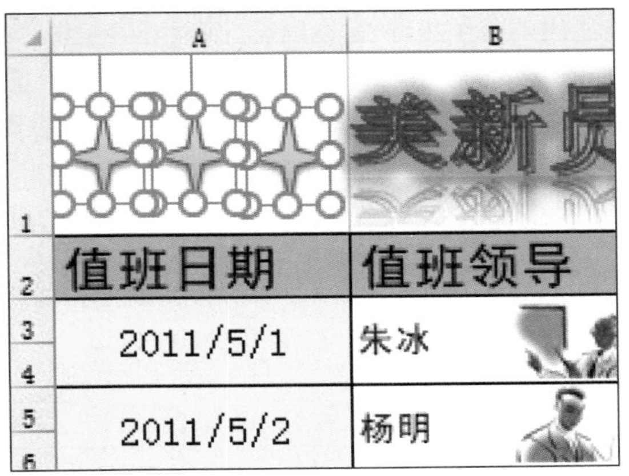

图 12-116　选择图形

13 单击鼠标右键，在弹出的快捷菜单中选择“组合”|“组合”选项，如图 12-117 所示。

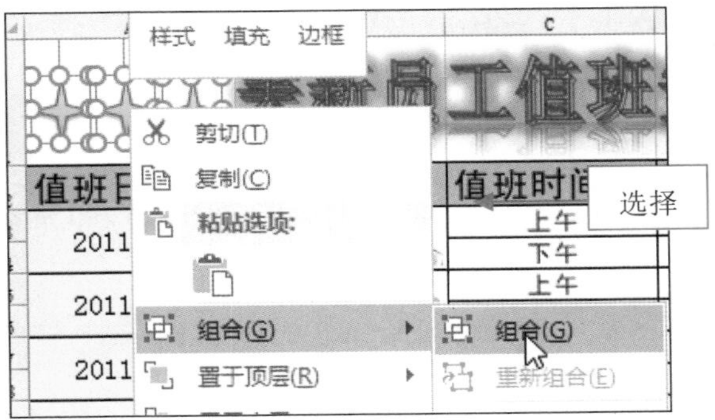

图 12-117　选择相应选项

14 执行上述操作后，在 E1 单元格中复制图形，即可完成图形的插入，如图 12-118 所示。

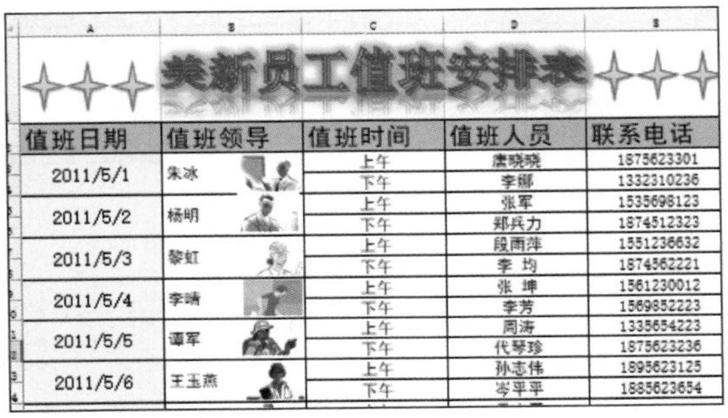

美新员工值班安排表

值班日期	值班领导	值班时间	值班人员	联系电话
2011/5/1	朱冰	上午	唐晓晓	1875623301
		下午	李娜	1332310236
2011/5/2	杨明	上午	张军	1535698123
		下午	郑兵力	1874512323
2011/5/3	黎虹	上午	段雨萍	1551236632
		下午	李 均	1874562221
2011/5/4	李晴	上午	张 坤	1561230012
		下午	李芳	1569852223
2011/5/5	谭军	上午	周涛	1335654223
		下午	代琴珍	1875623236
2011/5/6	王玉燕	上午	孙志伟	1895623125
		下午	岑平平	1885623654

图 12-118　完成图形的插入

12.3 人力资源成本核算

人力资源成本是一个组织为了实现自己的组织目标，创造最佳经济和社会效益，而获得、开发、使用、保障必要的人力资源及人力资源离职所支出的各项费用的总和。本节主要介绍通过使用 Excel 2016 的加载宏、求和向导和规划求解等功能来制作人力资源成本核算表。

本案例介绍制作人力资源成本核算表，效果如图 12-119 所示。

	A	B	C	D	E	F	G	H	I
1	编号	学历	基本工资	岗位津贴	社保	工资涨幅比	给公司利润/月	备注	
2	1	专科	¥1,800	¥150	¥200	9%	¥ 8,420	0.5	
3	2	本科	¥2,100	¥180	¥280	8%	¥ 9,000	0.8	
4	3	专科	¥1,800	¥150	¥200	5%	¥ 4,000	0.5	
5	4	研究生	¥3,000	¥250	¥350	8%	¥ 9,200	1.2	
6	5	专科	¥1,800	¥150	¥200	8%	¥ 9,000	0.5	
7	6	研究生	¥3,000	¥180	¥330	9%	¥ 8,640	1.2	
8	7	本科	¥2,100	¥180	¥280	3%	¥ 6,000	0.8	
9	8	专科	¥1,800	¥150	¥200	8%	¥ 8,000	0.5	
10	9	研究生	¥3,000	¥250	¥350	3%	¥ 9,000	1.2	
11	10	研究生	¥3,000	¥250	¥330	9%	¥ 8,420	1.2	
12	11	研究生	¥3,000	¥250	¥450	7%	¥ 8,750	1.2	
13	12	专科	¥1,800	¥150	¥200	10%	¥ 6,000	0.5	
14	13	本科	¥2,100	¥180	¥280	8%	¥ 9,000	0.8	
15	14	本科	¥2,100	¥180	¥280	9%	¥ 6,600	0.8	
16	15	专科	¥1,800	¥150	¥200	5%	¥ 8,700	0.5	

18	各学历总利润	专科	¥ 44,120
19		本科	¥ 30,600
20		研究生	¥ 44,010
22	公司总成本与平均利润率	总成本	¥41,130
23		总利润	¥118,730
24		利润率	0.654
26	员工平均利润	¥ 7,915	
27	公司年度利润预算	¥ 1,424,760	
28	公司目标利润180万	所需人数	18.95135818
29	由于人数只能为整数，所以公司目标利润为180万，在员工平均利润不变的情况下需要19人。		

各学历平均利润	专科	¥ 7,353
	本科	¥ 7,650
	研究生	¥ 8,802
各学历员工的成本与利润比	专科	0.708
	本科	0.665
	研究生	0.580
员工平均利润	¥ 9,103	
公司年度利润预算	¥ 1,569,480	
公司目标利润180万	所需人数	16.47808415
如果每个员工都增加15%的利润，那么可以完成180万，利润只需要17人。		

	A	B	C	D	E	F	G
14	目标单元格（最大值）						
15		单元格	名称	初值	终值		
16		$B$21	年最大利润 基本工资	¥ 914,400	¥ 1,357,320		
19	可变单元格						
20		单元格	名称	初值	终值	整数	
21		$F$4	专科 人数	6	1	约束	
22		$F$5	本科 人数	4	4	约束	
23		$F$6	研究生 人数	5	10	约束	
26	约束						
27		单元格	名称	单元格值	公式	状态	型数值
28		$B$11	所需资金 基本工资	¥ 34,200	$B$11<=$B$10	未到限制值	20800
29		$C$11	所需资金 岗位津贴	¥ 2,800	$C$11<=$C$10	未到限制值	177200
30		$D$11	所需资金 社保	¥ 4,130	$D$11<=$D$10	未到限制值	17870
31		$E$11	所需资金 办公费用	¥ 1,640	$E$11<=$E$10	未到限制值	16560
32		$F$7	总人数 人数	15	$F$7=15	到达限制值	0
33		$B$11	所需资金 基本工资	¥ 34,200	$B$11>=0	未到限制值	¥ 34,200
34		$C$11	所需资金 岗位津贴	¥ 2,800	$C$11>=0	未到限制值	¥ 2,800
35		$D$11	所需资金 社保	¥ 4,130	$D$11>=0	未到限制值	¥ 4,130
36		$E$11	所需资金 办公费用	¥ 1,640	$E$11>=0	未到限制值	¥ 1,640
37		$F$4	专科 人数	1	$F$4<=10	未到限制值	9
38		$F$5	本科 人数	4	$F$5<=10	未到限制值	6
39		$F$6	研究生 人数	10	$F$6<=10	到达限制值	0
40		$F$4	专科 人数	1	$F$4>=1	到达限制值	0
41		$F$5	本科 人数	4	$F$5>=1	未到限制值	3
42		$F$6	研究生 人数	10	$F$6>=1	未到限制值	9

图 12-119　人力资源成本核算表

12.3.1　统计员工平均利润

在对公司的人力资源成本进行核算之前，需要计算出员工平均利润、各个学历员工的利润率以及制作人员的预算和方案。统计员工平均利润的具体操作步骤如下：

1. 启动 Excel 2016 应用程序，打开 Excel 文件，如图 12-120 所示。

	A	B	C	D	E	F	G	H	I
1	编号	学历	基本工资	岗位津贴	社保	工资涨幅比	给公司利润/月	备注	
2	1	专科	¥1,800	¥150	¥200	9%	¥ 8,420		
3	2	本科	¥2,100	¥180	¥280	8%	¥ 9,000		
4	3	专科	¥1,800	¥150	¥200	5%	¥ 4,000		
5	4	研究生	¥3,000	¥250	¥350	8%	¥ 9,200		
6	5	专科	¥1,800	¥150	¥200	8%	¥ 9,000		
7	6	研究生	¥3,000	¥180	¥330	9%	¥ 8,640		
8	7	本科	¥2,100	¥180	¥280	3%	¥ 6,000		
9	8	专科	¥1,800	¥150	¥200	8%	¥ 8,000		
10	9	研究生	¥3,000	¥250	¥350	3%	¥ 9,000		
11	10	研究生	¥3,000	¥250	¥330	9%	¥ 8,420		
12	11	研究生	¥3,000	¥250	¥450	7%	¥ 8,750		
13	12	专科	¥1,800	¥150	¥200	10%	¥ 6,000		
14	13	本科	¥2,100	¥180	¥280	8%	¥ 9,000		
15	14	本科	¥2,100	¥180	¥280	9%	¥ 6,600		
16	15	专科	¥1,800	¥150	¥200	5%	¥ 8,700		

18	各学历总利润	专科		各学历平均利润	专科
19		本科			本科
20		研究生			研究生
22	公司总成本与平均利润率	总成本		各学历员工的成本与利润比	专科
23		总利润			本科
24		利润率			研究生
26	员工平均利润			员工平均利润	
27	公司年度利润预算			公司年度利润预算	
28	公司目标利润180万	所需人数		公司目标利润180万	所需人数

图 12-120　打开 Excel 文件

2. 在工作表中选择 D18 单元格，输入相应公式，如图 12-121 所示。

=SUMIF(B2:B16,"专科",G2:G16)

B	C	D	E	F	G
学历	基本工资	岗位津贴	社保	工资涨幅比	给公司利润/月
专科	¥1,800	¥150	¥200	9%	¥ 8,420
本科	¥2,100	¥180	¥280	8%	¥ 9,000
专科	¥1,800	¥150	¥200	5%	¥ 4,000
研究生	¥3,000	¥250	¥350	8%	¥ 9,200
专科	¥1,800	¥150	¥200	8%	¥ 9,000
研究生	¥3,000	¥180	¥330	9%	¥ 8,640
本科	¥2,100	¥180	¥280	3%	¥ 6,000
专科	¥1,800	¥150	¥200	8%	¥ 8,000
研究生	¥3,000	¥250	¥350	3%	¥ 9,000
研究生	¥3,000	¥250	¥330	9%	¥ 8,420
研究生	¥3,000	¥250	¥450	7%	¥ 8,750
专科	¥1,800	¥150	¥200	10%	¥ 6,000
本科	¥2,100	¥180	¥280	8%	¥ 9,000
本科	¥2,100	¥180	¥280	9%	¥ 6,600
专科	¥1,800	¥150	¥200	5%	¥ 8,700
利润	专科	斗",G2:G16)		各学历平均利润	
	本科				
	研究生				

图 12-121　输入相应公式

在 D18 单元格中输入的公式是 SUMIF 条件求和函数。

3. 用于上述相同的方法，计算其他单元格的值，如图 12-122 所示。

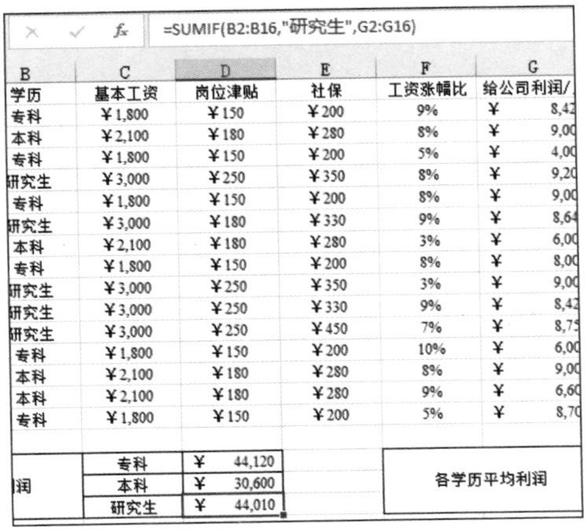

图 12-122　计算其他单元格

4. 在工作表中选择 I18 单元格，输入相应的公式，如图 12-123 所示。

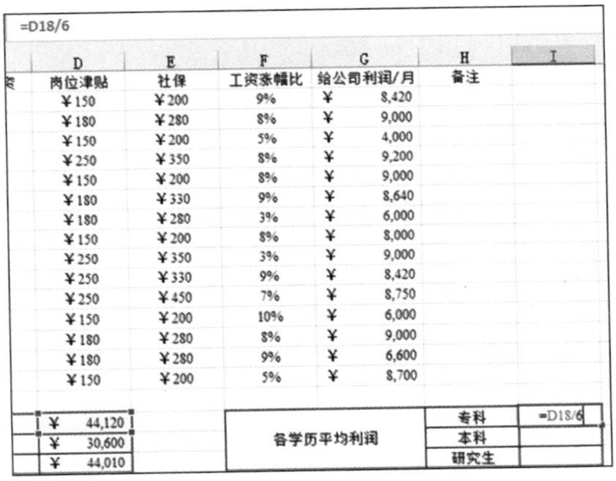

图 12-123　输入相应公式

5. 用与上述相同的方法，计算其他单元格的值，如图 12-124 所示。

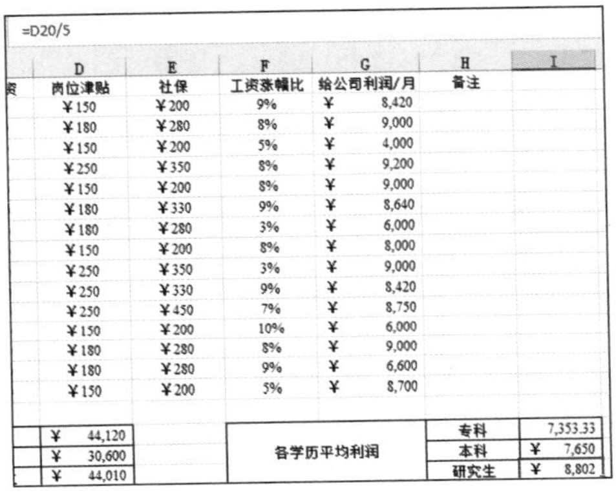

图 12-124　计算其他单元格

6. 在工作表中选择 D22 单元格，在其中输入相应的公式，如图 12-125 所示。

图 12-125　输入公式

7. 用与上述相同的方法，计算其他单元格的值，如图 12-126 所示。

图 12-126　计算其他单元格

8. 在 D24 单元格中输入求利润率的公式，即可求得利润率，如图 12-127 所示。

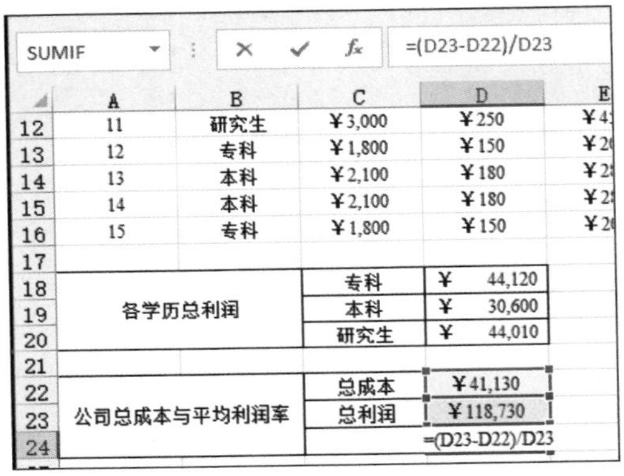

图 12-127　输入公式

9 在工作表中选择 I22 单元格，在其中输入相应的公式，如图 12-128 所示。

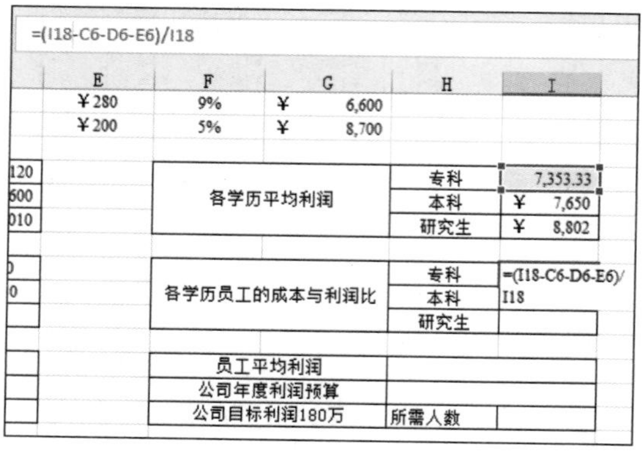

图 12-128 输入相应公式

10 用与上述相同的方法，计算其他单元格的值，如图 12-129 所示。

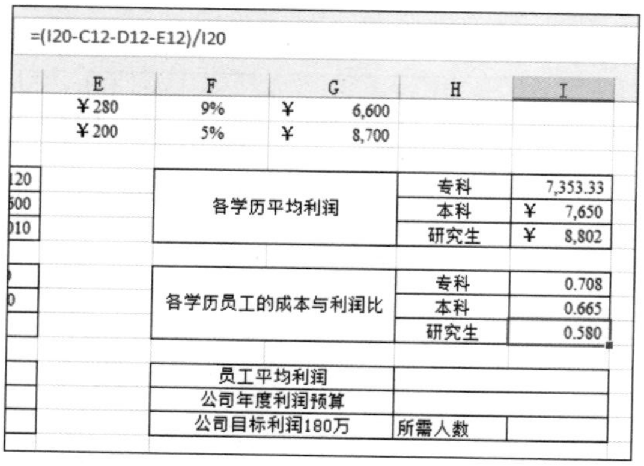

图 12-129 计算其他单元格

11 在C26单元格中输入计算平均利润的公式，求得平均利润的值，如图 12-130 所示。

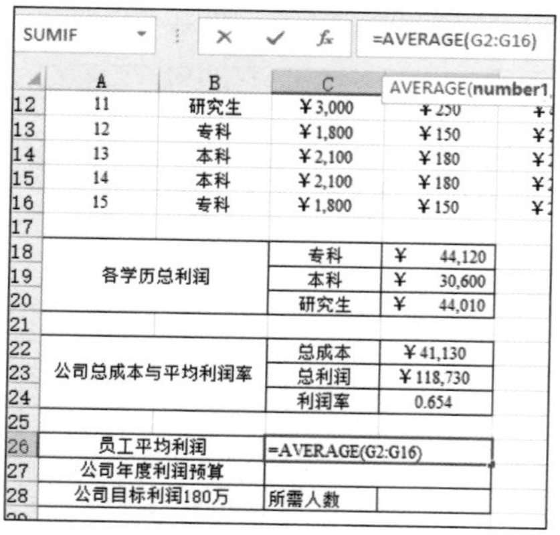

图 12-130 输入公式

12 在 C27 单元格中，输入利润预算的公式，即可求得利润的预算，如图 12-131 所示。

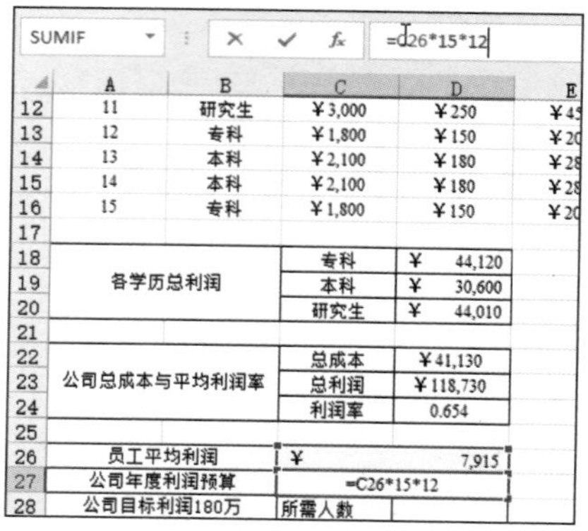

图 12-131 输入公式

13 在 D28 单元格中，输入相应的公式，求得所需的人数，如图 12-132 所示。

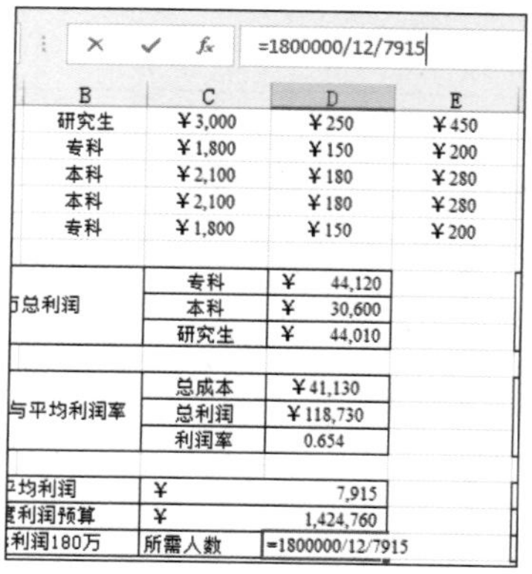

图 12-132 输入公式

14 用与上述相同的方法求得其他单元格的值，在A29和F29单元格中输入说明文本，完成统计平均利润的操作，如图 12-133 所示。

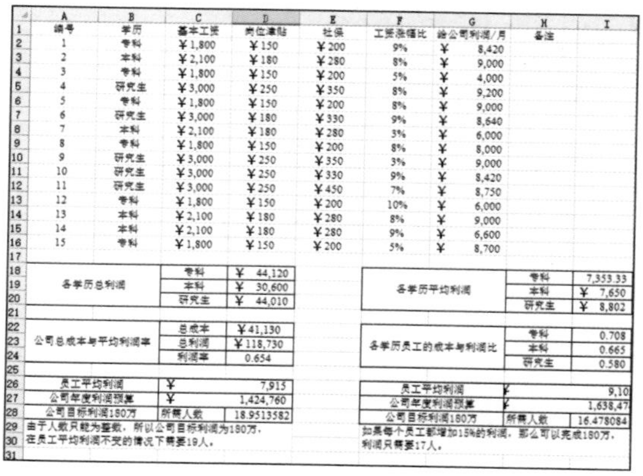

图 12-133 完成统计操作

第12章

12.3.2　创建人力资源规划模型

在 Excel 2016 中，制作人力资源成本核算表时，可以根据需要创建人力资源规划模型。创建人力资源规划模型的具体操作步骤如下：

1. 切换至“Sheet2”工作表，然后创建规划求解表格，如图 12-134 所示。

	A	B	C	D	E	F	G	H
1	人力资源成本与利润核算表							
2			单位成本价格与总价成本表			单位（元）		
3	学历	基本工资	岗位津贴	社保	办公费用	人数	平均利润	总利润
4	专科	¥1, 800	¥150	¥200	¥100		¥7, 535	
5	本科	¥2, 100	¥180	¥180	¥110		¥7, 650	
6	研究生	¥3, 000	¥250	¥300	¥120		¥8, 802	
7					总人数			
8				现有资金与所需资金情况				
9	资金情况	基本工资	岗位津贴	社保	办公费用			
10	现有资金	¥55, 000	¥180, 000	¥22, 000	¥18, 200			
11	所需资金							
12				单项学历成本				
13	项目	基本工资	岗位津贴	社保	办公费用			
14	研究生成本							
15	本科成本							
16	专科成本							
17				盈亏金额				
18	总收入							
19	总成本							
20	盈余额							
21	年最大利润							
22								

图 12-134　创建规划求解表格

2. 在 F4:F6 单元格区域中输入 0，设定人数为变量，如图 12-135 所示。

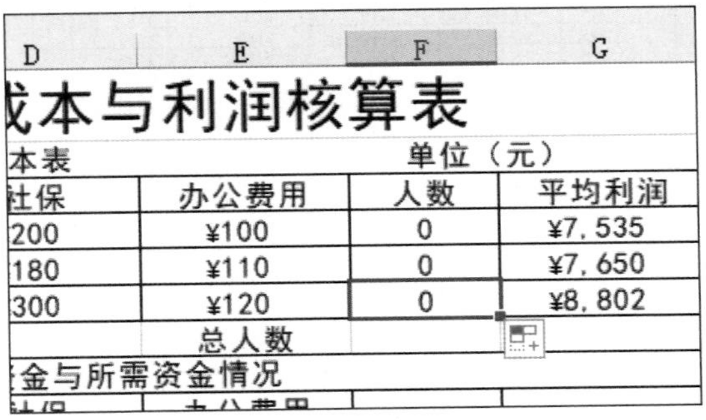

D	E	F	G
成本与利润核算表			
本表		单位（元）	
社保	办公费用	人数	平均利润
200	¥100	0	¥7, 535
180	¥110	0	¥7, 650
300	¥120	0	¥8, 802
	总人数		
金与所需资金情况			

图 12-135　设定人数为变量

3. 在 F7 单元格中输入相应公式，计算总人数，如图 12-136 所示。

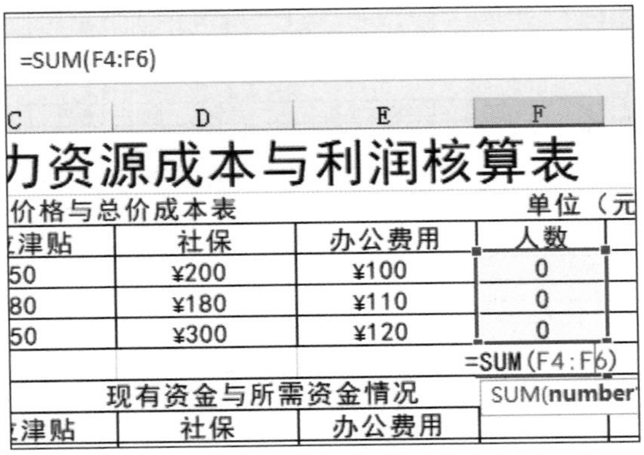

=SUM(F4:F6)

C	D	E	F
力资源成本与利润核算表			
价格与总价成本表			单位（元
津贴	社保	办公费用	人数
50	¥200	¥100	0
80	¥180	¥110	0
50	¥300	¥120	0
			=SUM(F4:F6)
	现有资金与所需资金情况		SUM(number
津贴	社保	办公费用	

图 12-136　输入计算总人数公式

4. 在 H4 单元格中输入相应公式，计算总利润，如图 12-137 所示。

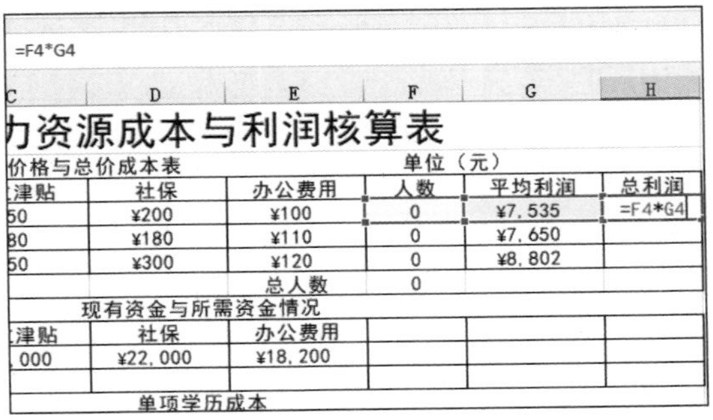

=F4*G4

C	D	E	F	G	H
力资源成本与利润核算表					
价格与总价成本表			单位（元）		
津贴	社保	办公费用	人数	平均利润	总利润
50	¥200	¥100	0	¥7, 535	=F4*G4
80	¥180	¥110	0	¥7, 650	
50	¥300	¥120	0	¥8, 802	
		总人数	0		
	现有资金与所需资金情况				
津贴	社保	办公费用			
000	¥22, 000	¥18, 200			
	单项学历成本				

图 12-137　输入计算总利润公式

5. 执行上述操作后，对其他单元格进行填充，如图 12-138 所示。

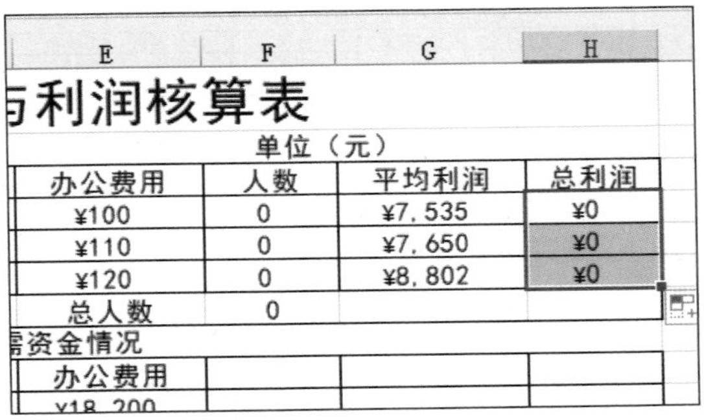

E	F	G	H
与利润核算表			
	单位（元）		
办公费用	人数	平均利润	总利润
¥100	0	¥7, 535	¥0
¥110	0	¥7, 650	¥0
¥120	0	¥8, 802	¥0
总人数	0		
需资金情况			
办公费用			
¥18, 200			

图 12-138　填充单元格

6. 在 B11 单元格中输入相应公式，计算所需资金，如图 12-139 所示。

A	B	C	D	E
		人力资源成本与利润核算		
		单位成本价格与总价成本表		
学历	基本工资	岗位津贴	社保	办公费用
专科	¥1, 800	¥150	¥200	¥100
本科	¥2, 100	¥180	¥180	¥110
研究生	¥3, 000	¥250	¥300	¥120
				总人数
			现有资金与所需资金情况	
金情况	基本工资	岗位津贴	社保	办公费用
有资金	¥55, 000	¥180, 000	¥22, 000	¥18, 200
	=B4*$F$4+B5*$F$5+B6*$F$6			
			单项学历成本	
项目	基本工资	岗位津贴	社保	办公费用
究生成本				
科成本				
科成本				
			盈亏金额	

图 12-139　输入计算所需资金公式

7. 执行上述操作后，对其他单元格区域进行填充，如图 12-140 所示。

A	B	C	D	E
人力资源成本与利润核算				
单位成本价格与总价成本表				
学历	基本工资	岗位津贴	社保	办公费用
专科	¥1,800	¥150	¥200	¥100
本科	¥2,100	¥180	¥180	¥110
研究生	¥3,000	¥250	¥300	¥120
				总人数
现有资金与所需资金情况				
资金情况	基本工资	岗位津贴	社保	办公费用
现有资金	¥55,000	¥180,000	¥22,000	¥18,200
所需资金	¥ -	¥ -	¥ -	¥ -
单项学历成本				
项目	基本工资	岗位津贴	社保	办公费用
研究生成本				
本科成本				
专科成本				
盈亏金额				
总收入				
总成本				

图 12-140 填充单元格

8. 在 B14 单元格中输入相应的公式，计算研究生学历的成本，如图 12-141 所示。

IF =B6*$F$6

A	B	C	D	E	F
人力资源成本与利润核算表					
单位成本价格与总价成本表					单位（
学历	基本工资	岗位津贴	社保	办公费用	人数
专科	¥1,800	¥150	¥200	¥100	0
本科	¥2,100	¥180	¥180	¥110	0
研究生	¥3,000	¥250	¥300	¥120	0
				总人数	0
现有资金与所需资金情况					
资金情况	基本工资	岗位津贴	社保	办公费用	
现有资金	¥55,000	¥180,000	¥22,000	¥18,200	
所需资金	¥ -	¥ -	¥ -	¥ -	
单项学历成本					
项目	基本工资	岗位津贴	社保	办公费用	
研究生成本	=B6*$F$6				
本科成本					
专科成本					
盈亏金额					
总收入					

图 12-141 输入计算成本公式

9. 按【Enter】键得出计算结果，将结果填充到其他单元格区域中，如图 12-142 所示。

A	B	C	D	E
人力资源成本与利润核算				
单位成本价格与总价成本表				
学历	基本工资	岗位津贴	社保	办公费用
专科	¥1,800	¥150	¥200	¥100
本科	¥2,100	¥180	¥180	¥110
研究生	¥3,000	¥250	¥300	¥120
				总人数
现有资金与所需资金情况				
资金情况	基本工资	岗位津贴	社保	办公费用
现有资金	¥55,000	¥180,000	¥22,000	¥18,200
所需资金	¥ -	¥ -	¥ -	¥ -
单项学历成本				
项目	基本工资	岗位津贴	社保	办公费用
研究生成本	¥ -	¥ -	¥ -	¥ -
本科成本				
专科成本				
盈亏金额				
总收入				
总成本				
盈余额				

图 12-142 填充单元格

10. 用与上述相同的方法，计算其他学历的成本，如图 12-143 所示。

A	B	C	D	E
人力资源成本与利润核算				
单位成本价格与总价成本表				
学历	基本工资	岗位津贴	社保	办公费用
专科	¥1,800	¥150	¥200	¥100
本科	¥2,100	¥180	¥180	¥110
研究生	¥3,000	¥250	¥300	¥120
				总人数
现有资金与所需资金情况				
资金情况	基本工资	岗位津贴	社保	办公费用
现有资金	¥55,000	¥180,000	¥22,000	¥18,200
所需资金	¥ -	¥ -	¥ -	¥ -
单项学历成本				
项目	基本工资	岗位津贴	社保	办公费用
研究生成本	¥ -	¥ -	¥ -	¥ -
本科成本	¥ -	¥ -	¥ -	¥ -
专科成本	¥ -	¥ -	¥ -	¥ -
盈亏金额				
总收入				
总成本				
盈余额				

图 12-143 计算其他学历的成本

11. 在 B18 单元格中输入相应的公式，计算总收入，如图 12-144 所示。

A	B	C	D	E
人力资源成本与利润核算表				
单位成本价格与总价成本表				
学历	基本工资	岗位津贴	社保	办公费用
专科	¥1,800	¥150	¥200	¥100
本科	¥2,100	¥180	¥180	¥110
研究生	¥3,000	¥250	¥300	¥120
				总人数
现有资金与所需资金情况				
资金情况	基本工资	岗位津贴	社保	办公费用
现有资金	¥55,000	¥180,000	¥22,000	¥18,200
所需资金	¥ -	¥ -	¥ -	¥ -
单项学历成本				
项目	基本工资	岗位津贴	社保	办公费用
研究生成本	¥ -	¥ -	¥ -	¥ -
本科成本	¥ -	¥ -	¥ -	¥ -
专科成本	¥ -	¥ -	¥ -	¥ -
盈亏金额				
总收入	=SUM(H4:H6)			
总成本	SUM(number1, [number2], ...)			
盈余额				
年最大利润				

图 12-144 输入计算总收入公式

12. 在 B19 单元格中输入相应的公式，计算总成本，如图 12-145 所示。

A	B	C	D	E
专科	¥1,800	¥150	¥200	¥100
本科	¥2,100	¥180	¥180	¥110
研究生	¥3,000	¥250	¥300	¥120
				总人数
现有资金与所需资金情况				
资金情况	基本工资	岗位津贴	社保	办公费用
现有资金	¥55,000	¥180,000	¥22,000	¥18,200
所需资金	¥ -	¥ -	¥ -	¥ -
单项学历成本				
项目	基本工资	岗位津贴	社保	办公费用
研究生成本	¥ -	¥ -	¥ -	¥ -
本科成本	¥ -	¥ -	¥ -	¥ -
专科成本	¥ -	¥ -	¥ -	¥ -
盈亏金额				
总收入	¥ -			
	=SUM(B14:E16)			
盈余额				
大利润				

图 12-145 输入计算总成本公式

13 在 B20 单元格中输入相应公式，计算盈余额，如图 12-146 所示。

	A	B	C	D
8				现有资金与所需
9	资金情况	基本工资	岗位津贴	社保
10	现有资金	¥55,000	¥180,000	¥22,000
11	所需资金	¥ -	¥ -	¥ -
12				单项学历
13	项目	基本工资	岗位津贴	社保
14	研究生成本	¥ -	¥ -	¥ -
15	本科成本	¥ -	¥ -	¥ -
16	专科成本	¥ -	¥ -	¥ -
17				盈亏金额
18	总收入	¥ -		
19	总成本	¥ -		
20	盈余额	=B18-B19		
21	年最大利润			

图 12-146　输入计算盈余额公式

14 在 B21 单元格中输入相应的公式，即可完成规划模型的创建，如图 12-147 所示。

	A	B	C	D
8				现有资金与所需
9	资金情况	基本工资	岗位津贴	社保
10	现有资金	¥55,000	¥180,000	¥22,000
11	所需资金	¥ -	¥ -	¥ -
12				单项学历
13	项目	基本工资	岗位津贴	社保
14	研究生成本	¥ -	¥ -	¥ -
15	本科成本	¥ -	¥ -	¥ -
16	专科成本	¥ -	¥ -	¥ -
17				盈亏金额
18	总收入	¥ -		
19	总成本	¥ -		
20	盈余额	¥ -		
21	年最大利润	=12*B20		

图 12-147　完成规划模型的创建

12.3.3　使用规划求解

在 Excel 2016 中，创建人力资源规划模型后，可以根据需要对规划模型使用规划求解。使用规划求解的具体操作步骤如下：

1 在工作表中单击“文件”|“选项”命令，如图 12-148 所示。

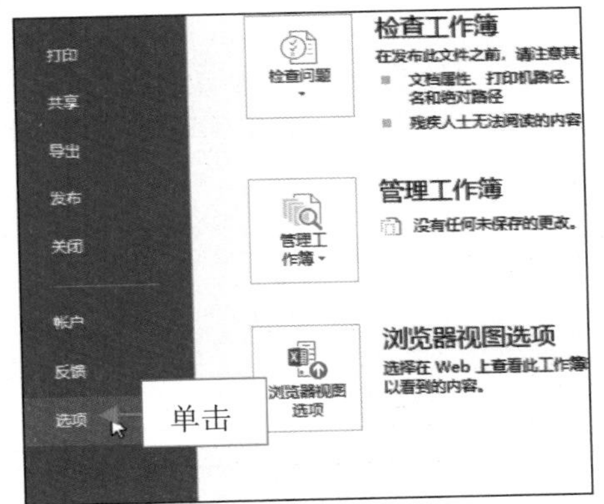

图 12-148　单击“选项”命令

2 在弹出的“Excel 选项”对话框中选择“加载项”选项卡，如图 12-149 所示。

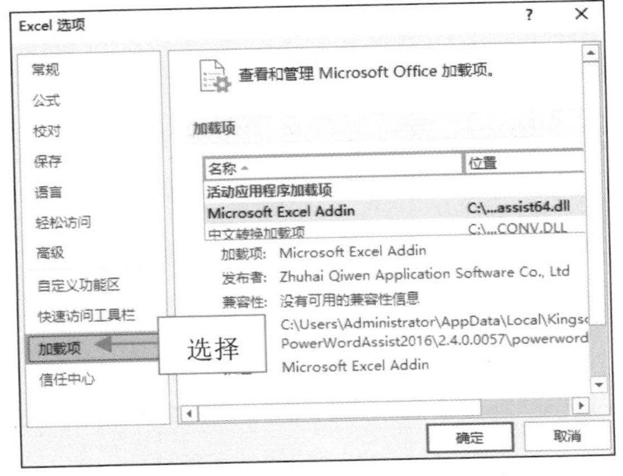

图 12-149　选择“加载项”选项卡

3 在弹出的面板中单击“转到”按钮，如图 12-150 所示。

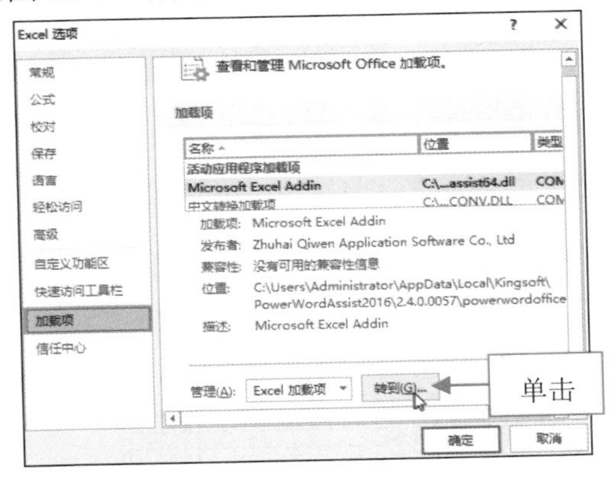

图 12-150　单击“转到”按钮

4 在弹出的“加载项”对话框中选中“规划求解加载项”复选框，如图 12-151 所示。

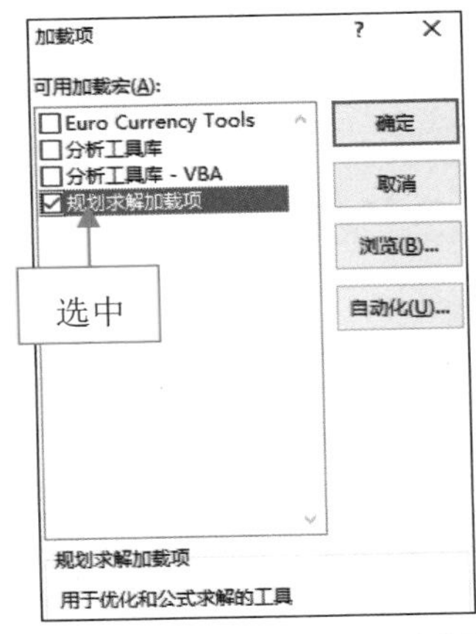

图 12-151　选中相应复选框

5 单击“确定”按钮即可加载规划求解，切换至“数据”选项卡中查看，如图 12-152 所示。

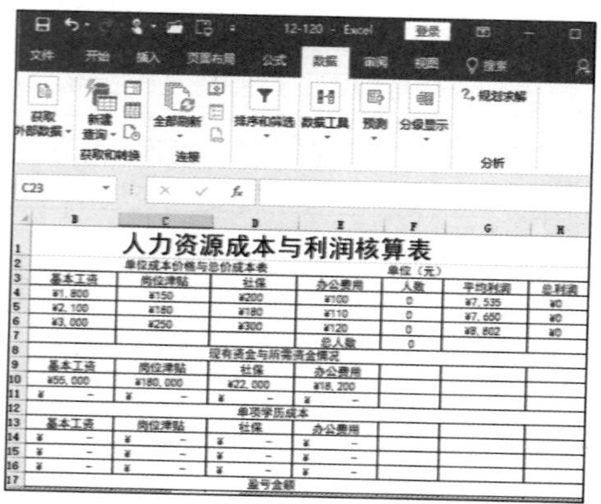

图 12-152　查看规划求解

6 选择 B21 单元格，在“分析”选项组中单击“规划求解”按钮，如图 12-153 所示。

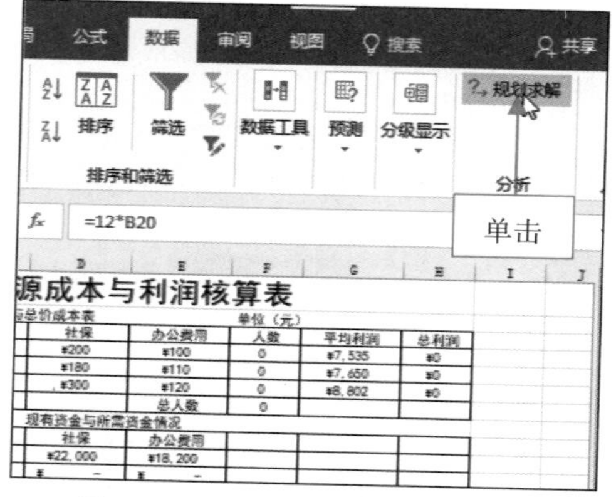

图 12-153　单击“规划求解”按钮

7 弹出“规划求解参数”对话框，在“设置目标”右侧文本框中输入目标单元格，如图 12-154 所示。

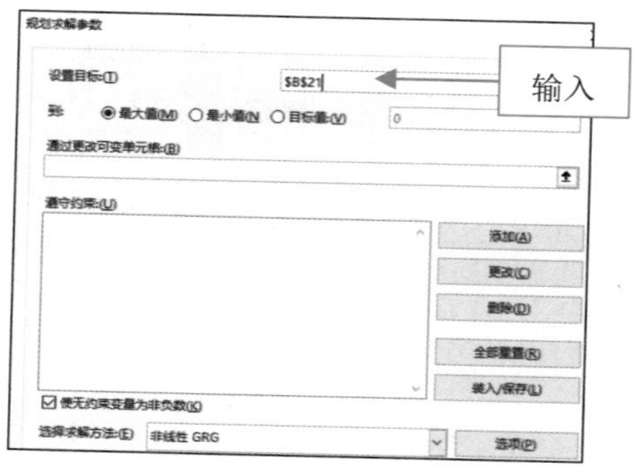

图 12-154　输入目标单元格

8 在“通过更改可变单元格”下方的文本框中输入可变单元格区域，如图 12-155 所示。

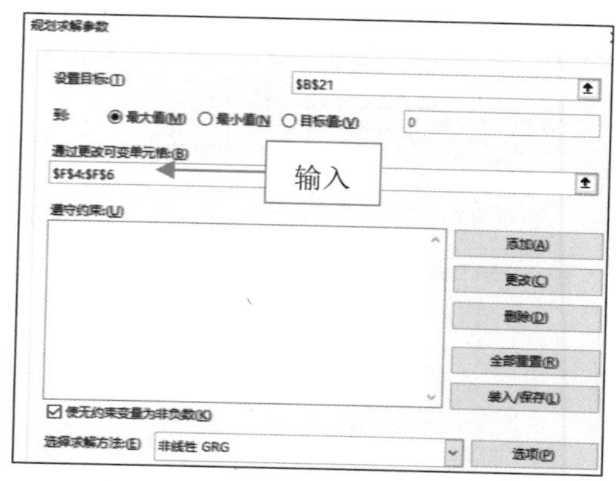

图 12-155　输入可变单元格区域

9 单击“添加”按钮，弹出“添加约束”对话框，设置约束条件，如图 12-156 所示。

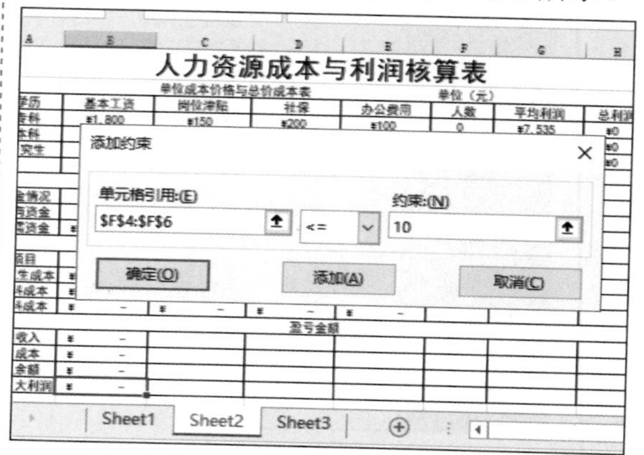

图 12-156　设置约束条件

10 设置完成后，单击“添加”按钮，然后再一次在该对话框中设置约束条件，如图 12-157 所示。

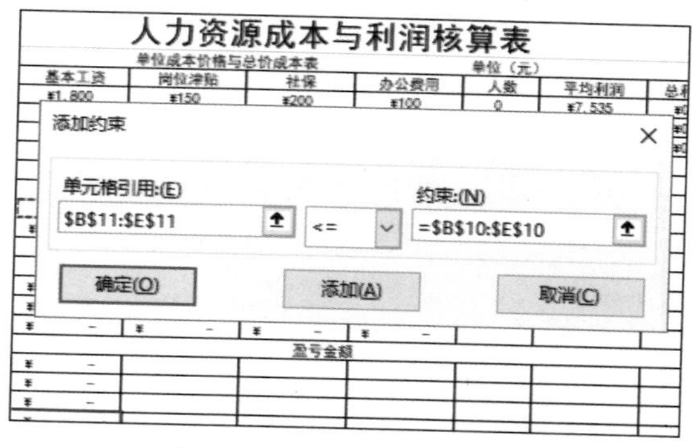

图 12-157　设置约束条件

第12章

11 用与上述相同的方法，添加其他约束条件，如图 12-158 所示。

图 12-158　添加其他约束条件

12 执行上述操作后，在该对话框中单击“选项”按钮，如图 12-159 所示。

图 12-159　单击“选项”按钮

13 弹出“选项”对话框，在其中根据需要对规划求解的选项进行设置，单击“确定”按钮，如图 12-160 所示。

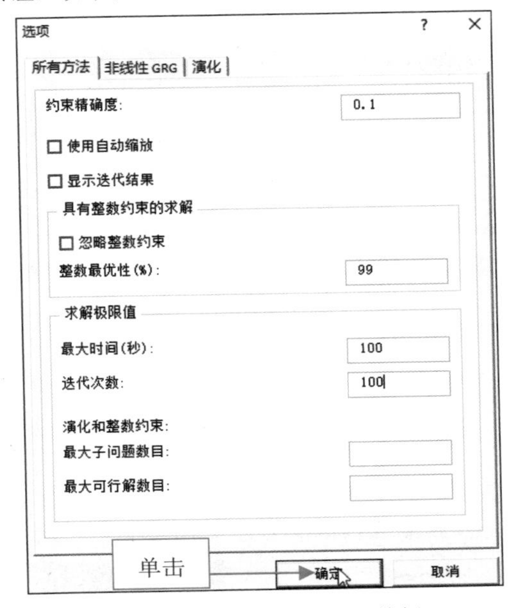

图 12-160　单击“确定”按钮

14 返回“规划求解参数”对话框单击“求解”按钮，如图 12-161 所示，开始规划求解。

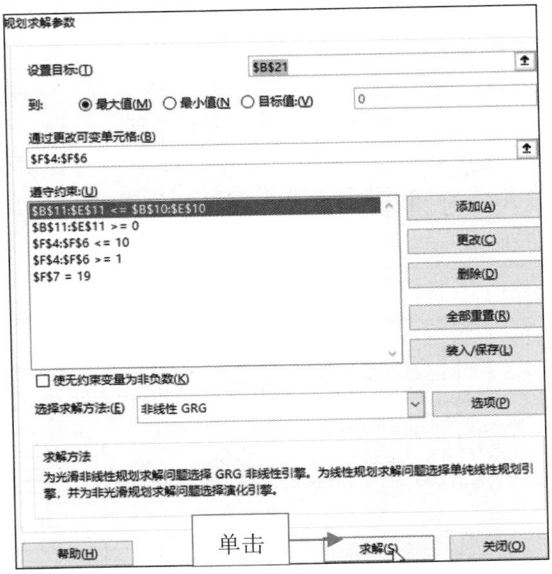

图 12-161　单击“求解”按钮

15 规划求解完成后，系统会弹出“规划求解结果”对话框，如图 12-162 所示。

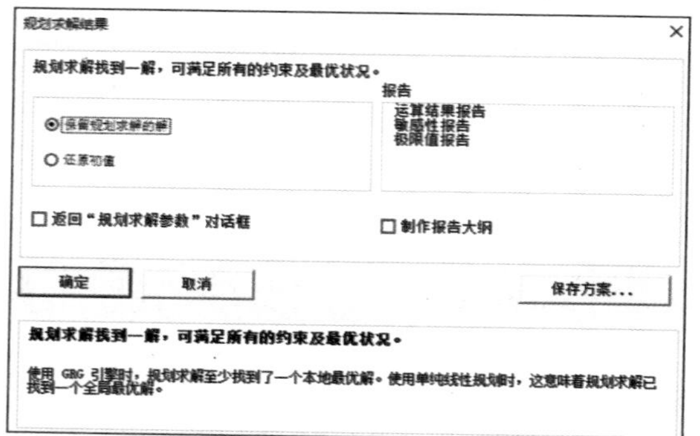

图 12-162 弹出“规划求解结果”对话框

16 选中“保留规划求解的解”单选按钮，在“报告”列表框中依次选择相应的选项，如图 12-163 所示。

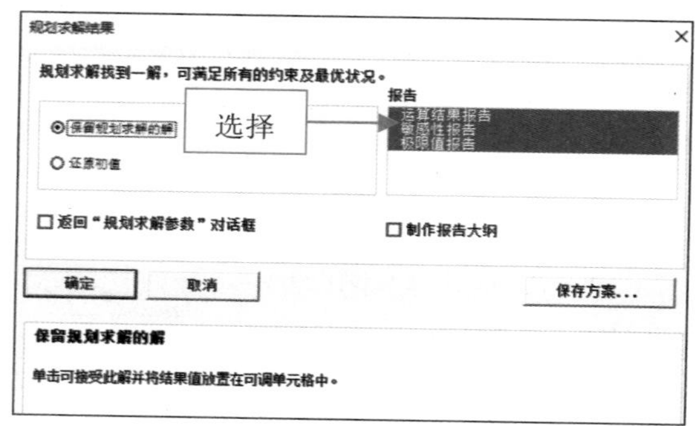

图 12-163 选择相应选项

17 单击“确定”按钮，即可创建运算结果报告并可显示规划求解结果，如图 12-164 所示。

图 12-164 显示规划求解结果

18 切换至“运算结果报告 1”工作表，即可查看运算结果的报告，如图 12-165 所示。

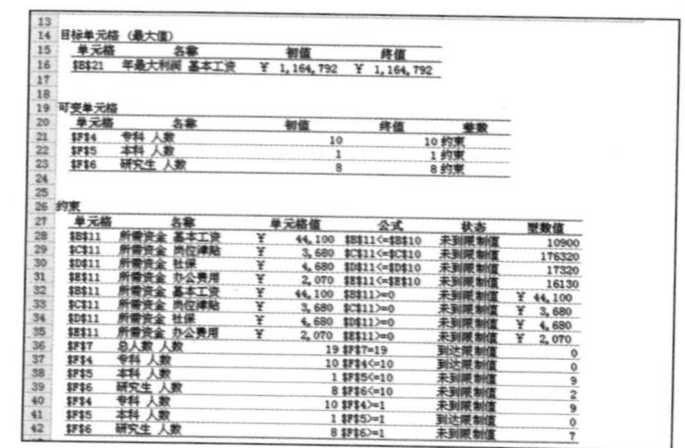

目标单元格（最大值）

单元格	名称	初值	终值
$B$21	年最大利润 基本工资	¥ 1,164,792	¥ 1,164,792

可变单元格

单元格	名称	初值	终值	整数
$F$4	专科 人数	10	10	约束
$F$5	本科 人数	1	1	约束
$F$6	研究生 人数	8	8	约束

约束

单元格	名称	单元格值	公式	状态	型数值
$B$11	所需资金 基本工资	¥ 44,100	$B$11<=$B$10	未到限制值	10900
$C$11	所需资金 岗位津贴	¥ 3,680	$C$11<=$C$10	未到限制值	176320
$D$11	所需资金 社保	¥ 4,680	$D$11<=$D$10	未到限制值	17320
$E$11	所需资金 办公费用	¥ 2,070	$E$11<=$E$10	未到限制值	16130
$B$11	所需资金 基本工资	¥ 44,100	$B$11>=0	未到限制值	¥ 44,100
$C$11	所需资金 岗位津贴	¥ 3,680	$C$11>=0	未到限制值	¥ 3,680
$D$11	所需资金 社保	¥ 4,680	$D$11>=0	未到限制值	¥ 4,680
$E$11	所需资金 办公费用	¥ 2,070	$E$11>=0	未到限制值	¥ 2,070
$F$7	总人数 人数	19	$F$7=19	到达限制值	0
$F$4	专科 人数	10	$F$4<=10	到达限制值	0
$F$5	本科 人数	1	$F$5<=10	未到限制值	9
$F$6	研究生 人数	8	$F$6<=10	未到限制值	2
$F$4	专科 人数	10	$F$4>=1	未到限制值	9
$F$5	本科 人数	1	$F$5>=1	到达限制值	0
$F$6	研究生 人数	8	$F$6>=1	未到限制值	7

图 12-165 查看运算结果报告

19 切换至“敏感性报告 1”工作表，即可查看敏感性报告，如图 12-166 所示。

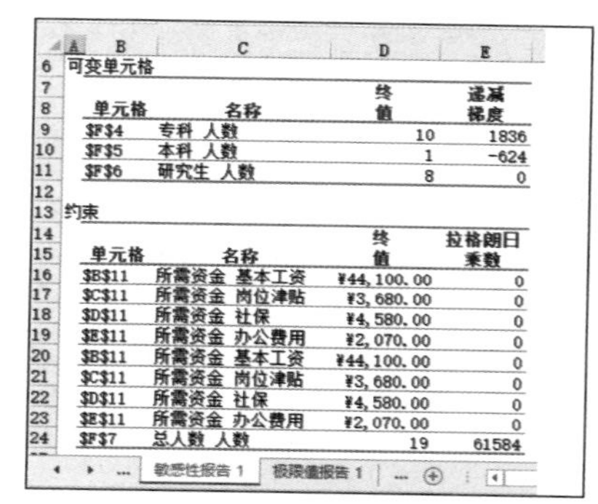

可变单元格

单元格	名称	终值	递减梯度
$F$4	专科 人数	10	1836
$F$5	本科 人数	1	-624
$F$6	研究生 人数	8	0

约束

单元格	名称	终值	拉格朗日乘数
$B$11	所需资金 基本工资	¥44,100.00	0
$C$11	所需资金 岗位津贴	¥3,680.00	0
$D$11	所需资金 社保	¥4,580.00	0
$E$11	所需资金 办公费用	¥2,070.00	0
$B$11	所需资金 基本工资	¥44,100.00	0
$C$11	所需资金 岗位津贴	¥3,680.00	0
$D$11	所需资金 社保	¥4,580.00	0
$E$11	所需资金 办公费用	¥2,070.00	0
$F$7	总人数 人数	19	61584

敏感性报告 1　极限值报告 1

图 12-166 查看敏感性报告

20 切换至“极限值报告 1”工作表，即可查看极限值报告，如图 12-167 所示。

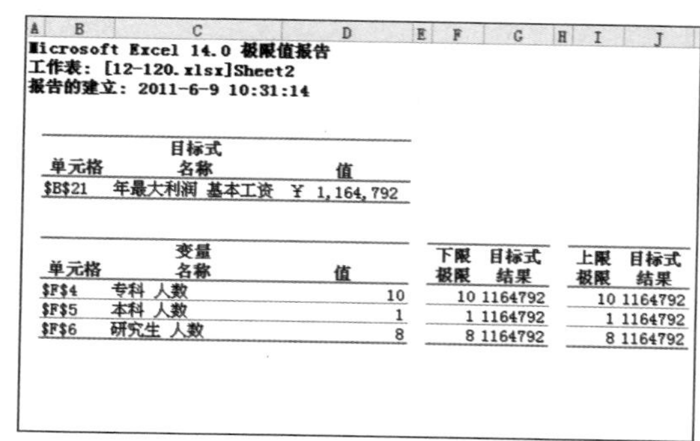

Microsoft Excel 14.0 极限值报告
工作表：[12-120.xlsx]Sheet2
报告的建立：2011-6-9 10:31:14

单元格	目标式 名称	值
$B$21	年最大利润 基本工资	¥ 1,164,792

单元格	变量 名称	值	下限 极限	目标式 结果	上限 极限	目标式 结果
$F$4	专科 人数	10	10	1164792	10	1164792
$F$5	本科 人数	1	1	1164792	1	1164792
$F$6	研究生 人数	8	8	1164792	8	1164792

图 12-167 查看极限值报告